W0264330

Einführung in die Chemie nachwachsender Rohstoffe

Arno Behr

Thomas Seidensticker

Einführung in die Chemie nachwachsender Rohstoffe

Vorkommen, Konversion, Verwendung

Arno Behr
Fakultät Bio- und Chemieingenieurwesen
TU Dortmund
Dortmund
Deutschland

Thomas Seidensticker
Fakultät Bio- und Chemieingenieurwesen
TU Dortmund
Dortmund
Deutschland

Die Darstellung von manchen Formeln und Strukturelementen war in einigen elektronischen
Ausgaben nicht korrekt, dies ist nun korrigiert. Wir bitten damit verbundene Unannehmlich-
keiten zu entschuldigen und danken den Lesern für Hinweise.

ISBN 978-3-662-55254-4   ISBN 978-3-662-55255-1 (eBook)
https://doi.org/10.1007/978-3-662-55255-1

Die Deutsche Nationalbibliothek verzeichnet diese Publikation in der Deutschen Nationalbibliografie;
detaillierte bibliografische Daten sind im Internet über http://dnb.d-nb.de abrufbar.

Planung: Frank Wigger
Einbandabbildung: Sonnenblume: © Stephan Leyk / Fotolia

Gedruckt auf säurefreiem und chlorfrei gebleichtem Papier

Springer Spektrum ist Teil von Springer Nature
Die eingetragene Gesellschaft ist Springer-Verlag GmbH Deutschland
Die Anschrift der Gesellschaft ist: Heidelberger Platz 3, 14197 Berlin, Germany

Vorwort

Eigentlich weiß doch jeder, was nachwachsende Rohstoffe sind. Aber weiß man wirklich genau, was alles dazu gehört? Dieses Lehrbuch gibt dem Leser einen fundierten Überblick über die wichtigsten *Klassen nachwachsender Rohstoffe* und über die zahlreichen Möglichkeiten, sie durch *chemische Umwandlungen in Wertstoffe* zu überführen. Bei diesen Beschreibungen wurden – wo immer möglich – auch die *technischen Aspekte* mit berücksichtigt. Es werden also nicht nur die Gewinnung, die chemischen Strukturen und die Umsetzungen der Stoffe aufgeführt, sondern auch die industrielle Realisierung dieser Reaktionen betrachtet. Damit ist dieses Lehrbuch eine Fortführung und Ergänzung des ebenfalls bei Springer Spektrum erschienenen Buches „Einführung in die Technische Chemie", bei dem insbesondere petrochemische Umsetzungen im Mittelpunkt stehen.

Auch das vorliegende Lehrbuch versteht sich als eine Einführung, denn das Gebiet der nachwachsenden Rohstoffe ist außergewöhnlich umfangreich. Dieses Buch beschreibt in kompakter Form die besonders wichtigen Klassen der Fette und Öle, der Kohlenhydrate, des Lignins und der Terpenoide, geht aber auch auf speziellere Gruppen nachwachsender Rohstoffe ein, wie z. B. natürliche Pharmaka oder Riechstoffe. Auch zu den besonders aktuellen Themen der Biopolymere und Bioraffinerien finden sich eigene Kapitel.

Das Buch basiert auf einer Vorlesung, die die beiden Autoren bereits seit Jahren an der Technischen Universität Dortmund halten. Einer der Autoren, Prof. Behr, war längere Zeit in der chemischen Verfahrensentwicklung der Firma Henkel KGaA in Düsseldorf tätig und konnte dort zahlreiche Industrieerfahrungen mit der Chemie und Technologie der Fette und Öle, der Kohlenhydrate und der Terpenoide sammeln. In den letzten 20 Jahren hat er ebenfalls an der Technischen Universität Dortmund zahlreiche Forschungsprojekte auf dem Gebiet der nachwachsenden Rohstoffe durchgeführt. Diese speziellen Kenntnisse aus Praxis und Forschung werden in diesem Buch an die Leser weiter vermittelt.

Das Lehrbuch „Einführung in die Chemie nachwachsender Rohstoffe" wendet sich sowohl an die Studierenden der Naturwissenschaften und der Verfahrenstechnik als auch an die Praktiker im Beruf. Es ist so aufgebaut, dass *Studierende* an Hoch- und Fachhochschulen ihre Vorlesungen anhand des Buches nachbereiten oder sich den Lehrstoff kapitelweise im Selbststudium aneignen können. Der *Praktiker* kann sich schnell über einzelne Rohstoffe, Produkte und Prozesse informieren und in spezielle Teilgebiete seines Interesses tiefer eintauchen.

Was hat der Leser zu erwarten? Der gesamte Lehrstoff ist in insgesamt 20 Kapitel ähnlichen Umfangs unterteilt. Jedes Kapitel startet mit einem *Kapitelfahrplan*, um grob den Inhalt des jeweiligen Kapitels wiederzugeben und einen ersten Eindruck zu vermitteln. Nach dem *Textteil* schließt jedes Kapitel mit einer *Zusammenfassung*, die alle wesentlichen Aspekte noch einmal kurz wiederholt. Auf die Zusammenfassung folgen zehn Testfragen, auch *Quickies* genannt, da sie sich nach dem Durchlesen des Kapitels schnell beantworten lassen sollten. Wer eine Lösung nicht direkt parat hat, findet die *Antworten* auf alle 200 Fragen am Ende des Buches. Schließlich endet jedes Kapitel mit einer kurzen *Literaturübersicht*. Diese listet zuerst wichtige Bücher, Nachschlagewerke und Übersichtsartikel zum jeweiligen Thema auf. Wer sich etwas tiefer in die Materie einarbeiten will, wird zusätzlich noch auf aktuelle einzelne Originalstellen hingewiesen.

Dr. Thomas Seidensticker (links) und Prof. Dr. Arno Behr (rechts)

Zu erwähnen sind noch die zahlreichen *Exkurse*, in denen interessante Teilaspekte zum jeweiligen Thema beleuchtet werden, z. B. historische Hintergründe oder aktuelle Entwicklungen.

In den letzten Jahrzehnten haben die nachwachsenden Rohstoffe eine steigende Bedeutung erlangt, und die beiden Autoren sind überzeugt, dass sich dieser Trend weiter fortsetzen wird. Das vorliegende Lehrbuch liefert die Grundlagen, sich mit diesem Zukunftsthema besser auseinandersetzen zu können.

Die Autoren danken Springer Spektrum, insbesondere Herrn Frank Wigger und Frau Dr. Meike Barth, für die großzügige Unterstützung bei der Realisierung dieses Buchprojekts.

Weiterer Dank gilt unseren wissenschaftlichen Mitarbeitern an der TU Dortmund, insbesondere Frau Dr. Kristina Nowakowski und Frau B.Sc. Lisa Goclik, die sich intensiv durch Zeichnen von Abbildungen und Korrekturlesen an diesem Projekt beteiligt haben.

Viel Spaß bei der Lektüre wünschen

Prof. Dr. Arno Behr und Dr. Thomas Seidensticker
Dortmund, im März 2017

Inhaltsverzeichnis

II   KOHLENHYDRATE

III LIGNIN

IV   TERPENOIDE

V   WEITERE NATURSTOFFE

VI   BIORAFFINERIE

Der Überblick

Einführung

© Springer-Verlag GmbH Deutschland 2018
A. Behr, T. Seidensticker, *Einführung in die Chemie nachwachsender Rohstoffe*,
https://doi.org/10.1007/978-3-662-55255-1_1

Kapitelfahrplan
- Hier erfahren Sie, welche Materialien zu den nachwachsenden Rohstoffen gehören.
- Sie lernen die mengenmäßig wichtigsten nachwachsenden Rohstoffe (die primären Inhaltsstoffe) kennen, aber auch die strukturell bedeutsamen sekundären Rohstoffe.
- Die nachwachsenden Rohstoffe werden mit den fossilen Rohstoffen Kohle, Erdöl und Erdgas verglichen. Wir diskutieren, ob die nachwachsenden Rohstoffe die fossilen vollständig ersetzen können.
- Die Vorteile, aber auch einhergehende Problematiken der nachwachsenden Rohstoffe werden erläutert.

1.1   Definitionen

Eigentlich weiß doch jeder, was *nachwachsende Rohstoffe* sind: Eben Stoffe, die in der Natur vorkommen und jedes Jahr wieder von Neuem nachwachsen. Alle Pflanzen, Bäume, Gewächse, Blumen, Obstsorten, Getreide-, Gräser- und Gemüsearten wären nach dieser sehr allgemeinen Definition „nachwachsend". In diesem Buch werden aber insbesondere *die* Stoffe betrachtet, die auch als Rohstoffe für den organischen Chemiker, den Pharmahersteller oder den Energieproduzenten dienen können. Der Lebensmittelbereich, also z. B. der Kaloriengehalt, der Geschmack oder die gesundheitlichen Vor- oder Nachteile verschiedener Olivenöle, wird in diesem Buch nicht behandelt. Aber wir müssen uns bewusst sein, dass viele der betrachteten Naturstoffe sowohl als Nahrungsmittel als auch als Chemierohstoffe infrage kommen und dass dann natürlich die Verwendung für die Ernährung der stetig wachsenden Menschheit die höhere Priorität hat.

Neben dem Begriff nachwachsende Rohstoffe (engl. *renewables*) gibt es auch noch den Begriff der *Biomasse* (engl. *biomass*), der meist ganz ähnlich verwendet wird. Um auch hier die Verwendung als Nahrungsmittel auszuschließen, gibt es ebenfalls den Begriff der *industriellen Biomasse* (engl. *industrial biomass*).

Wir wollen in diesem Buch durchgehend den Begriff nachwachsende Rohstoffe benutzen und legen dazu folgende Definition fest:

> **Nachwachsende Rohstoffe** sind jegliche organische Materialien, die nachwachsen und somit immer wieder neu zur Verfügung stehen. Sie werden land- oder forstwirtschaftlich erzeugt und finden überwiegend Verwendung im Nichtnahrungsbereich (engl. *non-food*). Sie können sowohl stofflich als auch energetisch genutzt werden.

Von dieser Definition werden alte Baumbestände, die erhalten werden müssen, ausdrücklich ausgenommen. In die Definition mit einbezogen sind jegliche *organische Reststoffe*, die im Agrar- und Forstbereich anfallen, also z. B. Sägespäne von der Holzverarbeitung oder Stroh von der Getreideernte. Auch pflanzliche *Rohstoffe marinen Ursprungs*, also z. B. Meeresalgen, werden mit betrachtet, obwohl sie nicht in der klassischen Land- und Forstwirtschaft anfallen, sondern speziell eingesammelt oder angebaut werden müssen.

Die Definition der nachwachsenden Rohstoffe umfasst alle lebenden Organismen und damit nicht nur pflanzliche, sondern auch tierische Quellen. In Schlachthäusern fallen z. B. größere Mengen an Rindertalg an, die für unsere Ernährung weniger infrage kommen, aber zur Weiterverarbeitung zu Seifen gut genutzt werden können.

Die Quelle aller nachwachsenden Rohstoffe ist letztlich die Sonne, denn nur durch die Energie des Sonnenlichts wird das Wachstum der Pflanzen, und damit die Erzeugung von Nahrung der Tiere und Menschen, ermöglicht. Die entscheidende chemische Reaktion ist die **Photosynthese** der Kohlenhydrate aus Kohlendioxid und Wasser unter Freisetzung von Sauerstoff (Gl. 1.1).

$$n\,CO_2 + n\,H_2O \xrightarrow{h\cdot v} \left(CH_2O\right)_n + n\,O_2 \qquad \text{Gl. 1.1}$$

1.2   Die verschiedenen Arten von nachwachsenden Rohstoffen

In der Biologie unterscheidet man zwischen den primären und den sekundären Pflanzeninhaltsstoffen. Bei den *primären Inhaltsstoffen* handelt es sich um Substanzen, die für den Aufbau und die Fortpflanzung der Pflanzen essenziell sind. Sie sorgen dafür,

◼ Tab. 1.1 Primäre Inhaltsstoffe der Pflanzen und Tiere sowie ihr Vorkommen (Beispiele)

Nachwachsender Rohstoff	Inhaltsstoffe	Nutzpflanzen/-tiere
Fette und Öle	Triglyceride	Soja, Raps, Sonnenblume, Kokospalme, Öllein
Zucker	Glucose, Fructose, Saccharose	Zuckerrübe, Zuckerrohr
Holz	Cellulose, Hemicellulosen, Lignin	Eiche, Buche, Pappel, Birke
Naturfasern	Cellulose, Hemicellulosen	Lein, Hanf, Jute, Sisal, Baumwolle
Stärke	Amylose, Amylopektin	Kartoffel, Mais, Erbse, Weizen
Skelettstoffe	Chitin	Krebse, Krabben, Pilze, Insekten
Meeresalgen	Heteropolysaccharide, z. B. Agar-Agar	Rotalgen, Braunalgen
Proteine	Aminosäuren	Soja, Raps

dass die Pflanze stabil, aber auch elastisch ist und z. B. ein Baum auch bei sehr starkem Wind nicht umgerissen wird. Ebenfalls legen viele Pflanzen für ihre Vermehrung Energiereserven an, z. B. hortet die Zuckerrübe Zuckerreserven in ihrer Wurzel oder die Kartoffelpflanze Stärkevorräte in ihren Knollen. Einen Überblick über diese Primärstoffe liefert ◼ Tab. 1.1.

Die erste Spalte in dieser Tabelle enthält die verschiedenen Gruppen nachwachsender Rohstoffe, Spalte 2 einige typische Vertreter dieser Gruppen und Spalte 3 einige Nutzpflanzen, in denen diese Inhaltsstoffe vorkommen. Sie werden wahrscheinlich nicht alle Bezeichnungen in ◼ Tab. 1.1 kennen; Sie werden aber alle Begriffe in den folgenden Kapiteln im Detail kennenlernen.

Wie man an ◼ Tab. 1.1 erkennt, kommen viele Inhaltsstoffe in den unterschiedlichsten Pflanzen vor, z. B. die Cellulose in Holz, Hanf und Sisal. In diesen Fällen kann man also entscheiden, welche Pflanze man für die Gewinnung des nachwachsenden Rohstoffs verwenden will. Andererseits bestehen Pflanzen aber auch immer aus mehreren Inhaltsstoffen: In der Sojabohne sind nicht nur Fette und Öle, sondern z. B. auch Proteine enthalten. Hieraus ergibt sich die große Aufgabe, diese Stoffe voneinander zu trennen und in ausreichender Qualität zu isolieren.

Die *primären Inhaltsstoffe* kommen in der Natur in besonders großer Menge vor. Neben den primären gibt es noch die *sekundären Inhaltsstoffe*, die in wesentlich kleineren Mengen, oft nur in Spuren, in

der Pflanze auftreten. Sie wurden im Laufe der Entwicklung einer Pflanze nach und nach ausgebildet, um bestimmte Strategien zu verfolgen, z. B. Fraßfeinde abzuwehren oder bestäubende Insekten anzulocken. Hierzu gehören bestimmte Riech- und Farbstoffe sowie auch Substanzen, die wir heute als Pharmaka nutzen. ◼ Tab. 1.2 gibt einen Überblick und nennt einige typische Beispiele.

◼ Tab. 1.2 zeigt, dass aus einigen Pflanzen z. T. sehr komplex aufgebaute Moleküle, z. B. Steroide, Vitamine oder Alkaloide, gewonnen werden können. Einige dieser Stoffe, z. B. der rote Farbstoff der Purpurschnecke, sind schon seit vielen Jahrhunderten bekannt. Weiterhin wird aber auch heute noch in den Tropenwäldern nach Pflanzen mit neuen Wirkstoffen gesucht, die entweder direkt genutzt werden können oder als Vorbild für neue synthetische Pharmaka dienen.

Es wird geschätzt, dass weltweit ca. 170 Mrd. Tonnen nachwachsender Rohstoffe jährlich neu gebildet werden, von denen aber nur ein geringer Bruchteil (ca. 6 Mrd. Tonnen, also ca. 3,5 %) vom Menschen genutzt wird. Diese und weitere Zahlen in diesem Buch sind allerdings mit Vorsicht zu handhaben, denn es handelt sich logischerweise ausschließlich um Schätzungen. In manchen Literaturquellen findet man auch Mengenangaben für die nachwachsenden Rohstoffe zwischen 140 und 180 Mrd. Tonnen pro Jahr. Trotzdem sind solche Zahlen sinnvoll, um ein Gefühl für die Größenordnungen zu bekommen.

◘ Tab. 1.2 Sekundäre Inhaltsstoffe der Pflanzen und ihr Vorkommen (Beispiele)

Nachwachsender Rohstoff	Inhaltsstoffe	Nutzpflanzen
Terpenoide	Monoterpene, Diterpene, Polyterpene	Kiefern, Gummibaum
Natürliche Farbstoffe	Alizarin, Purpur, Indigo	Saflor, Krapp, Färberwaid
Natürliche Pharmaka	Pyrethroide, Alkaloide, Steroide	Johanniskraut, Fenchel, Tollkirsche, Thymian, Kamille
Vitamine	Vitamin E, Vitamin C	Soja, Raps, Citrusfrüchte
Nutrazeutika*	Flavonoide, Polyphenole, Carotinoide	Soja, Raps, Salbei, Tomate, Paprika
Natürliche Riechstoffe	Ätherische Öle, Damascon, Jonon	Rose, Jasmin, Veilchen, Iris
Wachse	Monoester	Jojoba
Kork	Suberin	Korkeiche

* = Nahrungsergänzungsmittel

Welches sind die **mengenmäßig wichtigsten nachwachsenden Rohstoffe**? Auch hier gibt es Schätzungen, die in ◘ Abb. 1.1 wiedergegeben sind. Der mengenmäßig wichtigste nachwachsende Rohstoff ist die **Cellulose**, die über ein Drittel (39 %) des Kuchens umfasst. Fast ein weiteres Drittel (30 %) macht das **Lignin** aus. Diese Zahlen lassen sich einfach dadurch erklären, dass ein Großteil der Landmasse der Erde von Wäldern bedeckt ist und die Hauptbestandteile der Waldhölzer Cellulose und Lignin sind. Die Cellulose gehört chemisch zu den Polysacchariden. Auch andere Polysaccharide, wie z. B. Chitin, Stärke und Hemicellulosen, sind mengenmäßig von großer Bedeutung und machen ein weiteres Viertel (26 %) aus. **Chitin** (◘ Tab. 1.1) kommt als Gerüstsubstanz in den Krabben und Krebsen unserer Ozeane vor und ist mit einem jährlichen

Vorkommen von ca. 100 Mio. Tonnen pro Jahr das zweitwichtigste Polysaccharid nach der Cellulose. Alle anderen Naturstoffe (Fette und Öle, Terpene, Proteine *et al.*) machen zwar mengenmäßig zusammen nur ca. 5 % aus, sind dafür aber wegen ihrer speziellen Strukturen und Eigenschaften wertmäßig sehr hoch einzustufen.

1.3 Der Vergleich mit den fossilen Rohstoffen

Der nachwachsende Rohstoff Holz ist schon seit Jahrtausenden ein Begleiter der Menschheit, sei es als Werkstoff für den Haus- und Schiffsbau, als Brennmaterial zur Erzeugung von Wärme oder in Form von Holzkohle als Brennstoff zur Reduktion von Erzen zur Metallgewinnung. Auch andere nachwachsende Rohstoffe werden seit Langem vom Menschen genutzt, z. B. Flachs, Wolle und Baumwolle für die Herstellung von Kleidung oder bestimmte Pflanzen zur Gewinnung natürlicher Heilmittel.

In der Mitte des 19. Jahrhunderts trat verstärkt der fossile Rohstoff *Kohle* in das Interesse der Menschheit. Mit Braun- oder Steinkohle wurde geheizt, und später wurden Dampfmaschinen, Dampfschiffe und Dampflokomotiven mit Kohle angetrieben: Die Industrialisierung begann. Ebenfalls lernte man, durch Verkokung der Kohle Koks, Steinkohlenteer und Kokereigase zu gewinnen, die

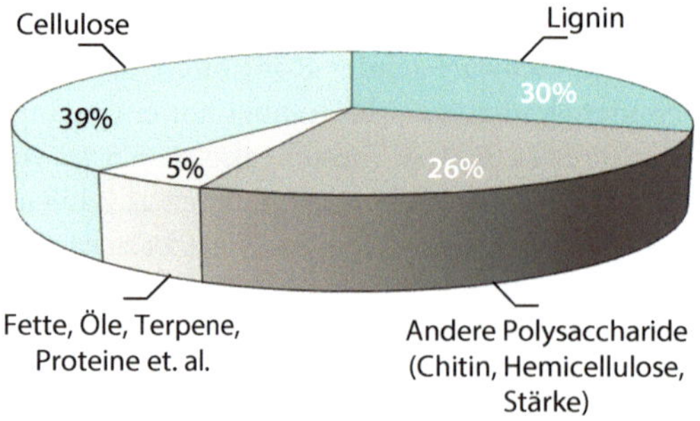

◘ Abb. 1.1 Hauptbestandteile der nachwachsenden Rohstoffe (in Gew.-%)

zur Stahlgewinnung, zur Isolierung aromatischer Kohlenwasserstoffe und zur Lichterzeugung genutzt wurden. Durch Kohlevergasung wurde schließlich das Synthesegas, ein Gemisch von Kohlenmonoxid und Wasserstoff, und durch Kohlehydrierung das Kohlebenzin hergestellt. Bis in die 1950er-Jahre hinein wurde Kohle über die Zwischenstufe des Carbids in Acetylen (Ethin) überführt, das seinerseits ein hervorragend reaktiver Baustein zur Synthese zahlreicher chemischer Zwischenprodukte ist, wie z. B. Ethanol, Acetaldehyd oder Acrylsäure.

In den 1940er-Jahren begann dann die Ära zweier weiterer fossiler Rohstoffe, des *Erdöls* und des *Erdgases*. In vielen Regionen der Welt, zuerst in Nordamerika und dann speziell im Nahen Osten, wurden große Vorkommen entdeckt, deren Abbau sogleich in Angriff genommen wurde. Große Mengen des Erdöls wurden und werden weiterhin benutzt, um die enormen Ansprüche der modernen Gesellschaft auf Energie zu befriedigen, sei es in Form von schweren Heizölen für die Industrie und den Schiffsverkehr, als Kerosin für den Flugverkehr, als leichte Heizöle für die Privathaushalte, als Benzin und Diesel für die Automobile oder zur Erzeugung elektrischer Energie für Industrie und Haushalte.

Allerdings musste man bald erkennen, dass die Vorräte an fossilen Rohstoffen trotz aller Erfolge bei der Exploration von Erdöl und Erdgas mengenmäßig begrenzt sind. ◘ Abb. 1.2 zeigt anschaulich, dass wir noch relativ große Vorräte an Stein- und Braunkohle haben, dass aber unsere gewinnbaren Erdölreserven mit derzeit ca. 169 Mrd. Tonnen doch langsam einem Ende entgegen gehen. Würden wir das Erdöl weiterhin so verbrauchen wie bisher, hätten wir – rein statistisch – noch für 41 Jahre ausreichend Erdölvorräte, also bis zum Jahr 2058. Allerdings wird in diesem Jahr sicherlich kein plötzliches Ende eintreten, denn die Menschheit sucht ja bereits nach neuen Lösungen für die offenen Energiefragen, sodass große Hoffnungen bestehen, dass das wertvolle Erdöl für wichtige chemische Anwendungen weiterhin noch länger erhalten bleibt. Für das Erdgas gelten ähnliche Überlegungen: Die derzeitigen geschätzten Weltvorräte von ca. $181 \cdot 10^{12}$ m^3 werden – ebenfalls rein statistisch gesehen – noch 63 Jahre lang reichen.

◘ Abb. 1.2 zeigt, dass die nachwachsenden Rohstoffe mittel- und langfristig eine wichtige Alternative darstellen: Mit 170 Mrd. Tonnen pro Jahr haben

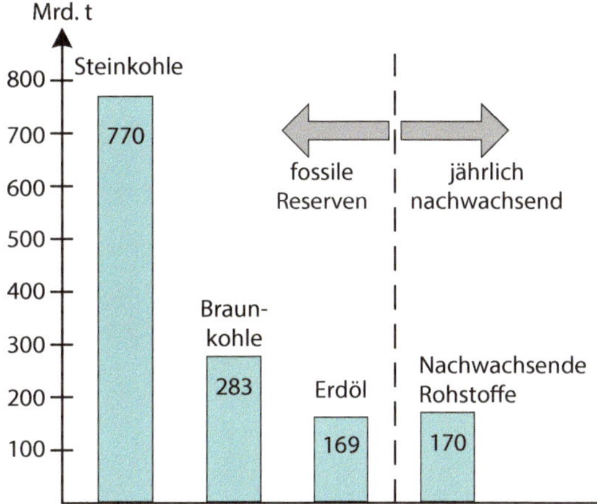

◘ **Abb. 1.2** Reserven kohlenstoffhaltiger Rohstoffe (Welt, 2012, Quelle: Bundesanstalt für Geowissenschaften und Rohstoffe, BGR)

sie eine ähnliche Größenordnung wie die derzeitigen Erdölvorkommen, aber durch die Photosynthese wachsen sie jedes Jahr wieder neu aus den im Erdkreislauf befindlichen Ausgangsstoffen Kohlendioxid und Wasser nach. Dazu muss nur die Sonne scheinen (vgl. Gl. 1.1), und das tut sie hoffentlich noch ein paar Millionen Jahre.

Die Reserven sind die eine Seite der Medaille, der jährliche Verbrauch der Rohstoffe ist die andere Seite. ◘ Tab. 1.3 zeigt am Beispiel der Bundesrepublik Deutschland im Jahr 2011 den Verbrauch der verschiedenen nachwachsenden Rohstoffe in der chemischen Industrie im Vergleich zum derzeitigen Verbrauch an fossilen Rohstoffen zur Erzeugung von Petrochemikalien. Interessant ist ein Vergleich der ◘ Tab. 1.3 mit ◘ Abb. 1.1, also dem globalen Vorkommen der verschiedenen nachwachsenden Rohstoffe: Obwohl die Erde wegen der großen Waldbestände überwiegend über Cellulose und Lignin verfügt, nutzt die deutsche chemische Industrie am meisten die pflanzlichen und tierischen Fette und Öle (Summe: 1,21 Mio. Tonnen pro Jahr), dann erst mit Abstand gefolgt von Cellulose und der Stärke. Das in ◘ Abb. 1.1 als weltweit wichtige Komponente aufgeführte Lignin taucht in ◘ Tab. 1.3 überhaupt nicht auf! Die Gründe dafür werden wir in den folgenden Kapiteln noch genauer kennenlernen: Fette und Öle haben sehr definierte Strukturen, die mit den petrochemischen Basischemikalien eng verwandt sind, während Stärke, Cellulose und Lignin aus

◘ Tab. 1.3 Verbrauch an nachwachsenden Rohstoffen in der chemischen Industrie (Deutschland 2011, Quelle: Fachagentur nachwachsender Rohstoffe, FNR)

Nachwachsende Rohstoffe	Verbrauch (t)
Pflanzliche Fette und Öle	1.000.000
Tierische Fette	210.000
Stärke	274.000
Cellulose (Chemiezellstoff)	401.000
Zucker	104.000
Proteine	139.000
Sonstige (Naturfasern, Wachse, Harze, etc.)	591.000
Summe: nachwachsende Rohstoffe	2.719.000
Vgl. Petrochemikalien	18.700.000
Anteil nachwachsender Rohstoffe	ca. 13 %

Makromolekülen mit vollkommen anderen Strukturen aufgebaut sind. Im Holz sind Lignin und Cellulose zusätzlich miteinander verknüpft (Lignocellulose), was ihre Reingewinnung und ihre Folgechemie noch zusätzlich erschwert. Also ist die chemische Industrie den einfacheren (und kostengünstigeren) Weg gegangen und hat erst einmal eine umfangreiche Chemie der Fette und Öle entwickelt, die so genannte *Oleochemie*. Erst in den letzten Jahrzehnten sind auch verstärkte Anstrengungen zur Erschließung der Lignocellulose gemacht worden.

Am Ende von ◘ Tab. 1.3 kann noch ein weiterer wichtiger Vergleich gezogen werden, nämlich das Verhältnis von Petrochemie zur Chemie nachwachsender Rohstoffe in Deutschland. 18,7 Mio. Tonnen Petrochemikalien wurden 2011 in Deutschland produziert im Vergleich zu 2,7 Mio. Tonnen Produkte auf nachwachsender Basis. Damit liegt der **Anteil der nachwachsenden Rohstoffe** *bei ca. 13 %*, weltweit ist dieser Anteil etwas geringer. Dieser relativ hohe Prozentsatz liegt u. a. daran, dass schon vor über 100 Jahren Pioniere wie Fritz Henkel in Düsseldorf eine umfangreiche Oleochemie in Deutschland aufgebaut haben.

Das erklärte politische Ziel sowohl der EU als auch der USA war zu Beginn der 2000er-Jahre eine Erhöhung des Anteils der nachwachsenden Rohstoffe an der Chemikalienproduktion auf 20–25 % bis zum Jahr 2020. Da die Einführung völlig neuer chemischer Prozesse jedoch eine sorgfältige Verfahrensentwicklung von mehreren Jahren erfordert, war dieses Ziel deutlich zu optimistisch gewählt.

Sehr schnell erhebt sich die Frage: Könnten die nachwachsenden Rohstoffe denn irgendwann einmal vollständig die fossilen Rohstoffe ersetzen? Radio Eriwan hätte geantwortet: „Im Prinzip, ja!" Allerdings wäre dies derzeit noch viel zu teuer, denn trotz der in den letzten Jahrzehnten überwiegend gestiegenen Erdöl- und Erdgaspreise ist der Einsatz nachwachsender Rohstoffe in vielen Fällen vergleichsweise immer noch unwirtschaftlich.

◘ Abb. 1.3 versucht in einem sehr vereinfachten Schema, die Wege der fossilen Rohstoffe Kohle, Erdgas und Erdöl (im Bild oben) mit den Wegen auf Basis der nachwachsenden Rohstoffe Fette, Kohlenhydrate und Lignin (im Bild unten) zu den Zwischen- und Endprodukten der chemischen Industrie (im Bild rechts) miteinander zu vergleichen.

Verfolgen Sie mit uns gemeinsam die einzelnen Reaktionspfeile:

- Derzeit werden aus Destillationsschnitten des Erdöls im Steamcracker die wichtigen Olefine Ethen, Propen und die Butene sowie im Reformer die wichtigen Aromaten Benzol (nach IUPAC: Benzen), Toluol (nach IUPAC: Toluen) und die Xylole (BTX) produziert. Außerdem können sowohl Erdöl, Erdgas wie auch Kohle in das Synthesegas aus Kohlenmonoxid und Wasserstoff überführt werden. Aus diesen relativ kleinen Molekülen (C_1 bis C_8) wird ein Großteil der chemischen Zwischenprodukte (Alkohole, Aldehyde, Carbonsäuren, Amine, …) erzeugt, die ihrerseits wieder Ausgangsverbindungen sind für bedeutende Klassen chemischer Endprodukte, wie z. B. Polymere, Tenside, Pharmaka oder Agrochemikalien. Kohle kann zusätzlich – wie eingangs bereits erwähnt – über die Zwischenstufe des Acetylens in Zwischenprodukte überführt werden.
- Auch Fette, Kohlenhydrate und Lignin können zu Synthesegas vergast werden. Da Synthesegas über die Zwischenstufe des Methanols (in ◘ Abb. 1.3 nicht eingezeichnet) sowohl in

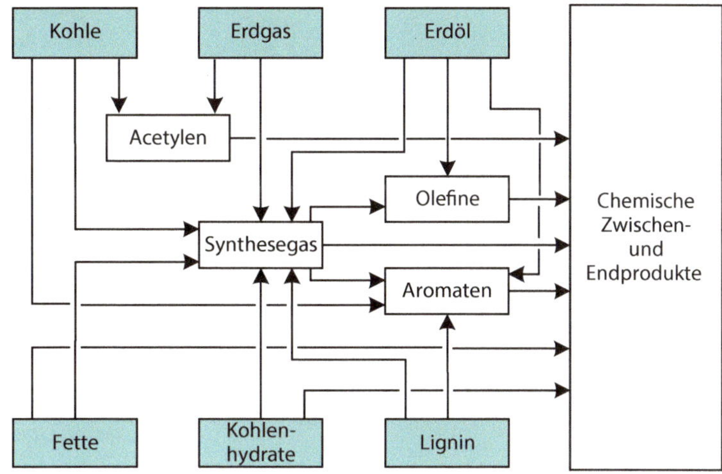

■ **Abb. 1.3** Vergleich der Wege vom Rohstoff zu den Zwischen- und Endprodukten

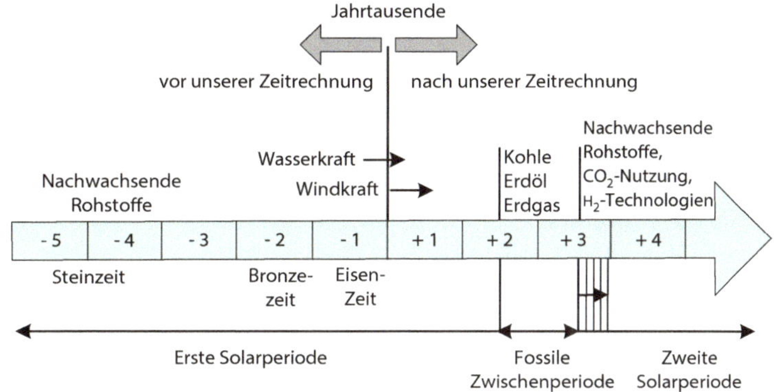

■ **Abb. 1.4** Stoff- und Energiequellen der Menschheit im Laufe der Jahrtausende

Olefine als auch in Aromaten überführt werden kann, sind somit aus den nachwachsenden Rohstoffen wieder die gleichen Basischemikalien und somit auch die gleichen Zwischen- und Endprodukte wie auf Basis der fossilen Rohstoffe erhältlich.

Besonders vorteilhaft ist es jedoch, wenn es dem Chemiker gelingt, möglichst direkt – also ohne „Zerkleinerung" der Ausgangsstoffe in das Synthesegas – die nachwachsenden Rohstoffe zu nutzen und z. B. aus Fetten und/oder Kohlenhydraten Endprodukte wie Biotenside oder Biopolymere herzustellen. In diesem Fall wird die Syntheseleistung der Natur voll ausgenutzt und die nachwachsenden Rohstoffe energetisch vorteilhaft in Wertprodukte überführt.

Langfristig können somit die nachwachsenden Rohstoffe die fossilen Rohstoffe für die Synthese organischer Materialien ersetzen, ohne dass wir die bereits bekannten Technologien wesentlich ändern müssten. Die Leser dieses Buches sollten sich darüber klar werden, dass sie in einer sehr außergewöhnlichen „Zwischenzeit" leben. Wie ■ Abb. 1.4 zeigt, hat die Menschheit seit Beginn ihrer Existenz ausschließlich Energien und Stoffe solaren Ursprungs nutzen können („Erste Solarperiode"). Derzeit befinden wir uns in einer zeitgeschichtlich gesehen sehr kleinen „Fossilen Zwischenperiode", in der wir den in Jahrmillionen als Kohle, Erdgas oder Erdöl im Erdboden abgelagerten Kohlenstoff wieder aus dem Boden herausholen und überwiegend für Energiezwecke nutzen. Bei diesen Verbrennungsvorgängen wird der Kohlenstoff letztlich in Kohlendioxid überführt, was das Problem der wachsenden CO_2-Konzentration in unserer Atmosphäre mit sich bringt. In wenigen Jahrzehnten werden die Erdöl- und Erdgasvorräte langsam auslaufen, in wenigen Jahrhunderten

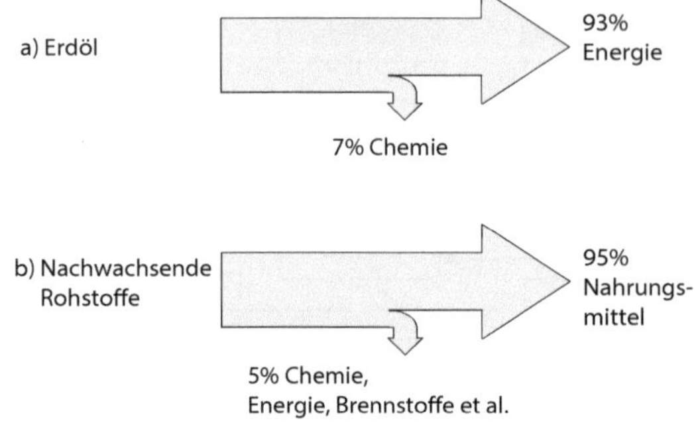

◘ **Abb. 1.5**   Derzeitige Anwendungsgebiete von Erdöl und nachwachsenden Rohstoffen

auch die Kohlevorräte. Spätestens dann beginnt die „Zweite Solarperiode" der Menschheit mit der fast ausschließlichen Nutzung der nachwachsenden Rohstoffe und voraussichtlich mit verstärkter Nutzung des Kohlendioxids und des aus Wasser elektrolytisch gewonnenen Wasserstoffs.

Bis dahin ist es jedoch noch ein weiter Weg. Vorrangige Aufgabe ist es derzeit, erst einmal den enormen Verbrauch des Erdöls für Energiezwecke zu mindern (◘ Abb. 1.5a), also z. B. sparsamere Automobile oder Kraftwerke zu bauen bzw. unsere Häuser besser zu isolieren: 93 % des Erdöls gehen derzeit in Energieanwendungen und nur 7 % in die Chemie.

Ein ähnlicher Spagat existiert derzeit bei den nachwachsenden Rohstoffen (◘ Abb. 1.5b): Die heute vom Menschen genutzten Mengen an nachwachsenden Rohstoffen (ca. 6 Mrd. Tonnen der jährlich neu gebildeten ca. 170 Mrd. Tonnen) werden primär als Nahrungsmittel (95 %) und nur 5 % werden industriell, z. B. in der chemischen Synthese, genutzt. Erschwerend kommt hinzu, dass in den letzten zehn Jahren nachwachsende Rohstoffe wie z. B. Biodiesel oder Bioethanol verstärkt auch für energetische Zwecke eingesetzt wurden. Hier muss eine Entkopplung der Märkte gelingen, damit nicht die industriellen und energetischen Einsatzgebiete zu einer Verknappung der Grundnahrungsmittel und damit zu einer Steigerung der Lebensmittelpreise führen. Langfristig erscheint der Einsatz nachwachsender Rohstoffe für Energiezwecke wenig sinnvoll, sondern hier ist eine Wasserstofftechnologie unter Ausnutzung der Sonnenenergie der wesentlich bessere Weg (◘ Abb. 1.4).

1.4   Vor- und Nachteile der nachwachsenden Rohstoffe

Beginnen wir mit den *Vorteilen*:
- Da die nachwachsenden Rohstoffe immer wieder neu entstehen, stehen sie uns – im Gegensatz zu den fossilen Rohstoffen (vgl. ▶ Abschn. 1.3) – nahezu unendlich zur Verfügung. Somit können wir die **fossilen Rohstoffe** erst einmal **schonen** und langfristig auch ersetzen. Nachwachsende Rohstoffe passen somit gut in das Konzept der „Nachhaltigkeit" (engl. *sustainability*) und lassen sich der „Grünen Chemie" (engl. *Green Chemistry*) zuordnen.
- Die nachwachsenden Rohstoffe sind **nahezu CO_2-neutral**, denn der Kohlenstoff, der bei ihrer Zersetzung freigesetzt wird, kann durch die Photosynthese auch wieder in einen Naturstoff umgewandelt werden. Bei ihrer Nutzung kann somit kein zusätzlicher Treibhauseffekt eintreten. Diese Rechnung ist allerdings etwas stark vereinfacht: Bei der Pflege, Düngung, Ernte und Verarbeitung nachwachsender Rohstoffe wird auch immer Energie benötigt, die derzeit noch überwiegend durch Verbrennung fossiler Rohstoffe gewonnen wird.
- Produkte auf Basis nachwachsender Rohstoffe haben häufig **ökologische Vorteile**. Beispielsweise sind Schmieröle auf der Basis natürlicher Öle und Fette sehr gut ökologisch abbaubar und können deshalb auch in der Natur unbedenklich eingesetzt werden, z. B. zur Schmierung von Kettensägen im Forstbetrieb. Allerdings muss man auch diese Aussage mit Vorsicht betrachten: Produkte, die aus nachwachsenden Rohstoffen gebildet werden, sind nicht automatisch gut abbaubar, denn kleine Molekülveränderungen können bereits eine Änderung des Abbauverhaltens bewirken. Auch ein „Bioprodukt" muss also sorgfältig auf seine Abbaubarkeit oder Toxizität hin getestet werden.
- Im letzten Jahrzehnt hat in der Agrarpolitik Deutschlands ein Problem eine wichtige Rolle gespielt: die **Nutzung von brachliegenden Ackerflächen**. Wegen Überproduktionen in Europa werden nicht

mehr alle landwirtschaftlichen Flächen genutzt und somit ergibt sich die Möglichkeit, diese industriell für stofflich genutzte Pflanzen, so genannte **Industriepflanzen**, oder für energetisch genutzte Pflanzen, so genannte **Energiepflanzen**, zu nutzen. Diese Maßnahmen können dazu beitragen, die Agrarwirtschaft zu stärken und in ländlichen Gebieten Arbeitsplätze zu erhalten bzw. neue zu schaffen.

Ein weiterer wesentlicher Vorteil der nachwachsenden Rohstoffe wurde bereits kurz bei der Besprechung der ◘ Abb. 1.3 erwähnt: Nachwachsende Rohstoffe haben relativ komplexe Strukturen, die der Chemiker für bestimmte Einsatzzwecke direkt nutzen kann, ohne dass aufwendige Aufbauschritte wie in der Petrochemie, erforderlich sind. Ein schon recht altbekanntes Beispiel dafür ist die Synthese von Seifen, den Alkalisalzen langkettiger Carbonsäuren: Während sie petrochemisch in zahlreichen Schritten aus Alkenen oder Alkanen aufgebaut werden müssen, können sie in der Oleochemie in einem einzelnen Schritt durch Verseifung der Fette und Öle mit Natron- oder Kalilauge hergestellt werden. Die **Syntheseleistung der Natur** wird für das gewünschte Endprodukt vollständig genutzt und kostenaufwendige Syntheseschritte werden eingespart.

Ein großer **Nachteil** nachwachsender Rohstoffe ist häufig ihre **Beschaffung und Logistik**. Während man Erdöl oder Erdgas relativ einfach an der Bohrstelle gewinnen und in Pipelines verfrachten kann, müssen cellulosehaltige Baumstämme oder stärkehaltige Kartoffeln erst auf einer großen Wald- oder Ackerfläche mühsam eingesammelt und dann zu einer zentralen Verarbeitungsstelle geschafft werden. Das Gleiche gilt auch, wenn man irgendwelche Reststoffe, wie z. B. Sägespäne aus zahlreichen Sägewerken oder Stroh von vielen einzelnen Feldern, herbeischaffen will. Die Beschaffung nachwachsender Rohstoffe hängt deshalb meist mit aufwendigen (teuren) Transportmaßnahmen zusammen.

Eine wichtige Frage in der chemischen Industrie ist immer die **Wirtschaftlichkeit** eines Verfahrens. Die schönste Chemie wird technisch nicht durchgeführt, wenn der Kunde nicht bereit ist, den Preis des Produktes zu bezahlen. ◘ Tab. 1.3 hat uns gezeigt, dass in Deutschland bereits Produkte auf Basis nachwachsender Rohstoffe in der Größenordnung von 2,7 Mio. pro Jahr hergestellt und verkauft werden. Also muss die Wirtschaftlichkeit für diese Produkte gewährleistet sein. Aber gilt das generell für alle nachwachsenden Rohstoffe? Schauen wir dazu in ◘ Tab. 1.4, in der die Einkaufspreise für einige wichtige Basischemikalien auf Basis fossiler bzw. nachwachsender Rohstoffe aufgelistet sind. Diese Preise sind oft deutlichen Schwankungen unterworfen. Uns kommt es aber bei den Werten dieser Tabelle nicht auf die aktuellen Tagespreise an, sondern wiederum nur auf die Größenordnungen und den groben Wertevergleich der Produkte untereinander.

◘ Tab. 1.4 zeigt uns, dass die großen Basischemikalien auf Basis von Erdöl, die Olefine Ethen und Propen sowie die Aromaten Benzol und Toluol, sowohl bezüglich der Produktionsmengen als auch bezüglich der Preise sich in einer ähnlichen Größenordnung befinden wie die großen Produkte aus der Reihe der nachwachsenden Rohstoffe, also z. B. Cellulose oder Saccharose. Einige nachwachsende Rohstoffe jedoch, z. B. die Zucker D-Xylose und L-Sorbose, werden derzeit nur in kleinen Mengen produziert und haben auch deutlich höhere Preise. Es hängt also bei den nachwachsenden Rohstoffen sehr stark davon ab, für welche Zwecke man sie einsetzen möchte: Eine teure Ausgangschemikalie kann man nur dann einsetzen, wenn das Produkt diesen Preis auch rechtfertigt.

Ein generelles **Problem** der nachwachsenden Rohstoffe hängt mit ihrem Molekülaufbau und ihrer Elementzusammensetzung zusammen. Petrochemische Basischemikalien bestehen meist nur aus Kohlenstoff und Wasserstoff. Bei den großen Gruppen der nachwachsenden Rohstoffe gehören nur die Grundkörper der Terpene zu den Kohlenwasserstoffen, alle anderen nachwachsenden Rohstoffe enthalten noch zusätzlich Sauerstoff, Stickstoff oder weitere Elemente. ◘ Tab. 1.5 gibt anhand einiger Beispiele einen ersten Vergleich zwischen fossilen und nachwachsenden Rohstoffen bzgl. ihrer **molaren Elementzusammensetzung**.

In den nachwachsenden Rohstoffen ist vielfach Sauerstoff in größeren Mengen vorhanden. Dieser Sauerstoff liegt in Form von Carbonsäure-, Aldehyd-, Keton- und/oder Alkoholgruppen vor und macht die

◘ Tab. 1.4 Preisvergleich von Basischemikalien auf petrochemischer und nachwachsender Basis (Welt 2005, ohne Gewähr)

Rohstoff	Basischemikalie	Mengen(10^6 t a^{-1})	Preis(€ t^{-1})
Erdöl	Ethen	100	1000
	Propen	64	1000
	Methanol	25	150
	Benzol	23	900
	Toluol	7	250
Nachw. Rohstoffe	Cellulose	320	500
	Saccharose	169	200
	Stärke	55	250
	Bioethanol	32	650
	D-Glucose	30	300
	Isomaltulose	0,07	2000
	D-Xylose	0,03	4500
	L-Sorbose	0,06	7500

◘ Tab. 1.5 Vergleich fossiler und nachwachsender Rohstoffe bzgl. ihrer Elementzusammensetzung (angegeben ist das molare C/H/O/N-Verhältnis bezogen auf den Kohlenstoff)

	Rohstoff	Summenformel	C	H	O	N
Fossile Rohstoffe	Anthrazitkohle	C	1	0	0	0
	Erdöl	$-CH_2-$	1	2	0	0
	Trockenes Erdgas	CH_4	1	4	0	0
Nachwachsende Rohstoffe	Fette, z. B. Glycerintrioleat	$C_{57}H_{104}O_6$	1	1,8	0,1	0
	Kohlenhydrate, z. B. Glucose	$C_6H_{12}O_6$	1	2	1	0
	Terpene, z. B. Myrcen	$C_{10}H_{16}$	1	1,6	0	0
	Aminosäuren, z. B. Alanin	$C_3H_7O_2N$	1	2,3	0,7	0,3

Moleküle relativ hydrophil, also wasserlöslich. Vergleicht man z. B. die Formeln der technisch wichtigen C_6-Kohlenwasserstoffe *n*-Hexen [C_6H_{12}], Cyclohexan [C_6H_{12}] und Benzol [C_6H_6] mit dem C_6-Kohlenhydrat Glucose [$C_6H_{12}O_6$], so wird offensichtlich, dass das Kohlenhydrat gänzlich andere Eigenschaften haben muss: Die Kohlenwasserstoffe sind nahezu wasserunlöslich, Glucose ist aufgrund ihrer Hydroxygruppen sehr gut wasserlöslich. Will man also mit der Glucose eine ähnliche Chemie betreiben wie mit den Kohlenwasserstoffen, muss man das Kohlenhydrat dehydratisieren oder hydrierend dehydratisieren, um den „überschüssigen" Sauerstoff zu entfernen. In den Augen des Petrochemikers sind die

◘ Tab. 1.6 Elementare Zusammensetzung der Rohstoffe (in Gew.-%)

Rohstoff	C	H	O
Erdöl	85–90	10–14	0–1,5
Öle/Fette	76	13	6
Lignocellulose	50	6	43

Kohlenhydrate deshalb **überfunktionalisiert** und müssen für einige Anwendungen erst *defunktionalisiert* werden.

Die Besonderheiten nachwachsender Rohstoffe bei der elementaren Zusammensetzung werden noch offensichtlicher, wenn man nicht – wie in ◘ Tab. 1.5 – die molaren Verhältnisse, sondern die Gewichtsverhältnisse anschaut. ◘ Tab. 1.6 gibt für Erdöl, Öle und Fette sowie für Lignocellulose die ungefähren Zusammensetzungen an Kohlenstoff, Wasserstoff und Sauerstoff in Gewichtsprozent wieder. Während die Fette und Öle dem Erdöl noch relativ ähnlich sind, ist die Lignocellulose mit nur 50 % C-Anteil, aber 43 % O-Anteil ein vollkommen anderer Rohstoff, für den neue Aufbereitungs- und Verwertungsmethoden entwickelt werden müssen.

Wie die **Aufbereitung** im Einzelnen aussieht, hängt jeweils stark vom nachwachsenden Rohstoff ab und wird in den speziellen Kapiteln dieses Buches besprochen. Generell aber gilt für die natürlichen Rohstoffe das in ◘ Abb. 1.6 beschriebene Grundschema (vgl. ► Kap. 20): Die Rohstoffe werden nach ihrem Antransport meist zuerst mechanisch in Mühlen zerkleinert und/oder durch Aufschlussverfahren oder Extraktionen in ausreichender Reinheit

isoliert. Entweder können sie dann direkt als Synthesebausteine eingesetzt werden (wie z. B. Saccharose aus der Zuckerrübe), oder sie werden zuerst chemisch und/oder biotechnologisch in einen besser handhabbaren Synthesebaustein umgesetzt (Konversion), wie z. B. Stärke, die häufig zuerst noch biotechnologisch in kleinere Kohlenhydrat-Bruchstücke hydrolysiert wird (vgl. ► Kap. 8).

Zusammenfassung *(Take-Home Messages)*
- **Nachwachsende Rohstoffe** sind organische Materialien aus der Natur, die stofflich oder energetisch im Nichtnahrungsbereich genutzt werden.
- Wichtige **primäre Inhaltsstoffe** sind die Triglyceride in Fetten und Ölen sowie die Kohlenhydrate, die sich in Zucker, Cellulose, Hemicellulosen, Chitin und Stärke unterteilen lassen.
- Wichtige **sekundäre Inhaltsstoffe** sind Terpenoide und natürliche Farb- und Riechstoffe, Pharmaka und Vitamine.
- Die nachwachsenden Rohstoffe bilden sich durch Photosynthese jährlich in einer **Menge von ca. 170 Mrd. Tonnen** neu. Die fossilen Rohstoffe Kohle, Erdgas und Erdöl stehen uns zwar noch viele Jahre zur Verfügung, ihre Vorräte sind jedoch endlich.
- Der **Anteil der nachwachsenden Rohstoffe** an der Produktion von Chemikalien beträgt derzeit in Deutschland ca. 13 %. Am meisten werden Fette und Öle verwendet, gefolgt von Cellulose, Stärke, Proteinen und Zucker.

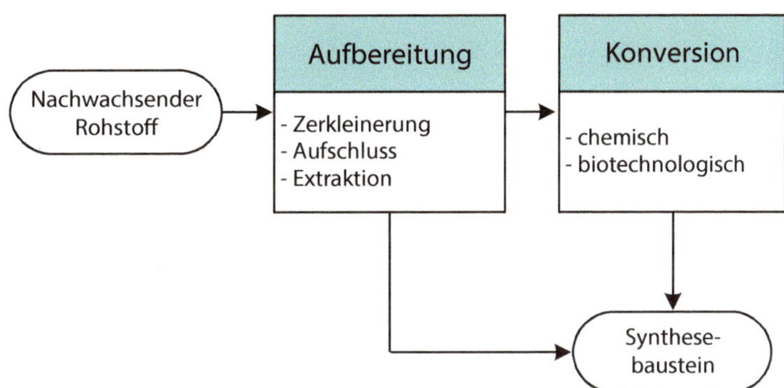

◘ Abb. 1.6 Aufbereitung und Konversion nachwachsender Rohstoffe

- Die nachwachsenden Rohstoffe haben ganz andere **Strukturen und Zusammensetzungen** als Petrochemikalien. Trotzdem ist es theoretisch möglich, die derzeitige Petrochemie langfristig durch die Chemie nachwachsender Rohstoffe zu ersetzen.
- Allerdings sind einige nachwachsende Rohstoffe, speziell die Kohlenhydrate, „überfunktionalisiert" und es müssen Methoden zur **Defunktionalisierung** entwickelt werden.
- Große **Vorteile** der nachwachsenden Rohstoffe sind ihre „unendliche Verfügbarkeit", ihre CO_2-Neutralität und ihre gute Abbaubarkeit. Außerdem helfen sie bei der Nutzung brachliegender Ackerflächen. Besonders vorteilhaft ist, wenn sie aufgrund ihrer meist komplexen Strukturen ohne aufwendige mehrstufige Synthesen direkt chemisch genutzt werden können.
- Ein **Nachteil** ist das aufwendige Anbauen und/oder Einsammeln der nachwachsenden Rohstoffe. Dadurch sind ihre Preise im Vergleich zur Petrochemie oft noch zu hoch. Aber es gibt auch eine Reihe nachwachsender Rohstoffe, die bereits jetzt mengenmäßig ausreichend und preisgünstig zur Verfügung stehen.
- Bei der chemischen Nutzung nachwachsender Rohstoffe muss meist zuerst ein physikalischer Prozess der **Aufbereitung** erfolgen, ehe dann eine chemische oder biotechnologische **Konversion** in einen gut handhabbaren Synthesebaustein durchgeführt wird.

? **Zehn Quickies zu ► Kap. 1**

1. Formulieren Sie die allgemeine Gleichung für die Photosynthese!
2. Nennen Sie einige wichtige Zucker! Schauen Sie notfalls in ◘ Tab. 1.1 oder ◘ Tab. 1.4.
3. Vergleichen Sie die Summenformel des Terpens Myrcen (◘ Tab. 1.5) mit der des petrochemischen Decatrien!
4. Gibt es auch in den Ozeanen nachwachsende Rohstoffe?
5. Kommt Cellulose nur in Baumholz vor?
6. Bestehen Sojabohnen ausschließlich aus Ölen und Fetten?
7. Was gewinnt man aus der Jojobapflanze?
8. Nennen Sie die zwei mengenmäßig wichtigsten nachwachsenden Rohstoffe!
9. Welche Gruppe nachwachsender Rohstoffe wird in Deutschland am häufigsten zu Chemikalien verarbeitet? Wer war einer der Pioniere dieser Umsetzungen?
10. Unterscheiden Sie zwischen Industrie- und Energiepflanzen! Kennen Sie Beispiele?

■ ■ **… und zur Belohnung noch ein Fußballer-Zitat:**

» Jede Seite hat zwei Medaillen (Mario Basler)

Weiterführende Literatur

Monographien und Übersichtsartikel

Vogel GH (2014) Chemie erneuerbarer kohlenstoffbasierter Rohstoffe zur Produktion von Chemikalien und Kraftstoffen. Chem Ing Tech 86:2135–2149

Türk O (2014) Stoffliche Nutzung nachwachsender Rohstoffe. Springer Vieweg, Wiesbaden

Behrens M, Datye AK (Hrsg) (2013) Catalysis for the conversion of biomass and its derivatives. Edition Open Access, Berlin

Ulber R, Sell D, Hirth T (2011) Renewable raw materials. Wiley-VCH, Weinheim

Lancaster M (2016) Green Chemistry: An Introductory Text. Chapt. 6: Renewable Resources. RSC Paperbacks, Royal Society of Chemistry, Cambridge

Behr A, Johnen L (2009) Alternative feedstocks for synthesis. In: Anastas PT (Hrsg) Handbook of green chemistry. Wiley-VCH-Verlag, Weinheim

Langeveld H, Meeusen M, Sanders J (2010) The biobased economy: biofuels, materials and chemicals in the post-oil era. Earthscan, London

Hill K, Höfer R (2009) Biomass for green chemistry. In: Höfer R (Hrsg) Sustainable solutions for modern economies. Royal Society of Chemistry, Cambridge

Behr A (2008) Angewandte homogene Katalyse. Kap. 44: Homogene Katalyse mit nachwachsenden Rohstoffen Wiley-VCH Verlag, Weinheim

Clark J, Deswarte F (Hrsg) (2008) Introduction to chemicals from biomass. John Wiley and Sons, Chichester, West Sussex

Corma A, Iborra S, Velty A (2007) Chemical routes for the transformation of biomass into chemicals. Chem Rev 107:2411–2502

Graziani M, Fornasiero P (2007) Renewable resources and renewable energy – a global challenge. CRC Press, Taylor & Francis Group, Boca Raton

Centi G, Van Santen RA (Hrsg) (2007) Catalysis for renewables: from feedstock to energy production. Wiley-VCH, Weinheim

Schäfer B (2007) Naturstoffe der chemischen Industrie. Spektrum Akademischer Verlag, Heidelberg

Steglich W, Fugmann B, Lang-Fugmann S (2000) Römpp encyclopedia natural products. Georg Thieme Verlag, Stuttgart

Originalstellen

Verband der Chemischen Industrie – VCI (2015) Chances and limitations for the use of renewable raw materials in the chemical industry. https://www.vci.de/langfassungen-pdf/chances-and-limitations-for-the-use-of-renewable-raw-materials-in-the-chemical-industry.pdf (Mai 2015)

Fukuoka A, Murzin DY, Roman-Leshkov Y (2014) Special issue on biomass catalysis. J Mol Catal A: Chem 388–389:1–188

Besson M, Gallezot P, Pinel C (2014) Conversion of biomass into chemicals over metal catalysts. Chem Rev 114:1827–1870

Keim W, Röper M et al (2010) Positionspapier: Rohstoffbasis im Wandel. GDCh, Dechema, DGMK, VCI, Frankfurt

Behr A, Johnen L, Vorholt A (2009) Katalytische Verfahren mit nachwachsenden Rohstoffen. Nachrichten aus der Chemie 57:757–761

Fonds der Chemischen Industrie – FCI (2009) Folienserie „Nachwachsende Rohstoffe", Download unter: https://www.vci.de/fonds/presse-und-infos/publikationen/listenseite.jsp. Zugegriffen: 21. März 2017

DECHEMA (2008) Positionspapier Einsatz nachwachsender Rohstoffe in der chemischen Industrie. Frankfurt. http://dechema.de/dechema_media/Downloads/Positionspapiere/PP_in_der_chemischen_Industrie_final_DINA5.pdf. Zugegriffen: 15. Sept. 2017

Diercks R et al (2008) Raw material changes in the chemical industry. Chem Eng Technol 31:631–637

Fachagentur Nachwachsende Rohstoffe – FNR (Hrsg) (2006/2007) Marktanalyse Nachwachsende Rohstoffe, Teil I (2006) und Teil II (2007). Gülzow. http://www.nachwachsenderohstoffe.de

Busch R et al. (2006) Nutzung nachwachsender Rohstoffe in der industriellen Stoffproduktion. Chem Ing Tech 78:219–228

Van Bekkum H, Gallezot P (Hrsg) (2004) Catalytic conversion of renewables. Special issue of Topics in Catalysis 27, Issue 1–4

U.S. Department of Energy (2004) Top value added chemicals from biomass

FETTE UND ÖLE

Fette Pflanzen

Fette und Öle

© Springer-Verlag GmbH Deutschland 2018
A. Behr, T. Seidensticker, *Einführung in die Chemie nachwachsender Rohstoffe*,
https://doi.org/10.1007/978-3-662-55255-1_2

Kapitelfahrplan
- Die Nomenklatur der Oleochemie wird erläutert und die wichtigsten Fettsäuren werden besprochen.
- Sie erfahren, welche Fette und Öle von technischer Bedeutung sind und warum.
- Die zwölf wichtigsten pflanzlichen Fette und Öle werden der Reihe nach vorgestellt, jeweils mit der Beschreibung der Pflanze, des Öls, seiner Gewinnung, seiner Zusammensetzung und seiner wichtigsten Anwendungen.
- Die tierischen Fette und Öle werden Ihnen kurz vorgestellt.
- Am Ende erhalten Sie einen Einblick in die Produktionszahlen der Fette und Öle.

2.1   Einführungen in die Fettchemie

Fette und Öle (engl. *fats and oils*) haben chemisch denselben Aufbau; sie unterscheiden sich nur in ihren Schmelzpunkten. **Öle** haben einen Schmelzpunkt unterhalb der Raumtemperatur, sind also (zäh) flüssig, **Fette** haben einen Schmelzpunkt oberhalb der Raumtemperatur, sind also fest. Unter „fest" ist in der Oleochemie jedoch meist ein Aggregatzustand ähnlich wie Margarine zu verstehen. Fette kann man somit thermisch in Öle umwandeln und umgekehrt. Wer schon einmal flüssiges Olivenöl im Kühlschrank aufbewahrt hat, wird sicherlich nach einiger Zeit eine leichte Trübung beobachtet haben. In den folgenden Abschnitten werden wir vereinfachend nur von „Fetten" reden, gemeint sind aber immer „Fette und Öle".

Fette sind chemisch überwiegend **Triglyceride**, also Triester des Glycerins (1,2,3-Propantriol; engl. *glycerol*) mit langkettigen Carbonsäuren, den so genannten Fettsäuren (engl. *fatty acids*). Die drei Fettsäuren im Triglycerid können gleich, aber auch unterschiedlich aufgebaut sein. Ein typisches Beispiel für ein Fettmolekül zeigt ◻ Abb. 2.1. Durch Spaltung mit drei Molen Wasser lässt sich der Triester in das Triol Glycerin und in die drei Fettsäuren überführen, in diesem Beispiel in die Fettsäuren Stearinsäure, Ölsäure und Palmitinsäure. Diesen Vorgang nennt man auch **Fettspaltung** (engl. *fat splitting*) oder **Hydrolyse** (engl. *hydrolysis*).

In ◻ Abb. 2.1 ist die Fettkette in der Skelettformel-Schreibweise dargestellt; dies vereinfacht wesentlich das Schreiben der langen Formeln. Die Abbildung zeigt auch, dass diese Reaktion umkehrbar ist, dass man also auch Triglyceride chemisch aus Glycerin und Fettsäuren synthetisieren kann. Im Labor nimmt man hierfür meist eine Säure als Katalysator hinzu.

In ◻ Abb. 2.1 sehen wir drei unterschiedliche Fettsäuren (von oben nach unten): die gesättigte

◻ **Abb. 2.1**   Fettspaltung eines Triglycerids mit Wasser in Glycerin und Fettsäuren

Octadecansäure mit dem Trivialnamen Stearinsäure, die ungesättigte *cis*-9-Octadecensäure, die Ölsäure, und die gesättigte Hexadecansäure mit dem Trivialnamen Palmitinsäure. Es fällt gleich auf, dass es sich nur um geradzahlige Carbonsäuren handelt. In der Tat findet man in der Natur nur in seltenen Fällen ungeradzahlige Carbonsäuren, wie z. B. die Pentadecansäure. Alle Carbonsäuren haben natürlich eine IUPAC-Bezeichnung, die aber in der Oleochemie nur selten benutzt wird. Oftmals schon vor vielen Jahrzehnten sind Trivialnamen eingeführt worden.

Exkurs: Der faule Oleochemiker

Der Oleochemiker macht es sich häufig ein bisschen leichter und bezeichnet die Fettsäuren mit einem Kürzel. In diesem Kürzel steht zuerst das Symbol des Kohlenstoffs, gefolgt von der Anzahl der Kohlenstoffatome. Dann kommt nach einem Doppelpunkt die Anzahl der C=C-Doppelbindungen. Stearinsäure ist somit C18:0-Säure, Palmitinsäure C16:0-Säure und Ölsäure C18:1-Säure ($\square$ Abb. 2.1). Will der Oleochemiker noch angeben, an welcher Position sich die Doppelbindung befindet, so schreibt er das in Klammern nach einem großen griechischen Delta Δ. Will er auf eine *cis*-Doppelbindung hinweisen, erfolgt das mit der Abkürzung „c.", eine *trans*-Doppelbindung entsprechend mit „t.". Das vollständige Kürzel für die Ölsäure ist somit: C18:1 (Δ9/c.). Befinden sich mehrere Doppelbindungen in der Fettkette, so werden diese der Reihe nach in der Klammer aufgeführt. Die im Fischöl vorkommende Eicosapentaensäure besteht z. B. aus 20 C-Atomen und hat fünf *cis*-Doppelbindungen in den Positionen 5, 8, 11, 14 und 17; das Kürzel dazu lautet C20:5(Δ5,8,11,14,17/all c.).

Welche langkettigen Carbonsäuren findet man in den natürlichen Fetten? Hier werden in der Literatur etwas unterschiedliche Angaben gemacht, aber üblicherweise werden die geradzahligen gesättigten oder ungesättigten aliphatischen Carbonsäuren im C-Zahl-Bereich zwischen C_8 bis C_{22} dazu gezählt; in Ausnahmefällen werden auch Carbonsäuren bis C_{30} mit berücksichtigt. Ebenfalls findet man in sehr seltenen Fällen Fettsäuren mit Ketten, die einen aliphatischen Zyklus enthalten oder verzweigt sind. Im Folgenden sind die wichtigsten gesättigten Fettsäuren in $\square$ Tab. 2.1 und die wichtigsten ungesättigten Fettsäuren in $\square$ Tab. 2.2 aufgeführt. Diese Informationen sind nicht zum Auswendiglernen gedacht, sondern zum Nachschlagen.

Neben diesen Fettsäuren, die ausschließlich einen aliphatischen Kohlenwasserstoffrest besitzen, gibt es auch einige Fettsäuren, die zusätzlich zur Carboxygruppe noch eine weitere funktionelle Gruppe, z. B. eine Hydroxy-, Keto- oder Epoxygruppe, tragen. Die bekanntesten Vertreter dieser Fettsäuren sind in $\square$ Abb. 2.2 aufgeführt.

Im folgenden ▶ Abschn. 2.2 werden die Pflanzen und Tiere vorgestellt, in denen Fette mit den unterschiedlichsten Fettsäuremustern vorkommen. In ▶ Kap. 3 wird Ihnen die technische Verarbeitung der Fette zu Fettestern, Fettalkoholen und Fettaminen erläutert. In ▶ Kap. 4 gibt es einen Überblick über die weitere Folgechemie der Fettstoffe,

$\square$ **Tab. 2.1** Wichtige gesättigte Fettsäuren

Abkürzung	IUPAC-Name	Trivialname	Englische Bezeichnung	Vorkommen
C8:0	Octansäure	Caprylsäure	Caprylic acid	Butter, Kokosöl
C10:0	Decansäure	Caprinsäure	Capric acid	Butter, Kokosöl
C12:0	Dodecansäure	Laurinsäure	Lauric acid	Tierfette, Kokosöl
C14:0	Tetradecansäure	Myristinsäure	Myristic acid	Tierfette, Kokosöl
C16:0	Hexadecansäure	Palmitinsäure	Palmitic acid	Tierfette, Palmöl
C18:0	Octadecansäure	Stearinsäure	Stearic acid	Tierfette, Palmöl
C20:0	Eicosansäure	Arachinsäure	Arachidic acid	Erdnuss-, Rüb- und Kakaoöl
C22:0	Docosansäure	Behensäure	Behenic acid	Rüb-, Erdnussöl

Tab. 2.2 Wichtige ungesättigte Fettsäuren

Abkürzung	IUPAC-Name	Trivialname	Englische Bezeichnung	Vorkommen
C16:1(Δ9/c.)	*cis*-9-Hexadecensäure	Palmitoleinsäure	Palmitoleic acid	Samenöle, Meerestiere
C18:1(Δ6/c.)	*cis*-6-Octadecensäure	Petroselinsäure	Petroselinic acid	Petersiliensamen
C18:1(Δ9/c.)	*cis*-9-Octadecensäure	Ölsäure	Oleic acid	Palmöl, Tierfette
C18:1(Δ9/t.)	*trans*-9-Octadecensäure	Elaidinsäure	Elaidic acid	Wiederkäuer-Fette
C18:2(Δ9,12/c.c.)	9,12-Octadecadiensäure	Linolsäure	Linoleic acid	Sonnenblume, Tierfette
C18:3(Δ9,12,15/ all c.)	9,12,15-Octadecatriensäure	Linolensäure	Linolenic acid	Pflanzenöle, Hanf-/Leinöle
C18:3(Δ8,10,12/ t.t.c.)	8,10,12-Octadecatriensäure	Calendulasäure	Calendulic acid	Korbblütler (Ringelblume)
C20:1(Δ5/c.)	*cis*-5-Eicosensäure	–	Eicosenoic acid	Weißer Sumpfschnabel
C20:4(Δ5,8,11,14/ all c.)	all-*cis*-5,8,11,14-Eicosatetraensäure	Arachidonsäure	Arachidonic acid	Leber, Tierfette, Fischöle
C22:1(Δ13/c.)	*cis*-13-Docosensäure	Erucasäure	Erucic acid	Alter Raps
C22:1(Δ13/t.)	*trans*-13-Docosensäure	Brassidinsäure	Brassidic acid	Isomerisierung von Erucasäure

insbesondere der ungesättigten Oleochemikalien. In ▸ Kap. 5 wenden wir uns dann dem Glycerin zu, dem zwangsläufigen Koppelprodukt der Oleochemie (■ Abb. 2.1).

2.2 Überblick über wichtige Pflanzenöle und Tierfette

Vorab wird Ihnen mit ■ Tab. 2.3 ein Überblick über die in der Technik wichtigsten Fette gegeben. Schon bei einem allerersten Blick über diese Tabelle fällt auf, dass es zwei sehr unterschiedliche Klassen von Fetten gibt: Eine Klasse enthält insbesondere die kurzkettigen C_{12}- und C_{14}-Fettsäuren, nämlich das Kokosöl und das Palmkernöl. Diese kurzkettigen Fettsäuren werden in der Industrie vereinfacht die **Laurics** genannt, eine Bezeichnung, die natürlich von der C12:0-Säure, der Laurinsäure, her stammt. Wie wir noch in ▸ Kap. 3 sehen werden, sind die Laurics von großer Bedeutung zur Herstellung spezieller Tenside. Zur Produktion dieser Tenside ist man somit ausschließlich auf Kokosöl und Palmkernöl angewiesen. Die zweite große Klasse der Fette enthält überwiegend C_{18}- und C_{16}-Fettsäuren.

■ Tab. 2.3 zeigt ebenfalls zwei Beispiele dafür, dass Fette durch Züchtung oder auch durch Anwendung der Gentechnik verändert und weiterentwickelt werden können. Das ursprüngliche Rapsöl („alt") enthält sehr viel Erucasäure (C22:1) und ist dadurch für die menschliche Ernährung ungeeignet. Durch Züchtung wurde das „neue" Rapsöl entwickelt, das statt Erucasäure viel Ölsäure (C18:1) und Linolsäure (C18:2) enthält. Ähnlich war die Entwicklung bei der Sonnenblume: Die alte Sorte enthält viel Linolsäure; die neue Sonnenblumen-Qualität wird auch als *high oleic* bezeichnet, weil sie bis zu 91 % Ölsäure enthält. Um einen Vergleich mit tierischen Fetten ziehen zu können, ist in ■ Tab. 2.3 am Ende auch Schmalz aufgeführt.

☐ **Abb. 2.2** Natürliche Fettsäuren mit mehreren funktionellen Gruppen

Es muss darauf hingewiesen werden, dass die Angaben in ☐ Tab. 2.3 über die Fettsäurezusammensetzung der verschiedenen Fette jeweils Mittelwerte sind. Es gibt nicht nur *die* eine Kokospalme, sondern sehr unterschiedliche Züchtungen mit unterschiedlichen Fettsäuregehalten. Bei den Fetten, bei denen die Fett-Zusammensetzung sehr stark variiert (z. B. Erdnussöl und Leinöl), wurden in der Tabelle Unter- und Oberwerte angegeben. Hinzu kommt noch, dass die Erntemengen und die Zusammensetzung der Fette ebenfalls stark vom Wachstumsverlauf und damit vom Wetter abhängig sind.

2.2.1 Kokosöl

Palmen sind bedeutsame Gewächse, die sowohl Fette, Stärke und Eiweiß liefern. Mit ca. 2000 verschiedenen Arten bilden die „Palmae" eine der größten botanischen Familien in der Tropenregion. Ein wichtiger Vertreter ist die Kokospalme (*Cocos nucifera*, engl. *coconut*), deren Verbreitung auf die Äquatorialzone beschränkt ist. Die Kokospalme kann bis zu 30 m hoch werden und trägt Fruchtstände, die 10–15 Kokosnüsse enthalten, die das ganze Jahr über reif werden (☐ Abb. 2.3). Eine Kokosnuss hat ein Gewicht von 1–2,5 kg.

◘ Tab. 2.3 Übersicht über industriell wichtige Ölpflanzen und ihre Fettsäurezusammensetzung (typische Mittelwerte in Gew.-%)

Öl/Fett	12:0	14:0	16:0	18:0	18:1	18:2	18:3	20:1	22:1
Kokosöl	48	17	9	2	7	1	0	0	0
Palmkernöl	50	15	7	2	15	1	0	0	0
Palmöl	0	2	42	5	41	10	0	0	0
Rapsöl (alt)	0	1	2	1	15	15	7	5	50
Rapsöl (neu)	0	1	4	1	60	20	9	2	2
Sonnenblume (alt)	0	0	6	4	28	61	0	0	0
Sonnenblume (neu)	0	0	4	2	91	3	0	0	0
Sojaöl	0	0	8	4	28	53	6	1	0
Erdnussöl	0	1	10	4	36–72	13–45	1	1	0
Leinöl	0	0	6	3	15–25	10–30	50–60	0	0
Schmalz	0	1	31	13	46	6	0	0	0

◘ Abb. 2.3   Kokospalme (© tobrother / Fotolia)

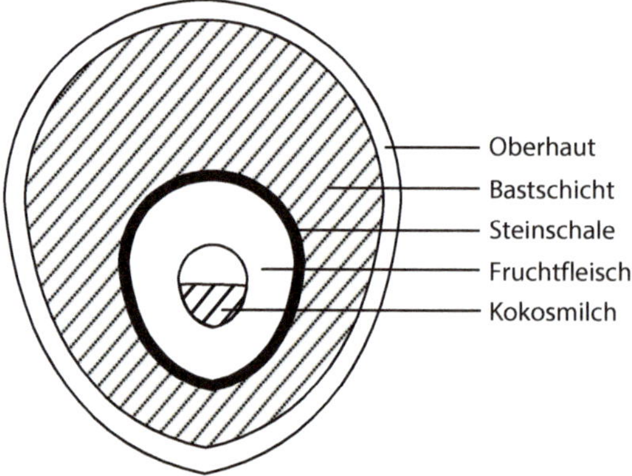

◘ Abb. 2.4   Querschnitt durch eine Kokosnuss

Jede Kokosnuss enthält im Inneren das Fruchtfleisch (die Kopra), das ca. 60 % Fette enthält. In jungen, unreifen Früchten befindet sich in einem Hohlraum des Fruchtfleisches noch das Fruchtwasser, auch als Kokosmilch bezeichnet (◘ Abb. 2.4). Die Kopra ist von einer hölzernen Steinschale umgeben, die ihrerseits wieder von einer mehreren Zentimetern dicken Schicht von Kokosfasern, der Bastschicht, umschlossen wird. Die äußerste Hülle der Kokosnuss ist eine lederartige Oberhaut. Neuere Züchtungen der Kokospalme zielen darauf hin, Kokospalmen mit kürzeren Stämmen zu entwickeln. Sie können damit besser den tropischen Stürmen widerstehen, haben eine erhöhte Krankheitsresistenz und lassen sich besser ernten,

z. B. auch mit Erntemaschinen. Es gibt inzwischen Zwergmutanten der *Cocos nucifera*, die nur ca. 2 m hoch werden.

Exkurs: Die dressierten Affen

Die klassische Ernte von Kokosnüssen erfolgt nach mehreren Methoden: Man kann die reifen Nüsse auf den Boden fallen lassen und sammelt sie dort ein. Dies führt allerdings zu Ernteverlusten. In Afrika und Asien erfolgt die Ernte auch immer noch durch Pflücker, die die 30 m hohen Stämme hochklettern, um zu den Fruchtständen zu gelangen. In Malaysia gibt es für die Ernte extra darauf abgerichtete Affen, die Makaken, die die Palmen hochklettern und die Früchte herunterwerfen.

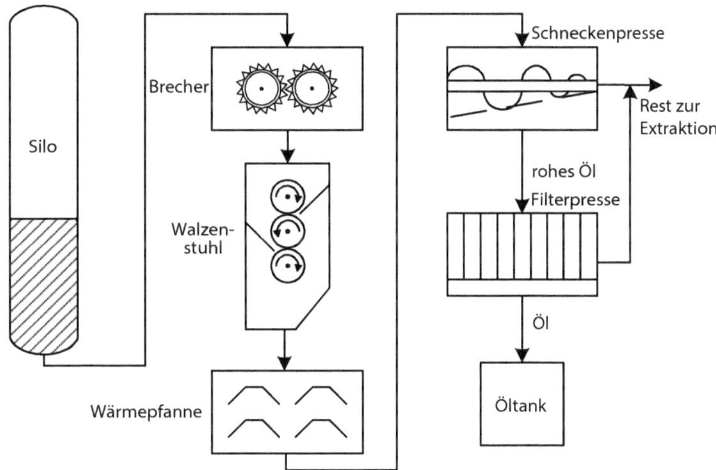

Abb. 2.5 Mechanische Verfahren zur Ölgewinnung aus Ölfrüchten

Die Kokosnüsse werden von Oberhaut und Bastschicht befreit und die Steinschale mechanisch aufgebrochen, um die Kopra zu erhalten. Am Beispiel der Kopra wird im Folgenden die typische weitere Aufarbeitung von Ölfrüchten vorgestellt. Diese **Aufarbeitung** wird in folgenden Schritten durchgeführt (**Abb. 2.5**):

- Die Kopra wird dann durch Brechwerke und Walzenstühle erst grob und dann fein **zerkleinert.**
- Das zerkleinerte Pflanzenmaterial wird schließlich in einer Wärmepfanne auf Temperaturen von z. B. 70 °C **erhitzt:** Dadurch wird die Viskosität des Öls erniedrigt, das besser fließfähig wird. Außerdem werden Zellmembranen zerstört und Proteine koaguliert: Beides führt zu einer besseren Extrahierbarkeit des Öls.
- Die nächste Stufe der Aufarbeitung ist das **Auspressen** des Öls in einer kontinuierlich betriebenen Presse. Hierzu werden Schneckenpressen eingesetzt, in denen sich eine Presswelle in Form einer Schnecke befindet, ähnlich wie in einem Fleischwolf. Um den Druck im Laufe des Pressvorgangs zu erhöhen, verjüngt sich der Durchmesser des Schneckengangs in Förderrichtung. Durch den Pressdruck entstehen Temperaturen bis ca. 100 °C. Die Schneckenpressen haben an ihrer Außenseite ein Sieb, durch das das Öl herausläuft. Dieses trübe Öl wird in einer Filterpresse filtriert und fließt dann in einen Vorratstank. Sowohl die Zerkleinerungs- als auch die Pressvorgänge

können wiederholt werden, um die Ölausbeute zu erhöhen.

Die verbleibenden Pflanzenreste enthalten nach diesem Vorgang meist noch einen Ölrestgehalt von 8 % oder mehr. Man kann diese Reste als sehr hochwertiges Viehfutter benutzen, aber häufig wird der Ölgehalt durch eine anschließende **Extraktion** noch weiter reduziert:

- Diese Extraktion kann z. B. mit n-Hexan oder mit Benzin erfolgen, wobei das Extraktionsgut im Gegenstrom zum Lösungsmittel geführt wird. Das Lösungsmittel wird anschließend durch Destillation wieder abgetrennt.
- Moderne Verfahren benutzen überkritisches Kohlendioxid ($scCO_2$) als Extraktionsmittel. Diese Verfahren erfordern aber hohe Drücke und sind deshalb kostenaufwendiger. Der Vorteil ist, dass sich das Kohlendioxid beim Entspannen der Lösung direkt vollständig verflüchtigt und somit garantiert keine Rest-Lösungsmittel mehr im Öl enthalten sind.

Die so isolierten „Rohöle" müssen noch in einer weiteren **Raffination** aufbereitet werden:

- Bei der **Entschleimung** werden durch Hydrolyse Eiweißstoffe und Phospholipide ausgefällt: Das Öl wird dadurch wesentlich lagerungsstabiler.
- Enzymatisch oder mikrobiell können die Triglyceride freie Fettsäuren abspalten, die dem Öl ungünstige Eigenschaften verleihen.

Diese Fettsäuren werden in einer **Entsäuerung** durch Zusatz von Alkalilaugen, z. B. verdünnte NaOH, neutralisiert.

- Öle können natürliche Farbstoffe enthalten, z. B. Carotinoide oder Chlorophyll. Ein Großteil dieser Stoffe wird bereits in den ersten beiden Schritten entfernt. Falls erforderlich, kann sich hier noch eine **Bleichung** mit Bleicherde oder eine **Adsorption** an Aktivkohle anschließen.
- Der letzte Schritt ist eine **Dämpfung** des Öls. Leicht flüchtige Produkte des Öls werden nach dem bekannten Prinzip der Vakuum-Wasserdampfdestillation entfernt. Da bei dieser Dämpfung auch unangenehme Gerüche entfernt werden, spricht man von einer Desodorierung des Öls.

Untersucht man das so erhaltene Kokosöl auf seine chemische Zusammensetzung, ergibt sich die bereits in ◖ Tab. 2.3 (Zeile 1) vorgestellte Fettsäureverteilung: Die Triglyceride des Kokosöls enthalten in großen Anteilen die „Laurics", also die Laurinsäure und die Myristinsäure, und in nur geringen Anteilen die Palmitin-, Stearin- und Ölsäure. Kokosöl ist deshalb ein hervorragender Rohstoff für Waschmittelalkohole (vgl. ▶ Kap. 3).

2.2.2 Palmöl und Palmkernöl

Eine weitere wichtige Palmenart ist die Ölpalme (*Elaeis guineensis*, engl. *oil palm*). Sie stammt ursprünglich aus den Regenwäldern Guineas und hat daher ihren botanischen Namen erhalten. Schon 1466 lernten die Portugiesen bei ihren Erkundungsreisen durch Westafrika die Ölpalme kennen, aber erst Mitte des 19. Jahrhunderts brachten die Holländer erste Exemplare nach Indonesien, wo heute – wie im benachbarten Malaysia – große Plantagen der Ölpalme existieren. Während die Kokospalmen sehr schlank sind und die alternden Blätter restlos abwerfen, ist die *Elaeis* relativ gedrungen. An den sechs bis maximal 15 m hohen Ölpalmen bleiben die Stängelreste noch viele Jahre erhalten. Die Ölpalme liefert über 50 Jahre hinweg Ölfrüchte mit einer Jahresproduktion von bis zu 6 t pro Hektar. In den ca. 20 kg schweren Fruchtständen der Ölpalme wachsen

◖ **Abb. 2.6**   Fruchtstand einer Ölpalme (© Thomas Leonhardy/Fotolia)

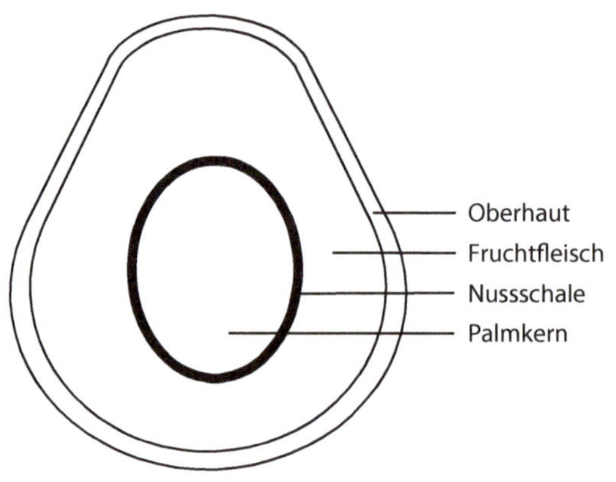

◖ **Abb. 2.7**   Querschnitt durch eine Palmfrucht

eng aneinander gepresst Tausende kleiner Früchte (◖ Abb. 2.6), die ein weiches fettreiches Fruchtfleisch und drei steinharte Samen enthalten. Bricht man die Nussschale dieser Samen auf, gelangt man an den ebenfalls fetthaltigen „Palmkern" (◖ Abb. 2.7).

Beide Bestandteile der Ölfrucht werden separat aufgearbeitet und ergeben verschieden zusammengesetzte Öle: Das Palmkernöl (engl. *palm kernel oil*) enthält, wie das Kokosöl, viele Laurics. Das aus dem Fruchtfleisch gewonnene Palmöl (engl. *palm oil*) besteht hauptsächlich aus den Triglyceriden der Palmitinsäure (die ihren Namen von der Ölpalme erhalten hat) und der Ölsäure. Die Verarbeitung des Fruchtfleischs muss direkt nach der Ernte erfolgen, da sonst bei beschädigten Früchten enzymatische Zersetzungen stattfinden, die die Säurezahl des Öls stark erhöhen (▶ Exkurs: Qualitätskriterien für den Oleochemiker). Die hartschaligen Kerne sind dagegen gut lagerfähig.

Um die Qualität der Rohstoffe schnell beurteilen zu können, hat der Oleochemiker einige Maßzahlen eingeführt, die sich relativ schnell durch Titration bestimmen lassen:

— Die **Iodzahl** (IZ, engl. *iodine value*) ist ein Maß für die Anzahl der C=C-Doppelbindungen und damit für den Gehalt an ungesättigten Fettsäuren. Sie wird entweder durch Titration mit elementarem Brom oder durch die Bestimmung der Aufnahme von Wasserstoff bestimmt.

— Die **Säurezahl** (SZ, engl. *acid number*) ist ein Maß für den Gehalt an „freien" (also nicht an Glycerin gebundenen) Fettsäuren, die sich bei Alterung aus den Triglyceriden abgespalten haben. Die SZ gibt die Masse an KOH (in mg) an, die zur Neutralisation von einem Gramm Öl verbraucht wird. Öle mit hoher Säurezahl sind minderer Qualität und deshalb auch niedriger im Preis.

— Die **Verseifungszahl** (VZ, engl. *saponification number*) gibt an, welche Masse an KOH (in mg) zur Bindung der in einem Gramm Öl enthaltenen freien Säuren und zur Verseifung der Ester notwendig ist.

— Die **Hydroxylzahl** (OHZ, engl. *hydroxyl value*) ist ein Maß für die im Öl vorhandenen OH-Gruppen. Zur Bestimmung der Hydroxylzahl wird das Öl zuerst mit Acetanhydrid verestert. Die Hydroxylzahl gibt dann an, welche Masse an KOH (in mg) benötigt wird, um die bei der Veresterung frei werdende Menge Essigsäure zu neutralisieren.

2.2.3 Rapsöl

Rapsöl oder Rüböl wird aus den Samen des Rapses (*Brassica napus oleifera*; engl. *rapeseed oil*) gewonnen. Raps ist schon seit Langem eine der wichtigsten Ölpflanzen der gemäßigten Zone. Rapskörner wurden bereits in Ausgrabungen germanischer Siedlungen gefunden und im späten Mittelalter wurde in Deutschland das Rapsöl für Beleuchtungszwecke verwendet. Mit der Einführung des Petroleums Ende des 19. Jahrhundert hat es diesen Verwendungszweck allerdings eingebüßt.

Raps gehört botanisch zur Familie der Kreuzblütler. Die Pflanzen werden bis zu 1,5 m hoch; aus den leuchtend gelben Blüten (◘ Abb. 2.8) bilden sich später die Samenschoten. Die darin enthaltenen, fast kugelrunden Saatkörner haben einen Durchmesser bis zu 3 mm. Wenn die Saatkörner glänzend schwarz sind, kann der Raps geerntet und verarbeitet werden.

Frühere („alte") Rapsöle enthalten überwiegend die Erucasäure (C22:1), sowie die Ölsäure (C18:1) und die Linolsäure (C18:2) (◘ Tab. 2.3). Die Erucasäure ist jedoch für die Ernährung des Menschen wertlos, da sie im menschlichen Körper nicht verarbeitet werden kann. Größere Mengen an Erucasäure können sogar zu Krankheiten der Herzkranzgefäße führen. 1974 gelang die Züchtung von erucasäurearmen Rapssorten, den so genannten „0-Sorten". 1978 erfolgte eine weitere Verbesserung, nämlich die Einführung der „00-Sorten". Mit diesen 00-Rapssorten gelang es, auch die Bildung von Glucosinolaten (an Glucose gebundene Senföle, Bitterstoffe) zu verhindern, die zur Störung der Schilddrüsenfunktion führen können. Der „neue Raps" enthält überwiegend Ölsäure und Linolsäure und in geringeren Mengen Linolensäure. Der alte Raps ist als Industrie- und Energiepflanze von einiger Bedeutung; der neue Raps kann unbedenklich für hochwertige Nahrungsmittel eingesetzt werden.

◘ Abb. 2.8   Rapsfeld (© artaxx / Fotolia)

2.2.4 Sonnenblumenöl

Die ursprüngliche Heimat der Sonnenblume ist Nordamerika. 1510 brachten die Spanier die Sonnenblume nach Europa, aber erst im 19. Jahrhundert wurde ihre Bedeutung als Ölpflanze erkannt, als Peter der Große sie in Südrussland in größerem Umfang anpflanzen ließ. Die Sonnenblume (*Helianthus annuus*, engl. *sunflower*) gehört zur Familie der Korbblütler und ist eine einjährige Pflanze, die bis zu 5 m hoch werden kann. Für den kommerziellen Anbau werden aber 1–1,5 m hohe Sorten bevorzugt, die sich maschinell gut ernten lassen. Die Pflanze bildet einen scheibenförmigen Blütenstand (s. Titelbild des Buches), der mehrere Tausend kleiner Früchte enthalten kann. Diese *Sonnenblumenkerne* haben einen Ölanteil von bis zu 57 %, der Rest sind überwiegend Eiweiße, Kohlenhydrate und Mineralstoffe. Das (alte) Sonnenblumenöl enthält überwiegend Linolsäure (44–70 %) und Ölsäure (14–43 %, ◘ Tab. 2.3) und ist wegen des hohen Anteils der essenziellen

Linolsäure (▶ Exkurs: MUFA oder PUFA?) ein hervorragender Rohstoff für die Speiseöl- und Margarineherstellung. In der Industrie wird es zu Seifen und Firnissen verarbeitet und dient teilweise als Ersatz für Leinöl. Der bei der Gewinnung verbleibende Presskuchen enthält bis zu 50 % Eiweiß und wird vielfach als Viehfutter verwendet.

Bei der Sonnenblume sind insbesondere in Russland wichtige Neuzüchtungen erfolgt. Die „neue" Sonnenblume wird auch mit dem Zusatz *high oleic* bezeichnet, weil sie bis zu 91 % Ölsäure, aber nur wenig Linolsäure (3 %) enthält (◘ Tab. 2.3). Dieser Rohstoff führt zu einer Ölsäure mit hohem Reinheitsgrad und ist deshalb für die chemische Nutzung hervorragend geeignet, z. B. für die Herstellung von Lacken, Farben und technische Estern sowie für kosmetische Produkte.

◘ Exkurs: MUFA oder PUFA?

MUFA und PUFA sind keine Seeungeheuer, sondern wiederum nur gängige Abkürzungen der Oleochemiker und Ernährungsberater:

- MUFA sind *monounsaturated fatty acids*, also einfach ungesättigte Fettsäuren, z. B. die häufig vorkommende Ölsäure.

- PUFA sind *polyunsaturated fatty acids*, also mehrfach ungesättigten Fettsäuren. Hierzu gehören die Linolsäure (C18:2), die Linolensäure (C18:3), die Eicosapentaensäure (C20:5, EPA) und die Docosahexaensäure (C22:6, DHA). EPA ist ein Vorläufer der Prostaglandine und verfügt

somit über wichtige pharmakologische Eigenschaften. Die mehrfach ungesättigten Fettsäuren gehören zu den essenziellen Fettsäuren, die dem menschlichen Körper mit der Nahrung zugeführt werden müssen, da er sie nicht selber produzieren kann.

2.2.5 Sojaöl

Die Sojapflanze (*Soja hispida*) gehört zu der Familie der Leguminosen und wurde bereits 1000 v. u. Z. in China angepflanzt. Erst im 19. Jahrhundert gelangte sie nach Europa und Amerika. Die Sojapflanze erzeugt Sojabohnen (engl. *soybeans*), die sowohl das Öl (20 %) als auch größere Mengen Eiweiß (40 %) enthalten. Äußerlich ähnelt die Pflanze der Buschbohne: Sie ist stark behaart und wächst in Form von Sträuchern mit bis zu 80 cm Höhe (◘ Abb. 2.9).

Das Sojaöl wird durch Extraktion gewonnen und enthält ca. 50 % Linolsäure, 30 % Ölsäure und zwischen 3–11 % Linolensäure, die auch für das leichte Ranzigwerden des Sojaöls verantwortlich ist (◘ Tab. 2.3). In Deutschland wird es für die Margarineproduktion verwendet, in den USA auch für die

Herstellung von Speiseölen. Sojaöl enthält bis zu 3 % Lecithine, die als Emulgatoren im Nahrungsmittelbereich als auch zu technischen Zwecken verwendet werden. Der bei der Sojaöl-Gewinnung anfallende Presskuchen, der Sojaschrot, enthält nahezu alle Proteine und Kohlenhydrate und dient in Form von Sojamehl, Sojamilch und Sojaquark (Tofu) als Nahrungsmittel für den Menschen, wird aber auch als Kraftfutter für Tiere eingesetzt. Das Sojaprotein kann nach Auflösen in Alkali auch zu Fäden versponnen werden, die nach Aromatisierung künstliches „Sojafleisch" liefern.

Für die technische Nutzung des Sojaöls ist der hohe Gehalt an Linolsäure entscheidend: Lacke, Firnisse, Schmiermittel, Harze, Weichmacher und Farben werden mit Sojaöl hergestellt. In den letzten Jahren werden sojaölstämmige Polyole verstärkt als

◘ **Abb. 2.9** Sojapflanze (© chungking / Fotolia)

Ausgangsstoffe für Biopolymere (Polyester, Polyurethane, ► Kap. 19) diskutiert.

◘ **Abb. 2.10** Leinpflanzen (© Janine Fretz Weber / Fotolia)

2.2.6 Leinöl

Lein gehört botanisch zur großen Familie der *Linaceae*, von der aber nur der *Linum usitatissimum* (übersetzt: der äußerst nützliche Lein) Bedeutung als Kulturpflanze erlangt hat. Die Frucht des Leins bildet eine kugelförmige oder ovale Kapsel, die die Leinsamen (engl. *linseed*) enthält (◘ Abb. 2.10). Man kann den Lein in Öllein, Ölfaserlein und Faserlein unterteilen, wobei in dieser Reihenfolge der Ölgehalt geringer und der Faseranteil größer wird. Die Leinfaser wird auch als Flachs bezeichnet; Gewebe dieser Leinfaser nennt man Leinen.

Lein war den Sumerern und Ägyptern bereits vor 5000 Jahren bekannt, und auch in Europa wurde Lein bereits in der jüngeren Steinzeit angebaut. Faserlein benötigt für sein Wachstum relativ viel Wasser; der Öllein bevorzugt trockenere, warme Regionen mit Temperaturen um die 20 °C. Leinsamen haben einen Ölgehalt zwischen 30 und 50 %. Wie ◘ Tab. 2.3 zeigt, enthält das durch Mahlung, Pressung und/oder Extraktion gewonnene Leinöl neben Ölsäure (C18:1) und Linolsäure (C18:2) hohe Anteile an Linolensäure (50–60 % C18:3). Allerdings unterliegen die Kennzahlen für Leinöl teilweise sehr starken Schwankungen, insbesondere die Iodzahl (► Exkurs: Qualitätskriterien für den Oleochemiker).

Der hohe Anteil an dreifach ungesättigter Fettsäure führt dazu, dass Leinöl an der Luft durch Reaktionen mit Luftsauerstoff nach und nach polymerisiert und schließlich fest wird: Mehrere Fettsäuremoleküle vereinigen sich zu einem großen, verzweigten Molekül. Ein Öl mit diesem Verhalten wird auch als **trocknendes Öl** bezeichnet. Diese trocknenden Öle sind hervorragend geeignet zur Herstellung ökologisch verträglicher Lacke, Anstrich- und Druckfarben sowie Firnisse. Weitere Anwendungen finden sich in der Papier-, Leder- und Wachstuchindustrie sowie bei der Herstellung des Bodenbelags **Linoleum** (▶ Abschn. 4.2.2). Schon der Name „Linoleum" weist auf den Namen des Hauptrohstoffs, das Leinöl (lat. *oleum lini*), hin.

2.2.7 Rizinusöl

Rizinusöl (*Ricinus communis*, engl. *castor oil*) gehört zur Familie der *Euphorbiaceae* und stammt aus den Tropen Asiens und Afrikas. Heute sind Indien, China, Brasilien und Thailand die Hauptanbaugebiete; in Europa wird die Pflanze z. B. in Rumänien und Spanien angebaut. Die Pflanzen werden bis zu 2 m hoch, haben große bis zu 40 cm lange Blätter und bilden Blütenstände mit bis zu 20 Früchten (◘ Abb. 2.11). Die stacheligen, rot-grünen Früchte enthalten Samen mit einem Ölgehalt von ca. 50 %.

Die Besonderheit des Rizinusöls ist der hohe Gehalt (87 %) von Triglyceriden der Ricinolsäure, die wir bereits in ◘ Abb. 2.2 kennen gelernt haben: Sie ist – wie Ölsäure – eine *cis*-C18:1-Säure, aber mit einer zusätzlichen OH-Gruppe in C12-Position. Außerdem enthält das Rizinusöl geringe Mengen an Ölsäure (7 %) und Linolsäure (3 %) sowie wenige gesättigte Säuren. Allerdings enthält die Rizinuspflanze auch einige toxische Substanzen, wie das Protein Rizin und das Alkaloid Rizinin, die nach der Pressung im Presskuchen verbleiben. Durch physikalische oder chemische Methoden, z. B. durch kurzes Erhitzen auf 140 °C und/oder durch Behandlung mit Basen, können die Giftstoffe jedoch beseitigt und so der Presskuchen auch als Viehfutter genutzt werden.

Rizinusöl wird schon seit Langem angebaut und verwendet, u. a. bereits vor 6000 Jahren im alten Ägypten. In der Pharmazie dient es als Abführmittel und in der Kosmetik für die Herstellung von Badeölen, Lippenstiften und Shampoos. In der Technik werden die guten Schmiereigenschaften und die hohe Viskosität des Rizinusöls für die Herstellung von Schmierölen genutzt. Aufgrund der für Fettstoffe ungewöhnlichen Funktionalität findet Ricinolsäure aber verstärkt auch als oleochemische Reaktivkomponente zur Herstellung von Farben, Lacken, Tinten, Schäumen und Polymeren Verwendung (▶ Abschn. 19.2.2).

2.2.8 Olivenöl

Auch der Olivenbaum (*Olea europaea*) ist schon seit Langem in unserem Kulturkreis heimisch: Seit ca. 5000 Jahren ist er bei den Sumerern und Ägyptern bekannt und wurde schon zur Zeit Homers in Griechenland angepflanzt. Aus dem zuerst mittelhohen Strauch bildet sich ein Baum, der bis zu 20 m hoch und dessen Stamm bis zu 4 m dick werden kann. Durch sein intensives Wurzelwerk ist der Ölbaum sehr anspruchslos und benötigt nur wenig Wasser. Die Steinfrüchte, die Oliven (◘ Abb. 2.12) können bis zu 2,5 cm dick werden und sind je nach Sorte grün, rötlich, violett oder schwarz. Das Olivenöl (engl. *olive oil*) wird durch das Auspressen der reifen, ganzen oder entsteinten Früchte gewonnen. Bei einer ersten Pressung unter mäßigem Druck und Temperaturen bis 25 °C bildet sich das nahezu farblose *oleum virgineum*; bei höherem Pressdruck und höheren Temperaturen entstehen gelbe bis braune Öle.

Der Hauptbestandteile des Olivenöls sind Triglyceride der Ölsäure (84 %); außerdem enthält es Palmitinsäure (9 %), Linolensäure (4 %) und Arachinsäure (1 %). Es ist ein hervorragendes Speiseöl, wird aber auch für die Hautpflege, für die Herstellung von Seifen und für technische Zwecke, z. B. für Maschinenöle, eingesetzt. Wegen des hohen Ölsäureanteils ist es ein wichtiger Rohstoff in der Oleochemie, und wir werden der Ölsäure und ihren Derivaten in ▶ Kap. 3 und ▶ Kap. 4 noch häufiger begegnen.

◘ **Abb. 2.11**   Fruchtstände der Rizinuspflanze (© LianeM / Fotolia)

Abb. 2.12 Frucht und Blätter des Olivenbaums (© Maceo / Fotolia)

Abb. 2.13 Blüte der Färberdistel (© Dr. Renate Kaiser-Alexnat, Institut für Färbepflanzen, Michelstadt)

2.2.9 Färberdistelöl (Distelöl/ Safloröl)

Die Färberdistel oder Saflor (*Carthamus tinctorius*; engl. *safflower*) gehört – wie die Sonnenblume – zur Familie der Korbblütler. Sie ist ein Distelgewächs, das – wie der Name schon verrät – ursprünglich als Farbpflanze angebaut wurde. Der rote Farbstoff aus den Blütenblättern wurde im Mittelalter zur Färbung von Textilien eingesetzt (Abb. 2.13).

Die Samen der Färberdistel enthalten bis zu 37 % Öl und sind ebenfalls sehr proteinhaltig (20–55 %). Das dickflüssige Öl ist gold- bis rotgelb und in etwa vergleichbar mit dem Leinöl: Es enthält 70–80 % Linolsäure und bis zu 20 % Ölsäure, ist also sehr stark ungesättigt und kann deshalb wie Leinöl als trocknendes Öl in der Lackindustrie eingesetzt werden. Es dunkelt nicht nach und ist deshalb auch für helle Farben und Lacke geeignet. Allerdings ist seine Haltbarkeit stark eingeschränkt: Nur unter Kühlung ist es bis zu 12 Monate lagerfähig. Wegen seines nussähnlichen Geschmacks ist Färberdistelöl auch als Speiseöl geschätzt und wird bei hohem Cholesterinspiegel auch als diätisches Lebensmittel verwendet.

2.2.10 Jatrophaöl

Die Jatrophapflanze (*Jatropha curcas*, engl.: *jatropha*) gehört zu den Wolfsmilchgewächsen (*Euphorbiaceae*) und ist in tropischen und subtropischen Gebieten beheimatet. Das Besondere an dieser Pflanze ist, dass sie aufgrund ihrer Genügsamkeit und Robustheit auch in trockenen Savannen wächst, wo Lebensmittelpflanzen nicht überleben können. Sie ist deshalb ideal geeignet, um auch in wüstenähnlichen und erosionsgefährdeten Gebieten noch Ölpflanzenanbau zu betreiben. Der Jatrophastrauch kann bis zu 8 m hoch werden und bildet pflaumengroße Früchte, die mehrere Samen enthalten. Diese Samen, die „Purgiernüsse", bestehen bis zu 60 % aus Öl (Abb. 2.14). Der Presskuchen enthält zwar bis zu 60 % Rohprotein, ist aber als Nahrungsmittel für Mensch oder Tier ungeeignet, da er giftige

Abb. 2.14 Purgiernüsse, die Samen der Jatrophapflanze (© Prashant ZI / Fotolia)

Substanzen, die Phorbolester, enthält, die bisher nicht entfernt werden können.

Jatrophaöl enthält zu ca. 75 % ungesättigte Fettsäuren, insbesondere Ölsäure (42 %) und Linolsäure (35 %), und nur kleinere Mengen gesättigter Fettsäuren wie Palmitinsäure (14 %) oder Stearinsäure (6 %). Allerdings ist die Zusammensetzung der Jatrophaöle recht schwankend. In den letzten Jahren hat das Jatrophaöl eine besondere Aufmerksamkeit erlangt, weil es wegen seiner hohen Cetanzahlen (ca. 60) auch als Dieseltreibstoff („Biodiesel") genutzt werden kann. In Teilen Südamerikas, Afrikas und Asiens hat es deshalb beim Anbau von Jatropha einen starken Anstieg gegeben. Die Energieprobleme der Industriestaaten wird diese Pflanze jedoch nicht lösen können.

Exkurs: Ein Öl, das gar kein Öl ist

Auch die Jojobapflanze (*Simmondsia chinensis*, engl. *jojoba*) mit ihren graugrünen, lederartigen Blättern liebt die Sonne: Sie stammt aus der Sonorawüste zwischen Kalifornien und Mexiko und ist heute auch in trockenen Standorten Argentiniens, Südafrikas und Südaustralien beheimatet. Die Jojobapflanze kann man – wie Jatropha – auf Landflächen anpflanzen, die zur Nahrungsmittelproduktion nicht mehr geeignet sind. Der Name ist übrigens indianischen Ursprungs und müsste eigentlich „Ho-Ho-Ba" ausgesprochen werden.

Das aus den Samen des immergrünen Jojobastrauchs gewonnene gelbliche Öl ist nach unserer Definition gar kein Öl, sondern ein Wachs! Öle sind definiert als Triester des Glycerins (◘ Abb. 2.1), Wachse sind aber Monoester von Fettsäuren mit primären Alkoholen. Da Jojobaöl aber ein Wachs mit einem sehr geringen Schmelzpunkt ist (7 °C), wird es trotzdem häufig bei den Ölen mit aufgeführt. Das Jojobaöl besteht aus Estern der ungesättigten Fettsäuren Eicosensäure (C20:1) und Docosensäure (C22:1) mit ungesättigten C11- und C12-Alkoholen. Damit ähnelt es stark dem Spermöl, das früher aus dem Walrat des Pottwals gewonnen wurde. Da der Walfang aber stark eingeschränkt wurde, steht das Spermöl heute kaum noch zur Verfügung. Die Samen der Jojobapflanze haben große Ähnlichkeit mit den Oliven (◘ Abb. 2.15).

Die Hauptverwendung findet Jojobaöl in Kosmetika wie Hautcremes und Lippenstiften, daneben aber auch als Wachsüberzug von Zitrusfrüchten oder Süßwaren. Auch für pharmazeutische Zwecke wird Jojoba verwendet, z. B. zur Heilung von Hautkrankheiten und Brandwunden. Da es bei hohen Temperaturen seine Viskosität nahezu beibehält, wird es auch als Schmiermittel für schnelllaufende Motoren eingesetzt. Einige nehmen auch Jojobaöl als Speiseöl zu sich: Da im menschlichen Körper keine Enzyme existieren, die den Monoester abbauen können, kann man mit diesem Trick sehr fette Speisen genießen, ohne dicker zu werden. Von dieser „Reduktionskost" ist allerdings abzuraten, da das nicht abgebaute Öl im Darm verbleibt und dann für Durchfall sorgen kann.

◘ **Abb. 2.15**   Samen des Jojobastrauchs (© Roman Dekan / Fotolia)

2.2.11 Weitere Fette und Öle

Da ein Lehrbuch nur einen sehr begrenzten Umfang hat, beenden wir hiermit die Beschreibung der wichtigsten Ölpflanzen. Mohn- und Hanföle, Erdnuss- und Walnussöle, Sandelholz- und Kürbiskernöle und viele andere mehr werden deshalb hier nicht weiter erläutert. Insgesamt gibt es ca. 1400 Arten von Ölpflanzen, von denen ca. 20 kommerziell angebaut werden. Am Ende dieses Kapitels werfen wir aber noch einen Blick auf einige wichtige Fette tierischen Ursprungs:

— **Schmalz** (engl. *grease*) ist eine Sammelbezeichnung für streichbare tierische Fette. Typische Vertreter sind Schweine-, Gänse- und Butterschmalz. Wichtige Fettsäuren des Schmalzes sind Öl-, Palmitin- und Stearinsäure ($\blacksquare$ Tab. 2.3).

— **Talg** (engl. *tallow*) ist eine feste, körnige Fettmasse, die zur menschlichen Ernährung meist weniger geeignet ist. Aus diesem Grund sind Talge auch relativ preiswert. Die wichtigsten Vertreter der Talge sind der Rinder- und der Hammeltalg. Sie enthalten auch Fettsäuren ungerader C-Zahl, z. B. die Margarinsäure (C17:0), *trans*-Fettsäuren wie z. B. die Elaidinsäure ($\blacksquare$ Tab. 2.2) sowie verzweigte Fettsäuren. Auch im Rindertalg dominieren – wie im Schmalz – die Triglyceride der Öl-, Palmitin- und Stearinsäure.

Exkurs: Der gesunde Eskimo

Fischöle (engl. *fish oils*) werden aus Heringen oder aus Abfällen bei der Fischverarbeitung gewonnen. Charakteristisch für Fischöle ist der sehr hohe Anteil an mehrfach ungesättigten Fettsäuren, den PUFA, mit vier bis sechs C=C-Doppelbindungen, z. B. der Arachidonsäure ($\blacksquare$ Tab. 2.2). Diese haben für den Menschen eine besondere ernährungsphysiologische Bedeutung: Sie wirken sich günstig auf Prävention und Behandlung von Arteriosklerose und Herz-Kreislauf-Krankheiten aus. Gefunden hat man diesen Effekt bei den Eskimo, die trotz ihrer sehr hochkalorischen und fettreichen Ernährung, u. a. mit Fischen, kaum zu Herzerkrankungen neigen.

2.3 Einige Zahlen

Die **weltweite Produktion** von Fetten und Ölen ist in den letzten Jahrzehnten enorm gesteigert worden, insbesondere zur Produktion von Nahrungsmittelfetten. Die Entwicklung in den letzten vier Jahrzehnten zeigt $\blacksquare$ Abb. 2.16: Der Gesamtverbrauch an Fetten und Ölen ist von 41 Mio. Tonnen im Jahr 1970 auf über 200 Mio. Tonnen im Marktjahr 2014/15 gestiegen und hat sich in dieser Zeit somit verfünffacht! Auch für die Zukunft werden ähnliche Steigerungsraten erwartet.

$\blacksquare$ Abb. 2.17 zeigt noch einmal etwas genauer, wie die Welt-Produktionssteigerungen für die einzelnen Öle im letzten Jahrzehnt verlaufen sind. Lange Zeit hinweg war das Sojaöl das wichtigste Öl weltweit; inzwischen wurde es – durch stetig neue Ölpalmen-Anpflanzungen im asiatischen Raum – durch das Palmöl überholt. Die Reihenfolge der wichtigsten Öle lautet somit heutzutage: Palmöl > Sojaöl > Rapsöl > Sonnenblumenöl > Talge > Palmkernöl > Kokosöl.

Ein kurzer Blick noch auf die mittleren Ölpreise in Europa für die vier wichtigsten Öle im März 2015 (Quelle: www.oilworld.biz):

— Palmöl 0,75 $ kg^{-1}
— Sojaöl 0,80 $ kg^{-1}
— Sonnenblumenöl 0,87 $ kg^{-1}
— Rapsöl 0,81 $ kg^{-1}

Schließlich folgen noch einige statistische Angaben der „Fachagentur Nachwachsende Rohstoffe" über die spezielle Situation der Fette und Öle in **Deutschland**:

— Im Jahr 2013 wurden 1,2 Mio. Tonnen Fette und Öle stofflich verwendet ($\blacksquare$ Tab. 2.3).

— Diese 1,2 Mio. Tonnen teilen sich auf in knapp 20 % tierische Fette und in 80 % Pflanzenöle, insbesondere Rapsöl, Leinöl, Sonnenblumenöl, Palmöl, Sojaöl, Kokosöl und Rizinusöl.

— Die heimischen Industriepflanzen wurden auf 153.000 ha Ackerfläche angebaut. Hierzu zählen mit Abstand der Raps (140.000 ha) sowie die Sonnenblume (9000 ha) und das Leinöl (3500 ha). Beachten Sie bitte bei diesen Zahlen, dass hier der Bereich der Energiepflanzen nicht mit betrachtet ist: Raps wird in Deutschland noch auf weiteren 616.000 ha angepflanzt, um Biodiesel zu erzeugen ($\blacktriangleright$ Kap. 20).

◘ Abb. 2.16   Weltweiter Verbrauch an Fetten und Ölen (im Zeitraum 1970 bis 2014/15, Quelle: www.oilworld.biz)

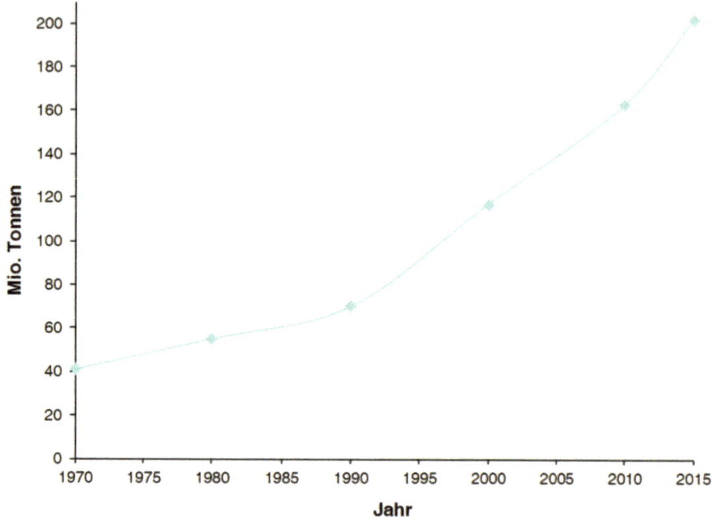

◘ Abb. 2.17   Weltproduktion verschiedener Fette und Öle (Quelle: www.oilworld.biz)

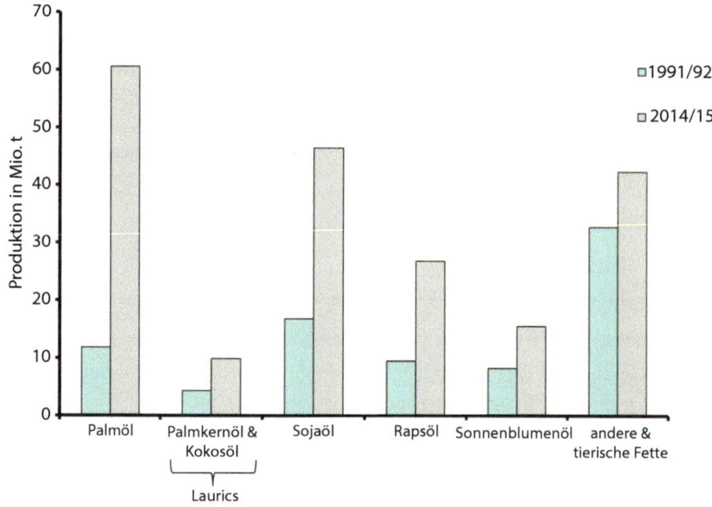

Zusammenfassung *(Take-Home Messages)*

- Bei den **pflanzlichen Fetten** unterscheidet man zwischen den Laurics mit überwiegend kurzen Fettsäureketten (C_{12}–C_{14}) und den Fetten mit überwiegend längeren Ketten (C_{16}–C_{22}).
- Zu den **Laurics** gehören das **Kokosöl** und das **Palmkernöl**. Sie spielen eine wichtige Rolle als Rohstoffe zur Herstellung oleochemischer Tenside.
- Am Beispiel der Kokosnüsse wurde die **Gewinnung von Ölen** aus Samen und Nüssen erläutert: Diese werden zerkleinert, erwärmt und in Schneckenpressen ausgepresst. Anschließend wird das trübe Öl filtriert. Der verbleibende Presskuchen kann mit Kohlenwasserstoffen oder überkritischem CO_2 noch extrahiert werden.
- Das alte **Rapsöl** enthält Erucasäure (C22:1) und ist dadurch für die menschliche Ernährung ungeeignet. Durch Neuzüchtung entstand das neue Rapsöl mit hohen Gehalten an Ölsäure (C18:1) und Linolsäure (C18:2).

- Das Öl der alten **Sonnenblume** enthält sehr viel Linolsäure, ähnlich wie das **Sojaöl**. Die neu gezüchteten *High-oleic*-Sonnenblumen enthalten dagegen fast ausschließlich Ölsäure. Ölsäure ist auch die Hauptfettsäure des **Olivenöls**.
- Aus dem Leinsamen wird das **Leinöl** gewonnen, das einen hohen Anteil an Linolensäure (50–60 % C18:3) enthält. Diese mehrfach ungesättigte Fettsäure (engl. *polyunsaturated fatty acid*, PUFA) kann an der Luft zu einer festen Schicht polymerisieren. Leinöl wird deshalb auch als **trocknendes Öl** bezeichnet. Auch das **Färberdistelöl** (Safloröl) enthält größere Anteile an PUFA und wird deshalb ähnlich wie Leinöl in der Lack- und Farbindustrie angewendet.
- Die Hauptfettsäure des **Rizinusöls** ist die Ricinolsäure, eine C18:1-Säure mit einer zusätzlichen Hydroxyfunktion in der C12-Position.Das Öl hat gute Schmiereigenschaften, kann aber wegen seiner Alkoholgruppe auch vielseitig weiter chemisch umgesetzt werden.
- **Jatrophaöl** kann in den Entwicklungsländern größere Bedeutung erlangen, weil es auch in ariden Gebieten wächst. Wegen seiner hohen Cetanzahl kann es als „Biodiesel" eingesetzt werden.
- **Jojobaöl** ist kein Fett, sondern ein Wachs, also ein Monoester einer Fettsäure mit einem langkettigen Alkohol. Jojobaöl findet in der Kosmetik, in der Pharmazie und als Schmiermittel Verwendung.
- Wichtige **tierische Fette und Öle** sind Schmalz, Talg und Fischöle. **Schmalz** und **Talge** haben hohe Anteile an Öl- und Palmitinsäure; **Fischöle** enthalten die für die Ernährung wichtigen vier- bis sechsfach ungesättigten Fettsäuren.
- Im Marktjahr 2014/15 betrug die weltweite **Produktion an Fetten und Ölen** ca. 202 Mio. Tonnen. Die mengenmäßig bedeutendsten Öle weltweit sind Palmöl, Sojaöl, Rapsöl und Sonnenblumenöl.
- In **Deutschland** werden derzeit jährlich ca. 1,2 Mio. Tonnen Fette und Öle stofflich genutzt.

? **Zehn Quickies zu ▶ Kap. 2**

1. Gibt es in den natürlichen Fetten auch ungeradzahlige Fettsäuren? Kennen Sie ein Beispiel?
2. Schreiben Sie die Kürzel auf für die *cis*-6-Octadecensäure (Petroselinsäure), die *trans*-9-Octadecensäure (Elaidinsäure) sowie für die *trans*-13-Docosensäure (Brassidinsäure)!
3. Nennen Sie (mindestens) eine Fettsäure mit einer Hydroxygruppe!
4. Was sind „Laurics"? In welchen Ölen kommen diese Fettsäuren vor?
5. Unterscheiden Sie zwischen MUFA und PUFA. Nennen Sie Beispiele!
6. Ihnen wird der unbehandelte Presskuchen der Rizinuspflanze als Hundefutter angeboten. Wie reagieren Sie?
7. Welche Ölpflanzen sind besonders anspruchslos?
8. Nennen Sie Beispiele für „trocknende Öle"! Woher haben sie ihren Namen?
9. In welchen Fetten und Ölen findet man einen relativ großen Anteil an Ölsäure?
10. Warum ist die Extraktion von Ölpflanzen mit überkritischem Kohlendioxid besonders vorteilhaft?

■■ **… und zur Belohnung noch ein Fußballer-Zitat:**

》 Das muss man verstehen, dass er Schwierigkeiten hat, sich einzugewöhnen. Er ist die deutsche Sprache noch nicht mächtig. (Jürgen Wegmann)

Weiterführende Literatur

Monographien und Übersichtsartikel

McKeon TA, Hayes DS, Hildebrand DF, Weselake RJ (2016) Industrial oil crops. AOCS Press, Elsevier, London

Johnson LA, White PJ, Galloway R (2015) Soybeans – Chemistry, production, processing and utilization. AOCS Press, Elsevier

Bockisch M (Hrsg) (2015) Fats and oils handbook. AOCS Press, Elsevier

Krist S, Buchbauer G, Klausberger C (2013) Lexikon der pflanzlichen Fette und Öle, 2. Aufl. Springer-Verlag, Wien

Matthäus B, Fiebig H-J (Hrsg) (2013) Speiseöle und Fette. Erling-Verlag, Clenze

Firestone D (Hrsg) (2013) Physical and chemical characteristics of oils. Fats, and Waxes. AOCS Press, Urbana, IL

Lai O-M, Tan C-P, Akoh CC (Hrsg) (2012) Palm oil: production, processing. Characterization, and uses. AOCS Press, Urbana, IL

Gunstone F (Hrsg) (2011) Vegetable oils in food technology. Wiley-Blackwell, Chichester, West Sussex

Biermann U, Bornscheuer U, Meier MAR, Metzger JO, Schäfer HJ (2011) Fette und Öle als nachwachsende Rohstoffe in der Chemie. Angew Chem 123:3938–3956

Gunstone F (2009) The chemistry of oils and fats: sources, composition, properties and uses. Wiley-Blackwell, Chichester, West Sussex

Vollmann J, Rajcan I (Hrsg) (2009) Oil crops. Springer, Heidelberg

Matthäus B, Münch EW (Hrsg) (2009) Warenkunde Ölpflanzen/ Pflanzenöle. AgriMedia. Erling-Verlag, Clenze

Nowak B, Schulz B (2008) Taschenlexikon tropischer Nutz- pflanzen und ihrer Früchte. Quelle & Meyer Verlag, Wie- belsheim

Boskou D (2006) Olive oil, chemistry and technology, 2. Aufl. AOCS Press, Urbana, IL

Roth L, Kormann K (Hrsg) (2005) Atlas of oil plants and vegetable oils. Erling-Verlag, Clenze

Shahidi F (Hrsg) (2005) Bailey's industrial oil and fat products, Bd 2, Edible oil and fat products: edible oils, part 1, 6. Aufl. Wiley, Oxford

Löw H (2003) Pflanzenöle. Leopold Stocker Verlag, Graz

Christie WW (2003) Lipid analysis. The Oily Press, Bridgewater

Bickel-Sandkötter S (2001) Nutzpflanzen und ihre Inhaltsstof- fe. Quelle & Meyer-Verlag, Wiebelsheim

Thomas A (2000) Fats and fatty oils. In: Ullmann's encyclopedia of industrial chemistry, online edition. Wiley-VCH, Weinheim

Originalstellen

Mutlu H, Meier MAR (2010) Castor oil as renewable resource for the chemical industry. Eur J Lipid Sci Technol 112:10–30

Mielke T (2008) Global outlook for oilseeds & products for the next 10 years. Techn. Rep. Oilworld, Hamburg

Achten WMJ, Verchot L, Franken YJ, Mathijs E, Singh VP, Aerts R, Muys B (2008) Jatropha biodiesel production and use. Biomass Bioenerg 32:1063–1084

Meier MAR (2008) Pflanzenöle für die chemische Industrie. Nachrichten aus der Chemie 56:738–742

Rupilius W, Ahmad S (2007) Palm oil and palm kernel oil as raw materials for basic oleochemicals and biodiesel. Eur J Lipid Sci Technol 109:433–439

Carter C, Finley W, Fry J, Jackson D, Willis L (2007) Palm oil markets and future supply. Eur J Lipid Sci Technol 109:307–314

Daimler-Chrysler (2004) Hightech report 2/2004. Öl vom Ödland – Das indische Jatropha-Projekt

Hahn A, Ströhle A (2004) ω-3-Fettsäuren. Chem in unserer Zeit 38:310–318

Gunstone FD (Hrsg) (2004) Rapeseed and canola oil. CRC Press, Blackwell Publ., Oxford

Guinda A, Dobarganes MC, Ruiz-Mendez MV, Mancha M (2003) Chemical and physical properties of a sunflower oil with high levels of oleic and palmitic acids. Eur J Lipid Sci Technol 105:130–137

Luchetti F (2002) Importance and future of olive oil in the world market. Eur J Lipid Sci Technol 104:559–563

Piazza GJ, Foglia TA (2001) Rapeseed oil for oleochemical usage. Eur J Lipid Sci Technol 103:450–454

Deutsche Gesellschaft für Fettwissenschaft e.V. (DGF), www.dgfett.de/

Fette Großprodukte

Oleochemische Basischemikalien

© Springer-Verlag GmbH Deutschland 2018
A. Behr, T. Seidensticker, *Einführung in die Chemie nachwachsender Rohstoffe*,
https://doi.org/10.1007/978-3-662-55255-1_3

> **Kapitelfahrplan**
> — Sie lernen mehrere Methoden kennen, wie man die Triglyceride in die Basischemikalien Fettsäuren (bzw. Fettsäureester) und Glycerin aufspaltet.
> — Wir besprechen die Chemie an der Carboxygruppe der Fettsäuren, die uns u. a. zu den Fettalkoholen und Fettaminen führt.

▶ Kap. 3 beschreibt die Basisreaktionen der Chemie der Fette und Öle, der sogenannten *Oleochemie*. Sie sind bereits seit über einem Jahrhundert bekannt und werden seit Langem industriell umgesetzt. Andererseits wurden auf diesem Gebiet in den letzten Jahren auch sehr viele Forschungsarbeiten durchgeführt und neue Reaktionstypen entwickelt. Diese lernen wir dann in ▶ Kap. 4 kennen.

3.1 Herstellung oleochemischer Basischemikalien

In der Petrochemie stellt man aus den Kohlenwasserstoffen des Erdöls eine große Vielzahl chemischer Zwischen- und Endprodukte her. Dabei geht man so vor, dass man das im Erdöl enthaltene wilde Gemisch an aliphatischen und aromatischen Verbindungen erst einmal im Steamcracker und im Reformer in kleinere Einheiten spaltet und erst daraus dann gezielt Folgechemikalien herstellt. Diese kleineren Einheiten sind Ethen, Propen, die Butene, Butadien, Benzol, Toluol und die Xylole. Diese nennt man die „petrochemischen Basischemikalien".

In der Oleochemie führt man ebenfalls nur wenig Chemie direkt mit den Fetten und Ölen durch, sondern man spaltet häufig die Triglyceride in Glycerin und Fettsäuren bzw. ihre Derivate. Dazu gibt es mehrere Varianten:

— Wie bereits in ◘ Abb. 2.1 beschrieben, können die Triglyceride durch **Hydrolyse**, also durch Reaktion mit Wasser in die „freien Fettsäuren" und Glycerin gespalten werden. Diesen Vorgang nennt man *Fettspaltung* (engl. *fat splitting*).

— Triglyceride kann man auch durch **Umesterung** (engl. *transesterification*), z. B. mit Methanol, in die Fettsäure(methyl)ester und Glycerin spalten.

— Der dritte Weg ist die **Verseifung** (engl. *saponification*) der Fette mit Basen, z. B. Natriumhydroxid, in Glycerin und in die Natriumsalze der Fettsäuren, die Seifen (engl. *soaps*). Die Seifen werden meist nicht weiter chemisch umgesetzt, sondern direkt vom Verbraucher als Reinigungs- und Waschmittel eingesetzt.

— Der vierte, bisher (noch) nicht technisch umgesetzte Weg ist die **Direkthydrierung** (engl. *direct hydrogenation*) der Fette und Öle zu Glycerin und Fettalkoholen. Fettalkohole können auch indirekt durch Hydrierung der Fettsäuren und Fettester gebildet werden.

Fettsäuren, Fettester und Fettalkohole sowie das Koppelprodukt Glycerin kann man in Analogie zur Petrochemie als **oleochemische Basischemikalien** betrachten. Wie wir in diesem und in den folgenden Kapiteln sehen werden, können diese Basischemikalien in zahlreiche bedeutende Folgeprodukte überführt werden. ◘ Abb. 3.1 gibt uns noch einmal einen Überblick über die Wege, die zu den oleochemischen Basisprodukten führen.

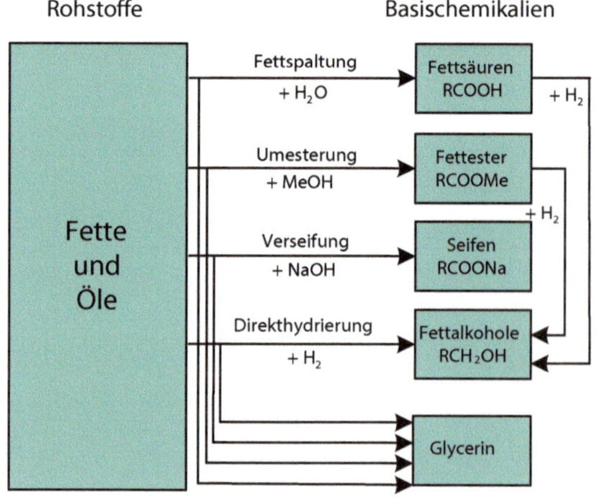

◘ **Abb. 3.1** Gewinnung oleochemischer Basischemikalien aus Fetten und Ölen

3.1.1 Fettspaltung

Bei der Spaltung eines Mols Triglycerid mit drei
Molen Wasser entstehen drei Mole Fettsäuren und
ein Mol Glycerin. Betrachtet man die Mengen, bilden
sich – abhängig von der Art der Fettsäuren – aus einer
Tonne Fett ca. 950 kg Fettsäuren und 100 kg Glycerin.
Nach der Gleichgewichtsgleichung in ◪ Abb. 2.1 ist
offensichtlich, dass man besonders dann gute Raum-
Zeit-Ausbeuten erhält, wenn man

- Wasser in großem Überschuss vorlegt,
- ein Produkt stetig aus dem Gleichgewicht
  entfernt,
- die Reaktionsgeschwindigkeit durch die
  Prozessbedingungen oder durch einen
  Katalysator beschleunigt.

Für die Fettspaltung existieren mehrere technische
Verfahren, die diese drei Effekte berücksichtigen:

- Das **Twitchell-Verfahren** wurde bereits 1890
  entwickelt: Bei Normaldruck wurden die Fette
  in Gegenwart einer wässrigen schwefelsauren
  Lösung unter Zusatz organischer Sulfonsäuren
  als Katalysatoren erhitzt. Die Durchmischung
  erfolgte mit überhitztem Wasserdampf. Dieser
  Batch-Prozess, der wegen der Schwefelsäure
  in mit Blei ausgelegten Tanks durchgeführt
  wurde, hat allerdings den großen Nachteil
  einer sehr langen Reaktionszeit von bis zu 24
  Stunden. Trotzdem wird er in kleinen Firmen
  noch immer vereinzelt durchgeführt.
- Im Twitchell-Verfahren werden die genannten
  Einflussmöglichkeiten auf das Gleichgewicht
  gut genutzt: Die Reaktionskomponente Wasser
  ist in großem Überschuss vorhanden, das
  gebildete Produkt Glycerin ist wasserlöslich
  und wandert bei seiner Bildung von der
  Fettphase in die Wasserphase, entfernt sich
  also aus dem Gleichgewicht in der organischen
  Phase. Die Katalysatoren, meist sulfonierte
  Naphthensäuren, sind in der Fettphase gut
  löslich und können deshalb von Beginn an
  aktiv werden. Sobald die Spaltung startet,
  bilden sich Di- und Monoglyceride, die die
  Wasserlöslichkeit in der Fettphase heraufsetzen
  und somit auch zu einem besseren Umsatz
  beitragen. Auch die erhöhte Temperatur von

z. B. 100 °C führt dazu, dass sich mehr Wasser
in der Fettphase löst und gleichzeitig die
Reaktionsgeschwindigkeit erhöht.

- Um den Prozess wirtschaftlicher zu gestalten,
  wurde ein **kontinuierliches Twitchell-
  Verfahren** entwickelt, das aus einer Kaskade
  von drei Reaktoren bestand, wobei die
  schwefelsaure wässrige Lösung, die das
  Glycerin aufnimmt, im Gegenstrom geleitet
  wurde. Die Reaktionszeit konnte dadurch auf
  4 bis 5 Stunden reduziert werden. Nachteilig
  war jedoch weiterhin, dass die Neutralisation
  und Aufarbeitung der Wasserphase sehr
  aufwendig blieb und dass bei der Neutralisation
  unerwünschte Seifen entstanden.
- Diese Nachteile kann man umgehen, wenn
  man bei der Fettspaltung ohne Katalysator,
  aber zur Beschleunigung der Reaktionszeit
  bei hohen Temperaturen und unter Druck
  arbeitet. Es wurden deshalb **diskontinuierliche Druckverfahren** entwickelt, die bei
  Temperaturen von 200–240 °C und Drücken
  von 25–30 bar arbeiten. Nach vier Stunden
  Reaktionszeit kann ein Hydrolyseumsatz von
  90–96 % erreicht werden, der für die meisten
  Zwecke ausreicht. Wird ein höherer Umsatz
  gewünscht, kann man den Reaktor entspannen,
  die Wasser/Glycerin-Phase durch frisches
  Wasser ersetzen und die Operation wiederholen: Es ergeben sich Umsätze bis zu 98 %.
- Das wirtschaftlichste und deshalb heute in
  Großanlagen ausschließlich genutzte Verfahren
  ist das bereits in den Jahren 1938–1942
  entwickelte **kontinuierliche Druckverfahren**,
  das in ◪ Abb. 3.2 näher beschrieben wird.

Das kontinuierliche Druckverfahren wird, ähnlich
wie das diskontinuierliche Druckverfahren, bei
Drücken von 30–40 bar und Temperaturen um
240–260 °C betrieben. Das Spaltwasser wird mit
einer Druckpumpe etwas unterhalb des Kopfes der
Reaktionskolonne eingegeben, das Fett wird ebenfalls
mit einer Druckpumpe kurz oberhalb des Sumpfes
des Reaktors eingespeist. Aufgrund der verschiedenen Dichten wandert das leichtere Fett langsam
nach oben, das schwerere Wasser fließt dem Fett von
oben nach unten entgegen. Im mittleren Bereich der

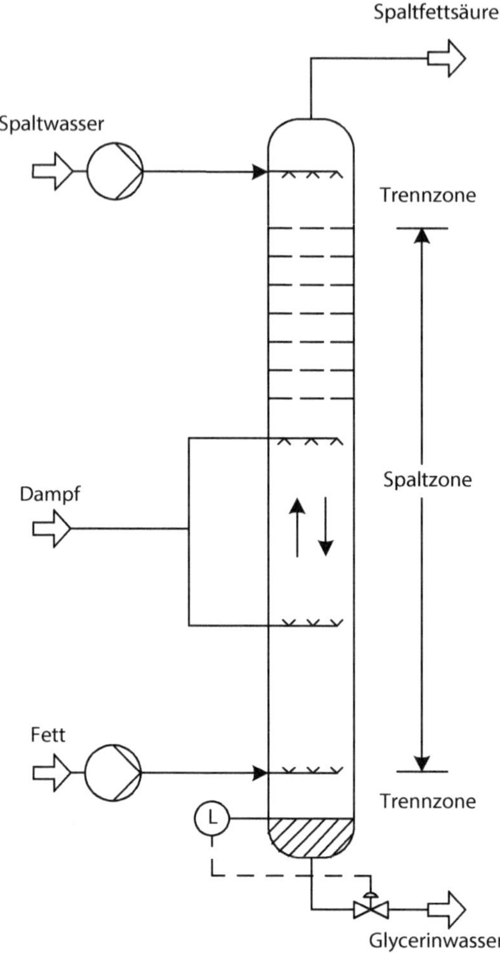

▫ Abb. 3.2   Reaktorschema der kontinuierlich betriebenen Druck-Fettspaltung

Reaktionskolonne, der „Spaltzone", wird überhitzter Dampf eingeblasen, der einerseits für die erforderliche Erwärmung, aber auch für eine hohe Turbulenz im Reaktor sorgt. Dadurch werden Fett- und Wasserphase intensiv vermischt, was zu einer großen Phasengrenzfläche und damit auch zu einer schnelleren Reaktion führt. Durch zusätzliche Einbauten in der Kolonne kann diese Vermischung noch intensiviert werden. Am Kopf und am Boden beruhigen sich die Ströme jeweils in einer „Trennzone": Nach einer mittleren Verweilzeit von 1 bis 2,5 Stunden im Reaktor wird ein Umsatz von ca. 99 % erreicht, und die Spaltfettsäuren können am Kopf der Kolonne abgenommen werden. Über einen automatisch arbeitenden

Phasengrenzwertschalter wird das Glycerinwasser, das ca. 15 % Glycerin enthält, am Boden der Kolonne abgenommen.

Moderne Anlagen dieses Typs können ein Jahr lang ohne Unterbrechung problemlos betrieben werden. Dann wird die Anlage „abgefahren" und eventuelle durch Polymerisation oder Verkohlung entstandene Verunreinigungen entfernt. Allerdings hat der Einsatz der kontinuierlichen Druckspaltung auch ihre Grenzen: Fette mit zu hohen Iodzahlen tendieren bei den harschen Reaktionsbedingungen zur Polymerisation; Rizinusöl (▶ Abschn. 2.8) wird zu mehrfach ungesättigten Fettsäuren dehydratisiert. Für solche Fette sind weiterhin Batch-Verfahren mit schonenderen Bedingungen üblich.

Neuere Entwicklungen versuchen, in die Reaktionskolonnen feste Katalysatoren einzubauen, die schon bei milden Bedingungen aktiv sind und den Spaltvorgang noch mehr beschleunigen. Untersucht werden sowohl immobilisierte Enzyme (Lipasen) als auch Heterogenkatalysatoren wie Ionentauscher oder Zeolithe. In der Technik haben sich diese Systeme aber bisher noch nicht durchsetzen können.

Die Spaltfettsäuren müssen nach dem Spaltprozess noch weiter aufgereinigt werden, denn sie enthalten noch Partialglyceride, nicht hydrolysierbare Pflanzenbestandteile und Farbkörper: Die Spaltsäuren sind in der Regel gelb bis braun gefärbt, während die reinen Fettsäuren nahezu farblos sind. Die Reinigung der Fettsäuren kann nach verschiedenen Methoden erfolgen, z. B. durch Kristallisation oder Adsorption, aber sehr häufig wird in der Technik die Reinigung durch **kontinuierliche Rektifikation** bevorzugt. Allerdings haben die Fettsäuren relativ hohe Siedetemperaturen: Caprinsäure (C10:0) siedet z. B. bei 270 °C, Stearinsäure (C18:0) sogar bei 370 °C. Also muss die Rektifikation im Vakuum, z. B. bei 2–5 mbar, durchgeführt werden. Technisch gibt es viele Varianten der Vakuumdestillation von Fettsäuren. Heute bevorzugt sind Rektifikationskolonnen, die Strukturpackungen enthalten und so den Druckverlust der Kolonne minimieren. Moderne Anlagen können pro Jahr bis zu 100.000 Tonnen Fettsäuren kontinuierlich aufreinigen. Im Jahr 2015 lag die Kapazität für Fettsäuren aus Pflanzenölen bei ca. 11,5 Mio. Tonnen weltweit, davon alleine ca. 50 % in den Ölerzeugerländern Südostasiens

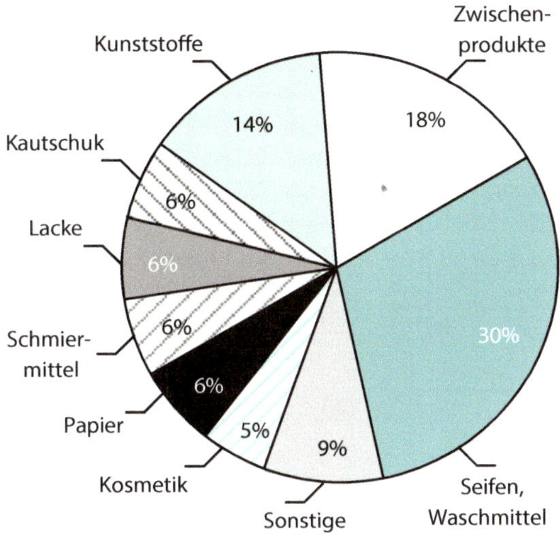

Abb. 3.3 Märkte für Fettsäuren (Angaben in Gew.- %)

(Malaysia, Indonesien, China, Thailand, Philippinen). Bei diesen Zahlen sind die Fettsäuremengen bei der Seifenherstellung (▶ Abschn. 3.1.3) nicht mit einbezogen.

Fettsäuren finden vielfach Verwendung:

- Sie werden direkt verwendet, z. B. als Hilfsmittel in der Kunststoff- oder Gummiindustrie.
- Sie werden an der Carboxygruppe umgesetzt, z. B. ethoxyliert, verestert oder amidiert (▶ Abschn. 3.2).
- Sie werden an der Fettkette chemisch variiert, z. B. durch Chlorierung, Epoxidation oder Dimerisierung (▶ Kap. 4).

Einen Überblick über die Fettsäuremärkte liefert ◨ Abb. 3.3. Sie zeigt, dass wir in vielen Bereichen des täglichen Lebens Fettsäuren begegnen, z. B. in Schmiermitteln, Lacken oder Körperpflegeprodukten.

3.1.2 Umesterung

Die zweite bedeutende Variante, Fettmoleküle aufzuspalten, ist die Umesterung (◨ Abb. 3.1). Sie kann theoretisch mit unterschiedlichen Alkoholen durchgeführt werden; technisch ist aber fast ausschließlich die Umesterung mit Methanol von Bedeutung. Die allgemeine Reaktionsgleichung zeigt ◨ Abb. 3.4.

Die Umesterung wird heute – wie die Fettspaltung – großtechnisch kontinuierlich unter Druck durchgeführt: Übliche Bedingungen der so genannten „Hochdruckumesterung" sind 90 bar und 240 °C. Die Ausgangsfette können ohne größere Vorbehandlung eingesetzt werden: Auch Fette mit höheren Säurezahlen, also relativ viel freien Fettsäuren, sind kein Problem, denn diese werden bei den Reaktionsbedingungen direkt mit verestert. Die Umesterung wird meist alkalisch katalysiert, z. B. mit Alkalihydroxiden, -carbonaten oder -alkoholaten. Auch bei dieser Reaktion wird eine Ausgangskomponente, diesmal das Methanol, im Überschuss zugesetzt, um die Gleichgewichtsreaktion nach rechts zu verschieben. Ein typisches Verfahrensfließbild einer **Hochdruckumesterung** ist in ◨ Abb. 3.5 dargestellt.

Fette, Methanol und Katalysator sind bei dieser Reaktion überwiegend ineinander löslich, werden also diesmal im Gleichstrom durch den Reaktor geführt. Die Reaktion verläuft dabei stufenweise von den Triglyceriden über die Diglyceride und Monoglyceride bis hin zu Glycerin und den Fettsäuremethylestern (FSME). In einem Gas/Flüssig-Abscheider werden die Gasphase, die überwiegend aus nicht umgesetztem Methanol besteht, und die Flüssigphase aus FSME und Glycerin voneinander getrennt. Das Methanol wird in einer Kolonne aufgereinigt und in den Reaktor zurückgeleitet. Die unpolare FSME-Phase wird im Flüssig-Flüssig-Abscheider von der polaren Glycerinphase abgetrennt und ebenfalls einer Reindestillation unterworfen.

Abb. 3.4 Umesterung von Fetten mit Methanol zu Fettsäuremethylestern und Glycerin

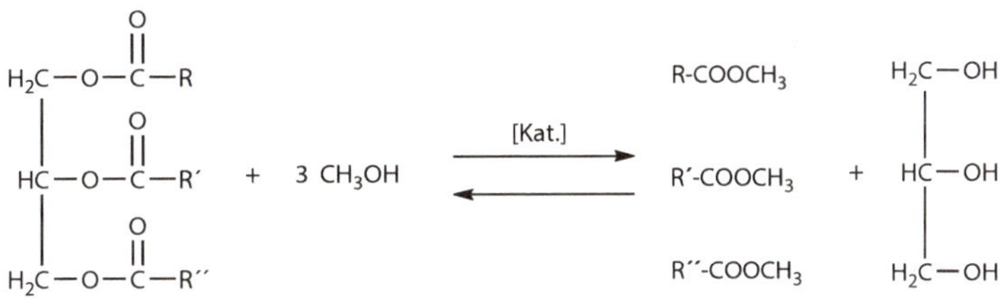

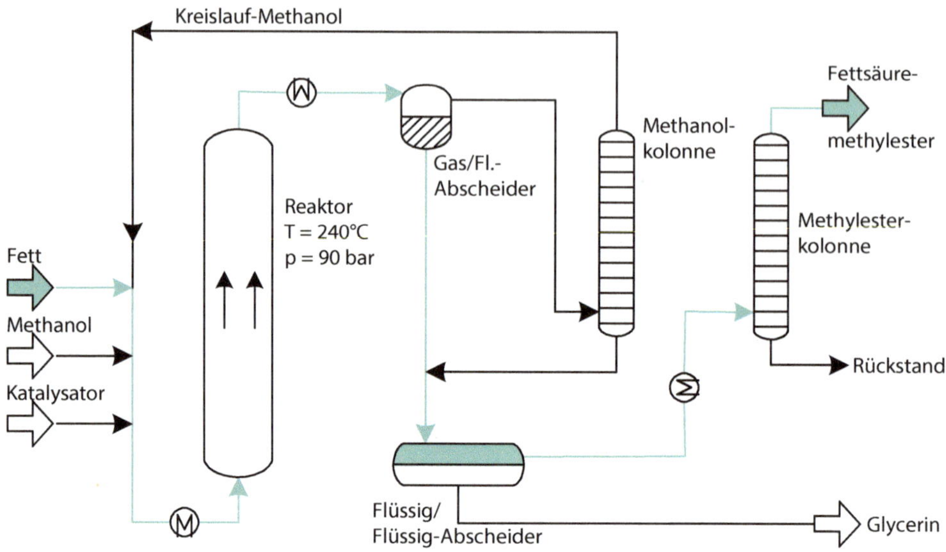

◘ Abb. 3.5 Kontinuierliche Hochdruckumesterung von Fetten zu Fettsäuremethylestern (FSME)

Neben dieser Hochdruckumesterung gibt es auch noch die **Niederdruckumesterung**, die bei 60–90 °C und 2 bis 4 bar durchgeführt wird. Sie benötigt als Ausgangsstoff entsäuerte Öle, hat aber Vorteile bezüglich der Investitions- und Energiekosten. Vorteil beider Verfahren im Vergleich zur Hydrolyse ist, dass das Glycerin in relativ hoher Konzentration (90 %) anfällt und sich deshalb einfacher aufbereiten lässt.

Fettsäuremethylester haben zahlreiche Anwendungen:

- die direkte Verwendung, z. B. als „Biodiesel" in Verbrennungsmotoren (▸ Kap. 20),
- durch Umsetzungen an der Estergruppe entstehen interessante Folgeprodukte, z. B. Fettalkohole oder Fettsäurealkanolamide (▸ Abschn. 3.2),
- durch Umsetzungen an der Fettkette bilden sich ebenfalls viele wichtige Derivate, z. B. Sulfofettsäureester, Epoxide oder Aldehyde (▸ Kap. 4).

3.1.3 Verseifung

Unter Seifen (von lat. *sapo*; engl. *soap*) versteht man meist die wasserlöslichen Natrium- oder Kaliumsalze der Fettsäuren. Die festen Natriumseifen werden auch „Kernseifen", die schmierig-flüssigen Kaliumseifen auch „Schmierseifen" genannt. Die Salze der Fettsäuren mit anderen Metallen, wie z. B. Calcium oder Zink, werden als „Metallseifen" bezeichnet. Die Herstellung der Seifen erfolgt durch Umsetzung der Fette und Öle mit den entsprechenden Basen, z. B. mit Natronlauge (◘ Abb. 3.6).

Schon auf Tontafeln der Sumerer wurden um 2500 vor unserer Zeitrechnung Seifenrezepte festgehalten, die von den Ägyptern übernommen wurden. Die Römer verwendeten Seife ab dem 2. Jh. nach unserer Zeitrechnung. Ihre größere Verbreitung begann jedoch erst im 19. Jh., als Basen in technischen Mengen zur Verfügung standen. Seifen gehören zu den **Tensiden**: Sie bilden in Wasser gelöst oberhalb

◘ Abb. 3.6 Verseifung eines Fetts mit Natronlauge zu Kernseife

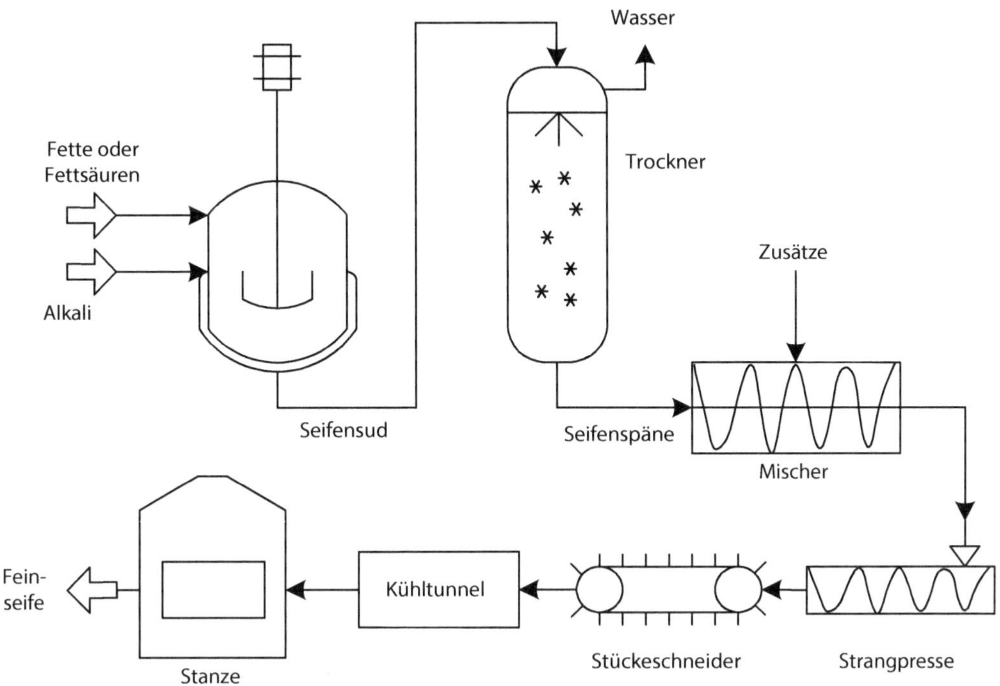

Abb. 3.7 Seifenherstellung aus Fetten oder Fettsäuren und Alkali

der *kritischen Micellkonzentration (CMC)* Micellen, in denen sich Schmutzstoffe lösen können. Auf diese Weise können Seifen zum Waschen des Körpers oder zum Reinigen von Textilien genutzt werden.

Die Herstellung der Seifen erfolgte in früheren Zeiten durch das diskontinuierliche „Seifensieden". Dabei entsteht zuerst ein zäher „Seifenleim", der dann zu einer „Leimseife" erstarrt, die allerdings noch sehr viel Wasser und Glycerin enthält. Erst durch Aussalzen mit Kochsalz entsteht schließlich der „Seifenkern", der nach weiterem Waschen zur stückigen Seife weiter verarbeitet wird.

Moderne großtechnische Verfahren arbeiten heute überwiegend kontinuierlich. Als Rohstoffe werden meist kostengünstige Talge (80 %) eingesetzt, aber auch Kokosöl und Palmkernöl finden Verwendung. Daneben gibt es auch spezielle Seifen aus anderen Rohstoffen, wie z. B. die „Savon de Marseille", die mit Olivenöl hergestellt wird.

Seifen können auch durch die Neutralisation freier Fettsäuren hergestellt werden. **Abb. 3.7** zeigt schematisch die kontinuierliche Herstellung von Feinseifen aus Fetten oder Fettsäuren und Alkali: Bei der Verseifung entsteht ein Seifensud, dem in einem Trockner das Wasser entzogen wird. Die gebildeten Seifenspäne

werden im Mischer mit Parfüm- und Farbzusätzen versehen. Die Masse wird dann in einer Strangpresse in einen Seifenstrang überführt, der im Seifenstückschneider in handliche Einheiten zerteilt wird. Nach Durchlaufen eines Kühltunnels wird auf das Seifenstück schließlich noch ein Aufdruck gestanzt.

3.1.4 Direkthydrierung

Neben der Spaltung von Fetten durch Hydrolyse, Umesterung oder Verseifung kann man auch versuchen, eine Fettspaltung durch Hydrierung zu erreichen. **Abb. 3.8** zeigt, dass dabei die Fettsäuren des Triglycerids zu Fettalkoholen hydriert werden.

In den 1980er-Jahren wurden bei der Firma Henkel umfangreiche Arbeiten zu dieser Reaktion durchgeführt. Leider stellte sich dabei heraus, dass auch mit den besten Katalysatoren ein Problem nicht zu lösen ist: Will man gute Ausbeuten an Fettalkoholen erzielen, muss man drastische Reaktionsbedingungen anwenden, unter denen das Koppelprodukt Glycerin hydrierend dehydratisiert wird. Bei Abspaltung von einem Wassermolekül entsteht 1,2-Propandiol, bei weiterer Wasserabspaltung Isopropanol. Da

$$\begin{array}{c}
H_2C-O-\overset{\displaystyle O}{\overset{\|}{C}}-R \\[2pt]
HC-O-\overset{\displaystyle O}{\overset{\|}{C}}-R' \quad +6\ H_2 \\[2pt]
H_2C-O-\overset{\displaystyle O}{\overset{\|}{C}}-R''
\end{array}
\xrightarrow{[\text{Kat.}]}
\begin{array}{c}
H_2C-OH \\ HC-OH \\ H_2C-OH
\end{array}
+\ \begin{array}{c} HOCH_2\text{-}R \\ HOCH_2\text{-}R' \\ HOCH_2R'' \end{array}
\xrightarrow[-\,H_2O]{+\,H_2}
\begin{array}{c} H_2C-OH \\ HC-OH \\ CH_3 \end{array}
+\ \begin{array}{c} CH_3 \\ HC-OH \\ CH_3 \end{array}\ \text{et al.}$$

◘ Abb. 3.8   Fett-Direkthydrierung zu Fettalkoholen

diese Produkte (bisher) nicht so wertvoll sind wie Glycerin und auch erst aufwendig abgetrennt werden müssten, ist dieser Prozess (noch) nicht wirtschaftlich. Wie wir in ▶ Abschn. 3.2.1 sehen werden, stellt man die Fettalkohole deshalb lieber so her, dass man erst eine Fettspaltung oder Umesterung durchführt (bei denen das Glycerin erhalten bleibt) und erst dann die Fettsäuren oder Fettester zu den Fettalkoholen hydriert.

Exkurs: Die oleochemische Industrie: gestern – heute – morgen

Bis in die 1990er-Jahre hinein war die Oleochemie fest in den Händen großer Firmen aus Europa, USA und Japan (z. B. Henkel, Procter and Gamble, Unilever, Akzo Nobel oder Kao). Dies hat sich in den letzten Jahrzehnten wesentlich geändert. Für diese Entwicklung gibt es mehrere Gründe:

- Die Herstellung von Oleo-Basischemikalien muss heutzutage in kontinuierlich betriebenen Großanlagen durchgeführt werden, um wirtschaftlich zu sein. Eine komplette Fettsäureanlage mit einer Kapazität von 100.000 t a^{-1} (Spaltung einschl. Fettsäurenfraktionierung und Glycerinaufarbeitung) erfordert jedoch eine Investition von 80–100 Mio. US-Dollar. Diese Investition tätigt eine Firma aber nur dann, wenn sie mit ihren Produkten – möglichst vor Ort – neue Märkte erschließen kann.
- Wegen der starken Konkurrenz asiatischer Firmen und damit verbundenen Überkapazitäten ist gleichzeitig die Rentabilität oleochemischer Basischemikalien stark gesunken.
- Da viele wichtige Ölpflanzen (▶ Kap. 2) im asiatischen Raum (Malaysia, Thailand, Indonesien etc.) angebaut werden, stehen die oleochemischen Rohstoffe dort auch günstig zur Verfügung.

Wegen der hohen Kapitalkosten und des relativ geringen Profits sind viele traditionelle oleochemische Firmen aus dem Markt gegangen und haben ihn zum Teil asiatischen Firmen überlassen. Henkel hat z. B. seine Oleochemie-Aktivitäten zuerst unter dem Namen Cognis abgespalten; Teile von Cognis wurden anschließend von der BASF aufgekauft. Henkel hat sich stattdessen stärker auf Verkaufsgüter (Klebstoffe, Waschmittel, Kosmetik) spezialisiert, die weniger kapitalintensiv sind und höheren Profit bringen. Langfristig ist nicht auszuschließen, dass der Großteil oleochemischer Produktionsanlagen in Europa und USA von asiatischen Firmen übernommen wird. Europäische Firmen der Oleochemie, die sich im Markt behaupten wollen, sind gut beraten, sich auf Spezialprodukte zu konzentrieren und innovativ neue Märkte zu erschließen.

3.2   Reaktionen an der Carboxygruppe der Fettsäuren

An der Carboxygruppe der Fettsäuren bzw. an der Estergruppe von Fettsäureestern kann man dieselbe organische Folgechemie durchführen wie bei den kurzkettigen Carbonsäuren. Dazu gehören z. B. die Aminierung zu Fettsäureamiden oder Fettnitrilen sowie die Umsetzung zu Fettsäurechloriden oder Fettsäureanhydriden. Von besonders großer Bedeutung ist jedoch die bereits im letzten Abschnitt angesprochene Reduktion der Fettsäuren und -ester zu den Fettalkoholen. Diese haben wiederum eine sehr umfangreiche Folgechemie, insbesondere zu waschaktiven Substanzen, und sollen deshalb im folgenden ▶ Abschn. 3.2.1 detailliert beschrieben werden.

3.2.1 Hydrierung zu Fettalkoholen

Je nach ihrer Kettenlänge haben die Fettalkohole recht unterschiedliche Eigenschaften:

- Die kurzkettigen C_8–C_{12}-Alkohole sind klare, hoch siedende und ölige Flüssigkeiten mit einem charakteristischen Eigengeruch. Ab C_{10} sind die Fettalkohole kaum noch mit Wasser mischbar.
- Ab Myristylalkohol mit der Kettenlänge C_{14} bekommen die Fettalkohole eine „wachsartige" Konsistenz.
- Ab C_{16} liegen feste Wachsalkohole vor, die als Schuppen (engl. *flakes*) oder Pellets in den Handel kommen.

◘ Tab. 3.1 gibt einen Überblick über die Erstarrungs- und Siedepunkte der Fettalkohole. Man erkennt an den Werten der C_{18}-Alkohole, dass – wenn Doppelbindungen vorhanden sind – die Erstarrungspunkte absinken.

Die Herstellung der Fettalkohole geschieht durch Hydrierung der Fettsäuren oder Fettsäureester mit Wasserstoff unter hohem Druck. Am Beispiel der Fettsäuremethylester ist dies in ◘ Abb. 3.9 dargestellt. In dieser Abbildung wurde auch erneut (als Schritt 1) die Umesterung von Fetten mit Methanol (◘ Abb. 3.4) aufgeführt. Werden die drei aus dem Triglycerid freigesetzten Methylester mit sechs Molen Wasserstoff umgesetzt (Schritt 2), entstehen neben den drei Fettalkoholen wieder drei Mole Methanol, die in Schritt 1 erneut eingesetzt werden können. In Summe der Schritte 1 und 2 ergibt sich so die Gleichung aus ◘ Abb. 3.8, also die Gleichung der Direkthydrierung: Aus Triglycerid und Wasserstoff bilden sich Fettalkohole und Glycerin!

◘ **Tab. 3.1** Physikalische Eigenschaften von Fettalkoholen

C-Zahl	Name	Erstarrungspunkt (°C)	Siedepunkt (°C)
C8	Caprylalkohol	–16	194
C10	Caprinalkohol	7	229
C12	Laurylalkohol	24	260
C14	Myristylalkohol	38	172 (2,7 kPa)
C16	Cetylalkohol	49	194 (2,7 kPa)
C18:0	Stearylalkohol	59	214 (2,7 kPa)
C18:1	Oleylalkohol	–8	208 (2,0 kPa)
C18:2	Linoleylalkohol	–5	153 (0,4 kPa)

◘ **Abb. 3.9** Fettumesterung mit anschließender Hydrierung der Fettester zu Fettalkoholen

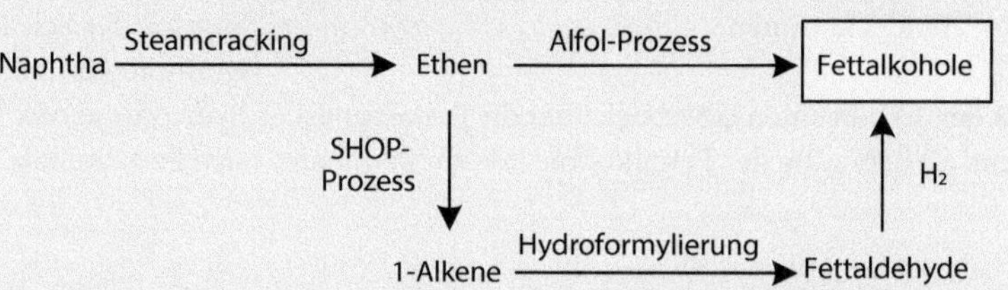

◘ **Abb. 3.10** Herstellung „synthetischer Fettalkohole" aus Naphtha durch Alfol-Verfahren oder Hydroformylierung/Hydrierung

Die Hydrierung der Fettester wird in Gegenwart von Heterogenkatalysatoren durchgeführt. Sie kann nach zwei Methoden erfolgen:

— Der feste Katalysator wird in sehr kleine Partikel zerkleinert. Diese Partikel werden im flüssigen Fettester suspendiert und anschließend gasförmiger Wasserstoff durchgeleitet. Da die Hydrierung im unteren Bereich („Sumpf") des Reaktors abläuft, spricht man von einer **Sumpfphasenhydrierung**. Da die anschließende Abtrennung des fein verteilten Katalysators vom Produkt recht aufwendig ist, wird dieses Verfahren nicht so häufig angewendet.

— Der feste Katalysator liegt in Form von größeren Stücken vor, die in einen Rohreaktor gefüllt werden. Der Katalysator ist somit im Reaktor fixiert, während das fluide Produkt aus dem Reaktor herausläuft. Die Katalysatorabtrennung ist deshalb in der Regel kein Problem. Dieses Verfahren nennt man **Festbetthydrierung.**

Eine typische Festbetthydrierung ist im Verfahrensfließbild der ◘ Abb. 3.11 gezeigt: Der Fettester wird mit der Hochdruck-Kolbenpumpe P1 in den Reaktor R gefördert und mit komprimiertem Wasserstoff (Kompressor P2, 200–300 bar) gemischt. Das Erwärmen auf Reaktionstemperatur (200–250 °C) erfolgt durch den Wärmetauscher W1 und den Erhitzer W2. Nach der Reaktion gibt der Produktstrom einen Teil seiner Energie an den Eingangsstrom („feed") ab und wird im Kühler W3 noch weiter abgekühlt. Die Reaktion wird mit einem großen Überschuss an Wasserstoff gefahren, um einen möglichst 100 %igen Umsatz des Fettesters zu erreichen. Um den überschüssigen, gasförmigen Wasserstoff vom flüssigen Produktstrom abzutrennen, werden ein Abscheider A und ein Zyklon Z hinter einander geschaltet. Der Kreislauf-Wasserstoff wird zurückgeführt, während der Flüssigstrom mit dem Ventil E entspannt wird und in einem Flash in gasförmiges Methanol und flüssige Roh-Fettalkohole aufgetrennt wird.

Der Heterogenkatalysator im Reaktor R kann unterschiedlich zusammengesetzt sein. Häufig nimmt man Katalysatoren, die aus den Ausgangskomponenten Kupferoxid und Chromoxid hergestellt werden. Ebenfalls wurden Palladium/Rhenium und Rhodium/Zinnkatalysatoren für diese Reaktion patentiert. Diese Katalysatoren hydrieren sowohl die

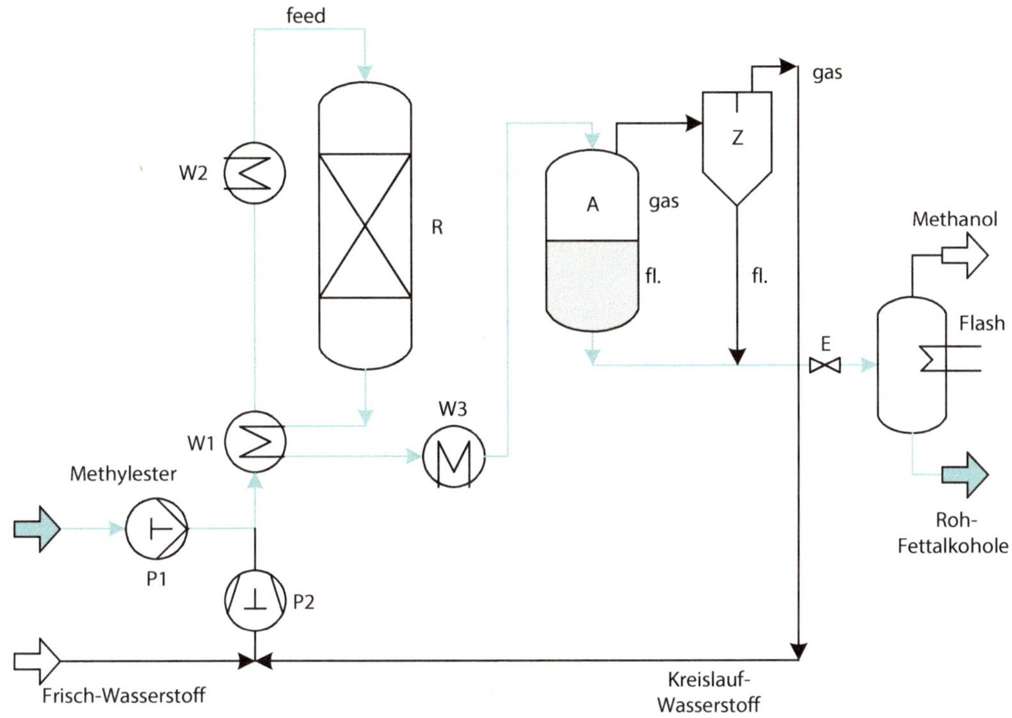

■ Abb. 3.11 Fließschema einer Festbetthydrierung von Fettsäuremethylestern zu Fettalkoholen

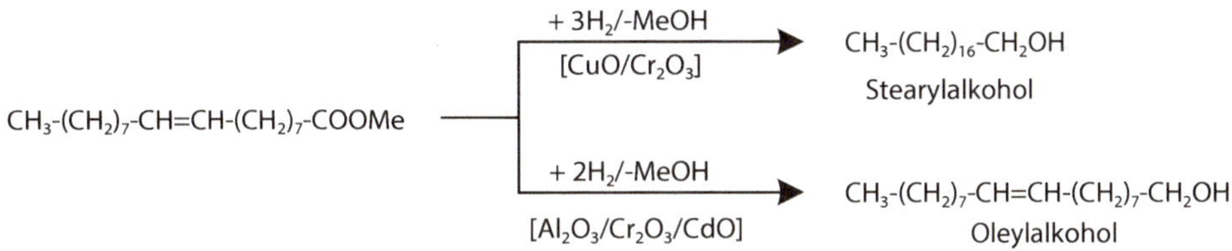

■ Abb. 3.12 Druckhydrierung von Ölsäuremethylester zu Stearyl- oder Oleylalkohol

Carboxygruppe zur Alkoholgruppe als auch die C=C-Doppelbindungen in der Kette. Gibt man bei der Herstellung der Kupferchromitkatalysatoren Zink hinzu oder nimmt einen auf Aluminiumoxid aufgetragenen Chromoxidkatalysator mit Cadmiumoxid als „Vergiftungskomponente", so bleiben die C=C-Doppelbindungen erhalten. Aus Ölsäuremethylester erhält man so nicht den wachsartigen Stearylalkohol, sondern den flüssigen Oleylalkohol, im Handel auch als „Ocenol®" bezeichnet (■ Abb. 3.12). Wegen der Giftigkeit des Chroms wird dieses Metall inzwischen durch andere Metalle, z. B. Mangan, ersetzt.

Die Roh-Fettalkohole aus der Druckhydrierung werden zur Erhöhung der Qualität meist noch destillativ aufgereinigt. Da sie thermisch empfindlich sind, werden sie in gepackten Kolonnen unter Vakuum schonend rektifiziert (Siedepunkte, ■ Tab. 3.1).

Die Fettalkohole haben eine sehr große Bedeutung erlangt, insbesondere weil sie in zahlreiche waschaktive Substanzen überführt werden können. Einen Überblick über die Märkte der Fettalkohole gibt ■ Abb. 3.13.

Durch die reaktive Hydroxygruppe gibt es für die Fettalkohole eine sehr umfangreiche Folgechemie. Eine Übersicht über diese Reaktionen gibt ■ Abb. 3.14. Von diesen Folgereaktionen können in diesem Lehrbuch jedoch im Folgenden nur die wichtigsten kurz vorgestellt werden.

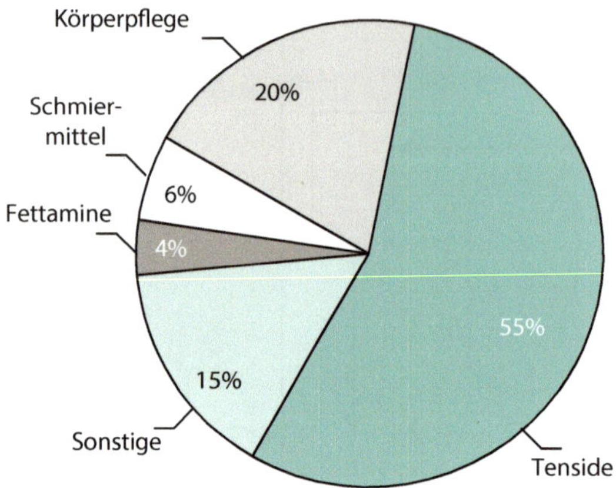

◘ Abb. 3.13   Märkte für Fettalkohole (Angaben in Gew.-%)

3.2.2 Umsetzungen von Fettalkoholen

Ethoxylierung der Fettalkohole zu Fettalkoholethoxylaten (FAE)

Bei der Ethoxylierung werden die Fettalkohole mit Ethylenoxid (EO, Oxiran) umgesetzt. Es ergeben sich die Fettalkoholethoxylate (FAE), die auch als Fettalkoholpolyglykolether oder Alkylpolyglykolether bezeichnet werden. Hierbei handelt es sich immer um Gemische mit einer unterschiedlichen Anzahl von Glykoleinheiten. Über die Stöchiometrie der Reaktion gelingt es, einen „mittleren Ethoxylierungsgrad" einzustellen. Eine generelle Reaktionsgleichung zeigt ◘ Abb. 3.15.

Wie ◘ Abb. 3.15 ebenfalls erläutert, kann durch den Katalysator der Reaktion die Verteilung der Ethylenoxid-Einheiten gesteuert werden. In beiden Beispielen wurde ein mittlerer Ethoxylierungsgrad von 7 eingehalten. Mit dem klassischen Katalysator Natriummethanolat ist die EO-Verteilung aber recht breit (*broad range ethoxylates*, BRE) und ein Teil des Fettalkohols (6 %) hat überhaupt kein Ethylenoxid abbekommen. Mit calciniertem Hydrotalcit als Katalysator bilden sich jedoch die *narrow range ethoxylates* (NRE) mit einem hohen Anteil von Ethern mit den gewünschten sieben EO-Einheiten an der Fettalkylkette.

Diese Verteilung ist wichtig für die Anwendung der FAE: Das Molekül in ◘ Abb. 3.15 besteht links aus einer langen hydrophoben Alkylkette (aus dem Fettalkohol) und rechts aus einer Etherkette mit zahlreichen Ether-Sauerstoffatomen und einer endständigen Hydroxygruppe (aus den Ethylenoxid-Molekülen). Der rechte Molekülteil besteht also aus einer hydrophilen und somit sehr gut wasserlöslichen Gruppe. Diese Kombination hydrophob/hydrophil ist ein Merkmal für Tenside, die in der Lage sind, mit ihrem hydrophoben Ende Schmutzpartikel (z. B. einen Fettfleck auf dem Oberhemd) zu lösen und gleichzeitig mit ihrem hydrophilen Ende den Schmutz in die wässrige Waschflotte zu überführen. Je gleichmäßiger die Verteilung des EO am Fettalkohol ist, umso einheitlicher die Eigenschaften des Tensids. Die FAE sind hervorragende schaumarme nichtionische Tenside mit hohem Wasch- und Dispergiervermögen und guter biologischer Abbaubarkeit.

Allerdings ist das Arbeiten mit Ethylenoxid wegen seiner hohen Reaktivität und seiner leichten Brennbarkeit nicht ganz ungefährlich. Die Umsetzung von ◘ Abb. 3.15 muss deshalb unter starken Vorsichtsmaßnahmen erfolgen. Das Fließschema in ◘ Abb. 3.16 zeigt, wie man am besten vorgeht: Mithilfe des Inertgases Stickstoff wird das Ethylenoxid EO aus seinem Lagertank in einen Zwischenkessel gedrückt und dort weiter mit Stickstoff vermischt. Diese sehr verdünnte Mischung wird in den Rührreaktor geleitet, in den auch der Fettalkohol (FA) langsam kontinuierlich eingepumpt wird. Die stark exotherme Reaktion kann auf diese Weise sehr schonend und sicher durchgeführt werden.

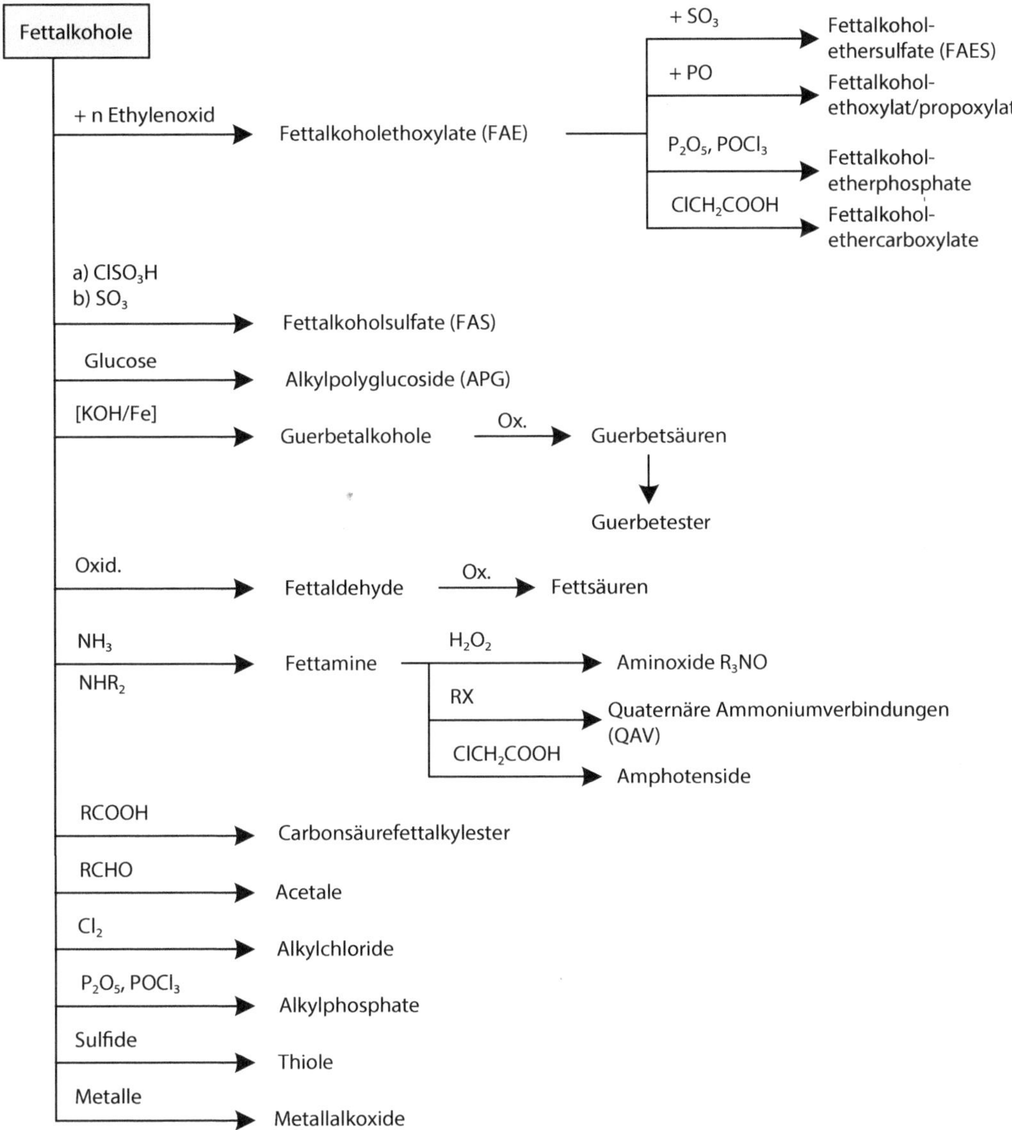

☑ Abb. 3.14 Wichtige Folgereaktionen der Fettalkohole

Sulfatierung der Fettalkohole zu Fettalkoholsulfaten (FAS)

Wie die Übersicht in ☑ Abb. 3.14 zeigt, ist eine weitere wichtige Umsetzung der Fettalkohole die Reaktion mit Chlorsulfonsäure oder Schwefeltrioxid zu den Fettalkoholsulfaten (FAS). Wegen ihrer guten Wasserlöslichkeit und ihrer geringen Empfindlichkeit gegenüber der Wasserhärte (= Gehalt an Ca- und Mg-Ionen im Wasser) sind sie ebenfalls sehr gute Tenside. Ihr Waschvermögen ist besonders hoch, wenn als Fettalkylreste die C_{12}- oder C_{14}-Ketten eingesetzt werden, die aus den Laurics (▶ Abschn. 2.1) des Kokos- oder Palmkernöls gewonnen werden. Wegen ihrer Linearität sind sie auch leicht biologisch abbaubar.

Typische Anwendungsfelder der FAS sind:

- Pulver- oder flüssige Vollwaschmittel für die Haushaltswäsche
- Netzmittel in der Textilindustrie
- Stabilisatoren beim Bleichen
- Dispergier- und Emulgiermittel in der Kosmetik

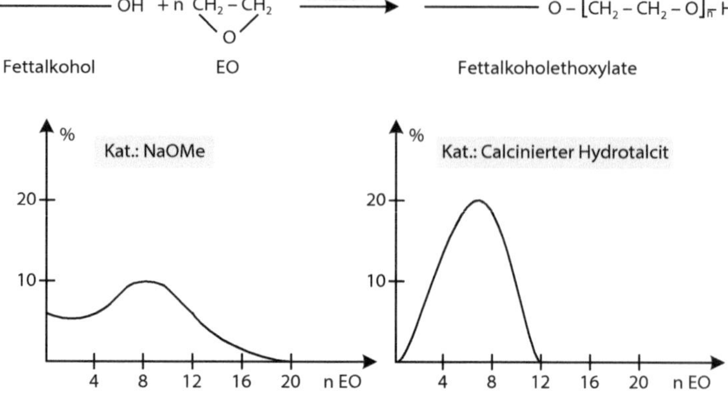

Abb. 3.15 Ethoxylierung von Fettalkoholen zu Fettalkoholethoxylaten (FAE)

Die **Synthese** der FAS aus Fettalkoholen erfolgt nach zwei Varianten:

- durch Umsetzung mit Chlorsulfonsäure ($ClSO_3H$), die aus Chlorwasserstoff und Schwefeltrioxid hergestellt wird, und
- durch direkte Umsetzung mit Schwefeltrioxid, dass durch Oxidation von SO_2 gewonnen wird.

Die **Verfahren mit Chlorsulfonsäure** werden insbesondere zur Herstellung kleinerer Produktmengen, also für Spezialprodukte verwendet. Die Reaktionsgleichungen und das Verfahrensfließbild zeigt ◘ Abb. 3.17: Chlorsulfonsäure und Fettalkohol werden zuerst in einer Düse miteinander vermischt; die Weiterreaktion zum Schwefelsäurehalbester erfolgt in einem thermostatisierten Reaktor. Die Abtrennung des HCl vom Produkt erfolgt im Entgaser, indem das Gemisch auf einen rotierenden Teller aufgebracht wird. Das gasförmige HCl verlässt den Entgaser am Kopf und wird im Absorber mit Wasser in 30 %ige Salzsäure überführt. Das flüssige Produkt verlässt den Entgaser am Boden und wird in einem Intensivmischer mit Natronlauge versetzt. Die Neutralisation zum FAS wird schließlich in einem Rührkessel bis zum vollständigen Umsatz fortgesetzt.

Für kontinuierliche Sulfatierungen in großem Maßstab kommen heutzutage nur noch **Verfahren mit Schwefeltrioxid** infrage, bei denen das teurere Edukt Chlorsulfonsäure und die aufwendige Abtrennung der HCl vermieden werden. Allerdings ist es nicht ganz einfach, die flüssigen Fettalkohole und das gasförmige SO_3 so langsam und schonend miteinander umzusetzen, dass keine unerwünschten (braun und schwarz gefärbten) Nebenprodukte entstehen. ◘ Abb. 3.18 zeigt die Reaktionsgleichungen und Details des Sulfierreaktors, heutzutage häufig ein Fallfilmreaktor mit mehreren Reaktionsrohren, ein Rohrbündelreaktor. Ähnlich wie bei der Ethoxylierung (◘ Abb. 3.16) nimmt man wieder ein Inertgas zum Verdünnen des SO_3, diesmal Luft. Zusätzlich werden die von außen gekühlten Reaktionsrohre (in ◘ Abb. 3.18 sind symbolisch nur drei Rohre eingezeichnet) so mit den beiden Ausgangsstoffen beschickt, dass sich am Anfang des Rohrs (Ausschnitt „Verteilerkopf") zwischen FA und SO_3 eine Inertgasschicht befindet, die so genannte „Ausgleichsluft". Erst im weiteren Verlauf des Reaktionsrohrs vermischen sich die Edukte langsam miteinander und reagieren zu den FAS. Da sich die dabei entstehende Reaktionswärme über das ganze Reaktorrohr (mit der Länge *l*) verteilt, findet im Reaktor keine Überhitzung („Hotspot") statt, und es bilden sich nahezu ausschließlich die gewünschten Produkte.

Abschließend noch ein paar Angaben zum Rohrbündel-Fallfilmreaktor: Er kann bis zu 180 Einzelrohre mit einem Durchmesser von je 2,5 cm und einer Länge bis zu 8 m enthalten. Die Rohre sind Reaktor und Wärmetauscher zugleich und ermöglichen dadurch eine fast isotherme Fahrweise. So ergeben sich Sulfiergrade von bis zu 98 %. Pro Reaktorrohr können ca. 30 kg Produkte pro Stunde produziert werden. Ein Scale-up, also die Erhöhung der Reaktorkapazität, kann ganz einfach dadurch erreicht werden, dass man eine größere Anzahl Rohre mit Edukten beschickt.

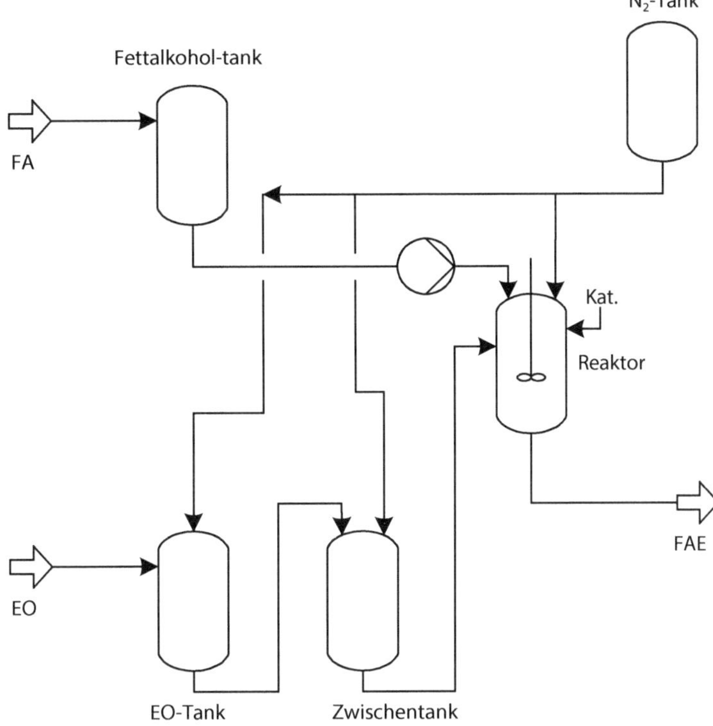

☑ **Abb. 3.16** Verfahrensfließbild der Fettalkoholethoxylat- (FAE-)Synthese

Sulfatierung der Fettalkoholethoxylate zu Fettalkoholethersulfaten (FAES)

In der Reaktionsübersicht (☑ Abb. 3.14) wurde bereits darauf hingewiesen, dass auch die Fettalkoholethoxylate (FAE) nachträglich zu Fettalkoholethersulfaten (FAES) sulfatiert werden können, denn sie besitzen ja wie die Fettalkohole ebenfalls eine endständige Hydroxygruppe. Auch die FAES sind hervorragende Tenside, die überwiegend in Shampoos eingesetzt werden. Im Vergleich zu den FAS sind sie wegen der zusätzlichen Glykoleinheiten besser wasserlöslich. ☑ Abb. 3.19 zeigt die zweistufige Reaktion am Beispiel der Neutralisation mit Natronlauge. Für Spezialanwendungen sind aber auch Neutralisationen mit Kalilauge, wässriger Ammoniaklösung oder Triethanolamin möglich.

Fischer-Reaktion der Fettalkohole mit Glucose zu Alkylpolyglucosiden (APG)

Diese Reaktion, die ebenfalls zu interessanten nichtionischen Tensiden führt, wird in ▶ Kap. 6, das die Zuckerchemie behandelt, genauer beschrieben.

Kondensation der Fettalkohole mit der Guerbet-Reaktion

Die Fettalkohole, die wir bisher kennen gelernt haben, sind alle linear, denn sie wurden ja aus den linearen Fettsäuren oder ihren Estern hergestellt. Für einige Anwendungen hätte man aber gerne auch verzweigte langkettige Alkohole, denn diese haben zum Teil sehr spezielle physikalische Eigenschaften, z. B. niedrigere Schmelzpunkte oder Viskositäten. In einigen Eigenschaften ähneln die verzweigten Alkohole den ungesättigten Alkoholen, sind aber im Vergleich zu diesen wegen der fehlenden C=C-Doppelbindung wesentlich oxidationsstabiler.

Eine Möglichkeit, gezielt zu verzweigten Fettalkoholen zu gelangen, ist die bereits 1899 von dem Franzosen Marcel Guerbet aufgefundene Kondensation zweier (gleicher oder ungleicher) Fettalkohole, die Guerbet-Reaktion. Sie führt immer zu primären Alkoholen, die am C-Atom 2 verzweigt sind. ☑ Abb. 3.20 zeigt die allgemeine Gleichung für die Guerbet-Reaktion zweier gleicher Fettalkohole.

Auf diese Weise lassen sich aus den kurzkettigen Fettalkoholen folgende Guerbet-Alkohole herstellen:

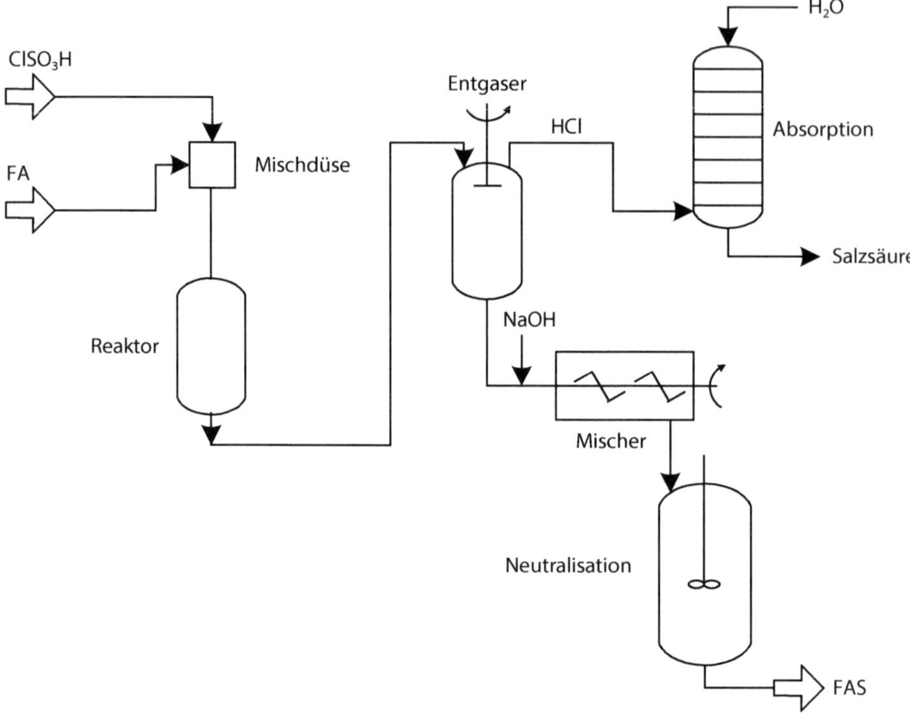

◘ Abb. 3.17   FAS-Synthese nach dem Chlorsulfonsäure-Verfahren

- aus $2 \cdot n$-Octanol (Caprylalkohol) das 2-Hexyl-1-decanol (C_{16})
- aus $2 \cdot n$-Decanol (Caprinalkohol) das 2-Octyl-1-dodecanol (C_{20})
- aus $2 \cdot n$-Dodecanol (Laurylalkohol) das 2-Decyl-1-tetradecanol (C_{24}) etc.

Aus einem Gemisch zweier verschiedener Fettalkohole ergeben sich entsprechend vier verschiedene Guerbet-Alkohole, also z. B. aus einem Octanol/Decanol-Gemisch neben den oben aufgeführten Homo-Kondensaten auch die C_{18}-Mischkondensate 2-Octyl-1-decanol und 2-Hexyl-1-dodecanol.

Die Reaktion wird bei 250–300 °C in Gegenwart basischer Katalysatoren wie z. B. KOH oder Kalium-Alkoholaten durchgeführt. Außerdem werden Salze der Metalle Eisen, Nickel, Kupfer oder Blei hinzugegeben. Der Mechanismus ähnelt der Aldol-Kondensation, ist aber wegen der parallel stattfindenden Dehydrierungen, Dehydratisierungen und

Hydrierungen noch nicht endgültig geklärt. Die oben aufgeführten Guerbet-Alkohole im C-Zahl-Bereich C_{16}–C_{24} werden als Weichmacher für Nitrocellulose, als Lösungsmittel für Druckfarben und als Komponenten von Schmier- und Textilhilfsmitteln eingesetzt. Die Hauptanwendung der Guerbet-Alkohole sind kosmetische oder pharmazeutische Öle. Die weltweite Produktion ist allerdings relativ gering (2000 bis 3000 t a^{-1}).

Wie ◘ Abb. 3.21 zeigt, haben die Guerbet-Alkohole auch eine umfangreiche Folgechemie. Von industrieller Bedeutung sind z. B. die Guerbet-Säuren und die Guerbet-Ester.

3.2.3 Umsetzungen zu Fettaminen

Wie bereits eingangs erwähnt (◘ Abb. 3.14), sind auch stickstoffhaltige Fettstoffe von industrieller Bedeutung. Insbesondere die Fettamine sind begehrte

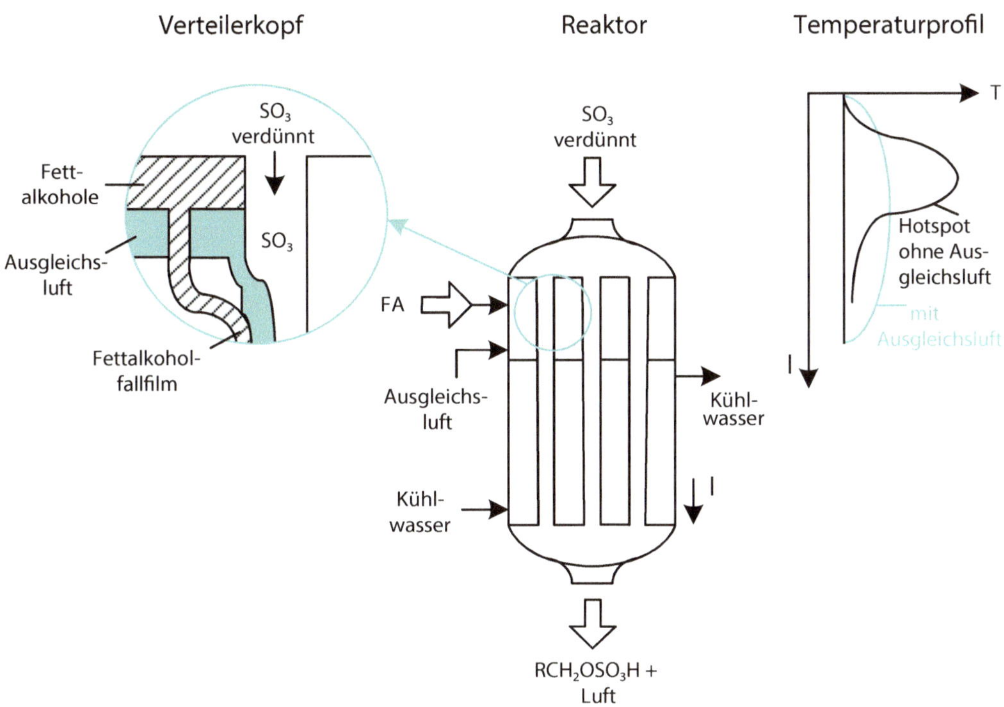

Abb. 3.18 Sulfatierung im Rohrbündelreaktor (links: Verteilerkopf; Mitte: Rohrbündelreaktor; rechts: Temperaturverteilung im Reaktorrohr mit und ohne Ausgleichsluft)

$$RO{+}CH_2{-}CH_2{-}O{+}_n H + SO_3 \longrightarrow RO{+}CH_2{-}CH_2{-}O{+}_n SO_3H \xrightarrow[-\,H_2O]{+\,NaOH} RO{+}CH_2{-}CH_2{-}O{+}_n SO_3Na$$

FAE　　　　　　　　　　　　　　　　　　　　　　**FAES**

Abb. 3.19 Sulfatierung der Fettalkoholethoxylate zu Fettalkoholethersulfaten (FAES)

Zwischenprodukte, denn sie dienen zur Herstellung von Ammoniumverbindungen mit langen Alkylketten, die als kationische Tenside eingesetzt werden.

Die **Herstellung** der Fettamine aus Fettsäuren (oder ihren Estern) erfolgt zweistufig (**Abb. 3.22**):
— In der ersten Stufe werden durch eine Umsetzung mit Ammoniak über die Zwischenstufe der Fettamide die Fettnitrile hergestellt. Dabei werden insgesamt zwei Mol Wasser freigesetzt; man benötigt also wasserabspaltende Katalysatoren. In der Technik wird die Reaktion mit Ammoniak einstufig bei 280–360 °C bei Normaldruck durchgeführt; als Katalysatoren werden z. B. Silicagel, Aluminiumoxid, Bauxit oder Eisenoxid eingesetzt. Besonders interessant sind Verfahren, die direkt die Triglyceride in die Fettnitrile überführen: Zunächst wird das Fett mit

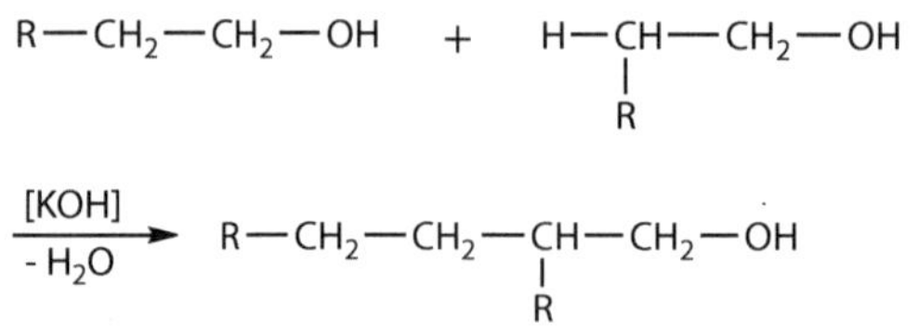

$$R-CH_2-CH_2-OH \quad + \quad H-\underset{\underset{R}{|}}{C}H-CH_2-OH$$

$$\xrightarrow[-\,H_2O]{[KOH]} \quad R-CH_2-CH_2-\underset{\underset{R}{|}}{C}H-CH_2-OH$$

◘ Abb. 3.20 Allgemeine Gleichung der Guerbet-Reaktion

Ammoniak in Gegenwart von Zinnkatalysatoren in ein Gemisch von Fettnitril, Fettamid und Glycerin umgesetzt, das Glycerin dann abgetrennt und die Reaktion bis zum vollständigen Umsatz weitergeführt.

— In der zweiten Stufe erfolgt die Hydrierung der Fettnitrile zu den Fettaminen. Wie ◘ Abb. 3.22 zeigt, können über die Zwischenstufe der Imine sowohl primäre als auch sekundäre und tertiäre Amine entstehen. Die Selektivität des Prozesses kann über den Zusatz von Ammoniak und über den Katalysator gesteuert werden. Nickel- und Cobaltkatalysatoren steuern bevorzugt zu den primären Aminen.

Fettamine kann man auch aus Fettalkoholen (▶ Abschn. 3.2.1) herstellen, sei es durch Umsetzungen mit Ammoniak oder primären bzw. sekundären Aminen. Gl. 3.1 zeigt als Beispiel die Reaktion eines Fettalkohols mit Dimethylamin zu einem Dimethylalkylamin. Die Reaktion wird in Gegenwart von Wasserstoff mit einem Kupferkatalysator durchgeführt.

$$R-CH_2-OH \quad + HNMe_2 \quad \xrightarrow[+\,H_2]{CuO\,/\,Cr_2O_3}$$
$$R-CH_2-NMe_2 \quad + H_2O$$

Gl. 3.1

Die **Verwendung** der Fettamine erfolgt in vielen Bereichen:

— Die *primären Fettamine* RNH_2 und ihre Salze werden z. B als Flotationshilfsmittel, Korrosionsinhibitor, Schmiermittel, Bakterizid oder Treibstoffadditiv verwendet.

— Die *sekundären Fettamine* R_2NH werden meist weiterverarbeitet zu den quaternären Difettalkyldimethylammoniumsalzen $R_2Me_2N^+X^-$, z. B. durch Methylierung mit Methylchlorid.

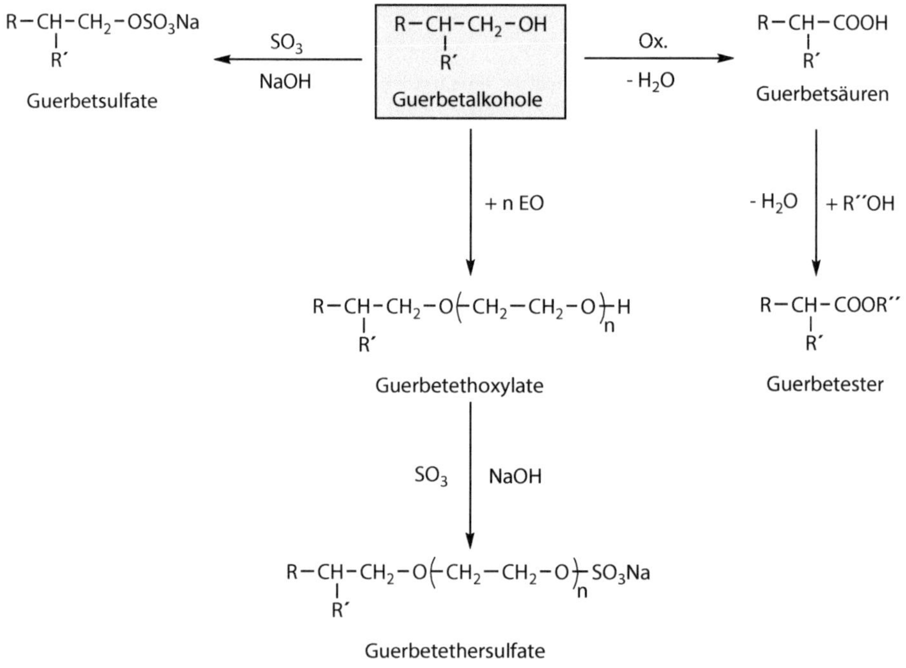

◘ Abb. 3.21 Einige Folgereaktionen der Guerbet-Alkohole

Abb. 3.22 Die Herstellung von Fettaminen aus Fettsäuren (über die Fettnitrile)

$$R-COOH \xrightarrow{+\,NH_3} R-COO^{\ominus}\ NH_4^{\oplus} \xrightarrow{-\,H_2O} R-\overset{\overset{\displaystyle O}{\|}}{C}-NH_2$$

$$\xrightarrow{-\,H_2O} R-C\equiv N \quad (\text{Fettnitril})$$

$$R-C\equiv N \xrightarrow{+\,H_2} R-CH=NH \ (\text{Imin}) \xrightarrow{+\,H_2} R-CH_2-NH_2 \ (\text{prim. Amin})$$

Imin $\xrightarrow{+\,R-CH_2-NH_2}$
$$R-\underset{\underset{\displaystyle HN-CH_2-R}{|}}{CH}-NH_2 \xrightarrow[-\,NH_3]{+\,H_2} R-\underset{\underset{\displaystyle HN-CH_2-R}{|}}{CH_2} \ (\text{sek. Amin})$$

sek. Amin $\xrightarrow{+\,R-CH=NH}$
$$R-\underset{\underset{\displaystyle NH_2}{|}}{CH}-\overset{\overset{\displaystyle R-CH_2}{|}}{N}-CH_2-R \xrightarrow[-\,NH_3]{+\,H_2} N(CH_2-R)_3 \ (\text{tert. Amin})$$

Distearyldimethylammoniumchlorid ist ein wichtiger Weichmacher und Didecyldimethylammoniumchlorid ein bedeutendes Bakterizid.

– Die *tertiären Amine* R_3N finden z. B. Anwendung als Emulgatoren, Fungizide, Schaumregulatoren oder als Kosmetik-Bestandteile. Sie werden ebenfalls eingesetzt zur Herstellung von amphoteren Tensiden, den so genannten Betainen. Diese enthalten sowohl eine kationische als auch eine anionische Gruppe und sind besonders hautschonende Detergenzien. Gl. 3.2 zeigt als Beispiel die Herstellung eines Carboxyethylbetains aus Dodecyldimethylamin und Acrylsäure.

$$C_{12}H_{25}-NMe_2 + CH_2=CH-COOH \longrightarrow$$
$$C_{12}H_{25}-NMe_2^{\oplus}-CH_2-CH_2-COO^{\ominus}$$

Gl. 3.2

Als Folgeprodukte der Fettamine sollen noch die **Fettaminoxide** erwähnt werden: Sie werden meist durch Oxidation von Fettalkyldimethylaminen mit Wasserstoffperoxid gewonnen (Gl. 3.3) und verhalten sich wie schwache kationische Tenside. Im Aminoxid sind Stickstoff- und Sauerstoffatom durch eine kovalente Bindung miteinander verbunden, mit einer höheren Elektronendichte am Sauerstoffatom. Entsprechend haben die Fettaminoxide ein hohes Dipolmoment und lösen sich bevorzugt in polaren Lösungsmitteln.

$$R-\underset{\underset{\displaystyle Me}{|}}{\overset{\overset{\displaystyle Me}{|}}{N}} + H_2O_2 \longrightarrow R-\underset{\underset{\displaystyle Me}{|}}{\overset{\overset{\displaystyle Me}{|}}{N}}\!\rightarrow O + H_2O \qquad \text{Gl. 3.3}$$

3.2.4 Weitere Fettsäurederivate

In diesem Abschnitt sollen die weiteren bedeutenden Fettsäurederivate zusammenfassend beschrieben werden.

Fettsäurechloride werden durch Umsetzung der Fettsäuren mit Thionylchlorid, Phosphortrichlorid oder Phosgen gewonnen (Abb. 3.23). Die Fettsäurechloride sind sehr reaktive Zwischenprodukte und können z. B. durch Rosenmund-Reduktion in die Fettaldehyde überführt werden.

Auch für **Fettsäureanhydride** gibt es mehrere Syntheserouten, die in Abb. 3.24 zusammengefasst sind. Diese Synthesen verlaufen entweder über das gemischte Fettsäure-Essigsäureanhydrid oder über das Fettsäurechlorid als Zwischenstufen:

– Das gemischte Anhydrid wird entweder durch Umsetzung mit Essigsäureanhydrid (ESA) oder

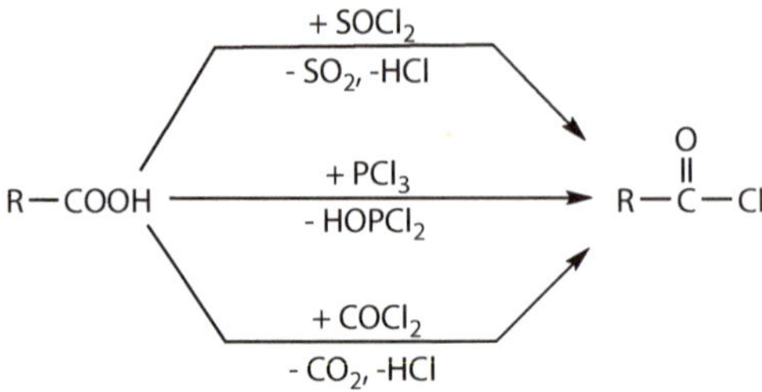

◘ Abb. 3.23   Synthesen von Fettsäurechloriden aus Fettsäuren

mit Keten hergestellt und anschließend mit einem weiteren Mol Fettsäure umgesetzt.

- Das Fettsäurechlorid wird, wie in ◘ Abb. 3.23 beschrieben, hergestellt und dann entweder mit Fettsäure oder ihrem Salz (der Seife) zum Fettsäureanhydrid abreagiert.

Die bedeutendsten **Fettsäureester**, die Methylester, sowie ihre Herstellung haben wir bereits im Kapitel über die Fettumesterung (▶ Abschn. 3.1.2) kennen gelernt. Einige andere Fettsäureester haben aber ebenfalls technische Bedeutung erlangt:

- Die Isopropylester der Fettsäuren lassen sich einfach durch Umsetzung mit Propen oder Isopropanol herstellen, die Phenylester durch Umsetzung mit Phenol und die Fettalkylester durch eine Reaktion mit Fettalkoholen. Die Fettsäurealkylester sind Wachse, die wir bereits bei der Besprechung des Jojobaöls (Exkurs in ▶ Abschn. 2.2.10) kennen gelernt haben. Sie sind

wichtige Schmiermittel, Weichmacher und Kosmetik-Inhaltsstoffe.

- Fettsäuren kann man auch mit den verschiedensten Polyolen verestern. Neben dem bereits aus den Fetten bekannten Glycerin kommen hier z. B. Glykol, Sorbitol, Saccharose oder Neopentylglykol zur Anwendung.

- Eine weitere Variante ist die Veresterung der Fettsäuren mit Ethylenoxid zu den Poly(oxyethylen)estern, den Fettsäureethoxylaten (Gl. 3.4). Sie sind (wie die verwandten Fettalkoholethoxylate FAE, ▶ Abschn. 3.2.2) nichtionische Tenside, die wegen ihrer relativ günstigen Herstellkosten und dem geringen Schaumvermögen in Haushalt und Industrie Verwendung finden, z. B. zur Textilreinigung, als Spülmittel oder zur Oberflächenreinigung von Metallen. Die Fettsäureethoxylate können in den gleichen Ethoxylierungsanlagen wie die FAE hergestellt werden. Sie haben jedoch (bisher) trotz ihrer exzellenten Bioabbaubarkeit eine geringere Bedeutung als die FAE, da die Esterbindung recht reaktiv ist und somit zu unerwünschten Folgereaktionen neigt.

$$R-\overset{\overset{\textstyle O}{\|}}{C}-OH \;+\; n\,C_2H_4O \longrightarrow \qquad \text{Gl. 3.4}$$

$$R-\overset{\overset{\textstyle O}{\|}}{C}-O\!\left(CH_2-CH_2-O\right)_n\!H$$

◘ Abb. 3.24   Syntheserouten von Fettsäureanhydriden aus Fettsäuren

Zusammenfassung *(Take-Home Messages)*

- Die wichtigsten **Basischemikalien der Oleochemie** sind die Fettsäuren, die Fettsäureester, die Fettalkohole und das Koppelprodukt Glycerin.
- Die **Fettspaltung** ist die Umsetzung von Triglyceriden mit Wasser zu Fettsäuren und Glycerin. Durch einen hohen Wasserüberschuss und stetige Abtrennung des Glycerins kann die Gleichgewichtsreaktion auf die Seite der Fettsäuren verschoben werden.
- Die Fettspaltung wird industriell überwiegend als kontinuierlich betriebene **Druck-Fettspaltung** mit Drücken bis 40 bar und Temperaturen bis 260 °C durchgeführt. Die Reaktoren sind Kolonnen, in denen Fett- und Wasserphase im Gegenstrom zueinander zur Reaktion gebracht werden.
- Die **Fettsäuren** werden meist durch kontinuierliche Rektifikation gereinigt. Sie werden als Seifen verwendet oder als Zusätze von Kautschuken, Papier, Schmiermitteln, Lacken oder Körperpflegeartikeln.
- Die **Fettsäureester** werden durch Veresterung der Fettsäuren mit Alkoholen oder bevorzugt durch Umesterung der Triglyceride mit Methanol zu Fettsäuremethylestern und Glycerin hergestellt.
- Die **Verseifung** von Fetten mit Natron- oder Kalilauge zu **Seifen** und dem Koppelprodukt Glycerin ist eine seit Jahrhunderten bekannte Technologie. Auch diese Reaktion wird heute überwiegend kontinuierlich durchgeführt.
- Die **Direkthydrierung** ist die direkte Umsetzung von Triglyceriden mit Wasserstoff zu Fettalkoholen. Als Koppelprodukte entstehen Glycerin, 1,2-Propandiol und Isopropanol. Sie wird bisher noch nicht großtechnisch durchgeführt.
- Der wichtigste Weg zu **Fettalkoholen** ist die Hydrierung von Fettsäuren oder Fettsäuremethylestern. Es bilden sich – je nach Kettenlänge – flüssige bis feste Produkte, die z. B. zu Tensiden, Fettaminen oder Schmiermitteln weiter verarbeitet werden. Zu den natürlichen Fettalkoholen auf Basis nachwachsender Rohstoffe existiert eine Konkurrenz durch die synthetischen Fettalkohole, die durch den Alfol-Prozess oder durch Hydroformylierung hergestellt werden.
- Wichtige Folgereaktionen der Fettalkohole sind die Ethoxylierung zu den **Fettalkoholethoxylaten (FAE)**, die Sulfatierung zu den **Fettalkoholsulfaten (FAS)**, die Sulfatierung der FAE zu den **Fettalkoholethersulfaten (FAES)**, die Fischer-Reaktion mit Glucose zu den **Alkylpolyglucosiden (APG)** und die Kondensation zu den **Guerbet-Alkoholen**.
- Die **Fettamine** können zweistufig aus den Fettsäuren oder auch aus den Fettalkoholen hergestellt werden. Sie werden in Form ihrer Ammoniumsalze als kationische Tenside, als Emulgatoren, Weichmacher oder Flotationshilfsmittel eingesetzt.
- Weitere wichtige Derivate sind die **Fettsäurechloride** und die **Fettsäureanhydride**.

② Zehn Quickies zu ▶ Kap. 3

1. Nennen Sie drei Basischemikalien der Oleochemie!
2. Vergleichen Sie die Glycerinqualitäten, die bei der Fetthydrolyse und bei der Umesterung der Fette entstehen!
3. In einer oleochemischen Fabrik soll einerseits Stearinsäure, andererseits Stearylalkohol durch Rektifikation gereinigt werden. Wie geht man vor?
4. Warum konnte in der zweiten Hälfte des 19. Jahrhunderts in Europa die Seifenproduktion stark zunehmen?
5. Warum entstehen bei der Direkthydrierung der Fette 1,2-Propandiol und Isopropanol als Nebenprodukte? Warum nicht 1,3-Propandiol?
6. Wie kann man technisch Fettester zu Fettalkoholen hydrieren? Beschreiben Sie die Anordnung des Katalysators im Reaktor!

7. Wie kann man auch mithilfe der Hydroformylierung Fettalkohole erzeugen? Was für Kettenlängen können dabei erzielt werden? Nennen Sie Beispiele!
8. Wie kann man aus Ölsäuremethylester (ÖSME) Oleylalkohol herstellen?
9. Beschreiben Sie den vierstufigen Weg vom Fettmolekül zu den Fettalkoholethersulfaten!
10. Beschreiben Sie die zwei Synthesewege des wichtigen Wäsche-Weichmachers Distearyldimethylammoniumchlorid, wobei Sie einmal von der Stearinsäure und einmal von Stearylalkohol ausgehen!

■■ **… und zur Belohnung noch ein Fußballer-Zitat:**

» Wie so oft liegt auch hier die Mitte in der Wahrheit.
(Rudi Völler)

Weiterführende Literatur

Monographien und Übersichtsartikel

Farr WE, Proctor A (2016) Green vegetable oil processing, 1st rev. ed. AOCS Elsevier, Urbana, IL

Hernandez EM, Kamal-Eldin A (2013) Processing and nutrition of fats and oils. Wiley-Blackwell, Chichester, West Sussex

List GR, King JW (Hrsg) (2010) Hydrogenation of fats and oils. Theory and practice. AOCS-Press, Urbana, IL

Gunstone FD, Harwood JL, Dijkstra AJ (2007) The lipid handbook, 3. Aufl. CRC Press, Boca Raton

Anneken DJ, Both S, Christoph R, Fieg G, Steinberner U, Westfechtel A (2006) Fatty acids. In: Ullmann's Encyclopedia of industrial chemistry, online edition. Wiley-VCH, Weinheim

Noweck K, Grafahrend W (2006) Fatty alcohols. In: Ullmann's encyclopedia of industrial chemistry, online edition. Wiley-VCH, Weinheim

Shahidi F (Hrsg) (2005) Bailey's industrial oil and fat products. Wiley, 6. Aufl. Bd 1: Chemistry, properties and health effects, Bd 3: Specialty oils and oil products, Bd 4: Products and applications, Bd 5: Processing technologies, Bd 6: Industrial and nonedible products from oils and fats.

Gunstone FD, Hamilton RJ (2001) Oleochemical manufacture and applications. Sheffield Academic Press, Sheffield

Gunstone FD (1998) Lipid synthesis and manufacture. Blackwell, Chichester, West Sussex

Dieckelmann G, Heinz HJ (1989) The basics of industrial oleochemistry. Peter Pomp GmbH, Essen

Johnson RW, Fritz E (Hrsg) (1989) Fatty acids in industry. Marcel Dekker Inc, New York

Originalstellen

Ronda JC, Lligadas G, Galià M, Cádiz V (2011) Vegetable oils as platform chemicals for polymer synthesis. Eur J Lipid Sci Technol 113:46–58

Rupilius W, Ahmad S (2005) The changing world of oleochemicals. Palm Oil Devel 44:15–28

Hoydonckx HE, De Vos DE, Chavan SA, Jacobs PA (2004) Esterification and transesterification of renewable chemicals. Topics in Catal 27:83–96

Bondioli P (2004) The preparation of fatty acid esters by means of catalytic reactions. Topics in Catal 27:77–82

Hills G (2003) Industrial use of lipases to produce fatty acid esters. Eur J Lipid Sci Technol 105:601–607

Steinigeweg S, Gmehling J (2003) Esterification of a fatty acid by reactive distillation. Ind Eng Chem Res 42:3612–3619

Gunstone FD (2001) Chemical reactions of fatty acids with special reference to the carboxyl group. Eur J Lipid Sci Technol 103:307–314

Jordan V, Gutsche B (2001) Development of an environmentally benign process for the production of fatty acid methyl esters. Chemosphere 43:99–105

Gutsche B (1997) Technologie der Methylesterherstellung – Anwendung für die Biodieselproduktion. Fett/Lipid 99:418–427

Reaktionen an der Fettsäurekette

Oleochemische Spezialprodukte

© Springer-Verlag GmbH Deutschland 2018
A. Behr, T. Seidensticker, *Einführung in die Chemie nachwachsender Rohstoffe*,
https://doi.org/10.1007/978-3-662-55255-1_4

Kapitelfahrplan

- Wir besprechen kurz die Chemie an der gesättigten Fettsäurekette.
- Wesentlich vielseitiger ist die Chemie an der C=C-Doppelbindung ungesättigter Fettsäureverbindungen. Sie lernen hier die Möglichkeiten kennen, über C–O- und C–C-Verknüpfungen zu neuen funktionalisierten oder verzweigten Molekülen zu gelangen.
- Ebenfalls wird die selektive Hydrierung der C=C-Doppelbindung besprochen.

Neben Reaktionen an der Carboxygruppe kann eine Fettsäure auch Reaktionen an der Alkylkette (bzw. Alkylenkette) eingehen. Hierbei kann der chemische Angriff an verschiedenen Positionen erfolgen:

- an irgendeiner nicht aktivierten Methylengruppe, z. B. an den CH_2-Gruppen der Kohlenstoffatome C3 bis C17 der Stearinsäure
- an der endständigen Methylgruppe (C18)
- an der zur Carboxygruppe α-ständigen Methylengruppe (C2)
- am Kohlenstoffatom einer C=C-Doppelbindung (z. B. C9 und C10 der Ölsäure)
- an der Methylengruppe allylständig zur C=C-Doppelbindung (C8 und C11 der Ölsäure)

4.1 Synthese substituierter Fettsäuren

Übliche Substitutionsreaktionen an der aliphatischen Kette, z. B. eine Chlorierung, verlaufen nahezu mit statistischer Verteilung der Chloratome an der Fettsäurekette. Nur die direkt der Carboxygruppe benachbarten Methylengruppen werden durch den I-Effekt des COOH-Substituenten vor dem elektrophilen Angriff der Chlorradikale etwas abgeschirmt. Es entsteht somit ein Gemisch von Chlorfettsäuren, die sich z. B. in hydroxy- oder aminosubstituierte Fettsäuren überführen lassen (◘ Abb. 4.1).

Diese Reaktionsfolge ist jedoch nur dann technisch nutzbar, wenn es gelingt, die Chlorierung regioselektiver durchzuführen. Ein Ansatz hierzu ist die *Hell-Volhard-Zelinsky-Reaktion*, bei der die Chlorierung in Chlorsulfonsäure als Lösungsmittel durchgeführt wird und ein starker Radikalfänger die statistische Chlorierung unterbindet: Es bildet sich selektiv die α-Chlorfettsäure.

Einige weitere Substitutionsreaktionen an der Fettalkylkette sind in ◘ Tab. 4.1 aufgeführt.

Insbesondere die regioselektive **Sulfonierung** an der α-ständigen Methylengruppe könnte größere industrielle Bedeutung erlangen. Bei der Sulfonierung der Fettsäuremethylester mit Schwefeltrioxid und Luft entstehen die α-Sulfofettsäureester, die mit Natronlauge in ihre Natriumsalze, die sogenannten **α-Estersulfonate** (AES), überführt werden können, die sehr gute Tensideigenschaften besitzen und biologisch sehr gut abbaubar sind (◘ Abb. 4.2). Die Sulfierung kann in ähnlichen Fallfilmreaktoren erfolgen, wie sie bereits in ► Abschn. 3.2.1 beschrieben wurden. Allerdings sind die Produkte wegen der (relativ hohen) Sulfiertemperatur von 90 °C und der (relativ langen) Reaktionszeit von 30 min dunkel gefärbt und müssen erst mit Wasserstoffperoxid gebleicht werden.

Schon seit Langem werden die α-Estersulfonate (engl. *methyl ester sulfonates*, MES) als mögliche Tensidalternative für die petrochemischen linearen Alkylbenzolsulfonate (LABS) diskutiert, die weltweit mit 3 Mio. Tonnen pro Jahr produziert werden.

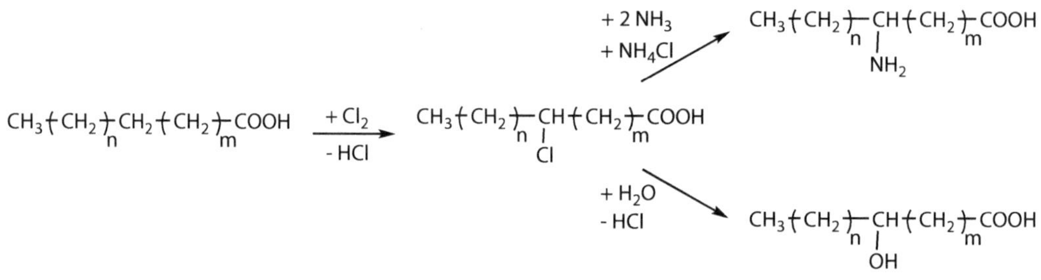

◘ **Abb. 4.1** Substitutionsreaktionen an der gesättigten Fettsäurekette

○ **Tab. 4.1** Substitutionsreaktionen an der gesättigten Fettalkylkette

Reaktion	Reagenzien	Produkte
Sulfochlorierung	SO_2, Chlor	Sulfochloride
Sulfoxidation	SO_2, Sauerstoff	Sulfonsäuren
Chlorphosphonylierung	PCl_3, Sauerstoff	Phosphonsäuredichloride
Fluorierung	HF, elektrochemisch	Perfluorfettsäuren
Sulfonierung	SO_3, Luft	α-Sulfofettsäuren und ihre Ester

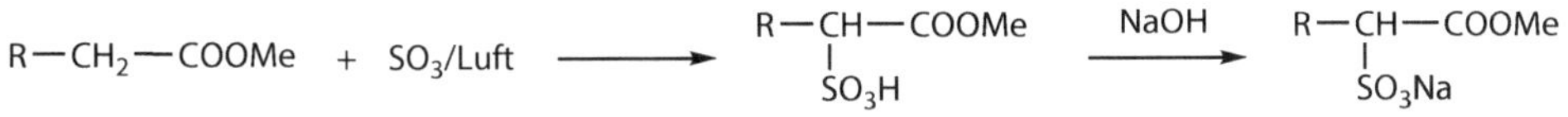

$$R{-}CH_2{-}COOMe \ + \ SO_3/Luft \longrightarrow \underset{\underset{SO_3H}{|}}{R{-}CH{-}COOMe} \xrightarrow{NaOH} \underset{\underset{SO_3Na}{|}}{R{-}CH{-}COOMe}$$

○ **Abb. 4.2** Synthese von α-Estersulfonaten

Eine erste Anlage der AES mit einer Kapazität von 80.000 Tonnen pro Jahr wurde 2003 in Texas/USA gebaut. Da das Produkt in Form von wasserfreien Schuppen oder Pulvern hergestellt wird, lässt es sich auch gut über weitere Strecken transportieren.

4.2 Reaktionen an der C=C-Doppelbindung ungesättigter Fettstoffe

Werden ungesättigte Fettsäuren (oder ihre Ester) als Ausgangsstoffe eingesetzt, steht mit der C=C-Doppelbindung eine reaktive Gruppe zur Verfügung, an der sehr gezielte Umsetzungen erfolgen können, die sich häufig mithilfe von homogenen Katalysatoren steuern lassen. Manche dieser Reaktionen haben bereits seit Langem Eingang in die industrielle Chemie gefunden, andere – insbesondere die Reaktionen mit Übergangsmetallkatalysatoren – wurden erst in der letzten Zeit entwickelt und erfordern noch weitere Entwicklungsarbeiten. Die Reaktionen werden im Folgenden danach unterteilt, welche Bindungen neu geknüpft werden. Vorgestellt werden neue C–O-, C–C-, C–H- sowie einige weitere Verknüpfungsreaktionen.

4.2.1 Knüpfung neuer C–O-Bindungen

Bereits 1909 entdeckte der russische Chemiker Nikolai Prileschajev die Umsetzung ungesättigter Verbindungen mit einer Persäure zu den Epoxiden (Oxiranen). Diese **Epoxidation** wurde in der Folgezeit weiterentwickelt und auch auf ungesättigte Fettstoffe, insbesondere auf der Basis von Sojaöl, angewendet. Als Persäure wurde ursprünglich Perbenzoesäure eingesetzt; heute kommen in der Technik fast ausschließlich Perameisensäure oder Peressigsäure zum Einsatz. Die Persäuren werden relativ einfach aus der entsprechenden Carbonsäure und Wasserstoffperoxid hergestellt. Dabei kann man grundsätzlich zwei Methoden unterscheiden: Einerseits kann die Persäure separat hergestellt und dann mit dem Fettstoff umgesetzt werden. Die Persäure kann aber auch *in situ* während der Epoxidation erzeugt werden. Ein typisches Beispiel für eine Epoxidation, die Umsetzung eines Trioleats mit Perameisensäure, ist in ○ Abb. 4.3 dargestellt.

In jüngster Zeit sind auch zahlreiche Katalysatoren entwickelt worden, die entweder die *in situ* Persäurebildung oder auch die Epoxidation selber beschleunigen. Typische Vertreter sind saure Ionentauscher, Zeolithe, Hydrotalcite sowie Übergangsmetallsalze oder -oxide.

Ein neuerer Weg zu epoxidierten Fettstoffen ist auch der Einsatz von Enzymen. Lipasen, z. B. Novozym 435, katalysieren die Umsetzung von Fettsäuren mit Wasserstoffperoxid zu Perfettsäuren, die dann durch intermolekularen Sauerstofftransfer zu den epoxidierten Fettsäuren führen.

Die Epoxidationsprodukte von Fettstoffen werden vielfältig verwendet, insbesondere im Kunststoffbereich. Sie sind hervorragende Weichmacher

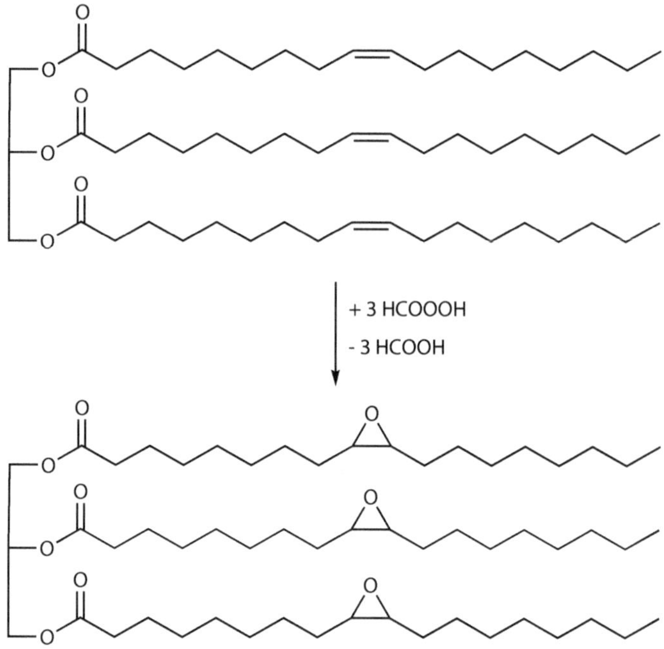

◻ Abb. 4.3 Vollständige Epoxidation eines Trioleats mit Perameisensäure

und werden als Flammschutzmittel, Antioxidanzien und Lichtstabilisatoren in Kunststoffen eingesetzt. Sojaepoxide werden umfangreich in Polyvinylchlorid und verwandten Polymeren eingesetzt. Wird in einem chlorhaltigen Kunststoff durch Wärme- oder Lichteinfluss Chlorwasserstoff abgespalten, so wird dieser durch eine Reaktion mit den Epoxidgruppen abgefangen.

Die Epoxidgruppe kann auch zahlreiche Folgereaktionen eingehen. Durch protische Substrate kommt es zur Ringöffnung: Mit Wasser bilden sich die Diole, mit Alkoholen die Etheralkohole, mit sekundären Aminen die Aminoalkohole, mit Essigsäure die Hydroxyacetate (◻ Abb. 4.4). Aus einem epoxidierten Trioleat (vgl. ◻ Abb. 4.3) bildet sich somit ein Hexol, das mit Diisocyanaten zu Polyurethanschäumen verarbeitet werden kann. Weitere Folgereaktionen der Epoxidgruppe verlaufen unter Erhalt des Dreirings, z. B. die Umsetzung mit Natriumazid zu den Aziridinen, die pharmakologische Eigenschaften besitzen. Unter Zinnkatalyse kann der Epoxid-Dreiring mit Kohlendioxid zum Fünfring des cyclischen Carbonats erweitert werden.

Eine weitere Oxidationsreaktion ist die direkte **Bishydroxylierung** der C=C-Doppelbindung zu vicinalen Diolen. Diese Reaktion gelang früher nur stöchiometrisch mithilfe des sehr toxischen Osmiumtetroxids. Inzwischen wurden auch katalytische Varianten mit dem Oxidationsmittel Wasserstoffperoxid entwickelt. Typische Katalysatoren sind Wolframsäure (H_4WO_4) oder Methyltrioxorhenium (CH_3ReO_3). Die vicinalen Diole können anschließend, z. B. mit Sauerstoff unter Cobaltkatalyse, gespalten werden unter Bildung einer Mono- und einer Dicarbonsäure. ◻ Abb. 4.5 zeigt die gesamte Reaktionskette am Beispiel der Ölsäure: Durch Epoxidation zur 9,10-Epoxystearinsäure und anschließende Hydrolyse oder auch durch direkte Bishydroxylierung bildet sich die 9,10-Dihydroxystearinsäure, die durch **Diolspaltung** in die Pelargonsäure (=Nonansäure) und die Azelainsäure (= Nonandisäure) aufgespalten wird. Azelainsäure ist eine sehr begehrte Dicarbonsäure, die zur Herstellung von Polyesterfilmen und -fasern, von Weichmachern und synthetischen Schmiermitteln eingesetzt wird.

In ◻ Abb. 4.5 ist ebenfalls eine direkte C=C-Spaltung der Ölsäure zu den beiden Produkten Pelargon- und Azelainsäure eingezeichnet. Bisher wird diese Direktspaltung durch eine **Ozonolyse** der

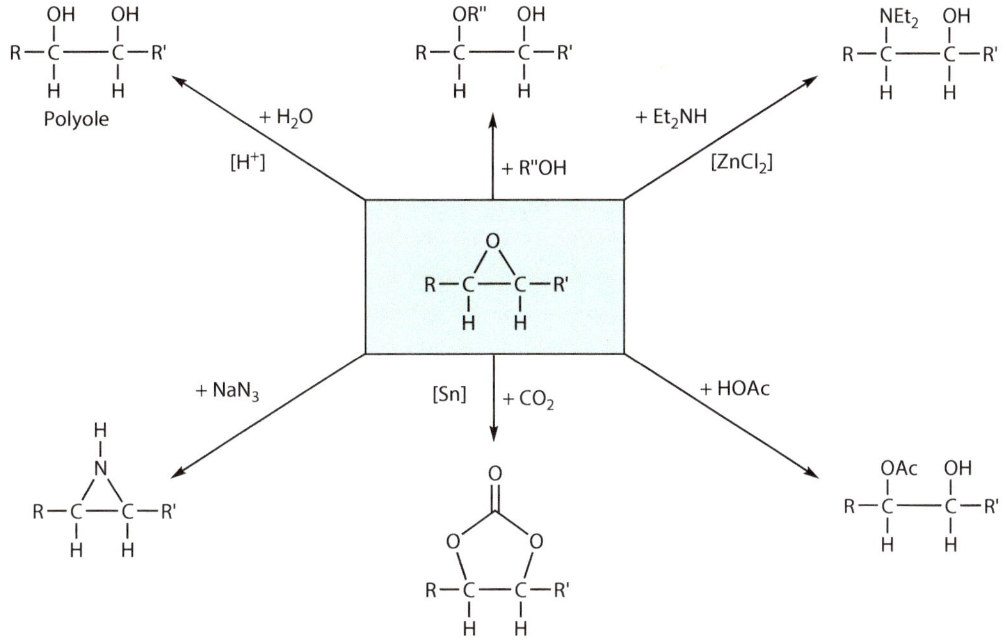

Abb. 4.4 Einige Folgereaktionen der Fettepoxide

Ölsäure durchgeführt. ■ Abb. 4.6 zeigt ein vereinfachtes Verfahrensfließbild einer Anlage der Firma Emery in Cincinnati/USA: Sauerstoff O_2 wird in einem Ozonisator durch stille elektrische Entladung in Ozon O_3 überführt und zusammen mit der Ölsäure in den Reaktor R geleitet. Die entstehenden Ozonide werden im Oxidator mit Sauerstoff in die beiden Carbonsäuren gespalten, die dann in den Rektifikationskolonnen D1 und D2 voneinander getrennt werden. Um die Reinheit der Azelainsäure zu erhöhen, wird die Roh-Azelainsäure aus Kolonne D2 im Extraktor E mit Wasser extrahiert und dieses Wasser anschließend in Verdampfern und Trocknern (D3) abgetrennt. Um eine besonders reine Azelainsäure (engl. *polymer grade*) zu erhalten, kann sie, z. B. durch Kristallisation (Smp. 108 °C), noch weiter aufgereinigt werden. Wie das Fließbild zeigt, ist das Verfahren recht aufwendig und der Umgang mit giftigem Ozon und zersetzlichen Ozoniden nicht ungefährlich. Eine katalytische Variante mit einem besser handhabbaren Oxidationsmittel wie Sauerstoff oder Wasserstoffperoxid wäre somit sehr vorteilhaft. An der katalytischen Variante dieser Direktspaltung wird deshalb derzeit intensiv geforscht.

4.2.2 Knüpfung neuer C–C-Bindungen

Bei den C–C-Verknüpfungen mit ungesättigten Oleoverbindungen sind im letzten Jahrzehnt zahlreiche Reaktionen entwickelt worden, die zu vollkommen neuen Fettderivaten führen. Insbesondere durch den Einsatz homogener Übergangsmetallkatalysatoren haben sich interessante Möglichkeiten ergeben. Einen ersten groben Überblick gibt ■ Abb. 4.7: Ein einfach ungesättigter Fettstoff RX (mit $X=COOH$, $COOR$, CH_2OH, et al.) kann z. B. an der Doppelbindung hydroformyliert, hydroxycarbonyliert, alkoxycarbonyliert oder hydroaminomethyliert werden. In allen Fällen ergeben sich durch die Funktionalisierung *bifunktionelle Verbindungen*, z. B. beim Einsatz der Ölsäure Hydroxy- oder Aminocarbonsäuren bzw. Dicarbonsäuren. Solche bifunktionellen Verbindungen sind für eine Reihe von Folgereaktionen von Interesse, z. B. für die Synthese von Polymeren. Ungesättigte Fettsäuren können auch zu Dimerfettsäuren dimerisiert werden oder durch Metathesereaktionen mit sich selber oder mit Alkenen zu vollständig neuen ungesättigten Kohlenstoffketten führen. Die einzelnen Reaktionstypen werden im Folgenden noch genauer beschrieben.

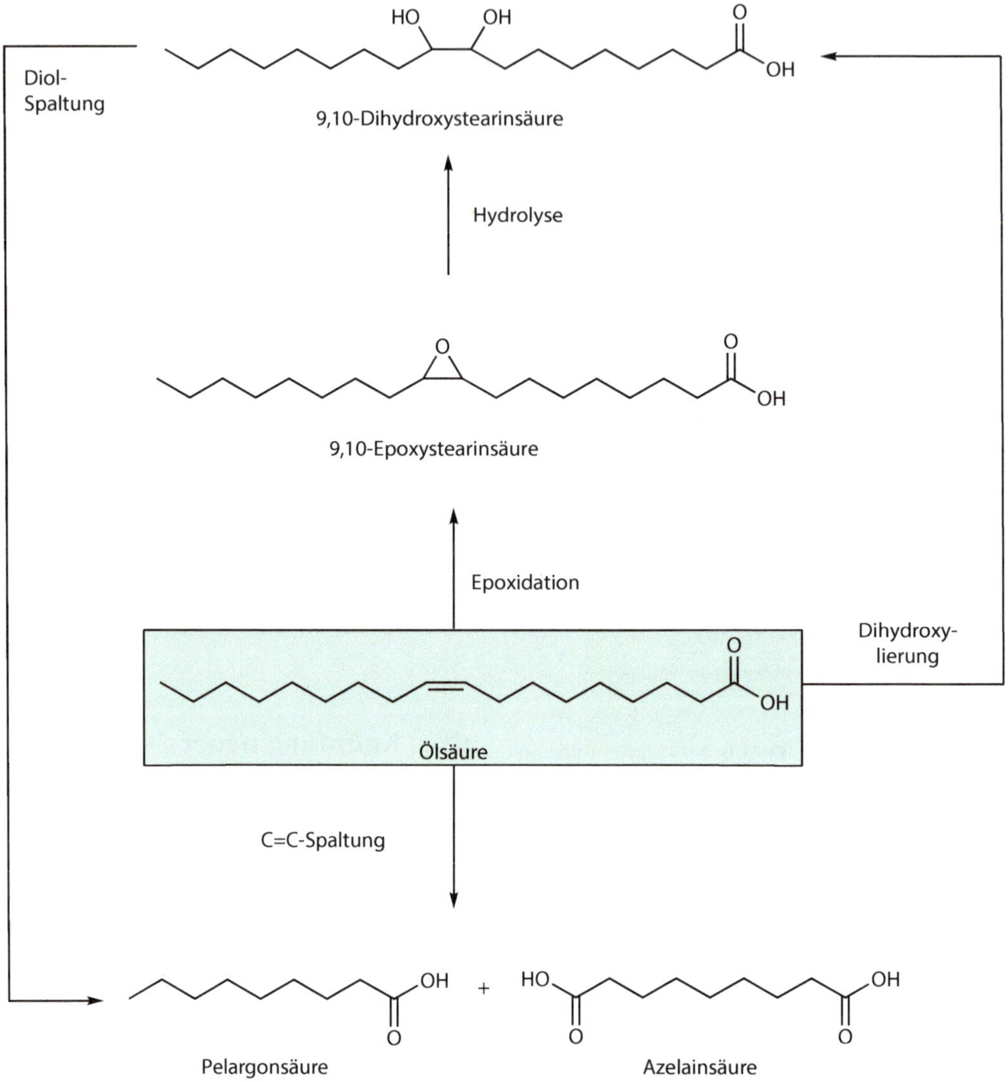

Abb. 4.5 Oxidationsschritte am Beispiel der Ölsäure

Hydroformylierung und verwandte Reaktionen

Die Hydroformylierung (engl. *hydroformylation*) wird mit petrochemischen Substraten bereits seit Langem industriell durchgeführt: Olefine werden mit Synthesegas, einem 1:1-Gemisch von Kohlenmonoxid und Wasserstoff, zu Aldehyden umgesetzt, die dann mit weiterem Wasserstoff zu primären Alkoholen reagieren können. Weltweit wird diese Reaktion bereits in technischen Anlagen mit Kapazitäten von ca. 10 Mio. Tonnen pro Jahr durchgeführt. Zur Steuerung der Reaktion werden homogene Cobalt- oder Rhodiumkatalysatoren eingesetzt.

Die Hydroformylierung von Oleochemikalien ist schon lange bekannt. Bereits in den 1960er-Jahren haben E. Ucciani und E. N. Frankel mit Cobaltkatalysatoren Fettsäuremethylester in die entsprechenden Aldehyde bzw. Alkohole überführt. Neuere Untersuchungen benutzen Rhodiumkomplex-Katalysatoren, die bereits bei milderen Reaktionsbedingungen wesentlich aktiver sind. Die Reaktion ist in **Abb. 4.8** für Ölsäuremethylester (ÖSME)

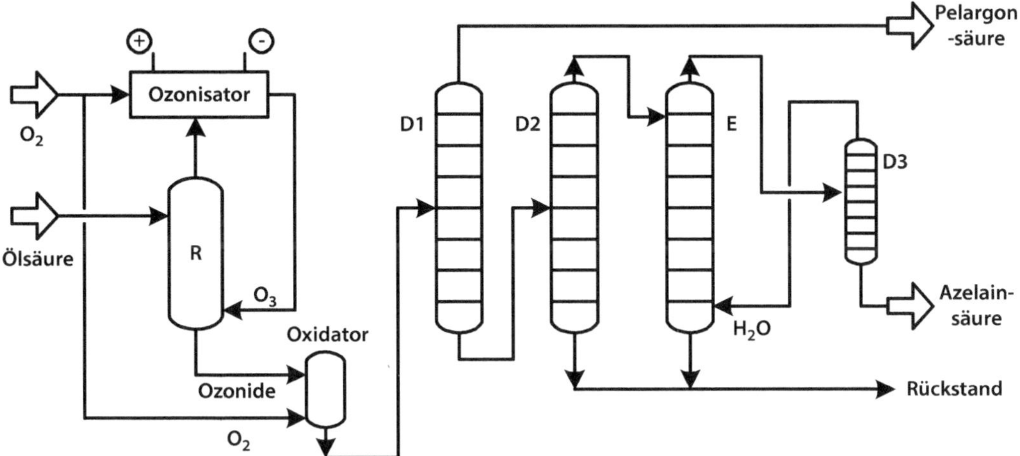

☐ Abb. 4.6 Verfahrensfließbild der Ölsäure-Ozonolyse

noch einmal genauer beschrieben. Die Addition der Formylgruppe verläuft sowohl an der C9-, als auch an der C10-Position. Je nach Katalysator kann aber vorab auch eine Isomerisierung der C=C-Doppelbindung stattfinden, und es bilden sich Addukte mit Formylgruppen an allen möglichen C-Atomen. Besonders interessant ist eine solche **isomerisierende Hydroformylierung**, wenn sie selektiv zur Formylierung des endständigen C18-Kohlenstoffatoms führt. Es bilden sich dann die ω-Formyl- (bzw. nach Weiterhydrierung die ω-Hydroxy-) funktionalisierten Fettstoffe, die für die Synthese unverzweigter Polymere von Bedeutung sind. Eine unerwünschte Nebenreaktion ist die Hydrierung des ÖSME mit Wasserstoff aus dem Synthesegas zu Stearinsäuremethylester (SSME). Auch Triglyceride, z. B. Sojaöl, können mehrfach hydroformyliert werden und bilden – nach Hydrierung – Polyole, die sich sehr gut für die Herstellung von Polyurethanen eignen.

Die Hydroformylierung von Fettstoffen hat inzwischen mit zwei Verfahren auch Eingang in die industrielle Anwendung gefunden:

- Im *Dow-Chemical-Verfahren* wird Sojaöl als Rohstoff eingesetzt. Wie bereits in ▸ Tab. 2.1 erläutert, enthält Sojaöl an die 53 % Linolsäure und 6 % Linolensäure, also einen hohen Anteil an Fettsäuren mit mehreren C=C-Doppelbindungen. In drei Stufen stellt die Firma Dow aus dem Sojaöl Polyole her, die unter dem Handelsnamen RENUVA˚ in den Handel kommen. Zuerst wird das Sojaöl zu den Methylestern umgeestert, dann die mehrfachen Doppelbindungen der Ester hydroformyliert und schließlich die so gebildeten Oligoaldehydester zu Oligohydroxyestern, den RENUVA-Polyolen, hydriert. Diese Polyole haben mehrfache Einsatzgebiete: Mit Diisocyanaten werden sie in viskoelastische Polyurethane (PU) überführt, die sich durch hohe Beständigkeit auszeichnen. Im Ford Mustang werden diese PUs z. B. in Autositzen eingesetzt. Die RENUVA-Polyole werden aber auch zur Herstellung von flexiblen Elastomeren, Schäumen, Klebstoffen, Beschichtungen und Dichtungsmitteln verwendet.

- Im *BASF-Verfahren* wird der Rohstoff Rizinusöl verwendet. Rizinusöl (▸ Abschn. 2.2.7) enthält viel Ricinolsäure, also eine C18:1-Säure mit einer zusätzlichen Hydroxygruppe an der C12-Position. Die BASF setzt das Rizinusöl, also das Triglycerid, direkt in der Hydroformylierung ein und erhält dabei ein neues Triglycerid, das bis zu drei Hydroxygruppen und drei Aldehydfunktionen enthält. Durch Hydrierung entsteht somit wieder ein Polyol. Dieses wird in einem dritten Schritt mit Ethylen- oder Propylenoxid zum Verkaufsprodukt verethert, den Polyetherpolyolen, die unter dem Namen Lupranol Balance 35˚ auf den Markt kommen. Aus diesen Polyetherpolyolen werden Hartschaumstoffe für Matratzen hergestellt.

Beide Verfahren haben das Problem, dass die Funktionalität der Polyole recht heterogen ist. Außerdem haben die entstehenden Schäume relativ niedrige Molmassen.

Eng verwandt mit der Hydroformylierung ist die **Hydroaminomethylierung** (HAM, engl. *hydroaminomethylation*), eine Umsetzung mit Synthesegas und Aminen, die zu Oleoverbindungen führt, die eine zusätzliche Methylenaminogruppe $-CH_2-NR_2$ tragen (◘ Abb. 4.7). Diese Aminoverbindungen könnten für die Synthese neuer Polyamide auf Basis nachwachsender Rohstoffe von Interesse werden. Die HAM ist eine Tandemreaktion, d. h. eine Serie von mehreren Reaktionen hintereinander: Zuerst findet mit dem Synthesegas eine Hydroformylierung zum Aldehyd statt, dieser kondensiert dann mit dem Aldehyd zum Imin oder Enamin, das schließlich mit überschüssigem Wasserstoff zum Amin hydriert wird. Sowohl für den Hydroformylierungsschritt als auch für die Hydrierung wird ein Katalysator, in der Regel ein Rhodiumkomplex, benötigt. Bei milden Reaktionsbedingungen (140 °C, 10 bar Synthesegas) werden nahezu quantitative Ausbeuten erzielt. Die verschiedensten Amine können eingesetzt werden, z. B. Hexyl- oder Benzylamin sowie Morpholin. In neueren Arbeiten wird auch Ammoniak als Aminkomponente untersucht.

Hydrocarboxylierung und Alkoxycarbonylierung

Eine weitere katalytische Umsetzung mit Kohlenmonoxid ist die Hydrocarboxylierung (engl. *hydrocarboxylation*), bei der Fettstoffe mit CO/Wasser-Gemischen umgesetzt werden. Mit Fettsäuren bilden sich Dicarbonsäuren, mit Ölsäure z. B. eine verzweigte C_{19}-Dicarbonsäure (◘ Abb. 4.7). Diese ursprünglich von Walter Reppe (BASF) an Nickelkatalysatoren entdeckte Reaktion wird heute bevorzugt mit Cobalt- oder Palladiumkatalysatoren durchgeführt. Es existiert auch eine metallkomplexfreie Variante, die so genannte *Koch-Reaktion*, die mit starken Mineralsäuren als Katalysatoren durchgeführt wird.

Statt mit Wasser kann die Reaktion auch mit Alkoholen durchgeführt werden und führt dann direkt zu den entsprechenden Estern. Man spricht dann von Alkoxycarbonylierung (auch Hydrocarbalkoxylierung oder Hydroesterifizierung, engl. *hydroesterification*). Typische Cobaltkatalysatoren sind Cobaltcarbonyl-Pyridin-Systeme; ein typischer Palladiumkatalysator ist z. B. Palladiumdichlorid/Triphenylphosphin. In neuerer Zeit wurde insbesondere die isomerisierende Alkoxycarbonylierung näher untersucht: David J. Cole-Hamilton gelang es, aus Ölsäuremethylester durch Methoxycarbonylierung mit 95 % Selektivität den linearen 1,19-Nonadecandisäuredimethylester herzustellen (◘ Abb. 4.9), ein interessantes Monomer für die Herstellung von Polyestern. Als Katalysator wurde ein Palladiumkomplex mit dem speziellen Liganden Bis(di-*tertiär*-butyl-phosphinomethyl)benzol verwendet.

Dimerisierung

Als weitere C–C-Verknüpfungsreaktion sei noch die die Dimerisierung (engl. *dimerisation*) zu den *Dimerfettsäuren* erwähnt. Sie können schon durch Erhitzen von PUFA auf 300–400 °C hergestellt werden. Häufiger jedoch werden katalytische Verfahren angewendet mit speziellen Tonen als Heterogenkatalysatoren, z. B. mit Montmorillonit. Bei diesen Umsetzungen entsteht kein einheitliches Produkt, sondern immer ein umfangreiches Gemisch von Dimerfettsäuren. Einige Strukturbeispiele für acyclische, monocyclische und bicyclische Dimerfettsäuren sind in ◘ Abb. 4.10 angegeben. Die Beispiele zeigen Dimere von C_{18}-Fettsäuren, also C_{36}-Dicarbonsäuren.

Die Synthese der Dimerfettsäuren ist somit eine relativ einfache Methode, um auf Basis nachwachsender Rohstoffe zu hoch siedenden Dicarbonsäuren zu gelangen. Diese Dicarbonsäuren werden eingesetzt, um Korrosionsinhibitoren, Beschichtungen oder synthetische Schmiermittel herzustellen. Besonders bedeutsam ist die Umsetzung der Dimerfettsäuren mit Diaminen zu Polyamiden. Werden Dimerfettsäuren z. B. mit Ethylendiamin umgesetzt, ergibt sich ein Polyamid mit einem Schmelzbereich zwischen 90 und 110 °C. Diese Polyamide werden als Klebstoffe für Schuhe, Verpackungen und Buchbindung eingesetzt. Sie kommen als Feststoffe in den Handel, werden bei der Anwendung durch kurzes Erwärmen verflüssigt und dann dünn auf die Klebeflächen aufgetragen. Es tritt eine sofortige Klebewirkung ein, die nach dem Abkühlen zu einer sehr starken Verbindung der Teile führt. Wegen dieser Vorgehensweise werden diese Kleber auch als *Hot-Melts* bezeichnet.

Abb. 4.7 Beispiele für C–C-Verknüpfungsreaktionen ungesättigter Fettverbindungen (die Moleküle sind vereinfacht schematisch als Strichformeln gezeichnet)

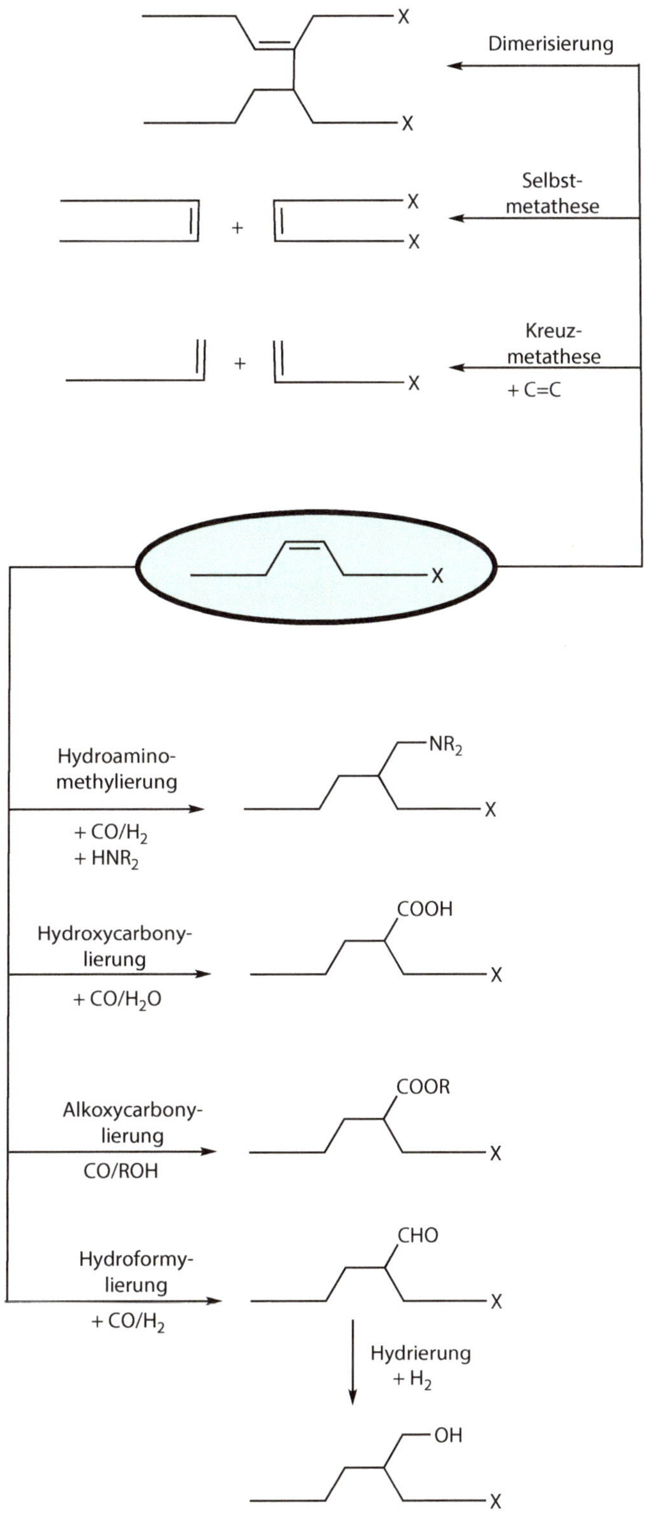

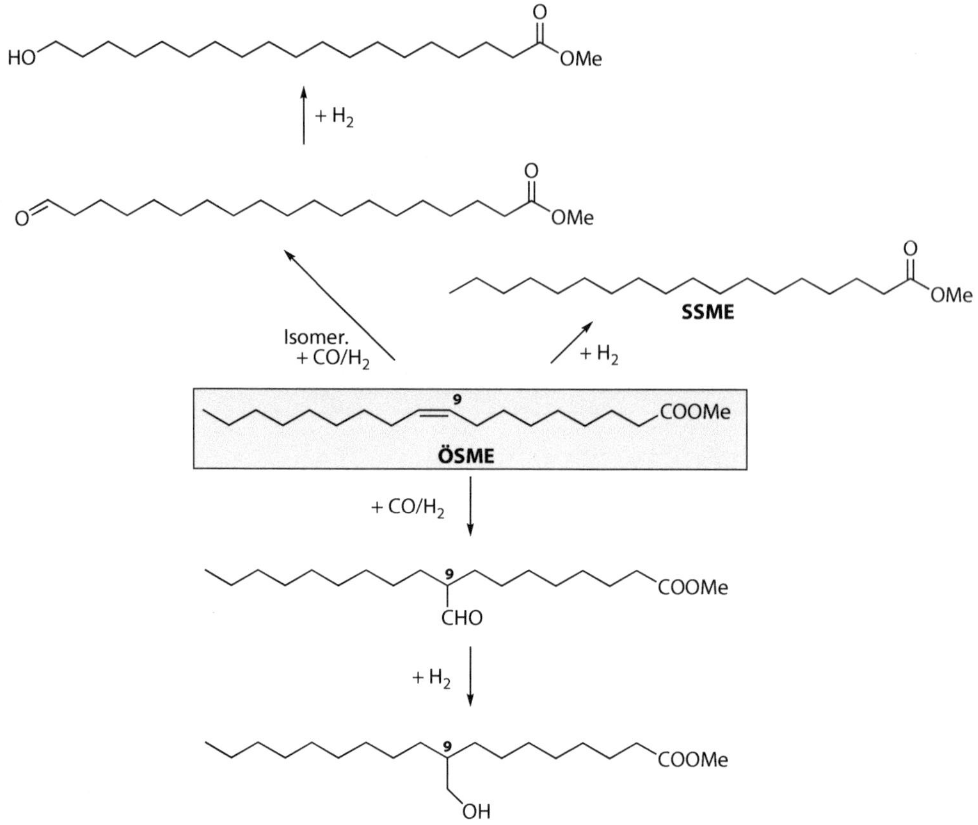

Abb. 4.8   (Isomerisierende) Hydroformylierung von Ölsäuremethylester (ÖSME)

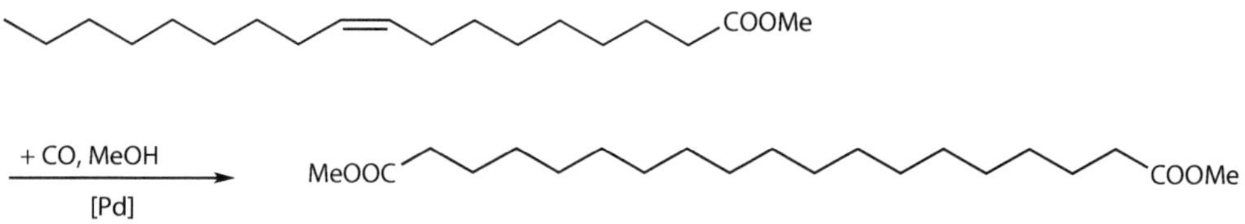

Abb. 4.9   Isomerisierende Methoxycarbonylierung von Ölsäuremethylester

Wichtige Nebenprodukte der Dimerfettsäure-synthese sind die so genannten *Monomerfettsäuren* sowie die *Trimerfettsäuren*. Die Monomerfettsäuren enthalten in großem Umfang verzweigte Fettsäuren, insbesondere methylverzweigte Isostearinsäuren.

Die Dimerfettsäuren können auch zu den entsprechenden Diolen reduziert werden. Diese *Dimerdiole* können wieder für Polyester oder Polyurethane von Bedeutung sein.

Metathese

Eine besonders spannende Reaktion ist die Metathese (engl. *metathesis*). Sie ist eine C–C-Verknüpfungsreaktion, allerdings unter gleichzeitigem C–C-Bindungsbruch. Um das Funktionsprinzip dieser Reaktion zu durchschauen, betrachten wir als Modellbeispiel erst einmal eine petrochemische Reaktion, die Metathese von zwei Molekülen Propen (Gl. 4.1): Beide Propenmoleküle werden mithilfe eines

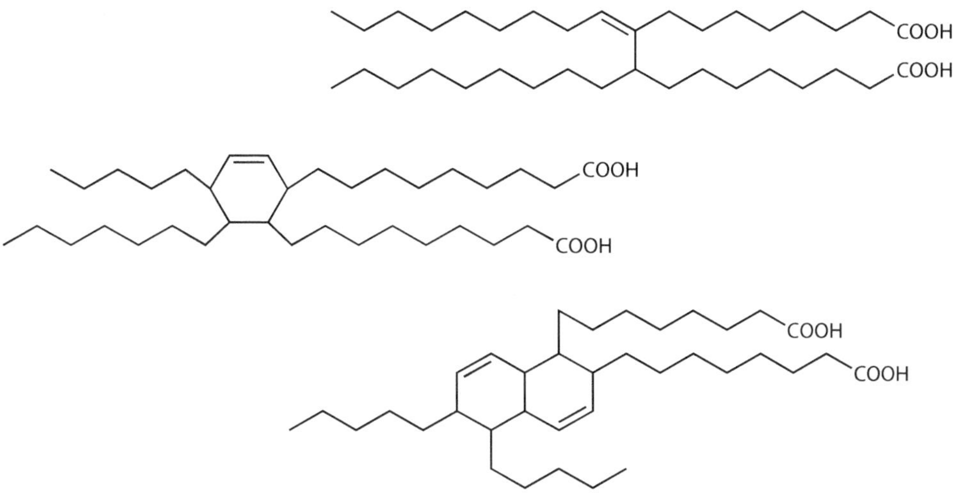

◘ Abb. 4.10   Strukturbeispiele für Dimerfettsäuren

Katalysators unter Bruch der beiden C=C-Doppelbindungen gespalten. Die Spaltprodukte verbinden sich sofort wieder zu zwei neuen Alkenen, dem 2-Buten und dem Ethen. Die Spaltprodukte liegen allerdings nicht frei in der Lösung vor, sondern bleiben während der Reaktion am Katalysatormetall gebunden.

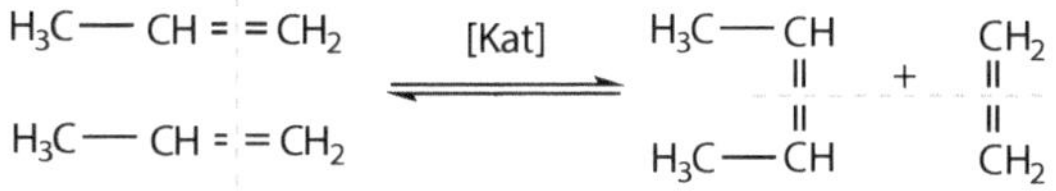

Gl. 4.1

Die Metathese ist eine Gleichgewichtsreaktion, d. h. nur die Hälfte des Propens wird in Produkte umgewandelt. Wenn zwei gleiche Alkene reagieren, spricht man von einer *Selbstmetathese* (engl. *self metathesis*) werden zwei verschiedene ungesättigte Verbindungen zur Reaktion gebracht, nennt man dies *Kreuzmetathese* (engl. *cross metathesis*). Eine solche Kreuzmetathese findet sich auch in Gl. 4.1, nämlich die Rückreaktion von einem Mol 2-Buten und einem Mol Ethen zu zwei Molen Propen. Auch bei der Kreuzmetathese findet wieder ein Bruch der C=C-Doppelbindungen statt; in Gl. 4.1 ist dieser Bindungsbruch jeweils durch eine gestrichelte Hilfslinie gekennzeichnet.

Die *Katalysatoren* für die Metathese sind heterogene oder homogene Übergangsmetallkatalysatoren. Typische Heterogenkatalysatoren sind Oxide des Wolframs, Molybdäns oder Rheniums, typische Homogenkatalysatoren sind Salze oder Komplexe des Wolframs, Molybdäns oder Rutheniums. In der Petrochemie werden sie bereits seit den 1960erJahren industriell eingesetzt. In der Oleochemie ist die Metathese zwar auch schon seit Langem bekannt, aber erst in den letzten Jahren ist durch die Entwicklung neuer Katalysatoren eine technische Realisierung möglich geworden. Typische neuere homogene Rutheniumkatalysatoren sind in ◘ Abb. 4.11 aufgeführt. Es sind Carbenkomplexe mit einer Ruthenium-Kohlenstoff-Doppelbindung, die besonders geeignet sind, den Metathesemechanismus, der über einen Metallavierring verläuft, zu starten. Die aufgeführten Metathesekatalysatoren sind nach ihren Entdeckern Grubbs, Hoveyda und Grela bezeichnet. Mit diesen Katalysatoren werden inzwischen Umsatzzahlen (engl. *Turn Over Numbers*, TON) von 200.000 Mol Edukt pro Mol Katalysator erzielt.

Die Anwendung der Metathese auf Fettstoffe wurde bereits 1972 von C. Boelhouwer durchgeführt und in der Folgezeit wesentlich von J. C. Mol und S. Warwel weiterentwickelt. Das einfachste Beispiel für eine oleochemische Metathese ist die *Selbstmetathese* zweier Moleküle des Ölsäuremethylesters (◘ Abb. 4.12). Als Produkte bilden sich das 9-Octadecen und der 9-Octadecendisäuredimethylester. Wie die bereits besprochenen Oxidationen und Funktionalisierungen der Fettstoffe führt auch die Metathese zu den begehrten bifunktionellen Verbindungen. Der gebildete Diester kann durch die Umsetzung mit Diolen zu (relativ hydrophoben) Polyestern oder

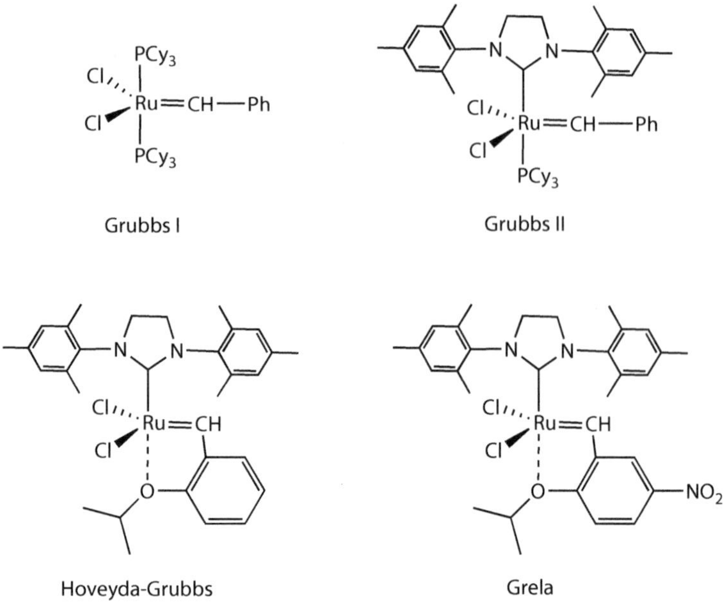

◘ Abb. 4.11 Bedeutende Ruthenium-Metathesekatalysatoren (Cy=Cyclohexyl)

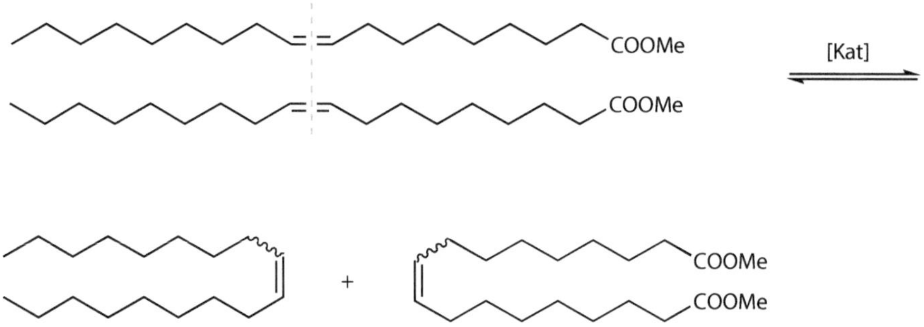

◘ Abb. 4.12 Selbstmetathese des Ölsäuremethylesters

mit Diaminen zu Polyamiden umgesetzt werden. Das Koppelprodukt der ÖSME-Metathese, das 9-Octadecen, ist ein hervorragender Ausgangsstoff zur Synthese von Schmiermitteln und Tensiden.

Auch für die Synthese von Feinchemikalien ist der Octadecendisäuredimethylester geeignet: Durch *Dieckmann-Kondensation* und anschließende Hydrolyse ergibt sich z. B. das 9-Cycloheptadecen-1-on, der Moschus-Riechstoff Zibeton, der in zahlreichen Parfums eingesetzt wird (◘ Abb. 4.13).

Statt des Ölsäuremethylesters kann auch der Erucasäuremethylester in der Selbstmetathese eingesetzt werden. Neben 9-Octadecen entsteht dann statt des C_{18}-Diesters der C_{26}-Diester. Solche langkettigen α, ω-Diester sind durch klassische organische Reaktionen nur schwer zugänglich.

Neben den Fettsäuren und ihren Estern können auch direkt die Triglyceride in die Metathese eingesetzt werden. ◘ Abb. 4.14 zeigt als Beispiel die intermolekulare Selbstmetathese zweier Glycerintrioleat-Moleküle, z. B. des Olivenöls. Unter Abspaltung von Octadecen bildet sich ein „dimeres Triglycerid" mit insgesamt 96 C-Atomen und fünf Doppelbindungen. Dieses hochviskose Öl hat hervorragende Trocknungseigenschaften und wird zur Herstellung von Harzen, Lacken und Druckfarben eingesetzt.

Noch vielseitiger als die Selbstmetathese ist die Kreuzmetathese, denn das mit der ungesättigten Oleochemikalie reagierende Molekül kann breit variiert werden. Allerdings liegt hierin auch eine Gefahr: Neben den Selbstmetathese-Produkten der beiden

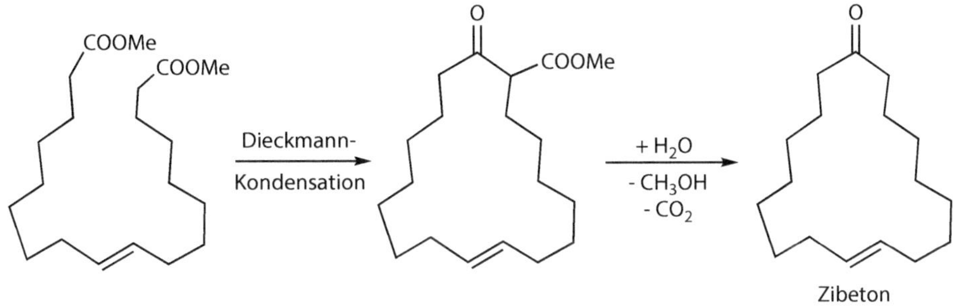

□ **Abb. 4.13**   Zibeton-Synthese auf Basis der Selbstmetathese von ÖSME

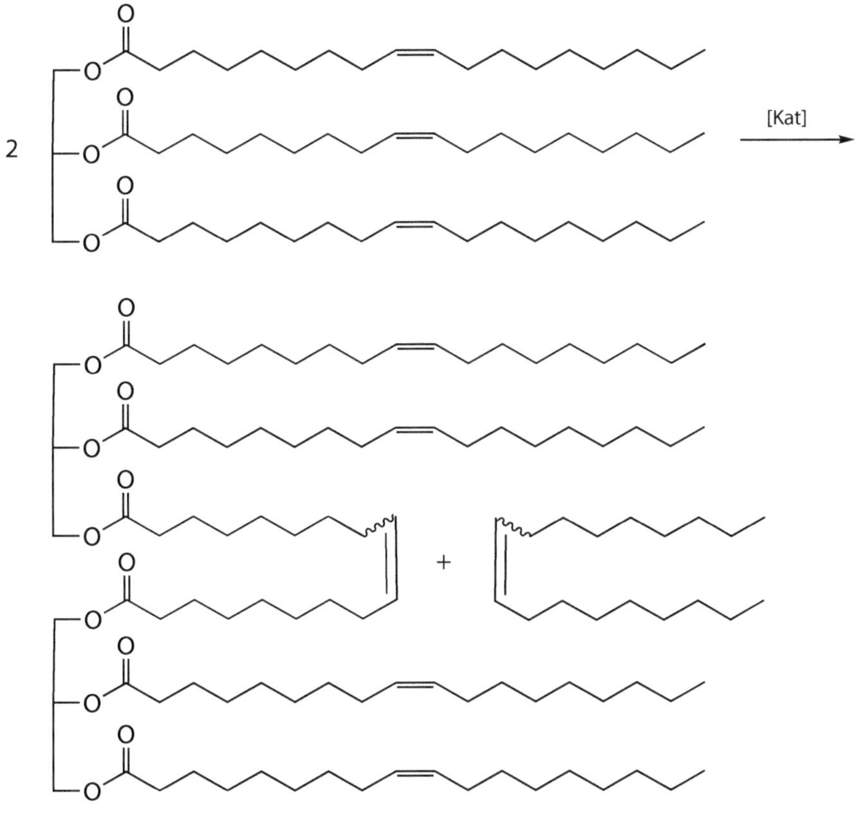

□ **Abb. 4.14**   Selbstmetathese von Glycerintrioleat

Ausgangsverbindungen können bei Einsatz unsymmetrischer Metathesepartner mehrere ungesättigte Kreuzprodukte entstehen, die ihrerseits wieder weiter reagieren können und so eine unübersichtliche Fülle von Produkten bilden, die technisch nicht verwendbar sind. Also ist es bei der Untersuchung oleochemischer Kreuzmetathesen erst einmal naheliegend, sehr reaktive symmetrische Alkene einzusetzen.

Hier bietet sich die Metathese mit dem technisch gut verfügbaren Ethen an. Metathesen mit Ethen werden auch als *Ethenolysen* bezeichnet. Da bei der Metathese des Ethens mit sich selber wiederum nur Ethen anfällt, entstehen keine unerwünschten Selbstmetathese-Produkte des Ethens. Da bei einem großen Überschuss von Ethen die Kreuzmetathese wesentlich schneller abläuft als die Selbstmetathese des Fettstoffs, kann diese Reaktion sehr selektiv durchgeführt werden.

❒ Abb. 4.15 zeigt die Ethenolyse des Ölsäuremethylesters unter Bildung der beiden C_{10}-Produkte 1-Decen und *9-Decensäuremethylester (DSME)*. Es entstehen also zwei endständig ungesättigte Verbindungen, die sehr reaktiv sind und deshalb für viele Folgereaktionen infrage kommen:

- DSME kann z. B. durch Alkoxycarbonylierung zu Undecandisäure, durch Aminierung in die 10-Aminodecansäure oder durch Epoxidation in die 9,10-Epoxydecansäure (bzw. ihre Ester) überführt werden. Diese Verbindungen sind wiederum hervorragende Monomere für Polyester, Polyamide oder Epoxyharze. Wegen dieser Eigenschaften wird 9-Decensäuremethylester auch als potenzielle neue „oleochemische Schlüsselsubstanz" angesehen.
- DSME kann auch zu einem langkettigen α,ω-Diester dimerisiert werden.
- Das Koppelprodukt dieser Metathese, das 1-Decen, kann zur Herstellung von Schmiermitteln oder Tensiden verwendet oder mit Ethen copolymerisiert werden und ist somit auch ein Wertprodukt.

Die Ethenolyse von Fettstoffen wird vorteilhaft bei hohen Ethen-Überschüssen, also z. B. in einem Autoklaven bei 50 bar Ethendruck, durchgeführt. Gemäß dem Le Chatelier'schen Prinzip können so hohe Umsätze des Fettstoffs erzielt werden. Dafür

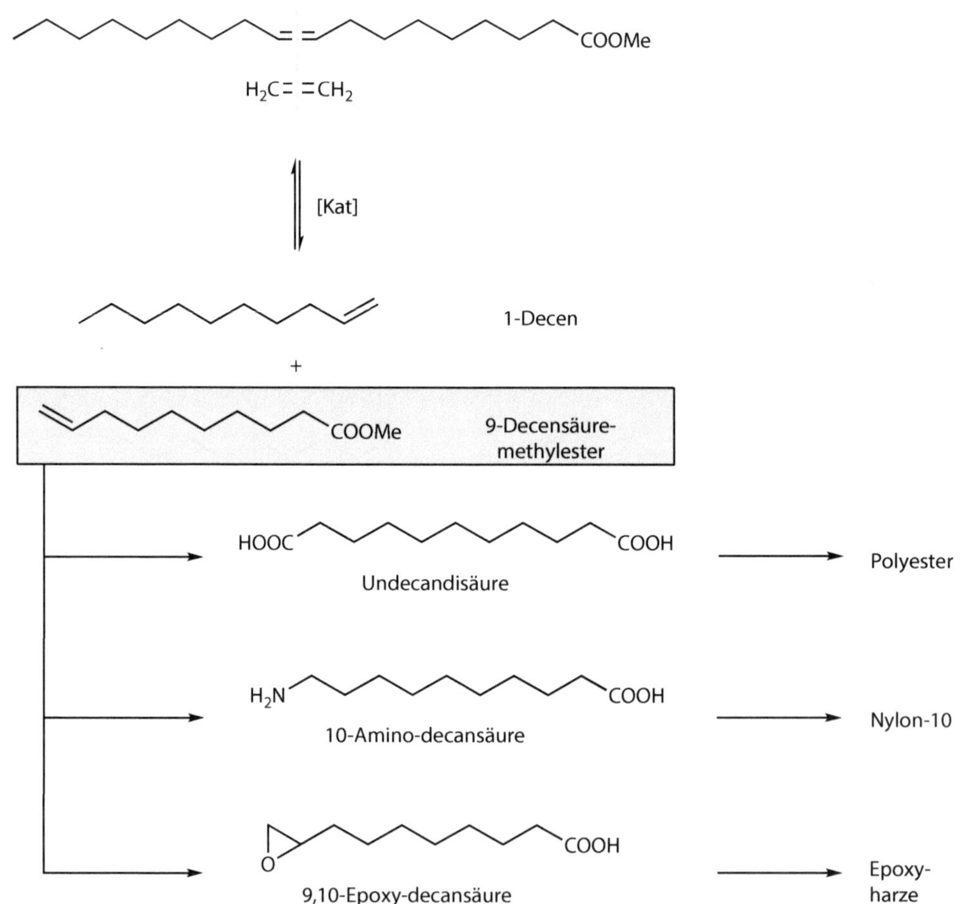

❒ **Abb. 4.15**   Ethenolyse des Ölsäuremethylesters

sind nur geringe Konzentrationen (0,01 mol %) des Grubbs-I-Katalysators erforderlich. Die Umkehrreaktion der Ethenolyse, die Metathese zweier endständiger Alkene unter Abspaltung von Ethen, ist übrigens auch eine beliebte Reaktion: Dadurch, dass das entstehende gasförmige Ethen im leichten Vakuum während der Reaktion abgetrennt werden kann, wird das Gleichgewicht vollständig auf die Produktseite verschoben und so ein 100 %iger Umsatz erreicht.

Die Kreuzmetathese von ÖSME mit Alkenen kann statt mit Ethen auch mit anderen symmetrischen Alkenen durchgeführt werden. Mit 2-Buten gelangt man so zu 9-Undecensäure, mit 3-Hexen zu 9-Dodecensäure. Mit Cyclohexen kommt es zu einer Kettenverlängerung um sechs C-Atome, allerdings auch zu diversen Neben- und Folgeprodukten (◘ Abb. 4.16).

Die Ethenolyse kann auch direkt mit ungesättigten Triglyceriden durchgeführt werden. ◘ Abb. 4.17 zeigt als Beispiel die Ethenolyse eines Glycerintrioleats. Neben dem Koppelprodukt 1-Decen bildet sich ein Triglycerid der ω-Decensäure, das zu Tricaprin hydriert werden kann. Mit dieser Metathesevariante ist es somit möglich, gezielt aus einem langkettigen Triglycerid ein kürzerkettiges Triglycerid herzustellen.

Interessant ist auch die metathetische Ethenolyse von Jojobaöl (Exkurs in ▶ Abschn. 2.2.10). Jojobaöl besteht aus Monoestern von in 9-Position ungesättigten Carbonsäuren mit analogen ungesättigten Fettalkoholen und enthält somit pro Estermolekül zwei C=C-Doppelbindungen, die mit Ethen reagieren können. Durch zweifache Ethenolyse mit hohem Ethenüberdruck spalten sich zwei Moleküle 1-Decen ab, und es verbleibt ein α,ω-ungesättigter Ester, der wiederum zahlreiche Folgereaktionen eingehen kann (◘ Abb. 4.18).

Wie bereits kurz erwähnt, können auch *unsymmetrische Alkene* in der Kreuzmetathese mit Fettstoffen eingesetzt werden, was jedoch meist mit einer größeren Produktpalette verbunden ist. ◘ Abb. 4.19 zeigt das Prinzip am Beispiel des Ölsäuremethylesters sowie einige ungesättigte Reaktionspartner, die bereits mit Erfolg in dieser Kreuzmetathese eingesetzt wurden: Methylacrylat, Acrylnitril und Allylchlorid. Durch diese Kombination von oleo- und petrochemischen Edukten entstehen u. a. wieder wertvolle bifunktionelle Verbindungen.

Die Metathese von Fettstoffen hat inzwischen auch industrielle Anwendung gefunden. Die amerikanische Firma Elevance Renewable Sciences mit Firmensitz in Woodrige (Illinois/USA) hat dabei wesentliche Pionierarbeit geleistet. Die Firma wurde 2007 gegründet durch ein Joint Venture der Firma Cargill, die sich traditionell mit nachwachsenden Rostoffen beschäftigt, und der Firma Materia, die die weltweiten Rechte an den rutheniumbasierten Grubbs-Metathesekatalysatoren hält. Elevance hat 2013 eine biochemische Raffinerie in Gresik/Indonesien in Betrieb genommen. Diese Anlage auf der Insel Java hat eine Kapazität von 180.000 Tonnen pro Jahr und setzt als Rohstoff bevorzugt Palmöl ein, kann aber auch andere Öle wie z. B. Jatropha- oder Algenöle verarbeiten. Durch eine Kreuzmetathese von Ölsäuremethylester mit 1-Buten (*Butenolyse*) und eine parallel dazu verlaufende Selbstmetathese

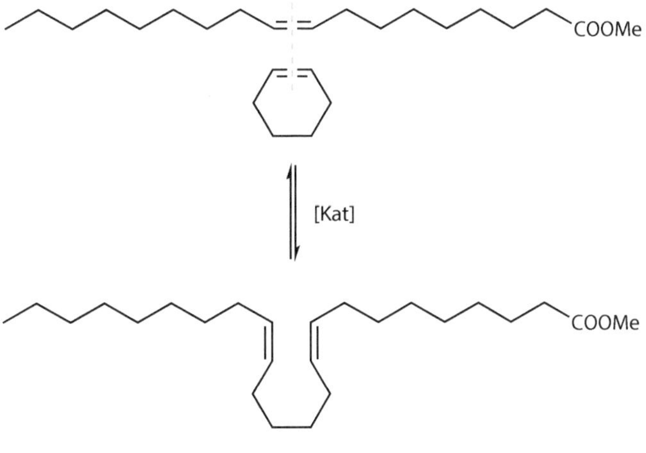

◘ **Abb. 4.16** Kreuzmetathese von Ölsäuremethylester mit Cyclohexen

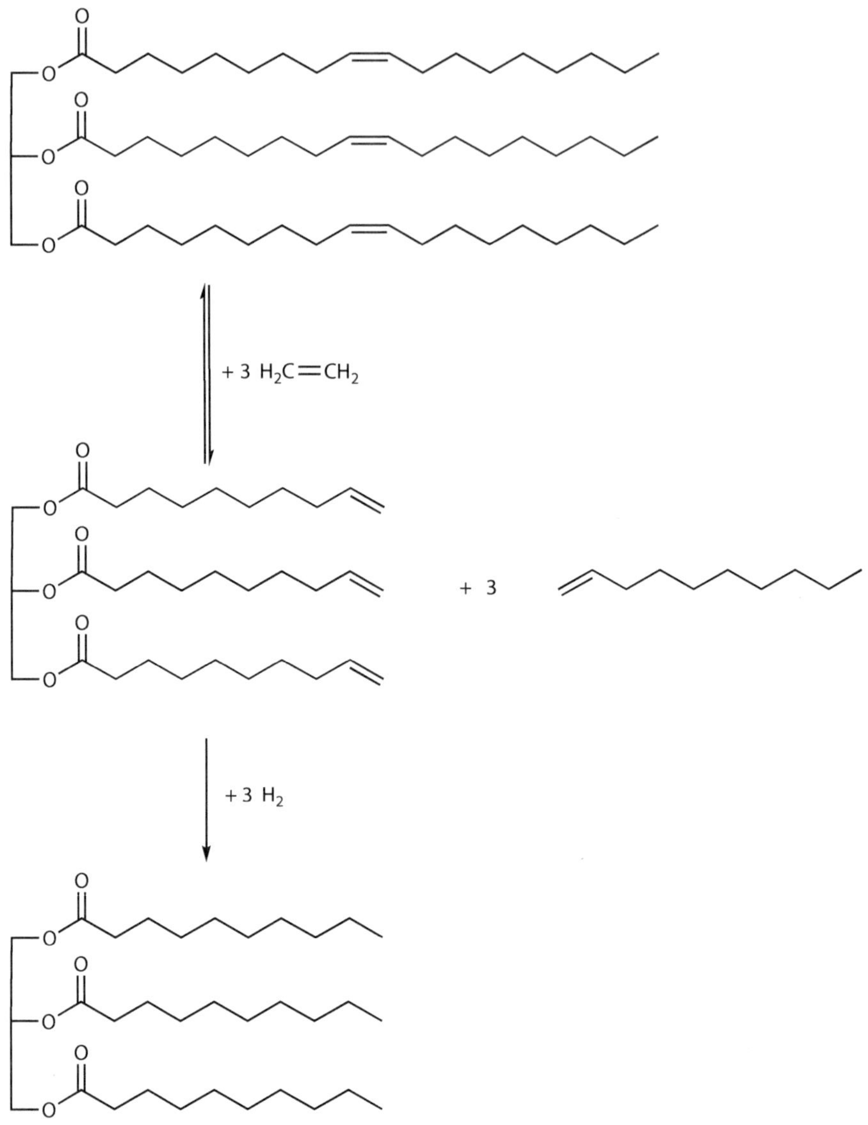

+ 3 $H_2C{=}CH_2$

+ 3

+ 3 H_2

◘ Abb. 4.17   Ethenolyse von Glycerintrioleat

des Fettstoffs entsteht ein Gemisch von ungesättigten Diestern, ungesättigten Monoestern (u. a. 9-Decensäuremethylester) und Olefinen. In der Bioraffinerie in Gresik wird direkt das Palmöl mit 1-Buten metathetisiert, die entstehenden Olefine destillativ abgetrennt und die verbleibenden Triglyceride erst anschließend mit Methanol umgeestert. In weiteren Trennschritten wird dann das Produktgemisch in Einzelkomponenten aufgetrennt und teilweise hydriert. Dabei wird u. a. α, ω-Octadecandisäure gebildet, ein interessantes Monomer für Biopolymere (▶ Kap. 19). Auch funktionalisierte Poly-α-Olefine, die als Schmiermittel eingesetzt werden, sowie Biotreibstoffe (▶ Kap. 20) sind in der Bioraffinerie von Gresik zugänglich.

Elevance plant inzwischen weitere Anlagen. Im Bau ist eine Anlage in Natchez im US-Bundesstaat Mississippi mit einer Gesamtkapazität von 280.000

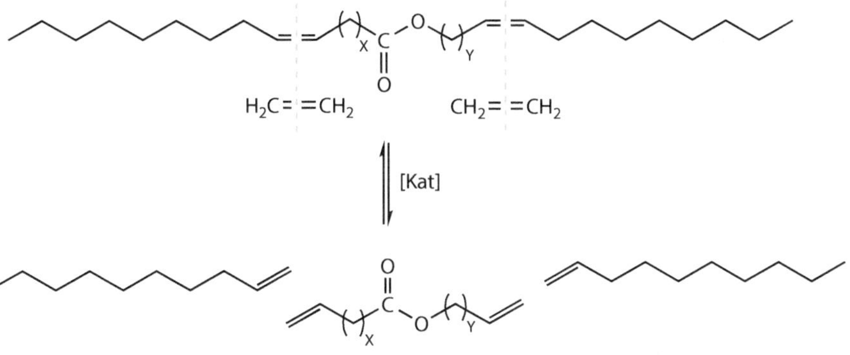

Abb. 4.18   Ethenolyse von Jojobaöl

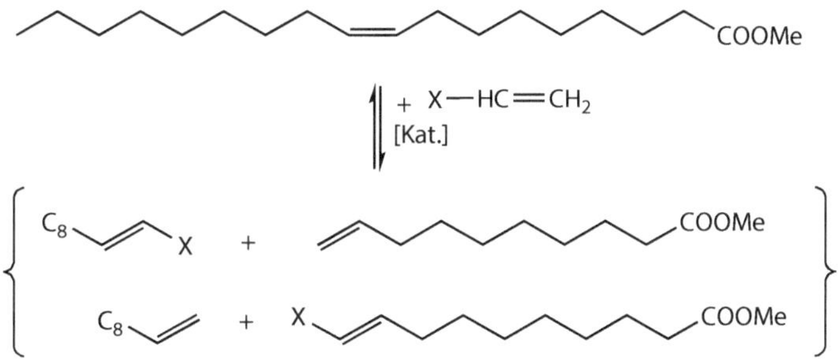

Abb. 4.19   Kreuzmetathese von Ölsäuremethylester mit unsymmetrischen Alkenen

Alken	X
Methylacrylat	COOMe
Acrylnitril	CN
Allylchlorid	CH$_2$Cl

Tonnen pro Jahr, in der insbesondere die lokalen Raps- und Sojaöle verarbeitet werden sollen. In dieser Anlage werden bisher im Batch betriebene Prozessstufen kontinuierlich durchgeführt. In 2014 hat Elevance angekündigt, dass eine dritte Großanlage in Malaysia errichtet wird, in Lahad Datu im Nordosten von Nordborneo, in der wiederum bevorzugt Palmöl eingesetzt wird.

Anfang 2016 hat die Firma Elevance angekündigt, dass sie jetzt auch über eine zweite Technologie-Generation verfügt: Sie kann nun ebenfalls Molybdän- bzw. Wolframkatalysatoren vom Schrock-Typ einsetzen, die für eine Ethenolyse von Fetten und Ölen geeignet sind. Eine erste Demonstrationsanlage mit dieser Technologie wurde erfolgreich in Budapest (Ungarn) betrieben. Durch die Ethenolyse kann das vorhandene Metathese-Produktportfolio noch einmal deutlich erweitert werden.

Chemie mehrfach ungesättigter Fettsäuren

In diesem Abschnitt „C–C-Verknüpfungen" sollen noch einige Reaktionen vorgestellt werden, die besonders typisch sind für die mehrfach ungesättigten Fettsäuren, die PUFA, also insbesondere für die häufiger in der Natur vorkommenden Fettsäuren Linolsäure und Linolensäure. Die Reaktionen verlaufen meist so ab, dass zwei isolierte Doppelbindungen in der Fettkette erst einmal zu einem konjugierten Dien isomerisieren und erst dann diese *Konjuensäuren* eine Folgereaktion eingehen. Diese Isomerisierung wird industriell auch als Einzelschritt durch längeres Erhitzen der PUFA bei hohen Temperaturen in Gegenwart von Alkali durchgeführt.

Die so hergestellten Konjuensäuren sind meist Gemische. Setzt man z. B. als Edukt Linolsäure ein, die über zwei *cis*-Doppelbindungen in den

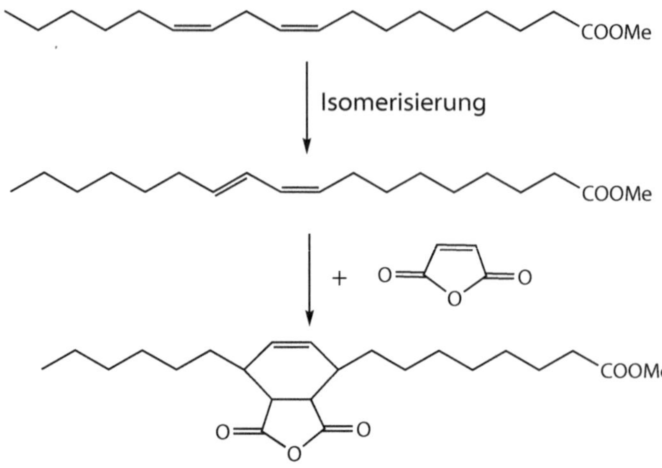

▣ Abb. 4.20 Diels-Alder-Reaktion eines konjugierten Linolsäuremethylesters mit Maleinsäureanhydrid

Positionen 9 und 12 verfügt, so führt eine einfache Konjugierung zu zwei Konjuensäuren mit Doppelbindungen in den Positionen 9 und 11 bzw. 10 und 12. Da die Doppelbindungen jedoch jeweils noch *cis*- oder *trans*-ständig sein können, ergibt sich ein breites Gemisch von Isomeren.

Die Konjuensäuren gehen vielfach C–C-Verknüpfungsreaktionen ein, die man auch von petrochemischen 1,3-Dienen her kennt. Ein Beispiel ist die in ▣ Abb. 4.20 vorgestellte **Diels-Alder-Reaktion** mit Maleinsäureanhydrid. Sie kann in siedendem Xylol in Gegenwart katalytischer Iodmengen mit hohen Ausbeuten durchgeführt werden. Der Konjugierungsschritt kann separat oder auch gleichzeitig erfolgen.

Konjugierte Linolsäure oder ihre Derivate können auch katalytische **Cooligomerisationen** eingehen. Ein wichtiges Beispiel ist die rhodiumsalzkatalysierte Cooligomerisation mit Ethen, die zu ungesättigten Mono-, Di- und Triaddukten des Ethens führt (▣ Abb. 4.21). Durch Hydrierung dieser Addukte, z. B. in Gegenwart eines heterogenen Palladiumkatalysators, entstehen gesättigte Fettsäureester mit einer Alkylverzweigung in der Mitte der Fettsäurekette. Sie sind als Schmierstoffe geeignet, denn sie besitzen eine hohe thermische Stabilität, eine relativ geringe Viskosität und einen niedrigen Stockpunkt.

Schließlich sei noch kurz die Chemie der dreifach ungesättigten Linolensäure betrachtet. Wird sie alkalisch konjugiert, bilden sich Konjutriensäuren, die thermisch oder katalytisch intramolekular eine Diels-Alder-Reaktion eingehen können. Durch **Cyclisierung** bilden sich substituierte Cyclohexadienringe (▣ Abb. 4.22). Diese können in Gegenwart

heterogener Hydrierkatalysatoren, z. B. durch Palladium auf Aktivkohle, in ein Gemisch von Cycloalkanen und Aromaten disproportioniert werden. Die cyclischen ungesättigten Fettsäuren können für die Synthese von Alkydharzen eingesetzt werden. Ihre Ester mit verzweigten Diolen sind synthetische Schmierstoffe für hoch belastete Flugturbinen. Auf Basis der Cyclohexanderivate werden Kunststoff-Weichmacher hergestellt.

Bereits in ▶ Abschn. 2.2.6 über das Leinöl wurde erwähnt, dass Linolensäure an der Luft zur **Polymerisation** neigt und schließlich eine feste Schicht bildet. Leinöl wird deshalb auch als „trocknendes Öl" bezeichnet. Der Primärvorgang dieser Polymerisation ist die Bildung von Hydroperoxiden, die zu Radikalen zerfallen, die ihrerseits zu (ungeordneten) C–C-Verknüpfungen der Linolensäure führen. Durch den Zusatz von Cobalt-Salzen, so genannten *Sikkativen*, kann dieser Vorgang beschleunigt werden. Auf diese Weise bilden sich *Firnisse*, die zu Anstrichzwecken genutzt werden können.

Eine andere Anwendung dieser Polymerisation ist die Herstellung von *Linoleum*. Der erste Schritt ist die Begasung von erhitztem Leinöl mit Luft. Die entstehende, kautschukähnliche Masse, das *Linoxyn*, wird mit Naturharzen, z. B. mit Kolophonium, zum so genannten Linoleumzement verarbeitet, der dann noch weiter mit Kork- oder Holzmehl sowie Farbpigmenten oder Kreide vermischt wird. Diese Mischung wird auf Jutegewebe aufkalandriert. Die so erhaltenen Bahnen werden in 15 m hohen, auf 60 °C thermostatisierten Räumen, den so genannten Reifekammern, zwei bis vier Wochen lang zum Linoleum gereift (▣ Abb. 4.23).

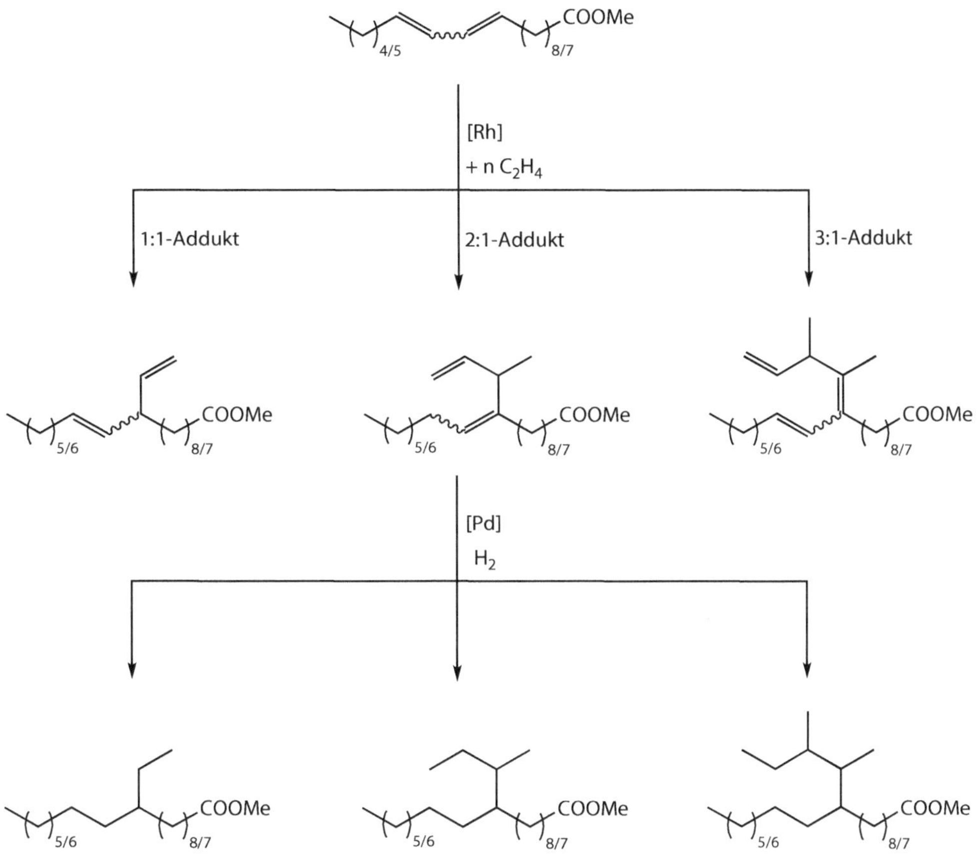

Abb. 4.21 Cooligomerisation des Konjuensäuremethylesters mit Ethen zu verzweigten Fettsäureestern

Linoleum ist bereits ein altbekanntes Produkt: Vorläufer, die Wachs- oder Öltücher, wurden schon im Jahr 1627 beschrieben. 1860 erhielt dann Walton das Patent auf Linoleum. Bis in die 1960er-Jahre wurde es für Bodenbeläge verwendet, dann aber durch PVC-Beläge und Teppichböden verdrängt. Erst seit den 1980er-Jahren gibt es eine teilweise Renaissance dieses Produktes, weil einige Verbraucher einen Bodenbelag auf Basis nachwachsender Rohstoffe wünschen. Außerdem ist Linoleum antistatisch und eignet sich für Räume mit Fußbodenheizung.

Neue oleochemische Polymere

Die bisher beschriebenen Polymerisationen verlaufen nach radikalischen Mechanismen und lassen sich nur schlecht steuern. In den letzten Jahren hat es – insbesondere von Michael A. R. Meier und Stefan Mecking – zahlreiche Ansätze gegeben, neue Wege zu gezielt aufgebauten Polymeren zu finden, insbesondere mithilfe katalytischer Verfahren (▶ Abschn. 19.2.2). Leider sind die innenständigen Doppelbindungen der ungesättigten Fettstoffe nicht aktiv genug, um wie die petrochemischen Alkene Ethen oder Propen eine katalytische Polyinsertion einzugehen. Ein Trick besteht darin, aus Fettstoffen erst einmal ein endständig ungesättigtes, aktiveres Molekül zu erzeugen, das dann polymerisiert wird. Dieses Vorgehen haben wir bereits kennen gelernt bei der Ethenolyse des ÖSME zu 9-Decensäuremethylester mit endständiger Doppelbindung. Ganz ähnlich verhält es sich mit der aus dem Rizinusöl gewonnenen Ricinolsäure (▶ Abschn. 2.2.7), die durch Pyrolyse, also Erhitzen auf Temperaturen >350 °C, selektiv in Heptanal und 10-Undecensäure gespalten werden kann. Die Ester der 10-Undecensäure können mit Alkenen, wie z. B. Ethen, katalytisch copolymerisiert werden. **☐** Abb. 4.24 zeigt aber noch eine Reihe weiterer Möglichkeiten, von der

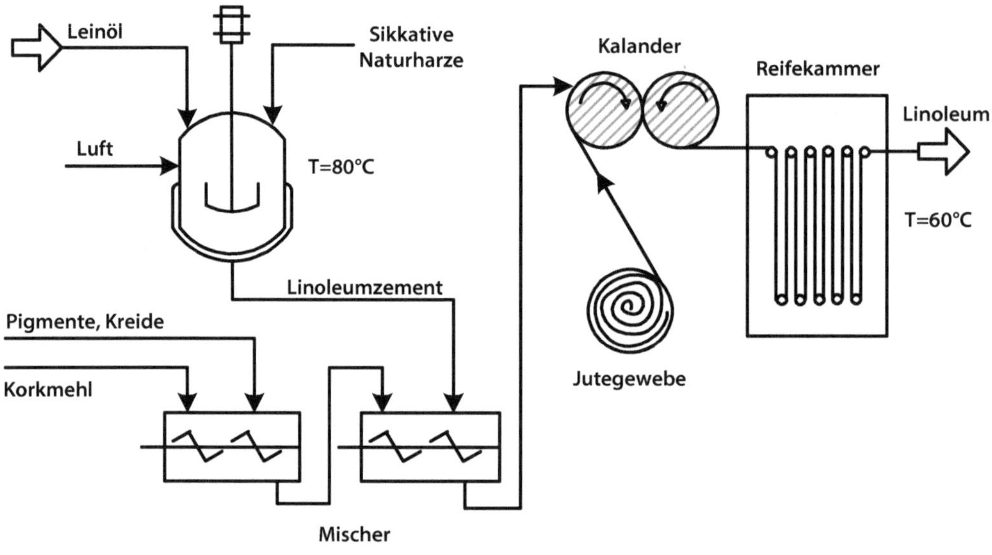

Abb. 4.22   Intramolekulare Cyclisierung von Linolensäure mit anschließender Disproportionierung der Cyclohexadienderivate

Abb. 4.23   Vereinfachtes Fließschema der Linoleumherstellung

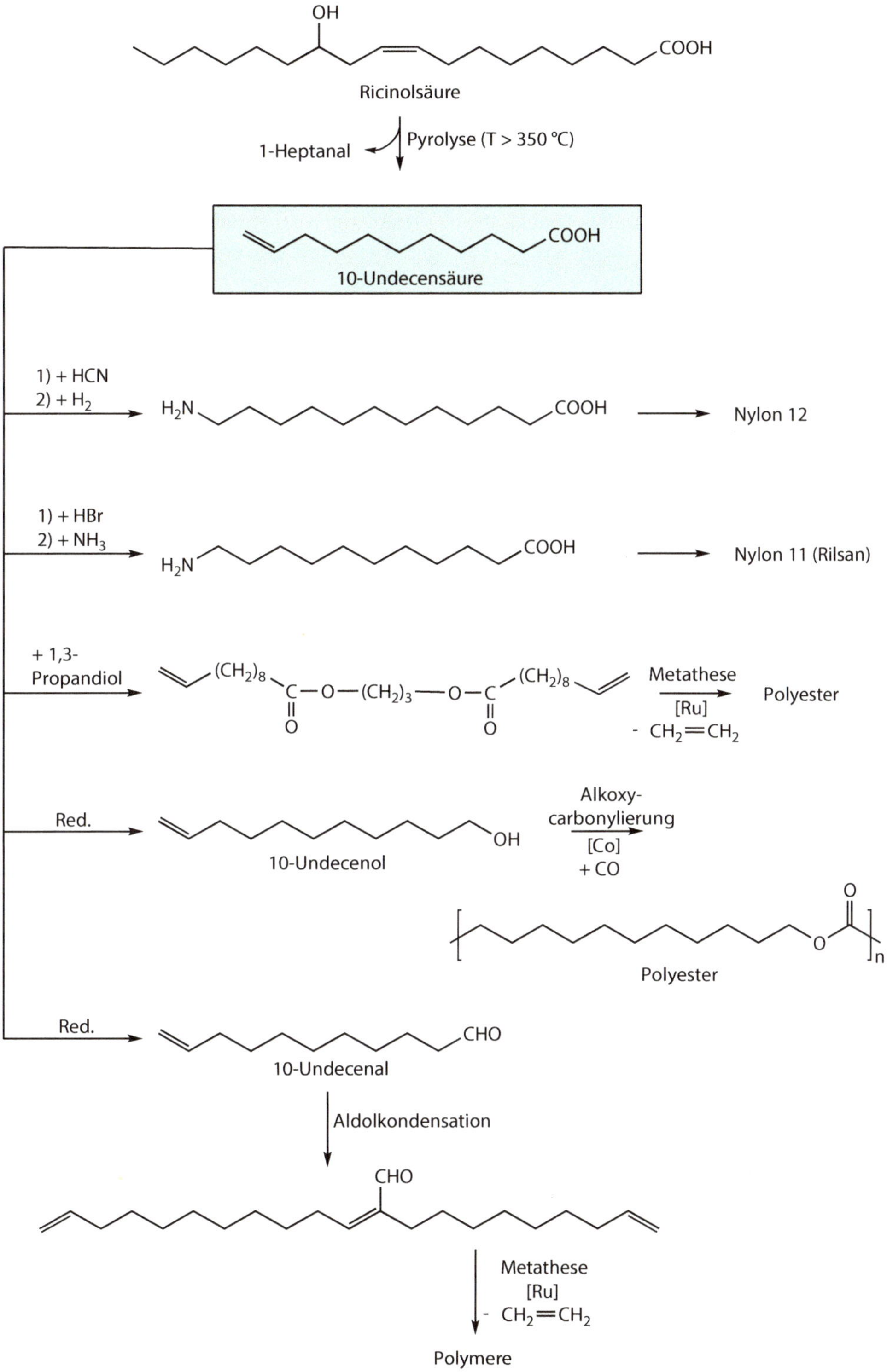

Abb. 4.24 Die 10-Undecensäure und ihre Folgechemie zu Polymeren

Basischemikalie 10-Undecensäure zu den unterschiedlichsten Polymeren zu gelangen:

- Durch Hydrocyanierung und anschließende Hydrierung des Nitrils gelangt man zur ω-Aminododecansäure, die zu Nylon-12 umgesetzt werden kann.
- Durch Hydrobromierung und Umsetzung des Alkylbromids mit Ammoniak ergibt sich die ω-Aminoundecansäure, die zu Nylon-11 (Handelsprodukt: „Rilanit" oder „Rilsan") führt (▶ Kap. 19).
- Durch Umsetzung zweier Moleküle 10-Undecensäure mit einem Diol, z. B. 1,3-Propandiol, bildet sich ein zweifach ungesättigter Ester mit zwei endständigen Doppelbindungen. Diese können unter Abspaltung von Ethen miteinander metathetisieren und bilden dann einen langkettigen Polyester. Diese Variante der Metathese ist eine Umkehrung der Ethenolyse. Da das Ausgangsprodukt ein acyclisches α, ω-Dien ist, spricht man auch von Acyclischer Dien-Metathese (ADMET).
- Durch Reduktion der 10-Undecensäure kann man zu 10-Undecenol gelangen, das durch eine cobaltkatalysierte Alkoxycarbonylierung in einen Polyester übergeht.
- Reduziert man die Säure nur bis zur Stufe des 10-Undecenals und führt dann eine Aldolkondensation durch, ergibt sich wieder ein Molekül mit zwei endständigen Doppelbindungen, das erneut durch ADMET polymerisiert werden kann.

Ein großer Nachteil der Ricinolsäure ist, dass sie ausschließlich in Rizinusöl vorkommt, von dem nur relativ geringe Mengen zur Verfügung stehen. Vergleicht man die aus Rizinusöl zugängliche 10-Undecensäure mit der durch Ethenolyse von Ölsäuremethylester herstellbaren 9-Decensäure, so wird offensichtlich, dass für die letztgenannte eine wesentlich breitere Rohstoffbasis existiert.

Ein Weg, in wenigen Schritten vom Ölsäuremethylester zu einem Polymer zu gelangen, ist die bereits vorgestellte *isomerisierende Methoxycarbonylierung*, also die palladiumkatalysierte Umsetzung mit Kohlenmonoxid und Methanol (◨ Abb. 4.25). Es bildet sich der Nonadecandisäuredimethylester, der zu 1,19-Nonadecandiol reduziert werden kann.

Unter Titankatalyse reagieren beide miteinander zum entsprechenden Polyester.

4.2.3 Knüpfung neuer C–H-Bindungen

Bei der katalytischen Hydrierung ungesättigter Fettstoffe mit Wasserstoff werden neue C–H-Bindungen geknüpft. Die ersten heterogenen Hydrierkatalysatoren wurden bereits 1897 von Paul Sabatier und Jean Baptiste Senderens entdeckt und dann 1901 von Wilhelm Normann auf ungesättigte Fettstoffe angewendet. Die Verwendung heterogener Nickelkatalysatoren ist heute industrieller Standard, um die Farb- und Geruchsstabilität von Fettstoffen zu verbessern oder um (flüssige) Öle in (feste) Margarine zu überführen. Die letztgenannte Reaktion ist auch der Grund, dass die Hydrierung in der Oleochemie auch häufig als „Härtung" bezeichnet wird.

Schwierig wird es, wenn die Aufgabe besteht, selektive Hydrierungen („Selektivhärtungen") durchzuführen, also z. B. Linolsäure selektiv nur an einer Doppelbindung (zur C18:1-Säure) und nicht auch die zweite Doppelbindung (zur Stearinsäure) zu hydrieren (◨ Abb. 4.26).

Hier besteht die Möglichkeit, homogene Übergangsmetallverbindungen als Hydrierkatalysatoren zu verwenden. Seit den 1960er-Jahren wurden Komplexe von Edel- und Nichtedelmetallen mit den unterschiedlichsten Liganden eingesetzt, um Steuerungen bei der Hydrierung zu erzielen. Bei Edelmetallverbindungen, z. B. des Platins und Palladiums, ist jedoch häufig die möglichst quantitative Rückführung des Homogenkatalysators ein großes Problem.

Gute Chancen auf eine technische Anwendung haben die homogenen metallorganischen Mischkatalysatoren, die von Ziegler, Sloan und Lapporte (ZSL-Katalysatoren) aufgefunden und von Fell weiterentwickelt wurden. Sie beruhen auf den Metallen Nickel oder Cobalt und werden durch Aluminiumalkyle aktiviert.

Eine weitere Möglichkeit der selektiven Hydrierung von Fettstoffen ist die Verwendung spezieller Palladium-Nanokatalysatoren. Sie können relativ einfach *in situ* aus Palladiumdichlorid durch Reduktion mit Wasserstoff in Gegenwart bestimmter mittelpolarer Lösungsmittel, wie z. B. Propylencarbonat,

ÖSME

[Pd]　+ CO
　　　+ MeOH　Isomerisierende Alkoxycarbonylierung

MeOOC　　　　　　　　　　　　　　　COOMe

C19-Diester

Reduktion

HO　　　　　　　　　　　　　　　　OH

C19-Diol

- 2 MeOH
[Ti]

$$\left[(CH_2)_{19} - O - \overset{O}{\underset{}{C}} - (CH_2)_{17} - \overset{O}{\underset{}{C}} - O \right]_n$$

Polyester

❏ Abb. 4.25 Polyester auf Basis von Ölsäuremethylester

Linolsäure

+ H$_2$　[Kat]

C18:1-Säure, z. B. Ölsäure

+ H$_2$　[Kat]

Stearinsäure

❏ Abb. 4.26 Selektive Hydrierung von Linolsäure zur C18:1-Säure

hergestellt werden. Es bilden sich nur wenige Nanometer große Palladiumkolloide, die durch das koordinierende Lösungsmittel langzeitstabilisiert werden. Wegen der großen Oberfläche der Nanopartikel sind sie sehr aktiv, sodass einige Selektivhydrierungen von Fettstoffen schon nach wenigen Minuten abgeschlossen sind. Gleichzeitig führen sie sehr selektiv zu den gewünschten monoungesättigten Fettstoffen. Ein weiterer Vorteil dieser Katalysatoren ist ihre leichte Rückführbarkeit: Der Nanokatalysator bleibt

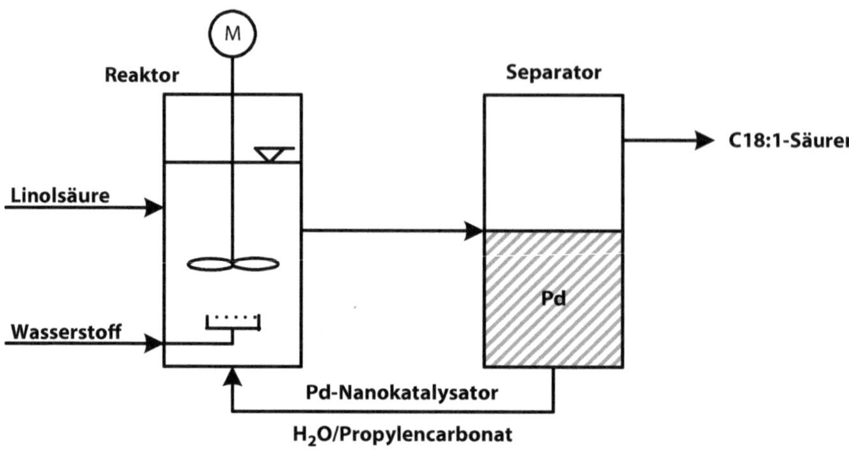

◻ Abb. 4.27   Recycle-Konzept der Palladium-Nano-Hydrierkatalysatoren

vollständig in der Propylencarbonat-Phase gelöst, die nach erfolgter Reaktion einfach abgetrennt werden kann. Zur schnelleren Trennung werden der Propylencarbonat-Phase noch wenige Prozent Wasser zugesetzt (◻ Abb. 4.27).

4.2.4 Weitere Additionen an die C=C-Doppelbindungen von Fettstoffen

In diesem Abschnitt seien noch kurz einige (exotischere) Additionen an ungesättigte Fettstoffe erwähnt, die zu ungewöhnlichen Produkten führen und deshalb größere Bedeutung erlangen könnten:

▬ Die **Hydrosilylierung** ungesättigter Fettstoffe mit Silanen ist eine Möglichkeit, C–Si-Bindungen aufzubauen und so spezielle Silicone mit Fettketten herzustellen. Solche Produkte werden diskutiert zur Hydrophobierung von Gebäudeoberflächen oder als Spezialschmiermittel. Ein Beispiel ist die in Gl. 4.2 dargestellte Hydrosilylierung von Linolsäuremethylester mit Dimethylchlorsilan. Als Katalysator wird der *Speier-Katalysator*, die Hexachloroplatinsäure eingesetzt.

$$\text{(Strukturformel)} \quad COOMe \quad + \quad HSiMe_2Cl$$

$$\xrightarrow{[H_2PtCl_6]} \quad \overset{SiMe_2Cl}{\text{(Strukturformel)}} \quad COOMe \qquad \text{Gl. 4.2}$$

+ Isomere

▬ Die **Hydrozirkonierung** von Alkenen ist deshalb von Bedeutung, weil sich – unabhängig von der Lage der Doppelbindung im Alken – immer die primären zirkonorganischen Verbindungen bilden. Vor der Addition an Zirkon wird eine innenständige Doppelbindung somit immer erst zur endständigen Doppelbindung isomerisiert. Leider lassen sich ungesättigte Fettsäuren nicht direkt in diese Reaktion einsetzen: Die Carboxygruppe muss zuerst durch eine Umsetzung mit Aminoalkoholen als Oxazolingruppe geschützt werden. Auch ist diese Reaktion in Bezug auf Zirkon stöchiometrisch und müsste erst noch in eine katalytische Reaktion übertragen werden. Mithilfe einer katalytischen Hydrozirkonierung könnten gezielt Fettstoffe mit endständigen Doppelbindungen hergestellt werden, deren Vorteile wir bereits kennen gelernt haben.

- Ganz analog ist die Situation bei der **Hydroaluminierung**: Auch Alkene mit innenständiger Doppelbindung reagieren ausschließlich zu primären Aluminiumalkylen. Mit Titankatalysatoren lässt sich diese Reaktion katalytisch durchführen. Eine Übertragung auf Fettstoffe steht noch aus.

- Gleiches gilt für die **Hydrocyanierung**, d. h. die Reaktion ungesättigter Fettstoffe mit Blausäure. In der Petrochemie ist diese Reaktion bestens etabliert: Die Nickel-Phosphit-katalysierte Bishydrocyanierung von 1,3-Butadien wird industriell durchgeführt, um Adipodinitril herzustellen, ein wichtiges Zwischenprodukt für die Synthese von Adipinsäure und Hexamethylendiamin. Eine großtechnische Nutzung in der Oleochemie existiert bisher nicht.

Zusammenfassung *(Take-Home Messages)*

- Substitutionsreaktionen an der gesättigten Fettsäurekette werden technisch nur wenig genutzt, da sie meist zu unübersichtlichen Gemischen führen. Eine Ausnahme ist die gezielte Sulfonierung an der Methylengruppe, die sich in direkter Nachbarstellung zur Carboxygruppe befindet: Es entstehen die **α-Estersulfonate**, die sehr gute Tensideigenschaften besitzen und als Ersatzstoffe für die petrochemischen linearen Alkylbenzolsulfonate infrage kommen.

- Ungesättigte Fettstoffe können mithilfe von Perameisen- oder Peressigsäure in die **Epoxide** überführt werden. Werden die Epoxidringe mit Wasser geöffnet, entstehen Diole, die zur Polyurethanherstellung genutzt werden.

- Die Bishydroxylierung mit Wasserstoffperoxid führt auch direkt zu den **vicinalen Diolen**.

- Durch **Ozonolyse** der C=C-Bindung einer Fettsäure werden eine Mono- und eine Disäure erhalten. Aus Ölsäure bilden sich z. B. Pelargon- und Azelainsäure.

- Ungesättigte Fettstoffe können auch durch katalytische C–C-Verknüpfungen an der Kette funktionalisiert werden. Dabei bilden sich **bifunktionelle Verbindungen**, die für die Synthese von Polymeren (Polyester, Polyamide etc.) infrage kommen.

- Durch **Hydroformylierung** entstehen Aldehydester, durch **Hydroaminomethylierung** Aminoester. **Hydrocarboxylierung** und **Alkoxycarbonylierung** führen zu verzweigten Dicarbonsäuren bzw. ihren Estern.

- **Dimerfettsäuren** bilden sich durch katalytische Dimerisierung zweier Fettsäuren. Durch Umsetzung der Dimerfettsäuren mit Diaminen entstehen Polyamide, die als Klebstoffe (Hot-Melts) eingesetzt werden.

- Die **Metathese** ungesättigter Fettstoffewird bisher nur vereinzelt großtechnisch durchgeführt, besitzt aber ein großes Potenzial. Durch **Selbstmetathese** von Ölsäuremethylester entsteht ein Diester; durch intermolekulare Metathese zweier ungesättigter Triglyceride bilden sich „dimere Triglyceride" mit hoher Viskosität und guten Trocknungseigenschaften.

- Durch **Kreuzmetathese** von Ölsäuremethylester mit Ethen (die so genannte Ethenolyse) entsteht 9-Decensäuremethylester. Wegen seiner endständigen C=C-Doppelbindung ist er eine wertvolle Ausgangschemikalie für bifunktionelle Verbindungen.

- Die **Ethenolyse von Triglyceriden** kann genutzt werden, um Fette mit kürzerkettigen Fettsäuren herzustellen. Bei der Ethenolyse von Wachsestern, z. B. dem Jojobaöl, entstehen α,ω-ungesättigte Monoester.

- **Kreuzmetathesen mit unsymmetrischen Alkenen** führen meist zu Gemischen.

Durch Steuerung mithilfe des Metathese-katalysators, meist ein Ruthenium-Carben-Komplex, können wertvolle bifunktionelle Produkte synthetisiert werden.

- **Mehrfach ungesättigte Fettsäuren**, z. B. Linolsäure, können nach Isomerisierung zu den entsprechenden *Konjuensäuren* Diels-Alder-Reaktionen oder katalytische Cooligomerisierungen eingehen. Es entstehen cyclische oder verzweigte Produkte, die z. B. als Schmierstoffe eingesetzt werden können.

- Auch die dreifach ungesättigte **Linolensäure** kann Diels-Alder-Reaktionen eingehen, z. B. intramolekular mit sich selber zu Ringmolekülen. Technisch bedeutsam ist die Herstellung von **Linoleum**: Unter Einwirkung von Luftsauerstoff polymerisiert die Linolensäure des Leinöls unter Bildung einer kautschukähnlichen Masse, die mit Füllstoffen und Jutebahnen zu Bodenbelägen verarbeitet wird.

- Die Herstellung **oleochemischer Polymere** ist derzeit ein wichtiges Ziel der Forschung. Ansätze hierzu sind z. B. Folgereaktionen der aus der Ricinolsäure zugänglichen 10-Undecensäure oder auch die isomerisierende Alkoxycarbonylierung von Ölsäuremethylester mit anschließender Kondensation zu Polyestern.

- Die **Selektivhärtung** von mehrfach ungesättigten Fettstoffen kann mit Palladium-Nanokatalysatoren durchgeführt werden, die einfach hergestellt und recyclisiert werden können.

- Zahlreiche weitere Additionen an die C=C-Doppelbindung sind möglich, z. B. die platinkatalysierte **Hydrosilylierung**, die zur Herstellung spezieller hydrophober Silicone genutzt werden kann.

? Zehn Quickies zu ▶ Kap. 4

1. Wie viele Syntheseschritte sind es vom (gesättigten) Triglycerid bis zum α-Estersulfonat (AES)? Können Sie zum Vergleich die Synthese des Konkurrenzproduktes, der linearen Alkylbenzolsulfonate (LABS), aufführen?

2. Nennen Sie (bis zu sieben) Verfahren, wie man oleochemische Di-oder Polyole synthetisieren kann, die für die Herstellung von Polyurethanen infrage kommen!

3. Vergleichen Sie miteinander die Ozonolysen von Ölsäure und Erucasäure!

4. Bei der Hydroformylierung ungesättigter Fettstoffe kann man innen- oder endständige Formylgruppen erhalten. Wie kann man das prinzipiell steuern?

5. Wie kann man alkylverzweigte Fettsäuren erhalten? Wir haben in ▶ Kap. 3 und ▶ Kap. 4 drei Methoden kennen gelernt.

6. Führen Sie (auf dem Papier) eine Ethenolyse der Petroselinsäure C18:1 (Δ6/c.) durch! Welche beiden Produkte entstehen?

7. Welche vier Produkte können bei der Kreuzmetathese des Ölsäuremethylesters mit Allylchlorid entstehen?

8. Beschreiben Sie kurz die derzeit gängigen Ruthenium-Metathesekatalysatoren!

9. Wie können mehrfach ungesättigte Fettsäuren (PUFA) in Konjuensäuren überführt werden?

10. Nennen Sie einige typische Katalysatoren zur Hydrierung von C=C-Doppelbindungen in Fettstoffen!

■ ■ … und zur Belohnung noch ein Fußballer-Zitat:

» Wir haben zurzeit in der Abwehr einen negativen Lauf. Zurzeit ist fast jeder Treffer drin.
(Michael Preetz)

Weiterführende Literatur

Monographien und Übersichtsartikel

Seidensticker T, Vorholt AJ, Behr A (2016) The mission of addition and fission – catalytic functionalization of oleochemicals. Eur J Lipid Sci Technol 118:3–25

Behr A, Vorholt AJ, Ostrowski KA, Seidensticker T (2014) Towards resource efficient chemistry: tandem reactions with renewables. Green Chem 16:982–1006

Behr A, Westfechtel A, Perez Gomes J (2008) Catalytic processes for the technical use of natural fats and oils. Chem Eng Technol 31:700–714

Behr A (2008) Angewandte homogene Katalyse. Wiley-VCH Verlag, Weinheim Kap. 44: Homogene Katalyse mit nachwachsenden Rohstoffen

Corma A, Iborra S, Velty A (2007) Chemical routes for the transformation of biomass into chemicals. Chem Rev 107:2411–2502

Meier MAR, Metzger JO, Schubert US (2007) Plant oil renewable resources as green alternatives in polymer science. Chem Soc Rev 36:1788–1802

Centi G, Van Santen RA (Hrsg) (2007) Catalysis for renewables: from feedstock to energy production. Wiley-VCH, Weinheim

Van Bekkum H, Gallezot P (Hrsg) (2004) Catalytic conversion of renewables. Special issue of "Topics in Catalysis" 27, Issue1–4 February

Biermann U, Friedt W, Lang S, Lühs W, Machmüller G, Metzger JO, Rüsch Gen. Klaas M, Schäfer HJ, Schneider MP (2000) Neue Synthesen mit Ölen und Fetten als nachwachsende Rohstoffe für die chemische Industrie. Angew Chem 112:2292–2310

Originalstellen

Gaide T, Dreimann JM, Behr A, Vorholt AJ (2016) Overcoming phase-transfer limitations in the conversion of lipophilic oleo compounds in aqueous media – a thermomorphic approach. Angew Chem Int 55:2977–2981

Haßelberg J, Behr A (2016) Saturated branched fatty compounds: Proven industrial processes and new alternatives. Eur J Lipid Sci Technol 118:36–46

Haßelberg J, Behr A, Weiser C, Bially JB, Sinev I (2016) Process development for the synthesis of saturated branched fatty derivatives: Combination of homogeneous and heterogeneous catalysis in miniplant scale. Chem Eng Sci 143:256–269

Vanbésien T, Monflier E, Hapiot F (2016) Hydroformylation of vegetable oils. Eur J Lipid Sci Technol 118:26–35

Goldbach V, Falivene L, Caporaso L, Cavallo L, Mecking S (2016) Single-step access to long-chain α,ω-dicarboxylic acids by isomerizing hydroxycarbonylation of unsaturated fatty acids. ACS Catalysis 6:8229–8238

Behr A, Witte H, Kämper A, Haßelberg J, Nickel M (2014) Entwicklung und Untersuchung eines Verfahrens zur Herstellung verzweigter Fettstoffe im Miniplant-Maßstab. Chem Ing Tech 86:458–466

Behr A, Tenhumberg N, Wintzer A (2014–3) Selective oxidation and functionalisation of renewables. DGMK-Tagungsbericht, 11–15. Hamburg

Hübner K (2014) Linoleum. Chem Unserer Zeit 48:396–401

Philippaerts A, Jacobs PA, Sels BF (2013) Hat die Hydrierung von Pflanzenölen noch eine Zukunft?. Angew Chem 125:5328–5334

Trzaskowski J, Quinzler D, Bährle C, Mecking S (2011) Aliphatic long-chain C20 Polyesters from olefin metathesis. Macromol Rapid Commun 32:1352–1356

Behr A, Krema S (2011) Metathesis applied to unsaturated lipid compounds. Lipid Technol 23:156–157

Köckritz A, Blumenstein M, Martin A (2010) Catalytic cleavage of methyl oleate or oleic acid. Eur J Lipid Sci Technol 112:58–63

Dierker M (2004) Oleochemical carbonates – an overview. Lipid Technol 16:130–134

Dierker M, Schäfer HJ (2010) Surfactants from oleic, erucic and petroselinic acid: Synthesis and properties. Eur J Lipid Sci Technol 112:122–136

Behr A, Johnen L, Vorholt A (2009) Katalytische Verfahren mit nachwachsenden Rohstoffen. Nachrichten aus der Chemie 57:757–761

Beller M (2008) A personal view on homogeneous catalysis and its perspectives for the use of renewables. Eur J Lipid Sci Technol 110:789–796

Rybak A, Fokou PA, Meier MAR (2008) Metathesis as a versatile tool in Oleochemistry. Eur J Lipid Sci Technol 110:797–804

Mol JC (2004) Catalytic metathesis of unsaturated fatty acid esters and oils. Topics in Catalysis 27:97–104

Behr A (2004) Oleochemistry In: Cornils B, Herrmann WA (Hrsg) Aqueous-phase organometallic catalysis, Second Edition. Wiley-VCH, Weinheim, Chapter 6.13 593–605

Heidbreder A, Höfer R, Grützmacher R, Westfechtel A, Blewett CW (1999) Oleochemical products as building blocks for polymers. Fett/Lipid 101:418–424

Behr A (1990) Anwendungsmöglichkeiten der homogenen Übergangsmetallkatalyse in der Fettchemie. Fat Sci Technol 92:375–388

Das Koppelprodukt der Oleochemie

Glycerin

© Springer-Verlag GmbH Deutschland 2018
A. Behr, T. Seidensticker, *Einführung in die Chemie nachwachsender Rohstoffe*,
https://doi.org/10.1007/978-3-662-55255-1_5

Kapitelfahrplan
- Sie erfahren, welche Eigenschaften Glycerin besitzt und wo man es entsprechend anwenden kann.
- Der Hauptteil dieses Kapitels beschäftigt sich mit der Folgechemie des Glycerins, die in den letzten Jahren sehr intensiv beforscht wurde.

Bereits zu Beginn des Themenbereichs I „Fette und Öle" haben wir gesehen, dass Fette und Öle Triglyceride sind, also Triester des Glycerins. Bei Spaltung dieser Triester (▶ Abschn. 3.1) – egal nach welcher Methode – wird Glycerin automatisch als Koppelprodukt freigesetzt. Mengenmäßig ist der Anteil des Glycerins an den Fetten nicht unerheblich: Bei Kokosöl (das ja aus relativ kurzkettigen Fettsäuren aufgebaut ist) ist der Gewichtsanteil des Glycerins 17 %, bei Sojaöl und Talgen (mit langkettigen Fettsäuren) ca. 10 %.

Exkurs: Ein kurzer Blick in die Geschichte des Glycerins

Der schwedische Chemiker und Apotheker Karl Wilhelm Scheele stellte 1779 ein „Bleipflaster" her, indem er Olivenöl mit Bleioxid vermischte. Wie Sie bereits aus ▶ Abschn. 3.1.3 wissen, hat er dabei eine (zumindest teilweise) Verseifung durchgeführt und Glycerin freigesetzt. Er steckte einen Finger in seine Paste und stellte fest, dass sie süß schmeckte. Seitdem wurde diese neue Verbindung „Scheel'sches Süß" genannt. Erst drei Jahrzehnte später, 1813, konnte der Franzose Michel-Eugène Chevreul nachweisen, dass Fette Glycerinester der Fettsäuren sind, und gab dem Glycerin 1823 seinen endgültigen Trivialnamen, abgeleitet vom griechischen Wort für süß (*glykys*).
P.S.: Trotz des schönen Erfolgs von Scheele raten wir Ihnen doch sehr davon ab, unbekannte Produktgemische durch Geschmacksproben zu analysieren. Es könnte sonst Ihre letzte Analyse gewesen sein!

5.1 Eigenschaften und Verwendung des Glycerins

◘ Tab. 5.1 listet einige charakteristische Eigenschaften des Glycerins auf. Besonders wichtige Eigenschaften sind das stark hygroskopische Verhalten, der große Flüssigkeitsbereich, die Nichttoxizität und die durch Verdünnung mit Wasser einstellbare Viskosität.

Das bei den verschiedenen Herstellprozessen gewonnene wässrige und teilweise salzhaltige Glycerin (▶ Abschn. 3.1) muss aufwendig konzentriert und gereinigt werden. Dazu stehen prinzipiell verschiedene Möglichkeiten zur Verfügung, die in ◘ Abb. 5.1 zusammengefasst werden.

Das bei der Fettspaltung und bei der Umesterung anfallende „Glycerinwasser" ist stark verdünnt: Wegen des hohen Wasserüberschusses bei der Fettspaltung (◘ Abb. 3.2) entsteht bei diesem Prozess eine nur 15–20 %ige wässrige Glycerinlösung; beim Umesterungsverfahren (◘ Abb. 3.5) ist die Glycerinkonzentration höher. Auch die bei der Verseifung anfallende Glycerinlauge ist verdünnt und zusätzlich noch durch eine starke Salzfracht belastet.
- Deshalb muss in allen Fällen eine **Eindampfung** der Lösungen stattfinden. Dies geschieht meistens mehrstufig in hintereinander geschalteten Verdampfern, die mit unterschiedlichen Drücken betrieben werden. In diesen Mehrstufenverdampfern kann das Wasser mit relativ geringem Energieaufwand entfernt werden: Pro Kilogramm zu entfernendes Wasser werden 0,3 kg eines 4-bar-Dampfes benötigt.
- Viele Glycerinanlagen besitzen auch eine **Vorreinigung**. Verunreinigungen wie z. B. Protein-Abbauprodukte werden an Koagulationsmittel, z. B. Aluminium- oder Eisensalze, gebunden, die anschließend abfiltriert werden. In einigen Fällen kann man auch als Verunreinigung vorliegende Fettsäuren durch Säurezusatz koagulieren und entfernen. Der Säureüberschuss muss schließlich neutralisiert werden.
- Der klassische nächste Reinigungsschritt ist die **Rektifikation**. Dieser Schritt kann im Vakuum sowohl in mehrbödigen Rektifikationskolonnen, als auch in einem Dünnschichtverdampfer, erfolgen.
- Je nach Destillatqualität muss noch ein **Refining** durchgeführt werden. Dies kann z. B. durch „Bleichen" erfolgen, also durch Adsorption von verbliebenen Farbkörpern an Aktivkohle.
- Ein alternativer Weg zur Rektifikation ist der **Ionentausch**. Er kann allerdings nur

☐ Tab. 5.1 Eigenschaften des Glycerins

Eigenschaft	Stoffwerte
Aussehen/ Verhalten	Farblose, klare, hygroskopische Flüssigkeit; nicht korrosiv, antiseptisch
Schmelzpunkt	Niedrig: 18 °C (aber meist darunter noch flüssig)
Siedepunkt	Hoch: 290 °C (unter Zersetzung) 182 °C (bei 3 hPa)
Toxizität	Untoxisch (in Lebensmitteln zugelassen)
Dichte	$1{,}261\ \mathrm{g \cdot ml^{-1}}$
Viskosität	Unverdünnt hoch viskos (1760 mPa · s bei 20 °C); als 50–60 %ige wässrige Lösung niedrigviskos
Mischbarkeit	Mischbar mit Wasser und Ethanol, wenig löslich in Ether, unlöslich in Kohlenwasserstoffen

bei salzarmen Glycerinwässern aus der Fettspaltung oder der Umesterung eingesetzt werden. Beim Einsatz der stark salzhaltigen Glycerinlauge aus dem Verseifungsprozess würden die Ionentauschkapazitäten nicht lange ausreichen. Der Ionentausch erfordert immer zwei Stufen: Im Kationenaustauscher werden z. B. Alkalikationen gegen Protonen ausgetauscht, im Anionenaustauscher unerwünschte Anionen wie z. B. Chlorid durch Hydroxidionen. In diesen Ionentauschern werden aber nicht nur anorganische Salze entfernt, sondern gleichzeitig auch noch Fette, Seifen und Pigmente durch Adsorption zurückgehalten. Der Ionentausch kann nicht mit konzentriertem Glycerin, sondern nur mit 30–40 %igen wässrigen Lösungen durchgeführt werden. Hinter dem Ionentauscher muss deshalb immer noch eine weitere Eindampfung stattfinden. Natürlich müssen die Ionentauscher nach einiger Zeit durch Behandlung mit Basen und Säuren wieder regeneriert werden.

☐ Abb. 5.1 Möglichkeiten der Glycerinreinigung

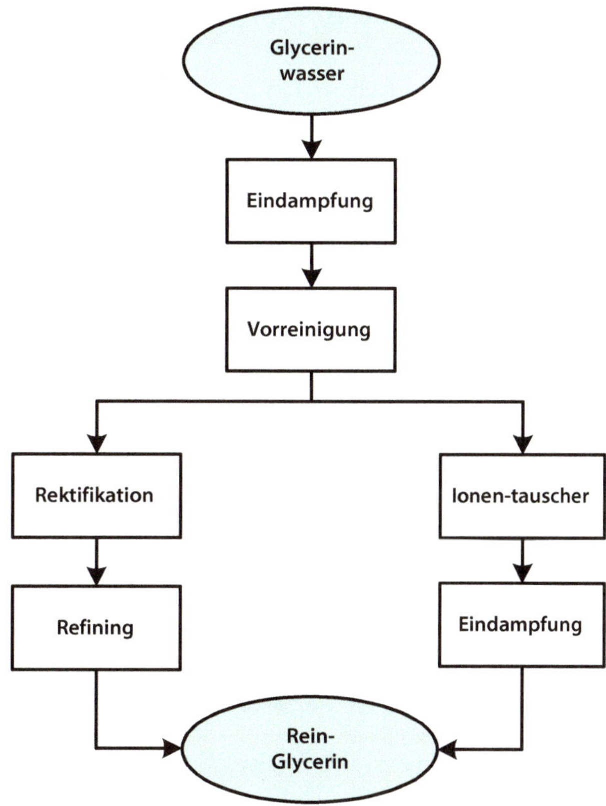

Bewertet man die verschiedenen Varianten der Glycerinaufbereitung, kann man vereinfachend zusammenfassen:

- Die Rektifikation ermöglicht ein größeres Feedspektrum und ist auch für hohe Ionenkonzentrationen geeignet, erfordert aber einen hohen Energieeinsatz.
- Der Ionentauscher verbraucht weniger Energie und ist deshalb etwas wirtschaftlicher. Da das Glycerin nicht als Kopfprodukt einer Rektifikation erhalten wird, muss seine Qualität sehr genau überwacht werden. Die Ionenkonzentration im Feed ist begrenzt. Bei der Regeneration des Ionentauschers entstehen Abwässer, die fachgerecht entsorgt werden müssen.

Nach Durchlaufen der unterschiedlichen Reinigungsstufen kommt das Glycerin in verschiedenen **Reinheitsgraden** in den Handel:

- Die beste Qualität besteht aus 99,8 % Glycerin und ca. 0,2 % Wasser. Es wird auch als „hochreine Pharmaqualität" bezeichnet und kann in Lebensmitteln, Pharmaka und Kosmetika eingesetzt werden. Die Dichte liegt bei Raumtemperatur bei $1,249\,\mathrm{g\,ml^{-1}}$.
- Für viele Zwecke ist das (billigere) 86 %ige Glycerin besser geeignet. Der Rest ist wieder überwiegend Wasser. Wegen seiner geringeren Viskosität kann es wesentlich besser gehandhabt werden.

- Daneben existieren weitere Qualitäten im Handel, die mehr oder weniger starke Verunreinigungen enthalten und gelb oder braun gefärbt sein können.
- Ein Sonderfall ist das „koschere Glycerin", das ausschließlich aus Pflanzenfetten, also nicht aus tierischen Fetten gewonnen wird.

Anfang des 20. Jahrhunderts wurde das benötigte Glycerin ausschließlich aus der Fettverarbeitung, insbesondere aus der Verseifung der Fette, gewonnen. Als in den 1940er-Jahren in den USA die Seifen teilweise durch synthetische Waschmittel ersetzt wurden und gleichzeitig auch der Glycerinbedarf anstieg, wurden Konkurrenzverfahren zur Herstellung von *synthetischem Glycerin* aus Propen entwickelt. ◘ Abb. 5.2 gibt einen Überblick über die Syntheseverfahren:

- Auf Route I wird Propen zuerst zum Allylchlorid chloriert. Dieses wird mit hypochloriger Säure zu den beiden Dichlorhydrinen umgesetzt, die mit Calciumhydroxid zu Epichlorhydrin reagieren. Dieses wird mit Natronlauge zu Glycerin umgesetzt.
- Auf Route II wird häufig ebenfalls erst einmal Allylchlorid hergestellt, das mit Natronlauge zum Allylalkohol reagiert. Es gibt aber auch einige chlorfreie Alternativen, um von Propen zu Allylalkohol zu gelangen. Dieser wird mit Wasserstoffperoxid katalytisch in das Glycid

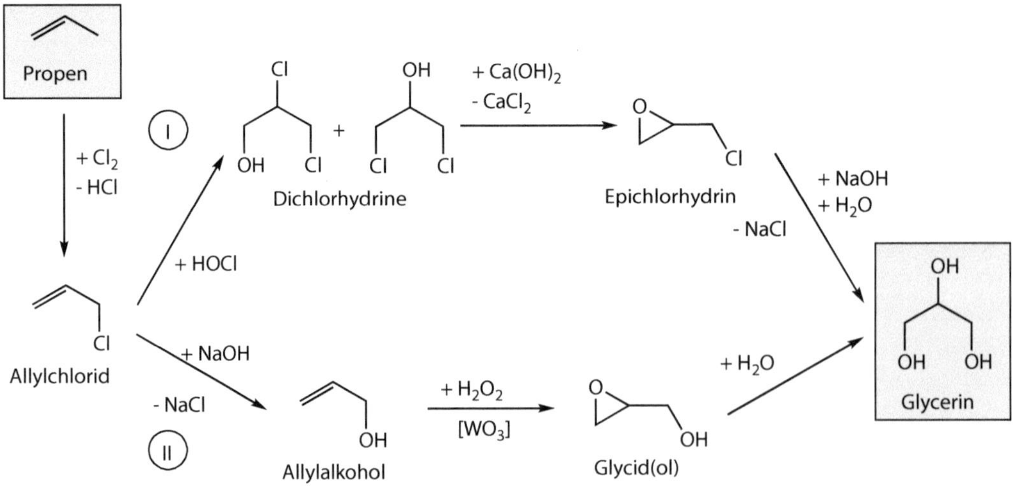

◘ **Abb. 5.2**   Syntheserouten von Propen zu Glycerin

(Glycidol) überführt, das dann zu Glycerin hydrolysiert wird.

Beide Routen sind vierstufig und sind damit sehr aufwendig. Wird Chlor eingesetzt, fällt dieses am Ende des Prozesses in Form wertloser Salze an. Trotzdem war das synthetische Glycerin lange Zeit eine starke Konkurrenz für das natürliche Glycerin, denn der aus dem Erdöl gewonnene Ausgangsstoff Propen stand lange Zeit relativ kostengünstig zur Verfügung. Wegen des aufgrund der Biodiesel-Produktion verstärkten Angebots an natürlichem Glycerin haben die Syntheseverfahren des Glycerins stark an Bedeutung verloren.

Glycerin hat seit vielen Jahrzehnten eine Fülle von direkten **Anwendungen** gefunden. Die wichtigsten sind im Folgenden aufgeführt:

- In *medizinischen und pharmazeutischen Formulierungen* wird Glycerin wegen seiner Nicht-Toxizität gerne verwendet, z. B. in Hustensäften oder schleimlösenden Mitteln. Sehr häufig spielt dabei auch seine hygroskopische Eigenschaft eine wesentliche Rolle: Glycerin hilft, ein Pharmakon feucht zu halten und die Wasseraktivität zu kontrollieren.
- Ganz ähnlich ist es beim Einsatz von Glycerin in *Körperpflegeprodukten*: Als Lösungsmittel, Weichmacher, Schmier- und Feuchthaltemittel findet Glycerin Verwendung in Hautcremes, Zahnpasten, Mundwässern, Rasierschaum, Haarpflegemitteln oder Glycerinseifen. Mithilfe von Glycerin gelingt es, trockene Haut wieder weich zu machen.
- Auch in der *Tabakindustrie* wird Glycerin wegen seiner Feuchthalte-Eigenschaft eingesetzt: Das Krümeln von Pfeifentabak oder Zigaretten wird durch Tränken mit Glycerin verhindert.
- In der *Lebensmittelindustrie* gibt es ebenfalls vielfache Anwendungen: Als Lösungs- und Süßungsmittel mit der Bezeichnung E422 wird Glycerin in Lebensmitteln und Getränken eingesetzt. In Süßigkeiten und Kuchen wirkt es als Weichmacher und Feuchthaltemittel. Das Austrocknen von Kuchen bei längerer Lagerung kann durch Glycerin verhindert werden. Glycerin hat ca. 60 % der Süßkraft von Saccharose und ungefähr die gleiche Kalorienzahl pro Gramm. Im Vergleich mit Saccharose ist vorteilhaft, dass Glycerin nicht

den Blutzuckerspiegel erhöht und auch kein Bakterienwachstum ermöglicht.
- *Weitere direkte Anwendungen* findet Glycerin z. B. in Klebstoffen, als Weichmacher in regenerierter Cellulose oder zur Herstellung spezieller Papierqualitäten.
- Schließlich gibt es noch eine Reihe *technischer Anwendungen*, bei denen das Glycerin chemisch umgesetzt wird. Hierzu gehört z. B. der Einsatz als Polyol in Polyurethanschäumen oder Alkydharzen. Über diese Folgechemie des Glycerins werden wir in den kommenden Abschnitten dieses Kapitels noch einiges erfahren.

◘ Abb. 5.3 versucht, diese Anwendungen noch einmal zusammenzufassen. Die Prozentangaben sind Schätzwerte. Auffällig ist der große Marktanteil von Pharmaka und Körperpflegemitteln, die beide eine sehr hohe Reinheit des Glycerins erfordern.

Am Ende dieses Abschnitts schauen wir noch auf einige **Marktdaten**. Die weltweite Fettproduktion, derzeit ca. 200 Mio. Tonnen pro Jahr, wurde bereits in ▶ Abschn. 2.3 besprochen. Ca. 10 % dieser Menge (also ungefähr 20 Mio. Tonnen pro Jahr) sind Glycerin! Wir haben aber auch schon gehört, dass ein Großteil der Fette und Öle im Nahrungsmittelbereich (ca. 75 %) eingesetzt wird und somit nicht der Glycerinproduktion dient. Ca. 22 % der Fette und Öle (ca. 44 Mio. Tonnen pro Jahr) werden industriell entweder zu Chemikalien oder Energieträgern verarbeitet, wobei größere Mengen an Glycerin anfallen.

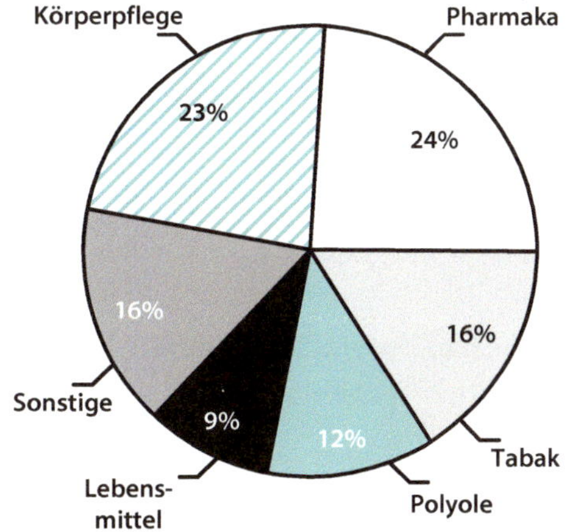

◘ **Abb. 5.3** Alltägliche Anwendungen des Glycerins (Schätzwerte in Massenprozent)

In den vergangenen Jahrzehnten hatte der *europäische Glycerinmarkt* ein Volumen von 250.000 bis 400.000 pro Jahr. Dies hat sich im letzten Jahrzehnt deutlich geändert: Durch die Einführung von Biodiesel, also Fettsäuremethylestern insbesondere auf Basis von Raps, als Kraftstoff wurden zusätzliche Mengen Glycerin auf den Markt gebracht. In 2006 betrug die weltweite Biodieselproduktion ca. 6 Mio. Tonnen pro Jahr und ist bis ins Jahr 2014 auf einen Wert von knapp 30 Mio. Tonnen pro Jahr angestiegen. Dies bedeutet, dass mehrere Hunderttausend Tonnen Glycerin zusätzlich auf den europäischen Markt gekommen sind, die von den klassischen Abnehmern nicht benötigt wurden.

Entsprechend veränderten sich die *Glycerinpreise*: Während in den Jahren 2000 bis 2003 noch Preise von 1000 bis 1300 Euro pro Tonne erzielt werden konnten, sank der Preis zwischen 2004 und 2006 für eine Tonne Reinst-Glycerin auf 500 bis 700 Euro und lag im Jahr 2011 bei 750 Euro pro Tonne. Der Preis für technische Glycerinqualitäten liegt deutlich niedriger, etwa um den Faktor fünf. Wenn aber der Preis einer Basischemikalie deutlich sinkt, kommt sie auch für Anwendungszwecke infrage, für die sie bisher zu teuer war, weil billigere petrochemische Konkurrenzprodukte existierten. So wird Glycerin inzwischen für Einsatzzwecke diskutiert, für die bislang Ethylenglykol oder 1,2-Propandiol eingesetzt wurden.

Wenn große Mengen einer Basischemikalie zur Verfügung stehen, ist aber auch die Frage zu stellen, ob nicht vollständig neue Folgeprodukte des Glycerins eine Chance haben, den Markt zu erobern. Solche neuen Produkte wurden in den letzten Jahren sehr intensiv beforscht und teilweise auch schon erfolgreich in den Produktionsmaßstab überführt. Diese neuen Glycerinderivate werden in den kommenden Abschnitten genauer vorgestellt. Wir werden uns zuerst „klassische" Alkohol-Derivate ansehen, also Ester, Ether, Acetale und Ketale des Glycerins. Weitere Abschnitte beschäftigen sich mit der Überführung des Glycerins in Diole und Epoxide. Schließlich stellen wir Ihnen Methoden vor, Glycerin zu Wertprodukten zu oxidieren und zu dehydratisieren. Am Ende des Kapitels wird Glycerin als reine Kohlenstoffquelle betrachtet und in Synthesegas überführt, das seinerseits wieder nach bereits bekannten Methoden in zahlreiche Industriechemikalien umgewandelt werden kann.

5.2   Glycerinester

Ein Ester des Glycerins mit einer anorganischen Säure ist schon seit Langem bekannt, das **Glycerintrinitrat** (Gl. 5.1). Dieser Triester wird fälschlich auch als „Nitroglycerin" bezeichnet, aber es handelt sich nicht um eine Nitroverbindung (mit einer $C\text{-}NO_2$-Bindung), sondern um ein Nitrat (mit einer $C\text{-}O\text{-}NO_2$-Bindung). Seine Herstellung erfolgt durch Umsetzung von Glycerin mit „Nitriersäure", einem Gemisch von Salpeter- und Schwefelsäure.

$$\text{Glycerin} + 3\ HNO_3 \xrightarrow[-\ 3\ H_2O]{[H_2SO_4]} \text{Glycerintrinitrat}$$

Gl. 5.1

Exkurs: Die Geschichte des „Nitroglycerins"

Glycerintrinitrat wurde bereits 1846 von dem italienischen Chemiker Ascanio Sobrero entdeckt. Als Flüssigkeit ist diese Verbindung instabil und kann bei Erhitzen oder Schlageinwirkung leicht explodieren. 1866 entdeckte dann Alfred Nobel, dass ein Gemisch aus Glycerintrinitrat und Kieselguhr eine verformbare Paste ergibt, die sich einfach und relativ sicher handhaben lässt. Man konnte sie problemlos in Bohrlöcher einbringen, um Gesteinssprengungen durchzuführen. Nobel nannte dieses Paste „Dynamit" und hat damit ein riesiges Vermögen verdient. Die Zinsen dieses Vermögens werden heute jährlich als „Nobelpreise" an außergewöhnlich kreative Forscher verteilt. Nobel hatte das Glück, das Dynamit genau zum richtigen Zeitpunkt zu erfinden: In der 2. Hälfte des 19. Jh. wurden in Europa zahlreiche Eisenbahntrassen gebaut, für die viele Tunnel gesprengt werden mussten. Auch die Konstruktion von Kanälen war von dem neuen Sprengstoff abhängig: Ab 1879 wurde der erste Panamakanal mit insgesamt 30.000 Tonnen Dynamit freigesprengt.

Heute spielt Glycerintrinitrat als Sprengstoff keine große Rolle mehr. Zusammen mit Nitrocellulose ist es noch Bestandteil von Treibmitteln und Raketentreibstoffen. Verwendet wird es auch – in sehr kleinen Mengen – als Medikament bei Asthma, Herzinsuffizienz und Arterienverkalkung: Glycerintrinitrat baut sich im Körper schnell ab und bildet Stickstoffmonoxid, das die Koronararterien erweitert und die Durchblutung des Herzens verbessert.

Wesentlich bedeutsamer sind die Ester des Glycerins mit organischen Säuren. Mit Essigsäure werden beispielsweise die drei **Acetine**, Mono-, Di- und Triacetin hergestellt (Gl. 5.2).

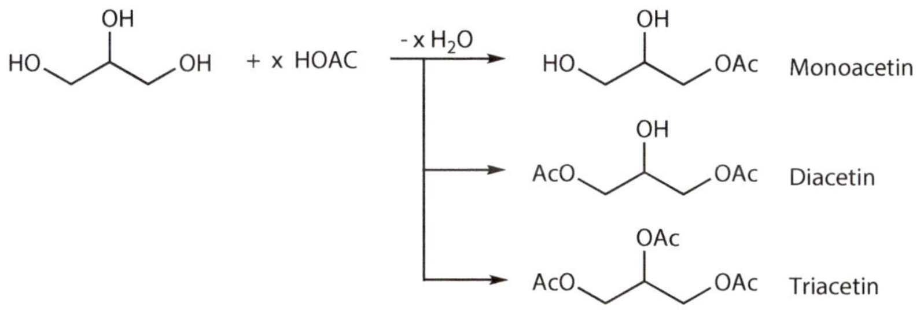

Gl. 5.2

Um möglichst reines Triacetin herzustellen, kann man Glycerin zuerst mit Essigsäure und anschließend noch mit Essigsäureanhydrid umsetzen. Dabei wird ein nahezu vollständiger Umsatz des Glycerins erreicht. Triacetin ist ein stabiles Produkt mit geringer Toxizität, das als Celluloseweichmacher, als Lösungsmittel für Parfums und als Textilhilfsmittel eingesetzt wird. Eine kontinuierliche Anlage für Triacetin wird in Düsseldorf betrieben.

Triester des Glycerins mit langkettigen Carbonsäuren kennen wir bereits als Fette und Öle. Neben den Triestern sind insbesondere die Monoester des Glycerins (**Monoglyceride**, engl. *monoacylglycerols*, MAG) von Bedeutung, denn sie enthalten sowohl einen hydrophilen als auch einen hydrophoben Molekülteil und können deshalb als Emulgatoren eingesetzt werden. Die Synthese der Monoester aus Glycerin kann durch Veresterung mit einem Mol Fettsäure, durch Umesterung mit einem Mol Fettsäuremethylester oder durch Umesterung mit zwei Molen Triglycerid (unter Erhalt von drei Molen Monoester) erfolgen (◘ Abb. 5.4). Die zuletzt genannte Variante wird auch als „Glycerolyse" bezeichnet.

Die selektive Synthese der Monoglyceride ist jedoch nicht trivial, denn als Nebenprodukte entstehen immer auch die Tri- und Diglyceride. Man versucht, durch die Reaktionsbedingungen, aber speziell auch durch homogene, heterogene oder Enzym-Katalysatoren die Reaktion hin zu Monoglyceriden zu steuern und hat bereits Selektivitäten von 80–90 % erreicht. Es werden Monoglyceride verschiedener Kettenlänge angeboten, die durch Kurzwegverdampfung eine Reinheit von über 90 % besitzen. Sie werden als Emulgatoren in der Lebensmittelindustrie und Kosmetik sowie für technische

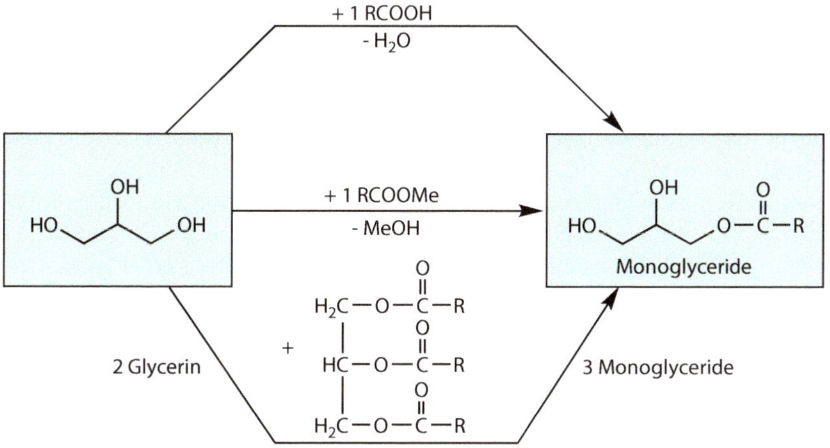

◘ **Abb. 5.4**   Drei Methoden zur Herstellung von Glycerinmonofettsäureestern (Monoglyceriden)

Zwecke eingesetzt. Die technischen Anwendungen sind allerdings begrenzt, da die Esterbindung hydrolytisch spaltbar ist und somit nur eine geringe Stabilität aufweist.

Exkurs: Der schlanke Japaner

Auch spezielle **Diglyceride** (engl. *diacylglycerols*, DAG) haben in den letzten Jahren größeres Interesse gefunden. Die japanische Firma Kao produziert Diglyceride, die auch bei höheren Temperaturen noch stabil sind. Seit 1999 erfolgt die großtechnische enzymatische Herstellung aus Soja- und Rapsölen. Das Produkt kommt unter dem Namen Econa-Öl in den Handel und kann zum Kochen, Backen und Frittieren eingesetzt werden. Japanische Forscher haben im Jahr 2000 publiziert, dass die Diglyceride des Econa-Öls signifikant die Fettanreicherung im menschlichen Körper herabsetzen. Econa wurde so zum bestverkauften Pflanzenöl Japans und kann inzwischen auch in den Lebensmittelläden Europas und Amerikas erstanden werden. Bon appétit!

Interessante Anwendungen versprechen auch spezielle gemischte **Triglyceride**. So ist es beispielsweise möglich, gezielt Monofettsäurester des Diacetins herzustellen. Diacetostearin, Diacetoolein und Diacetolaurin sind wiederum Emulgatoren für Lebensmittelanwendungen. Der gesamte Markt für Lebensmittelemulgatoren wurde 2015 auf 800.000 t geschätzt.

Exkurs: Ich will keine Schokolade, ich will lieber …

Triester mit einer definierten Anordnung bestimmter Fettsäuren spielen auch eine große Rolle bei der Schokoladenfabrikation. Schokolade besteht im Wesentlichen aus Kakaotrockenmasse, Kakaobutter und Zucker (Saccharose). Kakaobutter ist das Fett der Kakaobohne. Die Kakaobutter schmilzt langsam im Mund und hinterlässt dabei einen kühlenden Eindruck. Dieses besonders angenehme Schmelzverhalten wird nur bei speziellen Triglycerid-Strukturen beobachtet: Kakaobutter besteht zu 50 % aus Oleopalmitostearin und zu 25 % aus Oleodistearin; der Rest sind Palmitodiolein und Stearodiolein. Durch gezielte Veresterungen des Glycerins ist es möglich, den charakteristischen Triglycerid-Aufbau der Kakaobutter nachzustellen und kostengünstige Kakaobutter-Austauschfette zu produzieren.

Ein sehr spezieller Ester des Glycerins ist das **Glycerincarbonat** (◘ Abb. 5.5):

- Es wird bisher aus Glycerin auf indirektem Weg, z. B. durch Umsetzung mit Ethylencarbonat, hergestellt, das seinerseits aus Ethylenoxid und Kohlendioxid zugänglich ist. Bei dieser Reaktion wird als Koppelprodukt Ethylenglykol gebildet. Statt Ethylencarbonat kann man auch Dimethylcarbonat einsetzen und erhält dann zwei Mole Methanol als Koppelprodukt.
- Eine besonders pfiffige Alternative ist die direkte Synthese des Glycerincarbonats aus Glycerin und Kohlendioxid. Mit Zinnkatalysatoren gelingt es bisher, Glycerincarbonat mit einer Ausbeute von einigen Prozent zu synthetisieren; ein technischer Prozess ist aber noch nicht absehbar.

Glycerincarbonat ist eine farblose protisch-polare Flüssigkeit und sowohl in Wasser als auch in organischen Lösungsmitteln löslich. In Wasser ist es bei pH-Werten unterhalb von pH 5 stabil. Aus diesen Eigenschaften ergeben sich verschiedene **Anwendungsfelder:**

- Glycerincarbonat (und seine Ester) können als Lösungsmittel eingesetzt werden: Sie können bei der Herstellung von Farben und Lacken,

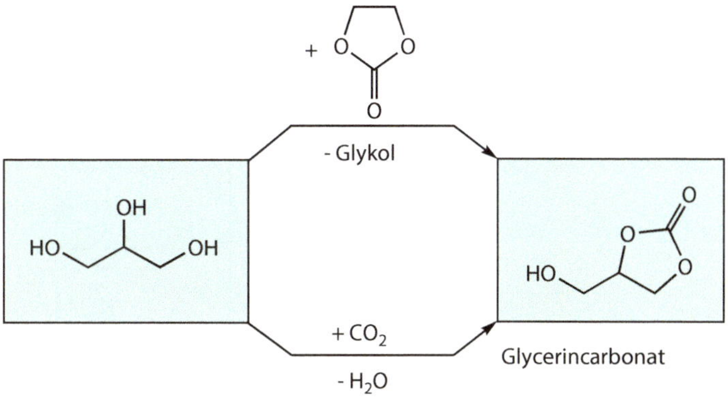

◘ Abb. 5.5 Synthesen von Glycerincarbonat

Klebstoffen, Kosmetika und Pharmazeutika verwendet werden. Glycerincarbonat löst Nitrocellulose, Celluloseacetate, Nylons und Polyacrylnitril.

- Diskutiert wird auch sein Einsatz als Extraktions- oder Schmiermittel.
- Als Monomeres dient es zur Herstellung verzweigter Polymere. Die französische Firma Condat hat die Synthese von Glycerinpolycarbonaten und Glycerincarbonatpolyestern entwickelt.
- Glycerincarbonat kann auch unter CO_2-Freisetzung zu Glycidol (◘ Abb. 5.2) gespalten werden, das in zahlreiche Folgeprodukte überführt werden kann.

5.3 Glycerinether

Im Folgenden werden wir verschiedene Ether des Glycerins kennenlernen:

1. Reagiert Glycerin mit sich selber unter Abspaltung von Wasser, bilden sich *Glycerinoligomere*, in denen die einzelnen Glycerinmoleküle jeweils über eine Etherbrücke miteinander verknüpft sind.
2. Wird dieser Verknüpfungsschritt vielfach wiederholt, entstehen letztlich *Glycerinpolymere*. Die Grenze zwischen Oligo- und Polymeren ist fließend und manche Autoren bezeichnen beide zusammen vereinfachend als Polyglycerine.
3. Glycerin kann auch mit Alkenen, aliphatischen Monoalkoholen oder Alkylhalogeniden zu *Glycerinalkylethern* verknüpft werden.
4. Ein Spezialfall ist die katalytische Telomerisation des Glycerins mit Butadien, die zu *Glycerinalkenylethern* mit einer Octadienylkette führen.

5.3.1 Glycerinoligomere

Der einfachste Fall der Glycerinoligomerisation ist die Dimerisierung zweier Glycerin-Moleküle zu den Diglycerinen. Da Glycerin ein trifunktionelles Molekül ist, können bei dieser Dimerisierung mehrere lineare und cyclische Verknüpfungsvarianten auftreten. ◘ Abb. 5.6 zeigt die Isomere des Diglycerins. Die cyclischen Dimere sind Diole, die linearen Tetrole. Generell gehören die Glycerinoligomere zur Klasse der Polyole.

Die Glycerinoligomere finden vielfachen Einsatz in der Kosmetik, als Lebensmitteladditive oder in Schmiermitteln. Die Herstellung der Oligomere erfolgt klassisch durch homogene Basenkatalyse. Dabei erhält man jedoch ein sehr breites Spektrum von Oligomeren, bis hin zu Pentameren und Hexameren. Für die oben genannten Anwendungen sind aber die kurzkettigen Oligomere, also die Dimere und die Trimere, besonders beliebt. Man versucht deshalb, mit speziellen Heterogenkatalysatoren, wie z. B. Zeolithen, Ionentauschern und mesoporösen Molekularsieben, die Anzahl

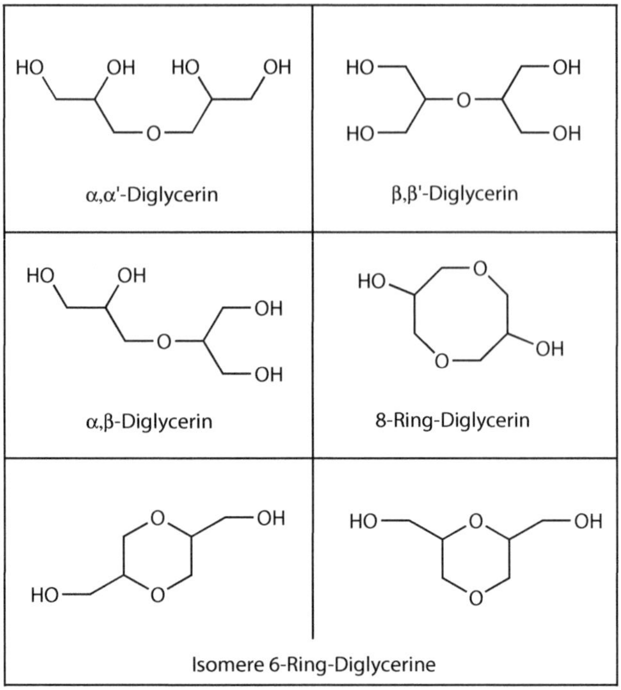

□ **Abb. 5.6**   Mögliche Isomere
des Diglycerins

α,α'-Diglycerin

β,β'-Diglycerin

α,β-Diglycerin

8-Ring-Diglycerin

Isomere 6-Ring-Diglycerine

der Verknüpfungseinheiten zu reduzieren. Zwar gelingt es, höhere Selektivitäten zu Diglycerinen zu erreichen, allerdings bei deutlich geringerem Umsatz.

Ein Großteil der Glycerinoligomere wird weiterverarbeitet zu **Oligoglycerinestern** (engl. *polyglycerol esters*, PGE), die sich wie nichtionische Tenside verhalten. Die Synthese kann durch eine Veresterung der Oligoglycerine mit Fettsäuren oder durch eine Umesterung mit Fetten erfolgen. Dabei ergeben sich komplexe Gemische, und die Produkteigenschaften hängen sehr stark vom Oligomerisationsgrad des Glycerins und von der Anzahl der veresterten Hydroxygruppen ab. Die PGE werden in der Kosmetik, z. B. in Haargelen, Babycremes und Hautreinigern, als Emulgatoren und zur Viskositätssteuerung eingesetzt. Besonders wichtige Produkte sind Diglycerindiisostearat, Diglycerinmonolaurat und Diglycerinmonooleat.

5.3.2   Glycerinpolymere

In den letzten Jahren wurden die **hoch verzweigten Polyglycerine** (engl. *hyperbranched polyglycerols*) intensiv untersucht. Ein Beispiel für diese Produktklasse zeigt □ Abb. 5.7.

Allerdings werden diese speziellen Polyglycerine bisher noch nicht direkt aus Glycerin hergestellt, sondern z. B. durch eine Aufbaureaktion ausgehend von Trimethylolpropan mit Glycidol. Diese Produkte werden als Katalysatorträger oder auch zur besseren Löslichkeit von Pharmaka eingesetzt.

5.3.3   Glycerinalkylether

Die Synthese von Glycerinalkylethern kann nach drei Methoden erfolgen:
- durch säurekatalysierte Umsetzung des Glycerins mit Alkenen, speziell mit Isobuten
- durch Williamson-Synthese von Natriumglycerolat mit einem Alkylhalogenid
- durch Kondensation von Glycerin mit aliphatischen Alkoholen unter Wasserabspaltung

Die eleganteste Methode ist die Umsetzung mit Isobuten, die zu den **Glycerin-*tertiär*-butylethern** (GTBE) führt. Dabei entstehen die Monoether *m*-GTBE sowie die Di- und Triether, die unter dem Begriff „höhere Ether" (*h*-GTBE) zusammengefasst

▢ Abb. 5.7   Hoch verzweigtes Polyglycerin (Beispiel)

werden (▢ Abb. 5.8). Die *m*-GTBE sind in polaren Lösungsmitteln löslich, die *h*-GTBE nur in unpolaren Lösungsmitteln wie z. B. Kohlenwasserstoffen.

Die *h*-GTBE können als sauerstoffhaltige Dieselkraftstoffadditiv eingesetzt werden, die die Feinstaubemissionen deutlich herabsetzen. Wegen der verzweigten Alkylketten können die *h*-GTBE aber auch in Benzinen als „Octan-Booster" eingesetzt werden und dort den weniger vorteilhaften Methyltertiärbutylether (MTBE) ersetzen. Die Synthese erfolgt in Gegenwart saurer Homogenkatalysatoren wie z. B. *p*-Toluolsulfonsäure oder Schwefelsäure. Das Verfahren wurde inzwischen im Miniplant-Maßstab so optimiert, dass ausschließlich die gewünschten *h*-GTBE die Anlage verlassen, während die *m*-GTBE extraktiv abgetrennt und zur Weiterreaktion mit Isobuten in den Reaktor zurückgeführt werden.

5.3.4   Glycerinalkenylether

Eine atomökonomische Methode zur Synthese ungesättigter Glycerinether ist die Palladiumkomplex-katalysierte Telomerisation von Glycerin mit dem petrochemischen 1,3-Butadien zu

Glycerinoctadienylethern (▢ Abb. 5.9). Bei dieser Reaktion verknüpfen sich zwei Butadien-Moleküle zu einer C_8-Kette und addieren sich an die Hydroxygruppen des Glycerins.

Für die Anwendung besonders interessant ist das Monotelomer. Durch Hydrierung des Monotelomeren bildet sich Glycerinmonooctylether, der als Emulgator oder Tensid eingesetzt werden kann. Die Telomerisation ist eine homogenkatalytische Reaktion, die bei sehr milden Reaktionsbedingungen abläuft. In einer kontinuierlich betriebenen Miniplant konnte das nahezu vollständige Recycling des homogenen Palladiumkatalysators sowie die Selektivitätssteuerung zum Monotelomeren optimiert werden.

5.4   Glycerinacetale und -ketale

Aldehyde bilden mit Di- oder Polyolen Acetale, Ketone entsprechend Ketale. Diese Produkte haben unterschiedlichste Anwendungsfelder:
– Seit Langem werden Acetale und Ketale des Glycerins im Bereich der Wirkstoffsynthesen eingesetzt. Acetale des Phenylacetaldhyds

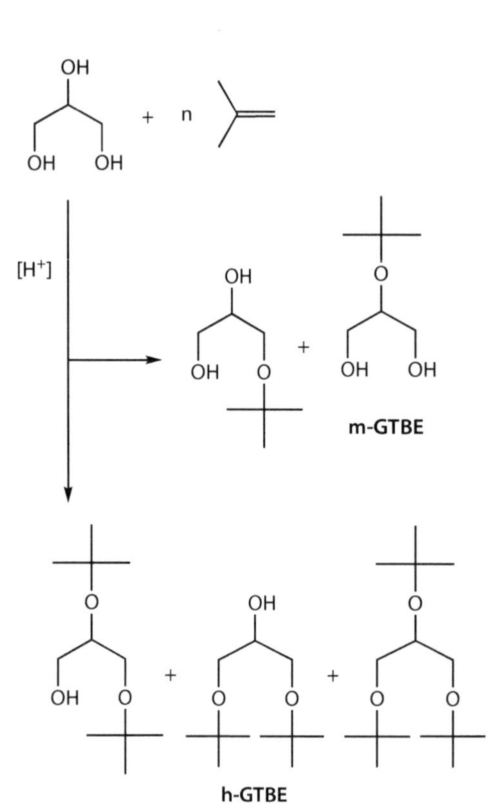

◘ **Abb. 5.8**   Synthese der Glycerin-*tertiär*-butylether (GTBE)

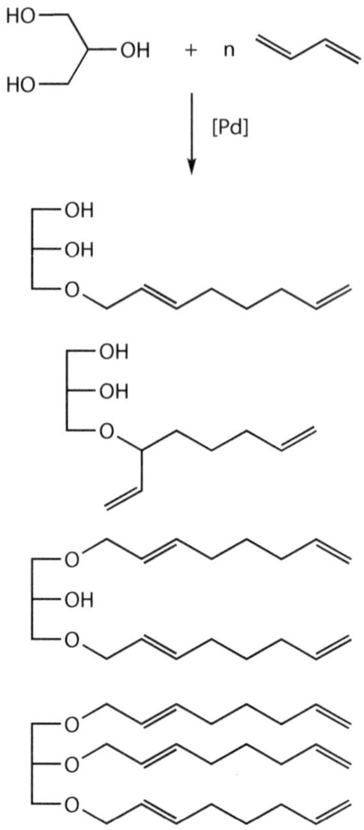

◘ **Abb. 5.9**   Telomerisation von Glycerin mit Butadien zu Glycerinoctadienylethern

oder des Vanillins mit Glycerin führen beispielsweise zu Riechstoffen mit Hyazinthen- bzw. Vanille-Note.

▬ Industriell werden einige Acetale auch als Lösungsmittel oder Detergenzien eingesetzt.

▬ In neuerer Zeit wurde insbesondere der Einsatz von Glycerinacetalen für den Kraftstoffsektor untersucht. Das Acetal des Glycerins mit Tridecanal ergibt eine ungewöhnlich hohe Cetanzahl von 71 und ist deshalb hervorragend als Dieselkraftstoff geeignet.

Die Strukturen der Acetale sind in ◘ Abb. 5.10 am Beispiel der Glycerinformale aus Glycerin und Formaldehyd dargestellt. Es bilden sich sowohl der Fünf- als auch der Sechsring; das Verhältnis beträgt ca. 60/40. Beide Moleküle besitzen noch eine freie Hydroxygruppe, die für weitere Folgereaktionen zur Verfügung steht. ◘ Abb. 5.10 zeigt beispielhaft die Veretherung mithilfe von Diethoxymethan.

Das farblose Glycerinformal ist bei pH-Werten oberhalb von 2,8 stabil. Es ist ein industrielles Produkt und wird als viskoses, hoch siedendes Lösungs- und Desinfektionsmittel (Sdp. 195 °C) bei medizinischen oder kosmetischen Anwendungen eingesetzt.

Das Verhältnis von Fünf- zu Sechsring kann in einigen Fällen durch die Reaktionsbedingungen gesteuert werden. Gl. 5.3 zeigt als Beispiel die Ketalisierung des Glycerins mit Aceton. Im Lösungsmittel Dichlormethan bei einer Reaktionstemperatur von 40 °C bildet sich fast ausschließlich der Fünfring.

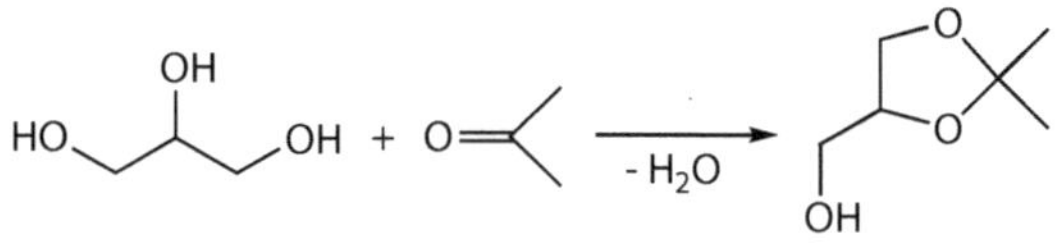

Gl. 5.3

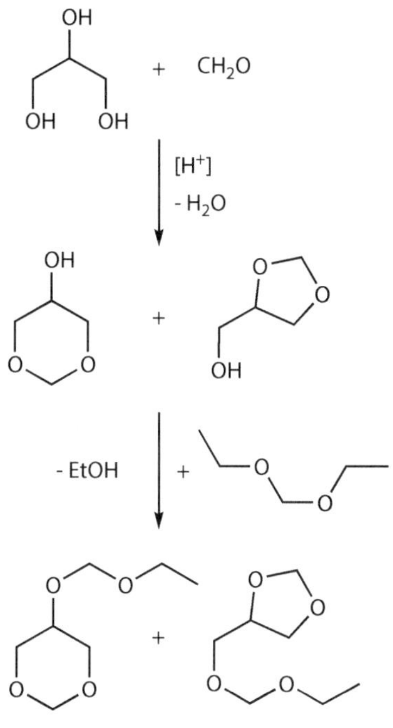

Abb. 5.10 Synthese von Glycerinformal und Folgereaktion mit Diethoxymethan

Als Katalysator muss eine Säure eingesetzt werden. Dabei finden sowohl homogene Säuren, wie p-Toluolsulfonsäure, als auch acide Heterogenkontakte wie z. B. Zeolithe oder saure Ionentauscher Verwendung. Bei einer neueren Variante der Glycerinacetalsynthese werden die Aldehydsynthese und die anschließende Acetalisierung dieses Aldehyds als Eintopfverfahren durchgeführt. Beispielsweise wird 1-Dodecen rhodiumkatalysiert zu Tridecanal hydroformyliert und dann das Tridecanal mit dem ebenfalls anwesenden Katalysator p-Toluolsulfonsäure im

gleichen Reaktor mit Glycerin acetalisiert. Dabei entsteht kinetisch kontrolliert zuerst das Fünfring-Acetal, das Dioxolan, das bei längerer Reaktionszeit thermodynamisch kontrolliert in das Sechsring-Acetal, das Dioxan, übergeht (■ Abb. 5.11).

5.5 Von Glycerin zu den Propandiolen

Die Diole 1,2-Propandiol (Propylenglykol) und 1,3-Propandiol werden weltweit in einer Menge von ca. 1,2 Mio. Tonnen pro Jahr hergestellt. Betrachten wir vorab die wichtigsten petrochemischen Syntheserouten (■ Abb. 5.12) sowie die Anwendungsfelder dieser beiden Diole:

- **1,2-Propandiol** wird petrochemisch durch Hydrolyse von Propylenoxid hergestellt. Verwendet wird es als Gefrierschutzmittel, Hydraulikflüssigkeit, Schmiermittel, Bremsflüssigkeit, Lösungsmittel für Farben und Lacke sowie in der Kosmetik und Lebensmittelindustrie. Außerdem ist es Ausgangskomponente für Emulgatoren und Weichmacher.
- Petrochemisch wird **1,3-Propandiol** auf zwei Wegen hergestellt: Im Shell-Prozess wird Ethen zum Ethylenoxid oxidiert, das dann mit Synthesegas zu 3-Hydroxypropanal hydroformyliert wird. Im Degussa-DuPont-Prozess wird Propen zum Acrolein oxidiert, das dann zu 3-Hydroxypropanal hydratisiert wird. In beiden Prozessen wird das 3-Hydroxypropanal im letzten Schritt zu 1,3-Propandiol hydriert. 1,3-Propandiol ist aufgrund seiner linearen

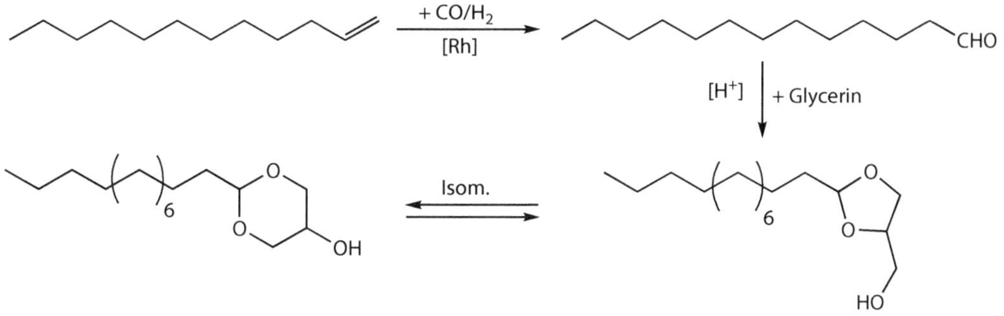

Abb. 5.11 Eintopf-Verfahren zur Synthese langkettiger Glycerinacetale

◻ Abb. 5.12   Alternative Syntheserouten zu den Propandiolen

Struktur hervorragend geeignet für die Herstellung von Polyestern, Polycarbonaten und Polyurethanen. Durch Umsetzung mit Terephthalsäure werden Polyesterfasern gebildet, die im Markt unter den Handelsnamen Sorona (DuPont) und Corterra (Shell) bekannt sind.

Um von Glycerin zu 1,2-Propandiol zu gelangen, muss eine primäre Hydroxygruppe des Glycerins entfernt werden. Die gelingt durch eine hydrierende Dehydratisierung, die entweder metall- oder biokatalysiert erfolgen kann. Für die Metallkatalyse können homogene oder heterogene Katalysatoren eingesetzt werden. Bei Einsatz heterogener Kupfer-, Cobalt- oder Mangankatalysatoren müssen meist hohe Wasserstoff-Drücke bis zu 250 bar und Temperaturen bis 300 °C angewendet werden. Bei diesen drastischen Bedingungen ist die Selektivität zu 1,2-Propandiol allerdings nur gering. Neuere Forschungsergebnisse, z. B. von Davy Process Technology, zeigen jedoch, dass mit heterogenen Kupferkatalysatoren bei niedrigem Wasserstoffdruck bis 20 bar gute Selektivitäten zum 1,2-Propandiol erzielt werden können.

Die Firmen Ashland Inc. und Cargill haben einen alternativen Weg beschritten: Sie haben eine Anlage zur biokatalytischen Dehydroxylierung des Glycerins zum „Bio-Propylenglykol" errichtet.

Intensive Bemühungen gibt es ebenfalls, um durch metallkatalysierte Hydrierungen von Glycerin zu 1,3-Propandiol zu gelangen. Allerdings gibt es hier bisher noch keine technische Lösung: Die Heterogenkatalysatoren haben oft eine hohe Aktivität, aber nur eine geringe Selektivität. Umgekehrt sind die homogenen Katalysatoren oftmals selektiver, aber nicht ausreichend aktiv. Der beste Weg scheint hier die biochemische Variante zu sein: Mit Bakterien der Gattungen *Clostridium, Enterobacter* oder *Citrobacter* gelingt es, enzymkatalysiert über die Zwischenstufe des 3-Hydroxypropanals zum 1,3-Propandiol zu gelangen. DuPont hat in den USA eine Anlage zur enzymatischen 1,3-Propandiol-Synthese errichtet. Diese nutzt derzeit als Rohstoff die kostengünstigere Glucose, kann aber auch mit Glycerin betrieben werden.

5.6 Von Glycerin zu Epichlorhydrin

In ◻ Abb. 5.2 (Route I) haben wir bereits gesehen, dass Glycerin synthetisch aus Epichlorhydrin hergestellt werden kann. Allerdings hat dieses Syntheseverfahren in den letzten Jahren sehr an Bedeutung verloren. Inzwischen hat sich die Marktsituation so stark verändert, dass es sogar Sinn macht, den umgekehrten Weg zu gehen, also Epichlorhydrin aus Glycerin herzustellen. Epichlorhydrin ist ein wertvolles Zwischenprodukt der Polymerchemie, denn es kann mit Bisphenol A zu linearen **Epoxidharzen** (engl. *epoxy resins*) umgesetzt werden. Nach Härtung der Epoxidharze mit Aminen entstehen Duromere, die als Gießharze in der Elektroindustrie sowie im

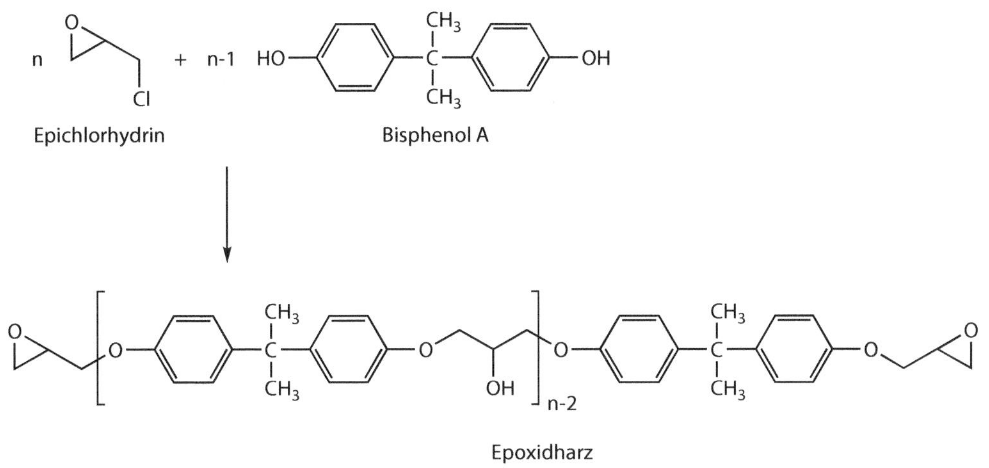

Epichlorhydrin   Bisphenol A

Epoxidharz

◘ Abb. 5.13 Verwendung des Epichlorhydrins bei der Herstellung von Epoxidharzen

Werkzeug- und Fahrzeugbau Verwendung finden (◘ Abb. 5.13).

Die Herstellung von Epichlorhydrin aus Glycerin verläuft zweistufig (Gl. 5.4):

- In der ersten Stufe wird Glycerin mit zwei Molen Chlorwasserstoff bei 110–120 °C zu 1,3-Dichlorpropanol umgesetzt. Als Katalysator wird Caprylsäure verwendet. Aufgrund der niedrigen Temperatur tritt im emaillierten Reaktor keine Korrosion auf.
- In der zweiten Stufe wird das Dichlorpropanol mit Natronlauge dechloriert. Dabei bildet sich als Koppelprodukt eine wässrige, stark kochsalzhaltige Phase, die bei der Natriumchlorid-Elektrolyse zur Chlorgewinnung eingesetzt werden kann.

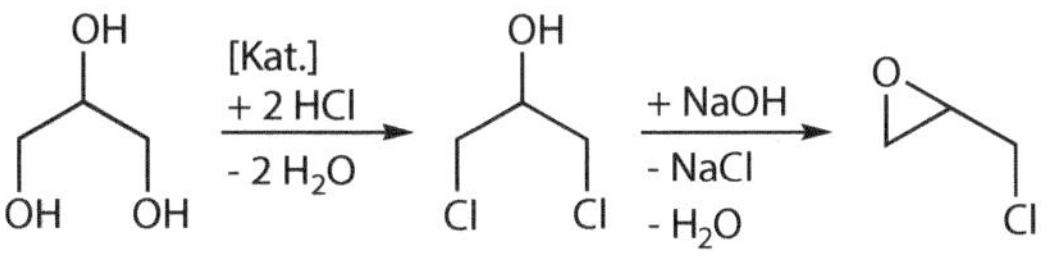

Gl. 5.4

Die Vorteile dieses neuen Epichlorhydrin-Verfahrens (im Vergleich zur Propen-Route in ◘ Abb. 5.2) sind offensichtlich:

- Statt HCl aus Chlor zu erzeugen, wird HCl verbraucht.
- Der Chlorverbrauch wird deutlich reduziert.

- Es fallen deutlich weniger salzhaltige Abfälle an.

So hat die Firma DowChemicals im Jahr 2010 eine Epichlorhydrin-Produktion auf Basis des Glycerins mit einer Kapazität von 150.000 t a^{-1} in Shanghai in Betrieb genommen.

5.7 Glycerin-Oxidation

Die Oxidation des Glycerins kann an der sekundären Hydroxygruppe (Route I in ◘ Abb. 5.14) oder an einer der primären Hydroxygruppen (Route II) erfolgen.

Wird die sekundäre Hydroxygruppe oxidiert, entsteht **Dihydroxyaceton** (DHA), das bisher ausschließlich fermentativ hergestellt wird. Als Bakterienstämme können z. B. *Acetobacter suboxydans* oder auch verschiedene Hefen eingesetzt werden. Ein Nachteil ist, dass DHA das Bakterienwachstum inhibiert und die Produktion bei einer DHA-Konzentration von 60 kg m^{-3} stehen bleibt. Die Aufarbeitung der sehr verdünnten Fermentationsbrühen ist recht komplex, sodass die Herstellkosten relativ hoch sind. Alternativ wurde eine elektrochemische Glycerinoxidation entwickelt, die aber auch unerwünschte Nebenprodukte, z. B. Hydroxybrenztraubensäure (◘ Abb. 5.14), liefert. Katalytische Varianten, u. a. mit Katalysatoren der Platingruppe sowie Goldkatalysatoren, werden derzeit

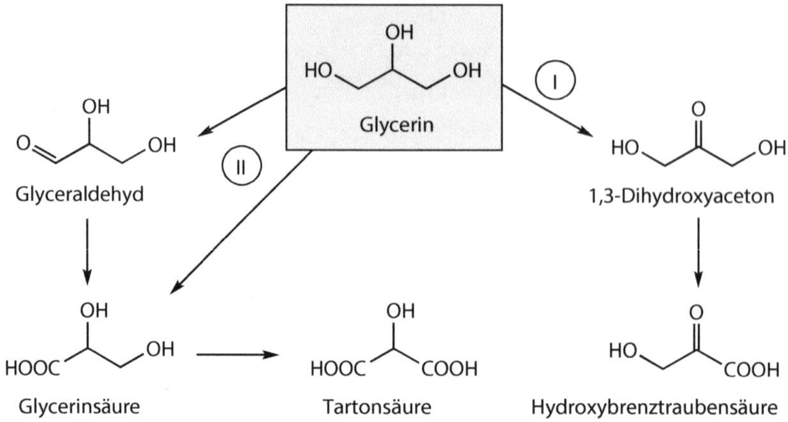

Abb. 5.14 Oxidationsprodukte des Glycerins

ebenfalls intensiv bearbeitet. Zum Beispiel berichtete R. M. Waymouth 2010, dass Glycerin in Gegenwart eines kationischen Palladiumkomplexes mit Luftsauerstoff mit einer Ausbeute von 73 % in DHA überführt werden kann. Dihydroxyaceton ist ein lohnenswertes Zielmolekül, denn es wird in der Kosmetik als Selbstbräunungsmittel eingesetzt. Der Weltmarkt für diese sehr spezielle Verwendung wird auf ca. 2000 Tonnen pro Jahr geschätzt.

Bei der Oxidation einer der primären Hydroxygruppen des Glycerins entsteht als erstes Glycerinaldehyd. Durch Weiteroxidation bilden sich **Glycerinsäure** (Dihydroxypropionsäure) und **Tartronsäure** (Hydroxymalonsäure). Wird die Oxidation noch weiter geführt, bilden sich schließlich unter C–C-Spaltung C_2- und C_1-Produkte. Glycerinsäure wird zur Herstellung von Textilweichmachern oder Emulgatoren eingesetzt, die Tartronsäure wird im medizinischen Bereich eingesetzt.

5.8 Dehydratisierung von Glycerin zu Acrolein

Acrolein wird petrochemisch durch katalytische Oxidation des Propens hergestellt. Acrolein ist eine toxische und auch potenziell explosive Substanz. Es wird direkt als Herbizid eingesetzt oder zur Produktion der Aminosäure Methionin (▶ Kap. 14) verwendet.

Ein Großteil des Acroleins wird aber zu **Acrylsäure** weiter oxidiert. Die Acrylsäure ist ein Großprodukt (Weltproduktion ca. 3,4 Mio. Tonnen pro Jahr), weil sie für die Herstellung von Polyacrylsäure und Polyacrylaten benötigt wird. Wie **Abb. 5.15** zeigt, kann Acrylsäure auch durch Propenoxidation in einem Schritt gebildet werden, allerdings mit geringerer Ausbeute.

Acrolein kann ebenfalls durch Dehydratisierung von Glycerin erhalten werden. Diese Reaktion kann in der Gas- oder in der Flüssigphase in Gegenwart

Abb. 5.15 Synthesewege zu Acrolein und zu Acrylsäure

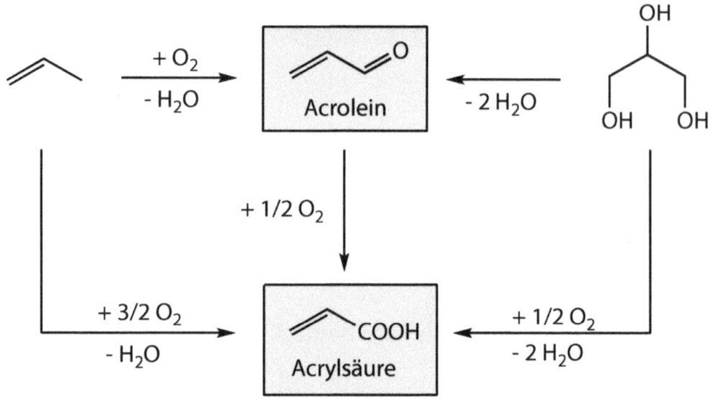

von Heterogenkatalysatoren durchgeführt werden. Typische Katalysatoren sind z. B. Nafion-Komposite, wolframdotierte Zirkoniumoxide (ZrO_2-WO_3) oder silicageträgerte Heteropolysäuren. Ebenfalls wird versucht, Glycerin direkt oxidativ zu Acrylsäure zu dehydratisieren.

In ▶ Abschn. 5.5 bei der Diskussion der Propandiole hatten wir bereits besprochen, dass man Glycerin fermentativ in 3-Hydroxypropanal überführen kann. Eine weitere Alternative für eine Acroleinsynthese besteht darin, dieses 3-Hydroxypropanal thermisch zum Acrolein zu dehydratisieren (Gl. 5.5).

$$\text{Gl. 5.5}$$

5.9 Von Glycerin zu Synthesegas

Bei den bisher vorgestellten Folgereaktionen des Glycerins war man stets bemüht, das C_3-Kohlenstoffgerüst des Ausgangsstoffes möglichst zu erhalten und nur die funktionellen Gruppen an diesem Gerüst zu variieren. Eine weitere Möglichkeit besteht aber darin, Glycerin einfach als eine Kohlenstoffquelle der Natur aufzufassen und durch Bindungsspaltung einen C_1-Baustein, das Kohlenmonoxid, sowie Wasserstoff zu erhalten. Ein solches Gemisch von Kohlenmonoxid und Wasserstoff nennt man Synthesegas (engl. *syngas*).

Synthesegas ist ein lohnenswertes Ziel für die Verwertung überschüssigen Glycerins, denn Synthesegas kann vielseitig eingesetzt werden:

- Synthesegas wird großtechnisch in *Methanol* überführt. Methanol hat eine umfangreiche Folgechemie und kann z. B. in Benzine, Alkene oder Aromaten umgewandelt werden. Methanol benötigt man auch zur Herstellung des Biodiesels. Ein mit „Bio-Methanol" hergestellter Fettsäuremethylester würde dann ausschließlich auf Basis nachwachsender Rohstoffe beruhen.
- In der Hydroformylierung wird Synthesegas mit Alkenen zu *Aldehyden* bzw. *Alkoholen* umgesetzt.

- Das Kohlenmonoxid im Synthesegas kann man auch katalytisch mit Wasser in Kohlendioxid überführen (Konvertierungsreaktion) und dieses dann abtrennen. Es verbleibt reiner *Wasserstoff*, der z. B. bei der Ammoniak-Produktion oder in Brennstoffzellen genutzt werden kann.
- Synthesegas kann auch in der *Fischer-Tropsch-Reaktion* katalytisch in *flüssige Kohlenwasserstoffe* überführt werden, die als Kraftstoffe genutzt werden können.

In ◘ Abb. 5.16 werden die wichtigsten Einsatzmöglichkeiten von Synthesegas noch einmal kurz zusammengefasst.

Die Umsetzung von Glycerin in Synthesegas wird als **Reforming** bezeichnet. Bei dieser Reaktion wird ein Glycerinmolekül in ein Wasserstoff-Kohlenmonoxid-Gemisch mit dem molaren Verhältnis 1,33:1 aufgespalten (Gl. 5.6).

$$C_3H_8O_3 \rightarrow 3\,CO + 4\,H_2 \qquad \text{Gl. 5.6}$$

Möchte man mehr (oder sogar ausschließlich) Wasserstoff erhalten, muss zusätzlich eine **Konvertierung** mit Wasser (Gl. 5.7) durchgeführt werden.

$$3\,CO + 3\,H_2O \rightarrow 3\,CO_2 + 3\,H_2 \qquad \text{Gl. 5.7}$$

Aus beiden Gleichungen Gl. 5.6 und 5.7 ergibt sich dann die Summengleichung Gl. 5.8. Insgesamt betrachtet wird nach dieser Gleichung Glycerin in Wasserstoff und Kohlendioxid überführt.

$$C_3H_8O_3 + 3\,H_2O \rightarrow 3\,CO_2 + 7\,H_2 \qquad \text{Gl. 5.8}$$

Derzeit existieren drei **Verfahrensvarianten**, um das Reforming von Glycerin in Synthesegas technisch durchzuführen:

- Reforming in der Dampfphase (engl. *steamreforming*)
- Reforming in der flüssigen Wasserphase (engl. *aqueous phase reforming*, APR)
- Reforming in überkritischem Wasser (engl. *supercritical water gasification*, SCWG)

Im **Steamreforming** wird Glycerin mit Wasserdampf in der Gasphase bei Normaldruck und

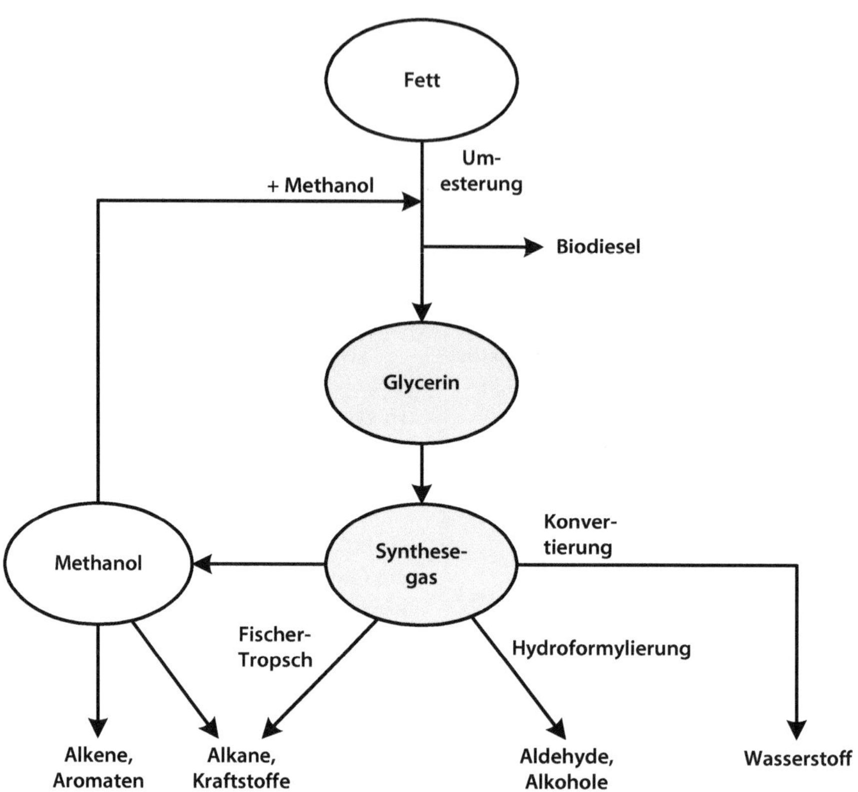

◘ **Abb. 5.16**   Verwendung von Synthesegas

Temperaturen zwischen 400 und 1000 °C in Synthesegas überführt. Typische Heterogenkatalysatoren sind Platin/Kohle oder Rhodium/Ceroxid. Mit den Platin-Katalysatoren werden besonders hohe Kohlenmonoxid-Ausbeuten erhalten. Nachteilig bei diesem Verfahren sind die relativ hohen Reaktionstemperaturen.

Im **APR-Verfahren** wird das Glycerin in der Flüssigphase gehalten. Dafür ist ein erhöhter Druck (20–40 bar) notwendig. Die Temperatur ist deutlich niedriger als beim Steamreforming und liegt abhängig vom Katalysator zwischen 125 und 250 °C. Typische Heterogenkatalysatoren beruhen auf den Metallen Platin oder Palladium; ebenfalls werden Nickel-Zinn-Legierungen eingesetzt. Auch der Katalysatorträger ist von großer Bedeutung: Die Bildung von Wasserstoff wird durch neutrale oder basische Träger, z. B. Aluminiumoxide, bevorzugt.

Im **SCWG-Verfahren** wird Glycerin in überkritischem Wasser in Synthesegas aufgespalten. Wenn sehr verdünnte Lösungen (<2 %) eingesetzt werden, verläuft diese Reaktion bereit ohne Katalysatorzusatz. Bei höher konzentrierten (5–17 %) Ausgangsgemischen muss ein Katalysator zugesetzt werden, z. B. ein Rutheniumkatalysator mit 3 % Ruthenium auf einem Titandioxidträger. Bei Temperaturen von 700 °C können Glycerin-Umsätze von bis zu 90 % erhalten werden. Allerdings ist das Arbeiten in überkritischem Wasser technisch nicht ganz einfach: Es muss mit starken Korrosionsproblemen gerechnet werden.

Derzeit wird daran gearbeitet, das APR-Verfahren in den technischen Maßstab zu überführen. Die Firma Virent Energy Systems, die ihren APR-Prozess „BioForming" genannt hat, kooperiert auf diesem Gebiet mit den Großfirmen Shell, Cargill und Honda.

Zusammenfassung *(Take-Home Messages)*

- **Glycerin** ist eine polare, hoch viskose und hoch siedende Flüssigkeit. Sie ist untoxisch und stark hygroskopisch.
- Für die **Reinigung** des Glycerins können verschiedene Operationen, wie z. B. das Eindampfen, das Vorreinigen durch Koagulation, die Rektifikation, der Ionentausch und das Bleichen (durch Adsorption an A-Kohle) miteinander kombiniert werden. Der Ionentausch ist energetisch günstiger als die Rektifikation. Im Ionentauscher können jedoch keine stark salzhaltigen Glycerinlaugen aus der Fettverseifung verarbeitet werden.
- Glycerin kann auch **synthetisch** aus Propen hergestellt werden. Die beiden Syntheserouten über Allylchlorid oder Allylalkohol haben heute keine große Bedeutung mehr.
- Für Glycerin gibt es seit Langem zahlreiche **direkte Verwendungen**, z. B. in pharmazeutischen Produkten, in Kosmetika, als Feuchthaltemittel in Tabak, als Süßstoff in der Lebensmittelindustrie oder als Weichmacher in regenerierter Cellulose.
- Auch einige **technische Anwendungen** des Glycerins werden bereits seit Jahrzehnten praktiziert, z. B. die Verwendung als vernetzendes Polyol in Polyurethanschäumen oder Alkydharzen.
- Die zur Verfügung stehende **Glycerinmenge** ist durch die Biodieselproduktion in den letzten Jahren stark angestiegen; entsprechend ist der **Glycerinpreis** gefallen. Dies macht Glycerin interessant für neue Anwendungen und neue Folgeprodukte.
- Wichtige Glycerinderivate sind die **Glycerinester**. Hervorzuheben sind Glycerintrinitrat, die Acetine, die Mono- und Diglyceride sowie Triglyceride mit einer speziellen Verteilung der Fettsäuren.
- Zu den **Glycerinethern** gehören die Oligoglycerine, die hoch verzweigten Polyglycerine, die durch Umsetzung mit Isobuten erhaltenen Glycerintertiärbutylether und die durch katalytische Telomerisation zugänglichen Glycerinoctadienylether.
- Die **Oligoglycerine** werden zu Oligoglycerinestern weiter verarbeitet, die in der Kosmetik als nichtionische Tenside eingesetzt werden.
- Die **Glycerintertiärbutylether** werden als Dieseladditive, die den Feinstaubgehalt herabsetzen, und als Benzinadditive, die die Octanzahl erhöhen, diskutiert.
- Die **Glycerinoctadienylether** können nach Hydrierung als Emulgatoren oder Tenside verwendet werden. Die **Glycerinacetale und -ketale** werden durch Reaktion mit Aldehyden, wie z. B. Formaldehyd, oder Ketonen, wie z. B. Aceton, hergestellt. Sie werden als Lösungsmittel oder Riechstoffe eingesetzt und können als Dieseladditive Verwendung finden.
- Glycerin kann katalytisch zu den **Propandiolen**, 1,2-Propandiol und 1,3-Propandiol, dehydroxyliert werden. Besonders aussichtsreich sind dabei die biokatalytischen Verfahren.
- Glycerin kann mit Chlorwasserstoff zu Dichlorpropanol reagieren, das mit Natronlauge in **Epichlorhydrin** überführt wird. Dies ist eine Umkehrung des alten Glycerin-Syntheseverfahrens aus Propen über Allylchlorid und Epichlorhydrin. Epichlorhydrin ist für die Synthese der Epoxidharze von großer Bedeutung.
- Bei der **Glycerinoxidation** ist insbesondere die Oxidation der sekundären Hydroxygruppe von Interesse: Es entsteht das Dihydroxyaceton, das als Selbstbräunungsmittel in der Kosmetik eingesetzt wird. Durch Oxidation einer primären Hydroxygruppe können katalytisch

Glycerinaldehyd, Glycerinsäure und Tartronsäure gebildet werden.

- Durch katalytische Dehydratisierung des Glycerins entsteht **Acrolein**, das weiter zu **Acrylsäure** oxidiert werden kann. Acrylsäure ist für die Synthese von Polyacrylsäure und Polyacrylaten von großer Bedeutung.

- Glycerin kann auch zu **Synthesegas**, einem Gemisch von Kohlenmonoxid und Wasserstoff, gespalten werden. Untersucht werden derzeit drei Verfahrensvarianten, bei denen die Spaltung in der Gasphase, in der Flüssigphase oder im überkritischen Wasser erfolgt. Synthesegas ist deshalb ein interessantes Folgeprodukt, da es relativ einfach in zahlreiche Basischemikalien der industriellen Chemie, z. B. in Methanol, Alkene, Alkane, Aromaten, Aldehyde oder Alkohole überführt werden kann. Außerdem kann das Synthesegas durch Konvertierung in Kohlendioxid und Wasserstoff überführt werden. Diese Kombination von Reforming und Konvertierung ist eine interessante Quelle für reinen, sauerstofffreien **Wasserstoff**, der z. B. in Brennstoffzellen eingesetzt werden kann.

? Zehn Quickies zu ▸ Kap. 5

1. Wie groß ist ungefähr der Gewichtsanteil des Glycerins in Soja-, Sonnenblumen- oder neuem Rapsöl?
2. Beschreiben Sie die Mischbarkeit von Glycerin mit anderen Lösungsmitteln!
3. In welchen Apparaten können Sie Glycerin destillieren?
4. Was ist „koscheres" Glycerin?
5. Wie wird Glycerintrinitrat hergestellt?
6. Wie verläuft die Synthese von Triacetin?
7. Wie stellt man Glycerincarbonat technisch her? Welches Molekül entsteht bei seiner Spaltung?
8. Wie gelingt es bei dem Verfahren zur Synthese der Glycerintertiärbutylether (GTBE) aus Glycerin und Isobuten,

dass aus der Anlage ausschließlich die gewünschten höheren GTBE entnommen werden können?
9. Welche Stoffe setzen Sie für die Eintopf-Synthese langkettiger Glycerinacetale in einem Druckreaktor ein?
10. Warum ist eine wirtschaftliche Synthese von 1,3-Propandiol aus Glycerin von großem Interesse?

▪ ▪ … und zur Belohnung noch ein Fußballer-Zitat:

» Wir sind heute mit aufgehobenen Köpfen wieder rausgegangen.
(Youri Mulder)

Weiterführende Literatur

Monographien und Übersichtsartikel

Pagliaro M (2017) Glycerol – The renewable platform chemical. Elsevier Ltd., Amsterdam

Ciriminna R, Pagliaro M (2016) Sustainable production of glycerol. In: Encyclopedia of inorganic and bioinorganic chemistry. John Wiley & Sons, Ltd, Hoboken

Ye XP, Ren S (2014) Value-added chemicals from glycerol, ACS symposium series Vol. 1178. Am Chem Soc Chapt 3:43–80

Ciriminna R, Della Pinna C, Rossi M, Pagliaro M (2014) Understanding the glycerol market. Eur J Lipid Sci Technol 116:1432–1439

Quispe CAG, Coronado CJR, Carvalho Jr JA (2013) Glycerol: production, consumption, prices, characterization and new trends in combustion. Renew Sust Energ Rev 27:475–493

De Santos Silva M, Cost Ferreira P (Hrsg) (2012) Glycerol – production, structure and applications. Nova Science, New York

Behr A, Pérez Gomes J (2010) The refinement of renewable resources: new important derivatives of fatty acids and glycerol. Eur J Lipid Sci Technol 112:31–50

Pagliaro M, Rossi M (2008) The future of glycerol. RSC Publishing, Cambridge

Zhou C-H, Beltramini JN, Fan Y-X, Lu GQ (2008) Chemoselective catalytic conversion of glycerol as a biorenewable source to valuable commodity chemicals. Chem Soc Rev 37:527–549

Originalstellen

Behr A, Kleyensteiber A, Domke L (2016) Herstellung von Glycerin-tert-butylethern – Entwicklung vom Labor bis zur Miniplant. Chem Ing Tech 88:1082–1094

Weiterführende Literatur

Behr A, Irawadi KA (2015) Glycerin-Oxidation mit magnetisch abtrennbaren Nanokatalysatoren. Chem Ing Tech 87:1726–1732

Martin A, Richter M (2011) Oligomerization of glycerol – a critical review. Eur J Lipid Sci Technol 113:100–117

Neubert L, Paetzold E, Fischer C, Kempers P, Schörken U, Schümann U, Sadlowski T, Beller M, Kragl U (2011) Acetale als neuartige Kraftstoffadditive aus Glycerin und Olefinen. Chem Ing Tech 83:322–330

Armbruster U, Atia H, Martin A (2010) Dehydratisierung von Glycerin zu Acrolein in der Gasphase an geträgerten Heteropolysäure-Katalysatoren. Chem Ing Tech 82: 1203–1210

Behr A, Leschinski J, Awungacha C, Simic S, Knoth T (2009) Telomerization of butadiene with glycerol: Reaction control through process engineering. Solvents, and Additives, ChemSusChem 2:71–76

Behr A, Leschinski J, Prinz A, Stoffers M (2009) Continuous reactive extraction for selective telomerisation of butadiene with glycerol in a miniplant. Chem Eng Process 48:1140–1145

Hutchings GJ et al (2009) Oxidation of glycerol to glycolate by using supported gold and palladium nanoparticles. ChemSusChem 2:1145–1151

Suprun W, Lutecki M, Haber T, Papp H (2009) Acidic catalysts for the dehydration of glycerol. J Mol Catal A: Chem 309:71–78

Behr A, Eilting J, Irawadi K, Leschinski J, Lindner F (2008) Improved utilization of renewable resources: New important derivatives of glycerol. Green Chem 10:13–30

Zheng Y, Chen X, Shen Y (2008) Commodity chemicals derived from glycerol, an important biorefinery feedstock. Chem Rev 108:5253–5277

Behr A, Eilting J, Irawadi K, Leschinski J, Lindner F (2008) New chemical products on the basis of glycerol. Chimica Oggi/ Chemistry Today 26:32–36

Willke T, Vorlop K (2008) Biotransformation of glycerol into 1,3-propanediol. Eur J Lipid Sci Technol 110:831–840

Barrault J, Jerome F (2008) Design of new solid catalysts for the selective conversion of glycerol. Eur J Lipid Sci Technol 110:825–830

Richter M, Eckelt R, Krisnandi YK, Martin A (2008) Verfahren zur selektiven Herstellung von linearem Diglycerin. Chem Ing Tech 80:1573–1577

Weckhuysen BM et al (2008) Glycerol etherification. Chem Eur J 14:2016–2024

Gottmann C (1979) Michel Eugène Chevreul. Chem Unserer Zeit 13:176–183

KOHLENHYDRATE

Süße Chemie

Mono- und Disaccharide

© Springer-Verlag GmbH Deutschland 2018
A. Behr, T. Seidensticker, *Einführung in die Chemie nachwachsender Rohstoffe*,
https://doi.org/10.1007/978-3-662-55255-1_6

Kapitelfahrplan
- Eine Einführung in die Stoffklasse der Kohlenhydrate wird gegeben.
- Sie lernen die wichtigsten Monosaccharide kennen, ihre Gewinnung und ihre Verarbeitung. Ein Hauptaugenmerk liegt auf den zukünftigen Möglichkeiten der Glucosechemie.
- Wir besprechen die Zuckergewinnung aus Rohr- und Rübenzucker sowie die Überführung der Saccharose in zahlreiche Folgeprodukte, z. B. durch Hydrolyse, Oxidation oder Biotransformation.

6.1   Einführung in die Kohlenhydrate

Zu den Kohlenhydraten gehören zahlreiche nachwachsende Rohstoffe, die in der Natur sehr unterschiedlich auftreten, z. B. der Zucker in der Zuckerrübe, die Cellulose im Holz oder die Stärke in der Kartoffel. Wie wir in den kommenden Kapiteln sehen werden, sind sie aber alle strukturell sehr ähnlich aufgebaut und gehören deshalb zu Recht in *eine* Stoffklasse. Schon Mitte des 19. Jahrhunderts hat man diese Zusammenhänge erkannt und eine gemeinsame Bezeichnung gesucht. Man hatte festgestellt, dass diese Verbindungen aus den Elementen Kohlenstoff, Wasserstoff und Sauerstoff im molaren Verhältnis 1:2:1 zusammengesetzt sind, also die ganz allgemeine Summenformel $C_nH_{2n}O_n$ besitzen. Diese Summenformel kann man auch etwas anders schreiben: $C_n(H_2O)_n$. Man vermutete daraufhin, dass diese Verbindungen aus Kohlenstoff und Wasser zusammengesetzt sind, und nannte sie deshalb Kohlenhydrate (engl. *carbohydrates*). Heute weiß man, dass diese Verbindungen auch Stickstoff oder Schwefel enthalten können und dass die Vorstellung, Kohlenstoff und Wasser seien miteinander verknüpft, etwas zu einfach war. Der Name Kohlenhydrate ist aber geblieben.

Generell kann man die Kohlenhydrate in niedermolekulare Verbindungen, die **Zucker** (griech. *saccharon*), und in hochmolekulare Verbindungen, die **Polysaccharide**, unterteilen. Die Zucker werden wir in ▶ Kap. 6, die Polysaccharide in ▶ Kap. 7 bis ▶ Kap. 10 kennen lernen. Die Zucker lassen sich

ihrerseits wieder unterscheiden in *Mono-* und *Oligosaccharide*. Die Oligosaccharide bestehen aus mehreren Monosacchariden, also z. B. aus zwei (Disaccharide) oder drei (Trisaccharide) oder mehr Monosaccharid-Einheiten.

Die allereinfachsten Monosaccharide haben wir bereits ▶ Kap. 5 kennengelernt: Glycerinaldehyd und 1,3-Dihydroxyaceton (◘ Abb. 5.14), die durch Oxidation von Glycerin hergestellt werden können. Sie sind beide sozusagen die „Stammväter" der Kohlenhydratchemie und haben die Summenformel $C_3O_3H_6$. Da sie der oben aufgeführten allgemeinen Summenformel mit $n = 3$ entsprechen, nennt man sie auch *Triosen*. Die wichtigsten Monosaccharide sind Verbindungen aus drei (**Triosen**), vier (**Tetrosen**), fünf (**Pentosen**) oder sechs (*Hexosen*) C-Atomen. Ein Monosaccharid mit Ketogruppe, also z. B. das Dihydroxyaceton, wird auch als **Ketose** bezeichnet, ein Monosaccharid mit Aldehydfunktion, also z. B. der Glycerinaldehyd, auch als **Aldose**. Man kann auch beide Einstufungskriterien miteinander verbinden und nennt dann den Glycerinaldehyd eine Aldotriose und das 1,3-Dihydroxyaceton eine Ketotriose. Allgemein formuliert sind Monosaccharide aliphatische Aldehyde und Ketone mit Kettenlangen zwischen C_3 und C_6, die zusätzlich noch zahlreiche Hydroxygruppen aufweisen.

Schon an der einfachsten Aldose, dem Glycerinaldehyd, erkennt man eine weitere Eigenschaft der Saccharide: Sie enthalten alle (bis auf Dihydroxyaceton) mindestens ein, in der Regel aber mehrere chirale Kohlenstoffatome. In Glycerinaldehyd (Gl. 6.1) ist das mittlere C-Atom chiral und bildet deshalb zwei Stereoisomere, D-Glycerinaldehyd und L-Glycerinaldehyd. Beide sind **Enantiomere**, verhalten sich also zueinander wie Bild und Spiegelbild.

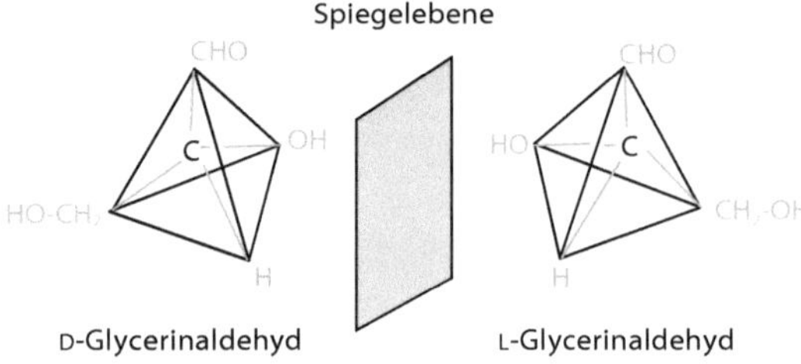

Gl. 6.1

Geht man von den Triosen weiter zu den Tetrosen, Pentosen etc., kommt jeweils ein weiteres asymmetrisches Kohlenstoffatom hinzu. Man hat sich darauf geeinigt, die Bezeichnung D- oder L-Form jeweils auf *das* asymmetrische C-Atom des Monosaccharids zu beziehen, das sich am weitesten entfernt von der C=O-Gruppe befindet.

In ◘ Tab. 6.1 sind beispielhaft einige Aldosen und Ketosen mit unterschiedlicher C-Zahl jeweils in ihrer D-Form aufgeführt. Bitte beachten Sie, dass die aufgeführten Monosaccharide nur Beispiele sind: Bei den D-Aldosen gibt es zwei Tetrosen, vier Pentosen und acht Hexosen, weil die Hydroxygruppe der zur Kettenverlängerung hinzukommenden H–C–OH-Gruppe jeweils entweder rechts- oder linksständig sein kann. Bei den D-Ketosen gibt es nur eine Tetrose, zwei

◘ **Tab. 6.1** Beispiele für Aldosen und Ketosen

	Aldosen	Ketosen
Triose C_3	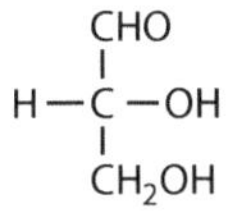 CHO $H-C-OH$ CH_2OH D-Glycerinaldehyd	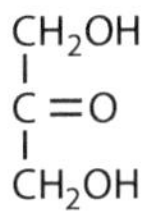 CH_2OH $C=O$ CH_2OH Dihydroxyaceton
Tetrose C_4	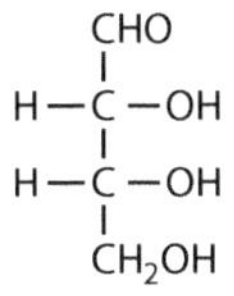 CHO $H-C-OH$ $H-C-OH$ CH_2OH D-Erythrose	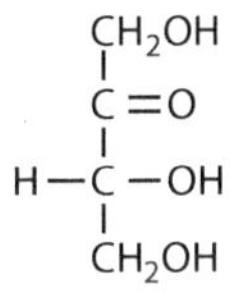 CH_2OH $C=O$ $H-C-OH$ CH_2OH D-Erythrulose
Pentose C_5	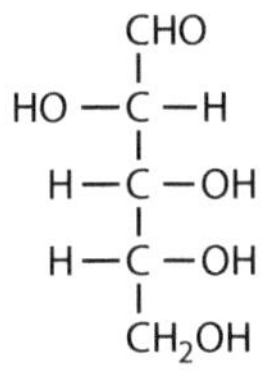 CHO $HO-C-H$ $H-C-OH$ $H-C-OH$ CH_2OH D-Arabinose	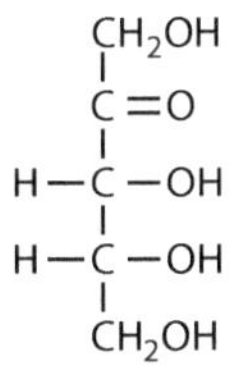 CH_2OH $C=O$ $H-C-OH$ $H-C-OH$ CH_2OH D-Ribulose
Hexose C_6	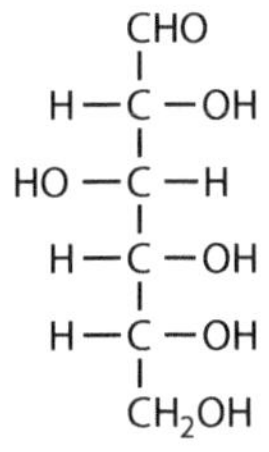 CHO $H-C-OH$ $HO-C-H$ $H-C-OH$ $H-C-OH$ CH_2OH D-Glucose	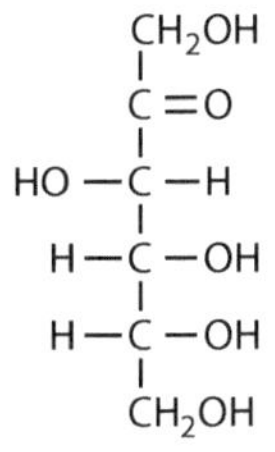 CH_2OH $C=O$ $HO-C-H$ $H-C-OH$ $H-C-OH$ CH_2OH D-Fructose

Pentosen und vier Hexosen. ◼ Tab. 6.1 enthält die beiden technisch sehr bedeutsamen Hexosen D-Glucose – eine Aldohexose – und D-Fructose – eine Ketohexose.

Die Komplexität der Kohlenhydrate ist damit aber noch nicht beendet: Die Aldehydgruppe der Aldosen ist in der Lage, mit einer ihrer eigenen Hydroxygruppen (intramolekular) eine Verbindung einzugehen: Aus Aldehyd und Alkohol bildet sich reversibel ein **Halbacetal** (Gl. 6.2).

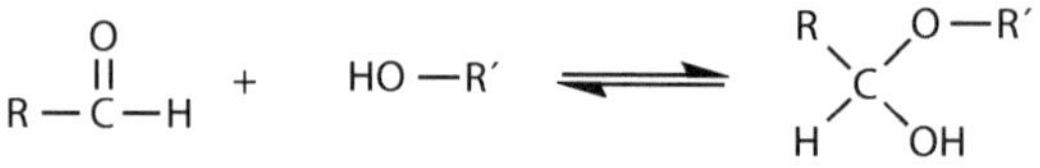

$$\underset{R-C-H}{\overset{O}{\parallel}} \ + \ HO-R' \ \rightleftharpoons \ \underset{H}{\overset{R}{\diagup}}\overset{O-R'}{\underset{OH}{C}}$$

Gl. 6.2

Bei dieser intramolekularen Verknüpfung der Aldosen zum Halbacetal bildet sich zwangsläufig eine Ringverbindung. Je nachdem, welche Hydroxygruppe reagiert, entstehen Sechsringe (**Pyranosen**) oder Fünfringe (**Furanosen**). Am Beispiel der Aldohexose D-Glucose (◼ Tab. 6.1) ist diese Ringbildung in ◼ Abb. 6.1 genauer beschrieben: Die Aldehydgruppe am C-Atom 1 der D-Glucose reagiert hier mit der Hydroxygruppe am C-Atom 5 unter Bildung des Sechsrings. Allerdings gibt es hier schon wieder zwei Möglichkeiten: Im Ringmolekül, der D-Glucopyranose, kann die neu gebildete OH-Gruppe des Halbacetals entweder unterhalb oder oberhalb des Ringes angeordnet sein. Steht die OH-Gruppe unterhalb, spricht man von der α-D-Glucopyranose; steht die OH-Gruppe oberhalb des Ringes, handelt es sich um die β-D-Glucopyranose. Beide Moleküle, die sich nur am chiralen C-Atom 1 unterscheiden, nennt man

Anomere. Die vereinfachte Darstellung der Ringmoleküle in ◼ Abb. 6.1 ist die Haworth-Projektion: Die Ringe werden als Ebene gezeichnet, die C-Atome an den Ecken der Ringe werden weggelassen, verstärkte Linien sind dem Betrachter am nächsten. In Wirklichkeit kann der Sechsring der Pyranosen zwei Konformationen bilden, die Sessel- und die Wannenform, die man auch vom Cyclohexanring her kennt.

Genauso wie die Aldosen Halbacetale bilden können, bilden Ketosen **Halbketale** (Gl. 6.3).

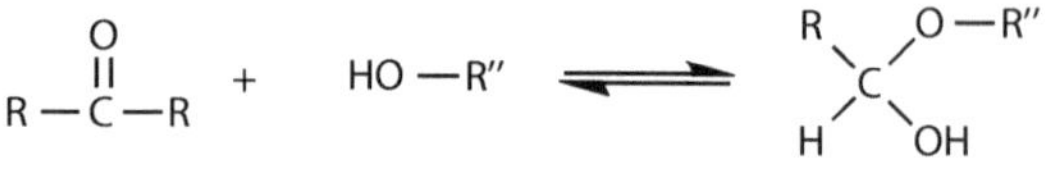

$$\underset{R-C-R}{\overset{O}{\parallel}} \ + \ HO-R'' \ \rightleftharpoons \ \underset{H}{\overset{R}{\diagup}}\overset{O-R''}{\underset{OH}{C}}$$

Gl. 6.3

Am Beispiel der Ketohexose D-Fructose (◼ Tab. 6.1) wollen wir uns die Verknüpfung zu Halbketalen und die Bildung von Fünfringen, den Furanosen, näher ansehen (◼ Abb. 6.2). Wieder bilden sich zwei Anomere, die α-D-Fructofuranose, deren OH-Gruppe am C-Atom 2 nach unten zeigt, und die β-D-Fructofuranose, deren OH-Gruppe am C-Atom 2 oberhalb des Fünfringes angeordnet ist.

Die Monosaccharide können nicht nur intramolekular Verknüpfungen eingehen, sondern auch intermolekular. Aus einer Glucose- und einer Fructose-Einheit entsteht z. B. das Disaccharid *Saccharose*, der uns allen bestens bekannte Rohr- oder Rübenzucker. Durch Verknüpfung zahlreicher Glucose-Einheiten zu langen polymeren, linearen oder verzweigten Ketten, entstehen *Cellulose* oder *Stärke*, die zu den Polysacchariden zählen.

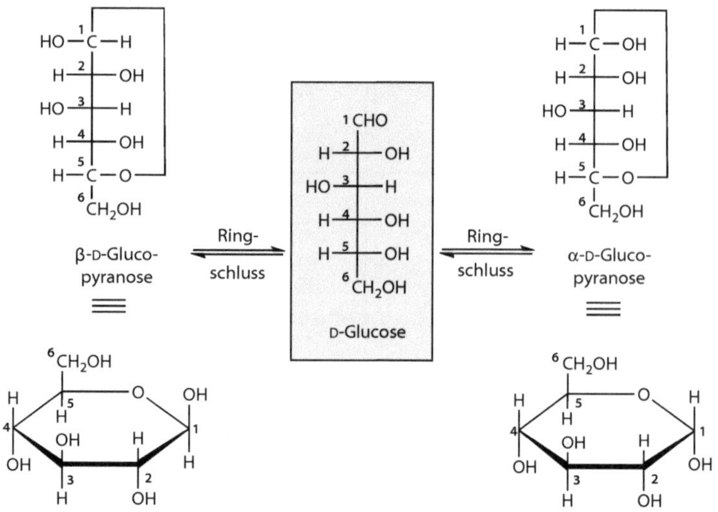

◼ **Abb. 6.1**   Ringschluss der offenkettigen D-Glucose zu den beiden D-Glucopyranosen

Exkurs: Die Entdeckung der Kohlenhydrate und der „Zuckerpapst" Emil Fischer

- **Zuckerrohr** wurde bereits in prähistorischen Zeiten angebaut. Um 6000 v. u. Z. gelangte das Zuckerrohr nach China und Indien, wo auch erste Techniken zum Auspressen der Pflanzen und zur Eindickung des Saftes entwickelt wurden. Erst um 700 n. u. Z. gelangte der Zucker in den Mittelmeerraum, und im Verlauf der Kreuzzüge – als Luxusartikel – nach Europa. Nach der Entdeckung Amerikas wurde das Zuckerrohr in Plantagen auf den „westindischen Inseln", also in der Karibik, angepflanzt und in größeren Mengen auch nach Europa exportiert.
- 1747 entdeckte der Berliner Chemiker Andreas Sigismund Marggraf den Zucker auch in der Runkelrübe und stellte fest, dass dieser **Rübenzucker** identisch war mit dem Rohrzucker. 1802 wurde die erste Rübenzuckerfabrik in Cunern/Schlesien in Betrieb genommen.
- **Stärke** wurde bereits 4000 v. u. Z. von den Ägyptern als Klebstoff für Papyrus verwendet. Der römische Schriftsteller Cato der Ältere hat uns ein genaues Rezept hinterlassen, wie man durch Quellen von Getreidekörnern in kaltem Wasser und nach Abtrennen der Schalen eine milchige Suspension von Stärke erhalten kann, die nach Trocknung ein weißes Stärkepulver ergibt. Erst 1811 konnte C. Kirchhoff zeigen, dass durch saure Hydrolyse der Stärke Glucose entsteht, dass also die Stärke aus verknüpften Monosaccharid-Einheiten aufgebaut ist.
- Bei der **Cellulose** verlief die Entwicklung sehr ähnlich: Schon seit ältesten Zeiten wurde sie in Form von Baumwolle oder Leinen zur Bekleidung benutzt und später auch zu Papier verarbeitet. 1837 isolierte der Franzose A. Payen Cellulose aus Pflanzenzellen. Auch ihre saure Hydrolyse führt zum Baustein Glucose.
- **Glucose** wurde 1792 durch J. T. Lowitz in Weintrauben entdeckt und deshalb als „Traubenzucker" bezeichnet. Dumas prägte 1838 den Namen „Glucose".
- **Fructose** wurde 1847 von Dubrunfaut bei der Hydrolyse des Rohrzuckers entdeckt. Sie findet sich in der Natur in zahlreichen Früchten, z. B. in Äpfeln und Pflaumen, sowie im Honig. Wegen ihres häufigen Vorkommens in Früchten wird Fructose auch als „Fruchtzucker" bezeichnet.
- Die systematische Aufklärung der Kohlenhydrate begann Ende des 19. Jh. durch den „Zuckerpapst" *Emil Fischer* (1852–1919). Er war Professor für Organische Chemie an den Universitäten Erlangen, Würzburg und Berlin und erhielt 1902 für seine Arbeiten den Nobelpreis für Chemie. 1890 klärte er die genauen Strukturen von Traubenzucker und Fruchtzucker auf und stellte in den folgenden zehn Jahren die „Zuckerfamilien" auf, die wir bereits in ◼ Tab. 6.1 kennen gelernt haben.

◼ Abb. 6.2 Ringschluss der offenkettigen D-Fructose zu den beiden D-Fructofuranosen

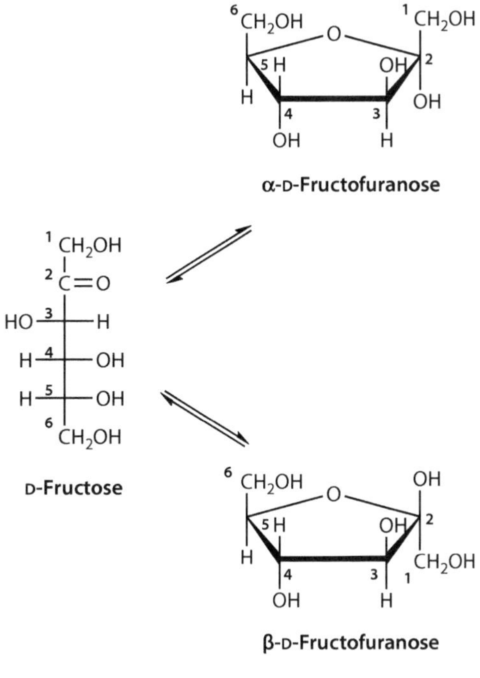

Aufgrund der vielen Variationsmöglichkeiten ist die Zuckerchemie sehr umfangreich und ein eigenständiges Teilgebiet der organischen Chemie. Wir werden in den folgenden Kapiteln ausschließlich die industriell bedeutsamen Vertreter der Kohlenhydrate besprechen.

6.2   Monosaccharide

Die beiden wichtigsten Monosaccharide, Glucose und Fructose, wurden bereits kurz im einleitenden Text von ▶ Abschn. 6.1 vorgestellt. Zusammen mit den beiden weiteren Hexosen D-Mannose und D-Galactose werden sie im Folgenden noch einmal genauer betrachtet:

- D-**Glucose** (Traubenzucker, Dextrose) ist ein weißer Feststoff (Formeln siehe ◘ Abb. 6.1). Ihre wasserfreien Kristalle schmelzen bei 146 °C unter Zersetzung. Die Süßkraft der Glucose ist nur halb so groß wie die der Saccharose. Man kann aber die Glucose enzymatisch teilweise in Fructose umwandeln und erhält dann ein Gemisch („Isosirup") mit der gleichen Süßkraft wie Saccharose.
  Die technische Gewinnungder D-Glucose erfolgt durch Hydrolyse von Kartoffel- oder Maisstärke (▶ Kap. 8). Aus einer Tonne Mais können ca. 590 kg Glucose gewonnen werden. Für die Zukunft plant man, Glucose kostengünstiger aus Holz-Cellulose zu gewinnen. Die Verwendung der D-Glucose ist sehr vielseitig: Sie wird als schnell wirkendes Stärkungsmittel („Dextropur") eingesetzt oder in der Medizin als 5–50 %ige Lösung bei Entzündungen oder Erschöpfungszuständen sowie zur parenteralen Ernährung verwendet. Chemisch und biochemisch lässt sich Glucose in viele wichtige Folgeprodukte überführen und gilt deshalb als ein wichtiger Baustein einer zukünftigen Chemie auf Basis nachwachsender Rohstoffe.
- D-**Fructose** (Fruchtzucker; Formeln siehe ◘ Abb. 6.2) kommt in freier Form in zahlreichen Früchten und gebunden in vielen Di-, Oligo- und Polysacchariden vor. Sie bildet sehr süß schmeckende Kristalle mit einem Schmelzpunkt von 106 °C (unter Zersetzung).
- Die Gewinnung der D-Fructose kann durch Spaltung der Saccharose mithilfe des Enzyms Invertase erfolgen oder durch die bereits oben beschriebene Umwandlung der Glucose in Fructose mithilfe eines Isomerase-Enzyms. Ebenfalls gewinnt man Fructose aus **Inulin**, das z. B. in Dahlienknollen, Artischocken und Topinamburknolle vorkommt. Inulin ist ein Polyfructosan aus ca. 30 miteinander verknüpften Fructose-Einheiten sowie einem Glucosemolekül zum Kettenabschluss (◘ Abb. 6.3). Die Spaltung des Inulins zur Fructose erfolgt säurekatalytisch oder mithilfe des Enzyms Inulase.

Die wichtigste Verwendung der Fructose beruht auf ihrer Süßkraft. Ähnlich wie Glucose kann sie aber auch chemisch oder enzymatisch umgewandelt werden.

- D-**Mannose** kommt als Kohlenhydratbaustein in den Mannanen vor, z. B. in der Steinnuss, im Guarkernmehl, in Luzernenkernen oder im Samen des Johannisbrotbaums. Sie bildet bevorzugt den Pyranosering (◘ Abb. 6.4) und schmilzt bei 133 °C.
- D-**Galactose** (◘ Abb. 6.4) bildet wasserfreie Kristalle, die bei 167 °C schmelzen. Sie ist ein Bestandteil des Milchzuckers (Lactose, siehe Disaccharide, ▶ Abschn. 6.3) und wird daraus durch Hydrolyse hergestellt. Man findet sie aber auch in Guarkernmehl, Galactanen und *Gummi arabicum*.

Die Monosaccharide können zahlreiche Reaktionen eingehen. Im Folgenden werden kurz die wichtigsten fermentativen (▶ Abschn. 6.2.1) und chemischen Umsetzungen (▶ Abschn. 6.2.2) vorgestellt.

6.2.1   Fermentative Umsetzungen

In den letzten Jahren sind die fermentativen Umwandlungen der Monosaccharide, insbesondere der gut verfügbaren Glucose, intensiv untersucht

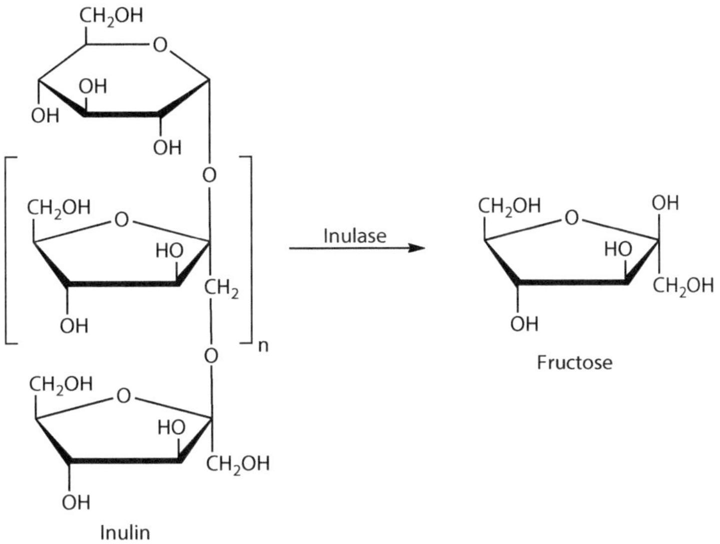

Abb. 6.3 Gewinnung von Fructose aus Inulin

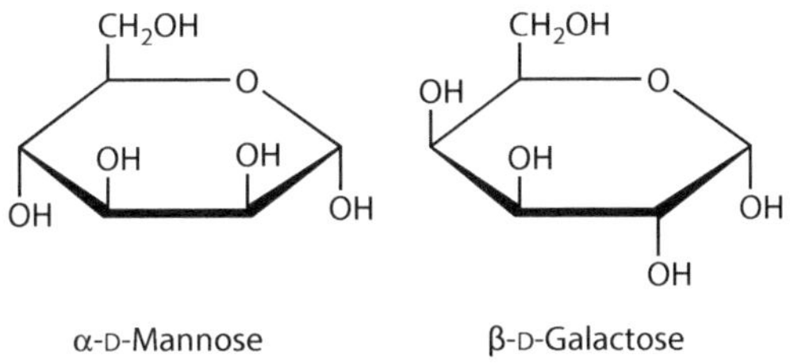

Abb. 6.4 Formeln von α-D-Mannose und α-D-Galactose

worden. Zwar gibt es bei einigen Prozessen noch Probleme mit der Aufarbeitung der Fermentationsbrühen, aber einige Verfahren sind bereits sehr weit entwickelt worden. **Abb. 6.5** gibt einen Überblick über die Produkte, die durch Fermentation der Glucose erhalten werden können.

Milchsäure (2-Hydroxypropionsäure, engl. *lactic acid*) wird bereits großtechnisch aus Glucose fermentativ hergestellt. Die Weltproduktion liegt derzeit bei ca. 350.000 t a^{-1}. Das Herstellverfahren wird weiterhin verbessert: Die entstandene Milchsäure muss bisher als Calciumlactat gefällt und anschließend wieder durch Ansäuern mit Schwefelsäure freigesetzt werden. Die verdünnte Säure wird dann noch weiter aufgereinigt. Dieses klassische Aufarbeitungsverfahren ist nicht umweltfreundlich, denn pro Tonne Milchsäure fällt eine Tonne Calciumsulfat an. Man arbeitet aber an Verfahrensvarianten, die auf eine Fällung verzichten und stattdessen mit Membrantrennungen arbeiten.

Milchsäure kann in Lebensmitteln, Pharmazie und Kosmetik vielfältig eingesetzt oder chemisch umgewandelt werden. Eine wichtige Anwendung ist die Herstellung der Polymilchsäure (engl. *poly lactic acid*, PLA). Diese Reaktion verläuft nicht einstufig, sondern meist über die Zwischenstufe des **Lactids**. Gl. 6.4 zeigt den Ablauf in vereinfachter Form.

◻ Abb. 6.5 Fermentative Umsetzungen von Glucose zu wichtigen Chemiebausteinen

Milchsäure

3-Hydroxypropionsäure

Bernsteinsäure

Itaconsäure

Glutaminsäure

β-D-Glucose

Milchsäure   Lactid   Polymilchsäure

Gl. 6.4

Polymilchsäure ist ein verformbarer Kunststoff, ein „biokompatibler Thermoplast" mit einem Schmelzbereich zwischen 150 und 160 °C. Seine mechanischen Eigenschaften ähneln denen des petrochemisch hergestellten Polyethylenterephthalats (PET), aber es ist derzeit noch etwas teuer in der Herstellung als PET. Es lässt sich durch Faserspinnen oder Folienextrusion gut verarbeiten. Typische Anwendungen sind Verpackungsmaterialien, Folien oder Büroartikel. Auch in der Medizintechnik wird PLA eingesetzt, denn ein bei einer Operation eingesetzter Nagel baut sich im Laufe der Zeit selbständig ab und muss dann nicht bei einer erneuten Operation später entfernt werden.

Milchsäure kann aber auch in niedermolekulare Wertprodukte überführt werden (◻ Abb. 6.6):

━ Durch Umsetzung mit Alkoholen entstehen die Ester der Milchsäure, die **Lactate**. Die Ester mit den niederen linearen Alkoholen Methanol, Ethanol und *n*-Butanol sind nichttoxische, gut bioabbaubare, höher siedende Lösungsmittel. Lactate können auch als Weichmacher in Cellulose oder Harzen verwendet werden.

━ Durch Hydrierung der Milchsäure (oder Lactate) entsteht **1,2-Propandiol**, ein wichtiges Lösungs- und Enteisungsmittel, das bisher aus dem petrochemischen Propylenoxid hergestellt wird.

━ Die Dehydratisierung führt zur **Acrylsäure**, einem wichtigen Monomeren für Polyacrylsäure. Allerdings bilden sich bei thermischer oder sauer katalysierter Dehydratisierung auch Nebenprodukte, z. B. Acetaldehyd oder Propionsäure.

━ Die Oxidation von Milchsäure oder Lactaten führt zur **Brenztraubensäure** (engl. *pyruvic acid*), die zur Herstellung von Feinchemikalien im Pharma- und Agrobereich benötigt wird.

3-Hydroxypropionsäure (engl. *3-hydroxypropionic acid*, 3HPA), ein Strukturisomeres der Milchsäure, hat bisher noch keine großtechnische Bedeutung erlangt. In der Untersuchung sind derzeit folgende Derivate:

━ Da 3HPA – wie Milchsäure – bifunktionell ist, kann sie ebenfalls intermolekular zu Poly- oder

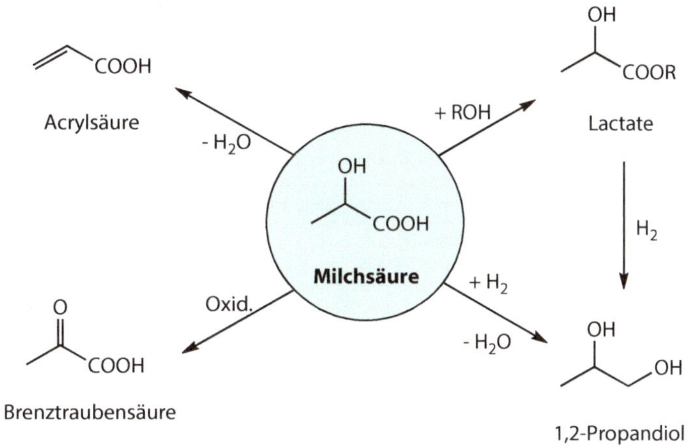

Abb. 6.6 Folgeprodukte von Milchsäure

Oligoestern sowie intramolekular zu β-Propiolacton umgesetzt werden.

- Ihre Hydrierung, z. B. an Cu/ZnO-Katalysatoren, führt zu 1,3-Propandiol, das als Monomerbaustein für Polypropylenterephthalat (PPT) ein großes Potenzial hat.
- Auch 3HPA kann durch Dehydrierung in Acrylsäure überführt werden, die zu Acrylaten oder Acrylamid weiter umgesetzt werden kann. Mithilfe von homogenen Säurekatalysatoren wurden bereits Ausbeuten an Acrylsäure von 80 % erzielt.
- Die Oxidation von 3HPA führt zu Malonsäure, einem Ausgangsprodukt für viele Pharmaka und Agrochemikalien.

Die C_4-Dicarbonsäure, die **Bernsteinsäure** (engl. *succinic acid*), kann ebenfalls durch Fermentation von Glucose erhalten werden. Wichtige Folgederivate der Bernsteinsäure sind ihre Ester, die Succinate, die als Lösungsmittel oder Synthesebausteine eingesetzt werden. Durch Erhitzen der Bernsteinsäure bildet sich Bernsteinsäureanhydrid, das durch Hydrieren in γ-Butyrolacton (GBL) und weiter in 1,4-Butandiol (BDO) überführt wird. BDO ist wiederum eine wichtige Ausgangssubstanz für Tetrahydrofuran und Polybutylenterephthalat (PBT).

Itaconsäure (engl. *itaconic acid*), die Methylenbernsteinsäure, ist wegen ihrer drei Funktionalitäten, einer C=C-Doppelbindung und zweier Carboxygruppen, von großem Interesse. Die Doppelbindung

kann zu Polymerisationen genutzt werden. Niedermolekulare Derivate sind z. B. Methyl-γ-butyrolacton oder 3-Methlytetrahydrofuran.

Glutaminsäure (engl. *glutamic acid*) werden wir in ▶ Kap. 14 (Proteine/Aminosäuren) noch genauer besprechen.

6.2.2 Chemische Umwandlungen der Monosaccharide

Dehydratisierungsreaktionen

Eine wichtige Reaktion in der Zuckerchemie ist die **Dehydratisierung**, also die Abspaltung von Wasser. Als Produkte entstehen häufig cyclische Verbindungen, insbesondere Derivate des Furfurals. **Abb. 6.7** zeigt die Dehydratisierung von Hexosen und die sich daraus ergebende Folgechemie.

Werden Glucose, Fructose oder Mannose thermisch dehydratisiert, entsteht als Hauptprodukt **5-Hydroxymethylfurfural**, das HMF abgekürzt wird. Die Reaktion wird meist mit Säuren katalysiert, wobei sowohl organische (*p*-Toluolsulfonsäure) als auch anorganische Säuren (HCl, H_2SO_4), aber auch Lewis-Säuren ($AlCl_3$, BF_3) oder Zeolithe Verwendung finden. Ketohexosen (also z. B. Fructose) lassen sich leichter dehydratisieren als Aldohexosen (z. B. Glucose). Für die Ausbeute der Dehydratisierung ist das Lösungsmittel entscheidend: Wässrige Prozesse sind zwar ökologisch vorteilhaft, führen aber zu Nebenreaktionen. Es wird deshalb bevorzugt in

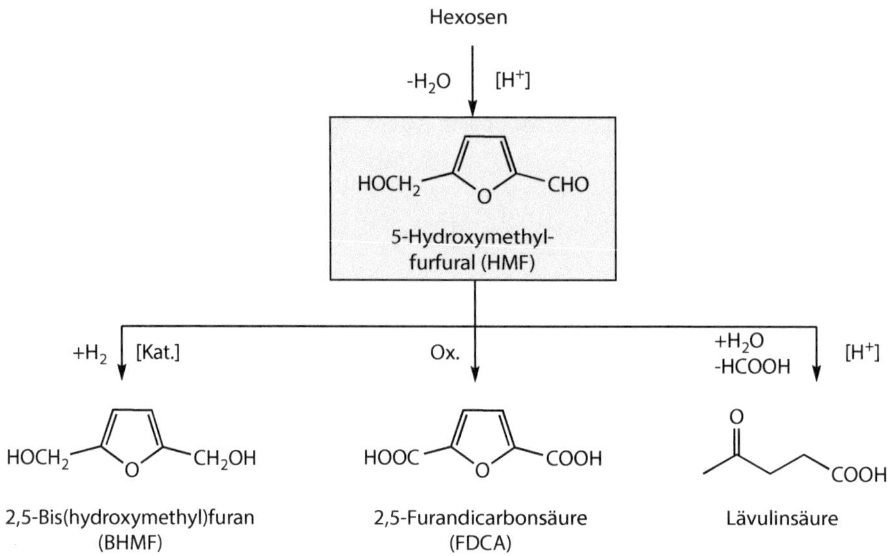

Hexosen

$-H_2O$ $[H^+]$

HOCH$_2$ — O — CHO

5-Hydroxymethyl-
furfural (HMF)

$+H_2$ [Kat.]   Ox. $+H_2O$ $-HCOOH$ $[H^+]$

HOCH$_2$ — O — CH$_2$OH   HOOC — O — COOH   CH$_3$—CO—CH$_2$CH$_2$—COOH

2,5-Bis(hydroxymethyl)furan
(BHMF)

2,5-Furandicarbonsäure
(FDCA)

Lävulinsäure

Abb. 6.7   Dehydratisierung von Hexosen zu HMF (und dessen Folgeprodukte)

polaren organischen Lösungsmitteln gearbeitet, z. B. in Acetonitril oder Dimethylformamid (DMF). Zu den besten Lösungsmitteln gehört Dimethylsulfoxid DMSO, das allerdings aufgrund seines Siedepunktes nur schwer von HMF zu trennen ist und ebenfalls zu schwefelhaltigen Nebenprodukten führt. In neuerer Zeit werden auch ionische Flüssigkeiten als Lösungsmittel für die Dehydratisierung getestet.

Die Folgechemie des HMF (**Abb. 6.7**) führt zu interessanten „Plattformchemikalien":

- Durch Hydrierung bildet sich **2,5-Bis(hydroxymethyl)furan** *(BHMF)*, ein Zwischenprodukt für Pharmaka oder Kronenether. Als Diol ist es auch hervorragend für die Synthese von linearen Polyestern oder Polyurethanen geeignet und könnte eventuell langfristig das petrochemische Ethylenglykol ersetzen. Die Hydrierung erfolgt katalytisch mit Wasserstoff, z. B. an heterogenen Nickel-, Platin- oder Cobaltkatalysatoren.
- Durch Oxidation entsteht **2,5-Furandicarbonsäure** (engl. *furandicarboxylic* a*cid*, FDCA). Die Oxidation des HMF zur FDCA erfolgt bevorzugt mit Sauerstoff in Gegenwart von Platin-Trägerkatalysatoren. Auch FDCA ist bifunktionell und wird für die großtechnische Produktion von Polyestern, Polyamiden und Polyurethanen diskutiert. FDCA könnte anstelle von Terephthalsäure oder Adipinsäure

eingesetzt werden. Allerdings sind derzeit die Preise für HMF noch zu hoch. Manche Autoren beschreiben jedoch FDCA als „schlafenden Riesen", der (bei sinkenden HMF-Preisen) bald aufwachen könnte!

- Ein weiteres wichtiges Folgeprodukt des HMF ist die **Lävulinsäure** (4-Oxopentansäure, engl. *levulinic acid*). Sie entsteht säurekatalytisch durch Hydratisierung von HMF unter Abspaltung von Ameisensäure.

Lävulinsäure wird als „Plattformchemikalie" bezeichnet, weil sie Ausgangsverbindung für zahlreiche interessante Folgeprodukte ist. **Abb. 6.8** zeigt einige ihrer Derivate.

Lävulinsäure selber wird als Lösungsmittel oder als Lebensmittelzusatz verwendet. Ebenfalls wird der Einsatz für Beschichtungen, Frostschutzmittel und als Ausgangsstoff für Weichmacher, Harze und Pharmaka angegeben. Wegen ihrer beiden funktionellen Gruppen ist die Folgechemie, häufig zu cyclischen Verbindungen, von Bedeutung:

- Die katalytische Hydrierung der Lävulinsäure führt über die Stufe der 4-Hydroxypentansäure zu **γ-Valerolacton** (GVL), einem wichtigen Lösungsmittel für Lacke, Klebstoffe und Insektizide. Weitere Hydrierung führt zu **1,4-Pentandiol** (PDO), das zu **2-Methyltetrahydrofuran** (MTHF) dehydratisiert werden

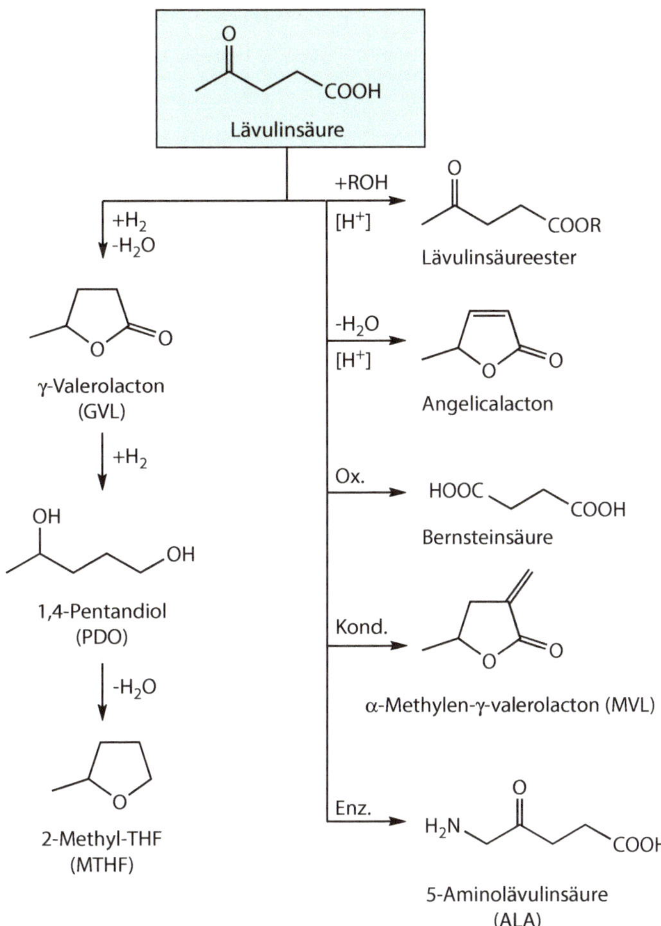

Abb. 6.8 Derivate der Lävulinsäure

kann. Dieses wird derzeitig als Kraftstoff bzw. Kraftstoffzusatz diskutiert.

- Die Veresterung der Lävulinsäure wird z. B. mit Methanol, Ethanol n-Butanol oder Phenol durchgeführt. Typische Katalysatoren sind Schwefelsäure oder Polyphosphorsäure bzw. Ionentauscherharze oder saure Molekularsiebe. **Lävulinsäureester** werden als Geschmacksstoffe, Weichmacher oder Lösungsmittel eingesetzt. Auch der Einsatz als sauerstoffhaltige Oktanzahlverbesserer in Kraftstoffen wird diskutiert.

- Wird Lävulinsäure in Gegenwart einer Säure bis zum Siedepunkt (245 °C) erhitzt und das entstehende Wasser destillativ entfernt, bildet sich **Angelicalacton**. Die Umsetzung mit Alkoholen führt wieder zu den Lävulinsäureestern, die Hydrierung zu γ-Valerolacton.

- Die Oxidation von Lävulinsäure, z. B. mit Sauerstoff in der Gasphase oder mit

Wasserstoffperoxid in der Flüssigphase, führt zur **Bernsteinsäure** (Butandisäure, engl. *succinic acid*), die in Lebensmitteln als Geschmacksverstärker und Säuerungsmittel eingesetzt wird. Über die Bernsteinsäureester sind 1,4-Butandiol, THF und γ-Butyrolacton zugänglich. Die Disäure wird auch als Monomer für biobasierte Polyamide und Polyester diskutiert.

- Lävulinsäure und ihre Ester können leicht Kondensationsreaktionen, z. B. mit Aldehyden und Ketonen, eingehen. Die Umsetzung der Säure mit Formaldehyd führt zu **α-Methylen-γ-valerolacton** (MVL), einem neuen Acrylmonomer auf der Basis nachwachsender Rohstoffe.

- Ein wichtiges Aminderivat der Lävulinsäure ist **5-Aminolävulinsäure** (engl. *5-aminolevulinic acid*, ALA), ein Zwischenprodukt bei der

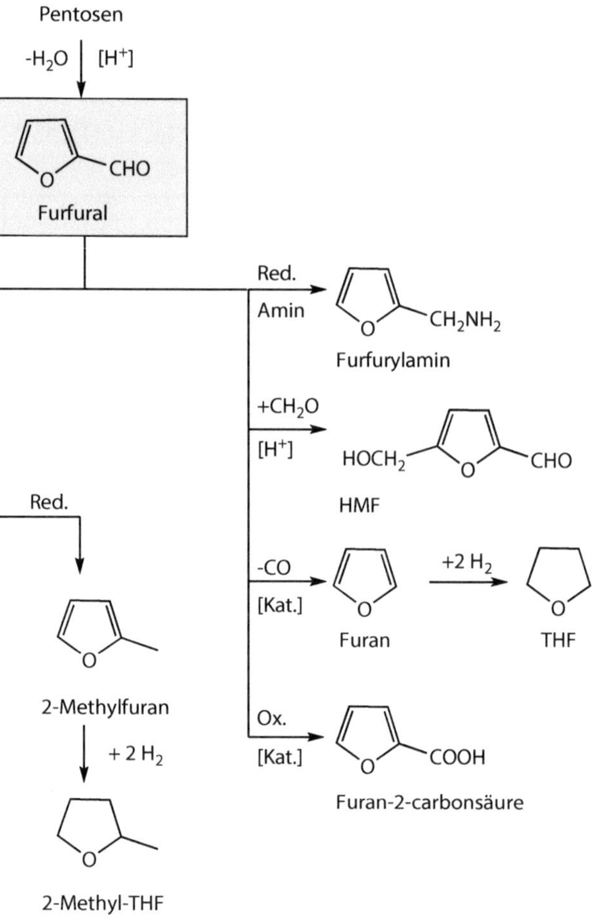

Abb. 6.9   Dehydratisierung von Pentosen zu Furfural (und dessen Folgeprodukte)

Porphyrinsynthese. Sie kann chemisch über das entsprechende Bromderivat hergestellt werden; wesentlich günstiger ist die enzymatische Variante mit Mikroorganismen. Die nichttoxische, gut abbaubare Verbindung ist als Insektizid, Herbizid und Pflanzenwachstumsregler einsetzbar.

Bisher haben wir uns die Dehydratisierung der Hexosen näher angeschaut. Ganz ähnliche Reaktionen können aber auch mit Pentosen durchgeführt werden, die aus den Hemicellulosen gut zugänglich sind. **Abb. 6.9** zeigt die Dehydratisierung zu **Furfural** und die sich daraus ergebenden Derivate.

Furfural wird weltweit in einer Menge von 300.000 t a^{-1} hergestellt. Da es aus Hemicellulosen gewonnen werden kann, die als Abfallprodukte bei der Cellulosegewinnung anfallen, ist es ähnlich kostengünstig wie petrochemische Basischemikalien. Wichtige Derivate des Furfurals sind im Folgenden kurz beschrieben:

- Die katalytische Hydrierung von Furfural führt zu **Furfurylalkohol**. Typische Hydrierkatalysatoren sind Kupferchromit, Raney-Nickel oder Raney-Cobalt sowie Platinkatalysatoren. Furfurylalkohol ist ein wichtiges Ausgangsmolekül für Riechstoffe und weitere Feinchemikalien, aber auch für Furanharze. Die Weiterhydrierung des Furfurylalkohols führt zu **Tetrahydrofurfurylalkohol** oder zu **2-Methyl-THF**.

- Durch reduktive Aminierung des Furfurals bildet sich **Furfurylamin**, das für die

Herstellung von Pharmaka und Pestiziden eingesetzt wird.

- Durch Umsetzung mit Formaldehyd kann **5-Hydroxymethylfurfural** (HMF, ◘ Abb. 6.7) hergestellt werden.
- Die katalytische Decarbonylierung von Furfural führt zu **Furan**, das weiter zu **Tetrahydrofuran** (THF) hydriert werden kann, einem wichtigen Lösungsmittel und Monomerbaustein für Polytetrahydrofuran.
- Die katalytische Oxidation von Furfural mit Sauerstoff oder Wasserstoffperoxid liefert **Furan-2-carbonsäure** (engl. *furoic acid*), einen bedeutenden Ausgangsstoff für Pharmaka und Riechstoffe.

Oxidationsreaktionen

Neben der Dehydratisierung ist noch die Oxidation der Monosaccharide eine interessante Möglichkeit der Derivatisierung. ◘ Abb. 6.10 zeigt einige wichtige Carbonsäuren auf der Basis von Glucose.

Folgende Carbonsäuren sind von technischer Bedeutung:

- **Gluconsäure** bildet sich bei Oxidation der Aldehydgruppe an C-Atom 1. Die Produktion erfolgt meist enzymatisch; weltweit werden auf diese Weise 60.000 Tonnen pro Jahr hergestellt.

Gluconsäure wird im Lebensmittel- und Pharmabereich eingesetzt. Natriumgluconat ist ein wichtiges Komplexierungsmittel.

- Bei **Glucuronsäure** ist die primäre Hydroxygruppe an C-Atom 6 zur Carboxygruppe oxidiert. D-Glucuronsäure kann zu Vitamin C weiter verarbeitet werden.
- Durch Oxidation der Hydroxygruppen an den C-Atomen 1 und 2 der Glucose entsteht **2-Ketogluconsäure**, ein bedeutsames Antioxidans in Lebensmitteln.
- Bei Oxidationen an den C-Atomen 1 und 6 bildet sich **Glucarsäure**, die auch als **Zuckersäure** bezeichnet wird. Sie wirkt als bioabbaubares Komplexierungsmittel in Waschmitteln und ist Zwischenstufe für die Herstellung von Polestern und Emulgatoren.

Hydrierungsreaktionen

Die Hydrierung der Monosaccharide führt uns zur Gruppe der **Zuckeralkohole**. Die Carbonylgruppe der Aldosen bzw. Ketosen wird in eine Hydroxygruppe überführt, sodass Polyole gebildet werden (◘ Abb. 6.11). Industriell erfolgt diese Reaktion mit Wasserstoff in Gegenwart von heterogenen Nickel-, Palladium- oder Platinkatalysatoren. Die Polyole werden häufig in der Lebensmittelindustrie

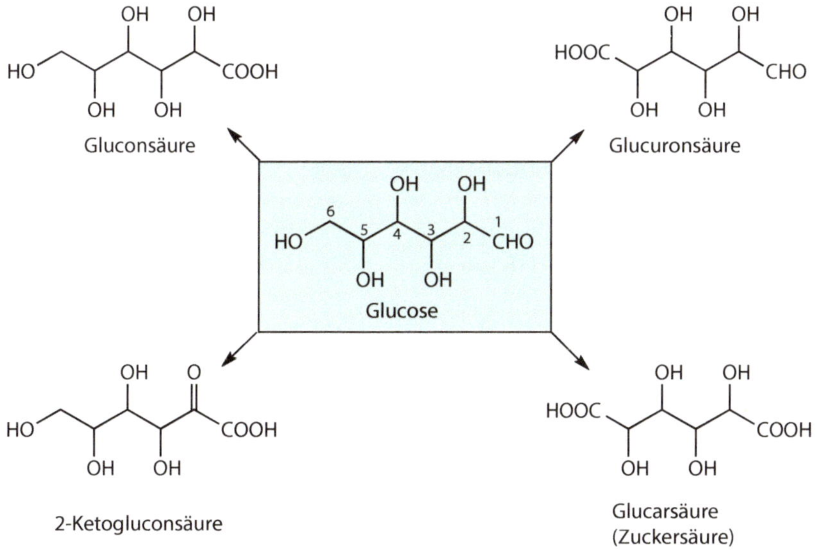

◘ **Abb. 6.10** Oxidation von Glucose zu Carbonsäuren

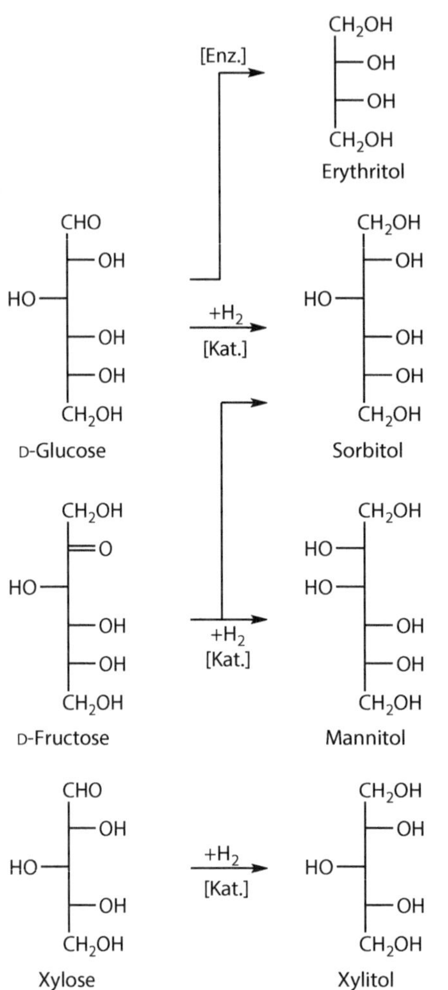

Abb. 6.11   Hydrierung von Monosacchariden zu Zuckeralkoholen

als Süßungsmittel mit niedrigem Kaloriengehalt eingesetzt.

- Die Hydrierung wässriger Glucoselösungen mit Raney-Nickel führt zu **Sorbitol** (Hexanhexol), das vielfach auch als Sorbit oder Glucitol bezeichnet wird. Sorbitol hat mit $10\ \mathrm{kJ\ g^{-1}}$ einen geringeren Energiegehalt als Saccharose ($17\ \mathrm{kJ\ g^{-1}}$), aber auch nur die halbe Süßkraft. Der menschliche Körper benötigt für den Stoffwechsel von Sorbitol kein Insulin, sodass Sorbitol auch für Diabetiker geeignet ist. Großtechnische Bedeutung hat Sorbitol auch als Ausgangsstoff für **L-Ascorbinsäure**, das Vitamin C, nach der klassischen

„Reichstein-Synthese" (▶ Kap. 17, ▶ Abb. 17.10). L-Ascorbinsäure hat für den menschlichen Körper eine große physiologische Bedeutung und verhindert das Auftreten der Skorbut-Krankheit. Sie ist leicht oxidierbar und wirkt deshalb als Antioxidans. Die Säure oder ihre Salze, die Ascorbate, werden vielen Lebensmitteln als Konservierungsmittel zugesetzt. Die Synthese erfolgt heute ausschließlich biotechnologisch, überwiegend in China.

Sorbitol kann schon bei milden Temperaturen dehydratisiert werden zu den **1,4-** oder **2,5-Sorbitanen** sowie zu bicyclischem **Isosorbid** (◧ Abb. 6.12). Weil Isosorbid sehr hygroskopisch ist, dient es als Feuchthaltemittel. Die beiden Hydroxygruppen machen Isosorbid zu einem interessanten Startmolekül für Polymere, z. B. Polyester oder Polyurethane. Jährlich werden weltweit mehr als 500.000 t Sorbitol hergestellt. Neuerdings wird versucht, Sorbitol durch Reforming in wässriger Phase (engl. *aqueous phase reforming*) an $\mathrm{Pt/Al_2O_3}$-Katalysatoren in Alkane zu überführen, die z. B. Kraftstoffen zugesetzt werden können. Durch diese „hydrierende Dehydratisierung" kann Sorbitol mit derzeit 50 % Selektivität in Hexan überführt werden.

Glucose kann mithilfe von speziellen Hefen auch mikrobiell in den C4-Zuckeralkohol **Erythritol** (Butan-1,2,3,4-tetrol, Erythrit) überführt werden (◧ Abb. 6.11). Das in der Natur vorkommende Erythritol ist ein sehr kalorienarmes Süßungsmittel.

- Wird die Ketogruppe der D-Fructose katalytisch hydriert (◧ Abb. 6.11), bildet sich neben **Mannitol** (Mannit) auch das Sorbitol, da sich beide Moleküle nur in der Ausrichtung der Hydroxygruppe am C-Atom 2 unterscheiden. D-Mannitol kommt auch in der Natur vor, z. B. in Lärchen, Eschen, Olivenbäumen oder Feigen. Es ist ebenfalls ein wichtiger Zuckeraustauschstoff, z. B. in Kaugummis, und wird in der pharmazeutischen Industrie als Hilfsstoff bei der Tablettenpressung verwendet.

Wie Sorbitol und Erythritol hat Mannitol eine positive Lösungsenthalpie in Wasser. Beim Lutschen von Süßigkeiten, die diese

☐ Abb. 6.12 Dehydratisierung von Sorbitol zu Sorbitanen und Isosorbid

Zuckeralkohole enthalten, kommt es im Mund zu einem kühlenden Effekt. Vorteilhaft ist auch, dass sie beim Verzehr keine Karies erzeugen; sie sind „nicht kariogen".

Die katalytische Hydrierung der Xylose, eine Pentose, führt zum Zuckeralkohol **Xylitol** (☐ Abb. 6.11). Da Xylose überwiegend in Holz-Hydrolysaten vorkommt, ist sie ein sehr kostengünstiges Ausgangsprodukt. Die industrielle Produktion des Xylitols umfasst vier Verfahrensschritte:

1. Wässrige Hydrolyse des Pflanzenmaterials, z. B. von Holzspänen
2. Reinigung der Hydrolysate unter Erhalt von Xylose-Lösungen oder Kristallen
3. Hydrierung der Xylose zu Xylitol in wässriger Lösung in Gegenwart von Raney-Nickel-Katalysatoren. Bei Drücken von 50 bar Wasserstoff werden Xylitol-Ausbeuten von ca. 60 % erzielt.
4. Aufreinigung durch Konzentrieren der Lösung, chromatographische Fraktionierung und Kristallisation

Glycosidierungsreaktionen

Schon in der Einleitung zum Abschnitt Kohlenhydrate haben wir den „Zuckerpapst" Emil Fischer kennen gelernt. Er entdeckte bereits im Jahr 1893, dass Glucose und Ethanol in Gegenwart einer Säure, z. B. Salzsäure, miteinander reagieren und dass sich dabei aus dem Halbacetal Glucose ein Vollacetal bildet. Diese Reaktion wird allgemein als Glycosidierung bezeichnet; bei Einsatz der Glucose entstehen die **Glucoside**. Es bilden sich Fünfring- (Furanose) und Sechsring- (Pyranose) Moleküle; im thermodynamischen Gleichgewicht dominiert aber die in Gl. 6.5 dargestellte Pyranosidform. Da es noch andere Varianten der Glycosidierung gibt, spricht man am besten von der „Fischer-Glycosidierung".

Was mit kurzkettigen Alkoholen wie Ethanol recht leicht abläuft, weil beide Ausgangsmoleküle gut miteinander mischbar sind, wird deutlich schwieriger, wenn man die Glucose mit langkettigen Alkoholen, also mit Fettalkoholen umsetzen möchte. Als Fettalkohole werden üblicherweise Dodecanol oder Tetradecanol eingesetzt. Die dabei gebildeten Moleküle sind aber von großem technischen

Gl. 6.5

Interesse, weil sie einen hydrophilen Molekülteil (die Glucose) und einen hydrophoben Teil (den langen Alkylrest des Fettalkohols) aufweisen: Diese Glucoside sind nichtionische Tenside, ausschließlich aus nachwachsenden Rohstoffen hergestellt. Bei der Glycosidierung kommt es zu einer Nebenreaktion, der Oligomerisierung mehrerer Glucose-Einheiten. Statt eines Alkylmonoglucosids können sich auch **Alkylpolyglucoside** (APG) bilden, in denen üblicherweise zwei oder drei Glucose-Einheiten mit einem Fettalkohol verknüpft sind (◧ Abb. 6.13). Damit die Anzahl der Glucose-Einheiten nicht zu groß wird, setzt man den Fettalkohol im Überschuss ein. Um das Gleichgewicht auf die Seite der Produkte zu verschieben, kann man das als Koppelprodukt entstehende Wasser im Vakuum abziehen.

Über längere Zeit hinweg hat man untersucht, ob man die industrielle Produktion der APG über die „Direktsynthese" von Glucose und Fettalkohol durchführt, oder ob man besser eine zweistufige Synthese durchführt, d. h. erst eine Glycosidierung von Glucose mit n-Butanol durchführt und dann in einem zweiten Schritt das „mittelpolare" Butylglucosid mit dem Fettalkohol zum gewünschten APG mit langer Alkylkette umsetzt. Bei dieser „Umacetalisierung"

wird das eingesetzte n-Butanol wieder freigesetzt und kann erneut in Schritt 1 eingesetzt werden.

Die beiden Varianten sind in ◧ Abb. 6.14 noch einmal als Grundfließbild dargestellt. Bei beiden Verfahren muss nach der Reaktion der homogene saure Katalysator, z. B. Methansulfonsäure, mit Natronlauge neutralisiert und der Überschuss an Fettalkohol destillativ entfernt werden. Da sich bei der Reaktion immer Nebenprodukte bilden, die das Produktgemisch braun färben, muss vor einer Anwendung in einem Wasch- oder Reinigungsprodukt ein Bleichschritt mit Wasserstoffperoxid-Lösung erfolgen. In einer „Konfektionierung" werden schließlich der pH-Wert des Produktes und der Gehalt an Aktivsubstanz eingestellt sowie eine Stabilisierung gegen Mikroben durchgeführt.

Beim Vergleich beider Verfahren hat die Umacetalisierung den Nachteil der zusätzlichen Prozessstufe und der damit verbundenen höheren Investitions- und Betriebskosten. Auch die Lagerung des n-Butanols und seine Abtrennung vom Reaktionswasser erfordern zusätzlichen Aufwand. Bei der Direktsynthese existiert hingegen das Problem der schlechten Mischbarkeit der beiden Ausgangsstoffe Glucose und Fettalkohol.

◧ **Abb. 6.13**　Herstellung von Alkylmono- und Alkylpolyglucosiden (APG)

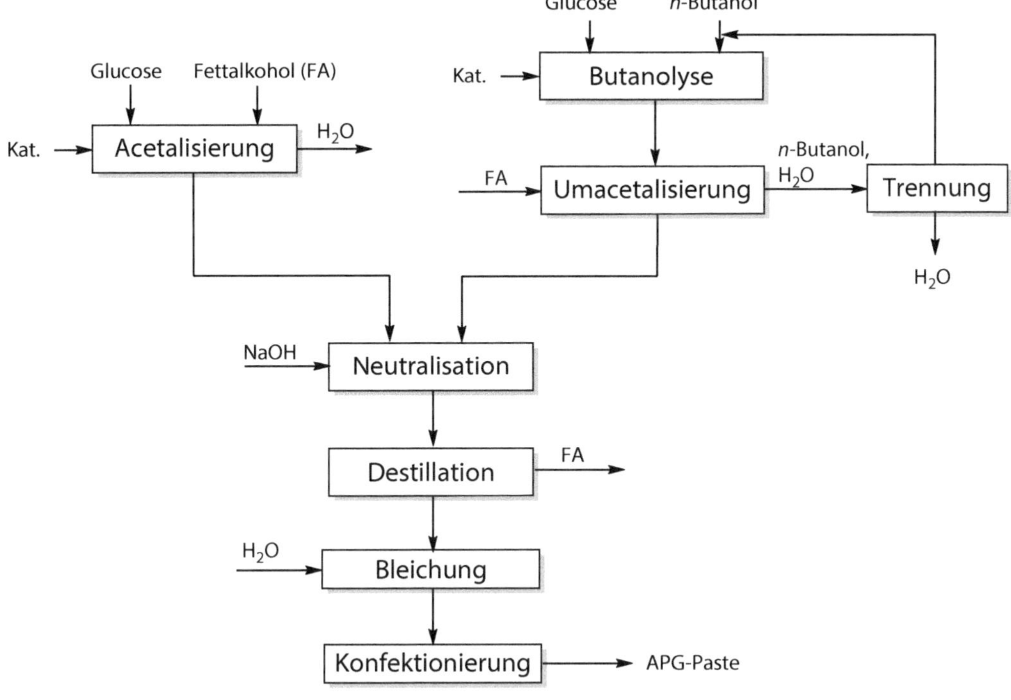

■ **Abb. 6.14**   Grundfließbild der alternativen APG-Herstellverfahren

Das vereinfachte Verfahrensfließbild einer diskontinuierlich betriebenen Direktsynthese in ■ Abb. 6.15 zeigt, wie dieses Problem technisch gelöst wurde. Glucose wird in Form von feinsten Partikeln in einem Überschuss von Fettalkohol suspendiert und das Fest/flüssig-Gemisch in einen Rührkessel geleitet. Alternativ kann auch Glucosesirup verwendet und durch Zusatz kleiner Mengen des Produktes APG (als Emulgator) eine stabile Flüssig/flüssig-Dispersion hergestellt werden. Im Rührkessel wird das Gemisch auf eine Reaktionstemperatur um 100 °C erhitzt. Geringere Temperaturen <100 °C führen zu relativ langen Reaktionszeiten, Temperaturen von 110–120 °C ergeben stärker verfärbte Produkte. Mittels einer Vakuumanlage, mit der sich Drücke von 20–100 mbar einstellen lassen, wird das bei der Reaktion gebildete Wasser stetig abgezogen. Unterhalb des Rührkessels ist ein externer Intensivmischer angebracht, der für eine sehr feine Verteilung der Tröpfchen sorgt und somit eine große Phasenaustauschfläche gewährleistet. Das Gemisch wird über einen Wärmetauscher so lange immer wieder in den Rührkessel zurückgefördert, bis die eingesetzte Glucose nahezu vollständig umgesetzt ist.

Das so gebildete Gemisch besteht aus 20–50 % APG und 50–80 % Fettalkoholen. Die Aufarbeitung dieses Gemisches erfordert einen hohen Aufwand, denn es sind dabei einige wichtige Kriterien zu gewährleisten:

- Der überschüssige Fettalkohol muss bei der Aufarbeitung auf <1 % reduziert werden, da es sonst Probleme gibt mit der Löslichkeit der APG und mit dem unerwünschten Geruch nach Fettalkoholen.
- Das Produkt muss sehr schonend behandelt werden, da es bei zu hoher und zu langer thermischer Belastung zu Pyrolyse und damit zu Verfärbungen kommt.
- Andererseits sollte auch kein Monoglycerid in die Fettalkoholfraktion gelangen, weil diese wieder vollständig in die Reaktion zurückgeführt wird.

Gelöst wird das Problem durch ein zweistufiges Abtrennverfahren: In einer ersten Stufe wird in einem Dünnschichtverdampfer überschüssiger Fettalkohol im Vakuum abgezogen; der Fettalkoholgehalt

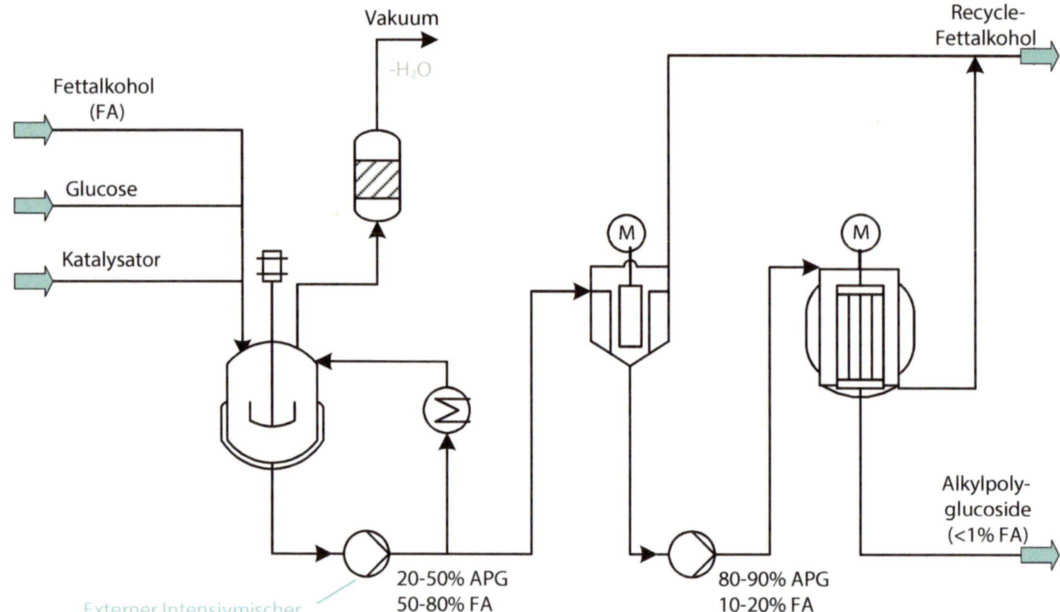

◘ Abb. 6.15   Vereinfachtes Verfahrensfließbild einer APG-Produktion nach der Direktsynthesemethode

reduziert sich dadurch auf 10–20 %. In der zweiten Stufe wird restlicher Fettalkohol in einem thermostatisierten Kurzwegverdampfer erneut im Vakuum entfernt. Die verbleibende APG-Schmelze enthält dann weniger als 1 % Fettalkohol.

Nach diesem Prinzip hat die Henkel Corporation in den USA Ende der 1980er-Jahre eine Pilotanlage in Crosby/Texas mit einer Kapazität von 5000 Tonnen pro Jahr und 1992 eine Produktionsanlage in Cincinnati von 25.000 Tonnen pro Jahr errichtet. Eine Anlage gleicher Kapazität nahm die Henkel KGaA 1995 am Standort Düsseldorf in Betrieb. Weltweit liegen die APG-Kapazitäten bei 80.000 Tonnen pro Jahr.

Die APG haben sehr interessante Eigenschaften: Sie sind sehr gut hautverträglich, haben ein gutes Schaumvermögen, bilden bei der Verdüsung mit Wasser keine Gele, sind nahezu untoxisch und vollständig abbaubar. Besonders hervorzuheben ist ihre synergistische Wirkung mit anderen traditionellen Tensiden wie z. B. den Fettalkoholsulfaten FAS und den Fettalkoholethersulfaten FAES.

APG werden aufgrund ihrer höheren Produktionskosten selten in Vollwaschmitteln eingesetzt, sondern eher in Spezialprodukten. Man findet sie in Kosmetika, Haarshampoos, Duschbädern, Flüssigseifen und Geschirrspülmitteln, aber auch in Industriereinigern und in Produkten der Agrochemie.

Veresterungsreaktionen

Die Veresterung der Monosaccharide führt zu einer Reihe von Zuckerestern. Als Carbonsäure kann z. B. Essigsäure verwendet werden, aber anwendungstechnisch sind – wie bei den APG – wieder die langkettigen Fettsäuren von Interesse, da auf diese Weise wieder waschaktive Substanzen gebildet werden. Technisch wird überwiegend das Disaccharid Saccharose verestert, das in ▶ Abschn. 6.3 näher behandelt wird.

Auch der Zuckeralkohol Sorbitol und seine Anhydride, die Sorbitane (vgl. ◘ Abb. 6.12), können verestert werden. Ein generelles Problem ist jedoch, dass immer komplexe Gemische entstehen, da der Grad der Veresterung nicht gesteuert werden kann. *Sorbitansäurefettester* wirken als Emulgatoren, die als Lebensmittelzusatzstoffe zugelassen sind und in Backwaren, Süßigkeiten und Schokolade eingesetzt werden.

Aminierungsreaktionen

Bei der Aminierung von Glucose mit Methylamin in Gegenwart von Wasserstoff und Nickelkatalysatoren bildet sich unter Abspaltung von Wasser **N-Methylglucamin** (◘ Abb. 6.16). Die Aminierung verläuft selektiv am C-Atom 1 der Glucose. Das gebildete sekundäre Amin enthält noch eine N–H-Gruppe, die in einem zweiten Reaktionsschritt mit

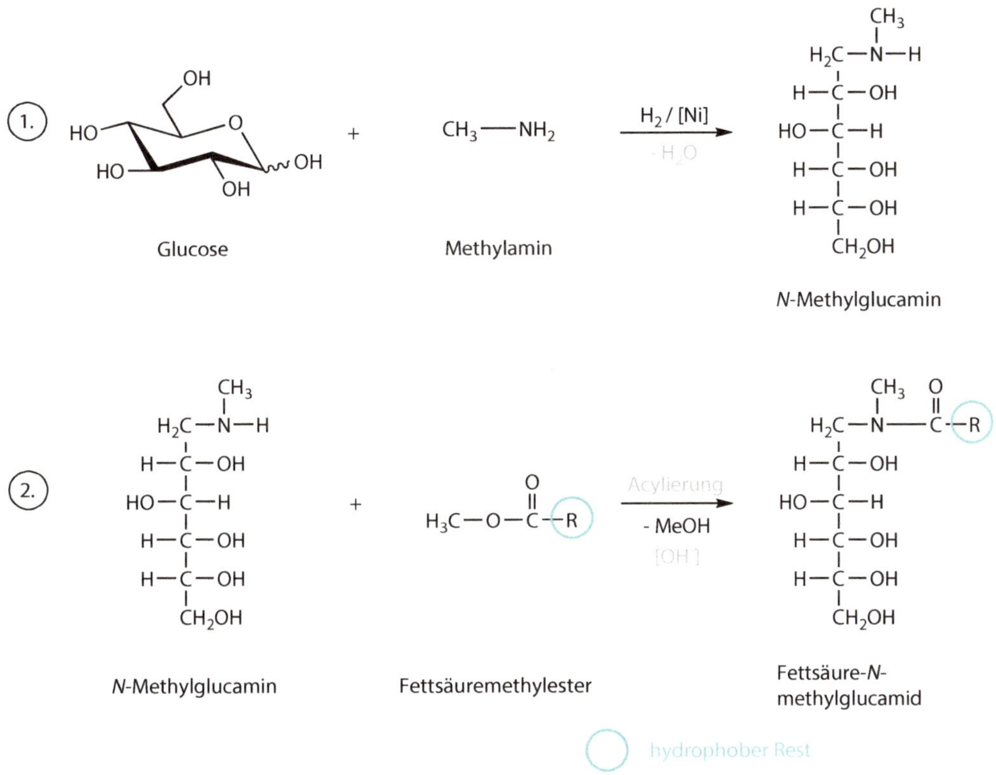

Abb. 6.16 Zweistufige Synthese von Fettsäure-N-methylglucamid aus Glucose

einem Fettsäuremethylester reagieren kann. Bei dieser basenkatalysierten Acylierung entsteht ein **Fettsäure-N-methylglucamid**. Es enthält einen hydrophilen Glucamidrest und einen hydrophoben Fettrest und ist deshalb wieder als waschaktiver Stoff einsetzbar.

Fettsäureglucamide sind wie APG gut biologisch abbaubare, nahezu ungiftige und sehr gut hautverträgliche Tenside. Bis auf das derzeit noch petrochemisch hergestellte Methylamin sind sie vollständig aus nachwachsenden Rohstoffen hergestellt.

6.3 Disaccharide

Bedeutsame Disaccharide sind Saccharose, Isomaltulose, Lactose, Maltose, Cellobiose und Trehalose (**Abb. 6.17**).

- **Saccharose** („Rohrzucker", engl. *sucrose*) ist das mit Abstand am häufigsten vorkommende Disaccharid. Es besteht aus einem Fructose- und einem Glucoserest, die acetalartig miteinander verknüpft sind. Gemäß der IUPAC-Nomenklatur ist Saccharose ein β-D-Fructofuranosyl-α-D-glucopyranosid.
- **Isomaltulose** ist ein natürlicher Bestandteil von Honig und Zuckerrohr. Großtechnisch wird sie durch enzymatische Isomerisierung von Saccharose hergestellt (► Abschn. 6.3.2, **Abb. 6.25**). Die offizielle Bezeichnung lautet 6-O-α-D-Glucopyranosyl-D-fructose.
- **Lactose** („Milchzucker") besteht aus einem Galactose- und einem Glucoserest und ist formal eine β-D-Galactopyranosyl-(1→4)-D-glucose. Sie kommt zu ca. 5 % in der Kuhmilch vor, aus der sie auch gewonnen wird: Nach Abtrennung des Fetts und des Proteinanteils der Milch, des Caseins, wird die verbleibende Molke eingedampft, aus der dann die Lactose kristallin ausfällt. Durch das Enzym Lactase wird Lactose in ihre beiden Bausteine zerlegt. Viele Menschen besitzen jedoch keine Lactase, sodass sie keine Milch als

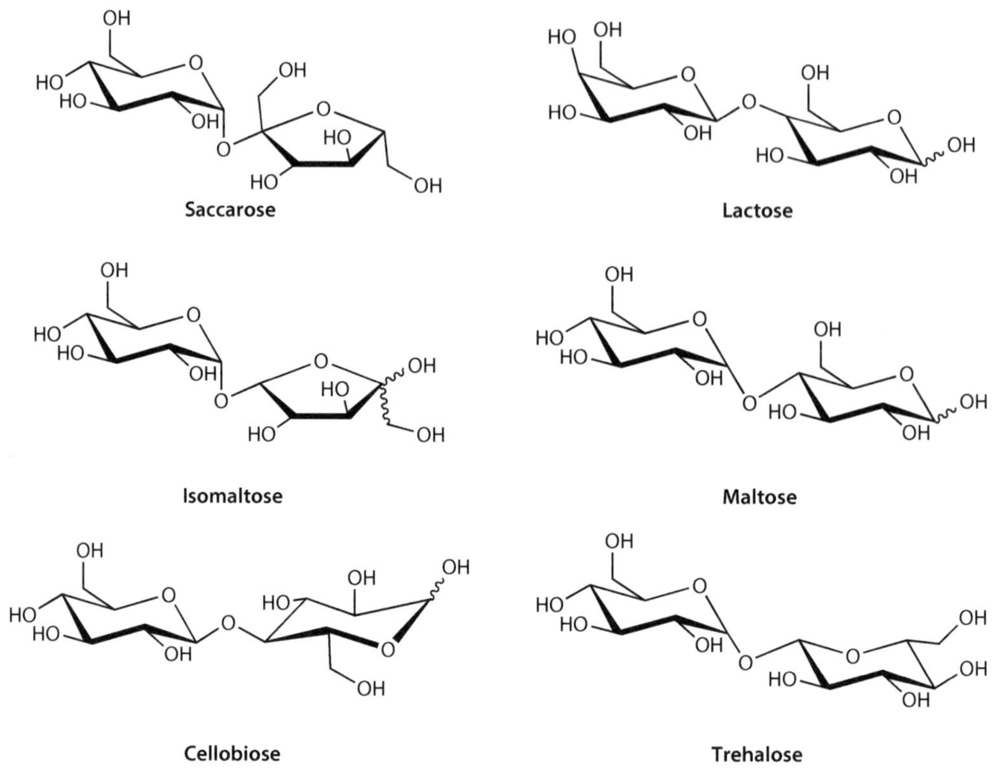

Saccarose

Lactose

Isomaltose

Maltose

Cellobiose

Trehalose

Abb. 6.17   Formeln der wichtigsten Disaccharide

Nahrungsmittel verarbeiten können. Sie haben eine Lactose-Intoleranz.

- **Maltose** („Malzzucker") tritt in keimenden Samen auf, z. B. in Gerstenmalz. Sie besteht aus zwei α-1,4-verknüpften Glucoseresten und ist eine 4-*O*-α-D-Glucopyranosyl-D-glucopyranose. Sie entsteht beim biochemischen Abbau der Stärke (▶ Kap. 8). Mithilfe des Enzyms Amylase bildet sich Maltose beim Bierbrauen aus der Stärke der Gerste in einer Ausbeute von ca. 80 %.
- **Cellobiose** besteht ebenfalls aus zwei Glucose-Einheiten, die aber β-1,4-glycosidisch verknüpft sind. Sie ist somit eine 4-*O*-β-D-Glucopyranosyl-D-glucopyranose. Sie ist das Abbauprodukt der Cellulose (▶ Kap. 7) und

entsteht aus ihr durch Einwirkung des Enzyms Cellulase. Chemisch kann Cellobiose durch Acetolyse von Cellulose durch Reaktion mit Essigsäureanhydrid gewonnen werden: Es entsteht das Octaacetat, das durch basische Hydrolyse in Cellobiose überführt werden kann.

- Auch die **Trehalose** (auch „Mykose") setzt sich aus zwei Glucose-Einheiten zusammen, die in diesem Molekül über die beiden C-Atome 1 miteinander verknüpft sind. Sie ist ein 1-α-Glucopyranosyl-1-α-glucopyranosid. Sie kommt in Pilzen und anderen niederen Pflanzen vor; bei Insekten ist Trehalose der Hauptreservezucker.

Wie bereits im oben stehenden historischen ► Exkurs: Die Entdeckung der Kohlenhydrate beschrieben, kommt Saccharose sowohl im Rohrzucker als auch in der Zuckerrübe vor. Der Anbau des **Zuckerrohrs** (*Saccharum officinarum*, engl. *sugar cane*, 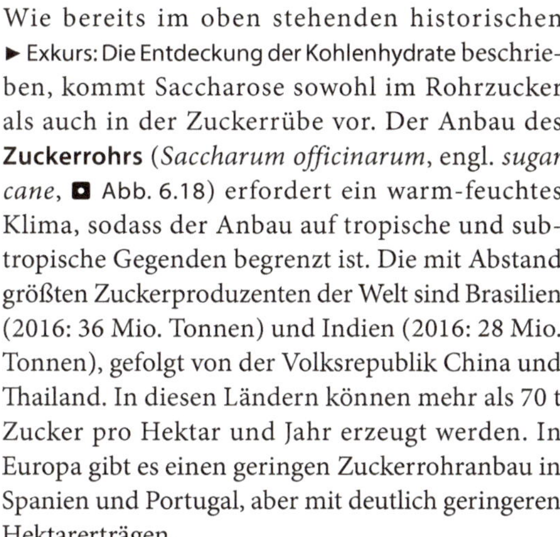 Abb. 6.18) erfordert ein warm-feuchtes Klima, sodass der Anbau auf tropische und subtropische Gegenden begrenzt ist. Die mit Abstand größten Zuckerproduzenten der Welt sind Brasilien (2016: 36 Mio. Tonnen) und Indien (2016: 28 Mio. Tonnen), gefolgt von der Volksrepublik China und Thailand. In diesen Ländern können mehr als 70 t Zucker pro Hektar und Jahr erzeugt werden. In Europa gibt es einen geringen Zuckerrohranbau in Spanien und Portugal, aber mit deutlich geringeren Hektarerträgen.

Das grasartige Zuckerrohr hat Halme mit 2–4 cm Durchmesser mit einer Länge von bis zu 6 m. Im Mark der Stängel befindet sich zu 10–20 % Saccharose. Nach dem Ernten der Stängel wird der Zuckersaft herausgepresst; zurück bleibt die Bagasse, die aus Lignocellulose (► Kap. 11) besteht und überwiegend zu Energiezwecken verbrannt wird.

Wie bereits eingangs erwähnt, entdeckte im 18. Jh. der Chemiker Marggraf, dass auch die in Europa heimische Runkelrübe (*Beta vulgaris*, engl. *sugar beet*) Saccharose enthält (Abb. 6.19). Der Gehalt der Saccharose in der Rübe war anfangs nur gering. Der Nachfolger von Marggraf an der Berliner Akademie der Wissenschaften, Franz Carl Achard, widmete sich ab 1782 systematisch der Kultivierung und Züchtung der **Zuckerrübe**. Während eine Rübe im Jahr 1802 nur ca. 4 % Zucker enthielt, lag der Zuckergehalt im Jahr 1910 bei 18 %, heute bei bis zu 20 %. Wichtige Rübenzucker-Produzenten in Europa sind Russland, Ukraine, Deutschland, Frankreich und Polen. Nahezu in allen Bundesländern Deutschlands befinden sich bedeutende Anbaugebiete, insbesondere im südlichen Niedersachsen, in der Köln-Aachener Bucht, am Main und am Oberrhein. Verarbeitet wird dieser Zucker in 20 Zuckerfabriken der Firmen „Nordzucker", „Pfeifer und Langen" sowie „Südzucker".

Den „Kampf" des Rohrzuckers gegen den Rübenzucker im letzten Jahrhundert zeigt Abb. 6.20. Im Jahr 2010 wurden weltweit insgesamt 180 Mio. Tonnen Saccharose erzeugt, davon 140 Mio. Rohrzucker. Dieser „Sieg" des Rohrzuckers beruht insbesondere auf der Tatsache, dass in den letzten Jahrzehnten in Ländern wie Brasilien verstärkt Zuckerrohr als Ausgangsstoff für Bioethanol (► Kap. 20) angepflanzt wurde.

6.3.1   Saccharosegewinnung

Die Gewinnung der Saccharose ist mit zahlreichen Prozessschritten verbunden. Grob kann man in die folgenden Prozessstufen unterscheiden:

- Herstellung des Zuckersafts
- Reinigung des Zuckersafts
- Safteindickung in der Verdampferstation
- Kristallisation des Zuckers in der „Kochstation".

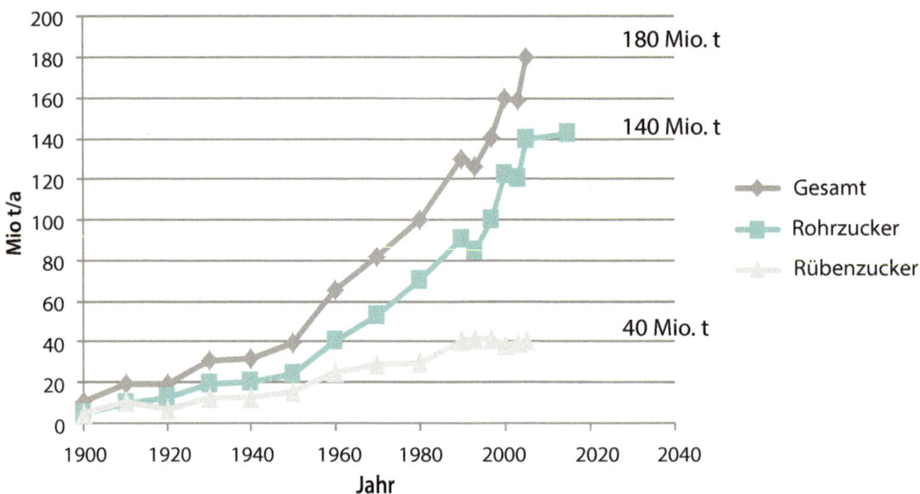

◘ **Abb. 6.20**   Weltproduktion an Saccharose (1900–2010)

Diese Schritte werden im (sehr vereinfachten) Fließbild der ◘ Abb. 6.21 näher erläutert.

Herstellung des Zuckersafts

Ab Ende September werden die maschinell geernteten und von Blättern befreiten Rüben an die Zuckerfabriken geliefert. Bis zu ihrer Verarbeitung werden sie – meist im Freien – auf großen betonierten Flächen gelagert. Über Schwemmrinnen und Steineabscheider werden sie in eine große Wasser-Wäsche geleitet. Das Waschwasser wird im Dekanter in „Rübenerde" (die wieder auf das Feld verbracht wird) und in Abwasser getrennt, das in einer biologischen Aufbereitungsanlage behandelt wird. Die Rüben gelangen in Schneidemaschinen, in denen bleistiftstarke Rübenschnitzel erzeugt werden. Diese durchlaufen einen Wärmetauscher, die so genannte „Schnitzelmaische", in der sie im Gegenstrom durch zurücklaufenden Rohsaft auf 70 °C vorgewärmt werden (◘ Abb. 6.21). Von unten werden sie dann in einen Extraktionsturm geführt, in dem der Zucker mit 70 °C heißem Wasser kontinuierlich extrahiert wird. Bei dieser Temperatur werden die Wände der Pflanzenzellen durchlässig, sodass die Extraktion sehr effektiv verläuft: Ca. 99 % des Zuckers werden aus den Schnitzeln extrahiert. Die nahezu vollständig entzuckerten Schnitzel werden in einer Schnitzelpresse vorentwässert und schließlich in einem Trommeltrockner in trockene Pellets überführt, die als Viehfutter Verwendung finden. Der zuckerhaltige Saft wird am Boden des Extraktionsturms entnommen und zurück durch die Schnitzelmaische geleitet.

Reinigung des Zuckersafts

Der so gebildete Zuckersaft ist dunkel gefärbt und enthält eine Reihe von Verunreinigungen, z. B. den Invertzucker (ein Gemisch von Glucose und Fructose), Pektinstoffe sowie Aminosäuren wie z. B. das Glutamin. Um „thermostabile Säfte" zu erhalten, ist deshalb unbedingt eine Reinigung des Saftes erforderlich. Diese erfolgt mithilfe von Kalkmilch (Calciumhydroxid) und Kohlendioxid. Dazu befindet sich auf dem Gelände der Zuckerfabrik ein Kalkofen, in dem Calciumcarbonat („Kalkstein") in Calciumoxid (CaO) und Kohlendioxid (CO_2) aufgespalten wird. Durch Löschen des Calciumoxids mit Wasser entsteht die $Ca(OH)_2$ enthaltende Kalkmilch, die in der Kalkung zur Ausflockung von Schwebestoffen und Nicht-Zucker-Stoffen führt. Überschüssige Kalkmilch wird dann in der Carbonation mit dem Kohlendioxid aus dem Kalkofen in festes Calciumcarbonat überführt, das alle unerwünschten Niederschläge enthält. In einer Filterpresse wird dieser Carbonationskalk (Carbokalk) abgetrennt; er kann teilweise als Dünger von sauren Böden verwendet

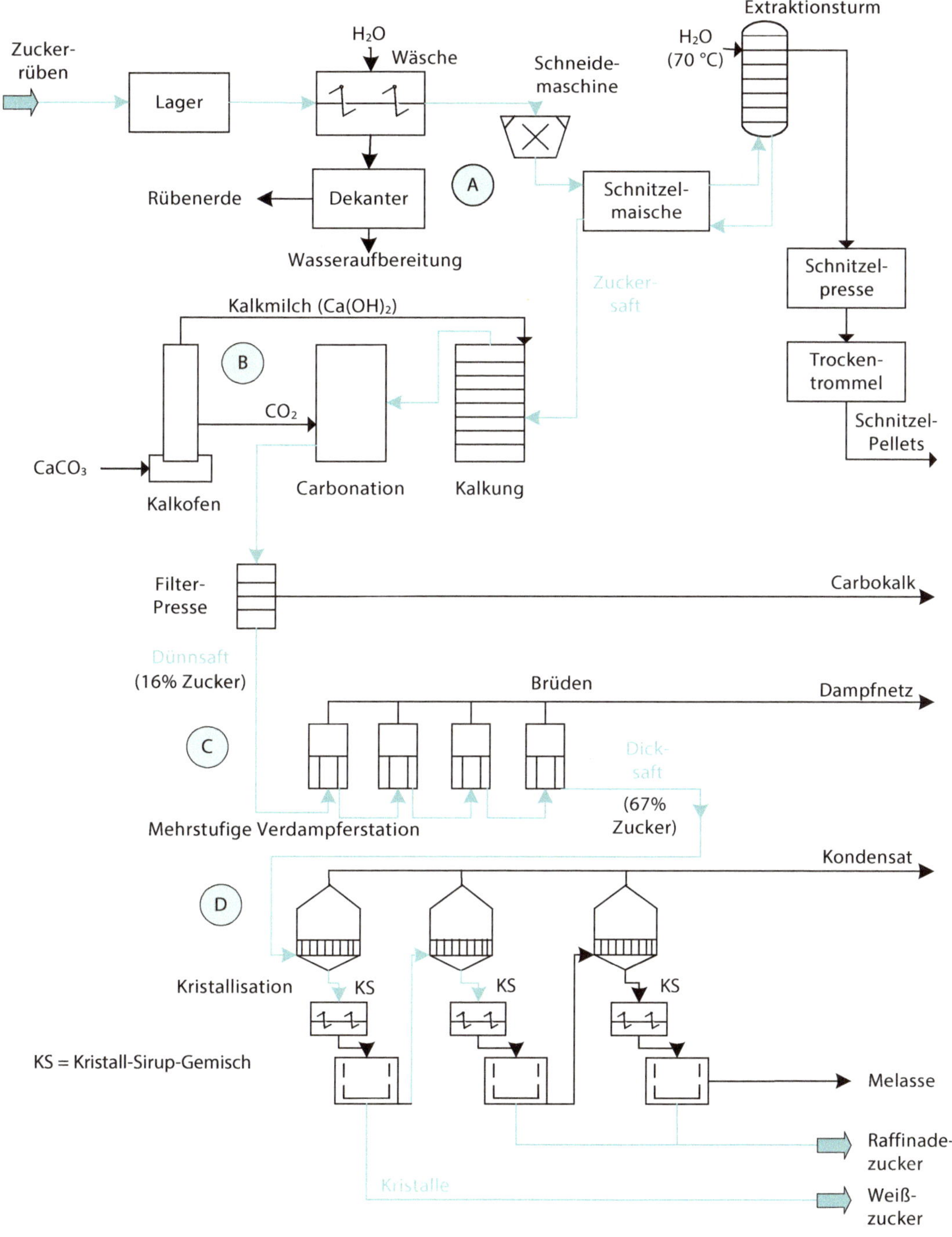

◘ Abb. 6.21 Gewinnung von Saccharose aus Zuckerrüben

werden. Aus der Filterpresse wird der **Dünnsaft** entnommen, der ca. 16 % Zucker enthält.

Safteindickung in der Verdampferstation

Der Dünnsaft wird in einer mehrstufigen (meist vierstufigen) Verdampferstation in einen *Dicksaft* überführt. Diese hellbraune, viskose Lösung hat einen Zuckeranteil von ca. 67 %. Aus den Verdampfern werden die Brüden entnommen, die in der Zuckerfabrik als Energieträger genutzt werden können. Umgerechnet auf eine Tonne verarbeiteter Zuckerrüben muss in der Verdampferstation ca. ein Kubikmeter Wasser schonend entfernt werden. Pro Tonne Rüben verbleiben ca. 300 kg **Dicksaft**, die vor der Weiterverarbeitung noch einmal filtriert werden.

Kristallisation des Zuckers

Der letzte Schritt der Aufbereitung ist die „Kochstation", in der weiteres Wasser entfernt wird, damit der Zucker auskristallisiert. Diese Verdampfungskristallisation wird diskontinuierlich mehrstufig unter leichtem Vakuum betrieben. Im ersten Kristallisator bildet sich unter Zusatz von Impfkristallen ein hoch viskoses Kristall-Sirup-Gemisch. Die Kristalle werden in einer Großraumzentrifuge (pro Charge 1,5 t Füllmasse) abgetrennt und mit Wasser oder Dampf gewaschen. Das Waschwasser wird wieder in den Prozess zurückgeführt. Die so abgetrennten Kristalle bilden die reinste Form des Zuckers, den **Weißzucker**. Guter Weißzucker hat einen Saccharosegehalt von 99,95 %.

Der bei der ersten Zentrifugation verbleibende Sirup gelangt in die nächste Kristallisationsstufe, die vollkommen analog abläuft. In dieser zweiten Stufe entsteht der **Raffinadezucker**. Im letzten Schritt wird der Verdampfungskristallisation oftmals noch eine Kühlungskristallisation angeschlossen, um möglichst viel Zucker abzutrennen.

Es verbleibt die zähflüssige, schwarzbraune **Melasse**, die immer noch ca. 50 % Zucker enthält. Der Rest sind Wasser (20 %), Aminosäuren (6–8 %), N-freie organische Säuren (2–4 %), Betaine (4–6 %) und anorganische Bestandteile (9–11 %). Die Melasse kann den Schnitzel-Pellets (▶ Abschn. 6.3.1.1) zugesetzt werden, die als Viehfutter oder als Winterfutter für Wildtiere verwendet werden. Alternativ kann man sie auch zu Alkohol vergären. Aus Rohrzucker-Melasse wird so der Jamaika-Rum hergestellt.

Hervorzuheben ist, dass eine Zuckerfabrik auf Rübenbasis im Jahr immer nur ca. drei Monate lang arbeitet. Nur in dieser Zeit, von ca. September bis November, steht der Rohstoff Zuckerrüben ausreichend zur Verfügung. Moderne Großfabriken verarbeiten heute bis zu 13.000 t Zuckerrüben pro Tag. Die Qualität und Quantität der Zucker wird durch die „Europäische Zuckermarktordnung" geregelt. Darin wird die Produktion des heimischen Zuckers durch ein Regelwerk von Quoten, Zöllen und Subventionen geschützt. Wer gerne kompliziert formulierte Texte liest, sei auf die „EU-Verordnung 1308/2013 vom 17.12.2013 über eine gemeinsame Marktorganisation für landwirtschaftliche Erzeugnisse" hingewiesen.

6.3.2 Saccharoseverarbeitung

In Deutschland wurden 2010/2011 ca. 3,5 Mio. Tonnen Saccharose produziert. 16 % davon wurden als Zucker im Einzelhandel verkauft, 56 % gingen in die zuckerverarbeitende Industrie und in das Handwerk. 28 % des Zuckers, also ca. 900.000 t, wurden in der chemischen und sonstigen Industrie verarbeitet („Industriezucker"). Dabei wird der Zucker in zahlreichen chemischen Folgereaktionen in Wertstoffe umgewandelt.

Schon mehrfach erwähnt wurde bereits die Hydrolyse zu **Invertzucker**. Bei dieser Reaktion wird das Disaccharid Saccharose in die beiden Monosaccharide Glucose und Fructose gespalten. Diese Reaktion erfolgt entweder mit verdünnten Mineralsäuren oder mit spezifischen Enzymen, den Invertasen. Neuerdings werden auch immobilisierte Enzyme, Kationenaustauscherharze (in der H^+-Form), Zeolithe und silicageträgerte Heteropolysäuren für diesen Zweck eingesetzt. Invertzucker wird zu Flüssigzucker und Kunsthonig weiterverarbeitet, die in der Lebensmittelindustrie verwendet werden. Außerdem dient er zur Winterfütterung in der Imkerei, zum Süßen von Tabak und als Zuckersirup für Cocktails.

Wie die Monosaccharide, so kann man auch Saccharose in ihre Ester überführen. Besonders reaktiv sind die drei primären Hydroxygruppen der Saccharose, aber auch die fünf sekundären OH-Gruppen können verestert werden. Als Säuren können kurzkettige Carbonsäuren, wie z. B. Essig- oder Isobuttersäure eingesetzt werden. Meist werden aber die langkettigen Fettsäuren zur Veresterung eingesetzt, um **Saccharoseester** herzustellen, die als Tenside genutzt werden können. Zwangsläufig ergibt sich dabei immer ein komplexes Gemisch mehrfach veresterter Moleküle (◘ Abb. 6.22). Diese Gemische sind relativ hydrophob und besitzen nur ein geringes Anwendungsspektrum, z. B. als Emulgatoren in Kosmetika.

Führt man eine nahezu vollständige Veresterung der acht OH-Gruppen durch, erhält man ein Gemisch von Saccharoseocta- und heptafettsäureestern, das unter dem Markennamen *Olestra* verkauft wird. Es wurde 1968 von Procter&Gamble als Fettersatzstoff entwickelt. Körpereigene Lipasen können dieses Molekül nicht abbauen, sodass es den Körper wieder unverdaut verlässt. Als Nahrungsmittel hat Olestra allerdings Nebenwirkungen, sodass es in Europa nicht zugelassen wurde.

Eine weitere wichtige Gruppe von Saccharosederivaten sind die **Saccharoseether**, die auf verschiedenen Wegen hergestellt werden können. Je nach Substitutionsgrad und Alkylkettenlänge sind diese Ether wieder als nichtionische Tenside einsetzbar, die nichttoxisch und gut biologisch abbaubar sind. Gegenüber den Estern haben sie den großen Vorteil, dass sie im Alkalischen deutlich stabiler sind.

- Eine mögliche Methode der Ethersynthese ist die Umsetzung von Saccharose mit langkettigen Epoxyverbindungen wie z. B. 1,2-Epoxydodecan oder 1,2-Epoxydodecan-3-ol in Wasser oder polaren Lösungsmitteln. Unter der Aufspaltung des Dreirings bildet sich zumeist ein Gemisch von Mono- und Diethern.
- Alternativ kann Saccharose auch in einer Williamson-Synthese mit Bromalkanen, z. B. mit Bromdodecan, umgesetzt werden. Wiederum ergeben sich Gemische von Mono- und Diethern; als Koppelprodukt wird unerwünschtes NaBr gebildet.
- Eine interessante Variante ist die **Telomerisation** von Saccharose mit zwei Molekülen 1,3-Butadien. Diese Reaktion wird durch homogene Palladium-Komplexkatalysatoren

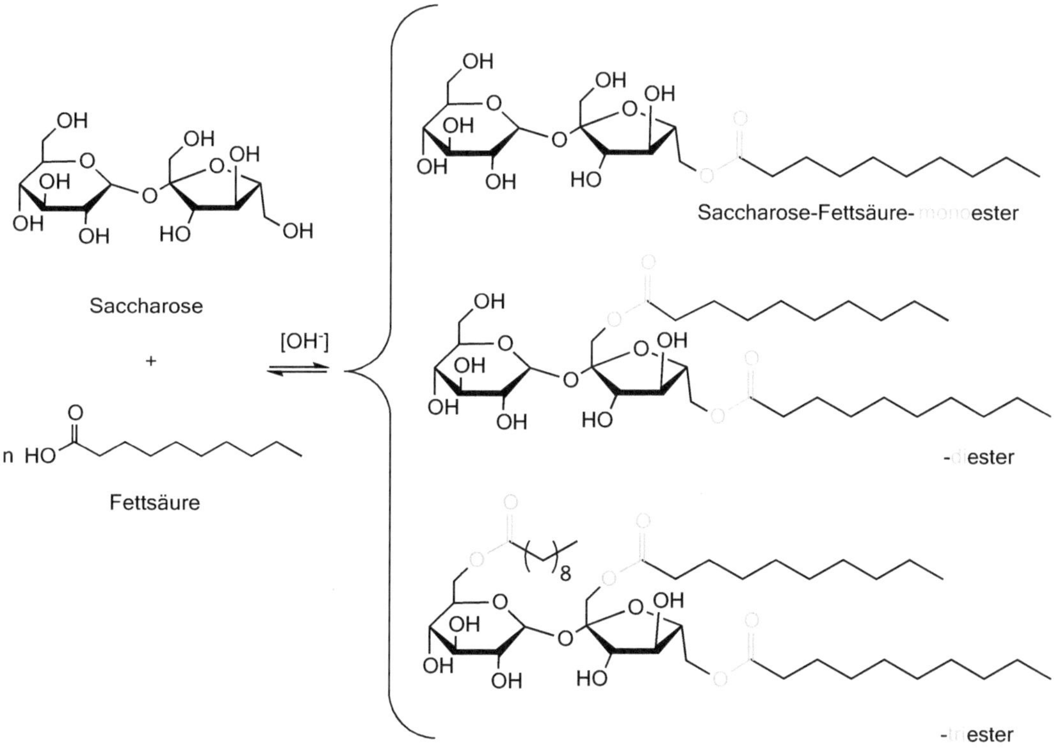

◘ **Abb. 6.22** Veresterung von Saccharose mit Fettsäuren zu Estergemischen

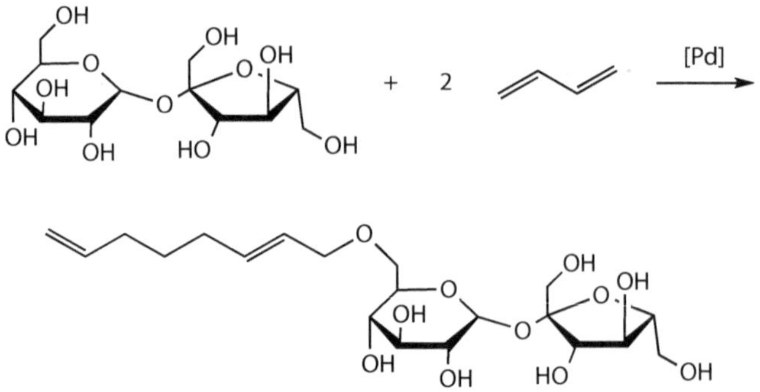

▪ Abb. 6.23 Telomerisation von Saccharose mit Butadien zum Monoether

katalysiert und ergibt Ether mit Octadienylketten (▪ Abb. 6.23), die zu Octylketten hydriert werden können. In homogener Phase bilden sich erneut Gemische von Mehrfachethern. Führt man diese Reaktion jedoch kontinuierlich in einem Flüssig/flüssig-Zweiphasensystem durch mit einer polaren, wässrigen Saccharoselösung und einer unpolaren Butadienphase, gelingt es, selektiv zu den Monoethern zu gelangen. Dabei ist der Palladiumkatalysator in der wässrigen Phase gelöst. Da sich Butadien ausreichend in der wässrigen Phase löst, bildet sich dort als erstes der Monoether. Dieses

Saccharosetelomer wechselt wegen seiner geringeren Polarität direkt in die unpolare Phase über und steht deshalb für eine Konsekutivreaktion zum Diether nicht mehr zur Verfügung. Bei dieser In-situ-Extraktion werden Produkt und Katalysator automatisch voneinander getrennt; der Katalysator kann somit einfach wieder in den Reaktor recycliert werden.

Durch **Chlorierung** von Saccharose kann man zu **Sucralose** gelangen. Um selektiv drei Chloratome in das Molekül einzuführen, muss man allerdings eine Schutzgruppenchemie anwenden (▪ Abb. 6.24):

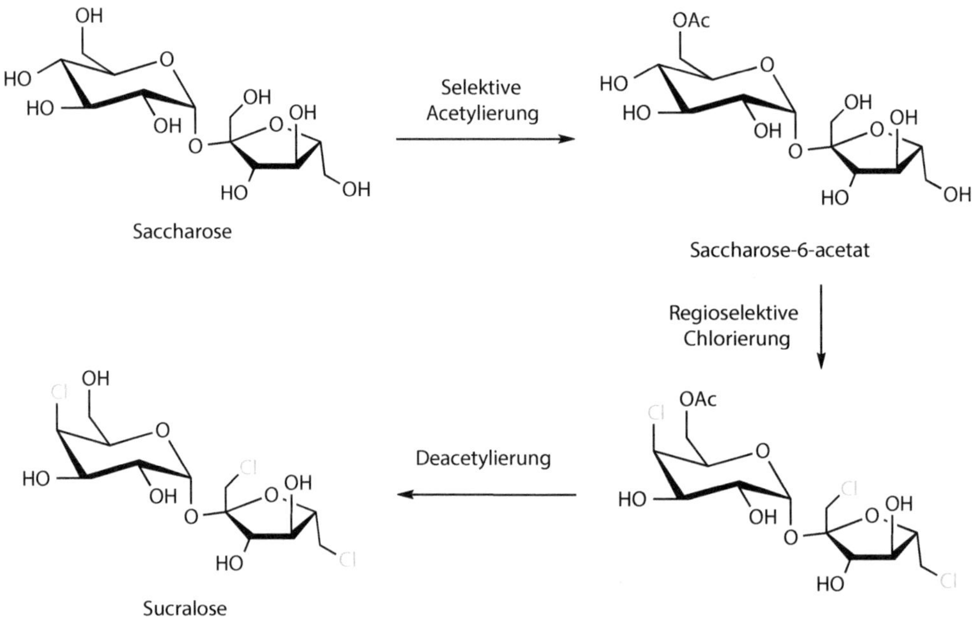

▪ Abb. 6.24   Umwandlung von Saccharose in den Süßstoff Sucralose

Zuerst wird Saccharose selektiv an der OH-Gruppe 6 der Glucose-Einheit acetyliert. Das so gebildete Saccharose-6-acetat wird dann an C-Atom 4 der Glucose und an den C-Atomen 1' und 6' der Fructose dreifach chloriert. Schließlich entsteht durch Deacetylierung, also durch Abspaltung der Schutzgruppen, die Sucralose.

Sucralose wird als Süßstoff eingesetzt, der 600-fach süßer schmeckt als Saccharose. Sie wird überwiegend in den USA hergestellt, ist aber seit 2005 auch in Europa als Süßungsmittel zugelassen. Der ADI-Wert, die täglich tolerierbare Aufnahmemenge (*acceptable daily intake*) von Sucralose, liegt bei 15 mg pro Kilogramm Körpergewicht. Wie die meisten chlororganischen Verbindungen ist Sucralose nur schwer in der Umwelt abbaubar.

Die **Oxidation** von Saccharose führt zu Polyhydroxypolycarbonsäuren, die als Komplexierungsmittel (engl. *complexing agent*) in Waschmitteln eingesetzt werden können. Das bei der Wäsche störende Calcium, das verstärkt in „hartem Wasser" auftritt, kann auf diese Weise entfernt werden. Erste Forschungsarbeiten zur Oxidation begannen mit Periodat und Hypobromiten als Oxidationsmitteln; heute wird bevorzugt mit Sauerstoff in Gegenwart von Platin-Trägerkatalysatoren oxidiert. Die Oxidation erfolgt insbesondere an den primären Hydroxygruppen und führt überwiegend zu Gemischen von Mono- und Dicarbonsäuren der Saccharose.

Die enzymatische **Isomerisierung** der Saccharose führt zur *Isomaltulose* (◘ Abb. 6.25). In diesem Molekül ist die Fructose-Einheit des Disaccharids nicht mehr über die sekundäre OH-Gruppe an C-Atom 2, sondern über die primäre OH-Gruppe an C-Atom 1 an der Glucose-Einheit gebunden. Diese Reaktion wird auch als Transglucosylierung bezeichnet; die entsprechenden Enzyme sind die Glucosyltransferasen.

Diese Reaktion zur Isomaltulose wurde erstmals von der Firma Südzucker in ihren Laboratorien in Neuoffstein in der Pfalz entdeckt. Nach dem lateinischen Wort *palatium* für Pfalz erhielt das Produkt den Handelsnamen „Palatinose". Die Süße der Isomaltulose ist mit der der Saccharose vergleichbar. Isomaltulose ist aber nicht kariogen (erzeugt also keine Karies) und baut sich im Körper langsamer ab als Saccharose. Dadurch steht die Energie aus der Isomaltulose dem Körper über einen längeren

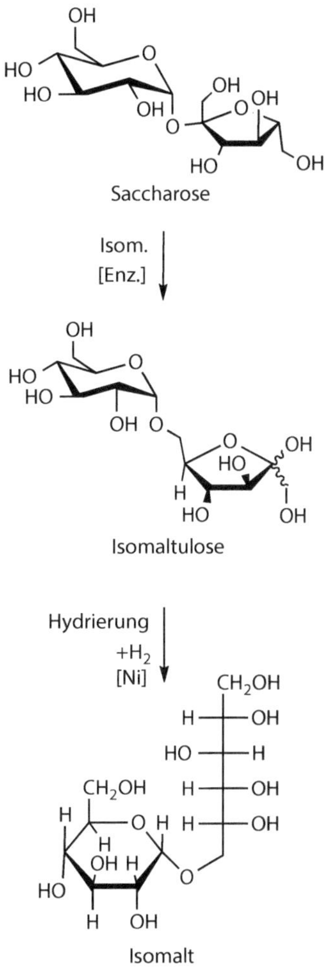

◘ **Abb. 6.25** Umwandlung von Saccharose in Isomaltulose und Isomalt

Zeitraum zur Verfügung, und der Blutzuckerspiegel bleibt relativ stabil.

Durch Hydrierung der Isomaltulose mit Wasserstoff in wässriger Lösung in Gegenwart von heterogenen Nickelkatalysatoren bildet sich ein Zuckeralkohol, das **Isomalt** (◘ Abb. 6.25). Isomalt schmeckt wie natürlicher Zucker, enthält aber nur die Hälfte an Kalorien. Als Süßstoff wird es angewendet für die Produktion von Süßwaren aller Art, z. B. für Schokolade, Bonbons und Kaugummis, aber auch für Backmischungen und Pharmaka. Isomalt und Isomaltulose sind darüber hinaus wichtige Ausgangsstoffe für zahlreiche Folgeprodukte mit den unterschiedlichsten Anwendungen.

Die OH-Gruppen der Saccharose können auch genutzt werden, um **Polymere** auf Zuckerbasis herzustellen. Dazu gehören Polyester, Polycarbonate und Polyurethane. Die Umsetzung mit Dicarbonsäuren, z. B. mit Phthalsäuren, führt zu den Alkydharzen (▶ Kap. 19 über Biopolymere).

6.4   Ausblick auf weitere Oligo- und Polysaccharide

Bei den glycosidisch miteinander verbundenen Monosacchariden unterscheidet man zwischen Oligosacchariden (zwei bis sieben Einheiten) und Polysacchariden (mehr als sieben Einheiten). Besonders im Honig und in Hülsenfrüchten kommt eine große Anzahl von Oligosacchariden vor. Als ein Beispiel der Trisaccharide sei die *Raffinose* vorgestellt, die aus den Monosacchariden Galactose, Glucose und Fructose aufgebaut ist (◘ Abb. 6.26). Die offizielle Bezeichnung ist O-D-Galactopyranosyl-(1α→6)-O-D-glucopyranosyl-(1α→2β)-O-D-fructofuranosid.

In manchen Pflanzen ersetzt die Raffinose die Stärke als Speicherkohlenhydrat. Sie kommt im Rübenzucker vor und sammelt sich bei der Zuckeraufbereitung in der Melasse an. Sie tritt auch in Süßkartoffeln, Leguminosen (Sojabohnen, Kichererbsen), Bienenhonig und Baumwollsamen auf. In Erbsen und Bohnen macht sie fast 15 % der Trockensubstanz aus. Ihre Süßkraft beträgt nur ca. ein Viertel der Saccharose. Generell gilt, dass die Oligosaccharide mit steigender Kettenlänge zunehmend geschmacksneutral werden.

In den kommenden ▶ Kap. 7 bis ▶ Kap. 10 werden die bedeutendsten Polysaccharide einzeln vorgestellt. Um schon einmal vorab einen Überblick über die Vielfalt, aber auch über die strukturellen Unterschiede zu geben, wurden in ◘ Abb. 6.27 wichtige Polysaccharide zusammengestellt und verglichen:

- In der **Cellulose** sind Glucose-Einheiten β(1,4)-glycosidisch miteinander verknüpft. Sie ist Bestandteil der Zellwand in vielen Pflanzen (▶ Kap. 7).
- **Stärke** enthält Glucose-Einheiten, die α(1,4)-glycosidisch, teilweise aber auch α(1,6)-glycosidisch verknüpft sind. Sie kommt in Getreide und vielen Pflanzenknollen, wie z. B. Kartoffeln oder Tapioka, vor (▶ Kap. 8).
- **Chitin** besteht aus *N*-Acetylglucosamin-Einheiten, die (wie bei Cellulose) β(1,4)-glycosidisch miteinander verknüpft sind. Dieses Polysaccharid kommt in den Schalen der Krustentiere (Crustaceen) vor. Durch Abspalten der Acetylgruppe entsteht das *Chitosan* (▶ Kap. 9).
- **Glycogen** ist das Reservekohlenhydrat im tierischen Organismus und wird insbesondere in der Leber, aber auch in den Muskeln gespeichert. Vom Aufbau her ähnelt es der Stärke, hat aber eine größere Anzahl von α(1,6)-glycosidischen Verzweigungen.
- Die **Pektine** kommen in zahlreichen Früchten, Stängeln und Knollen vor. Sie bestehen aus Galacturonsäure-Einheiten (oder deren Methylester), die (wie in der Stärke) α(1,4)-glycosidisch miteinander verknüpft sind. Sie können Gallerten

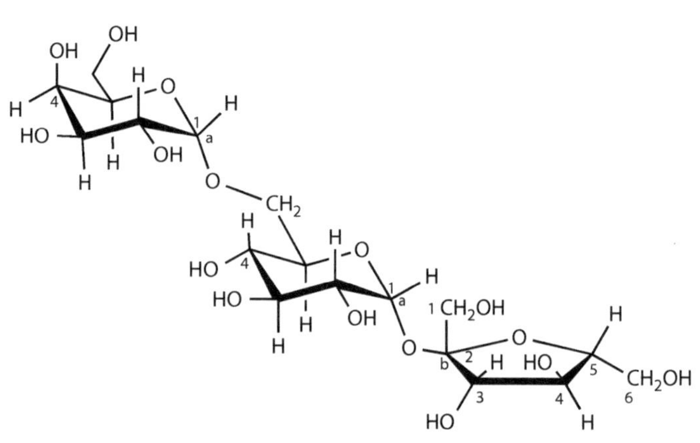

◘ **Abb. 6.26** Formel des Trisaccharids Raffinose

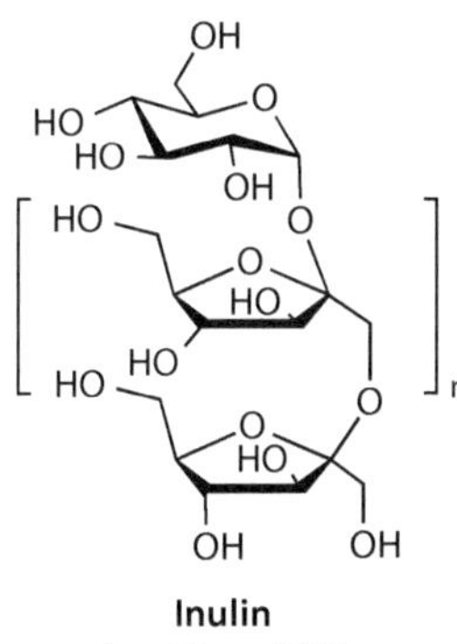

☐ Abb. 6.27   Überblick über wichtige Polysaccharide

bilden und werden deshalb für die Herstellung von Gelees und Marmelade verwendet.

▬ Das Polysaccharid **Inulin** hatten wir bereits anfangs bei der Besprechung der Fructose vorgestellt. Es ist das Reservekohlenhydrat in den Wurzelknollen der Dahlien und Artischocken. Es baut sich aus β(1,2)-glycosidisch miteinander verknüpften Fructose-Einheiten auf, mit einer Glucose-Einheit als Endgruppe.

▬ In der chemischen Industrie werden noch eine Reihe weiterer Oligo- und Polysaccharide hergestellt, z. B. die cyclischen **Cyclodextrine**, die aus mehreren Glucose-Einheiten bestehen. Diese Verbindungen werden gemeinsam in ▶ Kap. 10 besprochen.

138   **Kapitel 6** · Süße Chemie

Zusammenfassung *(Take-Home Messages)*

- **Kohlenhydrate** oder „Saccharide" haben die allgemeine Formel $C_n(H_2O)_n$. Man unterteilt sie in Mono-, Oligo und Polysaccharide.
- Die **Monosaccharide** sind Polyhydroxy-aldehyde oder -ketone mit drei bis sechs Kohlenstoffatomen. Typische Vertreter sind die Aldohexose **Glucose** und die Ketohexose **Fructose**. Neben ihrer linearen Form existieren sie auch in cyclischen Halbacetal- bzw. Halbketal-Formen.
- Die Monosaccharide gehen eine Reihe **fermentativer Umsetzungen** ein. Dazu gehören die Reaktionen zu Milchsäure, zu 3-Hydroxypropionsäure, zu Bernsteinsäure, zu Itaconsäure und zu Glutaminsäure. Insbesondere **Milchsäure** ist von großem technischem Interesse, da sie zu dem bioabbaubaren Thermoplast **Polymilchsäure** polymerisiert werden kann. Ebenfalls wird untersucht, sie zu Acrylsäure zu dehydratisieren.
- Bei den chemischen Umsetzungen der Monosaccharide ist die **Dehydratisierung** der Hexosen zu **5-Hydroxymethyl-furfural** (**HMF**)von großer Bedeutung. Diese „Plattformchemikalie" kann in zahlreiche Derivate umgewandelt werden, z. B. in 2,5-Bis(hydroxymethyl)furan, 2,5-Furandicarbonsäure und in Lävulinsäure. Diese Stoffe können wegen ihrer beiden funktionellen Gruppen als Monomere für Biopolymere dienen. Die Dehydratisierung von Pentosen führt zu **Furfural**, das ebenfalls eine umfangreiche Folgechemie aufweist.
- Durch **Oxidation** der Monosaccharide werden Carbonsäuren gebildet, z. B. Gluconsäure und Glucuronsäure.
- Die **Hydrierung** der Zucker führt zu den **Zuckeralkoholen**. Aus Glucose wird Sorbitol, aus Fructose wird Mannitol. Beide dienen als künstliche Süßstoffe. Sorbitol ist auch Ausgangsstoff für die Synthese der L-Ascorbinsäure, des Vitamin C.
- Durch **Glycosidierung** kann die Glucose mit Fettalkoholen zu **Alkylpolyglucosiden** (**APG**) umgesetzt werden. Sie sind wichtige nichtionische Tenside, die ausschließlich aus nachwachsenden Rohstoffen bestehen. Sie sind sehr hautverträglich und vollständig biologisch abbaubar.
- Die **Veresterung** der Zucker führt zu **Zuckerestern**, die ebenfalls als waschaktive Substanzen genutzt werden können.
- Bei der **Aminierung** von Glucose mit Methylamin in Gegenwart von Wasserstoff bildet sich das *N*-Methylglucamin, das mit Fettsäureestern zu **Fettsäure-*N*-methylglucamid** reagiert. Diese Glucamide sind ebenfalls gut abbaubare Tenside.
- Zu den **Disacchariden** gehören u. a. Saccharose, Isomaltulose, Lactose („Milchzucker") und Maltose („Malzzucker").
- Das mengenmäßig bedeutendste Disaccharid, die **Saccharose**, wird aus Zuckerrohr oder Zuckerrüben gewonnen. Die Isolierung der Saccharose erfolgt in Zuckerfabriken durch Extraktion mit heißem Wasser und anschließender Kristallisation des Zuckers in der „Kochstation". Als Koppelprodukt bildet sich die **Melasse**.
- Die **Hydrolyse** von Saccharose führt zu **Invertzucker**, einem Gemisch von Glucose und Fructose, das in der Lebensmittel-industrie als Süßungsmittel verwendet wird.
- Saccharose kann auch in **Saccharoseester** und **Saccharoseether** überführt werden. Eine interessante Ethersynthese ist die palladiumkatalysierte **Telomerisation** der Saccharose mit 1,3-Butadien zu Saccharose-Monotelomeren, die nach Hydrierung als nichtionische Tenside eingesetzt werden können. Die Ether haben gegenüber den Estern den Vorteil, dass sie in der basischen Waschflotte wesentlich stabiler sind.
- Durch **Chlorierung** von Saccharose erhält man die **Sucralose**, durch **Oxidation** Polyhydroxypolycarbonsäuren und durch **Isomerisierung** die **Isomaltulose**.

❓ Zehn Quickies zu ▶ Kap. 6

1. Nennen Sie mindestens zwei Monosaccharide und ihr Vorkommen in der Natur!
2. Die durch Fermentation der Glucose zugängliche Milchsäure ist eine wichtige Plattformchemikalie. Welche Folgeprodukte kann man aus ihr herstellen?
3. Welche Produkte entstehen bei der Dehydratisierung von Hexosen bzw. Pentosen?
4. Wie können Sie ausgehend von HMF Monomere für Polykondensate synthetisieren?
5. Was sind Zuckeralkohole? Nennen Sie Beispiele und einige Anwendungen!
6. Beschreiben Sie das technische Verfahren zur Herstellung der Alkylpolyglucoside. Wozu werden diese APG verwendet? Welche Eigenschaften haben sie?
7. Wie kann man aus Glucose durch Aminierung ein nichtionisches Tensid herstellen?
8. Was ist Lactose? Wo kommt sie vor? Wie wird sie gewonnen?
9. Nennen Sie möglichst detailliert die wichtigsten Prozessschritte bei der Gewinnung der Saccharose aus Zuckerrüben! Welche Nebenprodukte werden gebildet? Wozu werden diese verwendet?
10. Nennen Sie mindestens fünf Folgeprodukte der Saccharose!

■ ■ … und zur Belohnung noch ein Fußballer-Zitat:

» Der krempelt die Arme hoch.
(Reiner Calmund über Carsten Ramelow)

Weiterführende Literatur

Monographien und Übersichtsartikel zu den Kohlenhydraten

Farrán A, Cai C, Sandoval M, Xu Y, Liu J, Hernáiz MJ, Linhardt RJ (2015) Green solvents in carbohydrate chemistry: from raw materials to fine chemicals. Chem Rev 115:6811–6853

Mahrwald R (2015) Modern organocatalyzed methods in carbohydrate chemistry. Springer, Heidelberg

Wittcoff HA, Reuben BG, Plotkin JS (2013) Industrial organic chemicals, Chapt. 16: Carbohydrates. John Wiley & Sons, Hoboken

Gallezot P (2012) Conversion of biomass to selected chemical products. Chem Soc Rev 41:1538–1558

Ulber R, Sell D, Hirth T (Hrsg) (2011) Renewable raw materials – new feedstocks for the chemical industry. Wiley-VCH, Weinheim

Ebermann R, Elmadfa I (2011) Lehrbuch Lebensmittelchemie und Ernährung. Springer, Wien – New York ▶ Kap. 3 (Kohlenhydrate)

Schwedt G (2010) Zuckersüße Chemie – Kohlenhydrate & Co. Historische Betrachtungen mit Experimenten. Wiley-VCH, Weinheim

Miljkovic M (2010) Carbohydrates: synthesis, Mechanisms and stereoelectronic effects. Springer, New York

Habermehl G, Hammann PE, Krebs HC, Ternes W (2008) Naturstoffchemie – Eine Einführung. Springer, Berlin

Sinnott ML (2008) Carbohydrate chemistry and biochemistry – structure and mechanism. RSC Publ., Cambridge

Fraser-Reid B, Tatsuka K, Thiem J (Hrsg) (2008) Glycoscience. Springer-Verlag, Heidelberg

Lindhorst TK (2007) Essential of carbohydrate chemistry and biochemistry. Wiley-VCH, Weinheim

Lehmann J (2001) Kohlenhydrate – Chemie und Biologie. Thieme, Stuttgart

Originalstellen zu den Kohlenhydraten

Sheldon R (2014) Green and sustainable manufacture of chemicals from biomass: state of the art. Green Chem 16:950–963

Bozell JJ, Petersen GR (2010) Technology development for the production of biobased products from biorefinery carbohydrates – the US Department of Energy's „Top 10" revisited. Green Chem 12:539–554

Lichtenthaler FW (2010) Carbohydrates as organic raw materials. In: Ullmann's Encyclopedia of industrial chemistry (electronic version). Wiley-VCH, Weinheim

Frenzel S, Peters S, Rose T, Kunz M (2009) Industrial sucrose. In: Höfer R (Hrsg) Sustainable solutions for modern economies. RSC Publishing, Cambridge

Muffler K, Ulber R (2008) Use of renewable raw materials in the chemical industry – beyond sugar and starch. Chem Eng Technol 31:638–646

Corma A, Iborra S, Velty A (2007) Chemical routes for the transformation of biomass into chemicals. Chem Rev 107:2411–2448

Peters D (2006) Carbohydrates for fermentation. Biotechnol J 1:806–814

Röper H (2002) Renewable raw materials in Europe – Industrial utilization of starch and sugar. Starch/Stärke 54:89–99

Lindhorst TK (2000) Struktur und Funktion von Kohlenhydraten. Chem Unserer Zeit 34:38–52

**Monographien und Übersichtsartikel zu Mono- und
Disacchariden**

Buchholz K, Ekelhoff B (2005) Technologie der Kohlenhydrate.
In: Winnacker-Küchler – Chemische Technik, 5. Aufl. Band
8. Wiley-VCH, Weinheim, S 315–316
Hill K, von Rybinski W, Stoll G (Hrsg) (1997) Alkyl
Polyglycosides – technology, properties and applications.
VCH, Weinheim

Originalstellen zu Mono- und Disacchariden

N.N., Chemische Produkte auf Basis von Biomasse, CHEMana-
ger 6:9 (Produktionsanlage der AVA Biochem für 5-Hydro-
xymethylfurfural)
Metzger JO (2013) Catalytic deoxygenation of carbohydrate
renewable resources. Chem Cat Chem 5:680–682
Ruppert AM, Weinberg K, Palkovits R (2012) Hydrogenolyse
goes Bio: Von Kohlenhydraten und Zuckeralkoholen zu
Plattformchemikalien. Angew Chem 124:2614–2654.
Geilen FMA, Engendahl B, Harwardt A, Marquardt W, Klan-
kermeyer J, Leitner W (2010) Selective and flexible transformation of biomass-derived platform chemicals by a
multifunctional catalytic system. Angew Chem Int Ed
49(Umsetzung von Lävulinsäure und Itaconsäure in Lactone und Tetrahydrofurane):5510–5514
Delhomme C, Weuster-Botz D, Kühn FE (2009) Succinic acid
from renewable resources as a C4 building block chemical – a review of the catalytic possibilities in aqueous
media. Green Chem 11:13–26 (Folgechemie der Bernsteinsäure)
Grosshardt O, Fehrenbacher U, Kowollik JK, Tübke B, Dinge-
nouts N, Wilhelm M (2009) Synthese und Charakterisierung von Polyestern und Polyamiden auf der Basis von
Furan-2,5-dicarbonsäure. Chem Ing Tech 81:1829–1835
Bechthold I, Bretz K, Kabasci S, Kopitzki R, Springer A (2008)
Succinic acid: a new platform chemical for biobased
polymers from renewable resources. Chem Eng Technol
31:647–654 (Review über die Chemie der Bernsteinsäure)
Mehdi H, Fábos V, Tuba R, Bodor A, Mika LT, Horváth IT (2008)
Integration of homogeneous and heterogeneous catalytic processes for a multi-step conversion of biomass: from
sucrose to levulinic acid, γ--valerolactone, 1,4-pentane-
diol, 2-methyl-tetrahydrofuran, and alkanes. Top Catal
48:49–54.
Peters D (2006) Kohlenhydrate als Fermentationsrohstoff.
Chem Ing Tech 78:229–238
Bicker M, Endres S, Ott L, Vogel H (2005) Catalytic conversion
of carbohydrates in subcritical water: a new chemical
process for lactic acid production. J Mol Catal A: Chem
239:151–157 (Von Zuckern zur Milchsäure)
Huber GW, Cortright RD, Dumesic JA (2004) Renewable alkanes by aqueous-phase reforming of biomass-derived
oxygenates. Angew Chem 116:1575–1577 (Von Zuckern
zu Alkanen)

Vigier KDO, Jérôme F (2010) Heterogeneously-catalyzed
conversion of carbohydrates. In: Rauter A, Vogel P,
Queneau Y (Hrsg) Carbohydrates in sustainable development II. Topics in Current Chemistry, Bd 295. Springer,
Berlin, Heidelberg, S 63–92

Von Holz zu Zellstoff

Cellulose

© Springer-Verlag GmbH Deutschland 2018
A. Behr, T. Seidensticker, *Einführung in die Chemie nachwachsender Rohstoffe,*
https://doi.org/10.1007/978-3-662-55255-1_7

Kapitelfahrplan
- Sie lernen die Zusammensetzung von Holz kennen und wie man Cellulose aus Holz gewinnt.
- Die Papierherstellung als wichtigste Verwendung der Cellulose wird erläutert.
- Wir besprechen die Derivatisierung der Cellulose zu Fasern, Estern und Ethern.

7.1 Vorkommen und Gewinnung von Cellulose

Cellulose ist ein Polysaccharid, in dem Glucoseeinheiten β-1,4-glycosidisch miteinander verknüpft sind. Sie ist Bestandteil der Zellwand vieler Pflanzen, z. B. der Jute, des Flachses und des Hanfs. Die Samenhaare der Baumwollpflanze bestehen fast vollständig aus Cellulose; in Gräsern ist sie bis zu 30 % enthalten. Die Hauptquelle von Cellulose ist jedoch das Holz, das – je nach Holzart – bis zu 50 % Cellulose enthält. Damit ist die Cellulose das häufigste Biopolymer in der Natur (▶ Abschn. 19.2). Die typische prozentuale Zusammensetzung der wichtigsten Cellulosequellen ist in ◘ Tab. 7.1 wiedergegeben. Die Hauptbestandteile dieser Pflanzen sind Cellulose, Hemicellulosen und Lignin; wichtige Nebenbestandteile sind Anorganika, wie z. B. Carbonate und Silikate, sowie Harze, Wachse, Pigmente, Pektine und Terpentinöle.

Die Polymerkette der Cellulose wird in ◘ Abb. 7.1 gezeigt. Will man die unverzweigte Kette der Cellulose „platzsparend" zeichnen, dann wählt man – wie in ◘ Abb. 7.1 – eine Darstellungsweise, bei der das Ring-Sauerstoffatom der Glucose-Einheiten jeweils einmal nach vorne und einmal nach hinten zeigt. Dabei ergeben sich Cellobiose-Einheiten, die aus zwei β-glycosidisch verknüpften Glucose-Einheiten bestehen. Cellulose besteht aus 500 bis 5000 Glucosebausteinen und hat somit Molmassen zwischen 200.000 und einer Mio. Dalton. Cellulose ist sowohl in Wasser als auch in nahezu allen organischen Lösungsmitteln unlöslich. Eine „Aktivierung" der Cellulose ist durch wässrige Natronlauge möglich.

Die Molekülketten der Cellulose können sich über Wasserstoffbrückenbindungen aneinander legen und dabei kristalline Segmente bilden. Eine Cellulosekette kann daher mehrfach kristalline und amorphe Bereiche durchlaufen. Mehrere Molekülketten bilden eine Mikrofibrille, die bis zu mehreren Mikrometern lang ist und einen Querschnitt von 10–100 nm besitzt. Mehrere Mikrofibrillen bündeln sich zu Makrofibrillen und diese sich schließlich zur Cellulosefaser zusammen.

◘ **Tab. 7.1** Zusammensetzung wichtiger Cellulosequellen (bezogen auf die Trockenmasse in Gew.-%)

Pflanze	Baumwolle	Jute	Flachs	Hanf	Holz
Cellulose	93	72	72	74	40–50
Hemicellulosen	5	13	18	18	10–20
Lignin	0	13	2	4	20–30
Nebenbestandteile	2	2	8	4	5–10

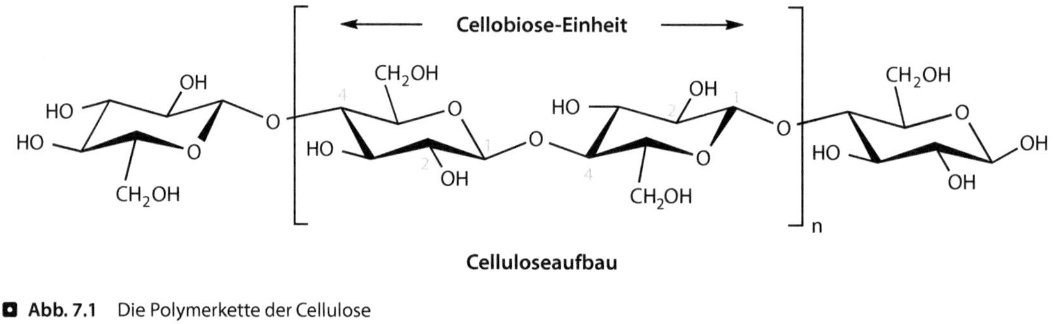

◘ **Abb. 7.1**   Die Polymerkette der Cellulose

Exkurs: Die Entdeckung der Cellulose

Cellulose wurde 1834 durch den französischen Chemiker Anselme Payen (1795–1871) entdeckt (◘ Abb. 7.2). Er untersuchte Holz durch Behandlung mit Salpetersäure und Natronlauge und gewann aus den Pflanzenzellen (frz. *les cellules des plantes*) des Holzes einen Stoff, den er „Cellulose" nannte. Gleichzeitig führte er mit dieser Namensgebung das Suffix „-ose" ein, das dann später für alle Kohlenhydrate benutzt wurde. Er fand die Cellulose auch in der Baumwolle, zersetzte sie zu Glucose-Einheiten und stellte fest, dass sie dieselbe Elementzusammensetzung hat wie Stärke.

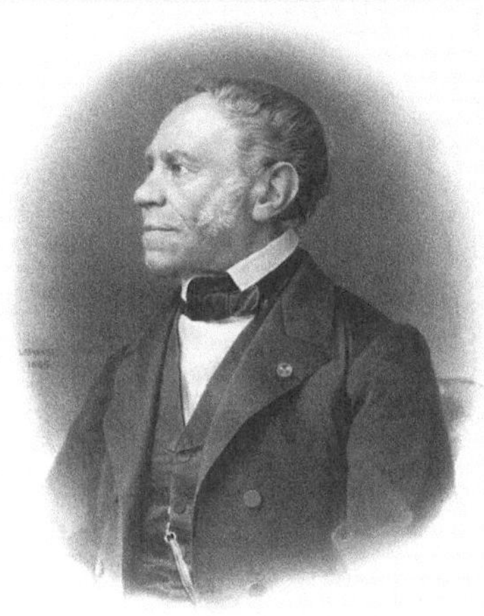

◘ **Abb. 7.2** Der Entdecker der Cellulose, Anselme Payen (© unbekannt, Public Domain)

In Holz sind die zugfesten Fasern der Cellulose mit Lignin und den Hemicellulosen in einem biogenen Verbundwerkstoff miteinander verknüpft. Das **Lignin**, ein dreidimensionales Makromolekül aus aromatischen Grundbausteinen (▶ Kap. 11), bildet im Holz eine druckfeste Matrix, die die Cellulose vor einem enzymatischen Abbau schützt. Auch die **Hemicellulosen** (oder „Polyosen") gehören zu dieser Matrix. Die Hemicellulosen haben meist einen niedrigeren Polymerisationsgrad als Cellulose, sind verzweigt und häufig aus mehreren Monosaccharid-Bausteinen aufgebaut. Wegen der Verzweigungen bilden die Hemicellulosen keine kristallinen Bereiche und sind deshalb amorph.

Eine typische Hemicellulose ist **Xylan**, das aus Pentosen, also C_5-Zuckern, aufgebaut ist (◘ Abb. 7.3). Laub- und Harthölzer können bis zu 30 % Xylane enthalten. Sie sind in verdünnter Alkalilauge löslich und lassen sich deshalb bei der Zellstoffherstellung gut von der Cellulose abtrennen.

Holz ist das wichtigste Ausgangsmaterial für die Cellulosegewinnung. Im Jahr 2011 hatte die weltweite Holzproduktion einen Umfang von 3,4 Mrd. Kubikmetern, davon jeweils ca. eine Mrd. Kubikmeter in Asien und in Amerika. In der EU lag der offizielle Holzeinschlag in 2011 bei ca. 430 Mio. Kubikmetern, davon 56 Mio. Kubikmetern in Deutschland.

Zur Cellulosegewinnung wird das Holz maschinell entrindet und in speziellen Hackmaschinen mit rotierenden Messern zerfasert. Dabei werden Hackschnitzel mit einer Länge von ca. 2 cm und ca. 5 mm Stärke gebildet. Diese Größe garantiert, dass einerseits die Aufschlusslösungen gut in die Schnitzel eindringen können, gleichzeitig aber auch ausreichend lange Fasern für die Papierherstellung vorhanden sind.

◘ **Abb. 7.3** Polymerkette des Xylans, einer Hemicellulose

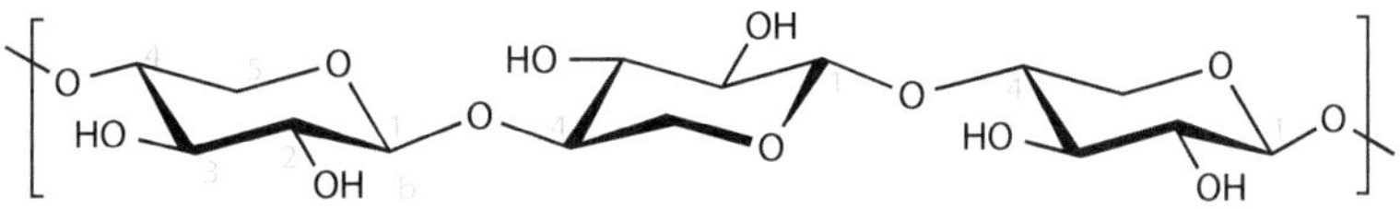

◘ Tab. 7.2 Cellulosegewinnung aus Holz

	Sulfat-Verfahren	Sulfit-Verfahren
pH-Bereich	basisch	sauer bis neutral
Temperatur (°C)	150–180	140–150
Verwendbare Hölzer	alle Hölzer, auch harzreiche und wenig entrindete Hölzer	nur spezielle harz- und kieselsäurearme Holzarten, z. B. Kiefern
Aufschlusslauge	$NaOH$, Na_2S, Na_2CO_3 S-Ausgleich mit Na_2SO_4	$Ca(HSO_3)_2$
Nebenprodukte	Schwarzlauge (enthält das Tallöl)	Sulfitablauge (enthält Ligninsulfonsäuren)
Nachteile	Umweltbelastung mit flüchtigen S-Verbindungen (H_2S, CH_3SH, CH_3SCH_3, …) (Dunklere und somit schwerer bleichbare Zellstoffe)	Längere Reaktionszeiten

Die Gewinnung der Cellulose, oft auch als „Zellstoff" bezeichnet, kann durch unterschiedliche Verfahren erfolgen. Die beiden derzeit wichtigsten Aufschlussverfahren zur Cellulosegewinnung sind das Sulfat-Verfahren (auch als Kraft-Verfahren bezeichnet) und das Sulfit-Verfahren. Beide werden in ◘ Tab. 7.2 miteinander verglichen.

Das **Sulfat-Verfahren** wird mit den Ausschlussmitteln Natronlauge und Natriumsulfid durchgeführt. Mit dieser Aufschlusslösung ergibt sich ein basischer pH-Wert von pH 10–14. Die prozessbedingten Schwefelverluste werden durch den Zusatz von Natriumsulfat ausgeglichen. Dieser Sulfatzusatz hat dem Verfahren seinen Namen gegeben. Es wird auch als *Kraft-Verfahren* bezeichnet, weil das so hergestellte Papier eine besonders hohe Festigkeit („Kraftpapier") aufweist. Der Rest-Ligningehalt liegt bei 4–5 %.

Das Sulfat-Verfahren wurde 1879 von Carl Ferdinand Dahl erfunden. Bereits 1890 wurde in Schweden die erste Fabrik nach diesem Verfahren in Betrieb genommen. Heute erfolgt weltweit ca. 80 % der Zellstoffproduktion nach dem Sulfat-Verfahren. In Deutschland wurde die erste Zellstoff-Fabrik mit diesem Aufschlussverfahren jedoch erst 2003 errichtet, nachdem die Probleme mit den flüchtigen Abgasen (u. a. mit Schwefelwasserstoff) durch moderne Technologien gelöst werden konnten.

Das Sulfat-Verfahren wird häufig diskontinuierlich in sogenannten *Kochern* durchgeführt. Diese meist edelstahlplattierten Reaktionskessel haben ein Volumen von bis zu 150 m³ und werden bei Temperaturen bis 180 °C betrieben. Da die alkalische Lösung die Holzschnitzel sehr gut durchtränkt, sind relativ kurze Reaktionszeiten von nur 3–5 h erforderlich. Während die Cellulose als Feststoff zurückbleibt, geht das Lignin als „Alkali-Lignin" in Lösung. Dabei werden die Etherbindungen im Lignin (▶ Kap. 11) gespalten und dadurch phenolische Hydroxygruppen freigesetzt, die das abgebaute Lignin wasserlöslich machen. Diese Lösung ist dunkel gefärbt und wird deshalb auch als *Schwarzlauge* bezeichnet. Hierin befindet sich das *Tallöl*, ein Gemisch aus Fettsäuren, Kohlenwasserstoffen und dem Baumharz Kolophonium. Pro Tonne Cellulose fallen ca. 30 kg Tallöl an.

Die Cellulose wird aus der Schwarzlauge heraus filtriert und gewaschen. Der Zellstoff ist dann relativ dunkel gefärbt, kann aber mit modernen Bleichverfahren zu einer Cellulose mit hohem Weißgrad gebleicht werden.

Das Sulfat-Verfahren wird auch kontinuierlich durchgeführt. Eine typische kontinuierlich betriebene Kochanlage zeigt ◘ Abb. 7.4. Mit einem Zellenrad werden die Hackschnitzel aus dem Bunker in einen Vordämpfungskessel gefördert, wo sie mit Niederdruckdampf von 1–2 bar behandelt werden. Über

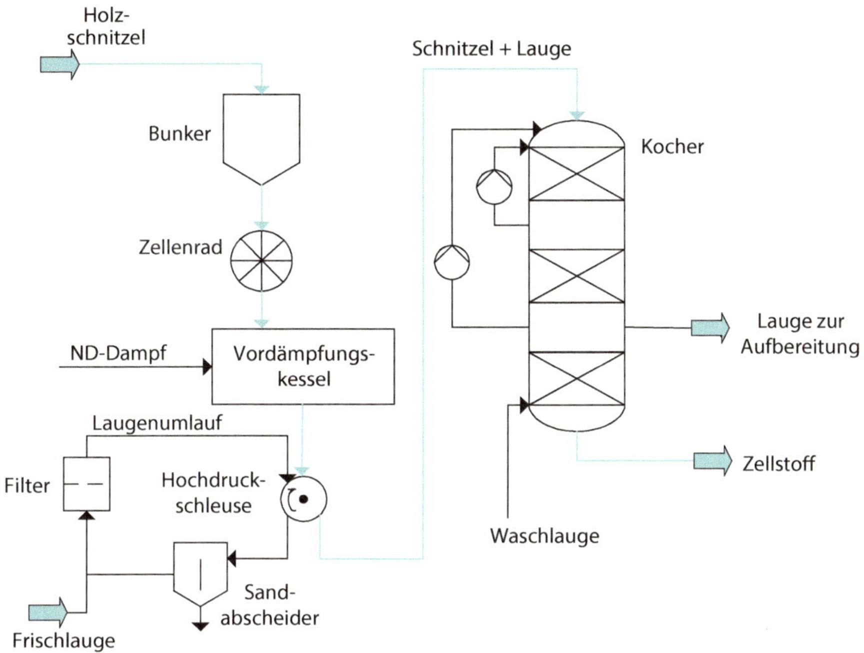

☐ Abb. 7.4 Kontinuierliche Celluloseherstellung nach dem Sulfat-Verfahren (ND=Niederdruck)

eine Hochdruckschleuse gelangen sie dann zusammen mit der Kochlauge an den Kopf des Kochers, der im oberen Bereich auf ca. 90 °C erwärmt ist. Von dort wandern die Schnitzel in die eigentliche Kochzone, in der Temperaturen von bis zu 180 °C eingestellt werden, wobei sich ein Druck von bis zu 10 bar aufbaut. Die Kochlösung wird dabei stetig umgepumpt. Am Boden des Kochers erfolgt eine erste Wäsche des Zellstoffs. Die Abtrennung des Zellstoffs erfolgt schließlich in Zellenfiltern, in denen noch weitere Waschgänge möglich sind.

Das **Sulfit-Verfahren** wurde bereits im Jahr 1866 von dem Amerikaner Benjamin Tilghman erfunden. Wie ☐ Tab. 7.2 zeigt, ist seine Anwendung allerdings auf wenige Holzarten beschränkt. Es existiert in unterschiedlichen Varianten, von stark sauer über neutral bis hin zu leicht alkalisch. Als Aufschlussreagenz wird ein Gemisch von Sulfit- und Hydrogensulfitlaugen eingesetzt. Dabei werden die Etherbindungen im Lignin hydrolytisch zu Phenolaten gespalten und gleichzeitig die entstehenden Bruchstücke sulfoniert. Es bildet sich die Sulfitablauge mit löslichen Ligninsulfonsäuren, die sich von der festen Cellulose einfach abtrennen lässt. Auch beim Sulfit-Verfahren existieren diskontinuierliche

und kontinuierliche Verfahren. Nach dem Sulfit-Verfahren werden nur ca. 20 % der Cellulose hergestellt; in Deutschland wird es wegen der geringeren Umweltbelastung bevorzugt verwendet. Allerdings ist der so hergestellte Zellstoff nicht so reißfest wie der nach dem Sulfat-Verfahren hergestellte Zellstoff.

Neben den klassischen Sulfat- und Sulfit-Verfahren wurden in neuerer Zeit weitere Aufschlussverfahren des Holzes entwickelt, die insbesondere zum Ziel haben, nicht nur einen reinen Zellstoff zu isolieren, sondern gleichzeitig auch noch das Lignin in einer verwendbaren Form zu gewinnen. Bisher werden die ligninhaltigen Lösungen vielfach eingedampft und dann der verbleibende Feststoff verbrannt, um die bei der Zellulosegewinnung erforderliche Betriebstemperatur aufrecht zu erhalten. Die neuen Alternativverfahren werden in ▶ Kap. 11 genauer vorgestellt.

7.2   Herstellung von Papier

Ein Hauptanwendungsgebiet des Zellstoffs ist die Herstellung von Papier (engl. *paper*) oder Pappen (engl. *board*). Nach der DIN-Norm 6730 spricht man bei Flächengewichten bis 225 g m^{-2} von Papier, bei höheren Flächengewichten von Pappen. Der Name Papier stammt von dem ähnlichen Material, das die Ägypter bereits um 3000 vor unserer Zeitrechnung aus dem Mark der Papyrusstaude hergestellt haben.

Weltweit wurden im Jahr 2013 ca. 400 Mio. Tonnen Papier hergestellt, davon ca. 92 Mio. Tonnen in Europa. Deutschland ist nach China, USA und Japan der viertgrößte Verbraucher an Papier: Mit 20 Mio. Tonnen insgesamt, das sind 250 kg pro Kopf und Jahr, wird in Deutschland genau so viel Papier verbraucht wie in Afrika und Südamerika zusammen.

Papier besteht nicht nur aus Cellulose, sondern enthält auch mechanisch zerkleinertes Holz, sogenannten *Holzstoff*, sowie Füllstoffe und weitere Hilfsstoffe. Zunehmend wird Papier auch recycliert und als Altpapier – nach Druckfarbenentfernung (engl. *deinking*) – wieder dem Herstellprozess als Rohstoff zugesetzt. Je nach Verarbeitung und Zusätzen entstehen unterschiedliche Papiersorten: Man unterscheidet zwischen grafischen Papieren (Schreib-, Druck- und Katalogpapieren), Hygienepapieren, Verpackungspapieren, z. B. Pack- und Wellpappenpapiere, und Spezialpapieren, z. B. für Banknoten. Insgesamt gibt es ca. 3000 verschiedene Papiersorten.

Früher wurde Papier handgeschöpft (◘ Abb. 7.5). Dazu wurden Lumpen und Hadern, also gebrauchte Leinentextilien, in Papiermühlen in Fetzen gerissen und in einem Stampfwerk zerfasert. Es bildete sich ein dünner Papierbrei (Pulpe), der in einen

Holzbottich (Bütte, deshalb der Name *Büttenpapier*) gefüllt wurde. Mithilfe eines sehr feinmaschigen, rechteckigen Siebes wurde dann ein Teil der Papiermasse „geschöpft" und dabei das Wasser überwiegend abgetrennt. Der vom Sieb abgedrückte Papierbogen wurde z. B. in Speichern zum Trocknen aufgehängt und anschließend gepresst und geglättet.

Heute wird Papier großindustriell in Papierfabriken hergestellt. Dazu werden in einer Stoffzentrale die verschiedenen Fasersuspensionen („Halbstoffe") miteinander vermischt und die gewünschten Füllstoffe (Kaolin, Talkum, Calciumcarbonat, Stärke etc.), Farbstoffe (Titandioxid oder Buntpigmente) und Leimstoffe (Baumharze oder synthetische Harze) zugesetzt. Der so erhaltene „Ganzstoff" enthält meist nur 4 % Feststoffe; der Rest ist Wasser.

Diese Mischung wird auf eine vollautomatische Papiermaschine aufgegeben, deren Aufbau in ◘ Abb. 7.6 gezeigt ist. Im vorderen Bereich der Papiermaschine befindet sich die Siebpartie, die aus einem Endlossiebgewebe besteht. Dort erfolgt eine Entwässerung bis auf einen Wasserrestgehalt von ca. 80 %. In der nachfolgenden Nasspartie wird das Papierband durch den Druck von Pressrollen auf ca. 50 % Wasserrestgehalt entwässert. In der Trockenpartie erfolgt eine weitere Entwässerung durch dampfbeheizte Trockenzylinder und durch unterstützende Trockenfilzbahnen auf ca. 5 % Wasserrestgehalt. Die warme Papierbahn wird durch Kühlzylinder auf Raumtemperatur abgekühlt und durch ein Glättwerk zur Aufrollung geführt.

Moderne Papiermaschinen sind bis zu 10 m breit und bis zu 200 m lang. Die Papierproduktion erfolgt in diesen Maschinen mit einer Geschwindigkeit von bis zu 1400 m min^{-1}. Es entstehen Papierrollen mit einer Papierlänge von 60 km und einem Gewicht von bis zu 25 t. In ◘ Abb. 7.7 ist das Foto einer Papiermaschine wiedergegeben. Die hier gezeigte weltgrößte Maschine „PM6" steht in einem Papierwerk in Wörth (Rheinland-Pfalz) und hat eine Jahreskapazität von 650.000 t.

Das Papier wird anschließend noch veredelt und ausgerüstet:

- Ein wichtiger Schritt der *Veredelung* ist das Streichen des Papiers. Dazu wird es auf seiner Oberfläche mit Pigmenten, Bindemitteln und Additiven versehen. Das so „gestrichene"

◘ **Abb. 7.5** Handschöpfen von Papier mit dem Schöpfsieb (© JK / Fotolia)

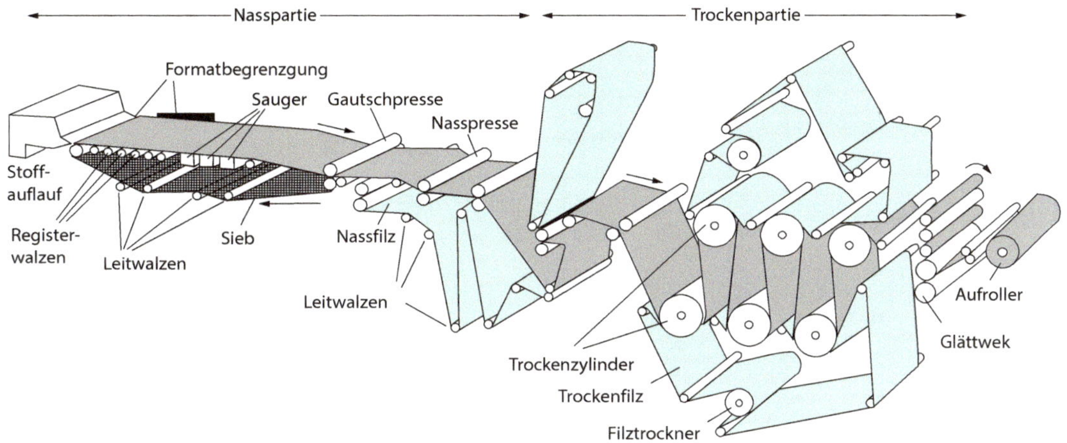

◘ Abb. 7.6   Aufbau einer kontinuierlich arbeitenden Papiermaschine (© Die zuckerschnute, Wikipedia)

◘ Abb. 7.7   Papiermaschine (Perlen PM 7) - Die von Voith gelieferte Perlen PM 7 (Schweiz) produziert hochwertige Zeitungsdruckpapiere. Bei einer Produktionsgeschwindigkeit von bis zu 1.900 m/min produziert die Anlage bis zu 360.000 Tonnen Papier pro Jahr. (Voith-Pressebild © Voith GmbH & Co. KGaA)

Papier hat eine glatte und stabile Oberfläche und ist hervorragend für Druckerzeugnisse geeignet. Zum Veredeln gehört auch das Kaschieren mit Kunststoff- und Metallfolien.

— Beim *Ausrüsten* wird das Rollenpapier in Schneidemaschinen auf normierte Formate geschnitten. Die Blattgrößen werden in Deutschland in „DIN A"-Größen angegeben. In Europa sind die Formate durch die EN ISO 216 geregelt; in anderen Ländern, z. B. den USA, gelten andere Formate.

7.3   Derivatisierung der Cellulose

In Papier liegt die Cellulose in ihrer nativen Form vor, ist also chemisch unverändert. Eine weitere neuartige Anwendung der Cellulose ist die sogenannte Nanocellulose, die im ► Exkurs: Was ist Nanocellulose näher erläutert wird. ◘ Abb. 7.8 gibt einen Überblick über die Möglichkeiten, Cellulose zu derivatisieren. Drei wichtige Bereiche sind dabei zu unterscheiden:

— Die Umwandlung in *regenerierte Cellulose*, die für Fasern und Folien eingesetzt wird.

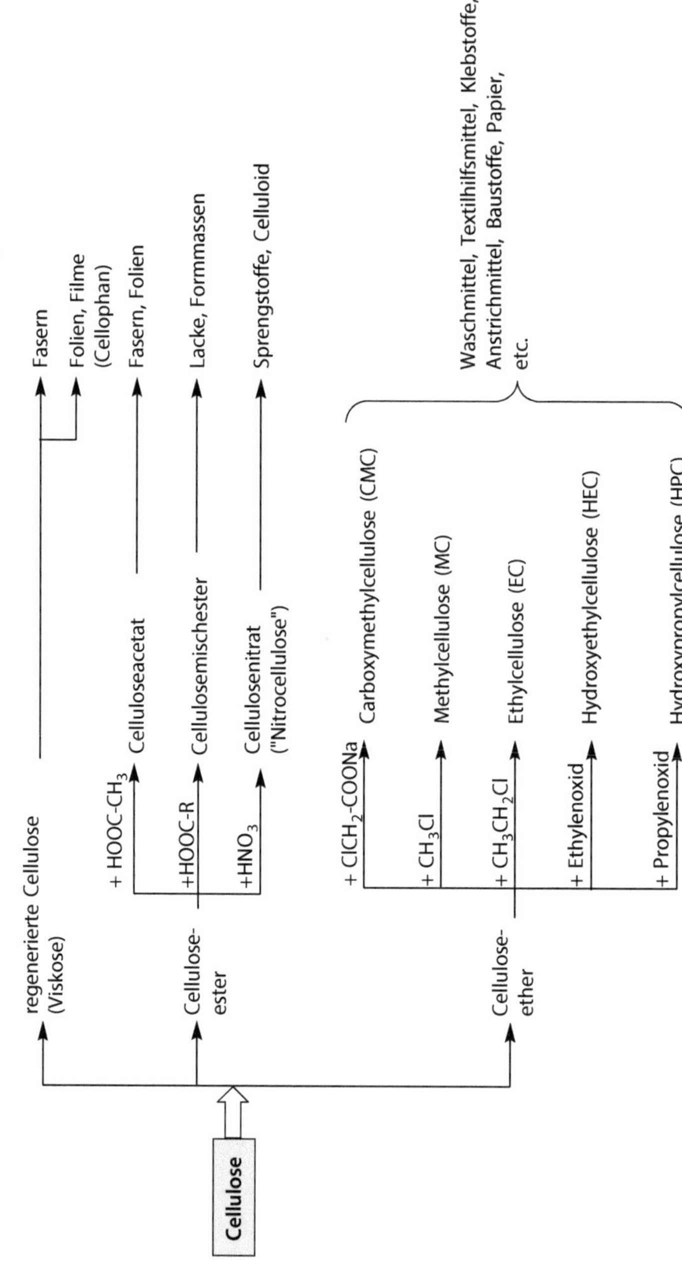

Abb. 7.8 Derivate der Cellulose

▬ Die Herstellung von *Celluloseestern* organischer und anorganischer Säuren.

▬ Die Herstellung von *Celluloseethern* durch Umsetzung mit Chlorverbindungen oder Epoxiden

7.3.1 Regenerierte Cellulose

Wie bereits erläutert, ist Cellulose nahezu unlöslich in allen gängigen Lösungsmitteln. Allerdings kann man sie unter leichtem Erwärmen in einer 20 %igen Natronlauge zu sogenannter *Alkali-Cellulose* aufquellen. Die so „aktivierte" Cellulose kann im **Viskose-Verfahren** anschließend mit Schwefelkohlenstoff in Cellulose-Xanthogenat überführt werden, das sich in 40 %iger Natronlauge löst. Diese Lösung wird über eine Düse in ein Koagulationsbad aus Schwefelsäure und Sulfaten geleitet, wobei ein spinnbarer Faden der regenerierten Cellulose entsteht. Das Produkt wird auch als *Viskose-Reyon* oder *Viskoseseide* bezeichnet. Bei diesem Spinnvorgang wird der Schwefelkohlenstoff wieder freigesetzt und kann recycliert werden. Nachteilig ist die Bildung großer Mengen an Natriumsulfat als Koppelprodukt, das in der Regel in unterirdischen Deponien endgelagert wird. Alternativ kann man das Natriumsulfat jedoch auch elektrolytisch wieder in Natronlauge und Schwefelsäure umwandeln. Der gesamte Reaktionsablauf ist in

■ Abb. 7.9 dargestellt (in der die Cellulose vereinfacht mit Cell-OH abgekürzt wird).

Durch Waschen und Strecken entsteht die **Viskosefaser**, die z. B. zur Herstellung von Teppichen, Möbelbezügen und Textilien verwendet wird. Ebenfalls wird sie zur Bespannung von Regenschirmen und als Reifencord eingesetzt.

Alternativ kann man die Xanthogenatlösung auch durch breite Schlitzdüsen in ein Sulfatfällbad eindüsen (■ Abb. 7.10). Dabei entsteht eine Folie aus regenerierter Cellulose, die auch als *Zellglas* oder unter dem Markennamen **Cellophan** bekannt ist. Als Weichmacher wird dem Cellophan Glycerin zugesetzt. Cellophan ist eine durchsichtige Folie, die als Lebensmittelverpackung verwendet wird. Erfunden wurde sie 1908 und war bis in die 1950er-Jahre die einzige durchsichtige Verpackungsfolie. Auch heutzutage wird sie zur Verpackung bestimmter Waren noch gerne eingesetzt, z. B. für Zigaretten, Süßwaren oder Blumensträuße. Da die Folie Wasserdampf passieren lässt, kann sich in der Verpackung kein Kondenswasser bilden. Auch zur Ummantelung elektrischer Kabel wird Cellophan verwendet. Unbeschichtetes Cellophan ist vollständig biologisch abbaubar.

Um das etwas unschöne Arbeiten mit Schwefelkohlenstoff und den Anfall großer Salzmengen zu umgehen, wurde intensiv nach alternativen Lösungen zum Viskose-Verfahren gesucht.

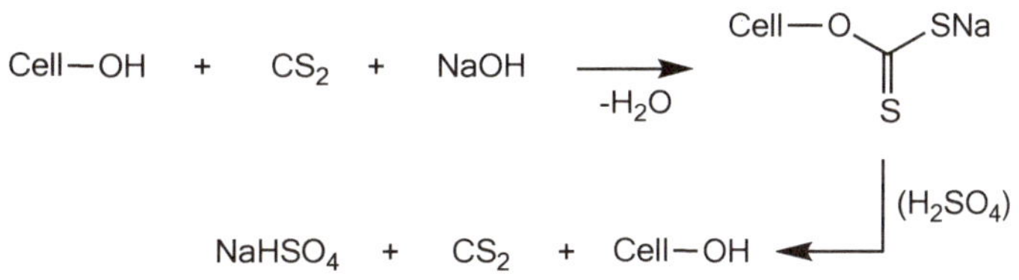

■ **Abb. 7.9** Herstellung von regenerierter Cellulose (Viskoseseide)

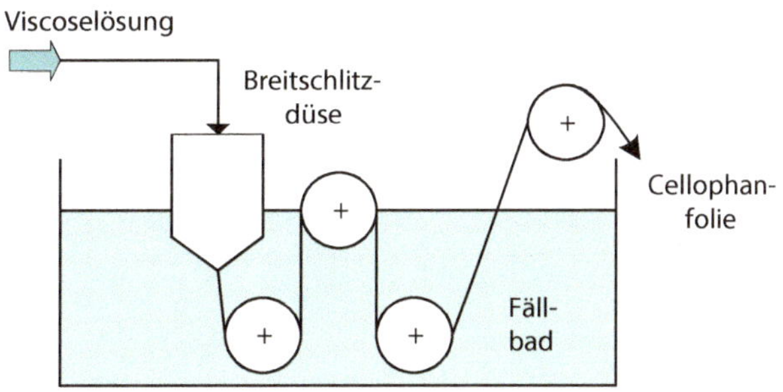

$$\text{Cell—OH} + \text{CS}_2 + \text{NaOH} \xrightarrow{-\text{H}_2\text{O}} \text{Cell—O—C(=S)—SNa}$$

$$\text{NaHSO}_4 + \text{CS}_2 + \text{Cell—OH} \xleftarrow{(\text{H}_2\text{SO}_4)}$$

■ **Abb. 7.10** Herstellung von Cellophanfolie im Fällbad

Eine interessante Variante ist der **Lyocell-Prozess**: Die Cellulose wird in einer wässrigen Lösung des ungiftigen Lösungsmittels *N*-Methylmorpholin-*N*--Oxid (NMMO) gelöst. Es bildet sich eine homogene Lösung, die in einem NMMO-Fällbad wegen Überschreitung der Löslichkeit wieder zu regenerierter Cellulose führt. Diese Regeneratfaser wird von der Firma Lenzing AG unter dem Markennamen *Tencel* angeboten. Die Tencel-Faser wird u. a. für die Herstellung von Jeansstoffen, Sporttextilien und

Arbeitskleidung verwendet. Große Vorteile dieser Faser sind ihre Trageeigenschaften sowie ihr Glanz und Griff. Ein wirtschaftlicher Vorteil besteht darin, dass eine Cellulose geringerer Reinheit (mit einem höheren Anteil an Hemicellulose) eingesetzt werden kann. Wegen des nahezu geschlossenen Kreislaufs an NMMO sowie wegen des nahezu emissionsfreien Prozesses gilt das Lyocell-Verfahren als besonders umweltfreundlich. Die Lenzing AG hat deshalb im Jahr 2000 den EU-Umweltpreis erhalten.

Exkurs: Was ist Nanocellulose?

Unter Nanocellulose versteht man Cellulosefasern, die einen Durchmesser von maximal 100 nm und eine Länge von mehreren Mikrometern besitzen. Aufgrund dieser „Nanostruktur" hat die Nanocellulose thixotrope Eigenschaften, d. h. sie ist im Ruhezustand gelartig fest (Abb. 7.11), bei Bewegung aber – wie z. B. beim Rühren, Schütteln oder Pumpen – ist sie flüssig-viskos. Nach ihrer Herstellmethode unterscheidet man zwischen drei verschiedenen Arten von Nanocellulose:

- Die *mikrofibrillierte Cellulose (MFC)* wird durch Homogenisierung von Cellulose bei hohen Drücken und Temperaturen erhalten. Die Homogenisierung erfolgt z. B. durch Mahlen oder im Ultraschall. Die MFC-Fasern haben einen Durchmesser von 5–60 nm und eine Länge von mehreren Mikrometern. Aus den Gelen der MFC lassen sich reißfeste Folien herstellen. Papier-und Pappeprodukte werden stabilisiert, Kunststoffe durch die Fasern der Nanocellulose verstärkt. Sie stabilisieren auch Emulsionen und Dispersionen und werden deshalb in der Lebensmittelindustrie oder als Bohrhilfsmittel bei der Erdölförderung eingesetzt.

- Die *nanokristalline Cellulose (NCC)* wird durch partielle Hydrolyse von Cellulose hergestellt. Die NCC-Fasern, sogenannte Whisker, bestehen ausschließlich aus kristalliner Cellulose. NCC-Whisker bilden reißfeste, transparente Filme, die z. B. in Displays eingesetzt werden. Wegen ihrer hohen mechanischen Stabilität wird NCC auch zur Herstellung von schusssicherem Glas verwendet.

- Die *bakterielle Nanocellulose (BNC)* wird mithilfe von Mikroorganismen aus Zuckerbausteinen hergestellt. Der Faserdurchmesser liegt bei bis zu 100 nm. Die BNC bildet ein fest geknüpftes Netz aus unterschiedlich langen Fasern. In der Medizin werden diese polymeren Gele als Implantate und Wundauflagen eingesetzt, die keine Abstoßungsreaktionen hervorrufen.

- Diese Formen der Nanocellulose wurden erst in den letzten Jahren entwickelt und befinden sich deshalb derzeit noch im Pilotmaßstab. Offen ist, ob sich diese „Hightech-Materialien" in den kommenden Jahren hinsichtlich ihres relativ hohen Preises gegenüber Konkurrenten durchsetzen können.

 Abb. 7.11   Gelartige Nanocellulose (© Inventia, Public Domain)

7.3.2 Celluloseester

Wie bereits in ◘ Abb. 7.8 aufgeführt, gibt es Ester der Cellulose mit organischen und anorganischen Säuren. Als organische Säure wird insbesondere die preiswerte Essigsäure verwendet, die zu den **Celluloseacetaten** führt. ◘ Abb. 7.12 zeigt einen Ausschnitt einer Celluloseacetat- (CA-)Kette mit einem vollständigen Austausch der drei Hydroxygruppen durch Acetatgruppen. Diese Variante wird als Cellulosetriacetat (CTA) bezeichnet. Für den Umfang des Austauschs wurde der Begriff *Substitutionsgrad* (engl. *degree of substitution, DS*) eingeführt. Cellulosetriacetat hat somit einen DS von 3.

Das erste Celluloseacetat wurde bereits 1865 hergestellt. Die Reaktion zu CTA erfolgt mit Essigsäureanhydrid in Essigsäure als Lösungsmittel in Gegenwart von Säurekatalysatoren wie z. B. Schwefelsäure. Will man gezielt Celluloseacetate mit geringerer Acetylierung herstellen, wird CTA mit einer definierten Wassermenge partiell hydrolysiert, z. B. zu den „Sekundäracetaten".

Die Celluloseacetate werden vielfach zu *Folien* verarbeitet, die sich durch eine hohe optische Klarheit, ein gutes antistatisches Verhalten und eine leichte Verarbeitbarkeit beim Kleben auszeichnen. Sie werden deshalb z. B. als Trägermaterialien für Filme und als Folien für Displays und Computer-Flachbildschirme eingesetzt.

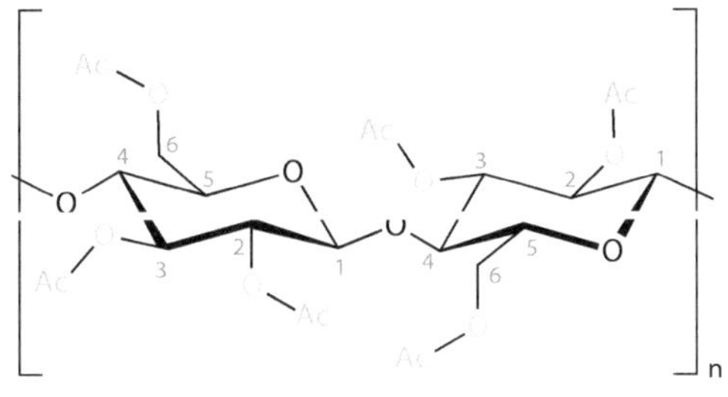

Die Sekundäracetate werden zu Textilfasern oder zu Formteilen verarbeitet. Die Fasern verhalten sich ähnlich wie Naturseide und werden wegen der geringen Wasseraufnahme zur Herstellung von Regenmänteln, Regenschirmen, Hemden und Krawatten verwendet. Typische Formteile sind Brillengestelle, Telefone, Spielwaren und Griffe von Schraubendrehern. Celluloseacetat wird auch zur Herstellung von Zigarettenfiltern eingesetzt.

Statt Essigsäure können auch andere organische Säuren verwendet werden, z. B. Phthalsäure, Propionsäure oder Buttersäure. Häufig werden auch Mischester hergestellt, z. B. die Celluloseacetopropionate.

Auch mit der anorganischen Salpetersäure kann Cellulose zu Estern reagieren. Bei der Behandlung der Cellulose mit der „Nitriersäure", einem Gemisch von Salpeter- und Schwefelsäure, entstehen **Cellulosenitrate** mit unterschiedlichem Nitriergrad:

- hoch nitrierte Schießbaumwolle (DS bis zu 90 %)
- Kollodiumwollen (DS von 75–85 %)
- Lackwollen (DS von 60–70 %)

◘ Abb. 7.13 zeigt beispielhaft die Synthese von Cellulosedinitrat, das fälschlicherweise auch manchmal als Dinitrocellulose bezeichnet wird. Wie die Formel aber zeigt, ist die NO_2-Gruppe über ein weiteres Sauerstoffatom an das Kohlenstoffatom der Glucose gebunden, ist also ein Nitrat (Bei einer Nitrogruppe ist dagegen die NO_2-Gruppe direkt an ein Kohlenstoffatom gebunden!).

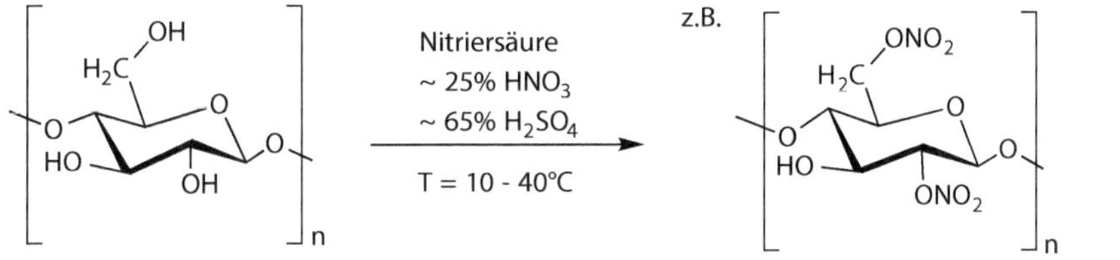

◘ **Abb. 7.12**   Formel von Cellulosetriacetat

◘ **Abb. 7.13**   Nitrierung von Cellulose zu Cellulosenitraten

◘ **Abb. 7.14**   Christian Friedrich Schönbein (1799–1868) (© Rudolph Hoffmann, Public Domain)

7.3.3 **Celluloseether**

Die Übersicht in ◘ Abb. 7.8 zeigt, dass neben den Celluloseestern auch Celluloseether (◘ Abb. 7.15) hergestellt werden und viele unterschiedliche Anwendungsfelder besitzen. Ihre Synthese erfolgt durch Umsetzung der Alkali-Cellulose mit:

- Alkylhalogeniden wie z. B. Methylchlorid, Ethylchlorid oder Chloressigsäure
- Epoxiden, wie z. B. Ethylen- oder Propylenoxid

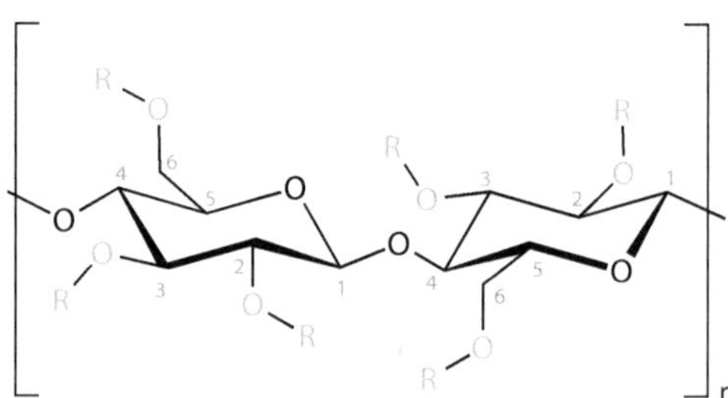

◘ **Abb. 7.15**   Allgemeine Formel der Celluloseether

Dabei können alle oder nur ein Teil der Hydroxygruppen durch Alkoxygruppen ersetzt sein, d. h. der DS liegt zwischen 0 und 3. Celluloseether sind meist weiße oder schwach gelbliche Pulver oder Granulate. Je nach DS und Ethergruppe sind sie löslich in Wasser oder auch in organischen Lösungsmitteln. Dabei bilden sich mehr oder weniger viskose Lösungen, deren Viskosität von der Temperatur, der

Konzentration und von der mittleren Kettenlänge des Polymeren abhängt. Wichtige Vorteile der Celluloseether sind ihre Ungiftigkeit und ihre hohe biologische Abbaubarkeit.

Die industriell bedeutendsten Celluloseether sind:

- Carboxymethylcellulose (CMC)
- Methylcellulose (MC)
- Hydroxyethylcellulose (HEC)
- Ethylcellulose (EC)
- Hydroxypropylcellulose (HPC)

Ihre ungefähren Marktanteile sind in ◙ Abb. 7.16 wieder gegeben.

Carboxymethylcellulose (CMC), der wichtigste Celluloseether, wird aus pulverförmiger Cellulose und dem Natriumsalz der Chloressigsäure hergestellt. Es bilden sich die CMC (mit einem DS zwischen 0,7 und 1,2) sowie das Koppelprodukt Natriumchlorid (◙ Abb. 7.17). Durch Extraktion kann das Kochsalz nahezu vollständig entfernt werden.

Die wichtigsten Anwendungsgebiete der CMC sind:

- Vergrauungsinhibitor in Waschmitteln: Die von den Textilien abgelösten Schmutzstoffe werden durch die CMC im Waschwasser, der sogenannten Waschflotte, suspendiert.
- Behandlungsmittel (Appretur) in der Textilindustrie: Durch die filmbildenden Eigenschaften der CMC lassen sich Garne besser verarbeiten.
- Bohrspülmittel bei Erdölbohrungen: Bei dieser Anwendung kann die variabel einstellbare Viskosität der CMC optimal genutzt werden.
- Emulgator und Stabilisator in Lebensmitteln: Für dieses Einsatzgebiet benötigt man möglichst salzfreie CMC.
- Beschichtung von Papier und Pappe: Die Porosität des Papiers wird herabgesetzt und damit die „Glätte" des Papiers verbessert.
- Binde- und Verdickungsmittel in Anstrichmitteln.
- Hautreinigungsmittel: Bei dieser Anwendung werden Fettseifen durch CMC ersetzt. Dadurch sind diese Reinigungsmittel besonders hautschonend.

Der zweitwichtigste Celluloseether ist die **Methylcellulose (MC)**, die in einer Williamson-Synthese aus Alkali-Cellulose und Methylchlorid hergestellt wird.

◙ **Abb. 7.16** Marktanteile der Celluloseether (in %)

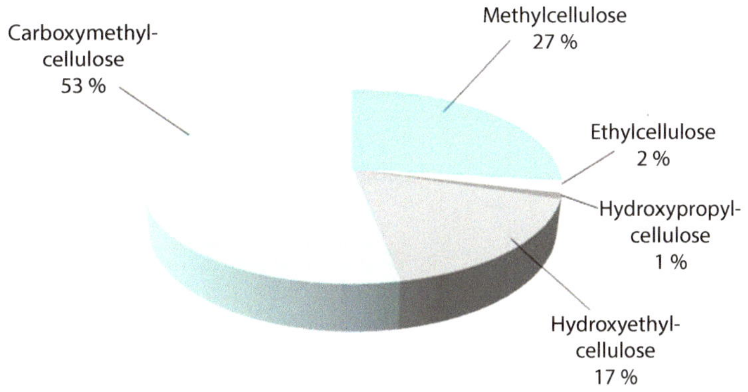

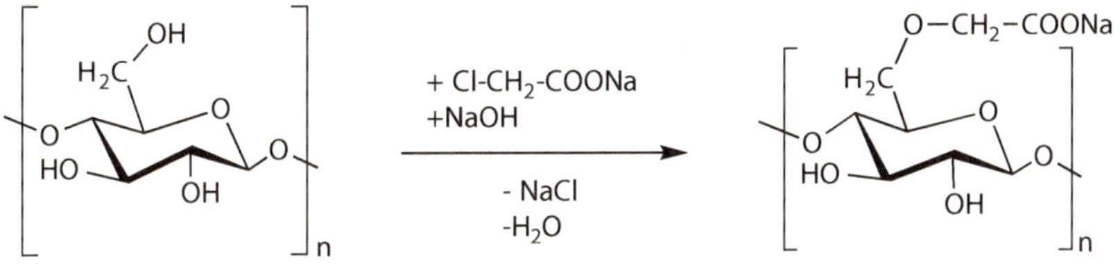

◙ **Abb. 7.17** Synthese von Carboxymethylcellulose (CMC)

Die Umsetzung erfolgt unter Druck bei Temperaturen um 100 °C. Durch die Substitution der Hydroxy- durch Methoxygruppen wird die Neigung der Cellulose, zwischen den Ketten Wasserstoffbrücken und dadurch kristalline Bereiche zu bilden, stark herabgesetzt. Deshalb kann eine MC mit einem DS von 1,6–2,4 stabile wässrige Lösungen bilden. Eine MC mit einem DS von 2,4–2,8 ist dagegen in organischen Lösungsmitteln löslich.

Die Umsetzung der Alkali-Cellulose mit Methylchlorid ist reaktionstechnisch nicht einfach. Eine Möglichkeit besteht darin, das gasförmige Methylchlorid (Sdp: –24 °C) nach und nach durch poröse Rührer in die wässrige Suspension der Alkali-Cellulose einzubringen. Bei diskontinuierlichen Verfahren werden hierzu meist mehrere Stunden Reaktionszeit benötigt. Bei kontinuierlichen Verfahren wird ein großer Überschuss an Methylchlorid eingesetzt und dadurch die Reaktionszeit auf unter eine Stunde reduziert. Ein besonderer Reaktor für die Celluloseether-Synthese ist der Druvatherm-Reaktor der Firma Lödige (■ Abb. 7.18): In einem trommelförmigen Reaktor wird durch ein schnelllaufendes Schleuderwerk eine dreidimensionale Durchmischung der Reaktanden ermöglicht. Mehrere seitlich eingebaute Messerköpfe sorgen für eine zusätzliche Intensivvermischung.

Wichtige Anwendungen der MC sind:

- Tapetenkleister (z. B. „Metylan®")
- Wasserbindemittel bei der Zementherstellung
- Verdickungsmittel in Latexfarben
- Stabilisator von Kosmetika
- Beschichtung von Tabletten
- Kontrastmittel in der Diagnostik

Setzt man Alkali-Cellulose in einem mit Wasser löslichen Lösungsmittel wie z. B. Isopropanol mit Ethylenoxid um, bildet sich unter Epoxid-Ringöffnung die **Hydroxyethylcellulose (HEC)** (■ Abb. 7.19). Bevorzugt mit den primären, aber auch mit den sekundären Hydroxygruppen der Cellulose können ein oder mehrere Moleküle Ethylenoxid reagieren und Hydroxyether-Seitenketten bilden.

Hydroxyethylcellulose wird bevorzugt angewendet als:

- Viskositätsverbesserer in Latexfarben
- Additiv in Mörteln und Betonmischungen
- Zusatz zu Wursthüllen
- Schutzkolloid bei der PVC-Emulsionspolymerisation

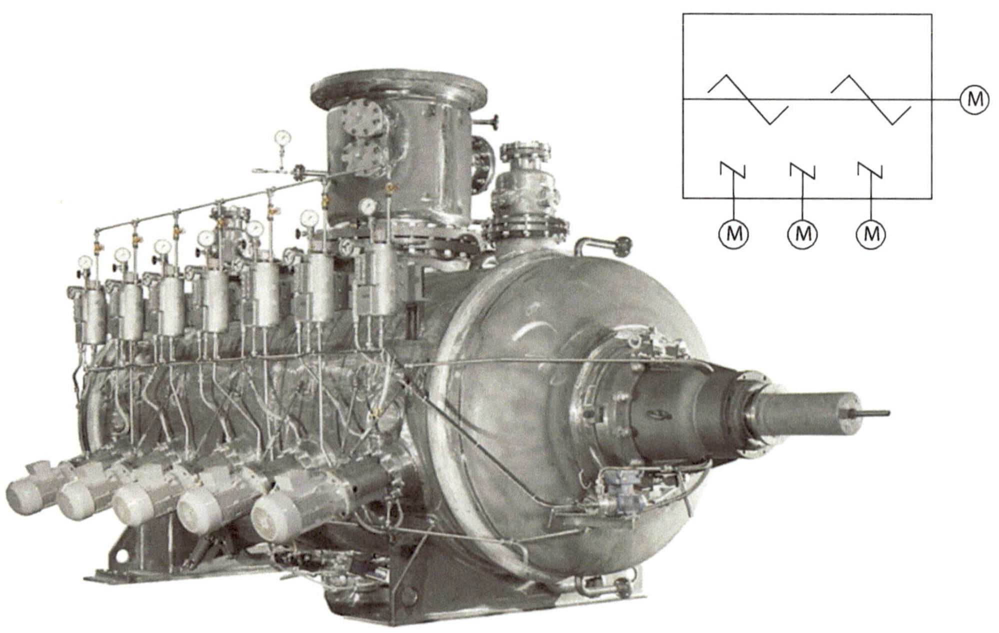

■ Abb. 7.18   Druvatherm-Reaktor zur Herstellung von Celluloseethern (Prinzipschema und Foto des Reaktors, © Gebrüder Lödige, Maschinenbau GmbH, Paderborn)

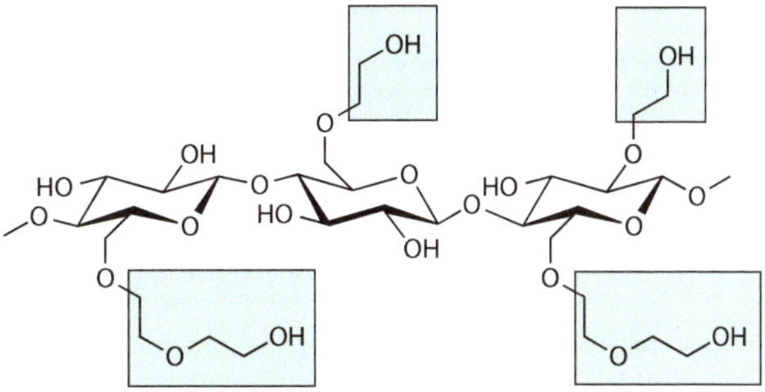

Abb. 7.19 Ausschnitt aus einer Hydroxyethylcellulose (HEC)

Ethylcellulose (EC) wird aus Alkali-Cellulose und Ethylchlorid und **Hydroxypropylcellulose (HPC)** entsprechend mit Propylenoxid hergestellt. Beide Celluloseether haben nur eine geringere Bedeutung (■ Abb. 7.16) und werden ebenfalls in der Bauchemie, in Klebstoffen und im Pharmabereich eingesetzt.

Zusammenfassung *(Take-Home Messages)*

- Im Polysaccharid **Cellulose (Zellstoff)** sind die Glucose-Monomereinheiten miteinander β-1,4-glycosidisch verknüpft. Die Celluloseketten sind über Wasserstoffbrückenbindungen aneinander gebunden und bilden teilweise kristalline Bereiche.
- Die Haupt-Cellulosequelle der Natur ist das **Holz**, in dem Cellulose einen Anteil von bis zu 50 % hat. Im Holz kommen auch **Hemicellulosen** und Lignin vor. Weltweit werden jährlich 3,4 Mrd. Tonne Holz geschlagen.
- Im **Sulfat-Verfahren** (oder Kraft-Verfahren) werden die Hölzer basisch aufgeschlossen. Die Aufschlusslösung besteht aus Natronlauge und Natriumsulfid. Der Ausgleich der Schwefelverluste erfolgt durch Natriumsulfat, nach dem das Verfahren benannt ist. Als Koppelprodukt fällt Schwarzlauge an, in der die Ligninbestandteile gelöst sind. Weltweit werden 80 % der Cellulose nach dem Sulfat-Verfahren hergestellt.
- Im **Sulfit-Verfahren** erfolgt der Aufschluss des Holzes im sauren bis neutralen pH-Bereich unter Zusatz von Hydrogensulfitlösungen. Da kein Schwefelwasserstoff gebildet wird, ist das Verfahren wesentlich umweltfreundlicher. Allerdings kann es nur bei harz- und kieselsäurearmen Holzarten, wie z. B. Kiefern, verwendet werden.
- **Papier** besteht aus Cellulose, Holzstoff sowie weiteren Füll- und Hilfsstoffen. Zunehmend wird bei der Papierproduktion auch recycliertes Altpapier zugesetzt, das vorher entfärbt wurde („Deinking").
- Die **Papierproduktion** erfolgt heute großindustriell mit vollautomatischen Papiermaschinen, die bis zu 10 m breit und 200 m lang sind. Durch das nachträgliche „Streichen" mit Bindemitteln und Pigmenten bekommt das Papier eine glatte Oberfläche. Beim „Ausrüsten" werden schließlich die gewünschten Formate geschnitten.
- Ein wichtiges Folgeprodukt der Cellulose ist die **regenerierte Cellulose**. Dazu wird die Cellulose mit Natronlauge zu Alkali-Cellulose aufgequollen und diese mit Schwefelkohlenstoff CS_2 in lösliches Cellulosexanthogenat überführt. Beim Eindüsen dieser Lösung in ein Fällbad aus Schwefelsäure und Sulfaten fällt die regenerierte Cellulose aus, die zu Fäden (**Viskose-Reyon**) versponnen wird. Das CS_2 wird wieder freigesetzt; nachteilig ist die Bildung von Natriumsulfat in stöchiometrischen Mengen als Koppelprodukt.
- Wird die Xanthogenatlösung durch breite, dünne Schlitzdüsen in das Fällbad

geleitet, entsteht eine durchsichtige Folie, das Zellglas oder **Cellophan**, dem als Weichmacher Glycerin zugesetzt wird. Es dient zur Verpackung, z. B. von Lebensmitteln.

- Eine Alternative zum Xanthogenat-Verfahren ist der **Lyocell-Prozess**. Hierbei wird die Cellulose in *N*-Methylmorpholin-*N*-Oxid (NMMO) gelöst und anschließend wieder als Tencel-Faser ausgefällt. Diese Faser hat ein gutes Sorptionsverhalten und wird zur Herstellung von Sport- und Arbeitskleidung verwendet.

- Weitere wichtige Folgeprodukte der Cellulose sind ihre Ester mit organischen oder anorganischen Säuren. Die wichtigsten Vertreter sind die **Celluloseacetate**, die zu Fasern und Folien verarbeitet werden, sowie die **Cellulosenitrate**. Mischt man Cellulosenitrat mit Campher, bildet sich das **Celluloid**, das früher als Filmträger verwendet wurde.

- Bedeutsam sind weiterhin die **Celluloseether**. Mit Methyl- und Ethylchlorid werden Methyl-(MC) und Ethylcellulose (EC) gebildet. Bei der Reaktion mit Chloressigsäure entsteht Carboxymethylcellulose (CMC), die als Vergrauungsinhibitor in Waschmitteln eingesetzt wird. Durch Umsetzung von Alkali-Cellulose mit Ethylenoxid bzw. Propylenoxid entstehen Hydroxyethyl-(HEC) und Hydroxypropylcellulose (HPC). Die Celluloseether sind wichtige Additive im Bau- und Farbenbereich.

? Zehn Quickies zu ▶ Kap. 7

1. Nennen Sie die ungefähre chemische Zusammensetzung des Holzes!
2. Beschreiben Sie den chemischen Aufbau des Polysaccharids Cellulose!
3. Beschreiben Sie eine Anlage zur kontinuierlichen Zellstoffproduktion nach dem Sulfat-Verfahren!
4. Was geschieht mit dem Lignin einerseits beim Sulfat-Verfahren, andererseits beim Sulfit-Verfahren?
5. Nennen Sie einige wichtige Papierzusatzstoffe!
6. Nennen Sie die chemischen Schritte bei der Umwandlung von Cellulose zu regenerierter Cellulose nach dem Viskose-Verfahren!
7. Nennen Sie eine Alternative zum Viskose-Verfahren!
8. Wie kann man gezielt Cellulosetriacetat bzw. Cellulosediacetat herstellen?
9. Welche Varianten der Cellulosenitrate gibt es in Abhängigkeit vom Substitutionsgrad DS?
10. Nennen Sie wichtige Celluloseether und ihre Einsatzgebiete!

■ ■ … und zur Belohnung noch ein Fußballer-Zitat:

» Wir können so was nicht trainieren, sondern nur üben.
(Michael Ballack)

Weiterführende Literatur

Monographien und Übersichtsartikel

Orsenna E (2014) Auf der Spur des Papiers. C.H. Beck, München
Hinestroza J, Netravali AN (Hrsg) (2014) Cellulose based composites – new green nanomaterials. Wiley-VCH, Weinheim
Ioelovich M (2014) Cellulose – nanostructured natural polymer. Lambert Acad. Publ., Saarbrücken
Türk O (2014) Stoffliche Nutzung nachwachsender Rohstoffe. Springer Vieweg, Wiesbaden, Kap. 4.1: Cellulose
Wüstenberg T (2013) Cellulose und Cellulosederivate – Grundlagen, Wirkungen und Applikationen. Behr's Verlag, Hamburg
Ullmann's Encyclopedia of Technical Industry (2012) Stichwort: Paper and board. Wiley-VCH, Weinheim
Bartels K.B (2011) Papierherstellung in Deutschland. be.bra wissenschaft verlag, Berlin
Bajpai P (2010) Environmental friendly production of pulp and paper. Wiley&Sons, Hoboken
Glasser WG (2008) Cellulose and associated heteropolysaccharides. In: Fraser-Reid B, Tatsuta K, Thiem J (Hrsg) Glycoscience. Springer-Verlag, Berlin, Kap. 6.3.
Sixta H (Hrsg) (2006) Handbook of pulp. Wiley-VCH, Weinheim

Weiterführende Literatur

Holik H (2006) Handbook of paper and board. Wiley-VCH,
    Weinheim
Dittmeyer R, Keim W, Kreysa G, Oberholz A (2005)
    Winnacker-Küchler, Chemische Technik, 5. Aufl. Wiley-
    VCH, Weinheim, Bd. 5:S 1223, Holz als Rohstoff
Klemm D, Heublein B, Fink H-P, Bohn A (2005) Cellulose: faszi-
    nierendes Biopolymer und nachhaltiger Rohstoff. Angew
    Chem 117:3411–3458
Asunción J (2003) Das Papierhandwerk. Verlag Paul Haupt,
    Bern
Klemm D, Philipp B, Heinze T, Heinze U, Wagenknecht W
    (1998) Comprehensive cellulose chemistry. Wiley-VCH,
    Weinheim, Bd 1 and 2

Originalstellen

Groß M (2015) Cellulose zerlegt und wieder neu
    zusammengesetzt. Nachrichten aus der Chemie
    63:788–790
Bornscheuer U, Buchholz K, Seibel J (2014) Enzymatischer
    Abbau von (Ligno)Cellulose. Angew Chem 1126:
    11054–11073
Klemm D, Kramer F, Moritz S, Lindström T, Ankerfors M, Gray D,
    Dorris A (2011) Nanocellulosen: eine neue Familie natur-
    basierter Materialien. Angew Chem 123:5550–5580
Van de Vyver S, Geboers J, Jacobs PA, Sels BF (2011) Recent
    advances in the catalytic conversion of cellulose. Chem
    Cat Chem 3:82–94
Palkovits R (2011) Cellulose und heterogene Katalyse – Eine
    Kombination mit Zukunft. Chem Ing Techn 83:411–419
Fink H-P, Ebeling H, Vorwerg W (2009) Technologien der
    Cellulose- und Stärkeverarbeitung. Chem Ing Tech
    81:1757–1766
Krätz O (2007) Abgesang auf Celluloid und Acetylcellulose –
    Das Ende des klassischen Kino-Films. Chem Unserer Zeit
    41:86–94

Starke Chemie

Stärke

© Springer-Verlag GmbH Deutschland 2018
A. Behr, T. Seidensticker, *Einführung in die Chemie nachwachsender Rohstoffe*,
https://doi.org/10.1007/978-3-662-55255-1_8

Kapitelfahrplan

- Der chemische Aufbau und die Struktur sowie die Zusammensetzung von Stärke werden diskutiert. Sie lernen die wichtigsten Stärkequellen und die technische Gewinnung von Stärke kennen.
- Wir besprechen die stoffliche Nutzung von Stärke sowie ihre chemische Umwandlung in interessante Folgeprodukte.

8.1 Struktur und Vorkommen

Stärke (engl. *starch*; lat. *amylum*) ist ein Polysaccharid und besteht wie Cellulose aus dem Einfachzucker D-Glucose als Grundbaustein. Anders als bei der Cellulose hingegen findet die Verknüpfung der Glucose-Einheiten über eine α-1,4-glycosidische Bindung statt (▶ Abschn. 6.1). Stärke wird in pflanzlichen Zellen als Reservestoff zur Energiespeicherung genutzt. Stärke ist ein Gemisch aus zwei Stoffen, der Amylose und dem Amlyopektin, die zwar beide aus Glucose aufgebaut sind, jedoch etwas unterschiedliche Strukturen und Eigenschaften besitzen (◘ Abb. 8.1):

- **Amylose** ist aus ca. 1000–4500 Glucose-Einheiten aufgebaut, welche α-glycosidisch über die Kohlenstoffe 1 und 4 verknüpft sind. Sie hat deshalb eine mittlere Molmasse im Bereich von 100.000 bis 1.000.000 Dalton. Amylose besitzt keinerlei Verzweigungen und bildet daher intramolekular eine schraubenartige Struktur aus, eine sogenannte Helix (◘ Abb. 8.2). Eine Windung dieser Helix wird aus etwa sechs Glucosemonomeren gebildet. In den Hohlraum der Helix können Fremdmoleküle, z. B. Iod, eingelagert werden. Dieser Effekt wird bei der *Iodprobe* genutzt, da die sich bildende Einschlussverbindung eine tiefblaue bis dunkelviolette Färbung aufweist.
- **Amylopektin** ist – wie Amylose – ausschließlich aus Glucosemonomeren aufgebaut. Durchschnittlich sind ca. 6000 dieser Einheiten in einem einzigen Strang verknüpft, wobei nach

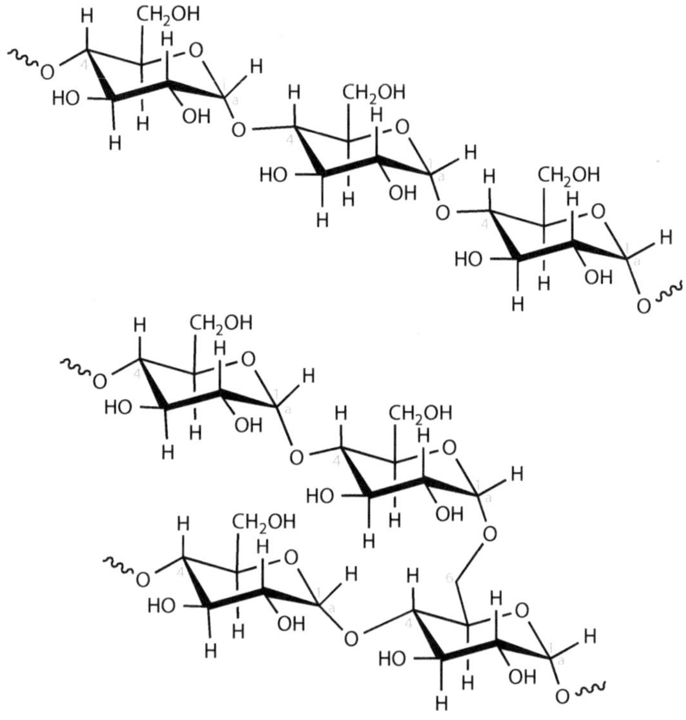

◘ **Abb. 8.1** Strukturformeln von Amylose (oben) und Amylopektin (unten)

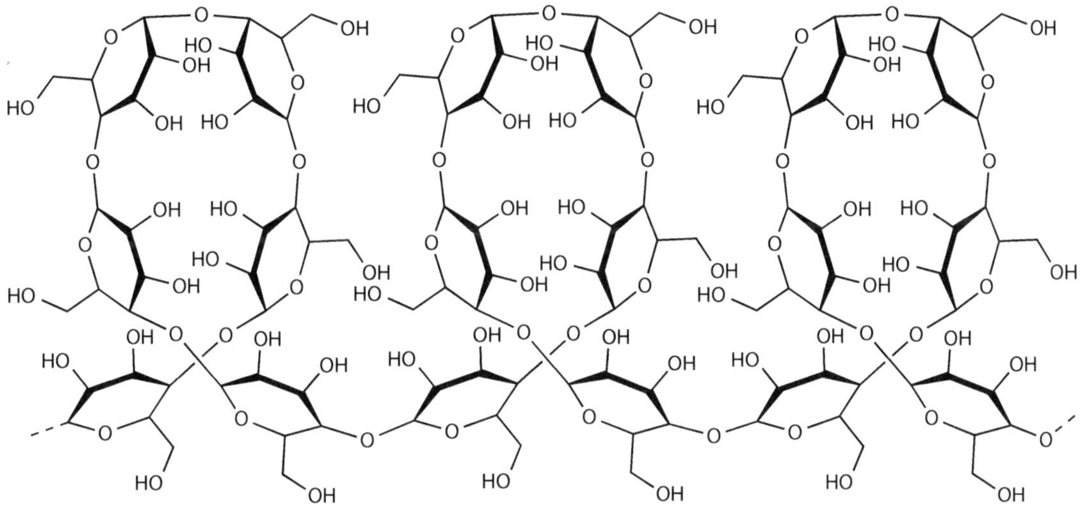

⬠ Abb. 8.2　Schematische Darstellung der helicalen Struktur von Amylose

Exkurs: Die kleine Änderung von α zu β

Im Eingangskapitel zu den Zuckern haben wir bereits festgestellt, dass deren offenkettige Struktur nicht bevorzugt ist, sondern dass sie bevorzugt intramolekulare Ringe unter Bildung sogenannter Halbacetale schließen. Aus der stereochemischen Sichtweise kann dies auf zwei unterschiedliche Arten vonstattengehen: Die Hydroxygruppe des gebildeten Halbacetals an Kohlenstoffatom C1 kann entweder nach oben (β-Konformation) oder nach unten zeigen (α-Konformation). Bei der D-Glucose beispielsweise ist die *Pyranose* genannte Sechsringstruktur bevorzugt. In wässriger Lösung kann freie Glucose einen Wechsel von der α- zur β-Konformation vollziehen, die sogenannte Mutarotation. Da die Position C1 der Glucose jedoch bei den allermeisten Di-, Oligo- und Polysacchariden die Stelle der Verknüpfung ist, ist diese Möglichkeit der *Interkonversion* nicht mehr gegeben, die Konfiguration bleibt in diesen Molekülen fest.

Diese „kleine" Änderung in der Orientierung der Verknüpfung führt zu zwei völlig unterschiedlichen Polyglucosen: Cellulose (Poly-β-1,4-D-glucopyranose, ▶ Kap. 7) wird in Pflanzen vor allem als statisches (Bau-)Material genutzt (Pflanzenfasern, Baumwolle, Papier etc.) und ist ein weitgehend inerter Stoff. Stärke (Poly-α-1,4-D-glucopyranose) hingegen wird von Pflanzen gebildet, um als Energiespeicher zu dienen. Dazu müssen die Stärkemoleküle wieder leicht in verwertbare Zuckerbausteine abgebaut werden können, eine Aufgabe, die von speziellen Enzymen, den Amylasen, übernommen wird. Diese können aber nur die α-1,4-glycosidische Bindung hydrolysieren; die β-1,4-glycosidische Verknüpfung der Cellulose bleibt intakt. Dass Enzyme Stärke in Glucose-Einheiten spalten können und Cellulose nicht, weiß jeder, der schon einmal länger auf einem Stück Brot und zum Vergleich auf ein wenig Watte herum gekaut hat: Die Stärke

im Brot wird durch Enzyme im Speichel und das darin enthaltene Wasser in Zuckerbausteine (vor allem Maltose) umgewandelt und schmeckt nach einiger Zeit deutlich süß. Cellulose hingegen kann von unseren Enzymen nicht gespalten werden und bleibt in ihrer Struktur weitgehend erhalten; unser Körper kann sie als Nahrung nicht nutzen.

Stärke ist als Reservestoff in vielen Pflanzen enthalten, vor allem in Knollengewächsen wie Kartoffeln oder Maniok, in Cerealien wie Weizen, Gerste oder Mais, aber auch in Hülsenfrüchten wie bspw. in Erbsen. Dabei ist der Stärkeanteil in den Pflanzen deutlich unterschiedlich. Während in Knollengewächsen wie der Kartoffel neben viel Wasser nur ca. 15 % Stärke vorhanden sind, bestehen Getreidekörner zu ca. 75 % aus Stärke. ⬠ Tab. 8.1 gibt einen Überblick über den Stärkegehalt verschiedener Pflanzen, wobei jeweils nur der verarbeitete Teil der Pflanze gemeint ist, bei Kartoffeln eben die Knolle.

ca. 25 α-1,4-glycosidischen Bindungen jeweils eine α-1,6-glycosidische Verzweigung vorliegt. Diese Verzweigung kann auch zwischen zwei benachbarten Einzelsträngen erfolgen, sodass daraus ein weiterverästeltes Polymernetzwerk entsteht. Das führt dazu, dass Amylopektin keine geordneten Überstrukturen ausbildet und eine mittlere Molmasse von 10–200 Mio. Dalton besitzt, die also bis zu zwei Größenordnungen höher liegt als bei der Amylose. Das Verhältnis von Amylose und Amylopektin hängt stark davon ab, aus welcher Pflanze die entsprechende Stärke gewonnen wird.

Vereinfacht lässt sich sagen, dass Pflanzen ca. zwei- bis viermal mehr Amylopektin als Amylose enthalten. Eine detaillierte Aufstellung der jeweiligen Anteile ist in ◘ Tab. 8.1 gegeben.

Ungeachtet der chemischen Struktur von Stärke und den jeweiligen Oberstrukturen bilden mehrere Stärkemoleküle in den jeweiligen Speicherorganen der Pflanzen sogenannte **Stärkekörner.** Diese Körner unterscheiden sich teils deutlich in Größe und Form untereinander, und ihre Erscheinung ist spezifisch abhängig von der Art der Pflanze (◘ Abb. 8.3).

Exkurs: Von den Stärken der Griechen zum Wäschesteifen

Das lateinische Wort für Stärke *amylum* ist dem griechischen αμυλον (amylon) entlehnt, was so viel bedeutet wie „nicht in einer Mühle gemahlen", da es bereits in der Antike aus Weizen ohne Verwendung einer Mühle isoliert werden konnte. Noch heute lautet das griechische Wort für Stärke αμυλον. Woher aber bekam die Stärke ihren deutschen Namen? Im Englischen als *starch* bezeichnet, was wiederum auf einen germanischen Ursprung zurückgeht, bedeutet dieses Wort etwa *stärken, steifen, stark/steif*, womit also ein *starker* Zusammenhang zwischen der englischen und der deutschen Bezeichnung gegeben ist. Vermutlich gehen diese Begriffe zurück auf die Verwendung der Stärke als Mittel zum Versteifen von weißer Wäsche. Seit dem 16. und 17. Jahrhundert war es in gehobenen Kreisen üblich, die Kragen und Krausen aus feinem Leinen mit Stärke zu versteifen. Später wurde diese Technik für Manschetten an Herrenhemden oder Petticoats angewendet. Neben dem reinen statischen Nutzen gab es durchaus auch andere Vorteile gestärkter Wäsche: Verschmutzungen lagerten sich eher an der im Gewebe befindlichen Stärke an und konnten nach Benutzung leichter ausgewaschen werden. Heutzutage findet Wäschestärke vor allem als Sprühlösung während des Bügelns Anwendung.

◘ **Tab. 8.1** Stärkegehalt verschiedener Pflanzen, Anteil an Amylose und Anteil an der jährlichen Gesamtstärkeproduktion (Welt, 2006)

Rohstoffpflanze	Stärkegehalt (in %)	Amyloseanteil an der Stärke (in %)	Produktionsanteil (in %)[a]
Kartoffel	15	24	4
Maniok (= Kassava)	13	20	14
Weizen	74	25	8
Mais	} 64	26	} 73
Wachsmais		1	
Amylomais		60–85 %	
Erbse	~65	35	} <1 %
Reis	89	18	

[a] Prozentualer Anteil an den jährlich produzierten 60 Mio. Tonnen Stärke

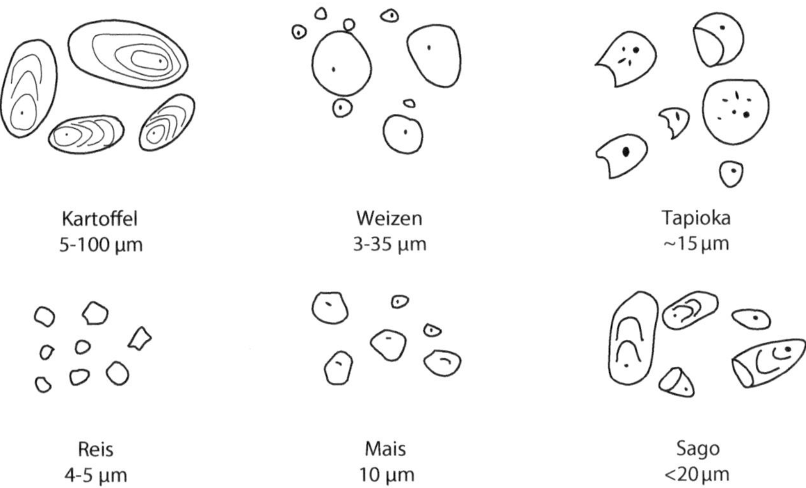

Abb. 8.3 Vergleich der Stärkekörner von Kartoffeln, Weizen, Tapioka, Reis, Mais und Sago

Jährlich werden etwa 60 Mio. Tonnen Stärke hergestellt, mit den größten Produktionskapazitäten in den USA, der EU, Japan und Thailand. Neben dem Anteil an Stärke in der jeweiligen Pflanze ist für die Industrie die Zusammensetzung der Stärke, d. h. das Verhältnis von Amylose zu Amylopektin, von Bedeutung; in den meisten Fällen ist vor allem das Amylopektin von größerem Interesse. Das liegt insbesondere daran, dass Amylopektin beim Lösen in heißem Wasser eine hochviskose, zäh fließende Masse bildet und nicht wie Amylose geliert. Ebenfalls sind wässrige Amylopektinlösungen bei der Lagerung stabiler und kristallisieren nicht aus. Dieses Verhalten macht Amylopektin zu einem interessanten und häufig wertvolleren Rohstoff.

Die Trennung von Amylose und Amylopektin ist hingegen nur mit großem Aufwand möglich. Daher gibt es seit Längerem das Bestreben, Pflanzen zu kultivieren, die den gewünschten Rohstoff in besonderem Maße oder ausschließlich bilden. Die Stärke des *Wachsmaises* beispielsweise besteht fast ausschließlich aus Amylopektin; *Amylomais* hingegen kann Anteile von 60–85 % Amylose enthalten. Bei diesen beiden Varianten handelt es sich um Mutanten, welche durch klassische Züchtung verschiedener Maissorten entstanden sind. Eine andere Möglichkeit, den Anteil am gewünschten Amylopektin zu erhöhen, ist es, genveränderte Sorten einzusetzen. Die von der BASF entwickelte *Amflora-Kartoffel* ist eine solche genveränderte Spezies, welche fast ausschließlich Amylopektin enthält. Nach ihrer zwischenzeitlichen Zulassung im Jahr 2010 und einigen Testanbaugebieten in Schweden, Deutschland und Tschechien hat die BASF im Jahr 2012 aufgrund einigen Widerstandes und mangelnder Akzeptanz für gentechnikveränderte Pflanzen das Amfloraprojekt in der EU beendet.

8.2 Stärkegewinnung

Die Gewinnung von Stärke und die dafür benötigten Verfahrensschritte sind stark von dem jeweiligen pflanzlichen Rohstoff abhängig. Grundsätzlich steht zu Beginn der Stärkeproduktion zunächst die Reinigung des Rohstoffes durch Waschen und das Aussortieren von Fremdmaterialien. Im nächsten Schritt wird der Rohstoff zerkleinert, um die Pflanzenzellen zu zerstören und die Stärke (-körner) freizusetzen. Bei Mais werden die Körner zunächst für 30–40 h in einer wässrigen Lösung eingeweicht, bevor sie nass gemahlen werden. Weizen wird direkt gemahlen und als Mehl eingesetzt. Es schließt sich jeweils eine Verdünnung mit Wasser zur Herstellung einer Stärkesuspension an, aus der in verschiedenen Trennverfahren noch enthaltene Öle und Fasern abgetrennt werden. Da sowohl Mais als auch Weizen und andere Getreide noch relativ viele Proteine enthalten (sog.

Gluten), wird dieses durch mechanisches Einwirken auf die Suspension zur Agglomeration gebracht und kann so mit Hydrozyklonen oder Zentrifugen abgetrennt werden. Bei Kartoffeln und der Maniokwurzel werden die Knollen zunächst sehr klein gerieben und dann ein Stärkebrei angerührt. Auch hier müssen Fasern – beispielsweise durch Filtrieren – entfernt werden; jedoch spielt die Entfernung von Proteinen eine deutlich geringere Rolle.

Unabhängig vom Ursprung dieser Stärkesuspensionen schließen sich nun mehrere Schritte der Aufkonzentrierung, Aufreinigung und des anschließenden Trocknens der Stärke an. Die so erhaltene Stärke kann dann in verschiedenen Vertriebsformen in den Handel gebracht werden, bspw. als Pulver, Slurry oder auch als „Brockenstärke". Sie wird als *native* Stärke bezeichnet.

In Deutschland wurden im Jahr 2014 ca. 1,66 Mio. Tonnen Stärke aus 4,73 Mio. Tonnen Rohmaterial hergestellt, das entspricht in etwa einer Ausbeute von 35 %. Die Kartoffel ist der wichtigste Rohstoff für in Deutschland hergestellte Stärke mit einem Anteil von 58 %, neben 13 % aus Mais und 27 % aus Weizen (■ Abb. 8.4). Europaweit lag die Stärkeproduktion im Jahr 2010 bei etwa 10 Mio. Tonnen bei einem Gesamtrohstoffeinsatz von etwa

22 Mio. Tonnen. Diese vergleichsweise höhere Ausbeute resultiert aus der vorwiegenden Verwendung von Mais innerhalb Europas, der bezogen auf das Gewicht mehr Stärke liefert (■ Tab. 8.1). Ca. 48 % Mais, 38 % Weizen und nur 14 % Kartoffeln wurden im Jahr 2010 in Europa für die Stärkeproduktion verwendet, wohingegen der Rohstoffeinsatz sich in etwa gleich auf diese drei aufteilt. Weltweit gesehen hat Mais eine noch viel höhere Bedeutung: 2006 wurden bei einer jährlichen Gesamtproduktion von 60 Mio. Tonnen 73 % Stärke aus Mais hergestellt.

8.3   Verwendung von Stärke

Bevor auf die Verwendung von Stärke eingegangen wird, soll zunächst auf einen ganz prinzipiellen Aspekt der Stärke als nachwachsender Rohstoff eingegangen werden: die Unterscheidung zwischen der Anwendung als Nahrungsmittel, der stofflichen Nutzung der Stärke und der Nutzung in der chemischen Industrie.

Stärke ist ein Reservekohlenhydrat und dient den Pflanzen dazu, Energie zu speichern und sie auch wieder zur Verfügung zu stellen. Durch den hohen physiologischen Energiegehalt stärkespeichernder Pflanzen dienen sie seit jeher als Nahrungsmittel für Mensch und Tier. Die direkte Verwendung von Kartoffeln, Getreide, Mais oder Maniok für die Zubereitung von Speisen stellt den größten Verbrauch an Stärke dar und übersteigt alle anderen Anwendungen um ein Vielfaches. Bei der Verwendung von Stärke als Nahrungsmittel findet keine Isolierung der Stärke aus den entsprechenden Rohstoffen statt.

Wird Stärke direkt aus den pflanzlichen Rohstoffen als solche gewonnen, nennt man sie native Stärke. Diese hat für technische Anwendungen nur eine geringe Bedeutung. Man findet sie jedoch in der Nahrungsmittelindustrie. Zum Andicken von Soßen im Haushalt wird meist native Stärke verwendet (bspw. unter dem Handelsnamen „Mondamin" vertriebene native Maisstärke). Diese unmodifizierte Stärke hat jedoch für industrielle Anwendungen ungünstige Eigenschaften; sie neigt beispielsweise zur Partikelbildung und zur Gelierung und besitzt nur eine geringe Stabilität. Ebenfalls haben Pasten nativer Stärke eine ungünstig hohe Viskosität.

Deutschland: insgesamt 4,73 Mio. t Rohmaterial

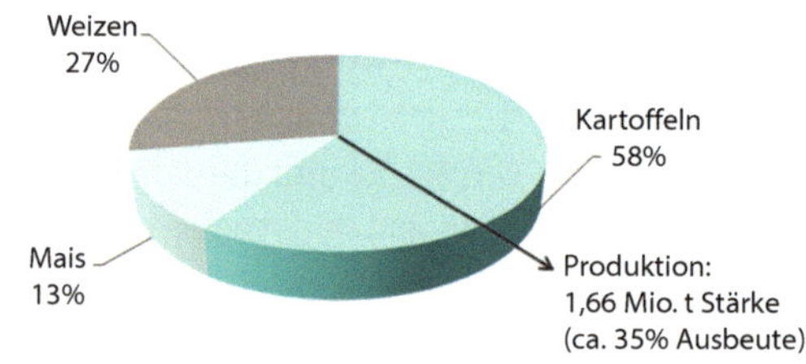

Europa: insgesamt 22 Mio. t Rohmaterial

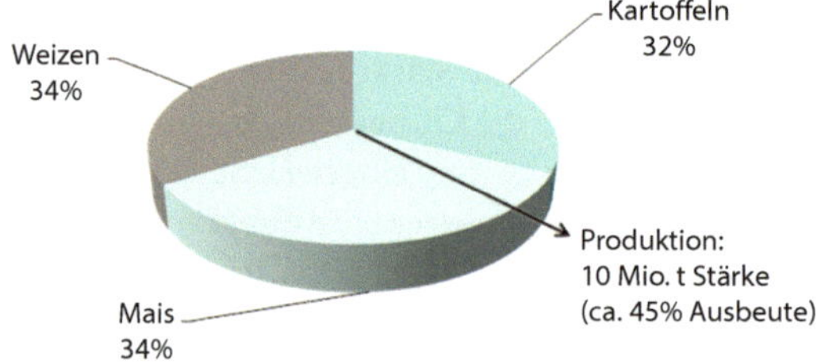

■ **Abb. 8.4**   Stärkeproduktion und -rohstoffe in Deutschland (2014) im Vergleich zu Europa (2010)

Daher wird der größte Teil der in den Handel gebrachten Stärke modifiziert. Dabei kann grundsätzlich zwischen drei verschiedenen Arten der Modifikation unterschieden werden:

- Bei **thermisch** (d. h. ausschließlich physikalisch) behandelten Stärken bleibt die prinzipielle chemische Struktur und teilweise auch die Kornstruktur der Stärke intakt.
- Bei den sogenannten **derivatisierten** Stärken wird die Reaktivität der freien Hydroxygruppen der Stärke ausgenutzt. Beispielsweise können diese zu Stärkeethern oder Stärkeestern umgesetzt werden. Auch die Oxidation dieser Hydroxygruppen oder die oxidative Spaltung benachbarter Hydroxygruppen spielt eine Rolle. Man kann mit Stärke mehrere dieser Veränderungen durchführen, je nachdem welche Eigenschaft erreicht und in welchem Anwendungsgebiet die Stärke später eingesetzt werden soll. Sobald Stärke nicht mehr in ihrer nativen Form vorliegt, spricht man von modifizierter Stärke.
- Durch teilweise **Hydrolyse** der Acetalbindung können Stärken mit geringerer Molmasse hergestellt werden (*Dextrine, lösliche Stärken, Quellstärken*), bis hin zum vollständigen Abbau in die einzelnen Zucker-Bausteine (Maltose, Glucose). Diese Hydrolysen werden entweder mit Säuren oder bestimmten Enzymen durchgeführt (sog. *Verzuckerung*). Verzuckerte Stärken werden nicht zu den modifizierten Stärken gezählt.

Auf einige dieser Umwandlungen wird in ▶ Abschn. 8.4 näher eingegangen.

Exkurs: Die Klassifizierung hydrolysierter Stärken – das Dextrose-Äquivalent

Beim hydrolytischen Abbau von Stärkepolymeren entstehen durch die Spaltung der glycosidischen Bindung immer mehr kürzere Ketten. An dem einen Ende dieser Ketten befindet sich eine Halbacetalgruppierung, die wir schon von der Glucose her kennen (▶ Kap. 6). Die cyclische Halbacetalform der Glucose steht mit ihrer offenkettigen Aldehydform im Gleichgewicht (Mutarotation). Freie Zuckeraldehyde werden als *reduzierend* bezeichnet, da sie in der Lage sind, andere Stoffe zu reduzieren und dabei selbst zur Carbonsäure oxidiert werden. Daraus folgt, dass mit steigendem Abbaugrad der Stärke die Anzahl der reduzierenden Enden steigt. Diesen Zusammenhang kann man sich für die Klassifizierung von hydrolysierten Stärken zu Nutze machen. Dabei gibt man den Grad der Depolymerisation als **Dextrose-Äquivalent** (DE, engl. *dextrose equivalent*) an. Dextrose, also reine Glucose, hat einen DE von 100. Das bedeutet: „Der prozentuale Massenanteil an reduzierenden Zuckern in Dextrose liegt bei 100 %." Der DE für Stärke wird auf 0 festgelegt, da sie durch ihren hochmolekularen Charakter nahezu nicht reduzierend wirkt. Hydrolysierte Stärken haben demnach DE zwischen 0 und 100 und können so in Gruppen eingeteilt werden. Mit steigendem DE-Wert, das heißt mit steigendem Abbaugrad, steigt somit der Anteil an kürzeren Ketten, Disacchariden und Glucose. Das geht einher mit einer Steigerung der Süßkraft, der Löslichkeit und der Hygroskopie (d. h. Wasseraffinität). Zur Bestimmung des DE eines Produktes oder einer Lösung wird die reduzierende Wirkung der freien Zucker ausgenutzt: In der „Fehling-Probe" wird durch die Reduktion eines löslichen, blauen Cu(II)-Komplexes durch die anwesenden Zucker Cu_2O gebildet, welches schwer löslich ist und damit ausfällt. In einer Titration kann so der Gehalt an reduzierenden Zuckern durch das Verschwinden der Blaufärbung nachgewiesen und quantifiziert werden.

Im Jahr 2014 wurden in Deutschland ca. 1,92 Mio. Tonnen Stärken und Stärkederivate verbraucht. Die Verzuckerungsprodukte machen mit ca. 55 % den größten Anteil aus, neben 26 % nativer und 19 % modifizierter Stärke (◘ Abb. 8.5). Deutlich mehr als die Hälfte (ca. 60 %) findet in **Nahrungsmitteln** (Food-Bereich) Anwendung. Typische Einsatzgebiete nativer und modifizierter Stärke sind Backwaren, Süßwaren und Milcherzeugnisse, der Einsatz zur Erhöhung der Viskosität flüssiger Lebensmittel und, in verzuckerter Form, als Süßungsmittel in Getränken. Hier ist der **High-Fructose Corn Syrup (HFCS)** besonders zu erwähnen, der aus Stärke hergestellt wird und bspw. in den USA den Haushaltszucker zum Süßen von Limonaden weitgehend verdrängt hat (▶ Abschn. 8.4.2).

Die nächstwichtigste Anwendung von Stärke ist die **stoffliche oder technische Nutzung.** Ca. 39 % der in Deutschland hergestellten Stärkeprodukte finden Anwendung in diesem sog. Non-Food-Bereich. Die sogenannte Industriestärke wird in Deutschland auf ca. 93.000 ha Anbaufläche angebaut. Hierbei spielt

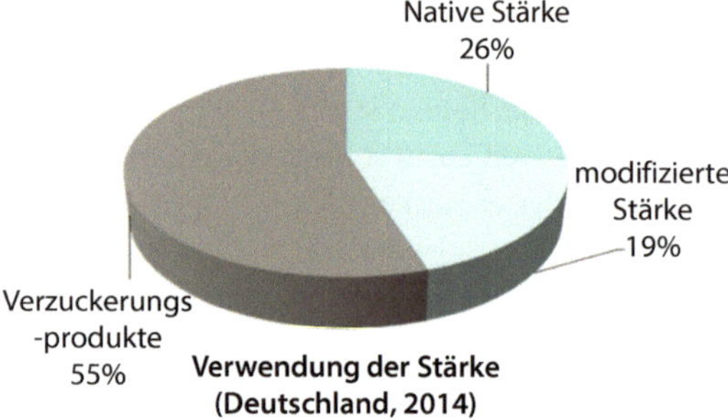

Abb. 8.5   Verwendungen von Stärke

vor allem die Anwendung in der Papierindustrie eine wichtige Rolle, bspw. zur Imprägnierung von Papier gegen das Verlaufen der Tinte oder zum Verkleben von Wellpappe. Nur ca. 6 % der Stärke wird in der chemischen Industrie oder als Nährmedium für Fermentationen eingesetzt. Ein weiteres wichtiges Beispiel ist die **thermoplastische Stärke.** Diese wird erhalten, wenn native Stärke unter Zugabe von Weichmachern, wie beispielsweise Glycerin, in Extrudern unter Einfluss von Temperatur, Scherkräften und Druck behandelt wird. Dabei werden die Stärkekörner zerstört und die Kristallinität verringert. Gleichzeitig verringert sich die Sprödigkeit, wodurch die Verarbeitung vereinfacht wird. Mit ca. 80 % macht die thermoplastische Stärke den derzeit größten Anteil an Biokunststoffen aus (▶ Kap. 19). Thermoplastische Stärke kann gemischt mit anderen Komponenten als sog. Stärkeblend für die Herstellung von Produkten mit vergleichsweise geringer Lebensdauer verwendet werden, wie z. B. Verpackungschips, aber auch kompostierbares Einwegbesteck oder Tragetaschen. Typische Mischkomponenten sind biologisch abbaubare petrochemische Polymere, Biokunststoffe oder auch anorganische Materialien.

Stärke findet auch in der Kosmetikindustrie Anwendung. Die Herstellung von Bioethanol durch Fermentation beruht in den USA und Deutschland vorwiegend auf der Verwendung von Stärke, in Brasilien hingegen auf Zucker aus Zuckerrohr (▶ Kap. 20).

8.4   Stärkeprodukte

In diesem Abschnitt werden alle wichtigen Produkte, die industriell aus Stärke hergestellt werden, näher besprochen. Einen Überblick gibt dazu ◻ Abb. 8.6.

Quellstärken (engl. *pregelatinized starches*) sind solche Stärken, die bereits in kaltem Wasser Dispersionen bilden, ohne bei korrekter Anwendung zu verklumpen. Um dies zu erreichen, wird ein Stärke-Wasser-Gemisch bspw. auf einer heißen Rolle behandelt, abgeschabt, getrocknet und zu Pulver vermahlen. Dies dient vornehmlich dazu, die Stärkekörner zu zerstören. Um die Scherkräfte weiter zu erhöhen, kann das Wasser-Stärke-Gemisch auch in den Spalt zweier gegenläufiger, mit Wasserdampf beheizter Rollen gegeben werden. Verwendet werden diese Stärken vorwiegend im Lebensmittelbereich, bei Anwendungen, in denen das Produkt nicht gekocht wird, also bspw. in kalt angerührten Puddings. Eine andere Anwendung findet sich im Waschmittelbereich.

Eine besondere Form der Stärkeaufbereitung geht auf K. Zulkowsky zurück, der Ende des 19. Jh. fand, dass sich Stärke (vor allem Kartoffelstärke) besonders gut in heißem Glycerin löst. Wird ca. 0,6 Gew.-% Kartoffelstärke bei 190 °C in Glycerin gelöst, geht sie in eine lösliche Form über. Die Stärke lässt sich in dieser Form isolieren, indem die wieder erkaltete Lösung in Ethanol gegossen wird, wobei sich ein pulvriger Niederschlag bildet. Diese **lösliche Stärke** (engl. *soluble starch*) ist kommerziell erhältlich und wird z. B. für analytische Anwendungen benötigt. Sie ist deutlich besser in Wasser löslich als gewöhnliche lösliche Stärke.

8.4.1   Partiell hydrolysierte Stärken

Bei **dünnkochender Stärke** (engl. *thinned starch*) handelt es sich um ein Stärkeabbauprodukt, das durch säurekatalytische Spaltung weniger glycosidischer Bindungen aus einer Suspension der nativen Stärke hergestellt wird. Sie kann als Verdickungsmittel eingesetzt werden und erfordert als Lebensmittelzutat wegen der nur geringfügigen Unterscheidung von nativer Stärke keine Kennzeichnung. Der DE-Wert ist bei diesen sehr geringen Umsätzen nahezu gleich dem DE-Wert der nativen Stärke.

Bei **Dextrinen** (engl. *dextrines*) handelt es sich ebenfalls um Stärkeprodukte, die durch die teilweise Hydrolyse der glycosidischen Bindung entstehen. Jedoch ist der Grad der Depolymerisation im Vergleich zu dünnkochenden Stärken höher. Ein

◘ Abb. 8.6 Stärkeprodukte

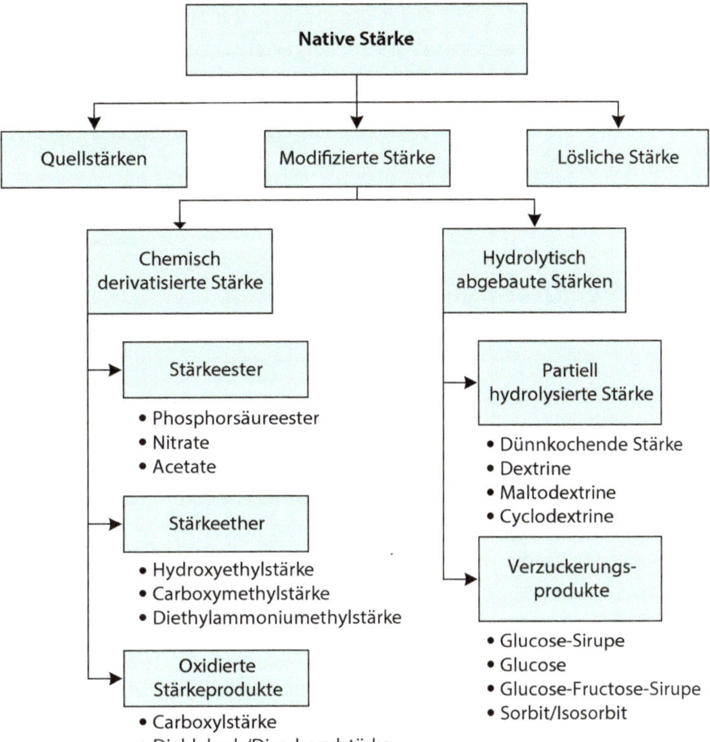

weiter Unterschied liegt darin, dass Dextrine nicht aus einer Lösung oder Suspension hergestellt werden, sondern aus Stärke in Pulverform. Auch können sie ohne den Zusatz von Säuren hergestellt werden; unter dem Einfluss von erhöhter Temperatur von etwa 150 °C entstehen dann die „Röstdextrine". Wird unter sauren Bedingungen gearbeitet, kommt häufig HCl, entweder als konzentrierte Lösung oder als Gas, zum Einsatz. Es gibt weiße und gelbe Dextrine, die sich u. a. im Grad der Depolymerisation und in der Herstelltemperatur unterscheiden. Hellere Dextrine finden Anwendung in der Lebensmittel- und Textilindustrie, während gelbliche Dextrine als Kleber z. B. für Briefumschläge angewendet werden. Dextrine entstehen ebenfalls durch enzymatischen Abbau von Stärke durch α-Amylasen. Dextrine haben typischerweise einen DE-Wert von unter 10, schmecken also kaum süß.

Maltodextrine (engl. *maltodextrines*) sind nach den Dextrinen die nächsthöhere Stufe an hydrolysierter, also teilabgebauter Stärke. Sie unterscheiden sich demnach von den Dextrinen nur durch ihren DE-Wert, der typischerweise zwischen 10 und 20 liegt. Damit haben Maltodextrine eine Kettenlänge von ca. 2–20 Glucoseeinheiten und gehören zu den Oligosacchariden. Der Name Maltodextrin leitet sich von der Maltose ab, einem Dimer der Glucose. Die Herstellung von Maltodextrinen geschieht über die säure- oder enzymkatalysierte Hydrolyse nativer Stärke in Lösung und ist davon abhängig, für welche Applikation die Maltodextrine produziert werden. Diese relativ kurzkettigen Oligomere haben zwar kaum Süßkraft, werden jedoch vermehrt in der Nahrungsmittelindustrie eingesetzt. Neben ihren verdickenden Eigenschaften wird häufig ausgenutzt, dass Maltodextrine für den menschlichen Körper ähnlich schnell energetisch verwertbar sind wie Glucose. Zusätzlich besitzen sie eine gute Löslichkeit in Wasser. So können beispielsweise Nahrungsmittel oder Getränke mit einem hohen Energiegehalt hergestellt werden, ohne dass diese unangenehm süß schmecken. Das spielt vor allem bei Diäten und im Ausdauersport eine Rolle. In der chemischen Industrie finden Maltodextrine kaum Verwendung.

Cyclodextrine sind, wie der Name bereits vermuten lässt, cyclische Oligosaccharide mit typischerweise sechs bis acht α-D-verknüpften Glucosebausteinen. Sie werden enzymatisch aus Stärke hergestellt; chemisch gesehen wird die Stärke dabei jedoch nicht hydrolysiert. Alle Cyclodextrine können Einschlussverbindungen bilden, was sie für viele Einsatzzwecke interessant macht. Daher kommt den Cyclodextrinen in diesem Buch ein eigenes Kapitel zu (▶ Kap. 10).

8.4.2   Verzuckerungsprodukte von Stärke

Als **Glucosesirupe** bezeichnet man wässrige Lösungen von Stärkeabbauprodukten mit einem DE-Wert von >20. Ihr Anwendungsgebiet liegt vor allem in der Nahrungsmittelindustrie als Süßungsmittel für Limonaden oder Süßwaren. Kleinere Mengen werden auch für technische Anwendungen als Frostschutzmittel oder Enteiser hergestellt. Der größte Teil der Glucosesirupe wird zweistufig hergestellt: In einem ersten Schritt wird die Stärkesuspension bei erhöhten Temperaturen durch temperaturstabile α-Amylasen verflüssigt, um danach in einem zweiten Schritt mit anderen Enzymen bis zum gewünschten Depolymerisationsgrad umgesetzt zu werden. Anschließend wird der Sirup geklärt, entfärbt und aufkonzentriert. Es sind DE-Werte von 20–95 erreichbar, wobei Mischungen mit niedrigerem DE-Wert viele Malto-Oligosaccharide und solche mit hohem DE-Wert vor allem Glucose enthalten.

Reine D-Glucose kann aus Glucosesirupen auskristallisiert werden, indem zu Sirupen mit hohem DE-Wert, typischerweise >90, reine D-Glucose als Impfkristall hinzugegeben wird.

Da D-Fructose eine im Vergleich zu D-Glucose um ca. 20 % höhere Süßkraft hat, ist es wirtschaftlich, Glucosesirupe enzymatisch mit Fructose zu **Glucose-Fructose-Sirup** anzureichern, weil so mit weniger Einsatzstoff die gleiche Süßkraft erzielt werden kann. Dazu wird das Enzym Glucoseisomerase verwendet, das – in einem Festbett immobilisiert – mit einer Glucoselösung überströmt wird. Dabei wird eine Gleichgewichtsverteilung von etwa 58 % D-Glucose und 42 % D-Fructose erhalten. Durch moderne Trennverfahren ist es heutzutage möglich, den Anteil an Fructose bis auf 90 % zu steigern.

Die so hergestellten Glucose-Fructose-Sirupe (GFS) werden in Lebensmitteln (vor allem in Süßspeisen) und in Getränken, vor allem Limonaden, als Süßungsmittel verwendet. Bei letzterem wird zumeist eine Mischung aus 42 %igem und 90 %igem Sirup verwendet (High-Fructose Corn Syrup HFCS), welche 55 % Fructose enthält. Dieser vor allem in der Getränkeindustrie verwendete Süßstoff hat eine vergleichbare Süßkraft wie Haushaltszucker, weswegen diese spezielle Mischung besonders interessant ist. Glucose-Fructose-Sirupe sind jedoch deutlich günstiger als Haushaltszucker (Saccharose, ▶ Abschn. 6.2), da sie aus relativ günstig verfügbarer Stärke hergestellt werden können. Ihren Ursprung haben diese Sirupe in den USA genau aus diesem Grund: Der Maisanbau (für die Stärkegewinnung) wird in den USA seit Langem subventioniert und Genmais auf riesigen Flächen angebaut. Der Zuckerimport muss dagegen versteuert werden, sodass sich hier ein besonders großer preislicher Vorteil ergibt. In Deutschland hingegen wird der Zuckerrübenanbau subventioniert, sodass der Siegeszug der GFS hierzulande in der Getränkeindustrie ausgebremst wird. Zusätzlich unterliegen diese Sirupe in der EU einer Produktionsregelung und dürfen nur begrenzt hergestellt werden.

Kontrovers im Zusammenhang mit der Verwendung von GFS als Süßungsmittel diskutiert wird vor allem der gesundheitliche Aspekt der vermehrten Aufnahme von Fructose: Bei Haushaltszucker treten Glucose und Fructose in gleichen Mengenanteilen auf, HFCS-55 hat jedoch mit 55 % Fructose und nur etwa 41 % Glucose einen deutlich erhöhten Anteil Fructose. Da Fructose insulinunabhängig verstoffwechselt wird, Insulin jedoch wichtig für ein eintretendes Sättigungsgefühl ist, werden durch erhöhte Fructoseaufnahme Übergewicht und Bluthochdruck gefördert.

Bei D-**Sorbit** handelt es sich um die reduzierte Polyolform der Zucker D-Glucose, D-Fructose und D-Sorbose. Damit zählt Sorbit zu den Zuckeralkoholen. Er kann aus Glucosesirupen hergestellt werden. Zuckeralkohole wurden bereits in ▶ Kap. 6 (Zucker) besprochen.

8.4.3   Chemische Derivatisierung von Stärke

Stärke kann chemisch gesehen auch als makromolekulares Polyol gesehen werden. Daher ist Stärke auch zugänglich für die „klassische" Chemie der Alkohole. Durch Substitution der Alkoholgruppe lassen sich

z. B. Ester- oder Ethergruppen einführen. Prinzipiell bleibt jedoch der polymere Aufbau der Stärke erhalten. Es findet also keine gezielte „Zerkleinerung" der Stärke statt, wie es bei der Hydrolyse der Fall war. Natürlich kann auch hydrolysierte Stärke derivatisiert werden.

Für die Substitutionsreaktionen stehen in der Stärke die Hydroxyfunktionen an den Glucosepositionen C2, 3 und 6 zur Verfügung. Technisch und lebensmitteltechnologisch sind die Produkte von Bedeutung, an denen relativ wenige Gruppen der Stärke substituiert wurden. Größere Änderungen der Stärke-Eigenschaften lassen sich z. B. schon mit einem Substitutionsgrad von 0,01–0,1 erreichen. Bedeutend sind aber auch Produkte mit weitaus geringerem Substitutionsgrad. Der DS wurde bereits in ▶ Abschn. 7.3.2 „Celluloseester" erläutert. Die Derivatisierung kann auch mit bi- oder polyfunktionellen Reagenzien durchgeführt werden, die dazu führen, dass inter- und intramolekulare Verbrückungen innerhalb der Stärke stattfinden. Diese Produkte werden als „vernetze Stärken" (vgl. Celluloseester, ▶ Abschn. 7.3) bezeichnet.

Stärkeester

Bei den Stärkeestern wird zwischen anorganischen und organischen Estern unterschieden. Innerhalb der Stärkeester mit anorganischen Säuren haben vor allem die Phosphorsäure- und Salpetersäureester technische Bedeutung erlangt. Bei den Stärkeestern mit organischen Säuren sind Ester der Essigsäure, Zitronensäure oder auch der Ameisensäure sowie Ester höherer Carbonsäuren technisch interessant.

Da bei Veresterungsprozessen mit Säuren als Kondensationsprodukt Wasser frei wird, welches unter den sauren Bedingungen zur Spaltung der glycosidischen Bindung führen könnte, werden zur Veresterung von Stärke vor allem Anhydride oder Carbonsäurechloride eingesetzt, letztere in Kombination mit Basen, um das Koppelprodukt abzufangen.

Anorganische Ester

Die technisch bedeutendsten Ester der Stärke mit anorganischen Säuren sind die **Mono- und Diester der Phosphorsäure.** Bei der Reaktion von Natriumdihydrogenphosphat (NaH_2PO_4) mit Stärke entsteht bevorzugt ein Phosphorsäureester am Kohlenstoffatom C6 des Glucosebausteins (◼ Abb. 8.7, (I)). Bei der Reaktion wird Wasser frei, sodass der pH-Wert eine wichtige Rolle spielt, da es ansonsten unter zu sauren Bedingungen zur Spaltung der glycosidischen Bindung kommt. Der DS liegt bei diesen Produkten typischerweise bei 0,02, sodass durchschnittlich jedes fünfzigste Glucosemonomer einen Phosphorsäurerest trägt. Einsatz finden Monostärkephosphorsäureester vor allem in technischen Bereichen, bspw. in der Textilindustrie als Schlichtemittel und zur Farbverdickung. Unter der Kennung E1410 sind sie auch als Lebensmittelzusatzstoff zugelassen und werden aufgrund der Klarheit ihrer Lösungen und ihrer erhöhten Viskosität ohne zu retrogradieren (d. h. ohne kristalline Strukturen beim erneuten Abkühlen auszubilden) eingesetzt. Der DS in Lebensmittelzusatzstoffen ist dabei je nach Zulassungsland streng geregelt, wobei für die EU einheitliche Richtlinien gelten.

◼ **Abb. 8.7** Synthese von Mono- (I) und Distärkephosphorsäureestern (II)

Um Distärkephosphorsäureester herzustellen, wird die Stärke mit bifunktionellen Phosphorverbindungen umgesetzt. An einer Phosphatgruppe sind dann zwei Stärkereste über eine Esterbindung miteinander verknüpft, sodass eine Vernetzung erreicht wird. Diese kann entweder intramolekular (zwei Glucosemonomere desselben Stärkepolymers) oder intermolekular (zwei Glucosemonomere benachbarter Stärkepolymere) stattfinden (◘ Abb. 8.7, (II)). Als bifunktionelle Phosphorverbindungen werden Phosphoroxychlorid ($POCl_3$), Natriumtrimethaphosphat ($Na_3P_3O_9$) oder Phoshorpentachlorid (PCl_5) eingesetzt. Die Reaktion muss unter sehr kontrollierten und basischen Bedingungen in wässrigen Suspensionen stattfinden. Selbst bei geringsten DS bewirkt die eingefügte Vernetzung tief greifende Veränderungen der rheologischen Eigenschaften. Im Lebensmittelbereich ist vor allem interessant, dass Distärkephosphorsäureester ein verbessertes Gefrier-Tau-Verhalten zeigen, weswegen sie häufig in Tiefkühlprodukten verwendet werden.

Sowohl Mono- als auch Distärkephosporsäureester können durch weitere funktionelle Gruppen modifiziert werden, um ihre Eigenschaften gezielt einzustellen.

Ein weiterer Ester der Stärke mit einer anorganischen Säure ist der Nitratester, d. h. der **Ester der Stärke mit Salpetersäure.** Dieser hat, im Gegensatz zu den meisten anderen funktionalisierten Stärken, vor allem technische Bedeutung mit sehr hohen Substitutionsgraden. Nitratstärken mit einem DS von ca. 2,6 enthalten in etwa 13,2 Gew.-% Stickstoff und eignen sich analog zu den Nitratestern der Cellulose (► Kap. 7) und des Glycerins (► Kap. 5) als Sprengstoffe. Die Herstellung erfolgt ebenfalls analog mit einer Mischung aus Salpetersäure und Schwefelsäure (sog. „Nitriersäure"), mit der es gelingt, fast alle OH-Gruppen an den Kohlenstoffatomen 2, 3 und 6 der Stärke zu nitrieren.

Organische Ester

Bei den Estern der Stärke mit organischen Säuren haben vor allem die **Stärkeacetate**, die Ester der Stärke mit Essigsäure, besondere Bedeutung erlangt. Hierbei muss wieder zwischen verschiedenen Produkten mit unterschiedlichem DS unterschieden werden: Hohe Acetylierungsgrade können einfach erreicht werden, wobei sogar eine selektive Steuerung zu Mono- Di- und Triacetaten möglich ist. Besonders die hoch substituierten Stärkeacetate eignen sich zur Herstellung von Filmen, die als Lebensmittelverpackung eingesetzt werden. Eher geringe Acetylierungsgrade modifizieren Eigenschaften der Stärke wie Viskosität, Filmbildung oder Klarheit der Lösungen. Da es sich bei der Veresterung um eine Gleichgewichtsreaktion handelt, ist die direkte Umsetzung von Stärke mit Essigsäure wenig sinnvoll. Vielmehr wird Stärke (native oder auch modifizierte Stärke) mit Essigsäureanhydrid oder Mischungen von Essigsäureanhydrid und Essigsäure acetyliert (◘ Abb. 8.8). Der pH-Wert spielt wieder eine wichtige Rolle, um eine unerwünschte Spaltung der glycosidischen Bindung zu verhindern.

Zur technischen Bedeutung haben es neben den Stärkeacetaten auch noch die Ester der Stärke mit der mehrbasischen Zitronensäure gebracht. Diese Produkte werden als **Citratstärke** bezeichnet und finden vor allem lebensmitteltechnologische Anwendungen. Die Abbaubarkeit der Citratstärken im menschlichen Körper sinkt mit steigendem DS; daher werden sie auch als harmlose Ballaststoffe gezielt Lebensmitteln zugesetzt.

Stärkeether

Durch die Veretherung von Stärke mit unterschiedlichsten Reagenzien lassen sich viele gewünschte Eigenschaften der Stärke einstellen und modifizieren. Neben der Veretherung zu einfachen Alkylethern

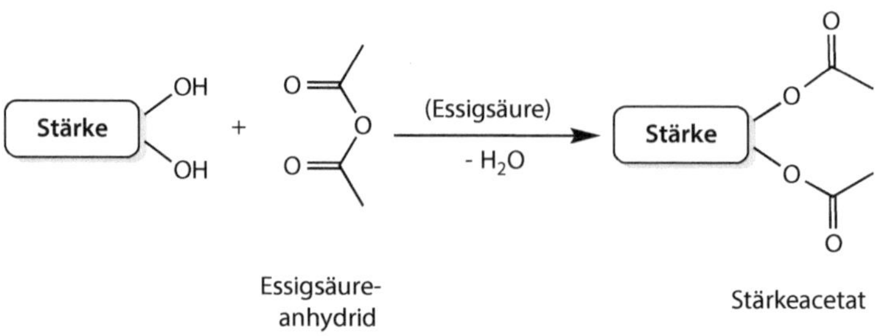

◘ **Abb. 8.8** Acetylierung von Stärke mit Essigsäureanhydrid zur Herstellung von Stärkeacetaten.

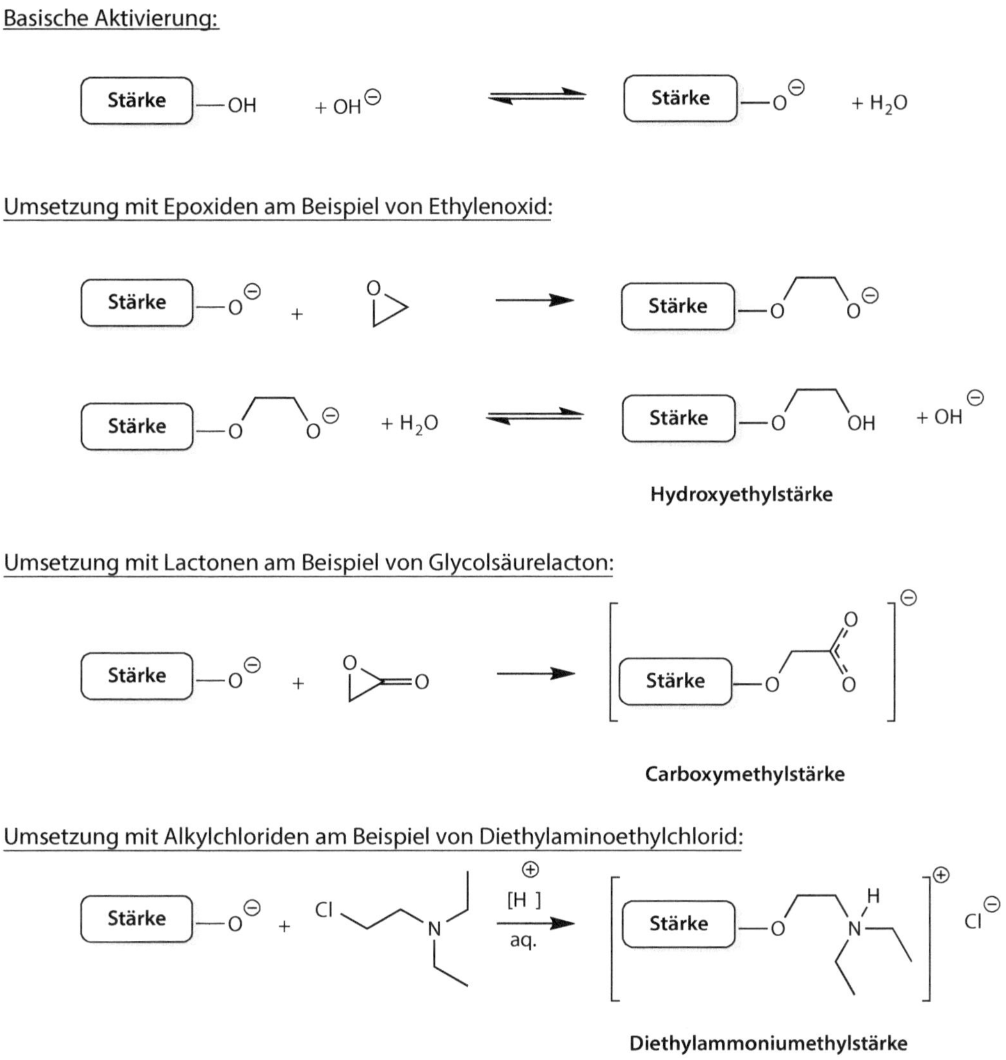

Basische Aktivierung:

Umsetzung mit Epoxiden am Beispiel von Ethylenoxid:

Hydroxyethylstärke

Umsetzung mit Lactonen am Beispiel von Glycolsäurelacton:

Carboxymethylstärke

Umsetzung mit Alkylchloriden am Beispiel von Diethylaminoethylchlorid:

Diethylammoniumethylstärke

Abb. 8.9 Umsetzung von Stärke in alkalischem Medium mit verschiedenen Reagenzien zur Herstellung von Stärkeethern.

lassen sich auch gezielt Hydroxyalkylstärken, Ether mit ungesättigten Substituenten oder Carboxyether herstellen (▶ Abschn. 7.3 „Celluloseether"). Wie die Stärkeester finden die Stärkeether sowohl Anwendung in der Textil- und Papierindustrie, aber auch – vor allem bei geringeren Substitutionsgraden – als Lebensmittelzusatzstoffe.

Ihre Synthese ist durch direkte Veretherung der Hydroxygruppen der Stärke mit einem Alkohol unter Wasserabspaltung nicht möglich. Vielmehr muss, um ausreichende Umsätze bei Temperaturen unterhalb der Verkleisterungstemperatur (ca. 50 °C) zu erzielen, eine Aktivierung der Substrate erfolgen. Nach dem Prinzip der Williamson-Ethersynthese wird meist in alkalischem Medium gearbeitet, in dem die Hydroxygruppen der Stärke durch Hydroxidionen deprotoniert und damit aktiviert werden. Die weitere Umsetzung erfolgt dann bspw. mit Alkylhalogeniden, Epoxiden oder Lactonen (Abb. 8.9).

Wichtige Hydroxyalkylstärken sind die Hydroxyethyl- und die Hydroxypropylstärke, wobei mit Ethylenoxid bzw. Propylenoxid umgesetzt und anschließend neutralisiert wird. Die Produkte sind wasserlöslich und zeigen im Vergleich zu Stärkestern eine verringerte Empfindlichkeit gegenüber sauren Medien. Im Gegensatz zur Herstellung von Stärkeestern findet bei der Umsetzung mit Epoxiden die Substitution vorwiegend am Kohlenstoffatom C2 des Glucosebausteins statt.

Zur Einführung von Carboxygruppen in Stärke wird Glycolsäurelacton eingesetzt und die sog. Carboxymethylstärke hergestellt. Lösungen von Carboxymethylstärken zeigen bereits bei geringen Konzentrationen hohe Viskositäten.

Das Einbringen von kationischen Substituenten gelingt ebenfalls über eine Veretherungsreaktion.

Wird Stärke in basischer Umgebung mit Diethylaminoethylchlorid umgesetzt, entsteht Diethylammoniummethylstärke mit Chlorid als Gegenion. Diese kationischen Stärken besitzen eine besonders hohe Affinität zu negativ geladenen Substraten wie bspw. Cellulose, weswegen sie breite Anwendung in der Papier- und Textilindustrie finden.

Analog zu den Stärkeestern können Stärkeether ebenfalls mehrfach modifiziert werden, wodurch sich ihre Eigenschaften nahezu beliebig einstellen lassen. Besonders hervorzuheben ist die Vernetzung benachbarter Stärkemoleküle mit geeigneten bifunktionellen Substraten wir bspw. Phosphoroxychlorid ($POCl_3$) oder Epichlorhydrin.

Abb. 8.10 Oxidation von Stärke

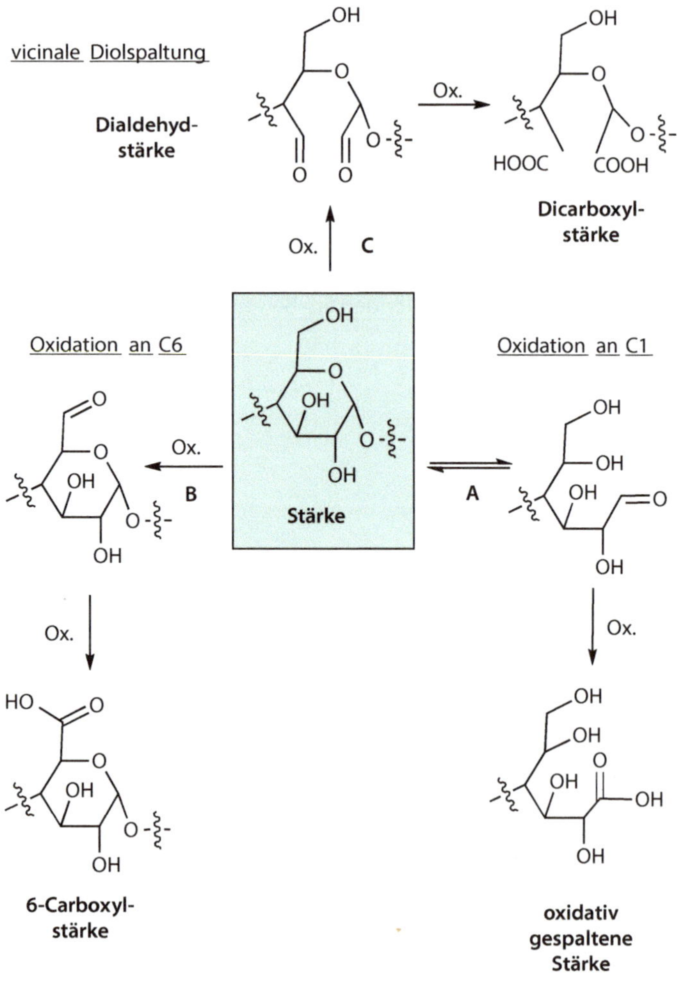

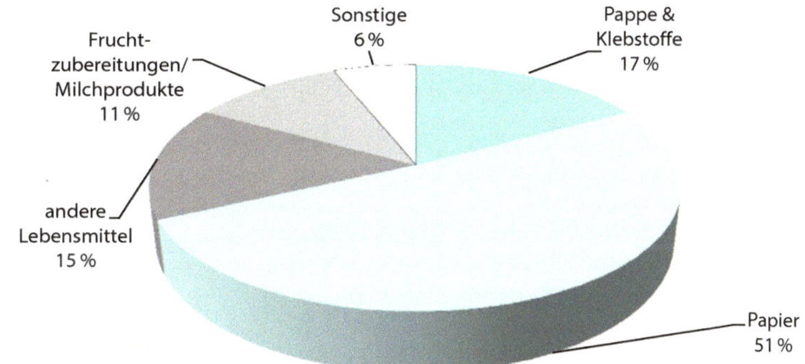

Abb. 8.11 Verwendung modifizierter Stärken

Oxidierte Stärkeprodukte

Durch die Oxidation von Stärke mit unterschiedlichsten Oxidationsmitteln lassen sich sehr gezielt die Eigenschaften der Stärke modifizieren. Innerhalb des Glucosebausteins kann die Oxidation an verschiedenen Stellen erfolgen, was zu unterschiedlichen Oxidationsprodukten führt.

Wird unter alkalischen Bedingungen oxidiert (bspw. mit Wasserstoffperoxid), kommt es zur Oxidation an Kohlenstoffatom C1 und dadurch zur Depolymerisation und zum Abbau der Stärke, ähnlich wie bei der hydrolytischen Spaltung. Dadurch erniedrigt sich die Viskosität und erhöht sich die Löslichkeit dieser teilabgebauten Stärken (**Abb. 8.10**, Weg A).

Die exponierte Lage der primären OH-Gruppe an C6 des Glucosebausteins führt dazu, dass sich diese leicht mit Natriumhypochlorit (NaOCl) oxidieren lässt. Dabei entstehen – pH-Wert abhängig – entweder Aldehyd- oder Carbonsäuregruppen (**Abb. 8.10**, Weg B).

Wird mittels Periodsäure bzw. Periodat oxidiert, kommt es zur Spaltung des Glucoserings zwischen den beiden vicinalen (d. h. benachbarten) Hydroxygruppen an den Kohlenstoffatomen C2 und 3 unter Erhalt der polymeren Struktur der Stärke. Zunächst bildet sich die „Dialdehydstärke", welche weiter zur „Dicarboxylstärke" reagieren kann (**Abb. 8.10**, Weg C).

Die Verteilung der modifizierten Stärken auf die entsprechenden Anwendungsfelder ist in **Abb. 8.11** dargestellt.

Zusammenfassung *(Take-Home Messages)*

- Stärke ist ein Polysaccharid und gehört damit zu den Kohlenhydraten. Sie ist der Energiespeicher der Pflanzen. Stärke ist aus D-Glucose-Monomeren aufgebaut, die α-glycosidisch über die Kohlenstoffatome C1 und 4 der Glucose miteinander verbunden sind.
- Stärke besteht aus zwei Grundstoffen, welche sich in ihrem molekularen Aufbau unterscheiden: Amylose ist ein lineares Molekül ohne Verzweigungen, das eine Helix bildet. Beim Amylopektin gibt es ca. an jedem 25sten Glucosemonomer neben der α-1,4- auch eine α-1,6-glycosidische Verknüpfung. Daraus resultieren eine verästelte Struktur und ein deutlich erhöhtes Molekulargewicht.
- Stärke kommt in vielen Pflanzen vor. Für die technische Gewinnung werden vor allem Getreide (Weizen) und Knollengewächse (Kartoffeln oder Maniok) verwendet. Den weltweit größten Anteil an der Stärkeproduktion hat der Mais.
- Die Verwendung von Stärke liegt vor allem im Nahrungsmittelbereich. Native Stärke ist Stärke, welche aus pflanzlichen Rohstoffen isoliert und nicht weiterverarbeitet wurde. Sie behält daher ihre natürliche (native) Struktur und auch ihre Eigenschaften.
- Für viele technische und lebensmitteltechnologische Anwendungen sind jedoch

ganz gezielte Eigenschaften von Stärken wünschenswert, weshalb Stärke modifiziert wird.

— Eine Form die Modifikation ist die gezielte Hydrolyse einiger glycosidischer Bindungen, um so kürzere Stärkeketten zu erhalten. Diese Hydrolyse kann entweder säurekatalytisch oder mit Enzymen erfolgen.

— Zur Klassifizierung hydrolysierter Stärken wird das Dextrose-Äquivalent (DE von *engl.* dextrose equivalent) genutzt. Dieses gibt an, wie hoch der Anteil reduzierender Zucker in einer Zubereitung ist, d. h. wie häufig die Stärke gespalten wurde. Je größer der DE-Wert, desto häufiger wurde gespalten und desto kleiner sind die Moleküle.

— Wird Stärke sehr stark hydrolysiert und steigt der DE auf über 20, spricht man von einer Verzuckerung der Stärke. Durch den signifikanten Anteil freier Zucker schmecken diese Produkte süß. Diese Zubereitungen werden als Glucosesirup bezeichnet und vor allem zum Süßen von Getränken und Lebensmitteln verwendet.

— Stärke ist ein Polyol und kann daher auch klassische Alkoholreaktionen eingehen, was ebenfalls zur gezielten Modifikation genutzt wird. Bei der Einführung von Fremdgruppen in die Stärke bleibt in den meisten Fällen die polymere Struktur als solche intakt. Technisch relevant sind vor allem Produkte mit geringen Substitutionsgraden (DS-Werten).

— Durch die Umsetzung mit anorganischen oder organischen Säuren lassen sich Stärkeester produzieren. Vor allem Ester der Phosphorsäure und der Essigsäure sind technisch und lebensmitteltechnologisch von Bedeutung.

— Stärke kann mit reaktiven Substraten – nach vorher erfolgter Aktivierung durch basische Bedingungen – zu Stärkeethern umgesetzt werden. So lassen sich Hydroxyether- und Carboxyethergruppen in die Stärke einführen.

— Die Oxidation von Stärke führt je nach Ort der Oxidation und in Abhängigkeit vom verwendeten Oxidationsmittel zur Einführung von Aldehyd- oder Carboxygruppen oder zur Spaltung der glycosidischen Bindung bzw. des Glucoserings.

? Zehn Quickies zu ▶ Kap. 8

1. Aus welchen beiden Substanzen besteht Stärke und worin unterscheiden sich diese?
2. Welche Rohstoffe werden zur Gewinnung von Stärke technisch genutzt? Gibt es regionale Unterschiede?
3. Unterscheiden Sie zwischen nativer und modifizierter Stärke!
4. Nennen Sie drei wichtige Folgeprodukte der Stärke, die durch partielle Hydrolyse entstehen!
5. Wie kann die Hydrolyse der glycosidischen Bindungen prinzipiell erfolgen?
6. Erläutern Sie den Begriff des Dextrose-Äquivalents in Bezug auf Stärkehydrolysate!
7. Wie gelangen Sie von der Stärke zum fertigen High-Fructose Corn Syrup (HFCS)?
8. Geben Sie jeweils ein Beispiel für Stärkeester mit anorganischen und organischen Säuren an!
9. Mit welchen Substraten lässt sich Stärke prinzipiell verethern und zu welchen technisch wichtigen Produkten führt dies?
10. Mit welchem Reagenz gelangen Sie zu Dicarboxystärke?

■■ … und zur Belohnung noch ein Fußballer-Zitat:

» Es ist wichtig, dass man 90 Minuten mit voller Konzentration an das nächste Spiel denkt. (Lothar Matthäus)

Weiterführende Literatur

Monographien und Übersichtsartikel

Daniel J, Whistler R, Röper H, Elvers B (2012) Starch. In: Ullmann's encyclopedia of industrial chemistry. Wiley-VCH, Weinheim

Hull P (2010) Glucose syrups – technology and applications. Wiley-Blackwell, Oxford

Weiterführende Literatur

BeMiller JN, Whistler RL (2009) Starch – chemistry and technology. In: Taylor SL (Hrsg) Food science and technology. Academic Press, Burlington
Bertolini AC (2009) Starches: characterization, properties, and applications. CRC Press, Boca Raton
Robyt JF (2008) Starch: structure, properties, chemistry, and enzymology. In: Fraser-Reid B, Tatsuta K, Thiem J (Hrsg) Glycoscience. Springer-Verlag, Berlin Heidelberg
Panda H (2004) The complete technology book on starch and its derivatives. Asia Pacific Business Press Inc., Dehli
Röper H (2002) Renewable raw materials in Europe – industrial utilization of starch and sugar. Starch/Stärke 54:89–99
Tegge G (2004) Stärke und Stärkederivate. Behr's Verlag, Hamburg
Dziedzic SZ, Kearsley MW (1995) Handbook of starch hydrolysis products and their derivatives. Springer Science + Business Media, Dordrecht
van Beynum GMA, Roels JA (1985) Starch conversion and technology. In: Tannenbaum S, Walstra P (Hrsg) Food science and technology Marcel Dekker Inc., New York and Basel
Lange U (1998) Stärke. In: Müller CF (Hrsg) Leitfaden Nachwachsende Rohstoffe. Hüthig Jehle Rehm, Heidelberg, München

Originalliteratur

Chatterjee C, Pong F, Sen A (2015) Chemical conversion pathways for carbohydrates. Green Chem 17:40–71
Treppe K, Dixit O, Mollekopf N, Fiala P (2011) Vacuum microwave treatment of potato starch and the resultant modification of properties. Chem Ing Techn 83:262–272
Bächtle C, Stellbrink B, Winkler P (2011) Die Amflora Kartoffel – Eine Frage der richtigen Stärke. Chem Unserer Zeit 45:250–255
Fachverband der Stärkeindustrie e.V. (2011) Zahlen und Daten zur deutschen Stärkeindustrie. http://www.staerkeverband.de/html/zahlen.html. Zugegriffen: 02. Febr. 2017
Mesnager J, Quettier C, Lambin A, Rataboul F, Pinel C (2009) Telomerization of butadiene with starch under mild conditions. Chem Sus Chem 2:1125–1129
Herrmann WA, Rost AMJ, Tosh E, Riepl H, Kühn FE (2008) Super absorbers from renewable feedstock by catalytic oxidation. Green Chem 10:442–446

Kohlenhydrate aus dem Meer

Chitin und Chitosan

© Springer-Verlag GmbH Deutschland 2018
A. Behr, T. Seidensticker, *Einführung in die Chemie nachwachsender Rohstoffe*,
https://doi.org/10.1007/978-3-662-55255-1_9

Kapitelfahrplan
- In diesem Kapitel werden wir die Struktur des Polysaccharids Chitin kennenlernen, wo es in der Natur vorkommt und wie man es technisch nutzen kann.
- Die Umwandlung des Chitins in Chitosan wird erläutert.
- Einige Anwendungen von Chitin und Chitosan werden näher besprochen.
- Abschließend lernen wir noch weitere, aus Algen stammende Polysaccharide kennen.

9.1 Struktur und Vorkommen von Chitin und Chitosan

Chitin ist ein Polysaccharid und ist nach Cellulose die zweithäufigste organische Verbindung auf der Erde. Es besitzt für die wirbellosen Tiere z. B. für Insekten, Spinnentiere, Krebstiere und Tausendfüßer, eine ähnliche Stützfunktion wie die Cellulose bei Pflanzen. Es ist Teil ihres Exoskeletts bzw. ihres Panzers. In der Natur kommt Chitin auch in einigen niederen Pilzen, Hefen und Kieselalgen, aber auch in Weichtieren vor.

Strukturell gesehen bestehen einige Zusammenhänge mit der Cellulose (▶ Kap. 7):

- Chitin ist ebenfalls ein unverzweigtes Polysaccharid, in dem die Verknüpfung zwischen den Monomerbausteinen über eine β-1,4-glycosidische Bindung erfolgt.
- Chitin besteht ebenfalls nur aus einem einzigen Monomer.
- Chitin bildet auch geordnete Überstrukturen aus (fibrilläre Strukturen) und ist damit sehr stabil und inert.

Im Unterschied zur Cellulose befindet sich bei Chitin jedoch an der Position C2 des Pyranoserings keine Hydroxyfunktion, sondern eine Acetamidogruppe. Damit ist das Monomer des Chitins das *N*-Acetylglucosamin (◘ Abb. 9.1).

Chitosan, welches selber in der Natur nur in kleineren und technisch unbedeutenden Mengen vorkommt, leitet sich von Chitin ab. Es wird erhalten, wenn die Acetylgruppe des Chitins abgespalten wird und man dadurch ein freies, primäres Amin am Kohlenstoffatom C2 erhält. Man spricht von Chitosan, wenn der Deacetylierungsgrad >50 % ist. Damit ist Chitosan ein Polysaccharid, das aufgebaut ist aus den beiden Monomeren *N*-Acetylglucosamin und Glucosamin, wobei das Glucosamin dominiert. In ◘ Abb. 9.1 sind die drei Polysaccharide untereinander dargestellt, um die strukturellen Ähnlichkeiten zu verdeutlichen.

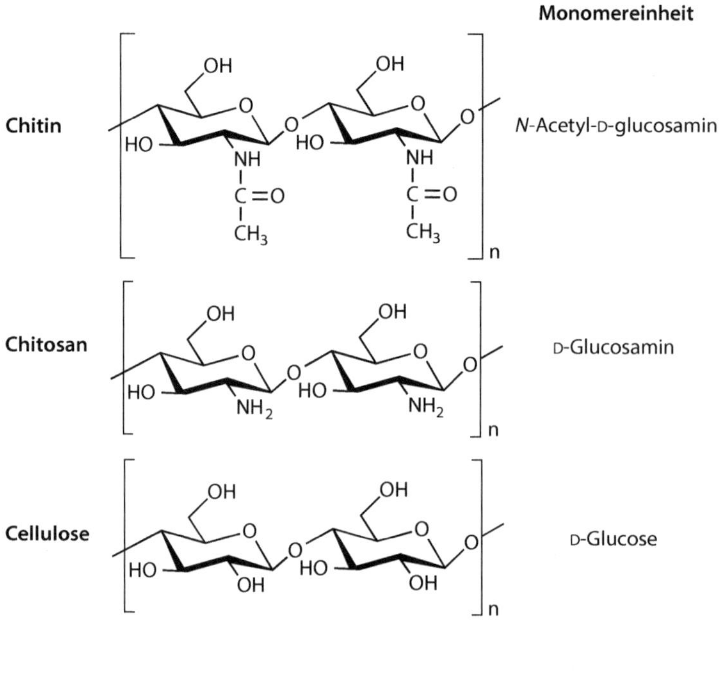

◘ **Abb. 9.1** Vergleich der Strukturen von Chitin, Chitosan und Cellulose

Chitin wurde erstmals 1811 vom französischen Botaniker Henri Braconnot (Abb. 9.2) beschrieben. Er erhielt die Verbindung aus Pilzen und gab ihr daher zunächst den Namen „Fungin". Durch verschiedene Untersuchungen stellte er fest, dass „Fungin" mehr Stickstoff enthält als Holz und damit einen speziellen Platz unter den bereits bekannten Pflanzenstoffen einnimmt. Ihren „richtigen" Namen bekam die Verbindung erst im Jahre 1823 von Antoine Odier, der die Substanz als Bestandteil des Exoskeletts von Insekten identifiziert hatte. Der Name Chitin leitet sich vom griechischen Wort χιτών für Tunika (Ummantelung) ab. Georg Ledderhose wies 1878 darauf hin, dass Chitin aus Glucosamin und Essigsäure besteht und stellte die entsprechende Hydrolysegleichung auf. E. Gilson gelang 1894 erstmals der experimentelle Nachweis von Glucosamin. Die genaue Aufklärung der chemischen Struktur des Chitins gelang erst Ende der 1920er Jahren durch den Schweizer Chemiker Albert Hofmann.

Chitosan wurde von R. Rouget durch alkalische Behandlung von Chitin erstmals 1859 gefunden und zunächst als „modifiziertes Chitin" bezeichnet. Die Umbenennung in Chitosan geht zurück auf Felix Hoppe-Seyler im Jahr 1894.

Abb. 9.2   Der Entdecker des Chitins, Henri Braconnot
(© Louis Figuier, Public Domain)

Chitin bildet, wie die Cellulose auch, stark geordnete Überstrukturen aus. Durch die Anwesenheit der Amidgruppe ist es in der Lage, starke inter- und intramolekulare Wasserstoffbrückenbindungen auszubilden. Dies führt dazu, dass Chitin sehr stabil ist und in nahezu allen gängigen Lösungsmitteln einschließlich Wasser unlöslich ist. In isolierter Form ist Chitin ein farbloses, weiches Polymer. Erst in einer **Verbundstruktur** mit dem Strukturprotein *Sklerotin* wird es hart und kommt in dieser Form in den Exoskeletten der Insekten vor. Bei den Krebstieren ist neben Chitin und dem Strukturprotein auch noch Calciumcarbonat ($CaCO_3$) im Panzer enthalten, was zur weiteren Erhöhung der Härte führt (Abb. 9.3). Diese Form der Ausbildung von Verbundstrukturen ist vergleichbar mit Holz, in dem die Cellulose mit den Hemicellulosen und Lignin auch eine Verbundstruktur ausbildet. Erst dieser Verbund erlaubt die Konstruktion stabiler Strukturen wie Krebspanzer oder Baumstämme!

Abb. 9.3   Krabbenschalen enthalten Chitin
(© coastart / Fotolia)

▢ Tab. 9.1 Prozentualer Anteil von Chitin in der Zellwand bzw. dem Panzer verschiedener Lebewesen

Gattung	Organismus	Chitinanteil in Zellwand bzw. Panzer (in %)
Mikroorganismen	*Aspergillus niger*	42
	Bäckerhefe	2,9
Insekten	Schabe	10
	Käfer	5–15
	Maikäfer	16
Krebstiere (*Crustacea*)	Blaukrabbe	15
	Königskrabbe	35
	Garnelen	6
	Krill	40

Wie bei den meisten nachwachsenden Rohstoffen ist die genaue Form des Chitins von der natürlichen Quelle abhängig. So kommt es in der Natur hauptsächlich in zwei Formen vor, welche sich in der Orientierung der Chitinstränge zueinander unterscheiden:

- α-Chitin, in dem die Chitinketten antiparallel, das heißt gegenläufig, angeordnet sind
- β-Chitin, in dem die Ketten parallel zueinander verlaufen

Hierbei ist α-Chitin die häufigste Form in der Natur und kommt so z. B. in der Panzern von Krebstieren oder bei den Insekten vor. Die gegenläufige Ausrichtung der Chitinmoleküle erlaubt eine besonders dichte Packung und ist daher besonders stabil. Die Molmassen liegen typischerweise im Bereich von 10^6 Dalton.

Der **Anteil an Chitin** in den verschiedenen Lebewesen kann stark variieren und ist vor allem davon abhängig, welcher Teil (Flügel, Panzer, gesamtes Lebewesen, etc.) betrachtet wird (▢ Tab. 9.1). Auch können die Unterschiede innerhalb einer Gattung sehr groß sein.

Schätzungen zufolge werden jedes Jahr Chitinmengen in der Größenordnung von 10^9–10^{11} Tonnen pro Jahr in der Natur über alle Organismen hinweg gebildet. Diese enorm große Menge ist selbstverständlich nicht vollständig technisch nutzbar. Die größte technisch nutzbare Quelle für Chitin ergibt sich nach ▢ Tab. 9.1 aus den Abfällen der Lebensmittelproduktion aus Speisekrabben. Die jährlich erzeugten Abfallmengen übersteigen derzeit den tatsächlichen Bedarf an Chitin, sodass sich hier ein sehr großes Potenzial für zukünftige Anwendungen von Chitin/Chitosan ergibt.

Die Angabe von genauen Produktionszahlen ist jedoch schwierig und wird in verschiedenen Werken unterschiedlich angegeben. Sie liegt aber eher im Bereich von einigen Tausend Tonnen und ist damit im Vergleich zu anderen Polysacchariden wie Cellulose oder Stärke noch verschwindend gering. In Deutschland z. B. werden diese Abfälle bisher vorwiegend zu Tierfutter verarbeitet. Wichtige Chitinproduzenten sind die USA und Japan.

Chitosan selber kommt in der Natur nur in einigen Pilzen vor und steht damit nicht ausreichend für eine technische Gewinnung zur Verfügung. Chitosan wird daher über eine chemische oder enzymatische Deacetylierung des Chitins hergestellt.

9.2 Herstellung von Chitin und Chitosan

Die technische Gewinnung von **Chitin** erfolgt vor allem aus den Abfällen der Krabbenfischerei. Nachdem das wertvolle Fleisch der Tiere entfernt wurde, fallen riesige Mengen Abfall an. Chitin kommt in diesen getrockneten Abfällen, den Schalen und Panzern von Hummern, Krebsen, Garnelen, Krabben und Krill, zu etwa 20–30 % vor. Etwa 30–50 % machen anorganische Substanzen (Minerale) und hierbei vor allem das Calciumcarbonat **$CaCO_3$** aus. Der Rest sind **Proteine**, also in etwa 30–40 %. Einen nur geringen Anteil macht der Farbstoff **Astaxanthin** aus (<1 %, ein Farbstoff aus der Klasse der Carotinoide, ▶ Abschn. 12.3), das den Tieren die rosa Farbe gibt.

Weitere Quellen für die Chitingewinnung sind Pilze und Insekten, die aber im Vergleich zu Krebsschalen technisch gesehen einen bedeutend kleineren Teil ausmachen.

Für die erfolgreiche Isolierung des Chitins aus dem Rohmaterial müssen die beiden anderen Hauptbestandteile dieser Verbundstruktur entfernt werden. Nach einer mechanischen Zerkleinerung und Trocknung finden eine **Deproteinierung** und eine **Demineralisierung** statt. Technisch kann die Deproteinierung mit verdünnten Basen (Natronlauge) und die Demineralisierung mit verdünnten Säuren (Salzsäure) erfolgen. Es gibt jedoch auch die Möglichkeit der Deproteinierung mithilfe von Enzymen (*Proteasen*) oder beide Aufgaben werden gleichzeitig unter Einsatz von Mikroorganismen durchgeführt. Das Pigment Astaxanthin wird in einigen Verfahren noch mit organischen Lösungsmitteln wie Aceton extrahiert. Es ist jedoch nicht UV-stabil; daher wird es häufig einfach im Trocknungsschritt mit Sonnenlicht beschienen, um hinterher ein weißes Chitin zu erhalten. Der prinzipielle Weg vom Rohmaterial zu Chitin ist in ◨ Abb. 9.4 zusammengefasst.

Wie bereits erwähnt wurde, handelt es sich bei **Chitosan** um die deacetylierte Form des Chitins. Um Chitosan großtechnisch herzustellen, wird das zuvor aus Krebsschalen isolierte Chitin deacetyliert. Dies kann wiederum auf verschiedene Weisen erfolgen: mit Basen (Natronlauge), mit speziellen Enzymen (*N*-Deacetylasen) oder unter Einsatz von Mikroorganismen, welche die Enzyme freisetzen (◨ Abb. 9.5).

Industriell gesehen kommt der Deacetylierung mit Natronlauge die größte Bedeutung zu. In ◨ Abb. 9.6 ist diese Prozesskette der Chitosanherstellung ausgehend von Krebsschalen sehr vereinfacht schematisch dargestellt. Die basenkatalysierte Deacetylierung liefert Chitosan mit einem mittleren Deacetylierungsgrad; durch erneute alkalische Behandlung können Chitosane mit fast vollständiger Deacetylierung von >95 % erreicht werden. Der Polymerisationsgrad sinkt dabei mit steigendem Deacetylierungsgrad, was nicht immer erwünscht ist. Mithilfe von Enzymen gelingt es, die Deacetylierung ohne signifikante Depolymerisation durchzuführen. Jedoch lassen sich keine so hohen Umsätze erzielen wie unter alkalischen Bedingungen.

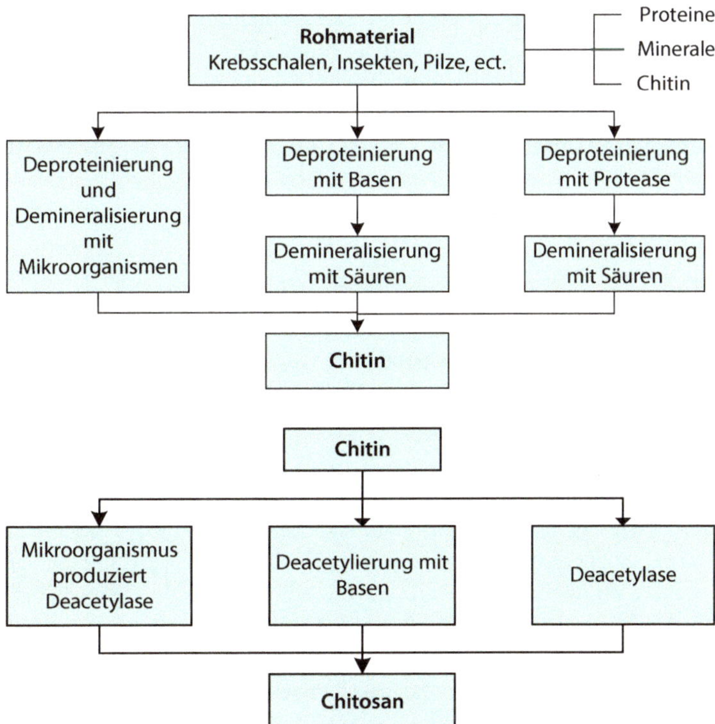

◨ **Abb. 9.4** Der Weg vom Rohmaterial zu Chitin

◨ **Abb. 9.5** Möglichkeiten der Chitosanherstellung aus Chitin

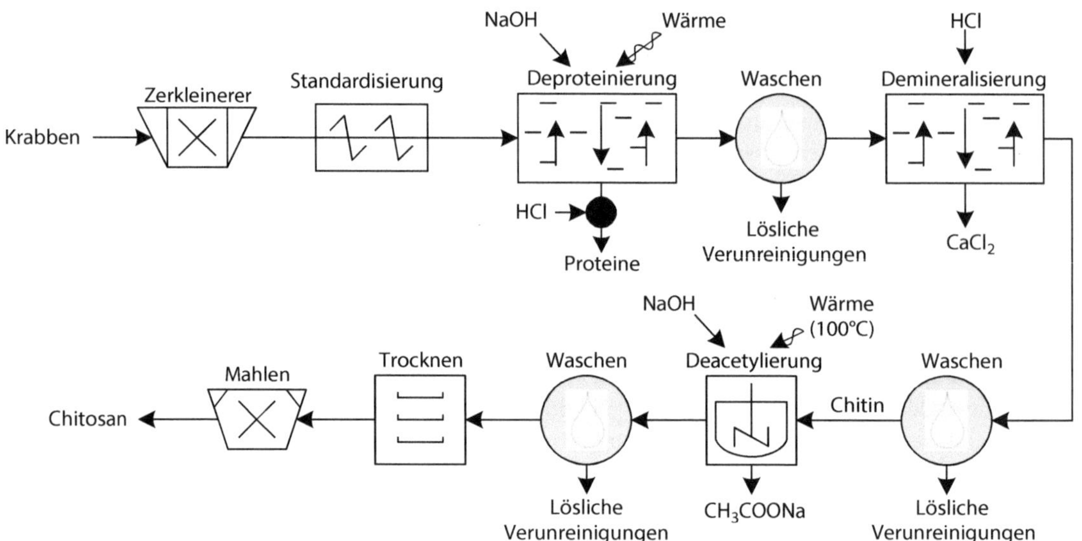

◨ **Abb. 9.6**   Produktionsweg von der Krebsschale zu Chitosan

9.3   Eigenschaften und Anwendungen von Chitin und Chitosan

Chitin und Chitosan sind beide natürliche **Biopolymere** (▶ Kap. 19) und damit sowohl biokompatibel als auch biologisch abbaubar und ungiftig. Beide Stoffe besitzen die vielfältigsten Einsatzmöglichkeiten. Hierbei macht den größten Teil der direkte Einsatz aus, also der Einsatz in der nativen, nicht modifizierten Form. Ein kleiner Teil, vor allem des Chitosans, wird hingegen auch derivatisiert, um anschließend vor allem als Kosmetikinhaltsstoff für spezielle Anwendungen verwendet zu werden. Im Vergleich dieser beiden Polysaccharide besitzt Chitosan die größeren Einsatzgebiete.

9.3.1   Eigenschaften und Anwendungen von Chitin

Chitin ist in seiner molekularen Struktur sehr stabil und ist in der Lage, starke inter- und intramolekulare Wechselwirkungen über Wasserstoffbrückenbindungen einzugehen. Diese Eigenschaft macht Chitin für weitere Verarbeitungen weitgehend unzugänglich. Es ist beispielsweise nicht in herkömmlichen Lösungsmitteln löslich und damit schlecht umzusetzen. Dadurch sind die Einsatzmöglichkeiten beschränkt.

In ◨ Tab. 9.2 sind einige typische Einsatzgebiete von Chitin angegeben.

▬ Bei der Verwendung von Chitin als **Bandagen- und Auflagenmaterial** macht man sich die antibakteriellen Eigenschaften des Chitins zu Nutze. Weiterhin kann Chitin durch körpereigene Enzyme, den Lysozymen, abgebaut werden. So finden chitinbasierte Fäden Einsatz als abbaubares Nahtmaterial, welches im Anschluss an die Behandlung nicht wieder entfernt werden muss.

▬ In der Landwirtschaft wird Chitin z. B. eingesetzt, um Pflanzen vor Schädlingen zu schützen oder bestimmte Mikroorganismen so zu unterstützen, dass deren Aktivität der Pflanze einen Vorteil bringt.

▬ In der Abwasseraufbereitung wird die Affinität von Chitin zu Schwermetallen ausgenutzt. Mit ihnen kann Chitin sog. **Chelatkomplexe** eingehen (vgl. in ◨ Abb. 9.8 das Chelatisierungsverhalten des Chitosans). *Chelat* leitet sich von dem griechischen Wort für Krebsschere ab, was im Zusammenhang mit dem großtechnischen Zugang von Chitin eine besonders interessante Doppeldeutigkeit besitzt. In Chelatkomplexen werden Liganden eingesetzt, die über mehr als eine Koordinationsstelle verfügen und damit Zentralatome

Tab. 9.2 Anwendungsgebiete von Chitin

Anwendungsgebiet	Beispiel
Biomedizinische und pharmazeutische Materialien	Schwämme und Bandagen für Wund- und Nahtbehandlungen
Landwirtschaft	Pflanzenschutzmittel durch Auslösen von Abwehrmechanismen
Wassertechnik	Dekontamination von Schwermetall enthaltenden Abwässern
Glucosaminherstellung	Als Mittel gegen Arthrose und bei Gelenkbeschwerden

wie in einer Krebsschere „festhalten" können. So können mit Schwermetallen (Quecksilber, Plutonium, …) belastete Abwässer mit Chitin aufgereinigt werden.

- **Glucosamin** ist das Monomer des Chitosans und wird für **medizinische Zwecke**, beispielsweise für die Behandlung von Arthrose und Gelenkbeschwerden eingesetzt. Es kommt natürlich im Bindegewebe, Knorpel und in der Gelenkflüssigkeit vor, worauf der therapeutische Nutzen beruht. Weiterhin wird Glucosamin auch als freiverkäufliches Nahrungsergänzungsmittel angeboten. Jedoch ist eine tatsächliche Wirkung bisher nicht stichhaltig nachgewiesen worden, da Glucosamin durch die orale Aufnahme nicht an die eigentliche Wirkstätte gelangt. Glucosamin wird aus Chitin über eine säurekatalytische, hydrolytische Spaltung des Polymers und gleichzeitige Deacetylierung in siedender Salzsäure hergestellt. Daher wird häufig das Glucosamin-Hydrochlorid eingesetzt.

9.3.2 Eigenschaften und Anwendungen von Chitosan

Chitosan ist wie Chitin auch ein biologisch abbaubares, biokompatibles und nicht toxisches Polymer. Diese Eigenschaften und die bessere Verarbeitbarkeit des Chitosans durch dessen **Löslichkeit in organischen Säuren** haben dazu geführt, dass Chitosan heutzutage eine Vielzahl von Anwendungen gefunden hat. Eine Auswahl an verschiedenen Anwendungsgebieten des Chitosans ist in **Tab. 9.3** zusammengefasst.

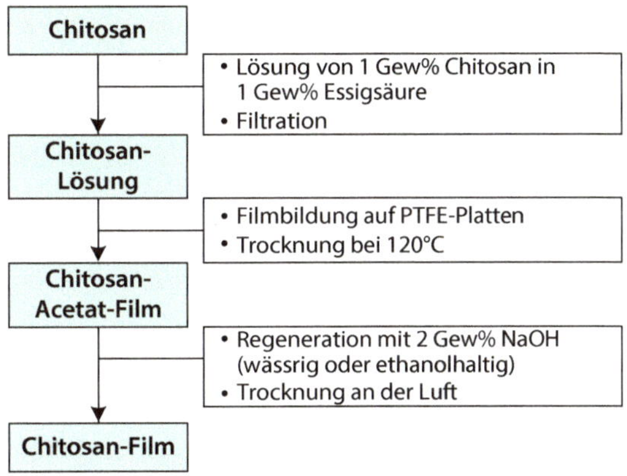

Abb. 9.7 Herstellung von Chitosanfilmen

Die Löslichkeit von Chitosan in organischen Säuren beruht auf den **basischen Eigenschaften** des Chitosans: In saurem pH <6 liegt Chitosan als Polykation vor, sodass es in wässriger Umgebung löslich ist. Typische Lösungsmittel sind wässrige Lösungen von Carbonsäuren wie Ameisensäure, Essigsäure oder Milchsäure. In Schwefelsäure und Phosphorsäure ist Chitosan hingegen nicht löslich. In Salz- oder Salpetersäure erfolgt Hydrolyse unter Depolymerisation.

Dieses Lösungsverhalten kann genutzt werden, um Chitosan aufzureinigen. Ebenfalls kann Chitosan so verarbeitet werden, z. B. zu Filmen oder Fasern (**Abb. 9.7**). Diese Filme und Fasern finden z. B. Anwendung als Nahtmaterial, Kontaktlinsen, Dialysemembranen, Verpackungsmaterial für Lebensmittel oder bei der Herstellung von antibakteriellen Textilien. Hierbei kann auch die enzymatische Abbaubarkeit von Chitosan ausgenutzt werden: Katheter oder Fäden aus Chitosan können eingesetzt werden, die sich von alleine abbauen und nicht in einer weiteren Operation entfernt werden müssen.

◘ Tab. 9.3 Anwendungsgebiete von Chitosan

Anwendungsgebiet	Beispiel
Biomedizinische und pharmazeutische Materialien	Wund- und Brandbehandlung, Nahtmaterial, Formteile wie Kontaktlinsen und Katheter, Membranmaterial für Dialysen
Landwirtschaft	Saatgut- und Fruchtbeschichtung für langsamere Reifung und gegen Schädlinge
Kosmetik	Haut- und Haarpflegeprodukte, Dental- und Mundpflegeprodukte
Analytik/Biochemie	Matrix in der Affinitäts- und der Gel-Permeationschromatographie, Matrix zur Immobilisierung von Zellen und Enzymen
Wassertechnik	Abwasserbehandlung zum Entfernen verschiedenster Stoffe wie Schwermetalle, Farbstoffe, Pestizide, Proteine, Fette, Schwebstoffe, Erdöl etc.
Lebensmittel	Klärmittel für Getränke, Einsatz als Stabilisator/Emulgator, Diätetikum zur Reduktion der Fettaufnahme
Papier- und Textilindustrie	Beschichtung von Papier, Herstellung antibakterieller Fasern

Die **filmbildenden Eigenschaften** von Chitosanformulierungen werden auch in der Kosmetik ausgenutzt: So erreicht man in Hautcremes eine Erhöhung der Hautflexibilität und der Wasserbindungskapazität, indem sich Chitosanfilme ausbilden. Auf Haaren bilden sich ebenfalls Chitosanfilme und schützen diese vor Spliss.

Diese besondere Eigenschaft von Chitosan beruht u. a. auf der starken Wechselwirkung mit Proteinen wie z. B. dem Keratin, aus dem Haare bestehen (▶ Kap. 19). Generell kann Chitosan mit vielen Stoffen wechselwirken, was für zahlreiche Anwendungen gezielt ausgenutzt wird. Schon bei Chitin wurde erwähnt, dass sich durch die chemische Struktur dieser beiden Polysaccharide eine besondere Neigung zur Chelatisierung von Metallkationen ergibt. Die **Chelatisierung** beruht darauf, dass Chitosan sowohl über das Stickstoffatom als auch über die Hydoxyfunktionen koordinieren kann. Die Koordination ist abhängig vom pH-Wert und der relativen Konzentration. So kann es auch zur vierfachen Koordination an einem Metallkation, wie z. B. Cu^{2+}, kommen, indem zwei benachbarte Chitosanstränge jeweils zweifach koordinieren (◘ Abb. 9.8). Diese Chitosankomplexe sind sehr stabil, sodass dieser Effekt genutzt werden kann, um Abwässer von Schwermetallen zu befreien.

Die Bildung von Chelaten oder *Einschlussverbindungen* ist nicht nur auf Metall-Ionen beschränkt. Chitosan geht ebenfalls starke Wechselwirkungen mit Proteinen oder Fetten ein. Mit diesen bildet

◘ Abb. 9.8 Chelatisierung durch Chitosan am Beispiel der Komplexierung von Cu^{2+}-Kationen

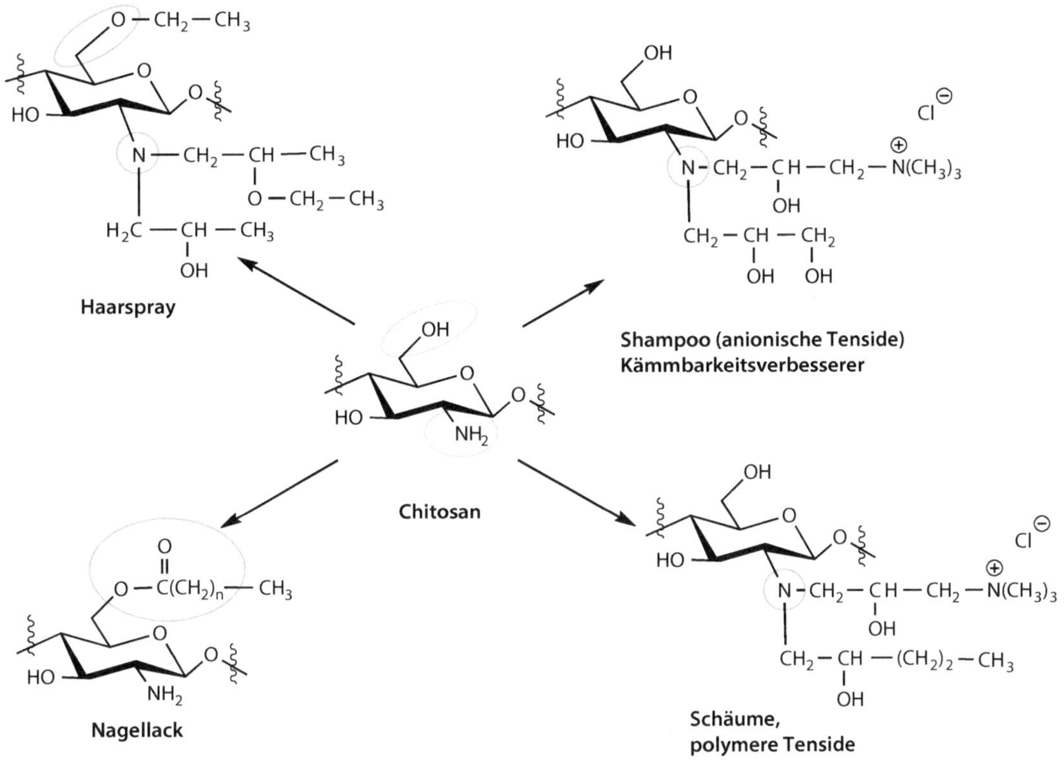

◘ Abb. 9.9 Derivate des Chitosans

es ebenfalls Einschlussverbindungen. Diese sind häufig durch die sich ausbildenden Überstrukturen nicht mehr löslich und können so abgetrennt werden. Auch kann die Löslichkeit dieser Verbindungen gezielt gestört werden, beispielsweise durch Änderung des pH-Wertes (sog. *Flockung*). Durch Filtration oder einfaches Abschöpfen können die Fremdpartikel so aus dem zu reinigenden Medium abgetrennt werden. Eine wichtige Anwendung von Chitosan als Flockungsmittel findet sich in der Abwasseraufreinigung und in der Getränke- und Nahrungsmittelverarbeitung.

Die fettbindenden Eigenschaften von Chitosan werden auch in Nahrungsmitteladditiven genutzt. Fett aus der Nahrung soll im Körper durch Chitosan gebunden und dann gemeinsam mit dem unverdaulichen Chitosan wieder ausgeschieden werden. Entsprechendes soll auch für Cholesterin gelten, dessen Aufnahme sich durch Chitosan vermindern lassen soll. Neue Studien in den USA hingegen haben ergeben, dass sich ohne gleichzeitige Diät keine Wirkung nachweisen lässt.

Neben der direkten Anwendung von Chitosan gibt es auch verschiedene Derivate des Chitosans, welche die Reaktivität der Amino- und der Hydroxygruppen ausnutzen. So können die Hydroxygruppen z. B. verestert oder verethert werden. Durch Substitutionen der Aminogruppe lassen sich gezielt kationische oder weitere Hydroxyfunktionen einführen. Ebenfalls können auch Funktionalisierungen mehrerer Zentren stattfinden. Die Anwendung dieser Derivate ist vor allem auf spezielle Gebiete der Kosmetik beschränkt. ◘ Abb. 9.9 gibt einen Überblick über Chitosanderivate für die Kosmetikindustrie.

9.4 Weitere marine Polysaccharide

9.4.1 Alginsäure und Alginate

Alginsäure (engl. *alginic acid*), oder Algin ist ein natürliches Polysaccharid aus Braunalgen. Dort ist es Bestandteil der Zellwände und kommt in ihnen mit einem Gewichtsanteil von bis zu 40 % in der Trockenmasse vor.

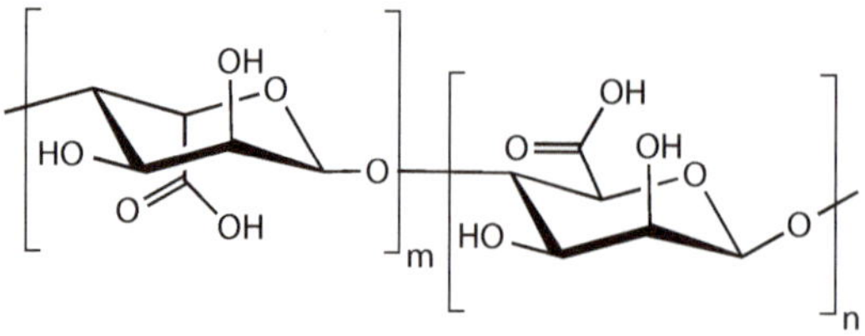

◘ Abb. 9.10   Der strukturelle Aufbau von Alginsäure

Strukturell ist Alginsäure aus zwei unterschiedlichen Monosacchariden aufgebaut, der α-L-Guluronsäure und der β-D-Mannuronsäure, welche 1,4-glycosidisch miteinander verknüpft sind (◘ Abb. 9.10). Die genaue Abfolge der Monomere ist dabei nicht einheitlich. Prinzipiell kann man drei verschiedene Bereiche unterscheiden: Homopolymere Bereiche aus α-L-Guluronsäure, homopolymere Bereiche aus β-D-Mannuronsäure sowie heteropolymere Bereiche, in denen beide Monomere alternierend vorliegen. Die molare Masse liegt typischerweise im Bereich von 50.000–200.000 Dalton.

Alginsäure wird aus Braunalgen (◘ Abb. 9.11) gewonnen, welche entweder mithilfe spezieller Schiffe in geringer Meerestiefe geerntet oder am Strand gesammelt werden. Aus ihnen kann nach Trocknung, Reinigung und Zerkleinerung die Alginsäure zunächst extrahiert und anschließend wieder ausgefällt werden.

Als Polysäure kann Alginsäure Salze bilden, die sog. Alginate. Bedeutung besitzen z. B. Natrium-,

Kalium-, Ammonium- und Calciumalginat, welche als Lebensmittelzusatzstoffe zugelassen sind.

Die wichtigste Eigenschaft der Alginsäure ist ihre Neigung zu gelieren. Vor allem mit Calciumkationen bilden sich in einem sehr schnellen Prozess dreidimensionale Strukturen aus. Ausgenutzt wird diese Eigenschaft u. a. in der Lebensmittelindustrie für Emulgier-, Gelier- oder Überzugsanwendungen. Weitere Anwendungen liegen in der Medizin, der Zahnmedizin und im Textildruck.

9.4.2 Carrageene

Carrageen (oder Karrageen, engl. *carrageenan*) ist ein Sammelbegriff für verschiedene aus Rotalgen stammende Polysaccharide. Diese relativ inhomogene Klasse von Polysacchariden leitet sich prinzipiell ab aus 1,3-glycosidisch gebundener β-Galactose und 1,4-glycosidisch gebundener α-Galactose, wobei einige Hydroxygruppen mit Schwefelsäure verestert vorliegen können. Zusätzlich liegt die Galactose teilweise in der 3,6-Anhydroform vor (◘ Abb. 9.12). Unterschieden werden verschiedenste Formen, welche sich jeweils in der Anzahl und der Anordnung der Monosaccharide sowie deren Veresterungsgrad unterscheiden.

Carrageene werden aus verschiedensten Arten der Rotalgen gewonnen, wobei ein Großteil der Produktion mittlerweile in Algenfarmen, z. B. auf den Philippinen, erfolgt. Zunächst werden die gesäuberten Algen in alkalischem Milieu gekocht und anschließend filtriert. Aus dem Filtrat wird das Carrageen entweder mittels Alkoholen ausgefällt oder mittels Kaliumchlorid geliert und dann abgepresst. Anschließend wird getrocknet und gemahlen.

Anwendung finden Carrageene vor allem in Lebensmitteln als Gelier- und Verdickungsmittel sowie in Zahnpasten.

9.4.3 Agar-Agar

Agar-Agar (auch Agar oder Kanten) ist ein aus Algen hergestelltes Polysaccharid mit komplexer Struktur. Hauptstrukturmerkmal ist wie bei den Carrageenen

◘ Abb. 9.11   Braunalgen, aus denen Alginsäure gewonnen wird (© Joachim / Fotolia)

□ **Abb. 9.12**   Bausteine der Carrageene

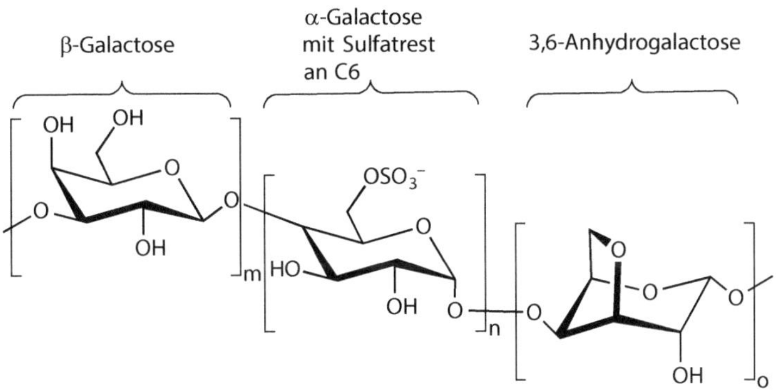

die Galactose, wobei Agar-Agar in zwei strukturell unterschiedliche Komponenten eingeteilt wird: Agarose und Agaropektin.

- In der **Agarose** kommt 1,4-glycosidisch verknüpfte 3,6-Anhydrogalactose zusammen mit 1,3-verknüpfter β-D-Galactose vor (□ Abb. 9.13). Damit ist es ein ungeladenes Polysaccharid.
- In **Agaropektin** kommen prinzipiell die gleichen Bausteine vor, jedoch sind diese teilweise durch andere Zucker ersetzt oder auch mit Sulfatresten versehen, sodass es geladen vorliegt.

Agarose ist der Hauptbestandteil von Agar-Agar und maßgeblich für die gelierenden Eigenschaften verantwortlich. Schon 1 % Agar-Agar in heißem Wasser führt zu einem stabilen Gel. Es ist geschmacksneutral und unverdaulich und kann daher u. a. als Gelatineersatz oder Verdickungsmittel für z. B. Süßspeisen eingesetzt werden. In der Mikrobiologie wird es als Nährboden für Mikroorganismen in Petrischalen eingesetzt.

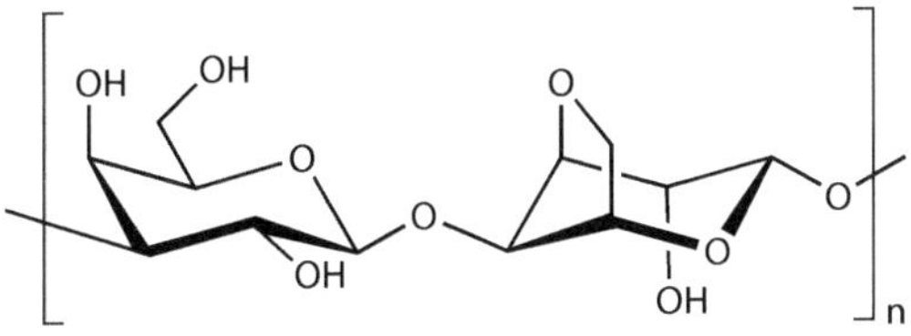

□ **Abb. 9.13**   Struktur von Agarose, dem Hauptbestandteil von Agar-Agar

Zusammenfassung *(Take-Home Messages)*

- **Chitin** ist nach der Cellulose das zweithäufigste organische Molekül auf der Erde. Mit der Cellulose hat es einige Gemeinsamkeiten: Es besteht ebenfalls aus nur einem einzigen Monomer, welches über eine β-1,4-glycosidische Bindung verknüpft ist. Das Monomer von Chitin ist *N*-Acetylglucosamin.

- Chitin kommt natürlich vor allem in den Exoskeletten der wirbellosen Tiere vor, also bei **Insekten** und **Krebstieren**. Man findet es auch in den Zellwänden einiger Pilze und anderer Mikroorganismen.

- Für die technische **Gewinnung** des Chitins wird vor allem auf die Abfälle der Krabbenfischerei zurückgegriffen, da diese in großen Mengen zur Verfügung stehen. In diesen Abfällen kommt Chitin zusammen mit Proteinen und Mineralien in einer **Verbundstruktur** vor. Für die Isolierung muss der Rohstoff daher sowohl deproteiniert als auch demineralisiert werden.

- Das wichtigste Derivat des Chitins ist **Chitosan**. Dieses kommt natürlich in den Zellwänden einiger Pilze vor; technisch wird es jedoch aus Chitin durch Deacetylierung hergestellt. Chitosan hat in seiner Struktur freie Aminogruppen, wodurch es ganz besondere Eigenschaften besitzt.

- Chitin und Chitosan sind beide ungiftige, bioabbaubare und biokompatible antibakterielle Polymere mit natürlichem Ursprung. Unter den Polysacchariden finden sie die vielfältigsten Anwendungen, wobei sich diese fast ausschließlich auf die **direkte Anwendung** ohne weitere Derivatisierung beschränken.
- Chitin ist in den meisten gängigen Lösungsmitteln einschließlich Wasser **unlöslich**. Dadurch erschwert sich die Verarbeitbarkeit. Chitin findet nur eingeschränkte Anwendungen, beispielsweise in der Abwasseraufbereitung und in der Medizin für die Herstellung von Wundauflagen.
- Chitosan ist durch den hohen Anteil an freien Aminogruppen in organischen Säuren löslich. In diesen bildet Chitosan bei pH-Werten <6 ein **Polykation** aus. Auf diese Weise kann es zu Filmen verarbeitet werden.
- Chitosan kann mit Metallkationen sogenannte **Chelatkomplexe** eingehen. Diese Einschlussverbindungen sind sehr stabil und können genutzt werden, um Abwässer von gelösten Schwermetallen zu befreien.
- Chitosan wird ebenfalls als **Flockungsmittel** eingesetzt, um nicht gelöste Schwebstoffe und Verunreinigungen aus Abwässern, aber auch aus Getränken abzutrennen.Chitosan und **Chitosanderivate** finden ebenfalls Anwendung in der **Kosmetikindustrie**, beispielsweise für Hautcremes und Haarpflegeprodukte, in denen die filmbildenden Eigenschaften ausgenutzt werden.
- Weitere Polysaccharide, welche vorwiegend in Algen vorkommen, sind die **Alginsäure**, die **Carrageene** und das **Agar-Agar**. Diese sind aus sehr unterschiedlichen Monosacchariden aufgebaut und besitzen häufig eine nicht einheitliche Struktur. Einsatz finden diese Polysaccharide vor allem als Geliermittel im Lebensmittelbereich oder in der Mikrobiologie.

? Zehn Quickies zu ► Kap. 9

1. Wo kommen Chitin und Chitosan in der Natur vor?
2. Wie ist Chitin chemisch aufgebaut? Worin liegt der Unterschied zu Chitosan und wann spricht man von Chitosan?
3. Vergleichen Sie die Struktur des Chitins mit der von Cellulose!
4. Aus welchem Rohmaterial erfolgt die technische Gewinnung von Chitin?
5. Mit welchen Stoffen bildet Chitin eine Verbundstruktur und durch welche Prozessschritte werden diese vom Chitin getrennt?
6. Wie gewinnt man großtechnisch Chitosan aus Chitin? Gibt es Varianten?
7. Worin ist Chitosan löslich und worauf beruht dieses Verhalten?
8. Wie werden Chitosanfolien hergestellt? Nennen Sie ein Beispiel für eine potenzielle Anwendung!
9. Worauf beruht die Möglichkeit, selektiv Schwermetalle mittels Chitosan aus Abwässern abzutrennen?
10. Nennen Sie drei weitere Anwendungsgebiete von Chitosan!

■ ■ **… und zur Belohnung noch ein Fußballer-Zitat:**

» Mir ist egal, ob einer Brasilianer, Pole, Kroate, Nord- oder Süddeutscher ist. Die Leistung entscheidet und nicht irgendeine Blutgruppe. (Christoph Daum)

Weiterführende Literatur

Monographien und Übersichtsartikel

Younes I, Rinaudo M (2015) Chitin and chitosan preparation from marine sources. Structure, properties and applications. Mar Drugs 13:1133–1174

Zargar V, Asghari M, Dashti A (2015) A review on chitin and chitosan polymers: structure, chemistry, solubility, derivatives, and applications. Chem Bio Eng Rev 2:204–226

Kim S-K (2014) Chitin and chitosan, derivatives – advances in drug discovery and developments. CRC Press, Boca Raton

Weiterführende Literatur

Hirano S (2012) Chitin and chitosan. In: Ullmann's encyclopedia of industrial chemistry. Wiley-VCH, Weinheim

Voragen A, Rolin C, Marr B, Challen I, Riad A, Lebbar R, Knutsen S (2012) Polysaccharides. In: Ullmann's encyclopedia of industrial chemistry. Wiley-VCH, Weinheim

Gupta NS (Hrsg) (2011) Chitin – formation and diagenesis. Springer, Dordrecht

Kim S-K (2011) Chitin, chitosan, oligosaccharides and their derivatives: biological activities and applications. CRC Press, Boca Raton

Rinaudo M (2006) Chitin and chitosan: properties and applications. Prog Polym Sci 31:603–632

Vårum KM, Smidsrod O (2005) Structure-property relationship in chitosans. In: Dumitriu S (Hrsg) Polysaccharides – structural diversity and functional versitality. Marcel Dekker, New York, S 625–639

Kumar MNVR, Muzzarelli RAA, Muzzarelli C, Sashiwa H, Domb AJ (2004) Chitosan chemistry and pharmaceutical perspectives. Chem Rev 104:6017–6084

Kumar MNVR (2000) A review of chitin and chitosan applications. React Funct Polym 46:1–27

Peter MG (1993) Die molekulare Architektur des Exoskeletts von Insekten. Chem Unserer Zeit 27:189–197

Roberts GAF (1992) Chitin chemistry. Macmillan, Houndmills

Muzzarelli RAA, Jeuniaux C, Gooday GW (Hrsg) (1984) Chitin in nature and technology. Plenum Press, New York and London

Muzzarelli RAA (1977) Chitin. Pergamon Press, Oxford

Runde Kohlenhydrate

Cyclodextrine

© Springer-Verlag GmbH Deutschland 2018
A. Behr, T. Seidensticker, *Einführung in die Chemie nachwachsender Rohstoffe*,
https://doi.org/10.1007/978-3-662-55255-1_10

Kapitelfahrplan
- Wir werden uns die Struktur und die Herstellung der Cyclodextrine näher ansehen.
- Die besondere Reaktivität der Cyclodextrine wird besprochen.
- Die wichtigsten Anwendungen und Derivatisierungen werden kurz behandelt.

10.1 Struktur der Cyclodextrine

Cyclodextrine (engl. *cyclodextrines)* sind, wie der Name bereits vermuten lässt, cyclische Dextrine (▶ Abschn. 8.4) und gehören damit zu den Oligosacchariden. Wie die Dextrine bestehen Cyclodextrine auch aus Glucosemonomeren, welche α-1,4-glycosidisch miteinander verknüpft sind. Cyclodextrine (CD) besitzen jedoch kein Ende: Sie bilden einen Zyklus aus, welcher typischerweise aus sechs, sieben oder acht Glucosemonomeren besteht. Je nachdem wie viele Glucosemonomere in einem Cyclodextrin enthalten sind, werden sie unterschiedlich bezeichnet (◘ Abb. 10.1):
- α-Cyclodextrin mit sechs Glucosebausteinen
- β-Cyclodextrin mit sieben Glucosebausteinen
- γ-Cyclodextrin mit acht Glucosebausteinen

Aufgrund dieser besonderen Eigenschaft besitzen Cyclodextrine im Vergleich zu anderen Oligosacchariden eine ganz besondere Fähigkeit: Sie können sogenannte *Wirt-Gast-Verbindungen* (auch *Einschlussverbindungen* genannt) eingehen. Diese Eigenschaft beruht darauf, dass Cyclodextrine nach außen hin eher polar (hydrophil) sind, weil die Hydroxygruppen nach außen gerichtet sind. Dadurch entsteht im Inneren der Cyclodextrine eine *hydrophobe* Kavität, welche mit apolaren Substanzen wechselwirken kann. Man kann sagen, Cyclodextrine sind, wie auch Tenside, amphoter. Sie bilden jedoch keine Mizellen aus, sondern sind in der Lage, hydrophobe Stoffe in Wasser zu lösen, indem sie sie in ihre hydrophobe Tasche aufnehmen. Die Cyclodextrine bleiben dabei unverändert wasserlöslich. Die Größe der Kavität ist abhängig von der Anzahl der Glucosemonomere, aus denen die Cyclodextrine aufgebaut sind. In ◘ Abb. 10.2 sind die Größen der wichtigsten Vertreter angegeben. Zusätzlich ist schematisch dargestellt, wie man sich die räumliche Struktur von Cyclodextrinen vorstellen kann: Sie bilden einen abgeschnittenen Kegel mit einem Hohlraum in der Mitte. Dabei sind die primären OH-Gruppen der Glucose jeweils auf der „kleineren Seite" und die sekundären OH-Gruppen auf der „größeren" Seite. Die Kohlenstoffatome des Rings bilden somit den Mantel der Kegels, welcher damit nach innen hydrophob ist.

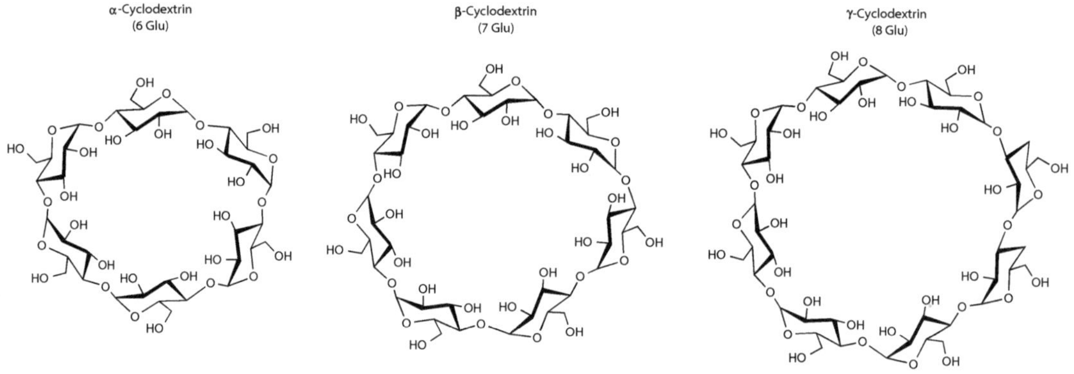

◘ **Abb. 10.1**   Strukturen der wichtigsten Cyclodextrine

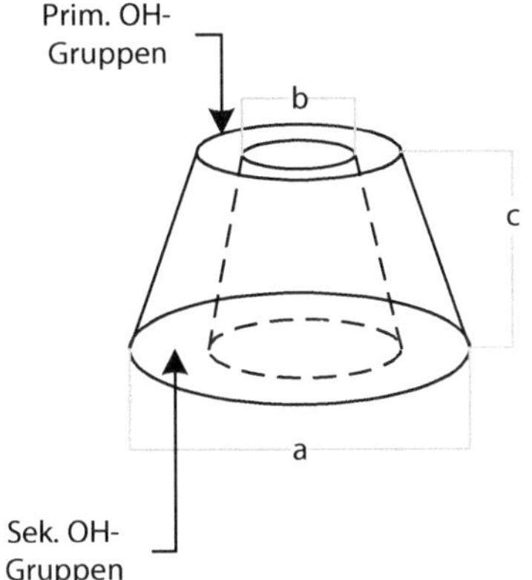

☐ Abb. 10.2 Äußere Form und Größen der Cyclodextrine

	a [pm]	b [pm]	c [pm]
α-CD	1370	500	780
β-CD	1530	650	780
γ-CD	1690	850	780

10.2 Herstellung von Cyclodextrinen

Cyclodextrine kommen in der Natur nicht vor und werden daher synthetisch hergestellt. Dies erfolgt über den enzymatischen Abbau von Amylose, der unverzweigten Komponente der Stärke (▶ Kap. 8). Eingesetzt wird vor allem Mais- oder Kartoffelstärke. Die Cyclodextrin-Glycosyltransferasen „schneiden" Stücke aus der helikalen Struktur der Amylose heraus und verbinden diese wieder zu cyclischen Oligosacchariden – den Cyclodextrinen. Wie wir bereits im ▶ Kap. 8 bei der Stärke erfahren haben, besteht eine Windung innerhalb der Amlyose aus ca. sechs Glucosemonomeren. Dadurch ergibt sich, dass Cyclodextrine häufig aus ca. sechs bis acht Glucosebausteinen bestehen. Die eingesetzten Enzyme sind von den Amylasen zu unterscheiden, da bei der Bildung von Cyclodextrinen keine Hydrolyse der glycosidischen Bindung stattfindet; die Amylose wird vielmehr geschnitten und wieder zusammengeführt (d. h. transferiert).

Zur Herstellung der Cyclodextrin-Glycosyltransferasen (CGTase) werden zunächst bestimmte Mikroorganismen (z. B. *Bacillus macerans*) kultiviert, welche diese speziellen Enzyme bilden. Anschließend wird das Enzym separiert und aufgereinigt. Die eingesetzte Stärke wird in einem ersten Schritt zunächst mit Amylasen teilabgebaut (▶ Abschn. 8.4), um anschließend mit der isolierten CGTase umgesetzt zu werden. Nach erfolgter Reaktion wird das Enzym durch Hitze inaktiviert, und die gebildeten Cyclodextrine werden aus der Reaktionslösung abgetrennt. Die Aufreinigung der Cyclodextrine erfolgt durch Kristallisation aus Wasser.

Von besonders hohem Interesse ist die sortenreine Herstellung nur eines Typs an Cyclodextrin, da unterschiedlich große Cyclodextrine verschiedene Einsatzgebiete besitzen. Dazu können im Herstellungsschritt spezielle Additive hinzugegeben werden, die mit dem gewünschten Cyclodextrin eine schwerlösliche Einschlussverbindung bilden (z. B. Toluol für β-Cyclodextrin). Dadurch wird das Gleichgewicht ständig in Richtung des gewünschten Cyclodextrins verschoben. Der Komplex kann im Anschluss von der Reaktionslösung abgetrennt werden. Zur Isolierung des Cyclodextrins wird die Einschlussverbindung entweder durch Dampfdestillation oder aber durch Extraktion mit einem organischen Lösungsmittel gespalten. Heutzutage stehen für die gezielte Synthese eines Cyclodextrins auch speziell maßgeschneiderte Enzyme zur Verfügung, die die nötigen Anforderungen erfüllen.

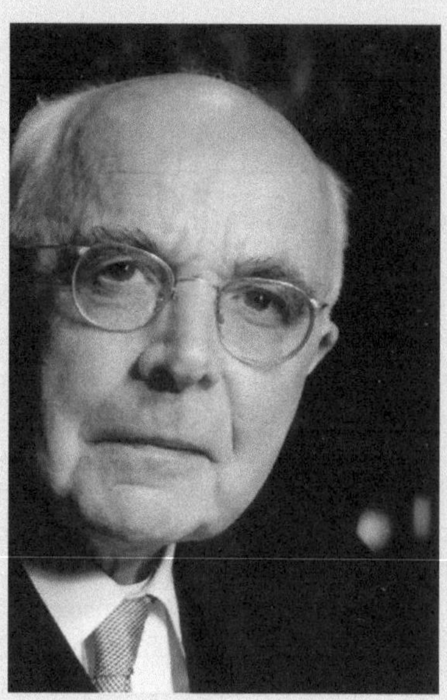

◘ **Abb. 10.3**   Karl J. Freudenberg (© Gesellschaft Deutscher Chemiker, GDCh)

10.3   Anwendungen von Cyclodextrinen

Die vielfältigen Anwendungsmöglichkeiten der Cyclodextrine beruhen prinzipiell auf ihrer Fähigkeit, apolare Stoffe in ihrer hydrophoben Kavität aufzunehmen und damit Einschlussverbindungen auszubilden. Diese Gegebenheit führt zu einer Vielzahl von Eigenschaften des Wirt-Gast-Komplexes, die wiederum im jeweiligen Anwendungsfeld gezielt genutzt werden.

Im Folgenden sollen zunächst die generellen Prinzipien vorgestellt werden. Im Anschluss werden dann konkrete Beispiele gegeben und näher erläutert.

Die Bildung einer Einschlussverbindung aus Cyclodextrinen und Gastmolekülen ist prinzipiell ein schneller Prozess, der auf der Zeitskala von Millisekunden abläuft. Zudem ist die Bildungsenthalpie negativ, damit handelt es sich um einen exothermen Vorgang. Die Stabilität des Komplexes hängt z. B. von der Temperatur ab, aber vor allem die gegenseitige Geometrie ist entscheidend: das Gastmolekül muss in das Cyclodextrin hinein passen.

Das Ausbilden einer Einschlussverbindung zwischen Cyclodextrinen und einem Gastmolekül führt zu folgenden Effekten:

- Erhöhung der Löslichkeit eines hydrophoben Gastes in wässrigen Medien
- Stabilisierung des Gastmoleküls gegenüber schädlichen Einflüssen wie UV-Strahlung, Temperatur oder Oxidation durch Luftsauerstoff

Die Flüchtigkeit des Gastes wird herabgesetzt, wodurch z. B. eine gezielte Freisetzung erreicht werden kann

Daraus resultiert, dass Cyclodextrine nach zwei grundsätzlichen Prinzipien Anwendungen finden, zum einen als solche oder im Komplex mit einer apolaren Verbindung:

- Der Einsatz von „**leeren**" **Cyclodextrinen** erlaubt es, gezielt apolare und unerwünschte Moleküle aus einer Mischung einzuschließen. Dadurch können diese Moleküle ihre eigentliche Wirkung nicht mehr entfalten, wie z. B. einen unangenehmen Geruch. In technischen Anwendungen kann auch eine Abtrennung des Komplexes erfolgen.
- Der Einsatz von **Cyclodextrinen mit apolaren Molekülen als Wirt-Gast-Komplex** schützt die eingeschlossene Verbindung zunächst gegenüber äußeren Einflüssen. Häufig schließt sich eine gewünschte langsame Freisetzung des Gastes an, um eine bestimmte Wirkung über einen verlängerten Zeitraum zu erzielen.

Beide prinzipiellen Konzepte werden im Folgenden anhand konkreter Beispiele erläutert.

Cholesterin freie Produkte, z. B. Sahne, werden mithilfe von „leeren" Cyclodextrinen hergestellt (■ Abb. 10.4): Bei 40 °C wird zunächst die cholesterinhaltige Fettphase mit einer β-cyclodextrinhaltigen Wasserphase emulgiert. Das apolare Cholesterinmolekül wird in der Kavität des β-Cyclodextrins eingeschlossen. Der feste Cholesterin-Cyclodextrin-Komplex fällt aus und kann abgetrennt werden. Die fetthaltige Phase enthält dann bis zu 80 % weniger Cholesterin.

Den gleichen Wirkmechanismus der Cholesterinentfernung aus Lebensmitteln kann man sich auch zur **Wasserdekontamination** zu Nutze machen: Dazu werden die „leeren" Cyclodextrine auf einer festen, nicht toxischen und wasserunlöslichen Dextranmatrix immobilisiert. Hydrophobe, aromatische Umweltgifte können so aus dem Wasser entfernt werden. Die immobilisierten Cyclodextrine werden mit Alkoholen wieder regeneriert und können erneut eingesetzt werden.

In der Lebensmittelindustrie wird ebenfalls ausgenutzt, dass Cyclodextrine ungiftig sind, nicht durch körpereigene Enzyme abgebaut werden und damit unverdaulich sind. Sie können also als Ballaststoffe

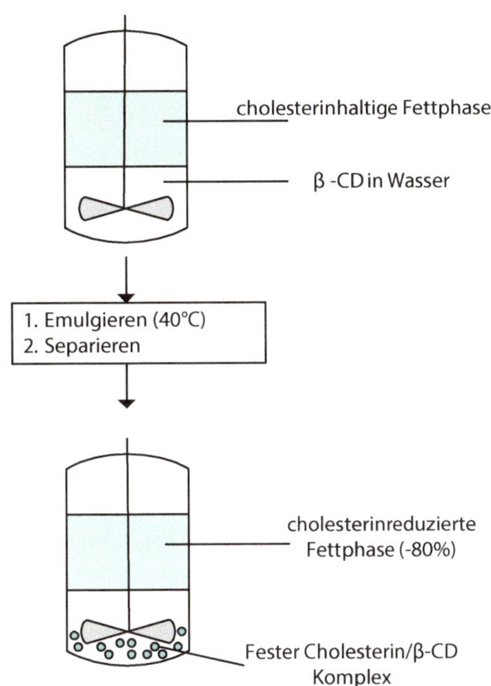

■ **Abb. 10.4** Cholesterinentfernung aus fetthaltigen Lebensmitteln durch Cyclodextrine

in Nahrungsmitteln angewendet werden. Weiterhin wurde α-Cyclodextrin in der EU eine gesundheitsfördernde Wirkung zugeschrieben, da es nach dem Verzehr von stärkehaltiger Nahrung in der Lage ist, Blutzuckerspitzen abzumildern. In **Nahrungsergänzungsmitteln** wird es daher mit dem Versprechen zur Gewichtsreduktion durch Fettbindung eingesetzt.

Darüber hinaus werden „leere" Cyclodextrine in der Analytik und dort vor allem in der **Chromatographie** eingesetzt. Säulen für die Hochleistungsflüssigkeitschromatographie können z. B. mit β-Cyclodextrin gepackt sein, was eine Trennung von chiralen Enantiomeren erlaubt.

Auch in der **Kosmetik** spielen „leere" Cyclodextrine eine Rolle: Sie werden eingesetzt, um unangenehme Gerüche „einzufangen". In Deodorants können sie Schweißbestandteile oder in Mundwässern Fisch- oder Knoblauchgerüche einlagern. Das Textilspray *Febreze* verspricht, Gerüche aus Textilien zu entfernen. Die aktive Komponente darin sind Cyclodextrine, welche unangenehme Geruchsstoffe binden können.

In der **homogenen Katalyse** kann das amphiphile Verhalten der Cyclodextrine ausgenutzt werden. Bei der *Phasentransferkatalyse* wird eine Reaktion mit einer polaren Katalysatorphase und einer apolaren Substrat/Produkt-Phase unter Zugabe eines Phasentransferkatalysators durchgeführt (◙ Abb. 10.5). Dies hat den Vorteil, dass im Anschluss an eine Reaktion eine einfach Trennung von Katalysator und Produkt erfolgen kann und der Katalysator für eine erneute Reaktion zur Verfügung steht. Jedoch sind beide Phasen für eine hohe Reaktionsgeschwindigkeit nicht ausreichend ineinander löslich. Durch Zugabe von „leeren" Cyclodextrinen gelingt es, das apolare Substrat in die polare Katalysatorphase einzubringen, die Reaktion kann stattfinden und das apolare Produkt wird durch das Cyclodextrin wieder in die apolare Produktphase gebracht. Aufgrund der guten Löslichkeit des Produktes wird das Cyclodextrin wieder „entleert" und steht erneut für den Transport des Substrates zur Verfügung. Durch diesen Phasentransfer lässt sich die Geschwindigkeit von homogenkatalytischen Reaktionen in bestimmten Fällen signifikant steigern.

Ein konkretes Beispiel ist die Hydroformylierung von 1-Octen mit Synthesegas zum entsprechenden Aldehyd mit einem wasserlöslichen Rhodiumkatalysator: 1-Octen ist zunächst nicht ausreichend in der wässrigen Phase löslich. Durch Zugabe eines Cyclodextrins, das in der Lage ist, eine Einschlussverbindung mit dem Substrat auszubilden, gelangt das 1-Octen (Substrat A) in die wässrige Katalysatorphase und kann mit dem im Wasser gelösten Synthesegas (Substrat B) zum Aldehyd (Produkt) abreagieren. Die Cyclodextrin/Aldehyd-Einschlussverbindung gelangt wieder in die organische Phase zurück und wird gespalten. Das „leere" Cyclodextrin steht wieder für einen weiteren Transport zur Verfügung.

Der Einsatz von Cyclodextrinen in **Arzneimitteln** als Wirt-Gast-Komplex kann viele Vorteile mit sich bringen. So sind Wirkstoffe häufig apolare, organische Substanzen. Die Flüssigkeiten im menschlichen Körper, über welche diese Substanzen zur Wirkstätte befördert werden müssen, sind jedoch alle wässrig. Eine Formulierung aus Wirkstoff und Cyclodextrin kann dazu führen, dass die Bioverfügbarkeit des Wirkstoffes erhöht wird, da der entsprechende Komplex deutlich besser wasserlöslich ist als der Wirkstoff an sich. Dadurch erfolgt die Aufnahme des Medikaments schneller, und es muss weniger Wirkstoff eingenommen werden, was zu weniger Nebenwirkungen führt. Ebenfalls ist der Wirkstoff über einen längeren Zeitraum im Körper verfügbar, da er nur nach und nach aus dem Komplex entweicht.

Das erste Medikament, das mit Cyclodextrinen auf den Markt gekommen ist, war „Prostarmon E^{TM}", welches 1976 in Japan durch die Firma Ono Pharmaceutical Co. vermarktet wurde. Es handelt sich um einen Prostaglandin·E2/β-Cyclodextrin-Komplex.

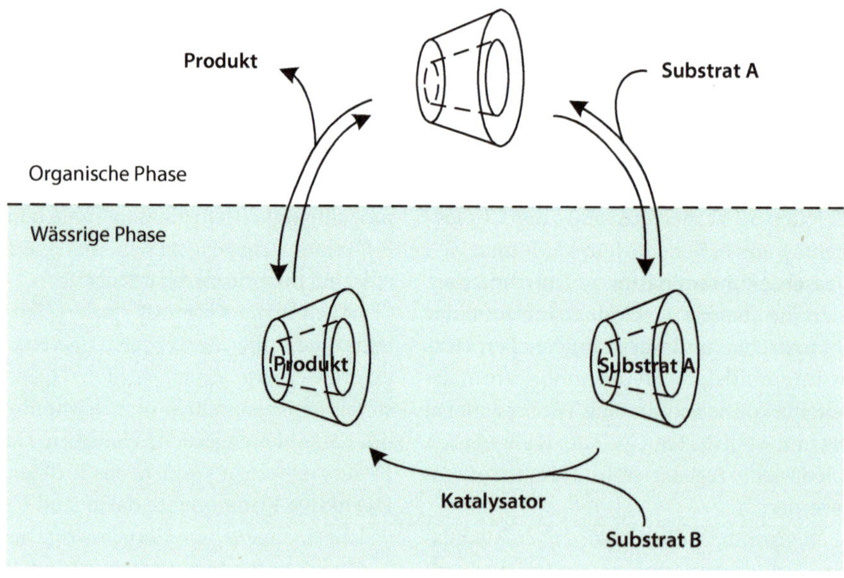

◙ **Abb. 10.5**   Prinzip der Phasentransferkatalyse mithilfe von Cyclodextrinen

Die Wirkung von Cyclodextrin-Einschlussverbindungen kann auch zum Schutz des Medikaments eingesetzt werden oder um Wechselwirkungen mit anderen Substanzen zu vermeiden. Beispielsweise wird Glycerintrinitrat („Nitroglycerin", ▶ Abschn. 5.2) in einem Komplex mit β-Cyclodextin kristallin und ist nicht mehr explosiv. Es kann so deutlich leichter dosiert werden.

Ein ähnlicher Effekt kann ausgenutzt werden, indem **Duftstoffe** in Cyclodextrinen komplexiert werden. Dies führt dazu, dass die Freigabe dieser Duftstoffe kontrollierter und über einen längeren Zeitraum stattfindet. Dies wird beispielsweise in Trocknertüchern ausgenutzt: Diese werden der Wäsche beim Trocknen im Trockner beigelegt und übertragen den Cyclodextrin/Duftstoff-Komplex auf die feuchte Wäsche. Der Duftstoff ist während des Trockenvorgangs durch das Cyclodextrin geschützt und wird erst im Laufe des Tragens langsam freigegeben, wodurch ein lang anhaltender Geruch erlangt wird. Ähnliches kann auch mit Sprays beim Bügeln erzielt werden.

10.4 Derivate der Cyclodextrine

Wie wir bereits in den vorangegangenen Kapiteln kennen gelernt haben, lassen sich Oligo- und Polysaccharide auf unterschiedlichste Weise derivatisieren, z. B. durch Veresterung, Veretherung oder auch Vernetzung. Auch bei den Cyclodextrinen können diese Reaktionen angewendet werden, da auch diese Hydroxygruppen tragen. Diese befinden sich bei Cyclodextrinen prinzipiell auf der Außenseite, sodass in den meisten Fällen die Größe und die Hydrophobie der Kavität durch die Derivatisierung nicht beeinflusst werden.

Die Herstellung der Cyclodextrinderivate erfolgt im Prinzip ganz analog zu der von Cellulose- und Stärkederivaten (▶ Kap. 7 und ▶ Kap. 8). Der Grad der Umsetzung wird wiederum mit dem *degree of substitution* (DS) angegeben.

Eine Eigenschaft der Cyclodextrine, welche durch Derivatisierung fast nach Belieben eingestellt werden kann, ist deren Löslichkeit in bestimmten Lösungsmitteln. So ist der 2,6-Dimethylether von β-Cyclodextrin deutlich besser in kaltem Wasser löslich ($570\,\mathrm{g\,l^{-1}}$) als β-Cyclodextrin selbst. Methylether von Cyclodextrinen sind zusätzlich auch in organischen Lösungsmitteln wie Methanol oder Acton löslich, was für einige Anwendungen interessant ist (s. Phasentransferkatalyse).

Ein weiterer wichtiger Ether der Cyclodextrine ist der Hydroxypropylether, welcher u. a. in dem bereits angesprochenen Textilspray, aber auch in pharmazeutischen Produkten Einsatz findet.

Zusammenfassung *(Take-Home-Messages)*
- **Cyclodextrine** sind cyclische Oligosaccharide, aufgebaut aus typischerweise sechs, sieben oder acht Glucosemonomeren, welche α-1,4-glycosidisch miteinander verknüpft sind.
- Die Nomenklatur erfolgt aufsteigend mit griechischen Buchstaben, startend mit α- für das Cyclodextrin mit sechs Glucosebausteinen.
- Durch ihre cyclische Struktur bilden sie eine besondere geometrische Form aus. Daraus resultiert, dass Cyclodextrine eine **hydrophile Hülle** und eine **hydrophobe Kavität** besitzen.
- Durch die Komplexierung von apolaren organischen Substanzen innerhalb dieser Kavität können Cyclodextrine sogenannte **Einschlussverbindungen** oder auch **Wirt-Gast-Komplexe** ausbilden.
- Die **relative Größe** der einzuschließenden Verbindung und die Größe der Kavität zueinander sind dabei entscheidend für die Selektivität und die Stabilität der Einschlussverbindung.
- Die Herstellung der Cyclodextrine erfolgt enzymatisch aus Stärke. Die eingesetzten **Cyclodextrin-Glycosyltransferasen** schneiden die in der Stärke enthaltene Amylose selektiv auf und verbinden die Enden zu Zyklen. Es entstehen Gemische aus Produkten mit unterschiedlicher Größe.
- Zur **sortenreinen Herstellung** können entweder Hilfsstoffe hinzugegeben werden, welche schwer lösliche Komplexe mit dem Cyclodextrin gewünschter Größe eingehen, oder aber speziell modifizierte Enzyme.
- Cyclodextrine werden eingesetzt, um z. B. **Cholesterin** aus fetthaltigen Speisen zu entfernen, indem der Cyclodextrin/ Cholesterin-Komplex ausfällt und vom Substrat abgetrennt wird.
- In der Pharmazie werden Cyclodextrin/ Wirkstoff-Komplexe eingesetzt, um die

Stabilität und die **Bioverfügbarkeit** des Wirkstoffes zu erhöhen und um Wechselwirkungen mit anderen Stoffen zu vermeiden.

— **„Leere" Cyclodextrine** können unangenehme Gerüche entfernen, indem sie geruchsbildende Substanzen selektiv binden. Dieser Effekt wird z. B. in Deodorants, Mundwässern und Textilsprays angewendet.

— In der homogenen Katalyse können Cyclodextrine als **Phasentransferkatalysatoren** eingesetzt werden, um die Geschwindigkeit einer zweiphasigen Reaktion zu erhöhen.

— Analog zu Cellulose und zu Stärke können auch **Derivate der Cyclodextrine** durch Veretherung, Veresterung und Vernetzung hergestellt werden. So können gezielt Eigenschaften dieser Verbindungen, wie die Löslichkeit, eingestellt werden.

? Zehn Quickies zu ▶ Kap. 10

1. Gehören Cyclodextrine zu den Stärkehydrolysaten? Erläutern Sie Ihre Antwort!
2. Können Cyclodextrine prinzipiell auch aus Cellulose hergestellt werden?
3. Wie heißt das Cyclodextrin mit neun Glucosemonomeren, wie viele Hydroxygruppen trägt dieses? Schätzen Sie die äußeren Abmessungen dieses Cyclodextrins ab!
4. Worin unterscheiden sich Amylasen von Cyclodextrin-Glycosyltransferasen?
5. Erläutern Sie das Prinzip von Einschlussverbindungen am Beispiel β-Cyclodextrin/ Toluol! Wo spielt dieser Komplex eine wichtige Rolle?
6. Wann und von wem wurden Cyclodextrine erstmals erwähnt?
7. Geben Sie zwei grundsätzliche Effekte an, zu denen es bei der Bildung von Einschlussverbindungen zwischen Wirt und Gast kommt!
8. Wie können Sie Cyclodextrine nach der Nutzung zur Dekontamination von Abwässern wieder regenerieren?
9. Erläutern Sie die Entfernung von Cholesterin aus fetthaltigen Flüssigphasen mithilfe von Cyclodextrinen!
10. Zeichnen Sie die Strukturformel von (per-)methyliertem α-Cyclodextrin. Mit welcher Chemikalie müssen Sie unter welchen Bedingungen umsetzen?

■ ■ **… und zur Belohnung noch ein Fußballer-Zitat:**

》 Bei mir wusste man immer, wo ich dran war.
(Günter Netzer)

Weiterführende Literatur

Monographien und Übersichtsartikel

Sliwa W, Girek T (2017) Cyclodextrins: properties and applications. Wiley-VCH, Weinheim

Rousseau J, Menuel S, Rousseau C, Hapiot F, Monflier E (2016) Cyclodextrins as porous materials for catalysis. In: Sadjadi S (Hrsg) Organic nanoreactors: from molecular to supramolecular organic compounds. Academic Press, London

Crini G (2014) Review: a history of cyclodextrins. Chem Rev 114:10940–10975

Jin Z-Y (2013) Cyclodextrin chemistry: preparation and application. World Scientific Publishing Co. Pte. Ltd., Singapore

Bilensoy E (2011) Cyclodextrins in pharmaceuticals, cosmetics, and biomedicine: current and future industrial applications. John Wiley & Sons Inc., Hoboken

Dodziuk H (2006) Cyclodextrins and their complexes: chemistry, analytical methods, applications. Wiley-VCH, Weinheim

Davis ME, Brewster ME (2004) Cyclodextrin-based pharmaceutics: past, present and future. Nat Rev Drug Disc 3:1023–1035

Szejtli J (1998) Introduction and general overview of cyclodextrin chemistry. Chem Rev 98:1743–1753

Wenz G (1994) Cyclodextrins as building blocks for supramolecular structures and functional units. Angew Chem Int Ed 33:803–822

Szejtli J (1988) Cyclodextrin technology. Springer-Science + Business Media, Dordrecht

Originalstellen

Schmuck C (2012) Die Kraft des Nichtkovalenten. Nachrichten aus der Chemie 60:979–985

Bricout H, Hapiot F, Ponchel A, Tilloy S, Monflier E (2010) Cyclodextrins as mass transfer additives in aqueous organometallic catalysis. Curr Org Chem 14:1296–1307

Borchard-Tuch C (2005) Cyclodextrine – die Verpackungskünstler. Chem Unserer Zeit 39:137–139

Monflier E, Blouet E, Barbaux Y, Mortreux A (1994) Wacker oxidation of 1-decene to 2-decanone in the presence of a chemically modified cyclodextrin system: A happy union of host–guest chemistry and homogeneous catalysis. Angew Chem Int Ed 33:2100–2102

LIGNIN

Kapitel 11   Der „Holzstoff" – 201

Der „Holzstoff"

Lignin

© Springer-Verlag GmbH Deutschland 2018
A. Behr, T. Seidensticker, *Einführung in die Chemie nachwachsender Rohstoffe*,
https://doi.org/10.1007/978-3-662-55255-1_11

Kapitelfahrplan

— In diesem Kapitel werden wir uns das Vorkommen und die Bedeutung des Lignins für Pflanzen näher anschauen.

— Die besondere chemische Struktur des Lignins wird anhand einiger Bindungsprinzipien näher beleuchtet.

— Wir werden uns ansehen, bei welchen Prozessen Lignin anfällt und wie man es besonders rein gewinnen kann.

— Abschließend werden die wichtigsten Anwendungen des Lignins besprochen.

11.1   Vorkommen von Lignin

Lignin (von lat. *lignum*, Holz; engl. *lignin*) ist ein phenolisches Makromolekül und neben Cellulose und den Hemicellulosen ein wichtiger Bestandteil der vaskulären (d. h. gefäßbildenden) Pflanzen, vor allem im **Holz** von Bäumen. Lignin zählt neben Cellulose und Chitin zu den drei häufigsten organischen Verbindungen unserer Erde. Es wird geschätzt, dass jährlich Ligninmengen in der Größenordnung von $2 \cdot 10^{10}$ Tonnen gebildet werden.

Lignin besitzt keine genau definierte chemische Struktur. Vielmehr ist es ein Sammelbegriff für verschiedenste Makromoleküle mit ähnlichen Strukturmerkmalen und Eigenschaften. Korrekterweise sollte man also eigentlich von Ligninen (im Plural) sprechen.

Lignin wird in die Zellwand von Pflanzen eingelagert und bildet dort eine feste Matrix. Es kommt durch Ausbildung einer **Verbundstruktur** mit Cellulose und Hemicellulosen zur Verholzung („Lignifizierung") der Pflanzenteile (▶ Kap. 7). Mit dieser Funktion hat Lignin maßgeblichen Anteil an der Evolution großer, terrestrischer Pflanzen: Nur die Fähigkeit zur Verholzung erlaubt die Ausbildung und die Stabilität uns heute bekannter Pflanzenteile in entsprechender Größe. Da Lignin im Vergleich zu den Hemicellulosen nicht einfach von der Cellulose getrennt werden kann, da es teilweise kovalent an Cellulose gebunden ist, findet man auch

häufig den Namen *Lignocellulose* für holzstämmige Pflanzenstoffe.

Die räumliche Anordnung der Cellulosestränge zueinander haben wir bereits in ▶ Kap. 7 kennen gelernt. Lignin fungiert im Verbundwerkstoff Holz als Kitt, welcher die Lücken und Zwischenräume füllt (◘ Abb. 11.1): Cellulosestränge sind von Hemicellulosen umgeben (◘ Abb. 11.1, e) und bilden damit eine Micelle (d). Mehrere Micellen bilden eine Mikrofibrille, wobei die Zwischenräume mit Lignin gefüllt sind. Mehrere Mikrofibrillen (c) lagern sich zu Makrofibrillen (b) zusammen, auch hierbei sind die Zwischenräume mit Lignin gefüllt. Die Zellwände bestehen schlussendlich aus mehreren Makrofibrillen (a).

Der prozentuale Anteil an Lignin in verschiedenen Pflanzen ist stark unterschiedlich. Prinzipiell liegt der Anteil bei etwa 20–30 Gew.-%. Weiche Hölzer (u. a. Nadelhölzer, wie Fichte) enthalten etwas mehr Lignin (27–33 %) gegenüber Harthölzern, wie z. B. Buche (18–25 %), und Gräsern (17–24 %). Marine Pflanzen, wie z. B. Algen, haben kein Lignin, da sie ihre Stabilität durch den Auftrieb im Wasser erhalten. Auch niedere Pflanzen, welche keine Gefäße zum Transport von Wasser und Nährstoffen ausbilden, wie z. B. Moose und Flechten, enthalten kein Lignin. In ◘ Tab. 11.1 sind typische Zusammensetzungen ausgewählter Bäume und Pflanzenteile zusammengefasst.

Folgende Funktionen übernimmt Lignin in Pflanzen:

— Verholzung der Pflanzenteile durch Ausbildung einer Verbundstruktur. Damit sorgt Lignin für die Druckfestigkeit von Holz und ist so maßgeblich an dessen Stabilität beteiligt.

— Lignin verringert den Übergang von Wasser durch die Zellwand aufgrund des hydrophoben Charakters. Dies ist besonders für den Wassertransport in den Pflanzengefäßen wichtig und damit auch für Nährstoffe und Metaboliten.

— Schutz vor UV-Licht durch den aromatischen Charakter.

— Schutz vor mechanischem Eindringen von Schädlingen.

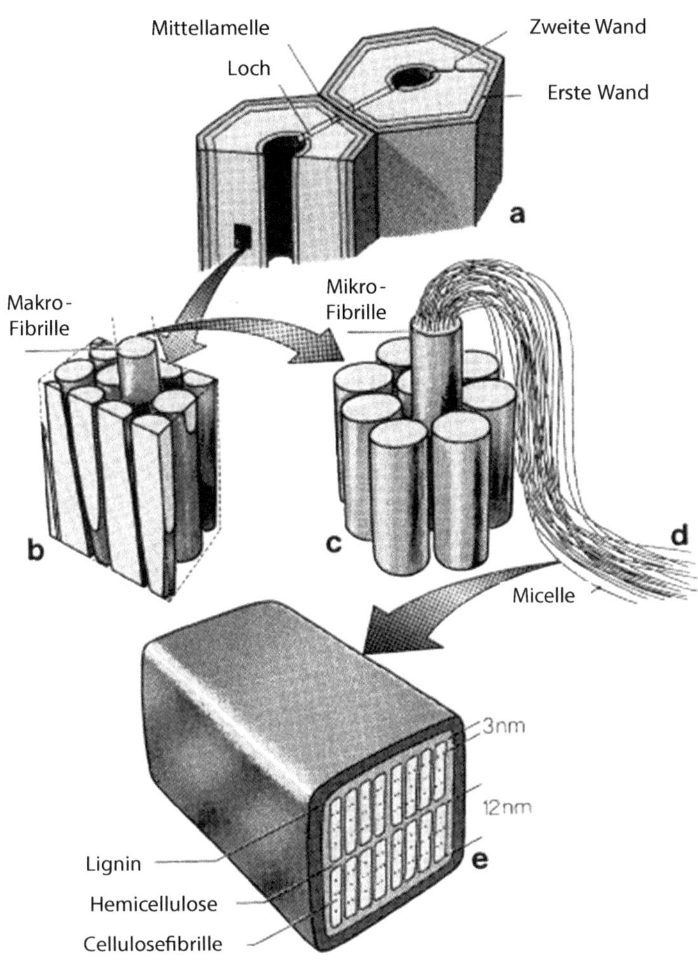

◘ Abb. 11.1 Lignin als Füllstoff zwischen Cellulosefibrillen im Verbundwerkstoff Holz (nach G. Tambour, Forstliche Fakultät, Göttingen, in Hüttinger et al., 2001)

◘ Tab. 11.1 Chemische Zusammensetzung verschiedener Pflanzen (in Gew.-%)

Pflanze	Lignin	Cellulose	Hemicellulose	Asche
Fichte	29	43	24	>1
Buche	25	38	35	>1
Bagasse[a]	23	44	29	3
Weizenstroh	17	40	31	7
Miscanthus[b]	20	43	21	3

a = faserige Überreste der Zuckerfabrikation aus Zuckerrohr (▶ Abschn. 6.3)
b = Pflanzengattung der Süßgräser, z. B. Chinaschilf

■ Hemmung des Wachstums von Mikroorganismen, da Lignin von den meisten Pilzen und Bakterien nicht abgebaut werden kann.

11.2 Struktur von Lignin

Eingangs wurde bereits erwähnt, dass es sich bei Lignin um ein *phenolisches* (von Phenol = Hydroxybenzol) Makromolekül handelt. Damit wird deutlich, dass Lignin keiner der bereits in diesem Buch behandelten Naturstoffkategorien zugeordnet werden kann; es ist weder ein Kohlenhydrat noch ein Fett oder ein Terpen. Lignin macht damit eine eigene Klasse auf. Es ist der einzige primäre pflanzliche Inhaltsstoff, welcher über aromatische (genauer: phenolische) Strukturmerkmale verfügt. Zusätzlich ist Lignin ein hochverzweigtes und damit dreidimensionales Polymer. In ■ Abb. 11.2 ist ein Ausschnitt aus

der Struktur eines Ligninmoleküls einer Fichte beispielhaft dargestellt.

Man erkennt, dass es sich um eine sehr komplexe Struktur handelt, welche nicht mit anderen, uns bekannten chemischen Strukturen vergleichbar ist. Bei genauerem Betrachten erkennt man aber auch, dass sich gewisse Systematiken wiederholen. Diese beruhen zum einen auf der Struktur der miteinander verknüpften Bausteine (der sog. Monolignole) und zum anderen auf dem Verknüpfungsmuster der Monomere untereinander. Schauen wir uns zunächst die monomeren Bausteine an.

11.2.1 Monolignole

Lignin ist prinzipiell aus drei unterschiedlichen Bausteinen aufgebaut, welche auf verschiedene Weise miteinander zu einem Makromolekül verknüpft sind. Diese drei Bausteine sind aus der Stoffklasse

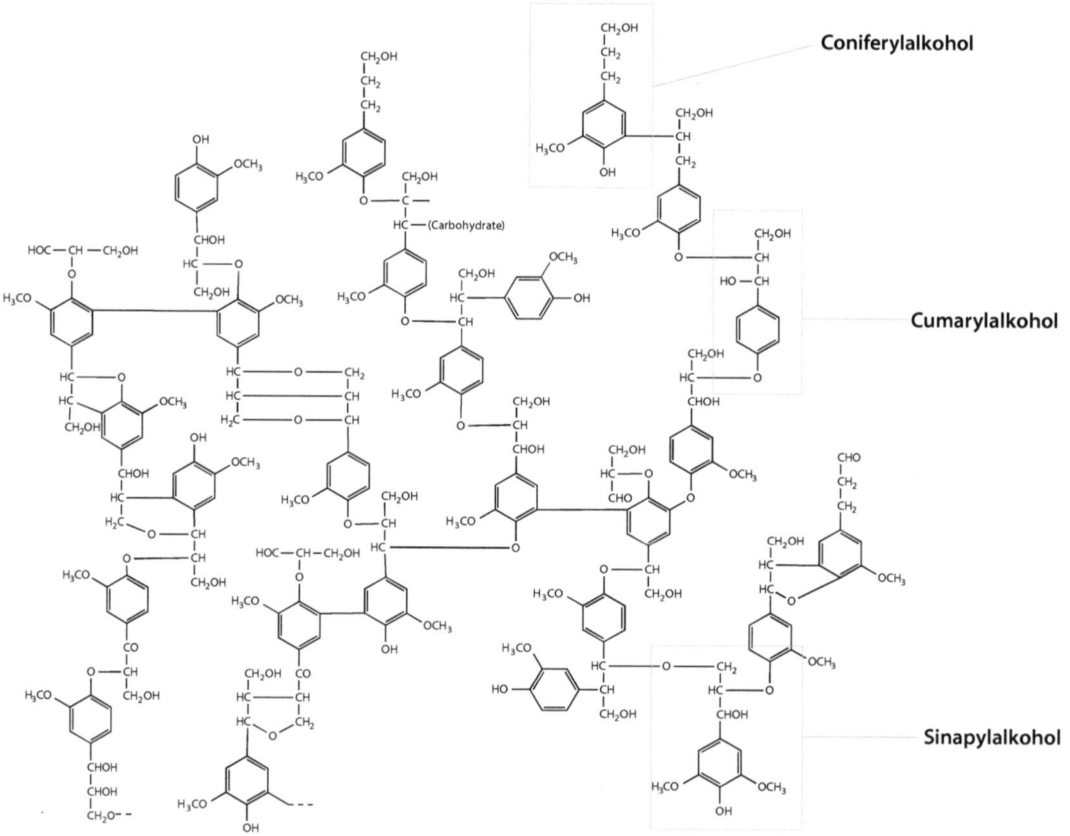

■ **Abb. 11.2** Ausschnitt aus einem Ligninmolekül von Fichtenholz

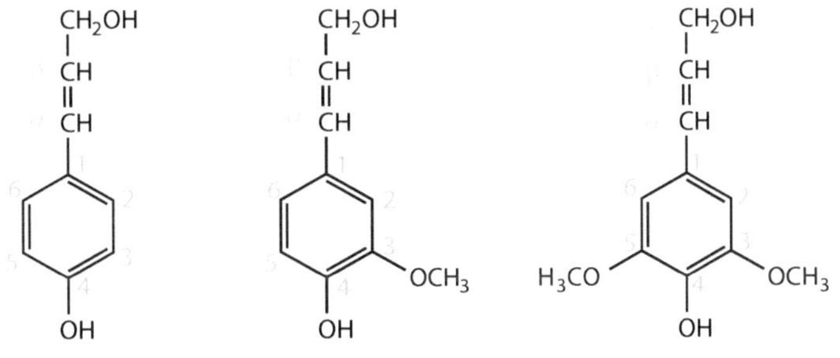

Abb. 11.3 Strukturformeln der drei Phenylpropanoide (Monolignole), aus denen Lignin aufgebaut ist

der *Phenylpropanoide*, also mit einer C_3-Seitenkette substituierte Phenole. Alle drei Alkohole sind in ◘ Abb. 11.3 dargestellt. Cumarylalkohol ist dabei die Grundstruktur ohne weitere Substituenten am aromatischen Ring. Beim Coniferylalkohol gibt es einen Methoxy-Substituenten und im Sinapylalkohol zwei Methoxysubstituenten in ortho-Stellung zur Hydroxygruppe.

Alle drei Alkohole leiten sich prinzipiell von der Zimtsäure ab, welche im pflanzlichen Stoffwechsel aus der Aminosäure Phenylalanin entsteht. In ihrer monomeren Form kommen diese Alkohole jedoch kaum in der Natur vor und besitzen deshalb auch keine Bedeutung.

Zur genauen Kennzeichnung der Kohlenstoffatome in den Monolignolen hat sich eine Nomenklatur durchgesetzt, welche nicht der der IUPAC entspricht: Das Kohlenstoffatom mit der Hydroxygruppe am aromatischen Ring erhält die Nummer C4, demnach trägt das Kohlenstoffatom C1 die Propylen-Seitenkette. Diese wiederum wird mit griechischen Buchstaben für die Kohlenstoffatome benannt, beginnend mit α, β und letztlich γ, welches die primäre OH-Gruppe trägt.

11.2.2 Bindungsmuster von Lignin

Die Benennung der unterschiedlichen Kohlenstoffatome in den Monolignolen erlaubt eine genaue Angabe der Verknüpfungstypen innerhalb des Polymers Lignin. Bevor wir jedoch die genauen Bindungstypen besprechen, wird kurz erläutert, wie es zu einer Bindungsknüpfung zwischen den Monolignolen kommt: Ein Monolignol wird enzymatisch zu einem Radikal umgesetzt. Aufgrund der aromatischen Struktur ist dieses Radikal über das gesamte Molekül mesomeriestabilisiert und damit besonders stabil (◘ Abb. 11.4).

Diese Radikalbildung kann als Start einer radikalischen Polymerisation angesehen werden. Am Beispiel des Coniferylalkohols wird in ◘ Abb. 11.5 gezeigt, wie man sich eine initiale Dimerisierung als Vorstufe zur Ligninbildung vorstellen kann. In diesem Fall greift ein Radikal in Position O4 die β-Position eines weiteren Coniferylalkoholmoleküls an, und unter gleichzeitiger Anlagerung eines OH-Radikals kommt es zur Ausbildung einer β-O-4-Bindung.

Die β-O-4-Bindung ist zwar ein häufiges Verknüpfungsmuster im Lignin, doch es gibt unzählige

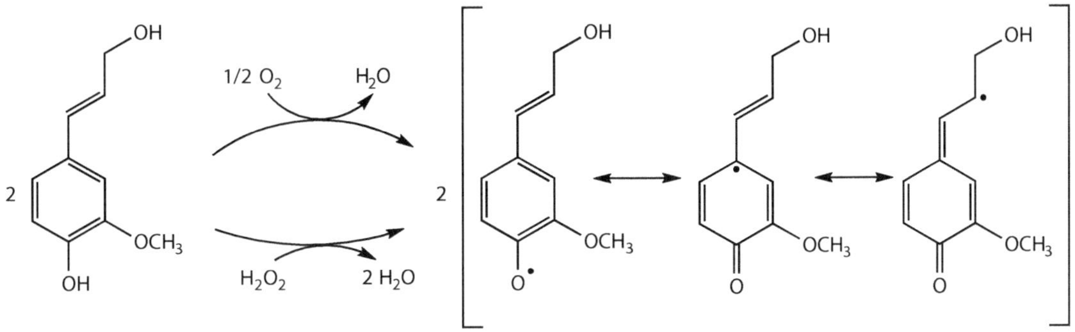

Abb. 11.4 Enzymatische Radikalbildung bei Monolignolen am Beispiel des Coniferylalkohols

☉ **Abb. 11.5**   Dimerisierung zweier Moleküle Coniferylalkohol

weitere. Dies liegt an dem radikalischen Verlauf der Polymerisation: Zum einen ist das Radikal mesomeriestabilisiert, wodurch es aus mehreren Positionen angreifen kann. Zum anderen sind radikalische Mechanismen nicht regioselektiv, d. h. sie greifen „willkürlich" andere Moleküle an. Dies führt zur Ausbildung vieler verschiedener Bindungstypen. In ☉ Abb. 11.6 sind einige dieser Bindungstypen am Beispiel des bereits in ☉ Abb. 11.2 gezeigten Ligninmoleküls hervorgehoben.

Neben diesen „einfachen" Verknüpfungen kann es auch zur Ausbildung von cyclischen Strukturen kommen, indem zwei benachbarte Gruppen gleichzeitig miteinander verknüpft werden. Diese zufälligen Verknüpfungsreaktionen führen zu einem dreidimensionalen, amorphen Polymer ohne geregelte Struktur oder Wiederholungseinheit. Daher kann auch keine definierte Ligninstruktur bestimmt werden, obwohl statistische Strukturmodelle für verschiedene Pflanzen vorgeschlagen und anerkannt wurden (☉ Abb. 11.2 für Fichtenlignin).

11.2.3 Zusammensetzung von Lignin

Unterschiedliche Pflanzen besitzen unterschiedliche Lignin-Zusammensetzungen. Lignin kann auch in verschiedenen Teilen derselben Pflanze unterschiedlich zusammengesetzt sein. Ebenfalls ändert sich die Zusammensetzung mit dem Alter der Pflanze. Aufgrund dessen ist es unmöglich, eine genaue Struktur für das Lignin einer bestimmten Pflanze anzugeben. Es lassen sich jedoch Häufigkeiten des Auftretens sowohl der verschiedenen Monolignole als auch der Verknüpfungstypen angeben, sodass auf Basis dieser Daten das Lignin einer bestimmten Pflanze charakterisiert werden kann.

Das Holz von Nadelhölzern besitzt einen hohen Anteil an Coniferylalkohol (ca. 90 %, vgl. den Namen *Koniferen* für Nadelhölzer). Das Holz von Nadelhölzern hat erhöhte Anteile an Sinapylalkohol, sodass im Mittel etwa 1,2–1,52 Methoxygruppen pro Phenylpropaneinheit gefunden werden. Gräser hingegen haben mit 15–35 % einen erhöhten Anteil an Cumarylalkohol im Lignin. Auch die Häufigkeit und die Verhältnisse der verschiedenen Bindungsmuster im Lignin sind häufig spezifisch für die Art des Holzes. Fichtenlignin besitzt z. B. sehr viele Etherverknüpfungen mit 40–50 % β-O-4-Bindungen und 11–16 % α-O-4-Bindungen (☉ Abb. 11.6).

Die Analytik der Zusammensetzungen geschieht zum einen über gezielte Abbaureaktionen in basischen Kaliumpermanganatlösungen und geht zurück auf Arbeiten von K. J. Freudenberg (☉ Abb. 10.3) in den 1950er- und 1960er-Jahren. Das Protokoll wurde mehrfach modifiziert und beinhaltet mehrere Schritte, an deren Ende Bruchstücke des Lignins stehen, welche gaschromatographisch untersucht werden können und die Aufschluss über die Verhältnisse der drei unterschiedlichen Phenylpropanoide liefern. Eine weitere wichtige Methode der Ligninanalytik ist die NMR-Spektroskopie, mit

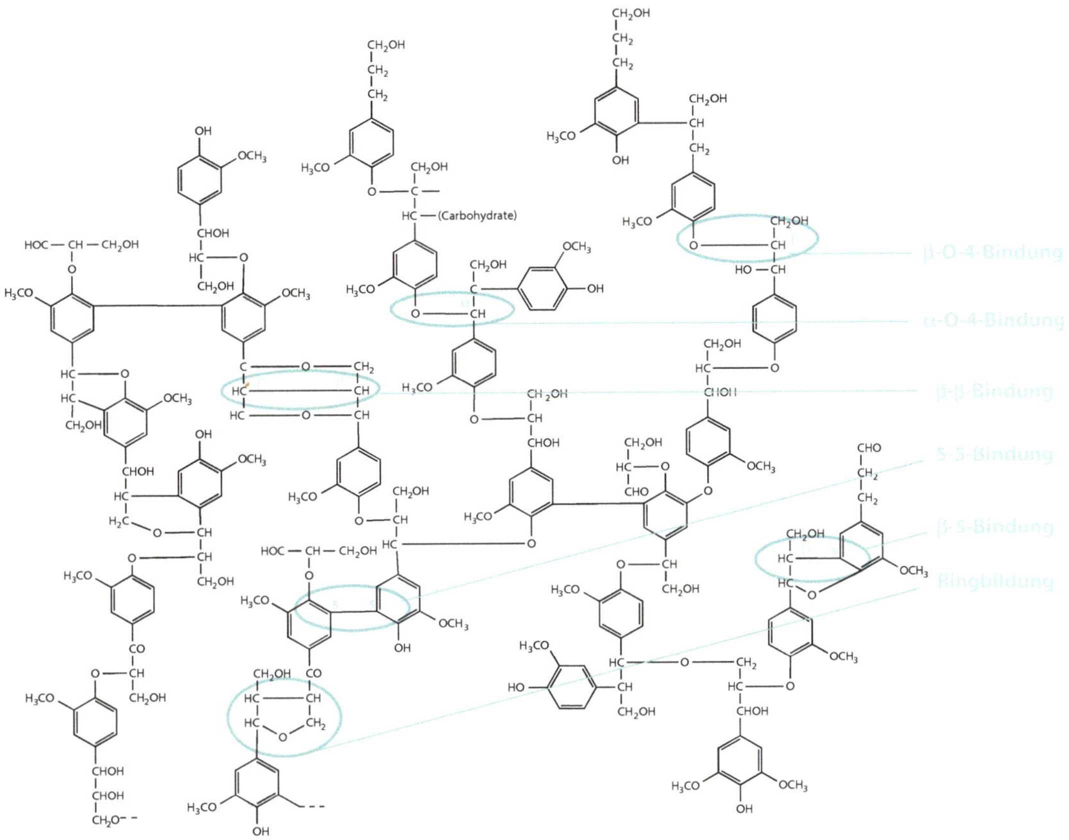

Abb. 11.6 Bindungstypen am Beispiel eines Fichtenlignins

der unterschiedliche Bindungstypen identifiziert werden können. Dazu kann entweder Lignin als solches mit Festkörper-NMR-Spektroskopie oder ein durch z. B. Acetylierung erhaltenes Ligninderivat mit NMR-Spektroskopie in Lösung untersucht werden.

11.3 Ligningewinnung

Lignin bildet mit Cellulose und Hemicellulosen im Holz einen Verbundwerkstoff, aus dem Lignin nicht einfach abgetrennt werden kann. Damit ist die Ligningewinnung immer auch mit einem Aufbrechen dieser Strukturen verbunden, einem sogenannten Aufschluss. Natives Lignin ist in allen Lösungsmitteln nahezu unlöslich und muss für eine effektive Trennung von der Cellulose erst in eine lösliche Form überführt werden. Je nachdem, welche Aufschluss-Variante gewählt wird, liegt Lignin nach dem Aufschluss in unterschiedlicher Form vor.

11.3.1 Klassische Holzaufschlussverfahren

Die mengenmäßig wichtigsten Holzaufschlussverfahren wurden bereits in ▶ Kap. 7 besprochen: das Sulfat- (auch Kraft-) und das Sulfit-Verfahren. Beide Verfahren dienen vornehmlich der Gewinnung von Zellstoff (Cellulose) aus Holz, z. B. für die Papierherstellung. Ziel ist es, die Hemicellulose und das Lignin in eine lösliche Form zu überführen, um sie so von der festen Cellulose abtrennen zu können.

Lignin führt in Papier zu Vergilbungen, weshalb es dort unerwünscht ist. Die Qualität des Lignins als Nebenprodukt spielt deshalb nur eine untergeordnete Rolle. Aufgrund der Zusammensetzung des Holzes und der Gesamtproduktion an Zellstoff fallen erhebliche Mengen Nebenprodukte an, und deren Nutzbarmachung ist ein wichtiges Kriterium für die ökonomische Rentabilität des Gesamtprozesses. Aufgrund der unterschiedlichen Bedingungen und verwendeten Chemikalien dieser beiden Verfahren liegt Lignin nach dem Aufschluss in zwei verschiedenen Formen vor:

- Im **Sulfat-Verfahren** wird der Aufschluss des Holzes unter basischen Bedingungen mit NaOH und Na_2S (Natriumsulfid) durchgeführt. Dabei wird Lignin über Deprotonierung und schwefelinduzierte Umlagerungsreaktionen in kleinere Bruchstücke zersetzt. Die phenolischen Hydroxygruppen liegen unter diesen Bedingungen als Salze (Phenolate) vor, und das entstandene lösliche **Ligninphenolat** kann mit der Schwarzlauge vom Zellstoff abgetrennt werden. Es besitzt eine Molmasse von etwa 2000–3000 Dalton.

- Im **Sulfit-Verfahren** erfolgt der Aufschluss des Holzes meist bei saurem pH-Wert mithilfe von Calcium- oder Magnesiumhydrogensulfit. Das „Lösen" des Lignins erfolgt hierbei durch Addition von Sulfonsäuregruppen vornehmlich an das α-Kohlenstoffatom der Phenylpropaneinheiten. Die Etherbindungen sind unter sauren Bedingungen weitestgehend stabil, sodass kaum Depolymerisation stattfindet. Vielmehr steigt die Molmasse durch weitere Kondensationsreaktionen auf Werte um die 20.000 bis 50.000 Dalton. Das entstandene Lignin wird als **Ligninsulfonat** mit der Sulfitablauge vom Zellstoff getrennt.

Nach diesen beiden Verfahren fallen in etwa 55 Mio. Tonnen Lignin als Nebenprodukt der Cellulosegewinnung an. Beiden Aufschlussverfahren ist jedoch gemein, dass das Lignin nicht rein vorliegt, da es u. a. mit Schwefelverbindungen verunreinigt ist. Die Möglichkeiten der gezielten Weiterverarbeitungen dieser Lignine zu Chemikalien sind deshalb stark eingeschränkt. Daher wurden in den letzten Jahrzehnten alternative Aufschlussverfahren entwickelt, die Lignin in einer besonders reinen Form isolieren.

11.3.2 Alternative Holzaufschlussverfahren zur Ligningewinnung

Holzaufschlussverfahren, welche nicht auf die klassischen anorganischen Aufschlusschemikalien in wässrigen Medien zurückgreifen, wurden Ende der 1960er-Jahre entwickelt. Das Ziel war eine umweltfreundlichere Zellstoffproduktion durch das Lösen (engl. *solve*) der Nebenbestandteile Lignin und Hemicellulose in organischen (engl. *organic*) Lösungsmitteln. Es werden vor allem kurzkettige Alkohole wie Methanol und Ethanol oder kurzkettige Carbonsäuren wie Ameisen- und Essigsäure als wässrige Lösungen eingesetzt. Die verschiedenen entwickelten Verfahren werden unter dem Sammelbegriff **Organosolv-Verfahren** zusammengefasst. Sie unterscheiden sich prinzipiell in der Anzahl der Stufen und in den eingesetzten Lösungsmitteln. Sie besitzen gegenüber den klassischen Aufschlussverfahren mehrere Vorteile:

- Die Rückgewinnung der organischen Lösungsmittel ist durch ihren niedrigen Siedepunkt einfach. Dies führt zu Energieeinsparungen und zu geringerer Belastung der Abwässer.
- Es kann ein fast vollständig geschlossener Chemikalienkreislauf gewährleistet werden, wodurch sich auch kleinere Anlagen mit geringerer Kapazität rechnen.
- Der Gestank, der bei Einsatz von Schwefelverbindungen entsteht, wird vermieden. Ebenso soll erreicht werden, dass eine Bleiche des Zellstoffs entfällt.
- Durch den Erhalt von qualitativ hochwertigem Lignin als Koppelprodukt wird eine Wertsteigerung erreicht.

Zur Gewinnung von Zellstoff sind diese Verfahren allerdings heutzutage unbedeutend. Ein Grund dafür ist, dass nicht jede Holzart gleich gut mit ihnen verarbeitet werden kann. Wichtiger ist die Tatsache, dass Lignin in einer nahezu nativen Form erhalten

□ Abb. 11.7 Pulverförmiges Lignin, erhalten aus einem Organosolv-Verfahren (© FNR, Ilka Plötner)

wird und damit eine neue Quelle für potentielle Ligninfolgeprodukte erschlossen wird (□ Abb. 11.7). Allerdings werden heutzutage noch keine großtechnischen Anlagen mit Organosolv-Verfahren betrieben. Lediglich kleinere Anlagen produzieren Zellstoffe nach diesem Verfahren, meist nicht aus Holz, sondern aus regional verfügbaren Abfallstoffen wie Weizenstroh oder Bagasse.

Im Folgenden werden die wichtigsten Verfahren kurz besprochen:

- Das **Organocell-Verfahren** kombiniert die Vorteile des Lösungsmittelaufschlusses mit denen eines anorganischen Aufschlusses. Es besteht aus zwei Stufen: In der ersten wird ein Teil des Lignins und der Hemicellulosen (etwa 10–20 % bezogen auf die Holzsubstanz) in einem Methanol/Wasser-Gemisch (1:1) bei 190 °C herausgelöst. In einer zweiten Stufe wird die Methanolkonzentration auf 35 % verringert,

NaOH zugesetzt und erneut bei 170 °C gekocht. Das Lignin aus der zweiten Stufe wird durch Ansäuern mit Phosphorsäure gefällt. Dieses Verfahren liefert ähnliche Ausbeuten wie das Kraft-Verfahren (▶ Kap. 7), ergibt jedoch eine Cellulose mit schlechteren mechanischen Eigenschaften.

- Das **Alcell-Verfahren** verwendet eine wässrige Ethanollösung mit einem Ethanolgehalt zwischen 40–60 % und verläuft bei Temperaturen im Bereich von 180–210 °C und bei Drücken von 20–35 bar. In mehreren Stufen wird das Holz mit immer saubererem Lösungsmittel im Sinne einer Kreuzextraktion kontaktiert. Der erhaltene und gebleichte Zellstoff ist vergleichbar mit dem des Kraft-Verfahrens. Ein Vorteil ist, dass sowohl die Hemicellulosen als auch das Lignin in hohen Ausbeuten erhalten werden (ca. 18 % Ausbeute an Lignin bezogen auf den Rohstoffeinsatz). Es kann aus der Ablauge durch Verdünnung mit Wasser und Einstellen des pH-Wertes auf ca. 3 bei einer Temperatur von 95 °C ausgefällt werden und liegt nach Trocknung in Pulverform vor. Das Lösungsmittel Ethanol wird mittels Flash-Verdampfern und Dampfkondensatoren zurückgewonnen und recycliert.

- Im **Acetosolv-Verfahren** wird 93 %ige Essigsäure in Kombination mit 0,1–0,2 %iger HCl verwendet. Dieses Verfahren kombiniert die Vorzüge eines organischen Aufschlusses mit sauren Bedingungen in einem einstufigen Verfahren mit anschließender Bleiche des Zellstoffs. Der erhaltene Zellstoff aus Harthölzern hat mechanische Eigenschaften, welche typischerweise zwischen denen eines Zellstoffs aus dem Sulfat- und einem aus dem Sulfit-Verfahren liegen. Im Acetosolv-Verfahren werden die freien Hydroxygruppen des Lignins teilweise mit Essigsäure verestert, man spricht von **Ligninacetat**. Für die Qualität des Lignins ist die Menge an HCl entscheidend: Zu wenig HCl führt zu ungenügendem Abbau der Struktur und damit zu geringerer Ausbeute und zu hohe Konzentrationen führen zu vermehrter Kondensation des Lignins und damit zu unerwünscht hohen Molekulargewichten.

11.4 Verwendung von Lignin

Die mit Abstand größte Verwendung des Lignins beruht auf dem vergleichsweise hohen Brennwert von etwa 23 GJ t^{-J}. Damit eignet sich das in der Schwarzlauge enthaltene Lignin des Sulfat-Prozesses nach Eindampfen und Trocknung als hervorragender Brennstoff, um die nötigen Prozesstemperaturen zu erreichen. Man schätzt, dass bis zu 98 % des weltweit anfallenden Lignins energetisch genutzt werden. Damit stehen „nur" ca. 2 % des Lignins für alle stofflichen Anwendungen zur Verfügung, was in Anbetracht der jährlich verarbeiteten Holzmenge noch immer einer Menge von ca. einer Mio. Tonnen pro Jahr entspricht.

Die stoffliche Nutzung von Lignin beruht bisher fast ausschließlich auf der Verwendung von Ligninsulfonaten aus dem Sulfit-Verfahren. Auch der größte Teil des kommerziell erhältlichen Kraft-Lignins wird durch Sulfonierung in Ligninsulfonate überführt. Ligninsulfonate sind über einen weiten pH-Bereich wasserlöslich und sowohl toxikologisch als auch für die Umwelt unbedenklich. In den Handel kommen sie als sprühgetrocknetes Pulver oder als wässrige Lösung mit einem Feststoffgehalt von etwa 50 %.

Die stofflichen Anwendungen der **Ligninsulfonate** lassen sich in drei große Bereiche unterteilen:
- Die Verwendung der Ligninsulfonate oder ihrer Salze als **Zusatzstoffe**, wobei ihre dispergierenden, komplexierenden und emulsionsstabilisierenden Eigenschaften genutzt werden.
- Die Verwendung in **Biowerkstoffen.**
- Die **chemische Konversion**, um entweder Mischungen aus verwendbaren Chemikalien herzustellen oder um einzelne Zielmoleküle zu erhalten.

Diese drei Bereiche unterscheiden sich sowohl in ihrer mengenmäßigen Bedeutung als auch in der Anzahl der Anwendungen und bezüglich des Erhalts der ursprünglichen Ligninstruktur. Auf die genaue Bedeutung dieser drei Anwendungsbereiche von Lignin wird im Kontext dieser drei Aspekte im Folgenden näher eingegangen.

11.4.1 Verwendung von Lignin als Dispergiermittel

Die mit Abstand wichtigste stoffliche Anwendung von Lignin ist die Verwendung als Dispergiermittel in Form von Ligninsulfonaten, vor allem in Zement, Gips und Beton. Diese Eigenschaft geht auf die Grenzflächenaktivität der Ligninsulfonate zurück. Bis zu 50 % der gesamten zur Verfügung stehenden Ligninsulfonate gehen in diesen Anwendungsbereich. Sie führen dazu, dass die Fließfähigkeit von Beton verbessert wird, sodass sich dieser besser verarbeiten lässt. Ebenfalls kann der Wassergehalt in Beton reduziert werden, wodurch sich seine Haltbarkeit verlängert. Weiterhin lässt sich der Einsatz von Gips und damit Kosten bei der Herstellung von Beton reduzieren.

Weitere Einsätze liegen in der Beimischung zu Bohrlochspülmitteln bei der Erdölgewinnung, dem Zusatz bei der Herstellung von Druckfarben und zur Elektrolytlösung in Bleiakkumulatoren.

11.4.2 Verwendung von Lignin in Biowerkstoffen

Lignin selbst und auch Ligninsulfonate haben gute Bindungseigenschaften und werden daher auch zur Herstellung von Pellets verwendet. Dieser Effekt beruht darauf, dass Lignin und Ligninsulfonate bei Erhitzen und gleichzeitigem Pressen zunächst flüssig werden und bei anschließendem Abkühlen wieder erhärten. Dies wird z. B. bei der Herstellung von Holzpellets für Verbrennungsöfen genutzt: Holzspäne werden unter erhöhtem Druck erhitzt, wobei sich das Lignin zunächst verflüssigt und anschließend beim Abkühlen wieder fest wird und so die Holzpellets abbindet und stabilisiert. Dieser Prozess kann auch zum Pelletieren von ansonsten ligninfreien Stoffen genutzt werden, indem Ligninsulfonate hinzugesetzt werden. So werden z. B. Futtermittelpellets, Pflanzenschutzmittel, Düngemittel und Holzkohlebriketts hergestellt. Ligninsulfonate bieten hier den Vorteil, dass sie als Bindemittel im Vergleich zu petrochemisch basierten Bindern physiologisch und für die Umwelt unbedenklich sind.

Auf ähnliche Weise können Ligninsulfonate auch teilweise die phenolharzbasierten Bindemittel bei der Herstellung von z. B. Spanplatten ersetzen und zum Verkleben von Wellpappe eingesetzt werden. Eine fast vollständige Substitution lässt sich erzielen, wenn Lignin mit Phenol-, Melamin- oder Harnstoffharz modifiziert wird.

Eine besonders interessante Verwendung von Lignin wurde 1998 von der Firma Tecnaro GmbH vorgestellt. Sie hat einen ligninbasierten Biowerkstoff mit dem Namen Arboform® entwickelt (von lat. *arbor* = der Baum), welcher sich mit für die Polymerindustrie etablierten formgebenden Verfahren wie Spritzguss, Extrusion oder in Pressverfahren verarbeiten lässt. Dieser als „Flüssigholz" bezeichnete Kunststoff wird aus Lignin vermischt mit Naturfasern wie Cellulose, Flachs oder Hanf hergestellt. Bei etwa 1000 bar und 110–180 °C wird die Mischung zunächst verflüssigt, granuliert und anschließend abgekühlt. Dieses Granulat kann dann in verschiedenste Formen gebracht werden. So lassen sich mittlerweile viele Formteile, wie Lautsprechergehäuse, Schuhabsätze oder Haushaltsschüsseln, aus „Holz" herstellen (◘ Abb. 11.8). Ein prägnanter Vorteil dieser Formteile ist u. a., dass sie biologisch abbaubar sind und ähnliche akustische Eigenschaften besitzen wie Holz, was z. B. für den Bau von Musikinstrumenten interessant ist.

11.4.3 Verwendung von Lignin zur Herstellung von Chemikalien

Es gibt viele verschiedene Ansätze, um Lignin, welches häufig abwertend als Abfallstoff bezeichnet wird, für die chemische Industrie nutzbar zu machen. Triebkraft ist hierbei, dass wertvollere Produkte zu einer erhöhten Wertschöpfung von Lignin führen. Eine Möglichkeit ist dabei die **Vergasung** von Lignin zu Synthesegas. Aus dieser Mischung von Kohlenmonoxid und Wasserstoff lassen sich dann gezielt Zwischen- und Endprodukte mit bereits etablierten Verfahren gewinnen.

Eine weitere Möglichkeit liegt in der **Pyrolyse** von Lignin, bei der eine Mischung verschiedenster Kohlenwasserstoffe erhalten wird, welche wiederum vor ihrer Nutzung aufwendig voneinander getrennt werden müssen.

Durch **Hydrierung** von Lignin lassen sich gezielt substituierte Phenole herstellen, welche interessante Monomere für die Herstellung spezieller Polymere, sogenannter Duroplasten, sind. Auch hierbei entsteht ein Gemisch aus verschiedenen Komponenten, das wiederum destillativ getrennt wird. Dabei werden verschiedene Phenole enthaltende Fraktionen erhalten (◘ Abb. 11.9). In einem Anmaischbehälter wird zunächst Lignin mit einem Anmaischöl, welches selber eine Fraktion der Destillationskolonne dieses Verfahrens ist, vorgemischt. Anschließend wird im

◘ **Abb. 11.8** AudioQuest NightHawk Kopfhörer mit Kopfhörermuscheln aus „Flüssigem Holz" ARBOFORM® der TECNARO GmbH

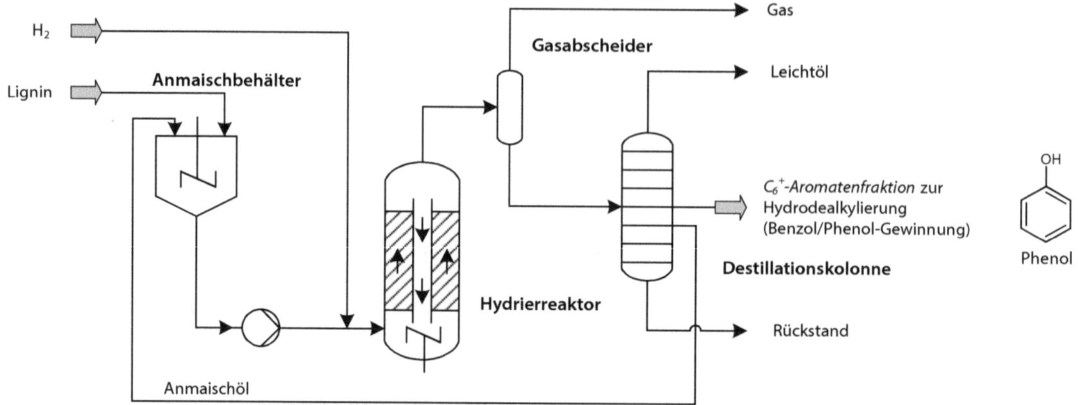

☐ Abb. 11.9 Verfahrensfließbild einer Lignin-Hydrierung zur Phenolgewinnung

Hydrierreaktor mit Wasserstoff umgesetzt, die gasförmigen Produkte werden in einem Gasabscheider abgetrennt und abschließend die verschiedenen Fraktionen durch Destillation getrennt. Eine typische Zusammensetzung der Produkte ist in ☐ Tab. 11.2 zusammengestellt.

Die so erhaltenen substituierten Phenole lassen sich entweder in einem Hydrodealkylierungsschritt in Phenol und Benzol umwandeln oder aber zur Synthese von duroplastischen Phenolharzen verwenden. So lassen sich mit Melamin als Comonomer und Formaldehyd als Vernetzer Melaminharze herstellen, welche als Substitut für petrochemisch hergestellte Phenolharze verwendet werden können.

Die ligninsulfonathaltigen Ablaugen des Sulfit-Verfahrens werden auch dazu genutzt, um **naturidentisches Vanillin** (4-Hydroxy-3-methoxybenzaldehyd) herzustellen (▶ Kap. 18). Vanillin ist ein wichtiger Aromastoff und wird aus Lignin über den Aufschluss mit NaOH oder Ca(OH)$_2$ unter gleichzeitiger Oxidation mit Luftsauerstoff in Gegenwart von Katalysatoren erhalten. Nachdem die festen Bestandteile abgetrennt wurden, wird das Vanillin aus der angesäuerten Lösung mit Butanol oder Benzol extrahiert. Nach weiteren Aufarbeitungsschritten wie Destillation und Kristallisation (Smp. 82 °C) wird eine Ausbeute an Vanillin von etwa 3–5 g pro Liter erhalten (☐ Abb. 11.10). Vanillin wird neben dem Einsatz als Aromastoff auch als kostengünstiger Ausgangsstoff für die Synthese von Arzneimitteln, wie Methyldopa, verwendet.

☐ Tab. 11.2 Produkt-Zusammensetzung der Lignin-Hydrierung

Produkt	Ausbeute (in %) bezogen auf organische Ligninsubstanz
H$_2$O	18
C$_1$ bis C$_5$	25
C$_6$ bis 150 °C Neutralöle	8
150–240 °C Neutralöle	6
150–240 °C Phenole	38
240–260 °C	9
Rückstand	2
Wasserstoffverbrauch	–6
	100 %

Obwohl dieses Verfahren den kostengünstigen Einsatzstoff Lignin verwendet, wird Vanillin heutzutage vorwiegend über chemische Synthesen aus petrochemisch basierten Chemikalien hergestellt, da die Aufreinigung im Prozess aus Lignin sehr aufwendig und damit kostenintensiv ist. Aus dem gleichen Grund wurde auch die Herstellung von Dimethylsulfoxid (DMSO), einem wichtigen Lösungsmittel, aus Kraft-Ablaugen eingestellt. Dieses wurde früher über die Oxidation von Dimethylsulfid als Zwischenstufe hergestellt, welches durch Erhitzen der Schwarzlauge mit Schwefel bei Temperaturen über 200 °C zugänglich war.

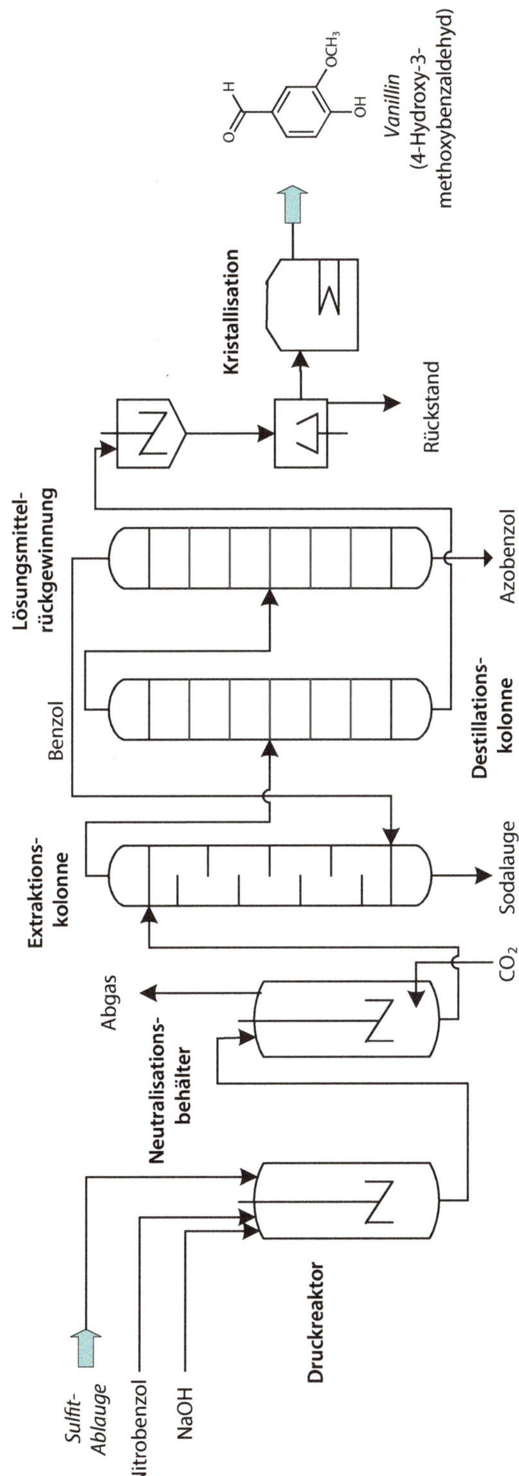

Abb. 11.10 Verfahrensfließbild zur Herstellung von Vanillin aus Sulfitablaugen

Ein relativ moderner Ansatz zur Verwendung von Lignin ist die Entwicklung spezieller Katalysatoren (sowohl heterogene als auch homogene Chemo- und Biokatalysatoren), die in der Lage sind, gezielt bestimmte Bindungen im Lignin zu spalten, und so unter milden Bedingungen den Zugang zu aromatischen Verbindungen zu ermöglichen. Meist sind entweder oxidative oder reduktive Systeme untersucht worden. Da es jedoch eine Vielzahl unterschiedlicher Bindungsmuster im Lignin gibt, beschränkt sich die Entwicklung bisher meist auf spezielle Modellmoleküle, die nur einen Bindungstyp aufweisen. Erste vielversprechende Ergebnisse wurden mit diesen Modellsystemen bereits erzielt, nur sind diese im Allgemeinen nicht mit natürlichem Lignin kompatibel. Eine weitere Herausforderung ist, dass ein besonders reines Lignin verwendet werden muss, um die Katalysatoren nicht z. B. durch Schwefel zu vergiften. So wurden die meisten katalytischen Reaktionen mit Ligninen aus Organosolv-Prozessen durchgeführt, von denen es, wie bereits besprochen, bisher noch keine großen Mengen gibt.

Zusammenfassung *(Take-Home-Messages)*

- Lignin ist ein **phenolisches Makromolekül**, das neben Cellulose und Hemicellulosen ein Hauptbestandteil von Holz ist. Es sorgt – eingebettet in diese Verbundstruktur – für die nötige Stabilität des Holzes, indem es ein dreidimensionales und damit rigides Netzwerk ausbildet.
- Lignin ist in allen **gefäßbildenden Pflanzen** zu unterschiedlichen Anteilen vorhanden. Typischerweise liegen die Ligningehalte bei 20–30 % bezogen auf die Trockensubstanz der Pflanze.
- Die **chemische Struktur** des Lignins ist nicht einheitlich und jede Pflanze besitzt ihr eigenes, für sie charakteristisches Lignin.
- Allen Ligninen ist gemein, dass sie aus drei Bausteinen aufgebaut sind, welche aus der Gruppe der Phenylpropanoide kommen. Sie unterscheiden sich in der Anzahl der Methoxygruppen am Phenolring: **Cumarylalkohol** hat keine, **Coniferylalkohol** eine und **Sinapylalkohol** zwei Methoxygruppen in ortho-Stellung zur phenolischen OH-Gruppe.
- Diese drei Bausteine können auf unterschiedliche Weise miteinander verknüpft sein, sodass ein inhomogenes und weit vernetztes Polymer entsteht. Die Polymerisation findet **radikalisch** statt, so können sich z. B. Etherbindungen, Arylbindungen oder cyclische Strukturen ausbilden.
- Über die relative Anzahl der monomeren Bausteine und die Häufigkeit von **Verknüpfungsmustern** können Lignine unterschiedlicher Pflanzen charakterisiert werden.

— Klassischerweise wird Lignin als **Nebenprodukt der Zellstoffherstellung** nach dem Sulfat- und Sulfit-Verfahren gewonnen. Dort wird es als Abfalllauge in einer löslichen Form mit den Hemicellulosen von der Cellulose getrennt.

— Im basischen Sulfat-Verfahren befindet sich Lignin in der Schwarzlauge und liegt als **Ligninphenolat** vor. Im sauren Sulfit-Verfahren fällt Lignin als **Ligninsulfonat** an.

— Neben den beiden klassischen Verfahren zur Ligningewinnung gibt es eine Reihe an Alternativverfahren, welche die Verwendung von anorganischen Aufschluss-chemikalien vermeiden. Diese werden unter dem Sammelbegriff **Organosolv-Verfahren** zusammengefasst und liefern ein Lignin mit besonders hoher Reinheit.

— Die mengenmäßig wichtigste Verwendung von Lignin besteht in der **Verbrennung** der eingetrockneten Ablaugen zur Energiegewinnung für das jeweilige Aufschlussverfahren. Nur ein ganz kleiner Teil des Lignins wird stofflich genutzt, vorwiegend in der Form von Ligninsulfonaten.

— **Ligninsulfonate** besitzen aufgrund ihrer Oberflächenaktivität dispersive Eigenschaften. Sie sind sowohl physiologisch als auch ökologisch unbedenklich und werden daher in Beton, Gips und Zement zur Verbesserung der Verarbeitbarkeit eingesetzt.

— Eine Vielzahl von Anwendungen macht sich die bindenden Eigenschaften von Lignin zunutze: In Düngemitteln oder Futtermitteln dient es der **Pelletierung**, und in Spanplatten kann es als Phenolharz-Er-satzstoff eingesetzt werden.

— Ein kleiner Teil des Lignins wird zu Chemikalien weiterverarbeitet, z. B. durch **Vergasung** zu Synthesegas, **Pyrolyse** zu Kohlenwasserstoffen oder **Hydrierung** zu Phenol-Derivaten.

— Aus den Sulfitablaugen lässt sich in einem aufwendigen Verfahren der Aromastoff **Vanillin** erzeugen, der ebenfalls ein kostengünstiger Ausgangsstoff für die Synthese von Arzneimitteln ist.

? Zehn Quickies zu ▶ Kap. 11

1. Welche Funktion übernimmt Lignin in Pflanzen und an welchen Stellen der Pflanzen kann man es finden?

2. Erläutern Sie, weshalb marine Pflanzen im Gegensatz zu terrestrischen Pflanzen kein Lignin benötigen!

3. Formulieren Sie die Reaktionsgleichung zwischen Sinapylalkohol und Coniferylalkohol unter Ausbildung einer β–5-Bindung!

4. Worin unterscheiden sich das Lignin von Nadelhölzern und das Lignin von Gräsern?

5. Welcher Rohstoff stellt jährlich die größte Ressource zur Ligningewinnung dar?

6. Worin bestehen die Vorteile alternativer Aufschlussverfahren gegenüber den beiden klassischen Verfahren?

7. Erläutern Sie, weshalb jährlich nur etwa 2 % des gesamten Lignins stofflich genutzt werden!

8. Welche Eigenschaften besitzen Ligninsulfonate, weswegen sie bevorzugt verwendet werden?

9. Mit welchem Substrat wird Lignin in einer Hydrierung umgesetzt, wie erfolgt die Abtrennung der Produkte und welche Produkte werden bevorzugt erhalten?

10. Welcher Aromastoff lässt sich durch oxidativen Abbau aus den Ablaugen des Sulfit-Verfahrens herstellen?

▪▪ … und zur Belohnung noch ein Fußballer-Zitat:

» Wunderbar, wie er seinen Körper zwischen sich und den Gegner schiebt. (Udo Lattek)

Weiterführende Literatur

Monographien und Übersichtsartikel

Fang Z, Smith Jr. RL (Hrsg) (2016) Production of biofuels and chemicals from lignin. Springer Science+Business Media, Singapore

Faruk O, Sain M (Hrsg) (2016) Lignin in polymer composites. Elsevier, Oxford

Calvo-Flores FG, Dobado JA, Garcia JI, Martin-Martinez FJ (2015) Lignin and lignans as renewable raw materials. John Wiley & Sons, Hoboken

Li C, Zhao X, Wang A, Huber GW, Zhang T (2015) Catalytic transformation of lignin for the production of chemicals and fuels. Chem Rev 115:11559–11624

Barta K, Ford PC (2014) Catalytic conversion of nonfood woody biomass solids to organic liquids. Acc Chem Res 47:1503–1512

Patersen RJ (2012) Lignin-properties and applications in biotechnology and bioenergy. Nova Science Publ, New York

Saake B, Lehnen R (2012) Lignin. In: Ullmann's encyclopedia of industrial chemistry. Wiley-VCH, Weinheim

Lin SY, Dence LW (Hrsg) (2011) Methods in lignin chemistry. Springer, Berlin

Zakzeski J, Bruijnincx P, Jongerius AL, Weckhuysen BM (2010) The catalytic valorization of lignin for the production of renewable chemicals. Chem Rev 110:3552–3599

Nägele H, Pfitzer J, Nägele E, Inone ER, Eisenreich N, Eckl W, Eyerer P (2002) Arboform® – a thermoplastic, processable material from lignin and natural fibers. In: Hu TQ (Hrsg) Chemical modification, properties, and usage of lignin. Springer Science+Business Media, New York

Hüttermann A, Mai C, Kharazipour A (2001) Lignin for the production of new compounded materials. Appl Microbiol Biotechnol 55:387–394

Krüger G (1976) Lignin – seine Bedeutung und Biogenese. Chem Unserer Zeit 10:21–29

Originalstellen

Roth K (2016) Ist Pudding mit Vanille-Geschmack mutagen?. Chem Unserer Zeit 50:226–232

Fache M, Boutevin B, Caillol S (2016) Vanillin production from lignin and its use as a renewable chemical. ACS Sustainable Chem Eng 4:35–46

Wang X, Rinaldi R (2013) A route for lignin and bio-oil conversion: dehydroxylation of phenols into arenes by catalytic tandem reactions. Angew Chem Int Ed 125:11713–11717

Burkhardt-Karrenbrock A, Seegmüller SBR (2001) Flüssigholz – Ein Überblick. Holz als Roh- und Werkstoff 59:13–18

Tecnaro (2003) Zusammensetzung für die thermoplastische Verarbeitung zu Formkörpern und Verfahren zur Herstellung einer solchen Zusammensetzung. Patent DE 101 51 386 A1

TERPENOIDE

Der Balsam der Bäume

Terpene

© Springer-Verlag GmbH Deutschland 2018
A. Behr, T. Seidensticker, *Einführung in die Chemie nachwachsender Rohstoffe*,
https://doi.org/10.1007/978-3-662-55255-1_12

Kapitelfahrplan

- Sie lernen die verschiedenen Klassen der Terpene sowie ihre technische Gewinnung kennen:
- Die wichtige Klasse der acyclischen und cyclischen Monoterpene.
- Die Klasse der höheren Terpene, der Sesqui-, Di-, Tri- und Tetraterpene.

12.1 Aufbau und Gewinnung der Terpene

Terpene sind kettenförmige oder cyclische Naturstoffe, deren Kohlenstoffgerüste sich formal von Isopren (2-Methyl-1,3-butadien) ableiten. Ursprünglich wurden nur Kohlenwasserstoffe zu den Terpenen gerechnet, aber auch Alkohole, Aldehyde, Ketone, Ether und Carbonsäuren sowie ihre Ester gehören zu dieser Verbindungsklasse. Als Oberbegriff, der alle funktionalisierten Verbindungen umfasst, wurde der Begriff **Terpenoide** (engl. *terpenoids*) gewählt. Auch der Name Isoprenoide ist geläufig. Inzwischen sind mehr als 40.000 Terpenoide bekannt. Da viele Terpenverbindungen schon lange bekannt sind, haben sie neben ihrem IUPAC-Namen meist auch einen Trivialnamen. Die Terpene sind Hauptbestandteil der in den Pflanzen erzeugten **ätherischen Öle** und gehören damit zu den sekundären Inhaltsstoffen. Terpene übernehmen dabei vielfältigste Aufgaben, z. B. als Pheromone, antimikrobielle Wirkstoffe, Therapeutika, Aromen oder Geruchsstoffe.

Die acyclischen Terpene lassen sich – abhängig von ihrer Kettenlänge – in verschiedene Klassen einteilen, die in ◘ Tab. 12.1 vorgestellt werden:

- **Hemiterpene** bestehen nur aus einer C_5-Einheit. Zu dieser Klasse gehören ca. 30 Verbindungen, wie z. B. Prenol oder Angelicasäure.
- **Monoterpene** sind aus zwei Isopreneinheiten aufgebaut, sind also C_{10}-Verbindungen. Da das

◘ **Tab. 12.1** Strukturen acyclischer Terpenverbindungen

C-Anzahl	Name	Strukturbeispiel
5	Hemiterpene	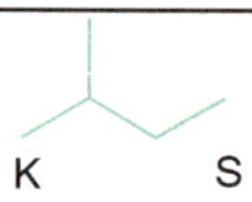
10	Monoterpene	
15	Sesquiterpene	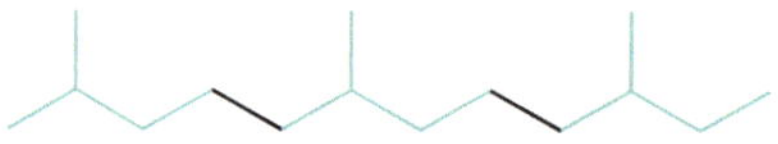
20	Diterpene	
30	Triterpene	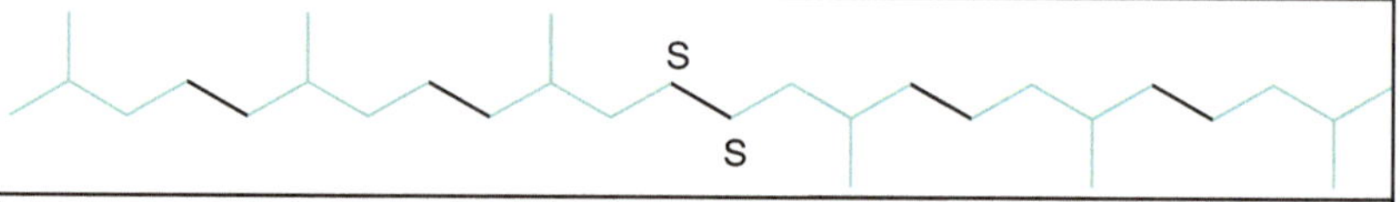
n	Polyterpene	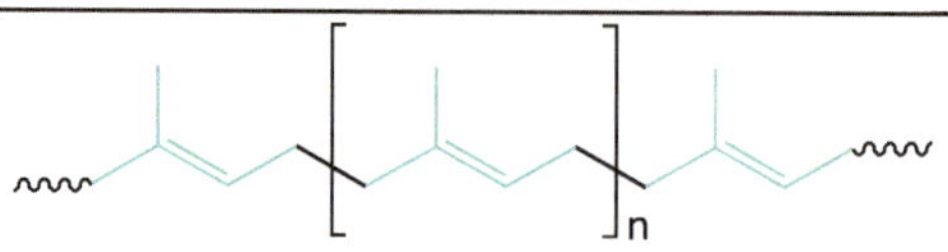

Isoprenmolekül unsymmetrisch ist und einen „Kopf"(K) und einen „Schwanz (S) besitzt, sind verschiedene Verknüpfungen möglich: KK, KS, SK oder SS. Die meisten Monoterpene aus der Natur sind Kopf-Schwanz-verknüpft. Insgesamt gibt es ca. 1000 Monoterpene.

- **Sesquiterpene** bestehen aus drei C_5-Bausteinen und haben somit ein C_{15}-Grundgerüst. Ca. 8000 Sesquiterpene sind bisher bekannt.
- Die etwa 3000 aus der Natur bekannten **Diterpene** sind C_{20}-Verbindungen.
- Die über 4000 **Triterpene** bestehen aus sechs Isopreneinheiten und sind somit C_{30}-Verbindungen. In ◘ Tab. 12.1 ist beispielhaft das Squalangerüst wiedergegeben, das in der Molekülmitte eine SS-Verknüpfung aufweist.

- **Polyterpene** sind Makromoleküle und bestehen folglich aus *n* Isoprenbausteinen. Zu ihnen gehören der Naturkautschuk und das Guttapercha. Sie werden separat in ▶ Kap. 13 vorgestellt.

In ◘ Tab. 12.1 sind die Isopreneinheiten farblich hervorgehoben, um die Verknüpfung zu verdeutlichen. Ebenfalls sind dort funktionelle Gruppen und bei den C_5- bis C_{30}-Terpenen die C=C-Doppelbindungen weggelassen worden.

Neben den acyclischen Terpenen gibt es eine Vielzahl cyclischer Terpenverbindungen. ◘ Tab. 12.2 zeigt einige typische Vertreter der mono-, bi- und tricyclischen Terpene, in denen Vier-, Fünf- und Sechsringe miteinander verknüpft sind.

Exkurs: Wie wurden die komplexen Strukturen der Terpene aufgeklärt?

Schon lange kannte man das **Terpentin** (lat. *balsamum terebinthinae*), eine Flüssigkeit, die sich beim Einkerben von Kiefern bildet. Neben Harzsäuren enthält es Terpen-Kohlenwasserstoffe. August Kekulé war der erste, der diese Verbindungen nach dem Terpentin als „Terpene" bezeichnete. Ende des 19. Jahrhunderts begann Otto Wallach (1847–1931, ◘ Abb. 12.1), ein Schüler von Kekulé, mit der Aufklärung der Terpenstrukturen. Wallach erkannte 1887 den generellen Aufbau der Terpene und formulierte seine Isoprenregel. In der Folgezeit klärte er mehrere Terpenstrukturen auf, die er in seinem Buch *Terpene und Campher* näher beschrieb. Auch Leopold Ruzicka (1887–1976, ◘ Abb. 12.2) wandte sich in seiner Forschung den Terpenen zu. Sowohl O. Wallach (1910), als auch L. Ruzicka (1939) erhielten für ihre Arbeiten den Nobelpreis für Chemie. Die Biosynthese der Terpene wurde erst später von Feodor Lynen und Konrad Bloch aufgeklärt, die dafür 1964 den Nobelpreis für Physiologie oder Medizin erhielten.

◘ **Abb. 12.1**   Otto Wallach (© Unbekannt, Public Domain)

◘ **Abb. 12.2**   Leopold Ruzicka (© Department Chemie und Angewandte Biowissenschaften, ETH Zürich)

◘ Tab. 12.2 Strukturen cyclischer Terpenverbindungen

Cyclen-Anzahl	Name	Beispiele	
1	monocyclische Monoterpene	*p*-Menthan	Cyclobutan
2	bicyclische Monoterpene	Pinan	Camphan
3	tricyclische Terpene	Isocuman (C15)	Pimaran (C20)

Terpene haben oft charakteristische, angenehme Düfte (Veilchen, Eukalyptus, Zitrusfrüchte) oder einen besonderen Geschmack (Rosmarin, Salbei, Koriander). Dementsprechend werden sie häufig als Duftstoff in Parfüms oder als Aromastoffe in Speisen und Getränken eingesetzt (▶ Kap. 18). Manche Terpene haben auch eine pharmakologische Wirkung und werden deshalb in pflanzlichen Arzneimitteln („Phytopharmaka") verwendet (▶ Kap. 16). Die biologische Funktion der Terpene ist nicht in allen Fällen aufgeklärt. Häufig fungieren sie als

- *Lockstoffe*, um Insekten zur Bestäubung anzulocken
- *Abwehrstoffe*, um sich vor Fraßfeinden zu schützen.

Die technische Gewinnung der Terpene aus Pflanzen erfolgt nach drei Methoden:

- Wasserdampfdestillation
- Extraktion
- mechanisches Pressen

Diese drei Methoden werden vorzugsweise verwendet, um ätherische Öle als Duftstoffe für die Parfümindustrie aus Pflanzen zu isolieren. Eine Trennung dieser Öle in einzelne Komponenten, z. B. zur Gewinnung einzelner Terpene, erfolgt eher selten. Aus diesem Grund werden die drei Verfahren in ▶ Kap. 18 (Riechstoffe) näher besprochen.

Größere Mengen an Terpenen werden hingegen aus dem bereits im ▶ Exkurs: Wie wurden die komplexen Strukturen der Terpene aufgeklärt? genannten Terpentinöl isoliert. Die beiden Hauptkomponenten von Terpentinöl sind α-Pinen und β-Pinen, die in ◘ Tab. 12.3 vorgestellt werden. Je nach Ausgangsmaterial und Vorgehensweise unterscheidet man zwischen drei verschiedenen Sorten von Terpentinen:

- Beim **Wurzelterpentinöl** (engl. *wood turpentine*) werden alte Baumwurzeln aus dem Boden ausgegraben und nach Zerkleinerung der Wurzeln das Öl entweder durch Wasserdampfdestillation oder durch Extraktion mit Kohlenwasserstoffen oder Chlorkohlenwasserstoffen gewonnen. Der Hauptgrund für diese Vorgehensweise ist, dass sich die Terpene insbesondere in den unteren Bereichen der Bäume, also auch in den Wurzeln befinden. Der Aufwand bei dieser Gewinnungsmethode ist allerdings sehr groß; deshalb ist diese Methode von abnehmender Bedeutung.

Terpentinöl	α-Pinen	β-Pinen	Camphen	Limonen	*p*-Cymol
Wurzel-	75-80	0-2	4-8	5	8
Balsam-	60-65	25-35	0	0	0
Sulfat-	60-70	25-20	0	6	12

◨ Tab. 12.3 Zusammensetzung der Terpentinöle (in Gew. %)

- Das **Balsamterpentinöl** (engl. *gum turpentine*) wird aus lebenden Bäumen gewonnen. Dazu werden in die Baumrinde von Koniferen, insbesondere von Kiefern (lat. *pinus*), seltener auch von Fichten oder Tannen, Einschnitte vorgenommen und der sich bildende Rohbalsam in Flaschen, Töpfen oder Beuteln aufgenommen. Auf diese Weise wird z. B. von einer Schwarzkiefer (lat. *Pinus nigra*), die insbesondere in Österreich weit verbreitet ist, 5 kg Roh-Balsamterpentinöl pro Jahr gewonnen. Der weltweit größte Produzent an Balsamterpentinöl ist China; in Europa ist Portugal der größte Hersteller. Die weitere Aufarbeitung erfolgt durch Vakuumdestillation. Dabei fallen zwei Fraktionen an:
  - Am Kopf der Kolonne isoliert man das Rein-Terpentinöl, das sowohl als Lösungsmittel für Lacke, Farben, Schuhpflegemittel und Bohnerwachs als auch als Rohstoffquelle für Pinene, Caren und andere Terpene genutzt wird. Das reine Balsamterpentinöl ist somit ein idealer Ausgangsstoff für chemische Synthesen.
  - Im Sumpf der Kolonne verbleibt das **Kolophonium**, ein gelbes bis braunschwarzes Baumharz. Das amorphe Kolophonium besteht überwiegend aus Harzsäuren, wie z. B. der Abietin- und Pimarsäure (▶ Abschn. 12.3). Es ist ein Feststoff, der je nach Zusammensetzung bei ca. 100 °C erweicht. Kolophonium wird für die Herstellung von Zeitungsdruckfarben und Klebstofflösungen verwendet.

- Das **Sulfatterpentinöl** (engl. *sulfate turpentine*) ist ein Nebenprodukt des schon beschriebenen Sulfat-Verfahrens (▶ Abschn. 7.1). Bei diesem Holzaufschluss im basischen Milieu mit Na_2S, Na_2SO_4 und Na_2CO_3 isoliert man Sulfatterpentinöl aus dem Kondensat der flüchtigen Abgase. Trotz Reinigungsschritten und Oxidationen verbleiben in diesem Terpentin immer noch Schwefelverunreinigungen, sodass es nicht so sauber ist wie Balsamterpentinöl. Weltweit sind die USA der größte Produzent, in Europa sind die wichtigsten Herstellerländer Skandinavien und Russland.

12.2 Monoterpene

Monoterpene kommen sowohl in den ätherischen Ölen der Pflanzen als auch in den Terpentinölen vor. Sie sind entweder acyclisch, monocyclisch oder bicyclisch.

Acyclische Monoterpene (◨ Abb. 12.3) bestehen aus einem Grundgerüst von zehn Kohlenstoffatomen.

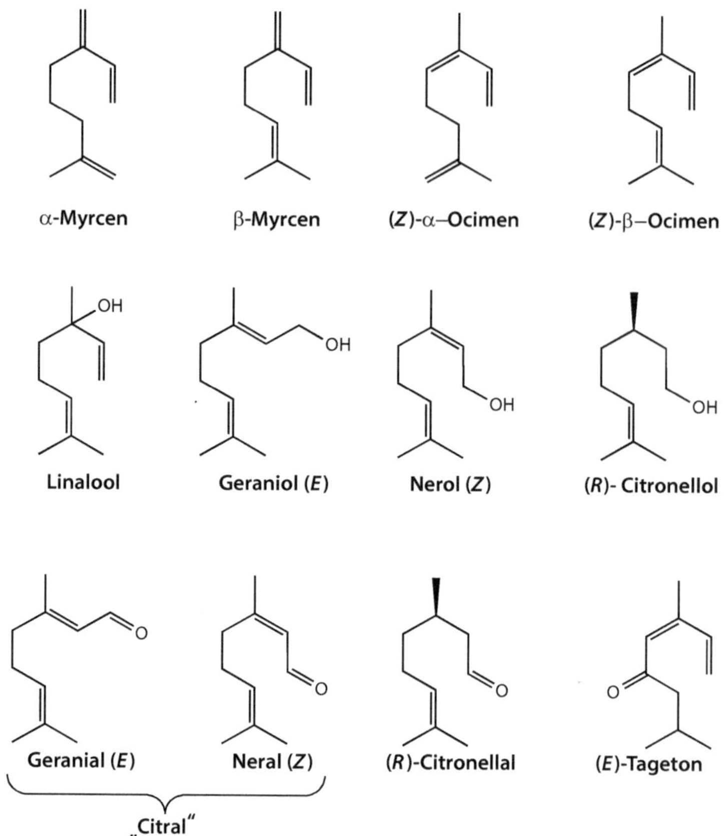

Abb. 12.3 Wichtige Beispiele für acyclische Monoterpene

Sie treten auf als Kohlenwasserstoffe (mit drei C=C-Doppelbindungen) oder als Alkohole, Aldehyde oder Ketone (mit zwei verbleibenden C=C-Doppelbindungen).

β-Myrcen kommt in zahlreichen ätherischen Ölen vor, z. B. im Verbena-, Hopfen- oder Lorbeeröl. Technisch ist es aus den Pinenen des Terpentinöls durch Pyrolyse einfach zugänglich. Durch kurzzeitiges Erhitzen auf Temperaturen von 400–700 °C wird Myrcen in Selektivitäten bis zu 95 % erhalten.

In der Gruppe der Alkohole sind insbesondere Linalool, Geraniol, Nerol und Citronellol von Bedeutung:

- **Linalool** wird aus Lavendel-, Rosen- und Neroliöl isoliert, kann aber auch aus β-Myrcen synthetisch hergestellt werden. Die Jahresproduktion liegt geschätzt bei 12.000 Tonnen pro Jahr. Wegen seines frischen, blumigen Geruchs wird es häufig zur Parfümierung von Waschmitteln verwendet.

- **Geraniol** und **Nerol** unterscheiden sich nur in der Konfiguration einer Doppelbindung und sind damit *cis/trans*-Isomere. Geraniol kommt in Koriander, Muskat und Lorbeer vor und ist aufgrund seines rosenartigen Geruchs ein wichtiger Bestandteil zahlreicher Parfüms. Nerol findet man in „echtem Lavendel" und in Rosenöl, es hat einen zitrusartigen Geruch. Beide können aus β-Myrcen hergestellt werden, die weltweite Produktionsmenge liegt bei 4000 Tonnen pro Jahr.

- Die beiden enantiomeren **Citronellole** sind hellgelbe Öle, die sich im Geruch unterscheiden: (*R*)-Citronellol tritt in den Citronellölen des Zitronenengrases auf, das (*S*)-Enantiomere riecht nach Geraniumöl.

In der Gruppe der acyclischen Monoterpenaldehyde sind die *cis/trans*-Isomeren **Geranial** und **Neral** von Bedeutung. Beide zusammen nennt man auch

◻ Abb. 12.4 Folgechemie des Citrals

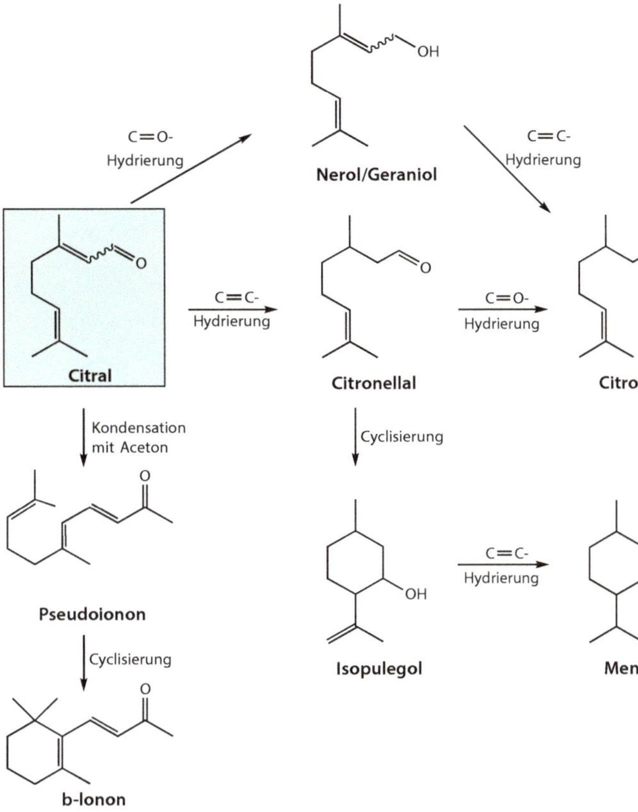

Citral. In der Literatur findet man deshalb auch die Bezeichnungen Citral A (= Geranial) und Citral B (= Neral). Citral ist Hauptbestandteil des Lemongrasöls, kann aber auch synthetisch aus Isobuten und Formaldehyd hergestellt werden. Da es in relativ großen Mengen (2600 t a^{-1}) zugänglich ist, ist Citral Ausgangsverbindung für zahlreiche Folgeverbindungen (◻ Abb. 12.4). Durch Hydrierung von C=C- und/oder C=O-Doppelbindung(en) erhält man Citronellal, Nerol, Geraniol oder Citronellol. **Citronellal** ist ein wichtiger Ausgangsstoff für die Synthese für *Isopulegol* und *Menthol*. Man kondensiert auch Citral im basischen Milieu mit Aceton zu *Pseudoionon*, das dann anschließend im sauren Milieu zu *β-Ionon* cyclisiert wird. Wegen ihres veilchenartigen Geruchs werden die Ionone häufig als Riechstoffkomponenten eingesetzt.

Einige wichtige **monocyclische Monoterpene** werden in ◻ Abb. 12.5 vorgestellt. Die hier gezeigten Terpene leiten sich alle vom *para*-Menthan-Gerüst ab, also von 1-Methyl-4-isopropyl-Cyclohexan. Limonen, oftmals auch als „Dipenten" bezeichnet, kommt in der Natur besonders häufig vor, z. B. in Orangen- und Mandarinenölen. In dieser Gruppe gibt es neben den Kohlenwasserstoffen auch wieder zahlreiche Alkohole, wie z. B. das nach Pfefferminz duftende *(–)-Menthol*. Als Vertreter der Ketone ist in ◻ Abb. 12.5 *(+)-Carvon* aufgeführt, das in Kümmel- und Dillölen vorkommt und intensiv nach Kümmel riecht. Das enantiomere *(–)-Carvon* kommt in Krauseminzölen vor und hat ein minzartiges Aroma.

Das gut zugängliche **Limonen** ist eine wichtige Plattformchemikalie zur Herstellung zahlreicher Derivate (◻ Abb. 12.6):
- Durch Hydratisierung erhält man die isomeren *Terpineole*.
- Durch Isomerisierung sind Terpinolen und die isomeren Terpinene zugänglich.
- Die Dehydrierung und gleichzeitige Aromatisierung führt zu *para*-Cymol.

Abb. 12.5 Wichtige Beispiele für monocyclische Monoterpene

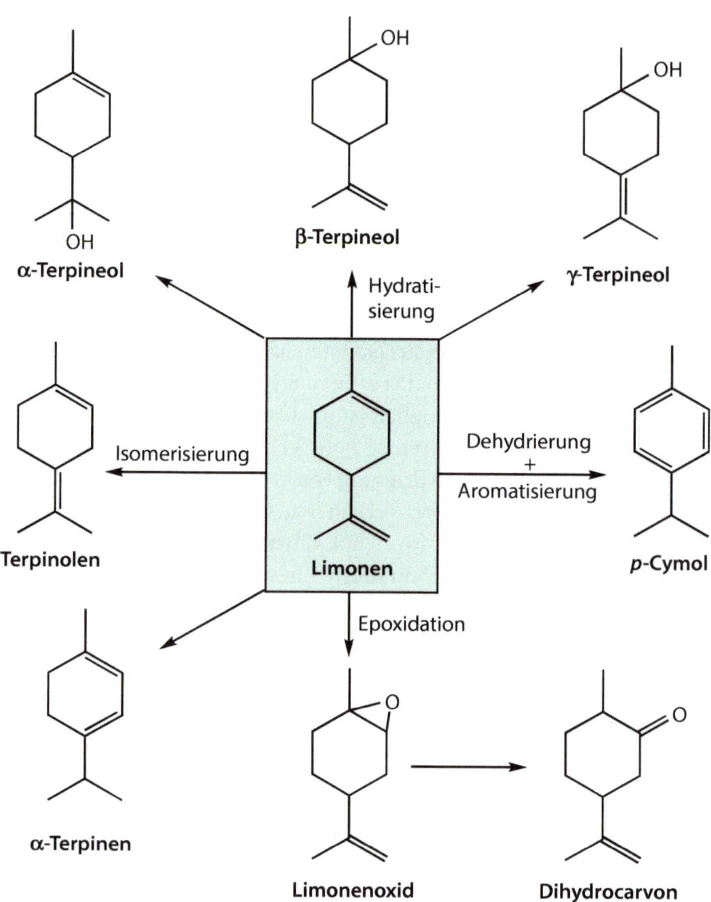

Abb. 12.6 Folgechemie des Limonens

Durch Epoxidation entsteht *Limonenoxid*, das weiter zu *Dihydrocarvon* umgelagert werden kann.

Auch die **bicyclischen Monoterpene** bilden eine umfangreiche Gruppe. In ◘ Abb. 12.7 werden einige Beispiele für die wichtigsten Grundskelette vorgestellt:

- *Carane* und *Thujane* mit einem Dreiring und einem Sechsring (obere Reihe)
- *Pinane* mit einem Vierring und einem Sechsring (mittlere Reihe)
- *Camphane* und *Fenchane* mit einem Fünfring und einem Sechsring (untere Reihe)

Der Kohlenwasserstoff *3-Caren* ist eine Hauptkomponente (30–40 %) des Terpentinöls. Ebenfalls kommt es in Zitrusbäumen, Tannen und Wacholderarten vor. In schwarzem Pfeffer ist es zu ca. 35 % enthalten. Es hat einen angenehm süßlichen Geruch. Die *Chaminsäure*, ein Beispiel für eine Terpencarbonsäure, kann aus Zypressen isoliert werden.

Die beiden wichtigsten Pinene, *α-Pinen* mit endocyclischer C=C-Doppelbindung und *β-Pinen* mit exocyclischer C=C-Doppelbindung, wurden bereits bei der Besprechung der Terpentinöle kurz erwähnt. ◘ Tab. 12.3 zeigt, in welchen Mengen diese Pinene und andere Kohlenwasserstoffe in den unterschiedlichen Terpentinölen enthalten

sind. An diesen Werten ist klar erkennbar, dass die Pinene im Balsam-Terpentinöl besonders rein vorliegen. Die Pinene können aber auch aus Pflanzen isoliert werden, z. B. aus Dill, Fenchel, Koriander und Kümmel.

Durch Isomerisierung können α- und β-Pinen ineinander überführt werden. ◘ Abb. 12.8 zeigt, dass sie Ausgangsstoffe sind für zahlreiche weitere Terpenverbindungen:

- Durch weitere Isomerisierung können Limonen, Camphen und β-Myrcen gebildet werden. Die Folgechemie des Limonens wurde bereits in ◘ Abb. 12.6 vorgestellt.
- *Camphen* kann durch Isomerisierung und Hydratisierung in *Borneol* (mit endständiger Hydroxygruppe) überführt werden. Durch weitere Oxidation entsteht schließlich *Campher*, der auch in der Natur vorkommt, z. B. im Harz des Kampherbaums oder in ätherischen Ölen von Lorbeergewächsen. Campher ist ein weißes, krümeliges Pulver mit eukalyptusartigem Geruch. Er kann zur Herstellung von Celluloid (▶ Kap. 7), als Weichmacher für Celluloseester und als Mittel zur Mottenabwehr eingesetzt werden.
- Das aus den Pinenen hergestellte *β-Myrcen* ist uns bereits bei der Besprechung der acyclischen Monoterpene begegnet. Im Handel wird es

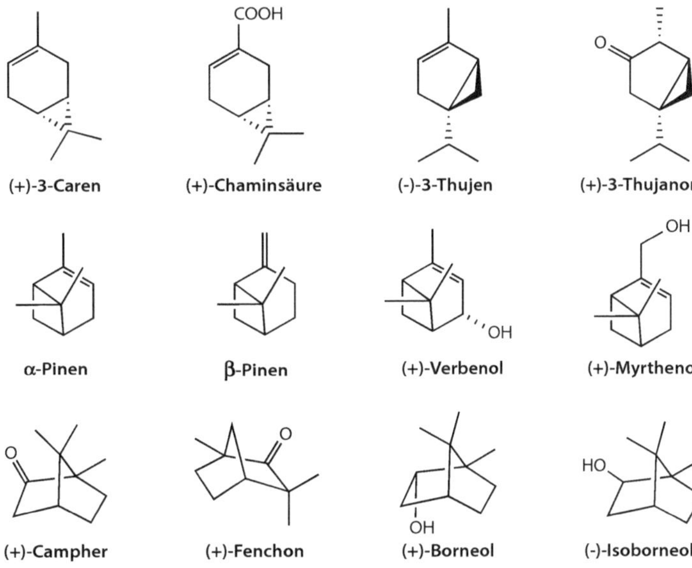

◘ **Abb. 12.7** Wichtige Beispiele für bicyclische Monoterpene

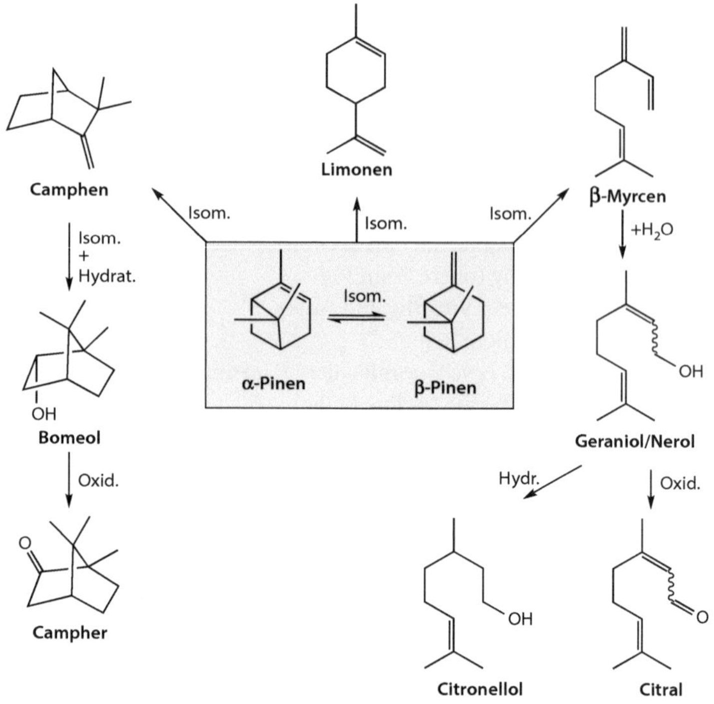

□ **Abb. 12.8** Folgechemie der Pinene

in zwei Qualitäten angeboten: Als technische Ware mit ca. 75 % Reinheit und einem Preis von 2–4 € kg^{-1} sowie als Reinware (> 90 %) mit Preisen von 6–8 € kg^{-1}. Da β-Myrcen sowohl eine innenständige C=C-Doppelbindung als auch eine 1,3-Dieneinheit enthält, kann es zahlreiche Folgereaktionen eingehen. In □ Abb. 12.8 sind beispielhaft die Hydratisierung zum Geraniol/Nerol-Gemisch und die weiteren Umsetzungen zu Citronellol und Citral (□ Abb. 12.4) gezeigt.

12.3 Höhere Terpen-Oligomere

Wie bereits in ▸ Abschn. 12.1 erwähnt, ist die nächsthöhere Gruppe von Terpenen die Klasse der **Sesquiterpene**, die sich aus drei Isopreneinheiten zusammensetzen und somit 15 Kohlenstoffatome besitzen. Aus den bisher bekannten über 8000 Sesquiterpenen sind in □ Abb. 12.9 beispielhaft acht acyclische und cyclische Strukturen aufgeführt.

Zwei Vertreter aus der Reihe der acyclischen Farnesane sind *α-Farnesen* und *β-Farnesen* mit unterschiedlicher Position der 1,3-Dieneinheit:

- *α-Farnesen* findet sich in der Schale von Äpfeln und Birnen und weist den typischen Geruch nach „grünen Äpfeln" auf. Es kann aus dem ätherischen Öl der in Asien wachsenden Perillapflanze gewonnen werden. Es ist ebenfalls Hauptbestandteil des Gardenienöls.
- *β-Farnesen* kommt in Citrus-, Kamillen- und Hopfenölen vor. Einige Pflanzen, wie z. B. die Kartoffel, nutzen *β-Farnesen* zur Abwehr (Repellent, von lat. *repellere*, zurückstoßen) von Insekten. Seit 2015 bietet die Firma Amyris auf dem Markt ein *trans*-β-Farnesen an, das mithilfe von Hefen fermentativ aus Zuckern gewonnen wird und deshalb sehr günstig hergestellt werden kann.

Von den Farnesenen abgeleitet sind der Alkohol Nerolidol und der Aldehyd α-Sinensal:
- *Nerolidol* wird aus Orangenblütenöl, dem „Neroliöl", isoliert und ist wegen seines mild blumigen Aromas eine wichtige Komponente in der Parfümerie. Es ist auch ein Zwischenprodukt bei der Synthese der Vitamine E und K$_1$. Nerolidol kann auch synthetisch aus Linalool hergestellt werden.

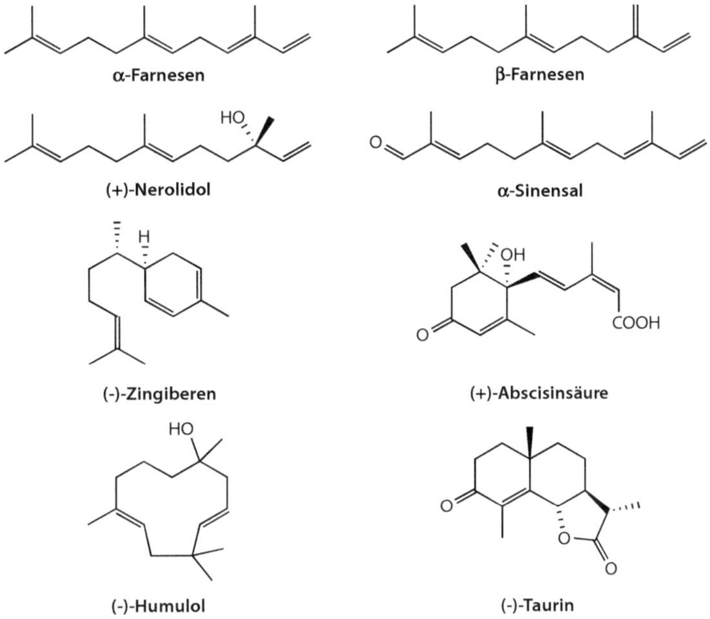

◘ Abb. 12.9 Beispiele für Sesquiterpene

α-Farnesen

β-Farnesen

(+)-Nerolidol

α-Sinensal

(-)-Zingiberen

(+)-Abscisinsäure

(-)-Humulol

(-)-Taurin

α-Sinensal prägt das Aroma des Orangenöls und des Mandarinenöls. Es wird bevorzugt in der Lebensmittelindustrie verwendet.

In ◘ Abb. 12.9 findet sich auch die Struktur von *(–)-Zingiberen*, einem monocyclischen Sesquiterpen mit einem Sechsring. Zingiberen ist die Hauptkomponente im ätherischen Öl des Ingwers (lat. *Zingiber officinalis*). Zingiberen gibt dem Ingwer seinen typischen Geschmack.

Ein weiterer Vertreter der monocyclischen Sesquiterpene ist die *Abscisinsäure* (engl. *abscisic acid*, ABA). Sie ist ein Gegenspieler (Antagonist) der Pflanzenwuchsstoffe und steuert damit die Blüte, den Abwurf der Blätter und den Fruchtabfall der Pflanzen. Sie kommt sowohl in höheren Pflanzen als auch in Moosen, Algen und Pilzen vor.

Humulol (◘ Abb. 12.9) gehört zu den „Humulanen", die einen C_{11}-Ring mit vier daran gebundenen Methylgruppen besitzen. (–)-Humulol ist ein Alkohol und kommt ebenfalls in Ingwer vor, aber auch in den ätherischen Ölen des Hopfens und der Nelke.

Der letzte Vertreter in ◘ Abb. 12.9, *Taurin*, ist ein Beispiel für ein tricyclisches Sesquiterpen. Es kommt in Artemisiapflanzen vor, einer Pflanzengattung in der Familie der Korbblütler (*Asteraceae*). Taurin enthält eine Keto- und eine Lactonfunktion und hat

eine entzündungshemmende Wirkung. (Achtung: Bitte nicht mit 2-Aminoethansulfonsäure verwechseln, die ebenfalls als „Taurin" bezeichnet wird)

In ◘ Abb. 12.10 sind schließlich einige Beispiele für Di-, Tri- und Tetraterpene aufgeführt.

All-trans-Retinol ist ein Alkohol aus der Vitamin A-Reihe (Vitamin A_1, ► Kap. 17). Man erkennt aus der monocyclischen Struktur die Zusammensetzung aus vier Isopreneinheiten: Retinol gehört somit zu den **Diterpenen**. Es spielt beim Sehvorgang eine wichtige Rolle. Es gehört zu den essenziellen Vitaminen, die der Mensch mit seiner Nahrung aufnehmen muss. Vitamin A ist inzwischen nach einer von Georg Wittig (Nobelpreis für Chemie, 1979) entwickelten Synthese auch großtechnisch herstellbar.

Abietinsäure (engl. *abietic acid*) ist mit der Summenformel $C_{20}H_{30}O_2$ ebenfalls ein Diterpen, enthält jedoch drei miteinander verknüpfte Sechsringe. Sie gehört zu den Harzsäuren, ist also ein Bestandteil von Baumharzen (lat. *abies*, die Tanne). Sie ist Hauptkomponente des schon in ► Abschn. 12.1 vorgestellten Kolophoniums. Abietinsäure wird bei der Herstellung von Kunstharzen eingesetzt, die für die Produktion von Druckfarben von Bedeutung sind.

Abb. 12.10 Di-, Tri- und Tetraterpene

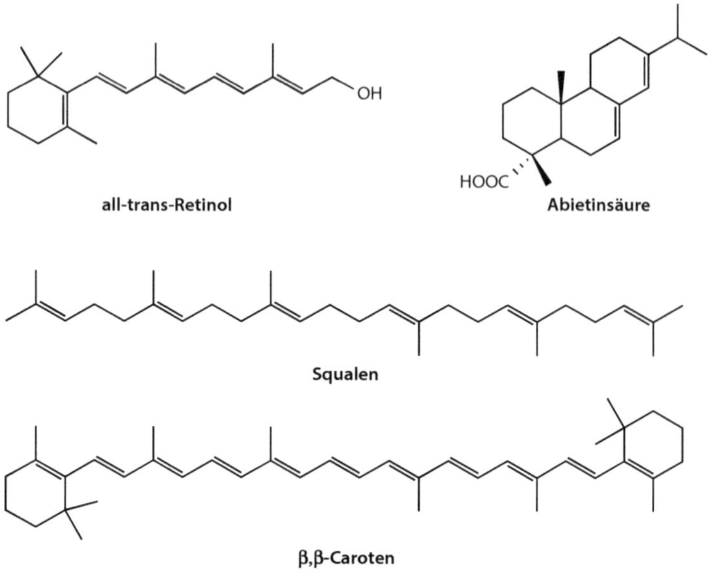

— Das in **Abb. 12.10** gezeigte *Squalen* ist ein Vertreter der **Triterpene**. Die Summenformel $C_{30}H_{50}$ zeigt, dass Squalen aus sechs Isopreneinheiten zusammengesetzt ist. Das acyclische Molekül besteht aus zwei Kopf-Schwanz-verknüpften $C_{15}H_{25}$-Einheiten, die in der Mitte miteinander Schwanz-Schwanz-verknüpft sind. Es kommt im Lebertran von Fischen vor, in besonders hohen Konzentrationen im Leberöl des Haifischs (Gattung: *Squalus)*. Es ist in der Natur weit verbreitet und findet sich ebenfalls im Raps-, Oliven-, Weizenkeim- und Baumwollsamenöl. Auch im Menschen findet sich Squalen, z. B. in den Hautlipiden und im Blutserum. Squalen ist ebenfalls Zwischenstufe bei der Biosynthese von Steroiden, wie z. B. Östrogenen oder Testosteron (▶ Kap. 16), von Cholesterin und Vitamin D (▶ Kap. 17).

— Das letzte Molekül in **Abb. 12.10** ist *β,β-Caroten*, das früher als *β-Carotin* bezeichnet wurde. Es ist ein wichtiger Vertreter der über 150 bekannten **Tetraterpene**. Der Name der Verbindung leitet sich von der Möhre ab (Karotte, lat. *Daucus carota*), in der das orangerote β,β-Caroten in größerer Menge vorkommt. Aber auch in anderen Früchten, Wurzeln und Blättern sind die Carotene und ihre Derivate, die Carotenoide, häufig vertreten. In den Blättern der Pflanzen dienen die Carotenoide als Farbfilter bei der Photosynthese. Wenn im Herbst das grüne Chlorophyll der Blätter abgebaut wird, verbleibt die Gelb-, Rot- und Braunfärbung der Carotenoide, die sich nur langsamer abbauen. β,β-Caroten ist eine wichtige Vorstufe zur Bildung von Vitamin A und wird deshalb auch als „Provitamin A" bezeichnet. Der Mensch nimmt die Carotene mit seiner Nahrung auf. Sie wirken als „Antioxidanzien" und haben eine zellschützende Wirkung.

Die **Polyterpene**, die aus n Isopreneinheiten aufgebaut sind, werden in ▶ Kap. 13 näher beschrieben.

Zusammenfassung *(Take-Home Messages)*
— **Terpene** unterliegen der von Otto Wallach aufgestellten Isoprenregel, d. h. sie sind formal aus Isoprengrundeinheiten aufgebaut. Sie werden auch als Terpenoide oder Isoprenoide bezeichnet.
— Je nach **Anzahl *n* der Isopreneinheiten** unterscheidet man zwischen Monoterpenen ($n = 2$), Sesquiterpenen ($n = 3$), Diterpenen ($n = 4$), Triterpenen

($n = 6$) und Tetraterpenen ($n = 8$). Bei sehr großen Werten von n spricht man von Polyterpenen.

— Zu den Terpenoiden gehören Kohlenwasserstoffe, aber auch Alkohole, Aldehyde, Ketone und Carbonsäuren. Sie können acyclische oder cyclische **Strukturen** besitzen. Es gibt sowohl mono-, bi- als auch tricyclische Terpene.

— Große Mengen an Terpenen erhält man aus den **Terpentinölen**, einer Flüssigkeit, die sich aus Koniferen gewinnen lässt. Je nach Ausgangsmaterial und Vorgehensweise unterscheidet man zwischen Wurzel-, Balsam- und Sulfatterpentinölen. Beim Destillieren der Terpentinöle verbleibt als Rest das feste **Kolophonium**.

— Zu den **acyclischen Monoterpenen** gehören die Kohlenwasserstoffe Myrcen und Ocimen, die Alkohole Linalool, Geraniol und Nerol sowie der aus Lemongrasöl gewonnene Aldehyd Citral. **Citral** ist Ausgangsverbindung für viele weitere Terpene, z. B. für Menthol und β-Ionon.

— Das einfachste **monocyclische Monoterpen** ist **Limonen**, häufig auch als Dipenten bezeichnet. Es ist eine wichtige Plattformchemikalie z. B. zur Herstellung von Terpineolen, *para*-Cymol oder Dihydrocarvon.

— Zu den **bicyclischen Monoterpenen** zählen Verbindungen, die neben einem Sechsring auch noch einen Dreiring (z. B. 2-Caren), einen Vierring (z. B. die Pinene) oder einen Fünfring (z. B. Camphen) enthalten.

— Die beiden wichtigsten Pinene, **α- und β-Pinen**, sind die Hauptkomponenten der Terpentinöle und somit einfach und kostengünstig zugänglich. Auch sie sind wichtige Plattformchemikalien. Durch Pyrolyse der Pinene wird das acyclische **β-Myrcen** hergestellt.

— Aus **Camphen** lässt sich über die Stufe des **Borneols** der **Campher** herstellen, der z. B. bei der Herstellung von Celluloid oder Mottenkugeln eingesetzt wird.

— Die ca. 8000 bekannten **Sesquiterpene** bestehen aus drei Isopreneinheiten. Zu ihnen gehören die acyclischen **Farnesene**, aber auch cyclische Verbindungen wie das nach Ingwer schmeckende **Zingiberen**, der C_{11}-Ring-Alkohol **Humulol** oder das tricyclische **Taurin**.

— Zu den ca. 3000 **Diterpenen** zählen das zur Vitamin-A-Reihe gehörende **all-*trans*-Retinol** und die in Baumharzen vorkommende **Abietinsäure**.

— Ein wichtiges **Triterpen** ist dasin der Natur weit verbreitete **Squalen** mit der Summenformel $C_{30}H_{50}$. Es ist Zwischenstufe bei der Synthese von Steroiden.

— Zu den **Tetraterpenen** gehört das **β,β-Caroten**, das in vielen Früchten, Blättern und Wurzeln, z. B. in der Möhre, vorkommt. Es ist verantwortlich für die braunrote Färbung des Herbstlaubs. Als Provitamin A hat es in unseren Nahrungsmitteln als Antioxidans eine zellschützende Wirkung

? **Zehn Quickies zu ▶ Kap. 12**

1. Nennen Sie die C-Zahlen der folgenden Terpenklassen: Diterpene, Sesquiterpene, Hemiterpene, Tetraterpene, Monoterpene!

2. Definieren Sie „Kopf" und „Schwanz" des Isopren-Moleküls! Wie sind die Isopreneinheiten in der Natur miteinander verknüpft? Kennen Sie eine Ausnahme?

3. Welche beiden biologischen Funktionen haben die Terpene in der Natur? Nennen Sie je ein Beispiel!

4. Beschreiben Sie die Terpengewinnung durch Wasserdampfdestillation!

5. Welche zwei Lösungsmittel eignen sich besonders für die Extraktion von Terpenen aus Naturstoffen? Warum?

6. Vergleichen Sie die drei Sorten des Terpentinöls miteinander!

7. Nennen Sie je zwei Beispiele für acyclische Monoterpen-Kohlenwasserstoffe und für acyclische Monoterpenole!

8. Welche beiden Monoterpene sind die Hauptbestandteile der Terpentinöle? Wie sind sie aufgebaut?

9. Wie kann man das Keton Campher aus dem Kohlenwasserstoff Camphen herstellen? Wozu wird Campher verwendet?

10. Nennen Sie je zwei Beispiele für wichtige Sesquiterpene und Diterpene!

▪ ▪ … und zur Belohnung noch ein Fußballer-Zitat:

» Ich will an meinem rechten Fuß feilen. (Michael Tarnat)

Weiterführende Literatur

Monographien und Übersichtsartikel

Golets M, Ajaikumar S, Mikkola J-P (2015) Catalytic upgrading of extractives to chemicals: monoterpenes to exicals. Chem Rev 115:3141–3169

Hu J (Hrsg) (2014) New developments in terpenes research. Nova Science Publ., New York

Behr A, Wintzer A (2014) From terpenoids to amines: a critical review. In: Hu J (Hrsg) New developments in terpenes research, Kap. 6. Nova Science Publ., New York

Eggersdorfer M (2012) Terpenes. In Ullmann's encyclopedia of industrial chemistry. Wiley-VCH, Weinheim, S 29–45

Schwedt G (2012) Betörende Düfte – Sinnliche Aromen. Wiley-VCH, Weinheim

Habermehl G, Hammann PE, Krebs HC, Ternes W (2008) Naturstoffchemie – Eine Einführung, 3. Aufl. Springer, Berlin Kap. 1: Terpene

Corma A, Iborra S, Velty A (2007) Chemical routes for the transformation of biomass into chemicals. Chem Rev Kap. 4, S. 107:2472 Terpenes

Kirk-Othmer (2006) Encyclopedia of chemical technology, Wiley Interscience, 5. Aufl. Terpenes and Terpenoids, Stichwort

Surburg H, Panten J. (2006) Common fragrance and flavor materials. Weinheim, Wiley-VCH

Süßkind P (2006) Das Parfüm – Die Geschichte eines Mörders. Diogenes, Zürich

Breitmaier E (2005) Terpene – Aromen, Düfte, Pharmaka, Pheromone, 2. Aufl. Wiley-VCH, Weinheim

Monteiro JL, Veloso CO (2004) Catalytic conversion of terpenes into fine chemicals. Topics Catal 27:169–180

The Royal Society of Chemistry, London: Terpenoids and Steroids – Specialist Periodical Report, Mehrbändige Reihe von Reviewartikeln

Wallach O (1909) Terpene und campher. Veit, Leipzig

Originalstellen

Tegtmeier M (2012) Pflanzenextraktion: Schlüsseltechnologie zur nachhaltigen Nutzung von Bio-Ressourcen. Chem Ing Tech 84:880–882

Christmann M (2010) Otto Wallach: Begründer der Terpenchemie und Nobelpreisträger 1910. Angew Chem 122:9775–9781

Behr A, Johnen L (2009) Myrcene as a natural base chemical in sustainable chemistry: a critical review. ChemSusChem 2:1072–1095

Gib Gummi!

Naturkautschuk und seine Verarbeitung

© Springer-Verlag GmbH Deutschland 2018
A. Behr, T. Seidensticker, *Einführung in die Chemie nachwachsender Rohstoffe*,
https://doi.org/10.1007/978-3-662-55255-1_13

Kapitelfahrplan

- Wir lernen den Naturkautschuk und seine Gewinnung aus Latex kennen.
- Die besonderen Eigenschaften des Naturkautschuks führen zu vielen interessanten Anwendungen, die wir näher betrachten.

13.1 Einführung in die Polyterpene

Naturkautschuk (engl. *natural rubber,* NR) ist ein *cis*-1,4-Poly(2-methyl-1,3-butadien). Er besteht, wie die niedermolekularen Terpene, formal aus Isoprenmonomeren und unterliegt somit der von Otto Wallach aufgestellten Isoprenregel. In ◘ Abb. 13.1 wird gezeigt, wie man sich die Verknüpfung zum Polymeren NR vorstellen kann: Die beiden C=C-Doppelbindungen in Isopren verschieben sich in der Weise, dass die Monomeren über C–C-Einfachbindungen miteinander in „Kopf-Schwanz-Konfiguration" 1,4-verknüpft werden, wobei dann noch eine C=C-Doppelbindung pro Monomer in der Polymerkette verbleibt. Diese ist im Naturkautschuk nahezu immer in der *cis*-Anordnung. NMR-Untersuchungen zeigen, dass der *trans*-Anteil bei unter 0,01 % liegt. In der Natur kommen aber auch Isomere mit überwiegender *trans*-Konfiguration vor, nämlich die beiden Verbindungen Guttapercha und Balata.

In der Natur gibt es ca. 2000 Pflanzenarten, die in ihren Kapillarröhren wässrige Dispersionen von Polyisopren enthalten, den sogenannten **Latex.** Diese Latizes dienen als sekundärer Pflanzenstoff in erster Linie als Wundverschlussmittel bei Verletzungen der Pflanzen. Nur bei einigen wenigen lohnt sich die Gewinnung des Latex. Zu diesen Pflanzen gehört unter anderem die *Hevea brasiliensis*, aber auch der *Ficus elastica* und die Schlingpflanze *Landolphia owariensis*. Auch aus den Wurzeln des russischen bzw. kaukasischen *Löwenzahns und des mexikanischen Guayulestrauchs* kann man *cis*-Polyisopren gewinnen, allerdings bisher nicht in wirtschaftlicher Form, denn der Kautschukgehalt liegt nur bei 5–10 %. Die Vorteile des Guayule-Strauchs liegen darin, dass

- auch eine maschinelle Ernte möglich ist, und
- er in ariden Gebieten wächst und es somit keine Konkurrenz zur Nahrungsmittelproduktion gibt.

Das *trans*-1,4-Polyisopren (◘ Abb. 13.1) kommt in der Natur ebenfalls als Pflanzenlatex vor. *trans*-Polyisopren hat andere Eigenschaften als das *cis*-Isomere und ist in reiner Form kristallin. **Guttapercha** (malayisch *getah percha,* Gummibaum) gewinnt man aus den Palaquiumbäumen (*Palaquium oblongifolium),* deren Latex bis zu 15 % Harze enthält. Im 20. Jh. wurde das in Malaysia und Indonesien gewonnene Guttapercha zur Ummantelung von Kabeln eingesetzt, wurde dann aber von synthetischen Kunststoffen aus dieser Anwendung verdrängt. **Balata** gewinnt man aus der Pflanze *Mimosups balata*, die bis zu 50 % Harze enthält. Im 20. Jahrhundert wurden Transmissionsriemen und Golfbälle aus Balata gefertigt. Schließlich gibt es noch den Kautschuk **Chicle**, ein Gemisch von *cis*- und *trans*-1,4-Polyisopren im

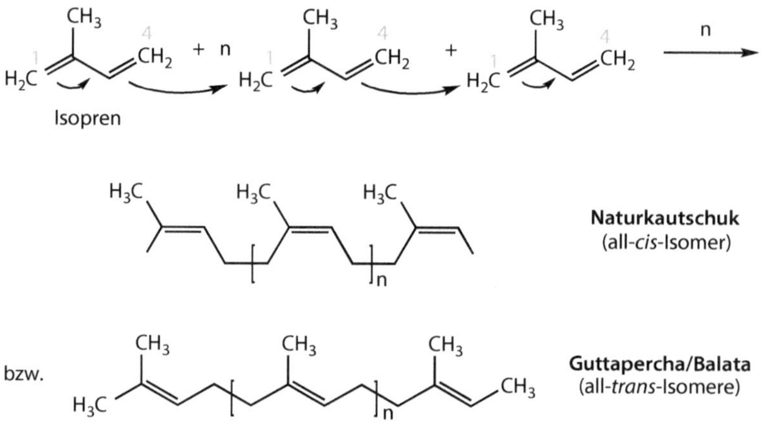

◘ **Abb. 13.1** Die Struktur des Naturkautschuks im Vergleich mit Guttapercha und Balata

Verhältnis von 1:3, der aus dem Saft der Früchte des Sapodillbaums gewonnen wird. Der Amerikaner Thomas Adams vermischte 1869 kleine Chicle-Kugeln mit Zucker und verkaufte sie als „Kaugummi". Der Markenname „Chiclets" ist auch heute noch bekannt.

Exkurs: Wie wurde der Naturkautschuk entdeckt?

In Europa wurde der Naturkautschuk NR erst durch **Christoph Columbus** Anfang des 16. Jahrhunderts bekannt. Da hatte er aber in Süd- und Mittelamerika schon eine lange Geschichte hinter sich: Die **Azteken** stellten bereits Gegenstände aus NR her, z. B. wasserdichte Gummischuhe, die in einem „Tauchverfahren" hergestellt und durch Räuchern stabilisiert wurden. Bei den **Mayas** in Südmexiko waren Spiele mit Gummibällen aus NR weit verbreitet: Auf der Halbinsel Yucatán wurden über 500 Ballspielplätze entdeckt. Der älteste stammt aus der Zeit ca. 1000 v. u. Z. Mit unserem heutigen Fußballspiel hatte das Ballspiel der Mayas wenig zu tun: Der Kautschukball wog mehrere

Kilogramm und durfte nie den Boden berühren. Die Spieler zweier gegeneinander kämpfenden Mannschaften mussten den Ball mit Schultern, Ellenbogen oder Hüften immer in der Luft halten. Am Rande des Spielfelds befanden sich in ca. 6 m Höhe die „Tore", steinerne Ringe (◼ Abb. 13.2), durch die der Ball geschlagen werden musste. Die Mannschaft mit den meisten Toren gewann das Spiel. Die Verlierermannschaft, oder zumindest ihr „Kapitän", wurde anschließend den Göttern geopfert. Es ist nicht überliefert, wie gerne die Spieler die Kapitänsbinde übernommen haben. Die europäische Geschichte des Naturkautschuks begann 1736, als der Franzose **Charles**

Marie de La Condamine (1701–1774, ◼ Abb. 13.3) von einer Südamerikaexpedition eine Kautschukprobe und einen ausführlichen Bericht über die Kautschukgewinnung an die Pariser Akademie der Wissenschaften schickte. In diesem Bericht steht auch die Bezeichnung des Materials durch die Eingeborenen: Der Kautschuk wurde aus einem Milchsaft (dem „Latex") gewonnen, der beim Anritzen der „Hévé"-Bäume entstand, die heute als *Hevea brasiliensis* bezeichnet werden. Aus den indianischen Wörtern für Baum (*cao*) und Träne (*ochu*) wurde das heutige Wort Kautschuk („Träne des Baumes").

◼ **Abb. 13.2** Ballspielplatz der Mayas mit steinernem Ring (© diegograndi / Fotolia)

13.2 Gewinnung von Naturkautschuk

Die wichtigste Kautschukpflanze, *Hevea brasiliensis*, wächst am besten in der Äquatorialzone (im „Kautschukgürtel") mit Ganzjahrestemperaturen um die 30 °C und mit einer Niederschlagsmenge von 2000 mm pro Jahr. Die (wie der Name es ja schon sagt) ursprünglich brasilianische Pflanze wurde Ende des 19. Jh. auch in Asien angepflanzt: Der Engländer Henry Wickham verschiffte 1876 ca. 70.000 Samen

nach London. In der Literatur wird diese Samensendung vielfach als „Schmuggel" bezeichnet; andere Quellen weisen jedoch darauf hin, dass zu dieser Zeit für Heveasamen kein Ausfuhrverbot existierte. In den Gewächshäusern der Kew Gardens in London wurden Jungpflanzen gezüchtet und nach Singapur verschifft. Von hier aus fanden die Setzlinge ihren Weg nach Burma, Ceylon und Java. Heute sind Thailand, Indonesien, Malaysia und Indien die Hauptproduzenten von Naturkautschuk (■ Tab. 13.1). Dort wurden nach und nach große Plantagen eingerichtet, sei es durch Kleinpflanzer (Anbaufläche <40 ha) oder in Form von Großplantagen mit einer durchschnittlichen Fläche von ca. 700 ha. Der Wildkautschuk in Brasilien hat heute keine industrielle Bedeutung mehr.

In den Plantagen wachsen ca. 300–400 Bäume pro Hektar, die ab dem sechsten Jahr erstmals angezapft werden können. Der Ertrag eines Heveabaums liegt derzeit bei ca. 5 kg pro Jahr; somit können pro Hektar ca. 2 Tonnen Kautschuk pro Jahr geerntet werden. Das **Zapfen** (engl. *tapping*) erfolgt durch Einschneiden der

■ **Tab. 13.1** Produktion von Naturkautschuks nach Ländern (2015)

Land	Produktionsmenge (in 10^6 t)
Thailand	4,2
Indonesien	3,1
Malaysia	1,1
Indien	1,1
VR China	1,1
Vietnam	1,1
Sri Lanka	0,2

Rinde mit einem Spezialmesser. Der Schnitt erfolgt in einem Winkel von ca. 30°; am unteren Ende des Schnitts wird ein Becher angebracht und der Latex aufgefangen (■ Abb. 13.4). Dieser Latex wird noch am gleichen Tag zu einer Sammelstelle gebracht. Ein Heveabaum kann jeden zweiten Tag erneut angezapft werden. Da ein maschinelles Zapfen nicht möglich ist, ist ein großer Personalaufwand erforderlich, der sich nur in Niedriglohnländern rechnet.

Der **Latex** ist eine wässrige Suspension, die zu ca. einem Drittel aus Naturkautschuk besteht. Er enthält ebenfalls Harze, Proteine, Fette und anorganische Verbindungen (■ Abb. 13.5).

Wie ■ Abb. 13.5 zeigt, ist der Hauptbestandteil des Latex Wasser. Um die Transportkosten zu minimieren, ist eine vorherige **Aufkonzentrierung** des Latex sinnvoll. Dazu wird er zuerst mit 0,7 %iger Ammoniaklösung konserviert und als Bakterizid Zinkoxid zugesetzt. Das Aufkonzentrieren kann dann nach drei Methoden erfolgen:

- Am häufigsten wird die **Zentrifugation** (zu ca. 90 %) eingesetzt, um ein Latexkonzentrat mit ca. 60 % Kautschukgehalt zu gewinnen. Die Nebenbestandteile verbleiben überwiegend in der wässrigen Phase. Um die Proteine vollständig zu entfernen, wird oftmals – nach vorheriger Verdünnung mit Wasser – noch ein zweites Mal zentrifugiert. Die Zentrifugation kann auch kontinuierlich durchgeführt werden.
- **Aufrahmen** („Aufcremen", engl. *creaming*): Versetzt man den Latex mit 0,25 % Ammoniumoleat und 0,5 % Ammoniumalginat, bilden sich nach einigen Tagen zwei

Eindampfen: In rotierenden Zylindern (vergleichbar dem Labor-Rotationsverdampfer) wird der Latex erst bei Normaldruck, dann unter leichtem Vakuum auf einen Kautschukgehalt von bis zu 75 % eingedampft. Dabei wird jedoch nur das Wasser entfernt; alle Nebenbestandteile der Latex verbleiben somit im Konzentrat. Das Verfahren ist sehr energieaufwendig und wird deshalb selten angewandt.

Ein Großteil des Latex wird anschließend zu festem Naturkautschuk („Festkautschuk") weiter verarbeitet. Dabei gibt es sehr viele unterschiedliche Methoden. Die beiden wichtigsten Varianten des Festkautschuks sind der „Sheet-Kautschuk" und der „Crepe-Kautschuk":

- Zur Herstellung von **Sheet-Kautschuk** wird der konzentrierte Latex in rechteckige Aluminiumwannen gefüllt und der Naturkautschuk durch **Koagulation** mit Ameisen- oder Essigsäure bei einem pH-Wert von ca. 5 ausgefällt (Abb. 13.6). Innerhalb von 12–18 h entstehen weiche Kautschukplatten, die als „Felle" (engl. *sheets*) bezeichnet werden. Nach dem Waschen der Felle wird das Waschwasser in einem Walzwerk aus bis zu sieben Walzenpaaren herausgepresst. Das letzte Walzenpaar ist geriffelt, um die Oberfläche der Kautschukfelle für den darauf folgenden Trocknungsvorgang zu vergrößern. Es bilden sich 5 mm dicke Felle mit geriffelter Oberfläche (*ribbed sheets*). Die weitere Aufarbeitung erfolgt:
  - Durch Räuchern der Sheets in phenolhaltigem Rauch. Der so stabilisierte Naturkautschuk wird als *Ribbed Smoked Sheet* **(RSS)**bezeichnet. Die Qualität der Sheets wird nach einem Standardisierungsverfahren von RSS1X (ausgezeichnet) bis RSS5 (minderwertig) bewertet.
  - Durch Trocknen in warmer Luft. Es bilden sich die *Air Dried Sheets* (ADS) (Abb. 13.7). Sie sind wesentlich heller als die *smoked sheets*.
- Bei **Crepe-Kautschuk** wird der Latex zuerst mit 0,5 % Natriumhydrogensulfit behandelt. Dadurch wird das im Kautschuk vorhandene hellgelbe β,β-Caroten (▸ Kap. 12) daran

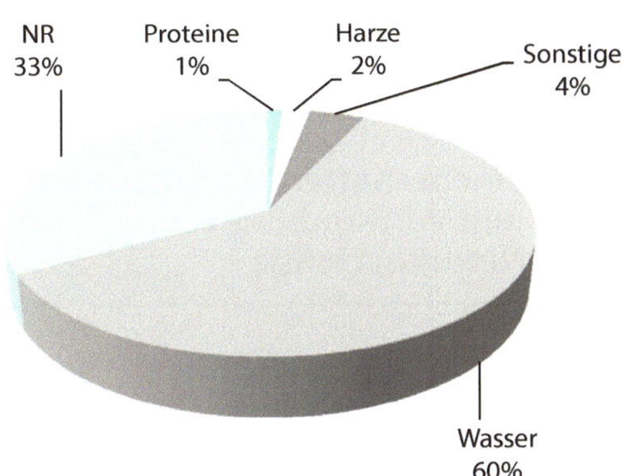

Abb. 13.4 Anzapfen einer Hevea brasiliensis (© idambeer / stock.adobe.com)

Abb. 13.5 Zusammensetzung von frisch gezapftem Latex (in Gew. %)

Flüssigphasen aus: Die leichteren Kautschukteilchen reichern sich an der Oberfläche der unteren Phase an. Allerdings ist diese Methode sehr zeitaufwendig.

Abb. 13.6 Koagulation der Latex in Aluminiumwannen mit Ameisen- oder Essigsäure (© doartdee / Fotolia)

Abb. 13.7 Kautschuk-Sheets zum Trocknen an der Luft aufgehängt (© Voy_ager / Fotolia)

gehindert, durch eine Enzymreaktion eine braune Farbe anzunehmen. Erst dann erfolgt die Koagulation mit Säure sowie das Walzen, Waschen und Trocknen – wie bei Sheet-Kautschuk. Es bildet sich der „Helle Crepe-Kautschuk" (engl. *pale crepe,*) oder bei Verwendung von sehr frischem Latex der „ Extra helle Crepe-Kautschuk" (engl. *white crepe*). Crepe-Kautschuk wird insbesondere in Indonesien hergestellt. In den Handel gelangen die Crepes (genauso wie die Sheets) in Ballen von ca. 100 kg.

Im Jahr 2015 wurden weltweit mehr als 12 Mio. Tonnen Naturkautschuk hergestellt. Wie ◘ Tab. 13.1 zeigt, sind die mit Abstand wichtigsten Produzenten Thailand und Indonesien.

13.3 Eigenschaften, Verarbeitung und Verwendung von Naturkautschuk

Die Eigenschaften des Naturkautschuks (NR) variieren sehr stark je nach Sorte, Alter der Bäume, Jahreszeit des Tappings und Herstellmethode. Die **Glasübergangstemperatur** T_G, also die Temperatur, bei deren Überschreiten das feste Polymer in eine gummiartige Form übergeht, liegt bei –73 °C. Naturkautschuk kann deshalb auch bei niedrigen Temperaturen (z. B. Umgebungstemperatur) eingesetzt werden. Seine Kristallisation ist stark inhibiert. Naturkautschuk weist jedoch den Effekt der **Dehnungskristallisation** auf: Bei Anlegen einer Zugspannung orientieren sich die regellosen Molekülketten zu parallel ausgerichteten Ketten und bilden

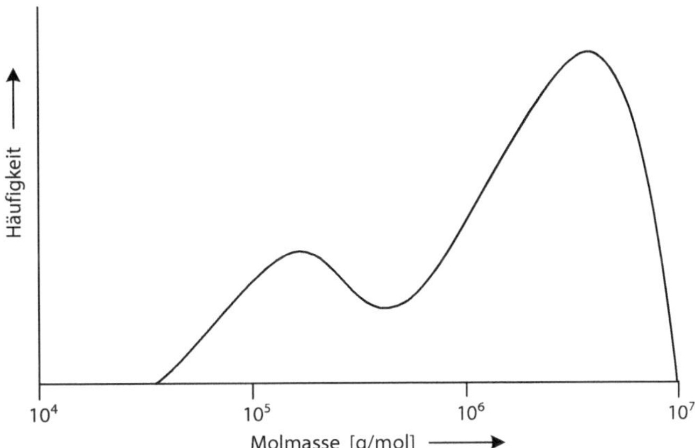

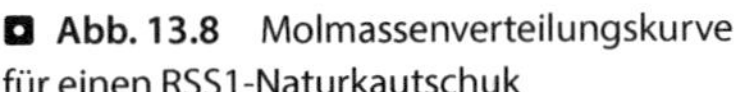

Abb. 13.8 Molmassenverteilungskurve für einen RSS1-Naturkautschuk

kristalline Bereiche. Dieser Effekt hat zur Folge, dass sich Kautschukprodukte, z. B. das Gummi in Autoreifen, unter Last verfestigen. Die **Molmassenverteilung** von Naturkautschuk ist bimodal, besitzt also zwei Maxima. In Abb. 13.8 ist eine typische Verteilungskurve für einen *Ribbed Smoked Sheet* RSS1 (Standardqualität) angegeben.

Wegen der hohen Molmasse ist Naturkautschuk schwierig zu verarbeiten. Deshalb wird die Molmasse des NR häufig durch eine Spaltung der Polymerketten reduziert. Dieser von Thomas Hancock (▶ Exkurs: Wie wurde Kautschuk zu Gummi?) entwickelte Vorgang wird als **Mastikation** bezeichnet. Dabei unterscheidet man drei Abbauverfahren:

- Beim **mechanischen Abbau** wird der NR in speziellen Knetern oder Walzwerken bei niedriger Temperatur <80 °C in Gegenwart von Luftsauerstoff 15–50 min lang behandelt. Durch hohe Scherkräfte werden bevorzugt die langen Polymerketten abgebaut. Aus der bimodalen Molmassenverteilung wird so eine breite Normalverteilung mit einer deutlich verringerten mittleren Molmasse.
- Beim **thermisch-oxidativen Abbau** wird der NR in Innenmischern in Gegenwart von Sauerstoff auf über 120 °C erhitzt. Durch Zusatz von Hilfsstoffen wird die Bildung von Radikalen erleichtert. Bei dieser Variante erfolgt der Kettenabbau statistisch.
- Beim **thermisch-oxidativen Abbau unter Zusatz von Mastiziermitteln**, sogenannten „Peptizern", wird der oxidative Abbau noch

zusätzlich katalysiert. Als Katalysatoren dienen Disulfide oder Zinkseifen, die sich im Kautschuk gut verteilen.

Lange Zeit war es ein Problem, dass Produkte aus Naturkautschuk nicht ihre Form beibehielten und klebrig wurden. So hatte der Schotte Charles Macintosh bereits 1823 einen mit Kautschuk beschichteten Regenmantel eingeführt. Bei Sonnenschein wurde der Mantel allerdings klebrig, bei Kälte wurde er brüchig. Dieses Problem konnte durch die **Vulkanisation** behoben werden. Bei dieser Reaktion wird Naturkautschuk bei erhöhter Temperatur und erhöhtem Druck mit elementarem Schwefel S_x umgesetzt. Dabei findet eine dreidimensionale Kettenvernetzung der ungesättigten Polymerketten über Schwefelbrücken statt: Aus dem plastischen Kautschuk wird ein elastischer **Gummi** (Abb. 13.9). Durch die Vulkanisation

- wird der Kautschuk dauerelastisch,
- wird seine Reißfestigkeit erhöht,
- kann eine höhere Dehnung erreicht werden,
- tritt eine Selbstverstärkung durch Dehnungskristallisation auf und
- bleibt die Verformung gering.

Allerdings haben Naturkautschuk-Vulkanisate eine geringe Wärmebeständigkeit, sind schlecht beständig gegen Witterungseinflüsse, UV-Strahlung und Ozoneinwirkung und sind unbeständig gegen Fette, Kohlenwasserstoffe und Mineralöle. Durch Zusätze (siehe unten: Compounding) können diese Nachteile teilweise ausgeglichen werden.

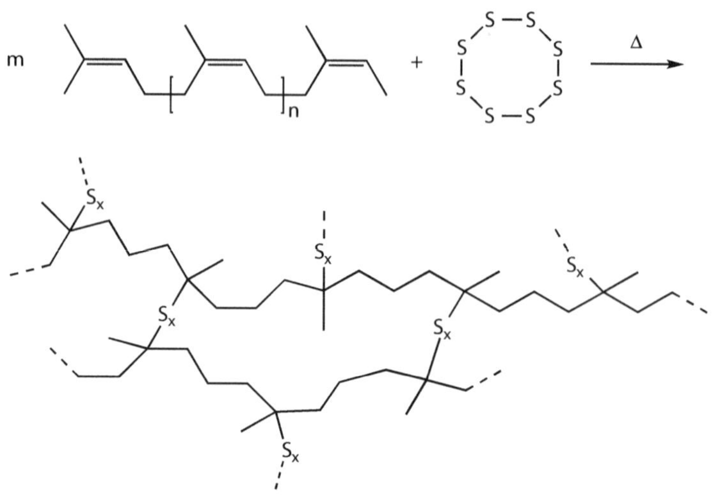

Abb. 13.9 Vulkanisation von Naturkautschuk mit Schwefel (schematisch)

Exkurs: Wie wurde Kautschuk zu Gummi?

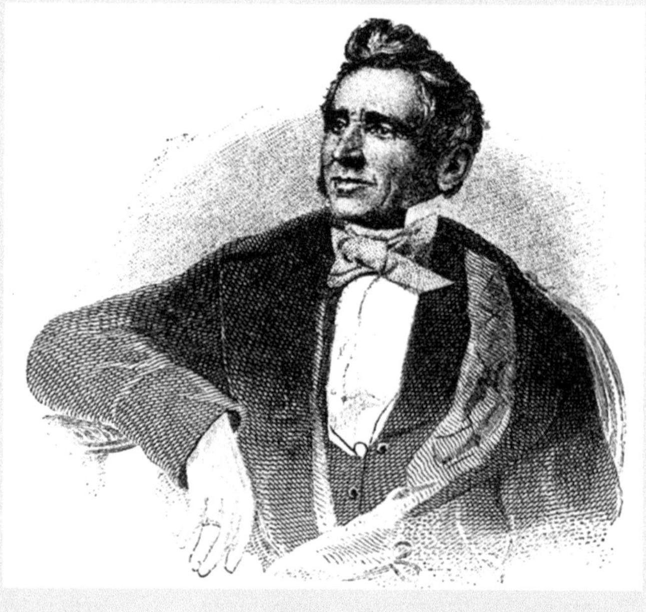

Charles Nelson Goodyear (1800–1860, Abb. 13.10) gelang 1839 die Umwandlung von Kautschuk in Gummi: Er erhitzte Kautschuk zusammen mit Schwefel und erhielt ein geruchsarmes Material, das bei Wärme und Kälte gleichermaßen stabil und elastisch war. 1841 ließ Goodyear das Verfahren patentieren. Kurze Zeit später erhielt es den Namen Vulkanisation. Diese Bezeichnung geht auf den römischen Gott des Feuer, Vulcanus, zurück. Diese Erfindung war ein Durchbruch und legte die Basis für zahlreiche weitere Entwicklungen:

- 1845 erfand der Engländer Thomas Hancock den ersten **Vollgummireifen** für Pferdekutschen.
- Im gleichen Jahr entwickelte der Schotte Robert William Thomson den ersten **Luftreifen.** Sein Patent geriet allerdings in Vergessenheit. 1888 wurde der Luftreifen dann von John Boyd Dunlop noch einmal neu erfunden.
- 1846 erfand der Engländer Alexander Parkes die **Kaltvulkanisation** mit Schwefelmonochlorid.

Abb. 13.10 Charles Nelson Goodyear, der Erfinder der Vulkanisation (© Unknown, Public Domain)

Die Herstellung spezieller Gummisorten hat sich inzwischen zu einer echten Wissenschaft entwickelt. Durch Mischen mit anderen Kautschuksorten (**Blending**) oder Zumischen von Zusatzstoffen (**Compounding**) können zahlreiche Eigenschaften maßgeschneidert werden:

- Naturkautschuk kann mit anderen, dann aus fossilen Rohstoffen hergestellten Polydienen, wie Polybutadien oder Polychloropren, covulkanisiertwerden.
- Für eine schnellere Vulkanisation gibt man Vulkanisationsbeschleuniger hinzu.
- Für einen geringeren Abrieb (wichtig bei Reifen) können Füllstoffe, z. B. Ruß oder Silica, zugesetzt werden.
- Mineralöle dienen als Weichmacher.
- Phosphorsäureester verbessern die Flammwidrigkeit.
- Zink- und Calciumstearate sorgen für eine gleichmäßige Verteilung der Füllstoffe.
- Als Hitzestabilisatoren und Alterungsschutzmittel werden bevorzugt aromatische Amine zugesetzt.
- Zum Schutz gegen die Ozoneinwirkung eignet sich der Zusatz von Paraffinen.
- Die Zugabe von UV-Stabilisatoren, wie z. B. Zinkoxid oder Hydrochinon, verzögert die Oxidation des NR.
- Zur Farbgebung werden Pigmente zugemischt.

Das **Mischen** des Naturkautschuks (Compounding) mit den Additiven muss in speziellen Innenmischern mit geschlossener Mischkammer erfolgen.

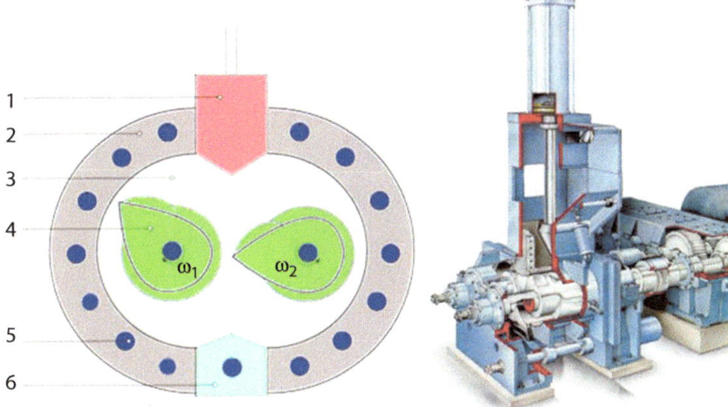

Abb. 13.11 zeigt einen typischen **Stempelkneter** mit zwei gegenläufigen Rotoren (4). Das durch die verschließbare Einfüllöffnung (1) zugegebene Mischgut wird in der Mischkammer (3) von den beiden Rotoren diskontinuierlich durchgeknetet. Die Kammerwand (2) wird durch Kühlkanäle (5) auf der gewünschten Temperatur gehalten. Am Ende des Mischvorgangs wird der Kneter durch Öffnen der Entleerungsklappe (6) entleert. Diese Kneter gibt es in Größenordnungen bis zu 1000 Litern Inhalt.

Die **Anwendungen** von Naturkautschuk sind vielfältig:

- Kraftfahrzeugreifen (70 % des Naturkautschuks gehen in die Reifenproduktion)
- Gummihandschuhe für Labor und Medizin
- Sanitäre Gummiartikel, z. B. Kondome. Besonders bei dünnwandigen Artikeln hat der Vorteil der Stabilisierung durch Dehnungskristallisation eine große Bedeutung.
- Transportbänder und Riemen
- Gummilagerbei Maschinen, Motoren und Brücken
- Schläuche, Dichtungenund Membranen
- Spielsachen, wie z. B. Knetgummi, Radiergummi oder Luftballons
- Gummistiefel und Schuhsolen
- Gebrauchsartikel, wie z. B. Klebebänder oder Gummibänder

Am Beispiel der **Reifenproduktion** wird im Folgenden die Verarbeitung von Naturkautschuk näher erläutert. **Abb. 13.12** zeigt den Aufbau eines Reifens in einer Querschnittsdarstellung.

Abb. 13.11 Mischen von Naturkautschuk mit Additiven im Stempelkneter (Zahlen siehe Text) (© HF MIXING GROUP)

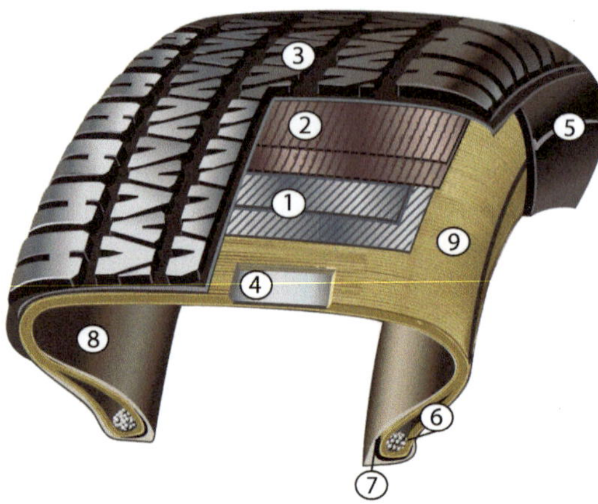

Abb. 13.12 Aufbau eines Kfz-Reifens: 1 Stahlgürtel;
2 Gürtelabdecklage; 3 Lauffläche und Profilgestaltung;
4 Verstärkerstreifen; 5 Seitenwand; 6 Kernreiter;
7 Wulstkern; 8 Innerliner; 9 Karkasse.
(© aroderick / stock.adobe.com)

Abb. 13.13 Reifenpresse
(© 279photo / stock.adobe.com)

Jeder Reifen ist ein Verbundkonstrukt aus Stahl (oder Aluminium), Textilien und verschiedenen Kautschuksorten. Auf der Stahltrommel wird ein aufblasbarer Gummibalg aufgebracht und schrittweise werden die einzelnen Schichten von Karkasse, Stahlgürtel, Gürtelabdecklage und Lauffläche aufgetragen. In der Vulkanisationspresse (**Abb. 13.13), die ein Negativmuster des Profils aufweist, erhält der Reifen bei Temperaturen von 165–200 °C sein Profil. Die Heizzeit für jeden Reifen beträgt bis zu 25 min; die Drücke betragen dabei bis zu 22 bar.

Ein Reifen enthält üblicherweise bis zu 16 verschiedene Kautschukmischungen. Die Karkasse besteht meist aus Mischungen von Naturkautschuk mit Styrol-Butadien-Kautschuk (SBR) oder Butadien-Kautschuk (BR); für das Cordmaterial finden Stahl oder Polymerfasern, z. B. Polyamid, Polyaramid, Rayon oder Polyethylenterephthalat (PET) Verwendung. Auch die Seitenwände und die Lauffläche enthalten meist Blends mit Naturkautschuk.

Zusammenfassung *(Take-Home Messages)*

— **Naturkautschuk** ist ein *cis*-1,4-Poly(2-methyl-1,3-butadien). Das Isomer mit der *trans*-Konfiguration kommt in der Natur als **Guttapercha** oder **Balata** vor.

— Die wichtigste Pflanze für die technische Gewinnung des Naturkautschuks ist die *Hevea brasiliensis*, die in Südamerika als Wildpflanze heimisch ist. Große Kautschukplantagen existieren heute in Thailand, Indonesien, Malaysia und Indien.

— Die wässrige Kautschukmilch, der **Latex**, wird durch Einritzen der Baumrinde gewonnen. Pro Baum können jährlich ca. 5 kg Naturkautschuk eingesammelt werden.

— Der wässrige Latex wird zuerst **aufkonzentriert**. Dies geschieht meist durch **Zentrifugation**, seltener durch Aufrahmen (Creaming) oder Eindampfen.

— Ein Großteil des Latex wird zu **Festkautschuk** weiter verarbeitet. Die beiden wichtigsten Varianten des Festkautschuks sind Sheet-Kautschuk und Crepe-Kautschuk.

- Beim **Sheet-Kautschuk** wird der in Wannen gefüllte konzentrierte Latex angesäuert. Durch **Koagulation** entstehen weiche Kautschukplatten, die als „Felle" oder „Sheets" bezeichnet werden. Beim Waschen und Auspressen der Felle erhalten diese in einer Walze eine geriffelte Oberfläche (*ribbed sheets*).
- Die Stabilisierung der Felle geschieht durch Räuchern (*ribbed smoked sheets*) oder durch Trocknen in warmer Luft (*air dried sheets*).
- **Crepe-Kautschuk** wird nach einem ähnlichen Verfahren hergestellt, aber vorab der Latex mit Natriumhydrogensulfit behandelt. Dadurch ergeben sich hellere Kautschukqualitäten, der *pale crepe* und der *white crepe*.
- Bei Naturkautschuk ist wegen der niedrigen **Glasübergangstemperatur** von $-73\,°C$ die Kristallisation stark inhibiert. Beim Anlegen einer Zugspannung kommt es jedoch zu einer **Dehnungskristallisation** und somit zu einer Verfestigung des Naturkautschuks. Seine Molmassenverteilung ist bimodal. Die **mittlere Molmasse** kann durch mechanische oder thermisch-oxidative **Mastikation** herabgesetzt werden.
- Da Naturkautschuk pro Monomereinheit eine C=C-Doppelbindung enthält, können die Polymerketten nachträglich durch die von Charles Goodyear entdeckte **Vulkanisation** mit elementarem Schwefel untereinander verbunden werden. Aus plastischem Kautschuk wird dadurch ein elastischer **Gummi** mit hoher Reißfestigkeit.
- Die Eigenschaften der Gummisorten können durch **Zusatzstoffe** stark verbessert werden. Hinzugesetzt werden Füllstoffe, Pigmente, Weichmacher, Vulkanisationsbeschleuniger und Stabilisatoren gegen Hitze, Alterung, Ozon und UV-Licht.
- Das **Mischen** des Naturkautschuks mit seinen Zusatzstoffen muss in speziellen geschlossenen **Knetern**, z. B. in diskontinuierlich betriebenen Stempelknetern, erfolgen.

- Ca. 70 % des Naturkautschuks werden zur Reifenproduktion verwendet. Weitere wichtige **Anwendungen** sind Transportbänder, Riemen, Lager, Schläuche oder Dichtungen. Auch Gebrauchsartikel wie Klebebänder, Gummihandschuhe oder Luftballons bestehen häufig aus Naturkautschuk.
- Bei der **Reifenproduktion** spielt Naturkautschuk eine wichtige Rolle. Sowohl in der Karkasse, den Seitenrändern als auch in der Lauffläche werden Mischungen mit Naturkautschuk eingesetzt. Die Herstellung der Reifen erfolgt in **Vulkanisationspressen** bei Temperaturen von $165\text{–}200\,°C$ und Drücken bis 22 bar.

? Zehn Quickies zu ► Kap. 13

1. Wie kann man analytisch zwischen Naturkautschuk und Guttapercha unterscheiden?
2. Nennen Sie einige alternative Pflanzen zu *Hevea brasiliensis*, aus denen man ebenfalls – wenn auch noch nicht wirtschaftlich – Naturkautschuk gewinnen kann!
3. Diskutieren Sie den Hektarertrag an Naturkautschuk einer *Hevea-brasiliensis*-Plantage! Welche Probleme gibt es beim Einsammeln des Latex?
4. Wie verläuft die Zentrifugation des Latex? Wo liegen die Vorteile dieses Verfahrens?
5. Warum sind Aufrahmen („Creaming") und Eindampfen ungünstiger für das Aufkonzentrieren des Latex?
6. Vergleichen Sie die Farbe eines *ripped smoked sheet* in durchschnittlicher Qualität (RSS3) mit einem durchschnittlichen *pale crepe*!
7. Vergleichen Sie die mechanische mit der thermisch-oxidativen Mastikation. Wie werden beide Abbauverfahren durchgeführt? Welche Produkte entstehen?
8. Beschreiben Sie die Reaktions- bedingungen einer typischen

Reifenvulkanisation! Was passiert chemisch mit dem Naturkautschuk bei der Vulkanisation?

9. Wie ändern sich die Eigenschaften von Naturkautschuk durch die Vulkanisation?

10. Welche nachteiligen Eigenschaften hat vulkanisierter Naturkautschuk und wie kann man ihnen entgegenwirken?

■ ■ **… und zur Belohnung noch ein Fußballer-Zitat:**

» Für uns wäre es besser gewesen, wenn wir heute gewonnen hätten.
(Erich Ribbeck)

Weiterführende Literatur

Monographien und Übersichtsartikel

Koltzenburg S, Maskos M, Nuyken O (2014) Polymere: Synthese, Eigenschaften und Anwendungen. Springer Spektrum, Berlin Heidelberg, Kap. 18: Elastomere

Türk O (2014) Stoffliche Nutzung nachwachsender Rohstoffe. Springer Vieweg, Wiesbaden, Kap. 6.1: Polyisoprene

Braun D (2013) Kleine Geschichte der Kunststoffe. Carl Hanser Verlag, München, Kap. 4.4: Polyisoprene

Röthemeyer F, Sommer F (2013) Kautschuk Technologie – Werkstoffe Verarbeitung Produkte, 3. Aufl. Carl Hanser Verlag, München

Gent AN (Hrsg) (2013) Engineering with rubber – how to design rubber components. Carl Hanser Verlag, München

Erman B, Mark JE, Roland CM (Hsrg) (2013) The science and technology of rubber, 4. Aufl. Elsevier, Amsterdam

Vaysse L, Bonfils F, Thaler P, Sainte-Beuve J (2009) Natural rubber. In: Höfer R (Hrsg) Sustainable solutions for modern economies. Royal Society of Chemistry, Cambridge, Kap. 9.5

Dick JS (Hrsg) (2009) Rubber technology – compounding and testing for performance, 2. Aufl. Carl Hanser Verlag, München

Elias H-G (2009) Makromoleküle, Band 3: Industrielle Polymere und Synthesen, Kap. 7.3.1 Naturkautschuk. Wiley-VCH, Weinheim

White JL, Kim K-J (2008) Thermoplastic and rubber compounds – technology and physical chemistry. Carl Hanser Verlag, München

Abts G (2007) Einführung in die Kautschuktechnologie. Carl Hanser Verlag, München, Taschenbuch

Arndt-Rosenau M (2005) Winnacker-Küchler Chemische Technik: Prozesse und Produkte, 5. Aufl. Wiley-VCH, Weinheim, Kap. 4: Elastomere

Greve H-H (2012) Rubber, 2. Natural. In: Ullmann's encyclopedia of industrial chemistry. Wiley-VCH, Weinheim

Green MM, Wittcoff HA (2003) Organic chemistry principles and industrial practice. Wiley-VCH, Weinheim

Johnson PS (2001) Rubber processing: an introduction. Carl Hanser Verlag, München

Hofmann W, Gupta H (2001) Handbuch der Kautschuktechnologie. Dr. Gupta Verlag, Essen

Zeitschriften „Rubber chemistry and technology", „Tire technology international" und „Kautschuk Gummi Kunststoffe"

Informationen des Wirtschaftsverbands der Deutschen Kautschukindustrie e.V., wdk, Frankfurt am Main

Originalstellen

Braun D, Jenkins A (2016) Samuel Pickles Formel des Naturkautschuks. Chem Unserer Zeit 50:378–381

Röker K-D (2016) Kurt Gottlob – ein Leben für den Kautschuk. Chem Unserer Zeit 50:209–213

Hübner K (2016) Vulkanisieren von Kautschuk – Eine Geschichte von Pech und Schwefel. Chem Unserer Zeit 50:67–71

Wortmann C, Dettmer F, Steiner F (2013) Die Chemie des Reifens. Chem Unserer Zeit 47:300–309

WEITERE NATURSTOFFE

Bausteine des Lebens

Aminosäuren und Proteine

© Springer-Verlag GmbH Deutschland 2018
A. Behr, T. Seidensticker, *Einführung in die Chemie nachwachsender Rohstoffe*,
https://doi.org/10.1007/978-3-662-55255-1_14

Kapitelfahrplan

— In diesem Kapitel lernen Sie die Aminosäuren kennen, ihren Aufbau, ihre physikalischen Besonderheiten, ihr Vorkommen, ihre Synthese und ihre Verwendung.
— Mehrere Aminosäuren verknüpfen sich zu den Peptiden.
— Weiterhin lernen Sie die Proteine und Enzyme kennen.

Bisher haben wir in diesem Lehrbuch fast ausschließlich nachwachsende Rohstoffe besprochen, die aus den Elementen Kohlenstoff, Wasserstoff und Sauerstoff bestehen. Nur in wenigen Fällen, z. B. bei Chitin und Chitosan (▶ Kap. 9), ist auch das Element Stickstoff aufgetreten. In diesem Kapitel über Aminosäuren und Proteine steht Stickstoff in Form von Aminogruppen oder daraus gebildeten Amidbrücken im Mittelpunkt.

14.1 Aminosäuren

Aminosäuren sind bifunktionelle Verbindungen: Sie enthalten im selben Molekül eine saure Carboxygruppe und eine basische Aminogruppe. Sie bilden deshalb innere Salze, die gut kristallisieren und entsprechend hohe Schmelzpunkte besitzen.

In Wasser sind diese Salze hervorragend löslich, in organischen Lösungsmitteln nur sehr schlecht. Der bifunktionelle Charakter der Aminosäuren ist sehr gut an ihrer Titrationskurve (◻ Abb. 14.1) erkennbar: Im Sauren liegt die Aminosäure als Ammoniumcarbonsäure vor, die bei Zugabe von Natronlauge am isoelektrischen Punkt ein Ammoniumcarboxylat, also ein **Zwitterion**, bildet. Im Basischen liegt die Aminosäure dann als Aminocarboxylat vor. In ◻ Abb. 14.1 ist diese Reaktionsfolge am Beispiel der einfachsten Aminosäure, des Glycins (α-Aminoessigsäure), dargestellt. Bei Glycin liegt der isoelektrische Punkt bei pH = 6; bei anderen Aminosäuren kann er auch andere Werte einnehmen. Diese Eigenschaften der Aminosäuren können dazu genutzt werden, sie mithilfe der Elektrophorese voneinander zu trennen.

In der Natur kommen die Aminosäuren nur selten in freier Form vor. Eine große Quelle für Aminosäuren sind die Proteine, in denen Aminosäuren über Amidbrücken miteinander verbunden sind. In den Proteinen kommen 20 Aminosäuren vor, die man deshalb auch **proteinogene Aminosäuren** nennt. Vereinzelt werden auch noch weitere, seltenere Aminosäuren in Proteinen gefunden. Alle proteinogenen Aminosäuren haben die Aminogruppe in der α-Position zur Carboxygruppe gebunden und treten in der L-Konfiguration auf. Mikroorganismen und Pflanzen können diese Aminosäuren selber herstellen; Mensch und Tiere müssen hingegen

◻ **Abb. 14.1** Titrationskurve von Glycin

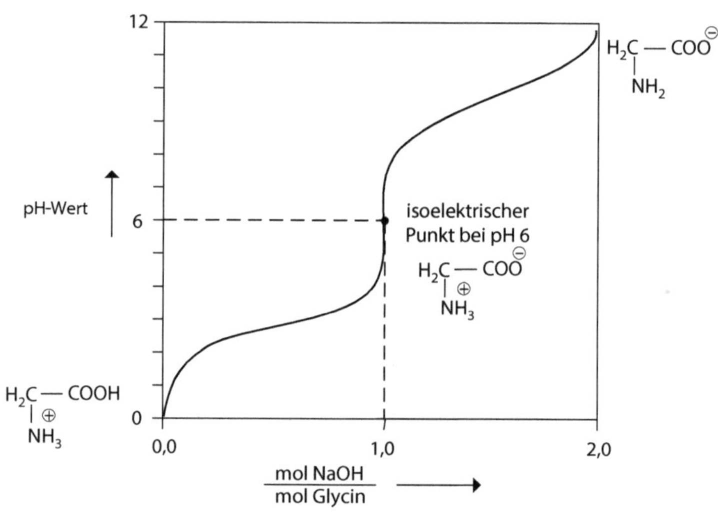

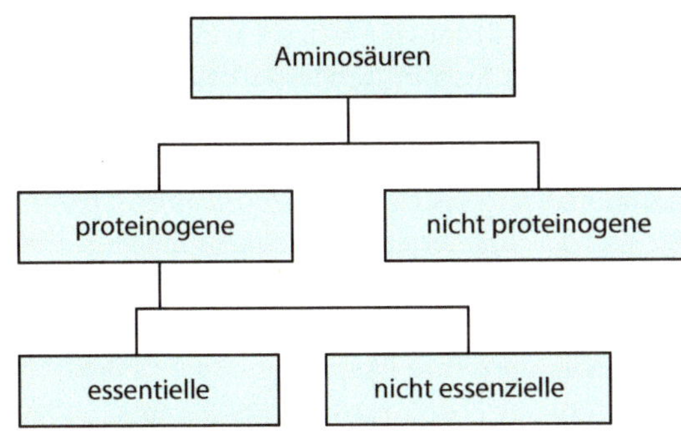

Abb. 14.2 Einteilung der Aminosäuren

bestimmte Aminosäuren, die **essenziellen Aminosäuren**, mit ihrer Nahrung aufnehmen. Neben den proteinogenen Aminosäuren gibt es in der Natur auch noch mehrere Hundert nicht proteinogene Aminosäuren, die aber auch wichtige Funktionen übernehmen. Einen Überblick über die Einteilung der Aminosäuren liefert ◘ Abb. 14.2.

Alle proteinogenen Aminosäuren haben die allgemeine Formel R-CH(NH$_2$)COOH, d. h. sie unterscheiden sich ausschließlich über den Rest R. Je nach Aufbau dieses Restes R kann man die proteinogenen Aminosäuren in verschiedene Untergruppen

---

Exkurs: Das Miller-Urey-Experiment

Das sog. Miller-Urey-Experiment zeigt, dass sich unter den Bedingungen einer hypothetischen „Uratmosphäre" unserer Erde organische Moleküle wie Aminosäuren aus einfachen, anorganischen Substraten bilden können. Diese Hypothese ist die Grundlage der chemischen Evolution und damit der Entstehung von Lebewesen aus einfacheren organischen Bausteinen. Stanley Miller führte die entsprechenden Experimente mit Unterstützung durch Harold C. Urey im Jahre 1952 an der Universität Chicago durch. Publiziert wurden sie im renommierten Journal *Science* im Jahre 1953 unter dem Titel: „*A Production of Amino Acids Under Possible Primitive Earth Conditions*" (dt.: Produktion von Aminosäuren unter den möglichen Bedingungen einer urzeitlichen Erde). In dem ursprünglichen Experiment wurden Wasserdampf, Wasserstoff, Methan und Ammoniak in einer speziellen Apparatur einer elektrischen Entladung als Energiequelle über einen Zeitraum von einer Woche ausgesetzt (◘ Abb. 14.5). In der kondensierten Wasserphase konnten im Anschluss an das Experiment verschiedene organische Moleküle nachgewiesen werden, u. a. größere Mengen der proteinogenen Aminosäuren Glycin und Alanin. Es gilt als sicher, dass diese über die Strecker-Synthese mit den Zwischenprodukten Blausäure, Formaldehyd bzw. Acetaldehyd gebildet wurden.

Abb. 14.5 Versuchsaufbau zum Miller-Urey-Experiment

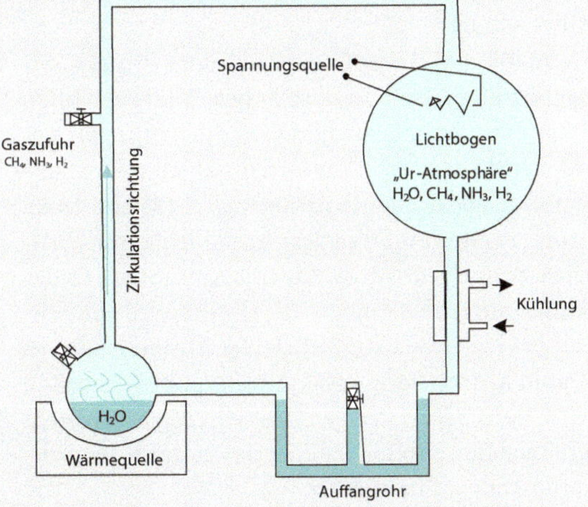

unterteilen und hat so eine Chance, sie sich besser merken zu können:

- Neun Aminosäuren besitzen ungeladene und unpolare Reste R: Glycin, Alanin, Valin, Leucin, Isoleucin, Prolin, Methionin, Phenylalanin und Tryptophan
- Sechs Aminosäuren besitzen ungeladene, aber polare Reste R: Serin, Threonin, Cystein, Tyrosin, Asparagin und Glutamin
- Zwei Aminosäuren haben bei pH 7 negativ geladene Reste R, die eine zweite Carboxygruppe enthalten: Asparaginsäure, Glutaminsäure
- Drei Aminosäuren haben bei pH 7 positiv geladene Reste R: Lysin, Arginin, Histidin

Alle 20 proteinogenen Aminosäuren sind in ◘ Abb. 14.3 mit ihren Formeln wiedergegeben. Die Abbildung enthält zusätzlich die Information, ob die Aminosäure essenziell (e) oder nicht essenziell (n-e) ist. Außerdem finden sich hier die in der Proteinchemie üblichen Abkürzungen der Aminosäuren, die aus jeweils drei Buchstaben (häufig den Anfangsbuchstaben) gebildet werden. Für Experten gibt es auch noch einen Einbuchstaben-Code, der an dieser Stelle jedoch nicht eingeführt wird.

Im Folgenden werden die 20 proteinogenen Aminosäuren noch einmal alphabetisch aufgeführt mit ihren wichtigsten Vorkommen, Synthesen und Anwendungen:

Alanin (Ala) wurde 1888 aus dem Protein Seidenfibroin isoliert, in dem es besonders reichlich (35 %) vorkommt. Auch in Gelatine tritt es zu 9 % auf. Synthetisch ist es einfach durch eine Strecker-Synthese mit Acetaldehyd zugänglich (◘ Abb. 14.4): In einer ersten Stufe reagiert Acetaldehyd mit Blausäure zum Cyanhydrin, das mit Ammoniak in das Aminonitril überführt wird. Dieses wird schließlich in Gegenwart konzentrierter Mineralsäure zu Alanin hydrolysiert, wobei Ammoniak abgespalten wird. Bei der Strecker-Synthese von Alanin entsteht ein Racemat, also nicht allein das in der Natur vorkommende L-Enantiomer.

Arginin (Arg) wurde 1886 erstmals in Lupinenkeimlingen nachgewiesen. Den Namen erhielt es nach dem lateinischen Wort für Silber (*argentum*), da es zuerst als Silbersalz isoliert wurde. Arginin ist die proteinogene Aminosäure mit dem höchsten Stickstoffgehalt. In nahezu allen Proteinen ist es zu 3–6 %

enthalten, in Erdnussprotein sogar zu 11 %. Für den Menschen ist Arginin „semiessenziell", d. h. er benötigt es nur bei bestimmten Stoffwechselsituationen.

Asparagin (Asn) wurde 1805 als erste Aminosäure aus Spargel isoliert (griech. *asparagos*, Spargel). Es findet sich in vielen Pflanzenkeimlingen, z. B. in der Sojabohne und in vielen Proteinen. In der Seitenkette enthält Asparagin eine Amidgruppe.

Asparaginsäure (Asp, engl. *aspartic acid*) hat eine ähnliche Struktur wie das Asparagin, enthält aber statt der Amidgruppe eine zweite Carboxygruppe. Asparaginsäure findet sich in allen tierischen Proteinen in Mengen bis zu 10 %. Auch in den Proteinen der Hülsenfrucht Alfalfa (Luzerne) und des Mais ist sie in größerer Menge enthalten. In freier Form kommt sie in Zuckerrohr vor. Durch enzymatische Synthese wird sie in 10.000 Tonnen pro Jahr hergestellt, vor allem für die Synthese des Süßstoffes Aspartam (▶ Abschn. 14.2).

Cystein (Cys, Aussprache: Cyste-in) enthält eine Mercaptogruppe in der Seitenkette. Seinen Namen erhielt es nach der Harnblase (griech. *kystis*), da es 1810 zuerst aus Blasensteinen isoliert wurde. Es kommt in Mengen bis zu 9 % in Keratinen vor, die in tierischen Organismen als Gerüstsubstanzen dienen, also z. B. in Haaren, Federn, Fußnägeln, Hufen oder Schuppen. Cystein kommt aber auch in pflanzlichen Quellen vor, z. B. in Pilzen, Erbsen, Mais und Weintrauben. Cystein ist keine essenzielle Aminosäure, weil der erwachsene Mensch es in seiner Leber produziert. Es ist in der Proteinchemie von großer Bedeutung, weil zwei Cysteinmoleküle über eine Disulfidbrücke verknüpft werden können.

Glutamin (Gln) wurde 1883 aus Zuckerrübensaft gewonnen, ist aber auch in Kartoffeln und zahlreichen weiteren Pflanzen vorhanden. Wie Asparagin enthält es in der Seitenkette eine Amidgruppe. Glutamin ist ein wichtiger Stickstoffspeicher von Tieren, Pilzen und Bakterien.

Glutaminsäure (Glu, engl. *glutamic acid*) enthält statt der Amidgruppe des Glutamins eine zweite Carboxygruppe. Der Name ergibt sich aus dem lateinischen Wort für Leim (*glutinum*), da sie zuerst aus Weizenkleber isoliert wurde. Sie kommt in vielen Proteinen in größerer Menge vor, z. B. in Weizenprotein (31 %), Milchprotein (22 %) und Sojaprotein (19 %). Glutaminsäure selber sowie ihr Mononatriumsalz, das Natriumglutamat, werden – insbesondere in Asien – zahlreichen Lebensmitteln

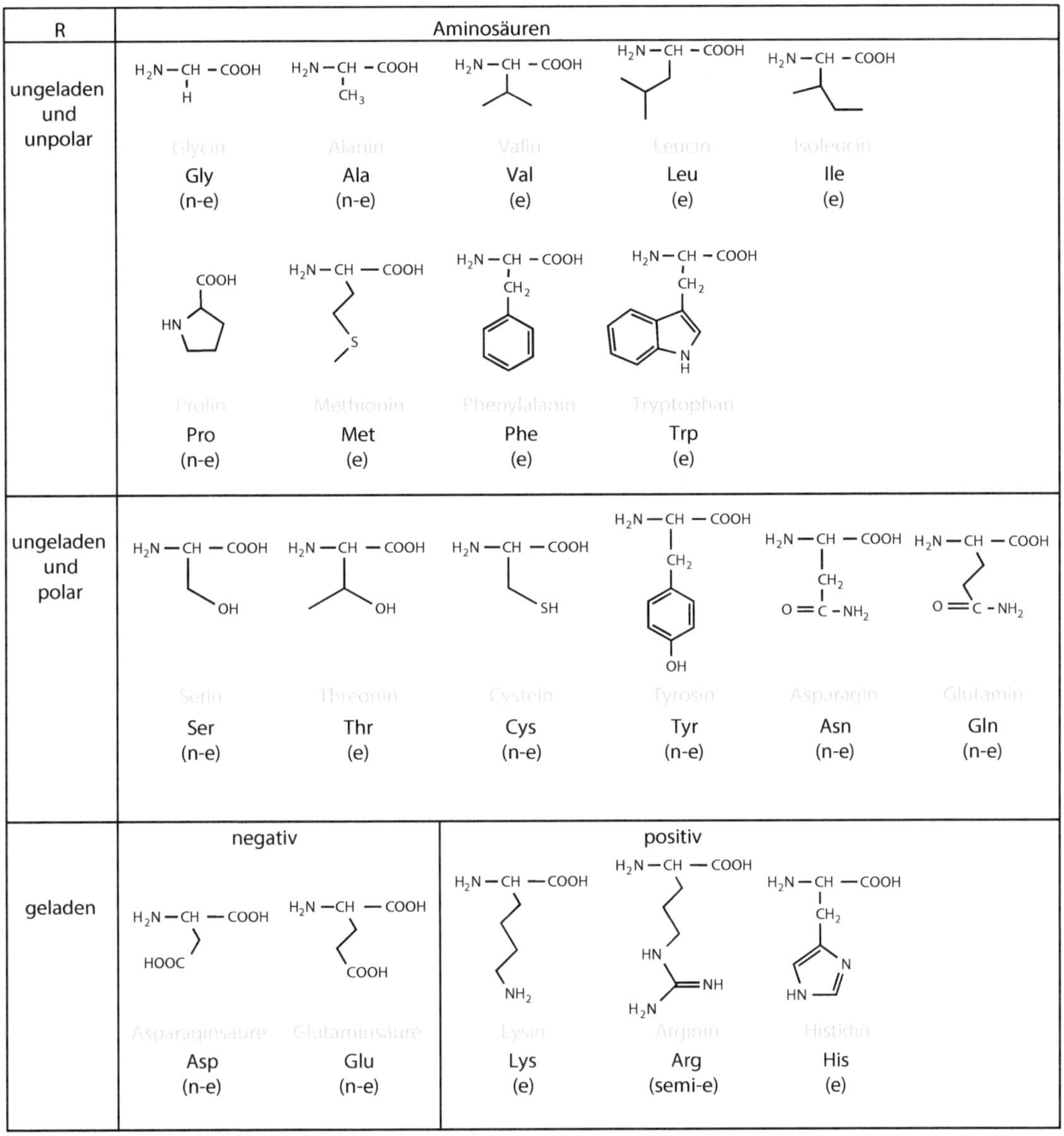
R
Aminosäuren
ungeladen und unpolar
Glycin
Gly
(n-e)
Alanin
Ala
(n-e)
Valin
Val
(e)
Leucin
Leu
(e)
Isoleucin
Ile
(e)
Prolin
Pro
(n-e)
Methionin
Met
(e)
Phenylalanin
Phe
(e)
Tryptophan
Trp
(e)
ungeladen und polar
Serin
Ser
(n-e)
Threonin
Thr
(e)
Cystein
Cys
(n-e)
Tyrosin
Tyr
(n-e)
Asparagin
Asn
(n-e)
Glutamin
Gln
(n-e)
geladen
negativ
Asparaginsäure
Asp
(n-e)
Glutaminsäure
Glu
(n-e)
positiv
Lysin
Lys
(e)
Arginin
Arg
(semi-e)
Histidin
His
(e)

Abb. 14.3 Formeln (in der neutralen Form) der 20 proteinogenen Aminosäuren

zur Geschmacksverstärkung zugesetzt. Da hierfür große Mengen benötigt werden, wird L-Glutaminsäure industriell im Umfang von 1,6 Mio. Tonnen pro Jahr durch Fermentation von D-Glucose hergestellt.

Glycin (Gly), die einzige nicht chirale Aminosäure, wurde 1820 von Henry Braconnot (Abb. 9.2) aus Gelatine, also aus Kollagenhydrolysat, isoliert. Ihren Namen erhielt diese einfachste Aminosäure (Abb. 14.1) nach ihrem süßen Geschmack (griech. *glykos*, süß). In zahlreichen Strukturproteinen ist Glycin in großem Umfang (25–30 %) vorhanden. Die technische Bedeutung von Glycin ist relativ gering; seine Jahresproduktion liegt bei 22.000 Tonnen pro Jahr.

Histidin (His) gehört zur Gruppe der heterocyclischen Aminosäuren, da es einen Imidazol-Rest gebunden hat. Für den erwachsenen Menschen ist Histidin nicht essenziell, wohl jedoch für das Kleinkind. Histidin ist für die Bildung des Blutfarbstoffs erforderlich: Blutproteine enthalten bis zu 6 %

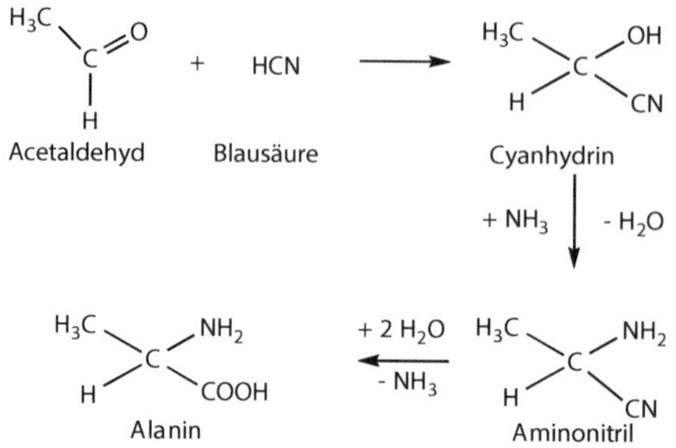

Abb. 14.4   Strecker-Synthese von Alanin

Histidin. In vielen anderen Proteinen ist es bis zu einem Gehalt von 3 % enthalten.

Isoleucin (Ile) wurde 1903 durch Felix Ehrlich aus Melasse isoliert. Diese essenzielle Aminosäure findet man auch in Fleisch- und Getreideproteinen und bis zu 7 % in Milch- und Eiproteinen. Es ist wichtig bei der Nahrungsverwertung: Bei einem Mangel an Isoleucin kann es zur Gewichtsabnahme kommen.

Leucin (Leu, griech. *leukos*, weiß) wurde von Henry Braconnot 1820 aus Wolle gewonnen. Auch Leucin ist essenziell und findet sich in den meisten Proteinen in Mengen bis zu 10 %. Leucin ist von großer Bedeutung für den Aufbau und Erhalt des Muskelgewebes. Es ist deshalb Bestandteil medizinischer Infusionslösungen und wird im Kraftsport zum Muskelaufbau eingesetzt.

Lysin (Lys) ist eine basische essenzielle Aminosäure, die erstmals 1889 aus Casein isoliert wurde, dem Proteinbestandteil der Milch. Es findet sich ebenfalls in Fleisch- und Eiproteinen. Krebs- und Fischproteine haben mit 10–11 % den höchsten Anteil an Lysin. Da Lysin für das Längenwachstum bei Menschen verantwortlich ist, führt sein Mangel zur Kleinwüchsigkeit. Lysin wird dem Tierfutter für Schweine zugesetzt und dadurch der Nährwert des Futters wesentlich gesteigert. Die Produktion an L-Lysin liegt jährlich bei 850.000 t.

Methionin (Met) hat seinen Namen nach der für das Molekül typischen Methylthio-Gruppe erhalten. Es wurde 1922 von dem Amerikaner John Howard Müller aus Casein gewonnen. Im Stoffwechsel ist Methionin ein wichtiger Lieferant für die Methylgruppe, z. B. bei der Biosynthese von Nukleinsäuren oder Adrenalin. In pflanzlichen Proteinen ist

Methionin mit bis zu 2 %, in tierischen Proteinen in einer Menge bis zu 4 % enthalten. Diese sehr sauerstoff- und hitzeempfindliche Aminosäure ist für Körper- und Haarwachstum verantwortlich. Ähnlich wie Lysin wird Methionin für die Tierernährung verwendet, hauptsächlich als Zusatz zu Geflügelfutter. Methionin ist auch als Racemat aus den D- und L-Formen wirksam. 1 kg (DL)-Methionin kann im Geflügelfutter ca. 50 kg Fischmehl ersetzen. Wegen des großen Bedarfs an Methionin wird es jährlich in Mengen von >400.000 t chemisch synthetisiert. Ein noch heute erfolgreich praktiziertes Verfahren wurde 1946 bei der Degussa AG entwickelt. Der Nachfolger der Degussa AG, Evonik Industries, hat nach diesem Verfahren weltweit mehrere Großanlagen in Betrieb genommen. **Abb. 14.6** zeigt den mehrstufigen Syntheseweg dieses Verfahrens. In Summe wird (DL)-Methionin aus Methylmercaptan, Acrolein, Blausäure und Wasser, also aus technisch gut zugänglichen Ausgangsstoffen, hergestellt.

Phenylalanin (Phe) wurde 1881 aus Lupinen isoliert. Diese essenzielle Aminosäure kommt in fast allen Proteinen in Mengen bis zu 5 % vor. Im menschlichen Organismus kann Phenylalanin durch Hydroxylierung in *para*-Stellung des Phenylrings in Tyrosin übergehen. Phenylalanin kann somit in der Nahrung das Tyrosin ersetzen. Bei Phenylalaninmangel können Störungen der Funktionen der Schilddrüse und der Nebennieren auftreten. Die weltweite Produktion von Phenylalanin liegt bei 12.500 Tonnen pro Jahr.

Prolin (Pro) ist Pyrrolidin-2-carbonsäure, gehört also zu den heterocyclischen Aminosäuren und ist die einzige sekundäre Aminosäure. Vom Pyrrolidin hat Prolin auch seinen Namen erhalten. Diese nicht

❑ Abb. 14.6 Evonik-Verfahren zur Synthese von (DL)-Methionin

essenzielle Aminosäure wurde 1901 von Emil Fischer in Casein entdeckt. Prolin ist in den meisten Proteinen mit bis zu 7 % enthalten, besonders reichlich aber in Gelatine (13 %) und in Casein (12 %). Im menschlichen Körper ist es wichtig für die Bildung von Kollagen, also des Proteins, aus dem Bindegewebe und Knochen bestehen.

Serin (Ser) enthält in der Seitenkette eine Hydroxygruppe und gehört damit zu den ungeladenen, aber polaren Aminosäuren. In den meisten Proteinen ist diese nicht essenzielle Aminosäure mit bis zu 8 % enthalten. Isoliert wurde sie erstmals 1865 aus dem Seidenbast (Sericin), der den Seidenfaden umhüllt und zu einem Drittel aus Serin besteht. Der Name Serin leitet sich vom lateinischen *sericum* (Seide) ab. Serin kann über seine Hydroxygruppe mit Phosphorsäure verestert, also „phosphoryliert" werden. Wird diese „Serinphosphorsäure" in Proteinen gefunden, spricht man von „Phosphoproteinen", die in der Pflanzenwelt weit verbreitet sind.

Threonin (Thr) enthält – wie Serin – eine Hydroxygruppe in der Seitenkette, kann also ebenfalls phosphoryliert werden. In Fleisch, Eiern, Milch und Cerealien kommt es in einer Menge von bis zu 5 % vor. Threonin wurde 1935 von dem amerikanischen Biochemiker William Cumming Rose entdeckt, der feststellte, dass diese essenzielle Aminosäure von entscheidender Bedeutung ist für die Verwertung der in der Nahrung vorhandenen Aminosäuren.

Tryptophan (Trp) ist eine essenzielle Aminosäure, die in der Seitenkette einen Indolrest enthält.

Entdeckt wurde sie 1902 in Caseinhydrolysat. In tierischen und pflanzlichen Proteinen ist sie nur zu 1–2 % enthalten. Tryptophan wird Mischfuttern zugesetzt. Seine Produktion (3000 Tonnen pro Jahr) kann enzymatisch aus Serin und Indol erfolgen. Bei Tryptophanmangel kommt es zu Augenkrankheiten oder Haarausfall.

Tyrosin (Tyr) ist eine nicht essenzielle aromatische Aminosäure, die in fast allen Proteinen enthalten ist. Ihren Namen hat sie von dem griechischen Wort *tyros* (Käse), da sie erstmals 1845 von Justus Liebig aus Käse isoliert wurde. Bei Oxidation von Tyrosin entstehen die Melanine, die für die Braunfärbung der menschlichen Haut von Bedeutung sind.

Valin (Val) ist eine essenzielle unpolare Aminosäure, die erstmals 1879 aufgefunden wurde. Sie kommt in den Proteinen des Fleischs, der Eier, der Milch und der Cerealien in Mengen bis zu 8 % vor. Ihren Namen hat sie von dem lateinischen Wort *validus* (kräftig, gesund). Bei Valinmangel kommt es zu Dysfunktionen des Nervensystems.

In den einzelnen Beschreibungen der 20 proteinogenen Aminosäuren wurden die verschiedenen Varianten ihrer **Gewinnung** bereits kurz erwähnt. Wie die nachfolgende Aufzählung der Herstellmethoden zeigt, kann man sowohl von nachwachsenden Rohstoffen ausgehen oder alternativ gezielte Synthesemethoden anwenden:

▬ **Proteinhydrolyse:** Die Aminosäuren werden aus den tierischen oder pflanzlichen

Proteinen durch Hydrolyse, also durch Kochen in wässriger Salzsäure unter Spaltung der Peptidbindungen, freigesetzt. Nach Neutralisation kann man die wasserlöslichen von den wasserunlöslichen Aminosäuren trennen, die Lösungen partiell eindampfen und durch Kristallisation oder Chromatographie die einzelnen Aminosäuren voneinander trennen.

- **Chemische Synthese:** Für einige Aminosäuren wurden ökonomische chemische Synthesen entwickelt, so z. B. für Methionin (◘ Abb. 14.6) und für Lysin. Die chemische Synthese kann auch durch asymmetrische Katalysatoren zu einem Enantiomer hin gesteuert werden; diese Variante nennt man **enantioselektive Synthese.**

- **Enzymatische Synthese:** Mithilfe enzymatischer Katalyse kann man die häufig gewünschte direkte Synthese der L-Aminosäuren erzielen. Die Enzyme werden dabei meistens auf festen Trägern immobilisiert. Beim Enzym-Membranreaktor der Degussa sind die Enzyme in Hohlfasermembranen fixiert. Nach diesen Methoden können z. B. L-Alanin, L-Phenylalanin, L-Tryptophan und L-Valin hergestellt werden.

- **Fermentation:** Durch Mikroorganismen, wie z. B. *Corynebacterium glutamicum*, können einige Aminosäuren selektiv und in größeren Mengen hergestellt werden. So wird L-Glutaminsäure industriell durch Fermentation von Glucose, bevorzugt aus relativ billiger Melasse, hergestellt. Fermentativ sind auch L-Lysin, L-Cystein, L-Phenylalanin, L-Tyrosin, L-Tryptophan, L-Isoleucin, L-Threonin und L-Valin gut zugänglich.

Kurz erwähnt werden sollen noch einige bedeutende **nicht proteinogene Aminosäuren**, die überwiegend in den Proteinen höherer Pflanzen, Bakterien und Pilzen vorkommen. ◘ Abb. 14.7 zeigt einige wichtige Vertreter:

- **L-Thyroxin** ist ein Hormon, das in der menschlichen Schilddrüse gebildet wird. Es enthält im Molekül vier Iodatome und wird deshalb auch vereinfacht als „T4" bezeichnet. Es ist wichtig für den Energiestoffwechsel. 1926 wurde es erstmals von dem deutschen Chemiker Georg Friedrich Henning zur Behandlung von Schilddrüsenleiden eingesetzt. Es ist auch heute noch unter der Bezeichnung „Thyroxin Henning" im Handel und gehört weltweit zu den am meisten verschriebenen Medikamenten.

- Auch das chemisch verwandte **Diiodtyrosin (DIT)** kommt in der Schilddrüse vor. Es bildet sich dort aus der proteinogenen Aminosäure Tyrosin und Iodiden. In der Natur findet man es ebenfalls in Korallen.

- **L-Dopa** ist die Abkürzung für L-3,4-Dihydroxyphenylalanin. Es ist die Vorstufe für Dopamin, das als Neurotransmitter die Motorik des Menschen steuert. Bei einem Mangel an Dopamin tritt die „Parkinson'sche Krankheit (Morbus Parkinson)", eine Schüttellähmung, auf. Die Synthese von L-Dopa kann durch enantioselektive Hydrierung von Aminozimtsäurederivaten erfolgen. Diese von dem Amerikaner William S. Knowles erstmals entwickelte Synthese wurde später von der Firma Monsanto in den technischen Maßstab übertragen. Knowles erhielt 2001 für seine Arbeiten zur enantioselektiven Synthese – zusammen mit dem Japaner Ryoji Noyori – den Nobelpreis für Chemie.

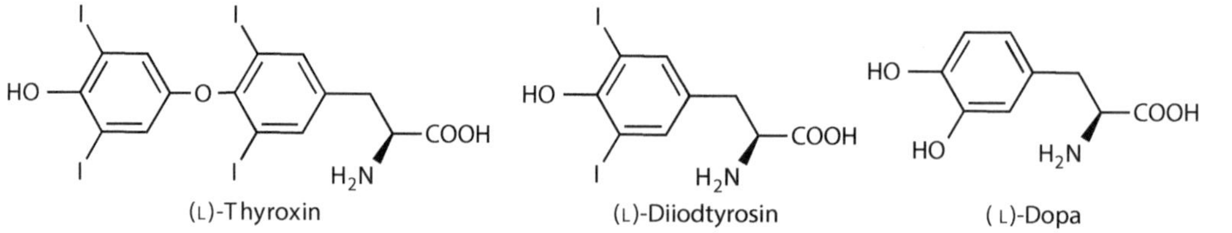

◘ **Abb. 14.7** Die nicht proteinogenen Aminosäuren Thyroxin, Diiodtyrosin und Dopa

14.2 Peptide

Verknüpfen sich Aminosäuren über ihre Carboxy- und Aminogruppen, bilden sich **Peptide.** Zwei Aminosäuren bilden Dipeptide, drei Aminosäuren Tripeptide usw. Diese Gruppe niedermolekularer Verbindungen kann man als **Oligopeptide** zusammenfassen. Wird die Peptidkette noch länger, spricht man von **Polypeptiden**, die aus bis zu 150 Aminosäuren bestehen. Werden die Ketten noch länger, erhält man schließlich die **Proteine.** Allerdings sind die Grenzen der Bezeichnungen fließend.

Ein Beispiel für ein wichtiges Dipeptid ist der Süßstoff **Aspartam**, der sich durch eine Süßkraft auszeichnet, die ca. 200-mal stärker ist als die des Zuckers. Aspartam ist der Methylester von L-Aspartyl-L-Phenylalanin, besteht also aus den beiden α-Aminosäuren L-Asparaginsäure und L-Phenylalanin. Bei der Synthese geht man von L-Asparaginsäure aus, die zuerst mit Phosphoroxychlorid zum Carbonsäureanhydrid dehydratisiert wird. Durch Umsetzung mit dem Methylester des L-Phenylalanins ergibt sich das Aspartam (■ Abb. 14.8).

Aspartam wird als synthetischer Süßstoff in vielen Nahrungsmitteln, wie z. B. in Erfrischungsgetränken, Backwaren und Kaugummis, eingesetzt. Allerdings gibt es auch immer wieder Studien, die auf mögliche Gesundheitsgefahren hinweisen. In der EU ist die „erlaubte Tagesdosis" auf 40 mg Aspartam pro kg Körpergewicht festgelegt worden.

Ein weiteres wichtiges Peptid ist **Insulin**, das in den Langerhans-Inseln der menschlichen Bauchspeicheldrüse (Pankreas) gebildet wird. Es besteht aus zwei Peptidketten, die über zwei Disulfidbrücken miteinander verknüpft sind: Die A-Kette besteht aus 21, die B-Kette aus 30 Aminosäuren; die Molmasse beträgt 5743 Dalton. Insulin stimuliert den Transport von Glucose durch die Zellmembran und senkt so den Blutzuckerspiegel. Gleichzeitig wird in der Leber die Anzahl der Enzyme erhöht, die die Umwandlung der Glucose in das Speicher-Polysaccharid Glycogen fördern. Bei Insulinmangel kommt es zur Krankheit *Diabetes mellitus*, der „Zuckerkrankheit". Zur Therapie dieser Krankheit kann man einerseits von Schweineinsulin ausgehen, das dann enzymatisch in Humaninsulin umgewandelt wird. Alternativ wird Humaninsulin heute mit gentechnologisch modifizierten *Escherichia-coli*-Stämmen produziert.

Wichtige Pharmaka auf Basis von Aminosäuren sind die **Penicilline** und die **Cephalosporine** (■ Abb. 14.9). Penicilline bestehen aus den Aminosäuren D-Valin und L-Cystein, die in Form eines β-Lactamrings miteinander verknüpft sind. Diese Substanzklasse wurde von Sir Alexander Fleming entdeckt, der 1929 zufällig beobachtete, dass das Wachstum von Staphylokokken durch den Schimmelpilz *Penicillium notatum* gehemmt wird. Die Bakterien abtötende Substanz bezeichnete Fleming deshalb als Penicillin. Der Rest -R in der Penicillinformel kann vielfältig variiert werden. Die so zugänglichen Penicilline wurden ab 1944 zu wichtigen Antibiotika. Sir Fleming erhielt im Jahr 1945 für seine Arbeiten den Nobelpreis für Medizin.

In den 1950er-Jahren wurden erstmals Resistenzen gegen Penicilline festgestellt: Die Staphylokokken bildeten das Enzym Penicillinase, das die

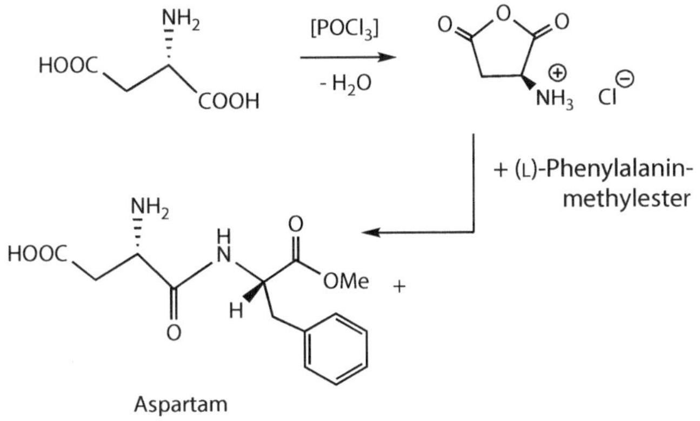

■ **Abb. 14.8** Chemische Synthese des Dipeptids Aspartam

▣ Abb. 14.9 Grundstrukturen der Penicilline und Cephalosporine

Penicilline   Cephalosporine

Penicilline desaktiviert. Cephalosporine (▣ Abb. 14.9), die 1948 von dem italienischen Bakteriologen Giuseppe Brotzu aufgefunden wurden, sind jedoch stabil gegen Penicillinase. Die Cephalosporine bestehen aus denselben Aminosäurebausteinen wie die Penicilline, jedoch ist eine Methylgruppe des Valins in den Dihydrothiazin-Sechsring mit eingebaut.

14.3 Proteine

Wie bereits erwähnt, sind Proteine eigentlich nichts anderes als langkettige Peptide. Allerdings können in Proteinen auch noch weitere Bausteine an der Polyamidkette kovalent gebunden sein, so genannte *prosthetische Gruppen*, wie z. B. Phosphorsäure, Lipide oder Saccharidbausteine. Man unterscheidet deshalb auch zwischen „einfachen" Proteinen und „zusammengesetzten (konjugierten)" Proteinen.

Die Größe der Proteine ist sehr unterschiedlich. Die **molare Masse** liegt meist zwischen 12.000 und einer Million Dalton. Das menschliche Hämoglobin – der Sauerstoff transportierende Farbstoff der roten Blutzellen – hat z. B. eine molare Masse von 64.500 Dalton; die Glutamat-Dehydrogenase in der Rinderleber eine molare Masse von 330.000 Dalton.

Für die biologische Aktivität der Proteine ist neben der chemischen Zusammensetzung der sterische Aufbau von großer Bedeutung. Man unterscheidet zwischen:

- **Primärstruktur**: Sie ergibt sich durch die Aminosäuresequenz.
- **Sekundärstruktur**: Sie berücksichtigt, dass die Peptidkette nicht gestreckt vorliegt, sondern bevorzugte Konformationen gebildet werden. α-Keratin bildet z. B. eine α-Helix.
- **Tertiärstruktur**: Über die Sekundärstruktur hinaus kommt es zu größeren Faltungen des

Moleküls, die häufig durch Disulfidbrücken bewirkt werden. Es bilden sich entweder fibrilläre oder kugelförmige Moleküle:

- Die fibrillären Proteine bezeichnet man auch als Sklero- oder Faserproteine. Durch ihre Faserstruktur haben sie eine hohe mechanische Festigkeit und sind unlöslich in Wasser. Sie übernehmen im Organismus häufig schützende Funktionen. Typische Beispiele sind α-Keratin, der Hauptbestandteil von Haaren, Haut und Nägeln, sowie Kollagen, die Hauptkomponente der Sehnen.
- Die kugelförmigen Moleküle bezeichnet man auch als *globuläre Proteine* (Sphäroproteine). Sie sind in wässrigen Systemen löslich und können leicht diffundieren. Im Organismus haben sie deshalb meist eine dynamische Funktion. Viele Enzyme sind globuläre Proteine, wie z. B. die im Blut enthaltenen Proteine Serumalbumin und Hämoglobin.

- **Quartärstruktur**: Mehrere Peptidketten (die nicht kovalent miteinander verbunden sind) lagern sich zu einer größeren Assoziation zusammen. Hämoglobin besteht z. B. aus vier zusammen gepackten Protein-Untereinheiten. Diese Anordnung kann häufig durch Röntgenstrukturanalyse ermittelt werden.

Durch äußere Einflüsse kann sich die Überstruktur der Proteine ändern. Durch erhöhte Temperaturen, pH-Wert-Änderung oder Zusatz von organischen Lösungsmitteln, Salzen oder Detergenzien kann die Tertiärstruktur reversibel oder irreversibel aufgehoben werden. Dieser Vorgang wird als **Denaturierung** bezeichnet. Ein Beispiel ist das flüssige Hühnereiweiß, das beim Kochen zu einem Feststoff koaguliert.

Exkurs: Das optimal gegrillte Steak

Die Aminosäuren der Proteine können chemische Reaktionen eingehen. Der Franzose Louis Camille Maillard fand 1912, dass reduzierende Zucker mit der Aminogruppe von Proteinen eine Reaktion eingehen, bei der es zu einer Braunfärbung der Proteine kommt, zur „nichtenzymatischen Bräunung". Im ersten Schritt der Reaktionsfolge bildet sich ein *N*-Glycosylamin, das dann in zahlreichen weiteren (noch nicht vollständig aufgeklärten) Schritten umgelagert, dehydratisiert, cyclisiert und abgebaut wird. Jeder, der ein Steak auf dem Grill gart, kann diese **Maillard-Reaktion** einfach nachvollziehen. Die Braunpigmente, die zusammengefasst auch als *Melanoidine* bezeichnet werden, sind gleichzeitig für das leckere Brataroma verantwortlich. Allerdings sind beim Grillen einige Regeln zu beachten:

- Je höher die Temperatur, umso schneller laufen die chemischen Reaktionen ab. Bei Temperaturen deutlich über 180 °C und bei langen Grillzeiten können sich allerdings ungesunde, teilweise krebserregende Verkohlungsprodukte bilden. Also besser bei mittleren Temperaturen mit begrenzter Grillzeit garen.
- Etwas Zucker in der Marinade, in der man das Fleisch einlegt, führt zu einer schnelleren Maillard-Reaktion.
- Das Steak vorher gut abtupfen: Unnötiges Wasser verlängert die Garzeit. Das Fleisch wird dann mehr gekocht als gegrillt. Es bilden sich weniger Aromastoffe.

Je nach ihrem Aufbau können die Proteine im Organismus in verschiedenen **Funktionen** auftreten, die teilweise schon erwähnt wurden:

- Strukturproteine (Keratine, Kollagen, Fibroin, …)
- Enzyme (Ribonuclease, Trypsin, …)
- Transportproteine (Hämoglobin, Serumalbumin, Myoglobin, …)
- Speicherproteine (Ovalbumin, Ferritin, …)
- Hormone (Insulin, das „Stresshormon" ACTH, das „Wachstumshormon" Somatropin, …)
- Schutzproteine (Blut-Antikörper, Fibrinogen, …)
- Toxine (Schlangengifte, Botulinus-Toxin, Rizin (▶ Abschn. 2.2.7), …)

All diese Proteine – ob mit positiven Eigenschaften oder hochtoxisch – bestehen aus den gleichen 20 in ▶ Abschn. 14.1 vorgestellten proteinogenen Aminosäuren. Durch die Aminosäuresequenz und die sich dadurch ergebende Struktur ergibt sich letztlich ihre biologische Aktivität.

Proteine können auch vielseitig im **technischen Bereich** genutzt werden. Typische Anwendungsfelder für Proteine sind:

- Kleb- und Haftstoffe, z. B. für die Herstellung von Spanplatten
- Papierbeschichtungen, z. B. zur verbesserten Haftung von Druckfarben
- Folien, Filme und Beschichtungen, z. B. zur kontrollierten Freigabe von Wirkstoffen
- Polymere Materialien für Anwendungen im Gartenbau (abbaubare Gewächshausfolien und Pflanztöpfe), im Lebensmittelbereich (Verpackungsfolien), in der Medizin (resorbierbare Implantate) oder beim Catering (Besteck, Teller und Tassen).

Die Nutzung von Proteinen als Kleb- und Haftstoffe wird bereits in alten hebräischen Texten erwähnt: Vor dem Erntedankfest wurden die Häuser mit Caseinfarben bestrichen, die aus Quark und Erdpigmenten hergestellt wurden. Auch altägyptische und chinesische Tischler benutzten bereits Caseinleime. Heute wird Casein als Bauklebstoff für Teppichböden, Kork und Fliesen verwendet.

Eine besondere Herausforderung für Klebstoffe ist das Kleben unter Wasser. Die gemeine Miesmuschel (*Mytilus edulis*) ist aber in der Lage, selbst in Salzwasser fest an den verschiedensten Materialien wie Holz, Metallen, Gestein oder Kunststoffen anzuhaften. Sie erreicht dies mit einem speziellen Protein, das als Hauptkomponente L-3,4-Dihydroxyphenylalanin (L-Dopa, ◘ Abb. 14.7) enthält. Durch die beiden Hydroxygruppen des L-Dopa wird die Hydrophilie der Proteinkette so erhöht, dass der proteinogene Klebstoff unter Wasser eine bessere Adhäsionswirkung mit dem jeweiligen Untergrund erzielt. Aus den Miesmuscheln kann man dieses Protein nicht wirtschaftlich gewinnen. Inzwischen ist es aber möglich, diese Proteine auch künstlich herzustellen.

Die Rohstoffe für die technisch eingesetzten Proteine sind meist Koppelprodukte der Pflanzenaufbereitung, z. B. bei der Öl- und Stärkegewinnung. So enthält beispielsweise die Sojabohne 20 % Öl und 37 % Eiweiß. Aus den im Jahr 2012 geernteten 250 Mio. Tonnen Sojabohnen stehen somit – rein rechnerisch – ca. 90 Mio. Tonnen Sojaproteine weltweit zur Verfügung. Allerdings wird derzeit der Großteil der Sojaproteine für Lebens- oder Futtermittel verwendet. Auch tierische Proteine, wie z. B. Kollagene, Gelatine und Keratine, werden technisch genutzt. Sie werden in ▶ Abschn. 19.2.1 bei der Beschreibung der Biopolymere näher erläutert.

Zusammenfassung *(Take-Home Messages)*

- Man unterteilt die Aminosäuren in **proteinogene** und **nicht proteinogene Aminosäuren**. Die 20 proteinogenen Aminosäuren kommen in den Proteinen vor.
- Der Mensch muss einige Aminosäuren, die **essenziellen Aminosäuren**, mit der Nahrung aufnehmen, da er sie nicht selber erzeugen kann.
- α-Aminosäuren haben die **generelle Formel** R–CH(NH$_2$)COOH. Die meisten α-Aminosäuren haben ungeladene aliphatische oder aromatische Reste R. Asparagin- und Glutaminsäure besitzen noch eine weitere Carboxygruppe; die drei Aminosäuren Lysin, Arginin und Histidin enthalten noch weitere stickstoffhaltige Gruppen und sind bei pH 7 positiv geladen.
- Die **Herstellung** der Aminosäuren erfolgt entweder durch Proteinhydrolyse, durch chemische oder enzymatische Synthese oder durch Fermentation.
- Nicht proteinogene Aminosäuren sind z. B. ʟ-Thyroxin, Diiodtyrosin (DIT) und ʟ-Dopa, eine Vorstufe des Dopamins. Es wird zur Behandlung der Parkinson'schen Krankheit eingesetzt.
- Bei den **Peptiden** unterscheidet man zwischen niedermolekularen **Oligopeptiden** und höhermolekularen **Polypeptiden**. Ab einer Molmasse von ca. 12.000 Dalton spricht man von **Proteinen**.

- Wichtige Peptide sind z. B. der synthetische Süßstoff **Aspartam**, das Hormon **Insulin**, das den Blutzuckerspiegel regelt, sowie die pharmazeutisch wirksamen **Penicilline** und **Cephalosporine**.
- Bei den Proteinen unterscheidet man zwischen den **einfachen** und den **zusammengesetzten** Proteinen, die zusätzliche prosthetische Gruppen, wie z. B. Kohlenhydrate oder Lipide, enthalten.
- Die **Molmassen** der Proteine liegen zwischen 12.000 und einer Million Dalton.
- Beim **Aufbau** der Proteine unterscheidet man zwischen primärer, sekundärer, tertiärer und quartärer Struktur. Die Struktur ist entscheidend für die biologische Funktion der Proteine.
- **Fibrilläre Proteine** (Sklero- oder Faserproteine) haben eine Faltblattstruktur und sind wegen ihrer mechanischen Festigkeit für die Stabilität und den Schutz des Organismus von Bedeutung. Wichtige Beispiele sind die **Keratine** und das **Kollagen**.
- **Globuläre Proteine** (Sphäroproteine) haben einen kugel- oder ellipsenförmigen Aufbau. Sie sind wasserlöslich und haben im Organismus meist eine dynamische Funktion, z. B. als Transportproteine. Ein Beispiel hierfür ist **Hämoglobin**, der Sauerstoff transportierende Farbstoff der roten Blutzellen.
- Proteine können durch äußere Einflüsse **denaturiert** werden oder chemische Reaktionen eingehen, wie z. B. bei der **Maillard-Reaktion**.

❓ Zehn Quickies zu ▶ Kap. 14

1. Unterscheiden Sie zwischen proteinogenen, essenziellen und nicht proteinogenen Aminosäuren!
2. In welche Untergruppen lassen sich die 20 proteinogenen Aminosäuren einteilen?
3. Für welche Aminosäuren stehen die Abkürzungen Asn, Asp, Arg, Gln, Glu, Ile und Trp?

4. Welche Ausgangssubstanzen benötigt man für eine Strecker-Synthese? Welcher Aldehyd ist für die Synthese von Valin erforderlich? Entsteht bei dieser Synthese ein einzelnes Enantiomer oder ein Racemat?

5. Was ist Casein? Welche Aminosäuren wurden erstmals in Casein entdeckt?

6. Wozu werden Methionin und Glutaminsäure hauptsächlich verwendet?

7. Nennen Sie die vier wesentlichen Gewinnungsmethoden von Aminosäuren!

8. Warum ist die nicht proteinogene Aminosäure L-Dopa von Bedeutung?

9. Was sind Peptide? Unterscheiden Sie zwischen Oligopeptiden, Polypeptiden und Proteinen.

10. Beschreiben Sie die verschiedenen Strukturtypen der Proteine.

■ ■ **… und zur Belohnung noch ein Fußballer-Zitat:**

» Es gibt nur eine Möglichkeit: Sieg, Niederlage oder Unentschieden.
(Franz Beckenbauer)

Weiterführende Literatur

Monographien und Übersichtsartikel

Curth H (2015) Biochemie 2 – Aminosäuren, Proteine und Enzyme. MEDI-LEARN Scriptenreihe, Ottendorf

Sahm H, Antranikian G, Stahmann K-P, Takors R (Hrsg) (2013) Industrielle Mikrobiologie, Kap. 5, 9 und 10. Springer Spektrum, Berlin Heidelberg

Wu G (2013) Amino acids: biochemistry and nutrition. CRC Press, Taylor and Francis Group, Boca Raton

Bender DA (2012) Amino acid metabolism, 3. Aufl. Wiley-Blackwell, Hoboken

Berg JM, Stryer L, Tymoczko JL (2012) Biochemie, 7. Aufl. Springer Spektrum-Akademischer Verlag, Berlin Heidelberg

Elemente Chemie (2012) Aminosäuren und Proteine. Ernst Klett Verlag GmbH, Stuttgart, 2 Kapitel

D'Mello J (Hrsg), Amino acids in human nutrition and health. www.cabi.org, 2011.

Hughes B (Hrsg), Amino acids, peptides and proteins in organic chemistry. John Wiley and Sons, Inc., 2009, Bd. 1: Origins and synthesis of amino acids, Bd. 2: Modified amino acids, organocatalysis and enzymes, Bd. 3: building blocks, catalysis and coupling chemistry, Bd. 4: protection reactions, medicinal chemistry, combinatorial synthesis, Bd. 5: analysis and function of amino acids and peptides

Habermehl G, Hammann P, Krebs HC, Ternes W (2008) Naturstoffchemie – Eine Einführung, 3. Aufl. Aminosäuren, Peptide und Proteine, Kap. 4. Springer, Heidelberg

Meierhenrich U (2008) Amino acids and the asymmetry of life. Springer, Heidelberg

Schäfer B (2007) Naturstoffe der chemischen Industrie, Kap. 5 Aminosäuren. Spektrum Akademischer Verlag, Berlin Heidelberg

Tramontano A (2006) Protein structure prediction – concepts and applications. Wiley-VCH, Weinheim

Freeland SJ, Hurst LD (2004) Der raffinierte Code des Lebens. Spektrum der Wissenschaft 6:86–93

Drauz K, Hoppe B, Kleemann A, Krimmer H-P, Leuchtenberger W, Weckbecker C (2003) Amino acids. Ullmann's encyclopedia of industrial chemistry, 6. Aufl. 2 Wiley-VCH, Weinheim

Aalbersberg WY et al. (2003) Industrial proteins in perspective. Elsevier, Amsterdam

Fonds der Chemischen Industrie (1993) Folienserie 11: Aminosäuren – Bausteine des Lebens.

Nachhaltig Farbe bekennen!

Natürliche Farbstoffe

© Springer-Verlag GmbH Deutschland 2018
A. Behr, T. Seidensticker, *Einführung in die Chemie nachwachsender Rohstoffe*,
https://doi.org/10.1007/978-3-662-55255-1_15

15.1 Ein Blick in die Geschichte

Die Nutzung natürlicher Farbstoffe auf Basis nachwachsender Rohstoffe geht weit in die Geschichte zurück: Ausgrabungen belegen, dass schon in der Jungsteinzeit vor über 10.000 Jahren Stoffe und Leder gefärbt wurden. Perser, Inder, Chinesen und Ägypter kannten bereits die Kunst des Färbens, und die antiken Griechen und Römer setzten diese Tradition fort. In einem Grabhügel beim Ort Pasyryk im sibirischen Altai-Gebirge wurde als Grabbeigabe eines skythischen Fürsten ein Teppich gefunden, der circa 2500 Jahre alt ist. Dieser „Pasyryk-Teppich" (◻ Abb. 15.1) besteht aus reiner Schurwolle (▶ Abschn. 19.2.1) und ist überwiegend rot und gelb eingefärbt, enthält aber auch Blau- und

Grautöne. Aufbewahrt wird er in der Eremitage in St. Petersburg.

Viele natürliche Farbstoffe pflanzlichen oder tierischen Ursprungs wurden wahrscheinlich schon vor 3000 Jahren – insbesondere zum Färben von Gewändern – eingesetzt:

- Das Färben mit **Purpur**, einem roten Farbstoff, der aus der Purpurschnecke gewonnen wurde, war bereits den Minoern und Phöniziern bekannt (▶ Abschn. 15.2).
- Alternativ wurden weniger teure Rottöne aus der **Kermes**- oder **Scharlachbeere** isoliert.
- Aus der Krapppflanze wurde das **Krapprot** gewonnen, von den Römern *rubia* genannt. Der Hauptbestandteil des Krapprots ist 1,2-Dihydroxyanthrachinon, das **Alizarin** (▶ Abschn. 15.3).
- Griechische Frauen liebten in der Antike gelbe Gewänder, die mit **Safran**(lat. *crocus*) gelb gefärbt waren.
- Das Blaufärben mit **Färberwaid** (*Isatis tinctoria*) war ebenfalls schon in der Antike bekannt. Aus den Blättern dieser Pflanze lässt sich **Indigo** gewinnen (▶ Abschn. 15.4). Färberwaid stammt aus Westasien, hat sich aber in ganz Europa als Wildpflanze verbreitet.
- In Südasien wurde über Jahrhunderte hinweg der Naturfarbstoff **Indischgelb** verwendet (▶ Exkurs:„Heiliges" Gelb aus Indien: Indischgelb).

Die Kunst des Färbens ging zur Zeit der Völkerwanderungen verloren und kam erst im 12. Jahrhundert wieder langsam aus dem Orient nach Europa zurück. Insbesondere in Florenz wurde die Färbekunst erneut intensiv gepflegt. 1540 erschien das erste Buch über die Färberei von Giovanni Ventura Rosetti; zur gleichen Zeit führte Gobelin in Frankreich das Färben von Wandteppichen ein. Erst im 19. Jahrhundert ersetzten die damals neuen synthetischen „Teerfarbstoffe" nach und nach die natürlichen Farbstoffe.

Bei den hier genannten Farbstoffen handelt es sich um organische Moleküle zum Färben organischer Materialien wie z. B. (Baum-)Wolle. Daneben gibt es noch die anorganischen Pigmente, welche zwar natürlichen Ursprungs, aber nicht nachwachsend sind und sich auch nicht zum Färben von Textilien eignen. Hierzu mehr im abschließenden Abschnitt dieses Kapitels.

◻ **Abb. 15.1** Der älteste Teppich der Welt: Der Pasyryk-Teppich (© Pazyryk Gesellschaft e.V., Public Domain)

◘ **Tab. 15.1** Färbepflanzen zum Bemalen von Ostereiern

Färbung	Pflanzenmaterial
Gelb	Gelbholz, Kamillenblüten, Tagetesblüten
Grün	Mate-Tee
Blauviolett	Blauholz
Rot	Rotholz (Brasilholz), Krappwurzeln
Rotbraun	Weidenrinde, Zwiebelschalen
Hellbraun	Schwarzer Tee, Rosskastanienrinde
Dunkelbraun	Walnussblätter, Kaffee, Frauenmantelkraut

15.2 Purpur

Die Farbe Purpur wurde in der Antike aus einem Drüsensekret der „Purpurschnecken" gewonnen. Diese Schneckenart gehört zur Familie der Stachelschnecken und lebt im Mittelmeer. ◘ Abb. 15.2 zeigt eine wichtige Art, die „Stumpfe Stachelschnecke" (*Hexaplex trunculus*).

Die **Gewinnung** des Farbstoffs war sehr aufwendig: Die Schnecken wurden in Reusen gefangen, die Drüse herausgenommen und zerquetscht, dann das Sekret tagelang in Salz eingelegt und in Urin gekocht.

Bei diesen Fäulnisprozessen kam es zu einer heftigen Geruchsentwicklung. Schließlich wurden die zu färbenden Stoffe in die (noch farblose) Lösung eingetaucht. Erst beim Trocknen unter Sonnenlicht kam es durch eine enzymatische Reaktion zur Bildung der Farbe Purpur. Man schätzt, dass für das Einfärben von einem Kilogramm Wolle das Sekret von ca. 10.000 Schnecken benötigt wurde.

Die **Anwendung** des Purpurs zur Einfärbung von Textilien war bereits im minoischen Kreta bekannt. Besonders intensiv wurde die Purpurherstellung in der phönizischen Stadt Tyros betrieben. Die Senatoren im antiken Rom trugen eine weiße Toga mit einem purpurnen Streifen; später trugen die römischen Kaiser eine Toga, die vollständig purpurn gefärbt war. Schließlich trugen byzantinische und deutsche Kaiser purpurne Gewänder; seit dem 15. Jh. auch die katholischen Kardinäle.

Die **chemische Struktur** des Purpurs wurde 1909 durch Paul Friedländer (1857–1923) aufgeklärt. Das Purpur ist ein 6,6'-Dibromindigo (◘ Abb. 15.3), und damit eng mit dem Indigo (▸ Abschn. 15.4) verwandt.

Inzwischen gibt es die Möglichkeit, Purpur auch synthetisch herzustellen. Allerdings ist die Farbechtheit von Purpur für heutige Ansprüche nicht ausreichend, und andere synthetische Farbstoffe mit ähnlichem Farbton haben den Purpur seit langem abgelöst.

◘ **Abb. 15.2** Gehäuse der Purpurschnecke Hexaplex trunculus (© Schnecken und Muscheln, Inh. Guido Höner)

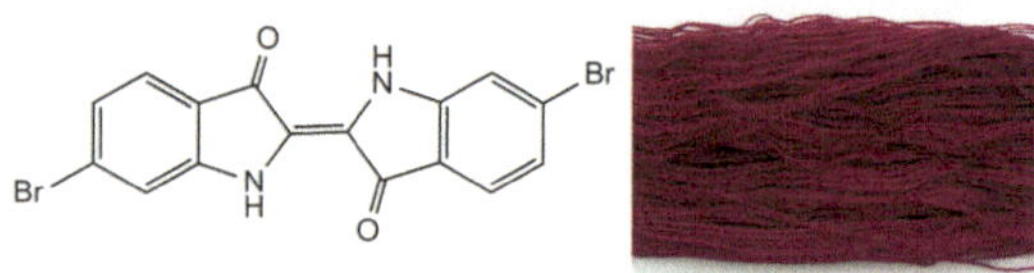

Abb. 15.3   Chemische Struktur (links) und Farbe des Purpurs (= 6,6′-Dibromindigo)
(© woll-street, Bietigheim-Bissingen)

15.3   Alizarin

Die Bezeichnung Alizarin stammt vom spanischen Wort *alizari* ab, dem Namen für den Färberkrapp"
(lat. *Rubia tinctorum*, Abb. 15.4). Aus den Wurzeln dieser Pflanze wird seit Jahrhunderten der rote Farbstoff Alizarin gewonnen. In den Wurzeln ist das Alizarin zu ca. 5–7 % enthalten, es ist glykosidisch gebunden an Glucose und Xylose.

Die Färberkrapp-Pflanze stammt aus Vorderasien und dem östlichen Mittelmeer und gelangte von dort auch nach Westeuropa. Karl der Große ließ die Pflanze auf seinen Staatsgütern anbauen. Mitte des 19. Jh. wurden große Mengen Färberkrapp in Frankreich kultiviert. Zur **Gewinnung** von Alizarin werden die Wurzeln geerntet, in Öfen getrocknet und anschließend zerkleinert. Die Farbqualität hängt dabei stark von der Pflanzenart und der weiteren Verarbeitung ab.

Das Alizarin gehört zu den so genannten „Beizenfarbstoffen": Zum **Anfärben** einer Textilfaser muss diese zuerst mit einer wässrigen Lösung dreiwertiger Metallionen, wie z. B. Aluminium, Eisen oder Chrom, getränkt werden. Taucht man diese getränkte Faser in eine Lösung von Alizarin, bilden sich an der Faseroberfläche unlösliche Komplexe des dreiwertigen Metalls mit dem Farbstoff. Wegen dieser speziellen Bindung zeichnet sich der Beizenfarbstoff durch eine hohe Lichtechtheit und Waschbeständigkeit aus. Die Beiztechnik war bereits in historischer Zeit bekannt. Mit einer Beize aus Alaun, einem Kaliumaluminiumsulfat ($KAl(SO_4)_2 \cdot 12\,H_2O$), wurden tiefe Rottöne erzielt, mit einer Eisenbeize dagegen Schwarztöne. Zahlreiche Uniformen wurden auf diese Weise gefärbt; im osmanischen Reich diente das „Türkische Rot" zur Einfärbung der Kopfbedeckungen (Fes).

Neben der Färbung von Textilien kann Alizarin auch als Farbstoff für andere Anwendungen genutzt werden. Die Metall-Alizarin-Komplexe werden auch als „Krapplacke" bezeichnet und dienen zur Färbung von Papier im Buchdruck oder bei der Tapetenherstellung sowie als Künstlerfarben, z. B. in der Pastell- und Ölmalerei („Van-Dyck-Rot").

Die **Struktur** des Alizarins wurde 1868 von den Berliner Professoren Carl Graebe und Carl Liebermann aufgeklärt: Alizarin ist 1,2-Dihydroxyanthrachinon (Abb. 15.5) und gehört damit zur großen Gruppe der Anthrachinonfarbstoffe. Beide Forscher entwickelten – ausgehend von Anthracen – eine dreistufige Synthese für Alizarin, die sie 1869 zum Patent anmeldeten. Heinrich Caro, der damalige Leiter des Forschungslabors der BASF, übertrug diese Synthese in den Produktionsmaßstab. Da Anthracen aus dem Teer der Kohleverkokung gewonnen wurde, war das synthetische Alizarin einer der ersten Farbstoffe der „Teerfarbenindustrie".

Abb. 15.4   Der Färberkrapp und das aus seinen Wurzeln gewonnene Alizarin
(© Dr. Renate Kaiser-Alexnat, Institut für Färbepflanzen, Michelstadt; © Benjah-bmm27, Public Domain)

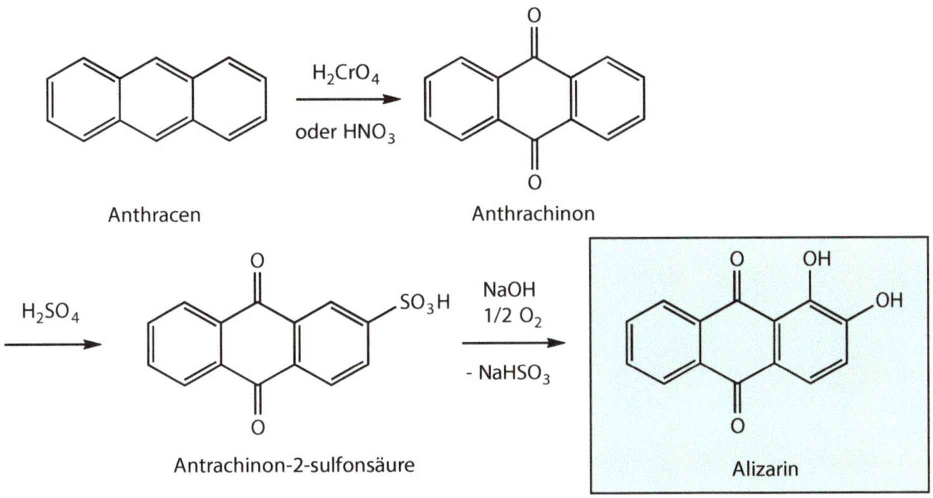

Abb. 15.5 Die chemische Synthese von Alizarin aus Anthracen

Im ersten Syntheseschritt wird Anthracen durch Oxidation in Anthrachinon überführt, das mit Oleum (rauchender Schwefelsäure) zur Anthrachinon-2-sulfonsäure sulfoniert wird. In einer anschließenden oxidativen Alkalischmelze wird nicht nur die Sulfonsäuregruppe hydrolysiert, sondern gleichzeitig noch eine zweite Hydroxygruppe in die 1-Position eingeführt. Es bilden sich die orangegelben Nadeln des Alizarins.

15.4 Indigo, der „König der Farbstoffe"

Der Name Indigo leitet sich vom Fluss Indus ab. Im Industal befand sich in der Antike von 2800–1800 v. u. Z. die Harappa-Kultur, bei der erstmals die Färbung mit Indigo nachgewiesen wurde. Marco Polo hat auf seiner Chinareise als erster Europäer über Indigo berichtet; ab Ende des 15. Jh. wurde es dann von Indien nach Europa exportiert. Dort herrschte eine große Nachfrage, denn außer dem anorganischen Mineralpigment Ultramarin kannte man damals im Mittelmeerraum keine gut zugänglichen Blautöne. In Indien wurde Indigo aus den Blättern der Indigopflanze *Indigofera tinctoria* (■ Abb. 15.6, links) gewonnen, die in den Tropen und Subtropen weit verbreitet ist. Im nördlichen

Europa gibt es ebenfalls eine Pflanze, aus der man Indigo gewinnen kann, wenn auch mit wesentlich geringerer Ausbeute, der Färberwaid (■ Abb. 15.6, rechts).

In den Pflanzenblättern ist der Farbstoff Indigo nicht als solcher vorhanden, sondern muss erst mühsam hergestellt werden. Zur **Gewinnung** wurden in Indien die Indigopflanzen zusammen mit Wasser zu einem Brei gestampft, der – in Lehmgruben gefüllt – bei Temperaturen von ca. 35 °C zu einer bräunlichen Brühe vergoren wurde. Bei dieser Gärung wurde Urin zugesetzt. Dabei löste sich das in den Blättern vorhandene Indican, ein β-D-Glucosid des Indoxyls, und wurde durch β-Glucosidasen enzymatisch gespalten (■ Abb. 15.7). Die Brühe wurde dann von den Pflanzenresten abgegossen. Nun konnte man auf zwei Weisen weiter fortfahren:

- Wollte man den reinen Farbstoff gewinnen, wurde die indoxylhaltige Flüssigkeit mit Ruten und Latten einige Stunden lang an der Luft geschlagen. Dabei gelangte Sauerstoff in die Lösung und das wasserlösliche, farblose Indoxyl oxidierte und dimerisierte zum wasserunlöslichen tiefblauen Indigo. Dieser fiel in Form von Flocken aus und konnte eingesammelt, getrocknet und in Stücke gepresst werden.

Abb. 15.6   Die Indigopflanze (links) und der Färberwaid (rechts)
(© Dr. Renate Kaiser-Alexnat, Institut für Färbepflanzen, Michelstadt)

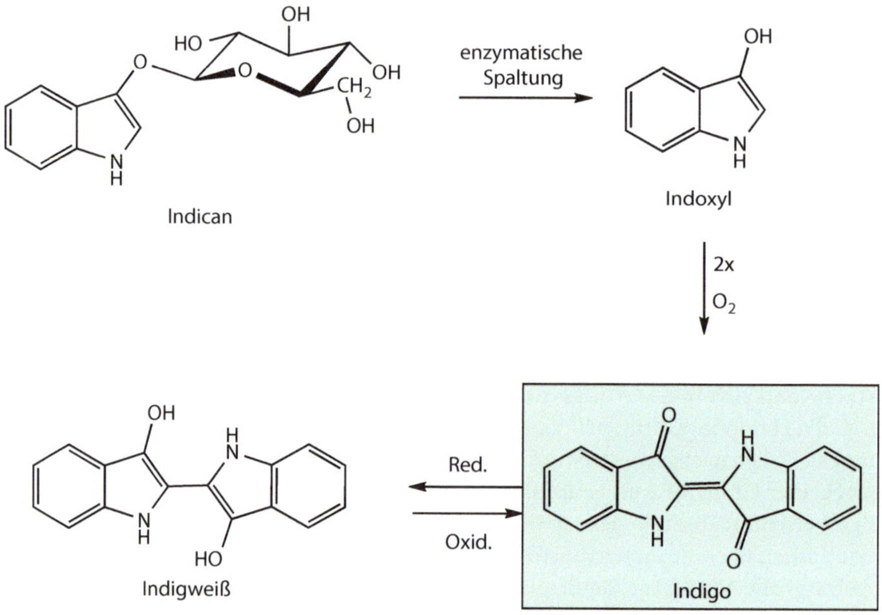

Abb. 15.7   Gewinnung von natürlichem Indigo (und Umwandlung in Indigweiß)

Abb. 15.8 Indigo, die Farbe der Bluejeans (© Oktaeder, Public Domain)

Wollte man direkt Textilien einfärben (Abb. 15.8), wurden die Stoffe in die indoxylhaltige Lösung eingetaucht, herausgenommen und dann an der Luft getrocknet. Auch hierbei reagiert das Indoxyl spontan zu kleinen Indigopartikeln, die an der Faser haften bleiben.

Um ein Textil mit dem isolierten Indigo zu färben, wird das Prinzip der **Küpenfärberei** angewendet. Dazu wird das wasserunlösliche Indigo mit einem Reduktionsmittel wie z. B. Natriumdithionit ($Na_2S_2O_4$) in alkalischer Lösung zum farblosen wasserlöslichen *Indigweiß*, der so genannten Leukoform, reduziert (Abb. 15.7). Diese Farbflotte wird als „Küpe" bezeichnet. Dieser Begriff leitet sich ursprünglich von dem Bottich her, in dem diese Färbeprozesse durchgeführt wurden. Die Fasern, bevorzugt Baumwolle oder Viskosefasern (▶ Kap. 7), werden in diese Küpe getaucht. Ähnlich wie bereits oben beschrieben, wandelt sich dann auf der Faser das Indigweiß in Gegenwart von Luftsauerstoff in den Farbstoff Indigo um. Zum Erzielen eines kräftigen Blautons sind mehrere Färbevorgänge

hintereinander notwendig. Da während der Oxidation durch Luftsauerstoff die Färber angeblich nichts zu tun hatten, soll der umgangssprachliche Ausdruck „blau machen" für „nicht seine Arbeit machen" entstanden sein.

Seinen großen Erfolg erfuhr Indigo Mitte des 19. Jh., als Levi Strauss in San Francisco seine Denim-Arbeitshosen für Goldgräber mit Indigo einfärbte. Aus diesen Hosen entwickelten sich im Laufe der Zeit die Bluejeans (Abb. 15.8), von denen derzeit mehr als eine Milliarde pro Jahr verkauft werden. Zu ihrer Herstellung werden ca. 30.000 t Indigo benötigt, welche jedoch meist nicht mehr natürlichen Ursprungs sind, sondern synthetisch hergestellt werden.

Um die **Synthese** des Indigos hat sich insbesondere Adolf von Baeyer, der Nachfolger Liebigs als Leiter des Chemischen Instituts an der Münchener Universität, verdient gemacht. Er entwickelte ab 1870 mehrere Indigosynthesen, u. a. ausgehend von *o*-Nitrobenzaldehyd, die sich aber nicht als wirtschaftlich erwiesen. Dem Züricher Professor Karl Heumann gelang es 1890, Indigo durch eine

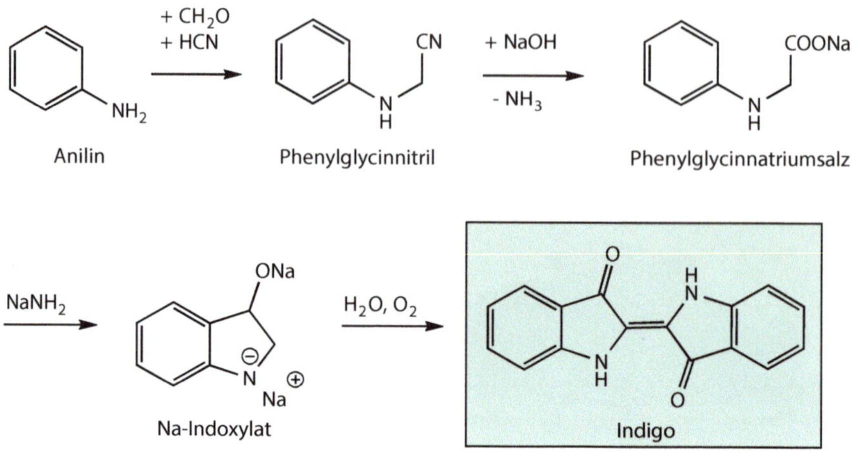

Abb. 15.9 Die aktuelle Synthese von Indigo

Alkalischmelze von Phenylglycin herzustellen, das seinerseits aus Anilin oder Anthranilsäure zugänglich ist. Auf diesen Arbeiten beruhend konnte im Jahr 1897 die BASF nach 17 Jahren Entwicklungszeit den ersten synthetischen Indigo auf den Markt bringen. Das heute verwendete, inzwischen noch weiter verbesserte Verfahren zur Indigosynthese zeigt ■ Abb. 15.9:

- Anilin wird mit Formaldehyd und Blausäure in Phenylglycinnitril umgesetzt.
- Dieses wird mit Natronlauge zum Natriumsalz von Phenylglycin hydrolysiert.
- Phenylglycin wird in einer Salzschmelze mit Natriumamid in das Natriumindoxylat überführt.
- Dieses wird schließlich in einer oxidativen Hydrolyse mit 84 % Gesamtausbeute zu Indigo umgesetzt.

Die Synthese des Indigos wird heutzutage nur noch an wenigen Standorten durchgeführt, z. B. in China, Brasilien, und in Europa nur noch in einer einzigen Anlage der Firma DyStar (ein Joint Venture von BASF, Bayer, Mitsubishi und Hoechst) in Ludwigshafen. Der natürliche Indigo wurde schon vor dem ersten Weltkrieg nahezu vollständig durch den synthetischen Indigo vom Markt verdrängt.

15.5 Weitere natürliche Farbstoffe

Neben den bisher vorgestellten Naturfarbstoffen Purpur, Alizarin und Indigo gibt es noch mehrere Dutzend weiterer Pflanzenfarbstoffe, die eine Bedeutung in der Färberei und weiteren Anwendungen in der Vergangenheit hatten oder immer noch haben. Hierzu gehören viele Flavone und Flavonoide, Naphthochinone und Anthrachinone, wie z. B. das rote Karmin aus Schildläusen. Alkaloide und Corticoide, Anthocyane und Depside sowie Derivate des Chlorophylls haben ebenfalls eine Bedeutung. Eine ebenfalls wichtige Gruppe der natürlichen Farbstoffe sind die Carotene, deren wichtigster Vertreter, β,β-Caroten, z. B. die Möhren orange färbt. Daher werden Carotene natürlichen oder auch synthetischen Ursprungs als Lebensmittelfarbstoffe verwendet, z. B. in Margarine. Chemisch gesehen handelt es sich um Tetraterpene, die über eine lange, ungesättigte Kohlenstoffkette verfügen, in denen die neun Doppelbindungen konjugiert vorliegen (► Abschn. 12.3). Weitere Beschreibungen dieser natürlichen Farbstoffe mit z. T. sehr komplexen Molekülstrukturen würden den Rahmen dieses Lehrbuches sprengen. Wir verweisen hier auf die guten Bücher von H. Schweppe, die in den Literaturhinweisen angegeben sind.

Echtes Indischgelb ( Abb. 15.10) ist ein Naturfarbstoff, der aus Südasien stammt. Seine Gewinnung erfolgte aus dem Harn indischer Kühe. Diese wurden mit nur wenig Wasser getränkt und gleichzeitig mit Blättern des Mangobaums gefüttert. Daraufhin schieden die Kühe einen intensiv gefärbten Urin aus, der eingeengt, getrocknet und zu Kugeln, den sogenannten „Piuri", gepresst wurde. Eine Kuh ergab ca. 50 g Piuri pro Tag. Dieses Verfahren wurde aus Tierschutzgründen Anfang des 20. Jh. eingestellt. Indischgelb wurde in der Aquarell- und Ölmalerei verwendet. Heute wird es überwiegend durch synthetische Azofarbstoffe ersetzt.

◨ **Abb. 15.10**   Indischgelb (© nakornchaiyajina / Fotolia)

Wie sind die derzeitigen und zukünftigen **Marktchancen** für Naturfarbstoffe? Der heutige Verbraucher hat in der Regel hohe Ansprüche an Farbstoffe, z. B. in Hinsicht auf Farbenvielfalt, Preis, Lichtechtheit, Waschbeständigkeit und Reibfestigkeit. Pflanzenfarben haben aber bezüglich dieser Kriterien ihre Grenzen. Der ursprünglich natürliche und heute synthetische Farbstoff Indigo bildet hier eine gewisse Ausnahme: Indigogefärbte Bluejeans werden absichtlich gekauft, weil der Farbstoff nach gewisser Zeit auswäscht. Eine „verwaschene" Jeans wurde in den 1960er-Jahren zum Symbol einer legeren Lebenseinstellung und ist auch aus der heutigen Mode nicht wegzudenken.

Der Vollständigkeit halber sollen am Ende dieses Kapitels noch einige Farbstoffe genannt werden, die zwar nicht nachwachsend sind, aber in der Natur in z. T. großen Mengen vorkommen: Die mineralischen Farbpigmente. Zu ihnen gehören die Erdfarben Umbra, Englischrot, Ocker, Terra di Siena sowie Kreide und Kieselsäure. Sie sind ungiftig, besonders lichtecht und witterungsresistent und damit besonders langlebig. Sie können z. B. im Hausbau in Lacken, Lasuren, Malfarben und Putzen eingesetzt werden. Damit sie an der Oberfläche von Mauern oder Holz haften bleiben, können ebenfalls natürliche Produkte verwendet werden, z. B. Lärchen- und Kiefernharze, trocknende Öle wie z. B. Leinöl (▶ Abschn. 2.2.6) oder Carnaubawachs.

Zusammenfassung *(Take-Home Messages)*
- **Natürliche Farbstoffe** werden von der Menschheit seit Jahrtausenden verwendet. Erst im 19. Jh. wurden die ersten synthetischen Farbstoffe („Teerfarbstoff") hergestellt.
- Der rot-violette Farbstoff **Purpur** kann aus dem Drüsensekret der Purpurschnecken gewonnen werden. Dieser entsprechend wertvolle

Farbstoff war lange Zeit die Farbe von Kaisern und Kardinälen. Chemisch handelt es sich um den Küpenfarbstoff 6,6'-Dibromindigo.

- Das rote **Alizarin** kann aus den Wurzeln des Färberkrapps gewonnen werden. Alizarin ist ein Beizenfarbstoff aus der Gruppe der Anthrachinon-Farbstoffe. Es kann ausgehend vom Anthracen in drei Stufen synthetisch hergestellt werden.

- Das blaue **Indigo** wird auch als „König der Farbstoffe" bezeichnet. Es kann aus der in Tropen und Subtropen verbreiteten Indigopflanze oder auch aus dem europäischen Färberwaid gewonnen werden. Indigo ist – wie Purpur – ein Küpenfarbstoff. Um Indigo auf eine Faser aufzutragen, wird es zur Leukoform, dem wasserlöslichen Indigweiß, reduziert. Durch Oxidation an der Luft entsteht dann der blaue Farbstoff, der zur Einfärbung von Bluejeans eingesetzt wird. In einer vierstufigen Synthese wird Indigo heute aus Anilin hergestellt.

- Viele weitere **Pflanzenfarbstoffe** sind bekannt, z. B. aus den Stoffklassen der Flavone und Flavonoide, der Anthrachinone und der Corticoide. Ergänzt werden sie durch die umfangreiche Gruppe der anorganischen **Farbpigmente**. Zu diesen gehören z. B. die Erdfarben Umbra, Ocker und Terra di Siena sowie auch Kreide und Kieselsäure.

? Zehn Quickies zu ▶ Kap. 15

1. Nennen Sie mindestens drei natürliche organische Farbstoffe, die seit Langem bekannt sind!
2. In welchem Jahrhundert wurden sie nach und nach durch synthetische Farbstoffe ersetzt? Aus welcher Kohlenstoffquelle wurden diese synthetischen Farbstoffe zuerst hergestellt?
3. Beschreiben Sie die historische Gewinnung von Purpur und sein Auftragen auf Textilien! Wie nennt man diese Form des Färbens? Welche chemische Formel hat Purpur?
4. Aus welcher Region stammt die Färberkrapp-Pflanze und wie hat sie sich verbreitet?
5. Wie lautet die chemische Formel von Alizarin? Wie kann man es synthetisieren? Wie haftet es auf der Faser?
6. Woraus gewinnt man Indigo? Beschreiben Sie die Gewinnung dieses Farbstoffs!
7. Was wird mit Indigo auch heute noch in großem Umfang eingefärbt?
8. Wie wurde früher „echtes Indischgelb" hergestellt?
9. Nennen Sie neben den Indigo- und Anthrachinon-Farbstoffen noch weitere Farbstoffklassen!
10. Führen Sie einige mineralische Farbpigmente auf!

▪▪ … und zur Belohnung noch ein Fußballer-Zitat:

» Der ist mit allen Abwassern gewaschen. (Norbert Dickel über Frank Mill)

Weiterführende Literatur

Monographien und Übersichtsartikel

Kaiser-Alexnat R (2012) Farbstoffe aus der Natur- Eine Übersicht mit Rückblick und Perspektiven. epubli GmbH, Berlin

Fachagentur Nachwachsende Rohstoffe (Hrsg) (2010) Naturfarben – Oberflächenbeschichtungen aus nachwachsenden Rohstoffen. Mediacologne, Hürth

Sabnis RW (2010) Handbook of biological dyes and stains. John Wiley & Sons, Hoboken

Schäfer B (2007) Naturstoffe der chemischen Industrie. Spektrum – Akademischer Verlag, Heidelberg, Kap. 2: Farbstoffe

Buxbaum G, Pfaff G (Hrsg) (2005) Industrial inorganic pigments, 3. Aufl. Wiley-VCH, Weinheim

Herbst W, Hunger K (2004) Industrial organic pigments – production properties applications, 3. Aufl. Wiley-VCH, Weinheim

Cannon JFM, Cannon MJ (2003) Dye plants and dyeing. Timber Press, Portland

Edmonds J (2000) The mystery of imperial purple dye. Little Chalfont

Waskow F, Meyer U (1998) Farbstoffe. In: Katalyse e.V. (Hrsg) Leitfaden Nachwachsende Rohstoffe – Anbau – Verarbeitung – Produkte, Kap. 12. Hüthig Verlag, Heidelberg

Weiterführende Literatur

Balfour-Paul J (1998) Indigo. British Museum Press, London
Schweppe H (1993) Handbuch der Naturfarbstoffe –
    Vorkommen. Verwendung, Nachweis, ecomed Verlag,
    Landsberg-Lech
Roth L, Kormann K, Schweppe H (1992) Färbepflanzen
    Pflanzenfarben. ecomed Verlag, Landsberg-Lech
Stulz H (1990) Die Farbe Purpur im frühen Griechentum.
    Teubner Verlag, Stuttgart

Originalstellen

Institut für Färbeflanzen, Dr. R. Kaiser-Alexnat, Michelstadt
    http://www.dyeplants.de/. Zugegriffen: 23. Dez. 2016
Kaiser-Alexnat R (2008) Indigo – Der König der Farbstoffe.
    Südostasien Magazin 3:110–121
Abelshauser W (Hrsg) (2002) Die BASF –Eine Unternehmens-
    geschichte. C. H. Beck-Verlag, München
Melzer RR, Brandhuber P, Zimmermann T, Smola U (2001)
    Farben aus dem Meer: Der Purpur. Biologie Unserer Zeit
    31:30–39
Schmidt H (1997) Indigo – der König der Farbstoffe wird 100.
    Melliand Textilberichte 6:418–421
Schmidt H (1997) Indigo – 100 Jahre industrielle Synthese.
    Chem Unserer Zeit 3:121–128
Schulze F, Titus J, Mettke P, Berger S, Siehl H-U, Zeller K-P, Sicker
    D (2013) Das Rot aus Cochenilleläusen. Chem Unserer
    Zeit 47:222–228
Noll W (1980) Chemie vor unserer Zeit: Antike Pigmente. Chem
    Unserer Zeit 14:27

Die Natur als Apotheke

Natürliche Pharmaka

© Springer-Verlag GmbH Deutschland 2018
A. Behr, T. Seidensticker, *Einführung in die Chemie nachwachsender Rohstoffe*,
https://doi.org/10.1007/978-3-662-55255-1_16

Kapitelfahrplan
- Ein Blick in die Geschichte der natürlichen Pharmaka zeigt uns, dass viele Wirkstoffe schon seit Jahrtausenden von der Menschheit genutzt werden.
- Beispielhaft werden wir uns einige besonders wichtige Wirkstoffe näher anschauen: Die Acetylsalicylsäure, einige Alkaloide, die Antibiotika und die Steroide.

16.1 Arzneimittel aus der Pflanzenwelt

Schon seit Jahrtausenden nutzt die Menschheit Wirkstoffe aus der Natur, um Krankheiten zu lindern oder zu heilen. Durch Erfahrungen und überliefertes Wissen wurden die Kenntnisse über Heilpflanzen und ihre therapeutischen Wirkungen in den verschiedenen Kulturkreisen immer umfangreicher. Die heutigen modernen Pharmazeutika haben vielfach ihren Ursprung aus Erkenntnissen dieser Pflanzenheilkunde (Phytotherapie). Deshalb ist man in der modernen Forschung weiterhin bemüht, neue Pflanzen mit bisher noch unbekannten therapeutischen Wirkstoffen zu entdecken, die zu neuen und verbesserten Pharmazeutika führen könnten.

Ein kurzer Blick in die Vergangenheit zeigt, wie intensiv die Menschen schon früh Heilpflanzen genutzt haben:
- Bereits 2600 v. u. Z. existierte in Mesopotamien eine hochentwickelte medizinische Versorgung mit ca. 1000 Heilpflanzen.
- Auch die Ägypter haben über eine ähnliche Sammlung verfügt: Im „Papyrus Ebers"" von ca. 1550 v. u. Z. werden 700 natürliche Arzneimittel aufgeführt, die meisten davon pflanzlichen Ursprungs. Der Papyrus befindet sich heute in der Universitätsbibliothek Leipzig.
- Die traditionelle chinesische Medizin und die indische Ayurveda-Medizin greifen ebenfalls seit 3000 Jahren auf natürliche Heilkräuter zurück.

In Europa haben sich anfangs insbesondere die Griechen und Römer mit der Naturmedizin beschäftigt: Der Grieche Pedanios Dioscorides und der römische Schriftsteller Plinius der Ältere haben im 1. Jh. Handbücher zur Heilkunde verfasst. Während des frühen Mittelalters bewahrten die Araber dieses medizinische Wissen und ergänzten es mit eigenen sowie chinesischen und indischen Erkenntnissen. Nach Erfindung des Buchdrucks durch Johannes Gutenberg erschienen in Mitteleuropa mehrere bedeutende Bücher zur Pflanzenheilkunde, so das *Herbarius Moguntinus* (Mainzer Kräuterbuch, 1484) und das *Kreütter Buch* (1546) von Hieronymus Bock (▶ Exkurs: Das Kreütter Buch von Hieronymus Bock; ❑ Abb. 16.1).

Exkurs: Das Kreütter Buch von Hieronymus Bock

Der Titel des letztgenannten Werks (❑ Abb. 16.1) ist eigentlich etwas länger: *Kreütter Buch, darin underscheidt Nammen und Würckung der Kreutter, Stauden/Hecken unnd Beumen/ sampt ihren Früchten/so inn Teutschen Landen wachsen/auch derselben eigentlicher und wolgegründter Gebrauch inn der Artzney/fleissig dargeben/Leibs gesundtheit zu fürdern und zu behalten / sehr nützlich und tröstlich/bevorab dem Gemeinen und Einfältigen Mann.*

Erst im 18. Jh. begann man die Pflanzen genauer zu untersuchen und die Wirkprinzipien aufzuklären. So untersuchte der britische Botaniker William Withering (1741–1799) erstmals systematisch die therapeutische Wirkung der Blätter des Roten Fingerhuts (*Digitalis purpurea*) bei der Heilung der „Wassersucht". Heute wissen wir, dass die medizinische Wirkung auf den Digitalisglycosiden beruht. Durch

seine Studien wurde Withering zum Begründer der modernen klinischen Pharmakologie.

Anfang des 19. Jh. begann die systematische Suche nach therapeutischen Wirkstoffen in Pflanzen. Der deutsche Apotheker Friedrich Sertürner (1783–1841) isolierte erstmals Morphin aus der Droge Opium, die aus Schlafmohn gewonnen wird. Er benannte das von ihm gefundene Alkaloid nach

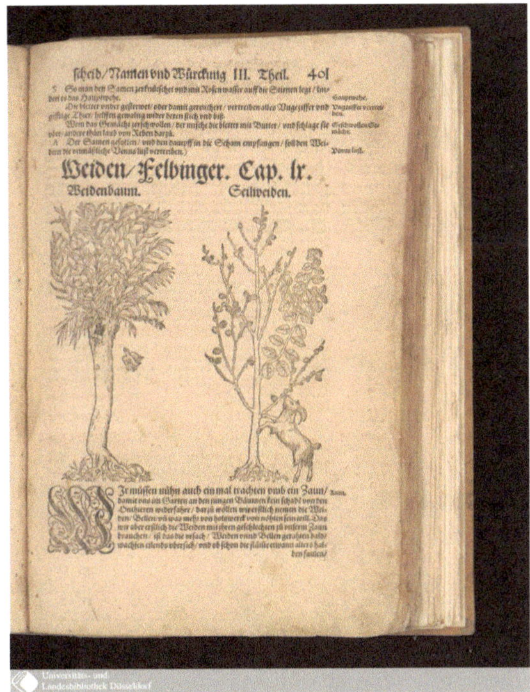

Abb. 16.1 Seite über die Weide (Salix) im Kräuterbuch von Hieronymus Bock, Version aus dem Jahre 1595. (© Heinrich Heine Universität Düsseldorf)

Morpheus, dem griechischen Gott des Traumes. Die Publikation dieser Untersuchungen war der Anlass für zahlreiche weitere Entdeckungen in den darauf folgenden Jahrzehnten. Insbesondere in Apotheken wurden viele neue bioaktive Substanzen isoliert, so z. B. Chinin, Coffein, Nicotin und Atropin. Aus einigen dieser Apotheken entwickelten sich schließlich pharmazeutische Unternehmen.

Während anfangs noch einzelne Forscher neue natürliche Wirkstoffe entdeckten, sind heute kaum noch aus Naturstoffen isolierte Pharmaka bedeutsam. Viele neue Wirkstoffe besitzen aber zumindest Vorbilder in der Natur. Jedoch sind nur noch Großunternehmen in der Lage, die sich oftmals über zehn Jahre hin streckenden Neuentwicklungen von Pharmaka zu meistern. Statistisch gesehen müssen über 10.000 Verbindungen getestet werden, ehe man einen neuen Wirkstoff gefunden hat, der in den Markt eingeführt werden kann. Dazu sind häufig Kosten von über 500 Mio. Euro erforderlich.

Ein Verzeichnis der in Deutschland hergestellten und zugelassenen Arzneimittel ist die **Rote Liste**. 2013 umfasste sie 22.674 Medikamente (Arzneimittel). Verschiedenste Wirkstoffe (Pharmaka) sind dort in 88 Hauptgruppen (Analgetika, Antiallergika, Antibiotika etc.) aufgeführt.

Diese enorme Fülle an Wirkstoffen und daraus entwickelten Präparaten kann im vorliegenden Lehrbuch natürlich auch nicht annähernd beschrieben werden. Es wurde deshalb eine kleine Auswahl an Beispielen getroffen, die modelhaft zeigen, wie einige wichtige Wirkstoffe (engl. *active pharmaceutical ingredients, API)* aus Pflanzenstoffen isoliert und zu Pharmaka weiterentwickelt wurden. Im Folgenden werden wir uns jeweils kurz mit den Wirkstoffen Acetylsalicylsäure (Markenname: Aspirin®), Coffein, Chinin und Morphin beschäftigen sowie einiges über die Penicilline und Steroide erfahren.

16.2 Aspirin

In der Antike war sowohl bei den Ägyptern als auch später bei den Griechen bestens bekannt, dass der Extrakt von Weidenrinden als Mittel gegen Schmerzen und Fieber genutzt werden kann. Heute weiß man, dass die Weidenrinde das β-Glucosid *Salicin* enthält, eine Verbindung aus Glucose und Salicylalkohol. Im Darm wird das Glucosid gespalten und der Salicylalkohol in der Leber zum eigentlichen Wirkstoff, der Salicylsäure, metabolisiert. Salicin wurde erstmals 1828 vom Münchener Pharmazeuten Johann Andreas Buchner isoliert. Der Name Salicin ergab sich aus der botanischen Bezeichnung für die Weide (*Salix*). Zehn Jahre später konnte der Italiener Raffaele Piria durch Oxidation von Salicin Salicylsäure erstmals herstellen (**Abb. 16.2a**)

Die genaue chemische Struktur der Salicylsäure (*ortho*-Hydroxybenzoesäure) blieb jedoch noch lange Zeit unbekannt. Hier beginnen die Arbeiten von Hermann Kolbe (**Abb. 16.3**, links), in den 1850er-Jahren Chemieprofessor in Marburg. Er konnte zeigen, dass bei der Umsetzung von Natriumphenolat mit Kohlendioxid Natriumsalicylat entsteht, aus dem man dann Salicylsäure freisetzen kann (**Abb. 16.2b**). Kolbes Schüler, Rudolf Schmitt,

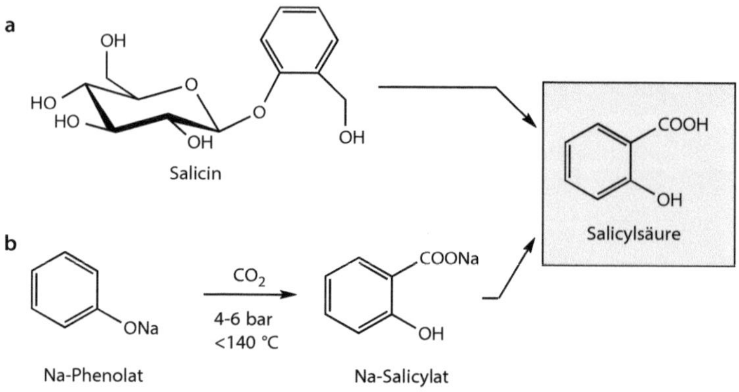

Abb. 16.2 Natürlicher (a) und synthetischer (b) Zugang zu Salicylsäure

fand schließlich, dass man die schlechte Ausbeute dieser Reaktion wesentlich verbessern kann, wenn man die Reaktion unter Druck (4–6 bar) bei Temperaturen knapp unterhalb von 140 °C durchführt. Die Reaktion wird heute als „Kolbe-Schmitt-Synthese" bezeichnet.

Zur Umsetzung der Laborsynthese in den größeren Maßstab wandten sich Kolbe und Schmitt an Friedrich von Heyden (**Abb. 16.3**, Mitte). Dieser richtete in der Wagenremise seines Wohnhauses „Villa Adolpha" in Dresden-Neustadt ein größeres Labor ein, in dem er Salicylsäure in Kilogrammmengen herstellte. Die Trocknung der Kristalle erfolgte nach dem Mittagessen in der Küche seines Wohnhauses. Da die Nachfrage nach Salicylsäure stark anstieg, entschied sich von Heyden zum Bau einer Fabrik im benachbarten Radebeul, die 1875 mit der Produktion begann. Sie ist heute eine der „Historischen Stätten der Chemie" der Gesellschaft Deutscher Chemiker (GDCh).

Wegen des bitteren Geschmacks und insbesondere wegen der stark magenreizenden Wirkung des Natriumsalicylats wurde bald nach einer Alternative gesucht. Sie wurde 1897 durch den Bayer-Chemiker Felix Hoffmann gefunden (**Abb. 16.3**, rechts), der die Salicylsäure mit Essigsäureanhydrid zu **Acetylsalicylsäure** umsetzte (**Abb. 16.4**). Unter dem Namen Aspirin® wurde das Pulver seit 1899 in kleinen Fläschchen angeboten und später in Tablettenform verkauft. Es entwickelte sich zu einem der weltweit bekanntesten Medikamente. Es wirkt schmerzstillend, fiebersenkend, entzündungshemmend und antirheumatisch. Die Weltjahresproduktion liegt derzeit bei ca. 50.000 Tonnen und beruht immer noch auf der von Kolbe und Schmitt Mitte des 19. Jh. entwickelten Reaktion.

16.3   Coffein

Coffein befindet sich in den Samen des Kaffeestrauchs („Kaffeebohnen", **Abb. 16.5**), aber auch in über 60 weiteren Pflanzen, z. B. im Matestrauch und in der Kolanuss. Ungeröstete Kaffeebohnen enthalten bis zu 2,6 % Coffein, nach der Röstung verbleiben bis zu 2 %. Auch die fermentierten und getrockneten Blätter des Teestrauchs (**Abb. 16.5**) enthalten bis zu 3,5 % Coffein, das früher auch als Teein (oder Tein) bezeichnet wurde.

Der Kaffeestrauch (*Coffea arabica*) stammt ursprünglich aus dem Hochland des heutigen Äthiopien, kam aber recht früh nach Arabien. Persische Ärzte berichten im 10. Jh. über das Stärkungsmittel *kahwa*, das ausgehend vom Hafen Al Mukha (Mokka) am Roten Meer bis nach Kairo und Damaskus transportiert wurde. Ein erstes Kaffeehaus wurde 1554 in Konstantinopel eröffnet; es folgten dann zahlreiche weitere in allen großen Städten Europas.

Der Teestrauch (*Camellia sinensis*) gedeiht im subtropischen Monsunklima und ist im Süden Japans, Koreas und Chinas sowie in Indien, Thailand und Vietnam verbreitet. 1610 brachte die Holländische Ostindische Kompanie den ersten grünen Tee aus Japan sowie schwarzen Tee aus China in die Niederlande. 1657 wurde ein erster Teeausschank in London eingerichtet. Zur gleichen Zeit kam der Tee über die Niederlande auch nach Ostfriesland, das eine eigene Teekultur entwickelte.

◘ Abb. 16.3   Hermann Kolbe (links), Friedrich von Heyden (Mitte) (© unbekannt, Public Domain) und Felix Hoffmann (rechts) (© Bayer, Public Domain)

◘ Abb. 16.4   Synthese von Acetylsalicylsäure (Aspirin®)

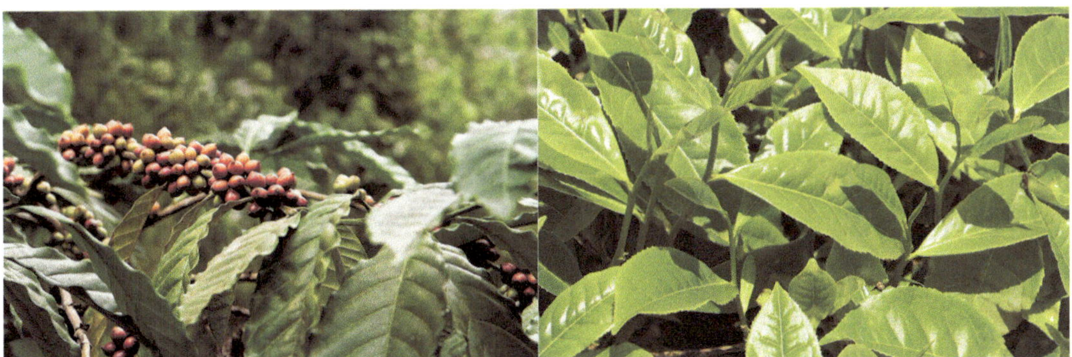

◘ Abb. 16.5   Kaffee- (links) und Teesträucher (rechts) (© Cornelia Pithart / Fotolia, © ub-foto / Fotolia)

Der Entdecker des Coffeins ist der deutsche Chemiker Friedlieb Ferdinand Runge (1794–1867, ◘ Abb. 16.6). Er erhielt 1819 von Johann Wolfgang von Goethe eine Schachtel mit Kaffeebohnen geschenkt, aus denen er das Coffein isolierte.

Die chemische **Struktur** des Coffeins wurde 1875 vom deutschen Chemiker Ludwig Medicus als 1,3,7-Trimethylxanthin angenommen. Erst 20 Jahre später konnte diese Annahme durch die erste Coffeinsynthese durch Emil Fischer bestätigt werden.

eingesetzt. Als Pharmakon erhöht es die analgetische Wirkung der Acetylsalicylsäure und wird deshalb besonders in Medikamenten zur Behandlung von Migränekopfschmerzen verwendet.

Der weltweite Jahresverbrauch an isoliertem Coffein liegt derzeit bei ca. 20.000 t. Davon werden ca. 5000 Tonnen jährlich aus natürlichen Quellen gewonnen: Nach einem von Kurt Zosel am Mülheimer Max-Planck-Institut für Kohlenforschung entwickelten Verfahren wird Rohkaffee mit überkritischem Kohlendioxid entcoffeiniert. Diese „Destraktion", eine Kombination von Destillation und Extraktion, führt zu besonders reinem Coffein. Die restlichen 15.000 Tonnen Coffein werden synthetisch über eine fünfstufige Synthese hergestellt, die von Dimethylharnstoff und Cyanessigsäure ausgeht.

16.4   Chinin

Chinin wird aus der Rinde des Chinarindenbaumes (lat. *Cinchona*) gewonnen. Dieser Baum stammt ursprünglich aus den Hochwäldern der Anden. Die peruanischen Indios, die diesen Baum als *quinaquina* („Rinde der Rinden") bezeichneten, kannten bereits die fiebersenkenden Eigenschaften dieser Rindenextrakte. Der Name hat also nichts mit China zu tun. Im Laufe des 16. Jh. kam das Pulver der gemahlenen Chinarinde (Abb. 16.8) auch nach Europa und wurde zu einem wichtigen Therapeutikum zur Bekämpfung der Malaria. Insbesondere die Jesuiten sorgten für eine starke Verbreitung des Pulvers, das deswegen auch *Jesuitenpulver* genannt wurde.

Leider hatte das gemahlene Rindenpulver nicht immer die gleiche Qualität, was häufig zu Unter- oder Überdosierungen führte. Deshalb versuchten Anfang des 19. Jh. mehrere Wissenschaftler, das Wirkprinzip der Chinarinde herauszufinden, aber erst 1820 gelang es den französischen Apothekern

Coffein gehört somit zu der großen Klasse der Purine (Abb. 16.7).

Coffein hat ein sehr breites pharmakologisches Wirkungsspektrum. Es regt das Zentralnervensystem an und steigert die Herzfrequenz. Dadurch wirkt es anregend, erhöht die Konzentration und beseitigt das Gefühl der Müdigkeit. Coffein ist das weltweit am meisten konsumierte Psychostimulans; gleichzeitig ist es relativ preisgünstig und überall legal erhältlich. Es befindet sich nicht nur in Kaffee und Tee, sondern wird auch Erfrischungsgetränken, wie z. B. Cola-Limonaden oder sogenannten Energydrinks, zugesetzt. Auch in Bonbons und Schokolade wird Coffein

Abb. 16.7   Strukturformeln von Purin (links), Xanthin (Mitte) und Coffein (rechts)

Purin   Xanthin   Coffein

Abb. 16.8 Die Rinde des Chinarindenbaums (© gokalpiscan, CC0 Public Domain)

Abb. 16.9 Die Strukturformel von Chinin

Pelletier und Caventou, den Wirkstoff Chinin in reiner Form zu isolieren. Bald wurden Fabriken gegründet, die die Chininproduktion aus der Rinde durchführten: Dies war der Beginn der heutigen Pharmaindustrie. Der Rohstoff für das Chinin wurde damals aus den Ländern Kolumbien, Bolivien, Peru und Ecuador importiert. Diese Länder erließen ein Ausfuhrverbot für Cinchona-Samen und Pflanzen, um ihre Monopolstellung zu sichern. Trotzdem gelang es einigen Abenteurern, Pflanzen aus Südamerika herauszuschmuggeln. So konnte der deutsche Botaniker Justus Karl Hasskarl 1854 im Auftrag des niederländischen Kolonialministers Cinchonasetzlinge in die damals niederländische Kolonie Java bringen und anpflanzen. Für diese „verdienstvolle" Tat wurde er vom niederländischen König zum „Ritter des Löwenordens" geschlagen. Auch in anderen asiatischen Ländern, wie z. B. in Indien und Ceylon, wurden Plantagen des Chinarindenbaums angelegt. Da die Produktion stark anstieg, verfiel natürlich der Preis und viele Plantagenbesitzer mussten Konkurs anmelden. Heute sind die Hauptanbaugebiete in Indonesien, Malaysia und im Kongo.

Lange Zeit hinweg blieb die **Struktur** des Chinins unbekannt. Erst 1908 konnte der deutsche Chemiker Paul Rabe die genaue Konstitutionsformel des Chinins aufstellen (**Abb. 16.9**). Da Chinin vier Stereozentren besitzt, sind theoretisch 16 Stereoisomere möglich. 1950 konnten schließlich Prelog und Häflinger die in **Abb. 16.9** gezeigte Konfiguration für das Chinin endgültig festlegen. Inzwischen gibt es auch mehrere vielstufige Totalsynthesen für Chinin, die aber alle sehr aufwendig und deshalb unwirtschaftlich sind. Die heute benötigten 300–500 Tonnen pro Jahr an Chinin werden deshalb immer noch durch Rindenextraktion gewonnen.

Über Jahrhunderte hinweg war Chinin das einzig bekannte Anti-Malariamittel. Inzwischen ist es durch deutlich bessere Mittel ersetzt worden. Heute wird Chinin noch in kleinen Mengen in Getränken verwendet, z. B. in Tonic Water. Die Idee zu diesem Getränk stammt aus der Kolonialzeit: Zur Malariaprophylaxe sollten alle britischen Soldaten und Beamte täglich eine Chinindosis zu sich nehmen. Da Chinin aber sehr bitter schmeckt, wurde es in Sodawasser gelöst und mit Zitronensaft versetzt. Das so gemixte Tonikum wurde gerne gut gekühlt im Gemisch mit Gin getrunken: Der *Gin Tonic* war erfunden (▶ Exkurs: Geschüttelt oder gerührt?).

Chinin gehört zur großen Gruppe pharmazeutisch wirksamer **Alkaloide**. Unter diesem Begriff hat man eine Gruppe stickstoffhaltiger Naturstoffe zusammengefasst, die ein „alkaliähnliches" Verhalten aufweisen, daher ihr Name. Es handelt sich meistens um heterocyclische Ringsysteme, nach denen auch eine Unterteilung erfolgen kann. So unterscheidet man u. a. zwischen folgenden Alkaloidtypen:

- Pyridin-Typ, z. B. Nicotin und Anabasin
- Tropan-Typ, z. B. Atropin und Cocain
- Chinolin-Typ, z. B. Chinin und Cinchonin
- Isochinolin-Typ, z. B. Papaverin und Narcotin
- Indol-Typ, z. B. Strychnin und Reserpin

Die jeweiligen Grundstrukturen sind in ◘ Abb. 16.10 aufgeführt. Zum Isochinolin-Typ gehört auch die Morphingruppe, die im nächsten Abschnitt näher vorgestellt wird.

16.5 Morphin

Morphin wurde – wie bereits in ▶ Abschn. 16.1 kurz erwähnt – bereits 1804 vom Paderborner Apotheker Friedrich Sertürner aus Opium isoliert. Opium ist der getrocknete Milchsaft des Schlafmohns (*Papaver somniferum*, ◘ Abb. 16.11)

Sertürner nannte das Alkaloid zuerst Morphium, heute ist der Name Morphin gebräuchlicher. Vom Morphin leiten sich einige verwandte Stoffe ab, z. B. *Codein*, der 3-Monomethylether des Morphins, das als hustenstillendes Mittel eingesetzt wird. Auch *Heroin* ist ein Derivat des Morphins, das 3,6-Diacetylmorphin. Diese Verbindungen werden zusammenfassend auch als „Morphingruppe" oder „Opiate" bezeichnet.

Die Samen der Mohnpflanze wurde schon früh in der Menschheitsgeschichte für die Ernährung

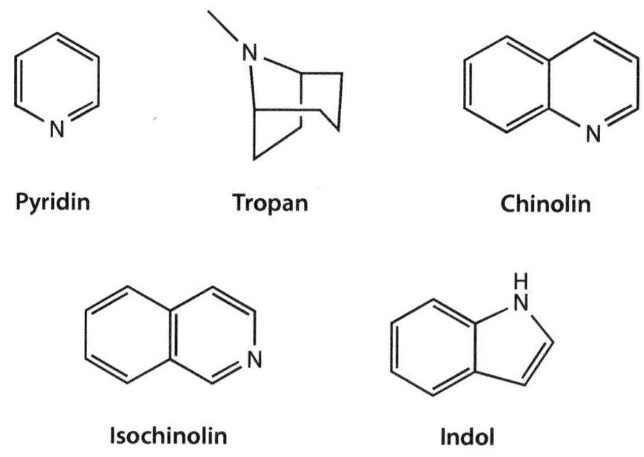

◘ **Abb. 16.10**   Grundstrukturen wichtiger Alkaloide

Abb. 16.11 Schlafmohn (Papaver somniferum) (© Schmutzler-Schaub / Fotolia)

Abb. 16.12 Konstitutionsformel von Morphin

eingesetzt, z. B. als Gewürz, beim Brotbacken oder zur Ölgewinnung. Seit Langem sind aber auch die pharmakologischen Eigenschaften des Schlafmohns bekannt: Morphin wirkt schmerzstillend und beruhigend, auch bei chronischen oder sehr starken Schmerzen. Gleichzeitig tritt ein Rauschzustand auf, der von vielen Nutzern absichtlich herbeigeführt wird. Große Berühmtheiten wie der römische Kaiser Hadrian, der Schriftsteller Heinrich Heine oder die Musiker Jimmy Hendrix und Janis Joplin haben diese Droge eingenommen. Die große Gefahr des Morphins besteht darin, dass es stark abhängig macht. Außerdem kommt es zu vielen Rauschgifttoten wegen Überdosierung der Opiate.

Obwohl bereits 1804 von Sertürner in kristalliner Form isoliert, wurde die richtige Summenformel erst 1848 vom französischen Chemiker Auguste Laurent bestimmt. Es dauerte weitere 77 Jahre, bis die genaue Konstitutionsformel des Morphins aufgestellt wurde. In der Formel in **Abb. 16.12** erkennt man in den beiden unteren Ringen das teilhydrierte Isochinolin-Gerüst. Im Jahr 1952 führten dann M. D. Gates und G. Tschudi die erste Totalsynthese des racemischen Morphins durch. Erst 1993 gelang dem Amerikaner Larry Eugene Overman die enantioselektive Synthese von (–)-Morphin. Alle Synthesen des Morphins verlaufen über zahlreiche Zwischenschritte und sind wegen der geringen Ausbeuten nicht wirtschaftlich. Pharmazeutisches Morphin wird deshalb weiterhin aus Opium isoliert, in dem es zu ca. 12 % vorliegt. Hauptanwendung für Morphin liegt in der Schmerztherapie. Da der illegale Markt für die Droge Heroin nicht losgelöst von der Gesamtproduktion an Opiaten betrachtet werden kann, ist eine jährliche Produktionsmenge schwer zu ermitteln. Allein Afghanistan, verantwortlich für über 90 % der illegalen Heroinproduktion, produziert jährlich mehr als 8000 Tonnen Opium.

16.6 Penicilline und Cephalosporine: Kleine Pilze, die Großes bewirken

Zu den wichtigsten Chemotherapeutika gehören die **Antibiotika**. Sie sind Stoffwechselprodukte von Pilzen, die schon in geringer Konzentration in der Lage sind, Mikroorganismen abzutöten. Wegen dieser antimikrobiellen Wirkung werden sie zur Behandlung zahlreicher Infektionskrankheiten eingesetzt. Nach ihrer chemischen Struktur kann man sie in verschiedene Klassen einteilen; die beiden wichtigsten Klassen sind die Penicilline und die Cephalosporine.

Als Entdecker der Penicilline wird der schottische Bakteriologe Alexander Fleming (◘ Abb. 16.13, links) betrachtet, obwohl es auch schon vor ihm Hinweise auf diese Stoffgruppe gab. Fleming arbeitete am St. Mary's Hospital in London. Im Sommer 1928 beimpfte er eine Agarplatte mit Staphylokokken, die er erst nach seinem Urlaub wieder zur Hand nahm.

Dabei entdeckte er, dass sich auf dem Agar-Nährboden ein Schimmelpilz angesiedelt hatte, in dessen Nachbarschaft sich die Staphylokokken nicht vermehrt hatten. Diesen Bakterien abtötenden Schimmelpilz nannte Fleming *Penicillium notatum* (heute: *Penicillium chrysogenum*).

Erst zehn Jahre später kümmerten sich Howard W. Florey und Ernest B. Chain an der Universität Oxford erneut um das Penicillin. 1941 erfolgten erste erfolgreiche klinische Tests. Mit Ausbruch des zweiten Weltkriegs verlagerte sich die Forschung in die USA: Mithilfe neuer Stämme und durch industrielle Massenfertigung stand schließlich ausreichend Penicillin für die Soldaten und später auch für die Zivilbevölkerung zur Verfügung. 1945 erhielten Fleming, Chain und Florey gemeinsam den Nobelpreis für Medizin.

Die Penicilline (◘ Abb. 16.14, links) gehören chemisch zu der Gruppe der β-Lactam-Antibiotika, enthalten also einen Lactam-Vierring. Ihr Rest R kann breit variiert werden, sodass zahlreiche Penicilline

◘ **Abb. 16.13** Sir Alexander Fleming (1881–1955, links) und Robert Burns Woodward (1917–1979, rechts) (© unbekannt, Public Domain)

Penicilline

G: R = $C_6H_5 - CH_2 - \overset{\overset{O}{\|}}{C} -$

V: R = $C_6H_5 - O - CH_2 - \overset{\overset{O}{\|}}{C} -$

Cephalosporine

C: R^1 = $HOOC - \overset{\overset{NH_2}{|}}{CH} - (CH_2)_3 -$

R^2 = $-O - \overset{\overset{O}{\|}}{C} - CH_3$

◘ **Abb. 16.14** Grundstrukturen der Penicilline und Cephalosporine (mit Beispielen)

(mit den Abkürzungen F, G, V, X, …) zur Verfügung stehen, die ein sehr unterschiedliches Wirkungsspektrum haben. Sie sind teils natürlichen Ursprungs, werden teilweise aber auch „partialsynthetisch" hergestellt. Dazu wird 6-Aminopenicillansäure mit verschiedenen Carbonsäurechloriden umgesetzt und auf diese Weise der Rest R eingefügt. Inzwischen gibt es auch Totalsynthesen der Penicilline, aber mit nur geringen Gesamtausbeuten. Die größten Penicillin-Produzenten weltweit sind die Firmen DSM und Sandoz.

Schon in den 1950er-Jahren traten erste Resistenzen gegenüber Penicillinen auf. Auf der Suche nach Alternativen stieß bereits 1948 der italienische Bakteriologe Giuseppe Brotzu in der Nähe eines Abwasserrohres der Stadt Cagliari auf einen neuen Pilz, *Cephalosporium acremonium*, mit starker antibiotischer Wirkung. Diese Ergebnisse erreichten schließlich Sir Edward Abraham in Oxford, dem es gelang, die Wirksubstanz in größeren Mengen herzustellen und die Struktur aufzuklären. Die chemische Formel in ◘ Abb. 16.14 (rechts) zeigt, dass die Cephalosporine ebenfalls zu den β-Lactam-Antibiotika gehören, aber statt eines schwefelhaltigen Fünfrings einen Sechsring enthalten. Der Amerikaner Robert Burns Woodward (◘ Abb. 16.13, rechts) konnte den Wirkstoff Cephalosporin C synthetisch herstellen und erhielt dafür 1965 den Nobelpreis für Chemie. Diese Synthese ist jedoch für eine industrielle Anwendung viel zu aufwendig. Cephalosporine werden heute aus verschiedenen Mutanten des ursprünglichen Stamms

Cephalosporium acremonium bzw. auch halbsynthetisch hergestellt.

Seither wurden viele weitere Antibiotikaklassen gefunden, wobei Penicilline immer noch mit zu den wichtigsten gehören. Antibiotika haben bisher schon mehreren Millionen Menschen das Leben gerettet. Allerdings werden sie vielfach auch falsch eingesetzt: In der Viehzucht der USA dienen Antibiotika als Wachstumsförderer; in der EU können sie bei Tierkrankheiten eingesetzt werden. Allein für die Verwendung in der Viehzucht wurden im Jahr 2010 über 63.000 Tonnen Antibiotika produziert (von insgesamt ca. 100.000 Tonnen pro Jahr). Menschen nehmen oftmals Breitbandantibiotika ein, auch in Fällen von viralen Infektionen, bei denen sie wirkungslos sind. Durch dieses fehlerhafte Verhalten entstehen resistente Bakterienstämme, gegen die wiederum neue Antibiotika gefunden werden müssen.

16.7 Steroide

Steroide gehören zur Stoffklasse der *Lipide* und sind meist wasserunlösliche Kohlenwasserstoffe. Ihr Grundgerüst ist Steran, das Cyclopentanoperhydrophenanthren (◘ Abb. 16.15). Dieses Gerüst aus drei Sechs- und einem Fünfring enthält in der Regel noch mehrere Alkylgruppen oder andere funktionelle Gruppen, z. B. eine Hydroxygruppe. Die vier Ringe werden mit den Buchstaben A bis D gekennzeichnet;

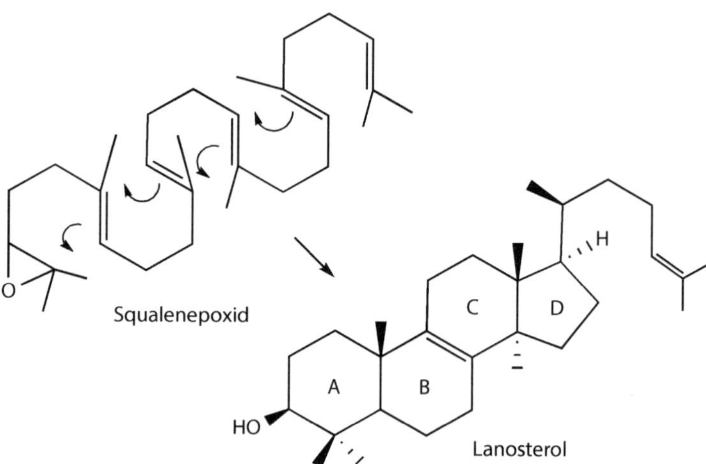

▣ Abb. 16.15   Das Steran-Grundgerüst der Steroide

die 17 Kohlenstoffatome werden in der angegebenen Reihenfolge durchnummeriert.

Die Biosynthese der Steroide geht von Terpenen (► Kap. 12) aus. Aus Farnesenderivaten wird Squalen aufgebaut, das anschließend in einer Tetracyclisierung in das Steroidgerüst übergeht. Dieses Verknüpfungsprinzip ist in ▣ Abb. 16.16 am Beispiel der Cyclisierung von Squalenepoxid zu Lanosterol wiedergegeben.

Die natürlichen Steroide kommen im Menschen, in Tieren, Pflanzen und Pilzen vor. Biochemisch wirken sie z. B. als Sexualhormone oder als Gifte, sie steuern den Muskelaufbau oder regulieren den Calciumhaushalt. Die Erforschung der Steroide begann 1903 mit den Untersuchungen des deutschen Chemikers Adolf Windaus (1876–1959), der für seine Arbeiten 1928 den Nobelpreis für Chemie erhielt (▣ Abb. 16.17). Weitere wichtige Beiträge zur Steroidchemie lieferten Adolf Butenandt (Nobelpreis 1939) und Heinrich Otto Wieland (Nobelpreis 1927).

Im Folgenden werden beispielhaft einige bedeutende natürliche Steroide vorgestellt:

- Ein wichtiges Steroid der Wirbeltiere ist das **Cholesterol** (früher auch als Cholesterin bezeichnet, ▣ Abb. 16.18). Cholesterol kommt im gesamten menschlichen Körper vor, im Gehirn, im Rückenmark, insbesondere aber in den Gallensteinen, von denen es auch seinen Namen hat (griech. *cholesterol*, feste Galle). Cholesterol ist eine zentrale Zwischenstufe bei der Biosynthese der Steroide. Es ist ein zweiwertiger Alkohol und besitzt acht asymmetrische C-Atome, die in ▣ Abb. 16.18 mit * markiert sind.

- **Ergosterol** enthält drei C=C-Doppelbindungen – davon zwei konjugierte im Ring B – und findet sich vor allem in der Hefe, kommt aber auch in vielen Pilzen, Algen und Flechten vor (▣ Abb. 16.18).

- **Stigmasterol** wird aus Sojabohnen gewonnen. Es unterscheidet sich von Cholesterol nur durch die Seitenkette an C-Atom 17 (▣ Abb. 16.18). Stigmasterol ist ein wichtiger Ausgangsstoff für Partialsynthesen von Steroidhormonen.

- **Cholecalciferol** (Vitamin D$_3$, ▣ Abb. 16.18) kommt in den Leberölen von Thunfisch, Heilbutt und Dorsch vor. Dieses Steroid kontrolliert die Aufnahme von Calciumionen im Magen-Darm-Trakt und beeinflusst den Stoffwechsel der Knochen.

▣ Abb. 16.16   Aufbau des Steroidgerüstes von Lanosterol aus Squalenepoxid

▣ Abb. 16.17 Die Steroidforscher und Nobelpreisträger Adolf Windaus, Adolf Butenandt und Heinrich Otto Wieland (von links nach rechts; © unbekannt, Public Domain; mpg)

▣ Abb. 16.18 Formeln von Cholesterol, Ergosterol, Stigmasterol und Cholecalciferol

Cholesterol

Ergosterol

Stigmasterol

Cholecalciferol
(Vitamin D_3)

Eine weitere wichtige Gruppe sind die **Steroidhormone**. Hierzu zählen die Sexualhormone und die Hormone der Nebennierenrinde, die Corticoide. Bei den Sexualhormonen unterscheidet man wiederum zwischen männlichen (Androgene) und weiblichen Sexualhormonen (Östrogene und Gestagene).

- Ein bedeutendes Androgen ist **Testosteron** (▣ Abb. 16.19), das 1935 erstmals aus Stierhoden gewonnen wurde. Es fördert beim Mann die Entwicklung der sekundären Geschlechtsmerkmale, stimuliert die Libido und steigert den Eiweißaufbau, hat also eine anabole Wirkung.

- Das wirksamste Östrogen ist **17β-Östradiol** (17β-Estradiol), das erstmals aus dem Harn schwangerer Frauen isoliert wurde. In allen Östrogenen ist der Ring A aromatisch, sodass die Hydroxygruppe an C-Atom 3 einen phenolischen Charakter aufweist (▣ Abb. 16.19).

- Ein wichtiges Gestagen ist **Progesteron**. Es wird im Körper aus Cholesterol unter Abbau der Seitenkette am C-Atom 17 bis zur Acetylgruppe gebildet (▣ Abb. 16.19). Es regt das Wachstum der Gebärmutterschleimhaut an und verhindert nach der Befruchtung einer Eizelle die Reifung weiterer Eizellen.

◘ Abb. 16.19   Die Steroid-
Hormone Testosteron, 17β-Östradiol,
Progesteron und Cortisol

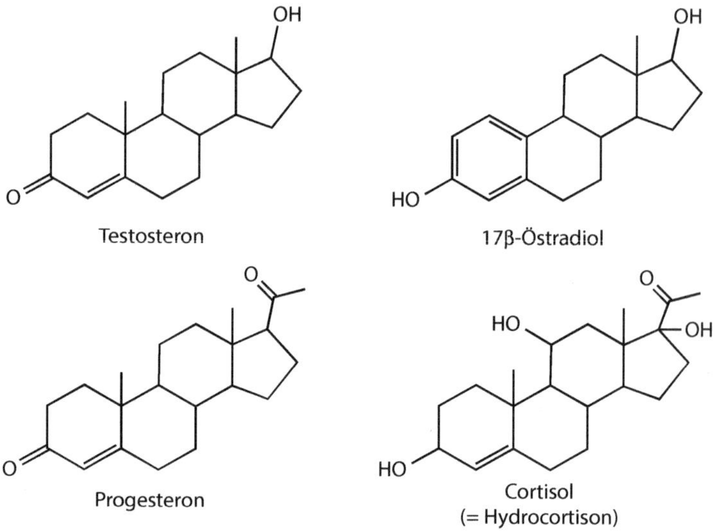

Testosteron

17β-Östradiol

Progesteron

Cortisol
(= Hydrocortison)

- Zu den Corticoiden gehört das **Cortisol**
  (Hydrocortison, ◘ Abb. 16.19). Die Corticoide
  beeinflussen im Körper den Mineralhaushalt
  und den Kohlenhydratstoffwechsel und
  gehören somit zu den lebenswichtigen Stoffen
  im Organismus.

Mithilfe der Steroide wurden ab den 1950er Jahren
Antibabypillen (Kontrazeptiva) entwickelt. Sie
wirken ovulationshemmend, unterbinden also
den Eisprung. Man unterscheidet zwischen zwei
Varianten:

- Kombinationspräparate bestehen aus einer
  Östrogen- und einer Gestagenkomponente.
- Monopräparate („Minipillen") enthalten nur
  eine Gestagenkomponente. Sie werden täglich
  in niedriger Dosis eingenommen.

Schon 1919 stellte der österreichische Physiologe
Ludwig Haberlandt die Hypothese auf, dass dem
weiblichen Körper durch gezielte Verabreichung
von Hormonen eine Schwangerschaft „vorge-
täuscht" werden kann. Carl Djerassi synthetisierte
1951 das erste orale Verhütungsmittel, das Gestagen
Norethisteron (◘ Abb. 16.20). Gregory Pincus entwickelte das erste Kombinationspräparat, das 1960
in den amerikanischen Markt eingeführt wurde. Bei
den Kontrazeptiva unterscheidet man mittlerweile
vier „Generationen":

- Die Kontrazeptiva der 1. Generation
  enthielten relative hohe Dosen an Östrogen
  und Gestagen, was zu einem erhöhten
  Tromboserisiko führte.
- In der 2. Generation wurde seit 1966 als
  Gestagen *Levonorgestrel* verwendet. Es ist auch
  als alleiniger Wirkstoff in Minipillen einsetzbar.
  In hoher Dosierung wird es auch als „Pille
  danach" eingesetzt.
- In der 3. Generation wurde *Desogestrel* als
  Gestagen eingesetzt. Es kann in sehr geringen
  Dosen eingesetzt werden. In den 1990er-Jahren
  war es das weltweit führende Kontrazeptivum.
- Die „Pille" der vorerst letzten Generation enthält
  Drospirenon, das sich durch eine sehr verläss-
  liche Wirkung und geringe Nebenwirkungen
  auszeichnet. Chemisch bemerkenswert sind die
  beiden Cyclopropanringe und das Spirolacton.

Zwar sind bei der Entwicklung der Kontrazeptiva
in den letzten Jahrzehnten große Fortschritte erzielt
worden. Die Synthese dieser Wirkstoffe ist aber
relativ aufwendig und damit teuer. Wünschenswert
wäre ein Wirkstoff, der auch in ärmeren Ländern eingesetzt werden könnte.

◻ Abb. 16.20 Die in Kontrazeptiva eingesetzten Gestagene

Norethisteron

Levonorgestrel

Desogestrel

Drospirenon

Zusammenfassung *(Take-Home Messages)*
- **Natürliche Pharmaka** werden von der Menschheit bereits seit Jahrtausenden genutzt. Auch die heutige Pharmaindustrie sucht weiterhin nach neuen Wirkstoffstrukturen aus der Natur.
- Das Analgetikum (Schmerzmittel) und Antipyretikum fiebersenkendes Mittel) **Aspirin** besteht aus Acetylsalicylsäure. Vorbild in der Natur war die Salicylsäure, die in Weidenrinden vorkommt. Die chemische Synthese erfolgt heute nach dem „Kolbe-Schmitt-Verfahren" aus Natriumphenolat und Kohlendioxid unter Druck.
- Viele natürliche Wirkstoffe wurden zur Gruppe der **Alkaloide** zusammengefasst. Aufgrund ihrer stickstoffhaltigen Gerüststrukturen besitzen sie ein „alkaliähnliches" Verhalten, das zu ihrer Sammelbezeichnung geführt hat.
- Das Stimulans **Coffein** ist ein Alkaloid aus der Stoffgruppe der Xanthine. Man kann es durch „Dextraktion", also durch Extraktion mit überkritischem Kohlendioxid, aus Kaffeebohnen gewinnen; alternativ gibt es auch eine fünfstufige chemische Synthese.
- **Chinin**, ein Alkaloid vom Chinolin-Typ, wird aus der Rinde des Chinarindenbaums

gewonnen. Lange Zeit hinweg war es das einzig bekannte Anti-Malariamittel. Heute wird es insbesondere in Erfrischungsgetränken verwendet. Die dazu benötigten Mengen werden weiterhin durch Rindenextraktion gewonnen.
- **Morphin** stammt aus Opium, dem getrockneten Milchsaft des Schlafmohns. Es ist ein sehr stark wirkendes Analgetikum und Rauschmittel, das zur Abhängigkeit führt. Auch Morphin ist ein Alkaloid und gehört zur Isochinolingruppe. Da die enantioselektive Synthese des natürlichen (–)-Morphins sehr aufwendig ist, wird es weiterhin aus Opium isoliert.
- **Penicilline** und **Cephalosporine** gehören zu den β-Lactam-Antibiotika, die zur Behandlung von Infektionskrankheiten eingesetzt werden. Sie werden biosynthetisch in Fermentationsprozessen mithilfe von Mikroorganismen hergestellt. Bei „partialsynthetischen" Antibiotika werden die Substituenten an den beiden Grundstrukturen nachträglich chemisch variiert.
- **Steroide** gehören zu den Lipiden und enthalten das tetracyclische Steran als Grundgerüst. Ihre Biosynthese erfolgt aus Terpenen, z. B. dem Squalen, *via*

Cyclisierungsreaktionen. Natürliche
Steroide kommen in geringen Mengen in
zahlreichen Tieren, Pflanzen und Pilzen
vor. Ein wichtiges Steroid im menschlichen
Körper ist Cholesterol.

— Zu den **Steroidhormonen** zählen Cortisol,
das wesentlich an der Steuerung des
Stoffwechsels beteiligt ist, das männliche
Sexualhormon Testosteron sowie
die weiblichen Sexualhormone, die
Östrogene und Gestagene. Auf der Basis
dieser Hormone wurden in den letzten
Jahrzehnten mehrere Genrationen von
Kontrazeptiva entwickelt.

❓ Zehn Quickies zu ▶ Kap. 16

1. Was findet man im „Ebers-Papyrus"? Wo
   kommt er her? Von wann stammt er?

2. Welcher Aufwand – statistisch gesehen
   - muss heutzutage erfolgen, um einen
   neuen pharmazeutischen Wirkstoff auf
   den Markt zu bringen?

3. Wie gelang es Rudolf Schmitt, die
   Ausbeute der von Hermann Kolbe
   entwickelten Synthese von Salicylsäure
   deutlich zu verbessern?

4. Aus welcher Region stammt ursprünglich
   der Kaffeestrauch? Welches Alkaloid kann
   man aus den Samen dieses Strauchs
   gewinnen? Wie erfolgt diese Gewinnung
   heute?

5. Warum wurde die pulverisierte Rinde
   des „Chinarindenbaums" auch als
   „Jesuitenpulver" bezeichnet? Was ist der
   pharmazeutische Wirkstoff in diesem
   Pulver? Welche Wirkungen hat dieser
   Stoff?

6. Beschreiben Sie die pharmakologischen
   Eigenschaften von Morphin! Warum
   darf es trotzdem nur in eng begrenzten
   Krankheitsfällen eingesetzt werden?

7. Wer gilt als Entdecker der Penicilline? Wie
   erfolgte die Entdeckung?

8. Vergleichen Sie die Grundstrukturen der
   Penicilline und Cephalosporine! Warum
   gibt es jeweils mehrere Penicilline und
   Cephalosporine?

9. Beschreiben Sie das Grundgerüst der
   Steroide. Wie wird das Ringsystem
   gekennzeichnet?

10. Was sind Östrogene? Nennen Sie ein
    wichtiges Beispiel! Wie ist der Ring A bei
    den Östrogenen aufgebaut?

▪▪ … und zur Belohnung noch ein Fußballer-Zitat:

» Ich glaube nicht, dass wir das Spiel verloren
hätten, wenn es 1:1 ausgegangen wäre.
(Uli Hoeneß)

Weiterführende Literatur

Monographien und Übersichtsartikel

Lüllmann H, Mohr K, Wehling M, Hein L (2016) Pharmakologie
und Toxikologie, 18. Aufl. Thieme-Verlag, Stuttgart

Karow T, Lang-Roth R (2016) Pharmakologie und Toxikologie,
25. Aufl. Thomas Karow Verlag, Pulheim

Van Boeckel TP, Brower C, Gilbert M, Grenfell BT, Levin S,
Robinson TP et al (2015) Global trends in antimicrobial
use in food animals. Proc Natl Acad Sci 112:5649–5654

Center for Disease Dynamics, Economics & Policy (2015) State
of the world's antibiotics. CDDEP, Washington, D.C

Ohno M, Otsuka M, Okamoto Y, Yagisawa M, Kondo S (2011).
Antibiotics. In: Ullmann's encyclopedia of industrial
chemisty. Wiley VCH Verlag, Weinheim

Kleemann A, Engel J, Kutscher B, Reichert D (2008)
Pharmaceutical substances, 5. Aufl. Thieme Verlag,
Stuttgart

Schmitz R, Friedrich C, Müller-Jahnke W-D (Hrsg) (2005)
Geschichte der Pharmazie, Bd. 2. Govi-Verlag, Eschborn

Sneader W (2005) Drug discovery – a history. John Wiley &
Sons, Chichester

Hobhouse H (1992) Fünf Pflanzen verändern die Welt. dtv,
München

Pieroth I (1992) Penicillinherstellung: Von den Anfängen bis
zur Großproduktion. WVG, Stuttgart

Ferré F (1991) Kaffee: Eine Kulturgeschichte. Wasmuth Verlag,
Tübingen

Originalstellen

Kleemann A, Offermanns H (2012) Meilenstein
Salicylsäuresynthese. Chem. Unserer Zeit 46:40–47

Streller S, Roth K (2012) Eine Rinde erobert die Welt. Chem.
Unserer Zeit 46:228–247

Streller S, Roth K (2011) Über die Heldentaten der
Hormonsucher – 50 Jahre Pille in Deutschland. Chem.
Unserer Zeit 45:270–291

Kuhnert N (1999) 100 Jahre Aspirin®. Chem. Unserer Zeit
33:213–220

Die lebensnotwendigen „Amine"

Vitamine

© Springer-Verlag GmbH Deutschland 2018
A. Behr, T. Seidensticker, *Einführung in die Chemie nachwachsender Rohstoffe*,
https://doi.org/10.1007/978-3-662-55255-1_17

> **Kapitelfahrplan**
> - Vorab wird ein Überblick darüber gegeben, welche Bedeutung die Vitamine für die Menschheit haben.
> - Anschließend werden die 13 Vitamine kurz einzeln vorgestellt.

17.1 Übersicht über die Vitamine

Vitamine sind niedermolekulare Verbindungen, die vom menschlichen Körper nicht gebildet werden können. Damit sind alle Vitamine *essenziell* (vgl. essenzielle Fettsäuren ▶ Kap. 2 und essenzielle Aminosäuren ▶ Kap. 14). Deshalb müssen sie (oder ihre Vorstufen) mit der Nahrung, also über nachwachsende Rohstoffe aufgenommen werden. Ursprünglich hat man geglaubt, dass diese Verbindungen alle eine Aminfunktion haben. Aus dem lateinischen Wort *vita* für „Leben" und dem Begriff „Amine" wurde dann das Wort „Vitamine" (= lebensnotwendige Amine) geboren. Erst nachträglich hat man festgestellt, dass die Vitamine keineswegs alle Amine sind; der Name ist trotzdem geblieben.

Die Entdeckung der Vitamine geht zurück auf Untersuchungen über die Ursachen der Krankheiten *Skorbut* und *Beriberi*. Schon 1906 stellte Frederick Gowland Hopkins fest, dass Tiere (und somit ebenfalls der Mensch) nicht allein mit einer Nahrung aus Eiweiß, Fett, Kohlenhydraten, Salz und Wasser überleben können. Es mussten somit weitere Stoffe in der Nahrung existieren, die für die Gesundheit essenziell sind. Wenn diese Stoffe fehlen, kommt es zu „Mangelkrankheiten". So konnte z. B. der Ausbruch einer *Beriberi*-ähnlichen Krankheit bei Hühnern durch den Futterzusatz Reiskleie verhindert werden. Der polnische Biochemiker Casimir Funk wies schließlich 1912 nach, dass es sich bei der bioaktiven Substanz in der Reiskleie um das Thiamin handelt, das später als Vitamin B_1 bezeichnet wurde. Diese Unterscheidung der Vitamine mit den Großbuchstaben A, B, C, D, E und K wurde 1916 eingeführt. Da sich später herausstellte, dass sich das Vitamin B aus mehreren Komponenten zusammensetzt, wurde noch eine weitere Unterteilung in B_1, B_2 etc. eingeführt.

Insgesamt kennt man heute 13 Vitamine. In ◘ Tab. 17.1 sind sie sowohl mit ihrer Buchstabencodierung als auch mit ihrer chemischen Bezeichnung aufgeführt. Aufgrund ihrer Löslichkeitseigenschaften kann man sie unterteilen in:

◘ **Tab. 17.1** Übersicht über die 13 Vitamine

Bezeichnung(en)	Entdeckung	Biologische Funktion
Vitamin A (*Retinol*)	1916	Wichtig für den Sehvorgang
Vitamin B_1 (*Thiamin*)	1912	Nervenleitungs- und Muskelkontrolle
Vitamin B_2 (*Riboflavin*)	1920	Cofaktor bei Redoxreaktionen
Vitamin B_3 (*Niacin*)	1936	Cofaktor bei Redoxreaktionen
Vitamin B_5 (*Pantothensäure*)	1931	Bestandteil von Coenzym A, bedeutsam für den Stoffwechsel von Fetten, Proteinen und Kohlenhydraten
Vitamin B_6 (*Pyridoxin*)	1934	Cofaktor bei der Neurotransmitter-Biosynthese
Vitamin B_7 (*Biotin*)	1931	Cofaktor beim Stoffwechsel
Vitamin B_9 (*Folsäure*)	1941	Cofaktor im Aminosäurestoffwechsel und bei der Nucleinsäurebiosynthese
Vitamin B_{12} (*Cobalamin*)	1926	Bildung von Blutkörperchen und Proteinen
Vitamin C (*Ascorbinsäure*)	1912	Wichtig für Collagensynthese, Antioxidans
Vitamin D (*Calciferole*)	1918	Knochenmineralisierung mit Ca und Phosphat, Regulierung des Immunsystems
Vitamin E (*Tocopherole*)	1922	Fettlösliches Antioxidans, Regulierung der Genexpression
Vitamin K_1 (*Phyllochinon*)	1929	Blutgerinnung, Knochenstoffwechsel

— die fettlöslichen Vitamine A, D, E und K
— die wasserlöslichen Vitamine B und C

Nachdem die Vitamine entdeckt und ihre Strukturen aufgeklärt waren, wurden die jeweiligen Synthesewege entwickelt. Ende der 1950er-Jahre gab es für alle 13 Vitamine einen Syntheseweg, sei es durch chemische Umsetzungen, durch Fermentationen oder durch eine Kombination beider Verfahren. Damit wurde die Menschheit unabhängig von den natürlichen Vorkommen der Vitamine. Die Vitamine dienen heute nicht nur dem Menschen zur Prophylaxe und Therapie von Vitamin-Mangelerscheinungen (*Avitaminosen*), sondern sind auch wichtige Viehfutterzusätze.

Die wissenschaftlichen Ergebnisse auf dem Gebiet der Vitaminforschung wurden insgesamt mit zwölf Nobelpreisen ausgezeichnet, die an 20 Preisträger vergeben wurden.

17.2 Die Vitamine im Einzelnen

17.2.1 Vitamin A (Retinol)

Retinol (◘ Abb. 17.1) ist ein fettlöslicher primärer, ungesättigter Diterpenalkohol mit der Summenformel $C_{20}H_{30}O$. Das Molekül ist aus einem β-Iononring (► Abschn. 12.2) und zwei miteinander verknüpften Isoprenresten aufgebaut. Es kommt natürlich insbesondere in Lebertran (einem Öl aus Kabeljau-Dorsch- und Schellfischleber), in der Schweineleber, im Eigelb und in der Milch bzw. Butter vor. Isoliert wurde es 1931 von dem Schweizer Chemiker Paul Karrer (1889–1971) aus dem Leberöl des Heilbutts. 1937 erhielt er für seine Arbeiten den Nobelpreis für Chemie.

Bei Mangel an Vitamin A degenerieren die Schleimhäute, insbesondere die Binde- und Hornhaut der Augen. Der Mangel kann zu Nachtblindheit führen. Auch bei der Bekämpfung von

Hautkrankheiten, wie z. B. Akne (*Acne vulgaris*) oder Schuppenflechte (*Psoriasis*), werden Derivate des Retinols, die *Retinoide*, erfolgreich eingesetzt. Zur Prophylaxe mussten Kinder in früheren Zeiten häufig den widrig schmeckenden Lebertran trinken; heute kann stattdessen synthetisches Vitamin A verabreicht werden. Eine erste Synthese gelang Richard Kuhn und Colin Morris bereits 1937 ausgehend von β-Ionon, allerdings mit nur geringen Ausbeuten. Die Schweizer Firma Hoffmann-La Roche entwickelte dann unter Leitung von Otto Isler eine industriell durchführbare Route zu Vitamin A. Mehrere Anlagen wurden Ende der 1950er-Jahre in Betrieb genommen. Parallel entwickelte die BASF zusammen mit Georg Wittig eine weitere Vitamin-A-Synthese, deren entscheidender Schritt eine Wittig-Reaktion zwischen einer C_{15}- und einer C_5-Komponente ist. Die derzeitigen Hauptproduzenten von Vitamin A sind die BASF und die DSM (früher: Roche). Anfang 2015 hat die BASF ihre Vitamin-A-Produktion in Ludwigshafen noch einmal um 25 % erhöht.

17.2.2 Vitamin B₁ (Thiamin)

Thiamin (früher auch als *Aneurin* bezeichnet) enthält einen Pyrimidinring, der über eine Methylengruppe mit einem Thiazolring verbunden ist (◘ Abb. 17.2). Aufgrund seiner ionischen Struktur gehört Thiamin zu den wasserlöslichen Vitaminen. Es kommt in fast allen pflanzlichen und tierischen Geweben vor, z. B. in Reis- oder Weizenkleie, in Hasel- oder Walnüssen sowie in Schweine- und Rindfleisch. Obwohl bereits 1901 vermutet wurde, dass die *Beriberi*-Krankheit auf dem Mangel eines Stoffes beruht, der beim Polieren von Reis entfernt wird, konnte erst 1934 die richtige Struktur dieses Stoffes aufgestellt werden.

Bei der Beriberi-Krankheit kommt es zu Störungen der Nerven, der Muskulatur und des Herz-Kreislauf-Systems. Sie führt zu Müdigkeit, Apathie, Zittern und Übelkeit. Therapeutisch wird synthetisches

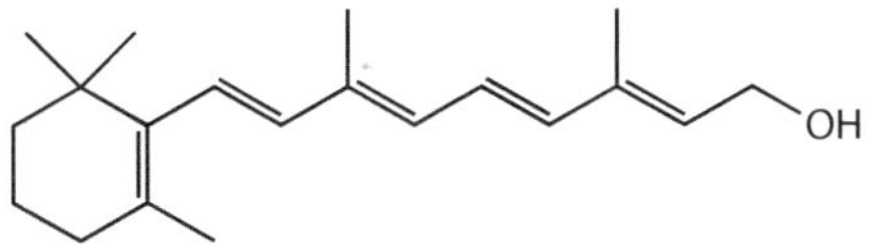

◘ **Abb. 17.1** Strukturformel von Retinol (Vitamin A)

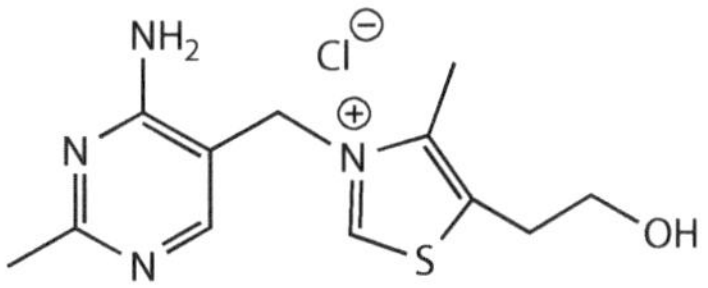

◘ **Abb. 17.2** Strukturformel von Thiamin (Vitamin B₁)

Vitamin B_1 zur Heilung von Nervenschmerzen eingesetzt. Inzwischen gibt es eine Reihe von industriellen Synthesevarianten für Thiamin, u. a. Entwicklungen von Merck & Co. sowie von Roche. Die Syntheserouten werden weiterhin noch verbessert, insbesondere zur Kostensenkung und zur Verringerung der Nebenprodukte.

17.2.3   Vitamin B_2 (Riboflavin)

Das wasserlösliche Riboflavin besteht aus einem tricyclischen, *N*-haltigen Ringsystem, dem Isoalloxazinring, an dem der Zuckeralkohol Ribitol gebunden ist (◘ Abb. 17.3). Riboflavin tritt (in gebundener Form) in allen pflanzlichen und tierischen Zellen auf, z. B. in der Leber und in den Nieren. Höhere Gehalte von Riboflavin findet man in Mandeln, Hühnereiern und Kuhmilch, aber auch in Gemüsen wie z. B. Spinat, Broccoli oder Spargel. Der tägliche Bedarf kann somit durch übliche Nahrungsmittel gedeckt werden. Es ist ein essenzielles Coenzym bei Redoxreaktionen in vielen Bereichen des Stoffwechsels.

Die Isolierung des Riboflavins gelang 1933 aus Molke: Aus 1000 Litern Molke wurden ca. 70 mg Riboflavin gewonnen. Bereits zwei Jahre später wurde die Molekülstruktur durch Synthesen von R. Kuhn und P. Karrer bewiesen. Der Mangel an Riboflavin äußert sich häufig in Hautrissen und Lichtüberempfindlichkeit oder kann zu Migräne führen. Hersteller von Vitamin B_2 sind u.a. BASF, DSM und Merck. Anfangs wurden die Synthesen chemisch durchgeführt; seit ca. 2000 wurde verstärkt auf biotechnologische Verfahren umgestellt. 400 Tonnen Riboflavin pro Jahr werden inzwischen fermentativ

hergestellt, davon werden 70 % in der Tierernährung und 30 % in der Humanernährung und als Pharmaka angewendet.

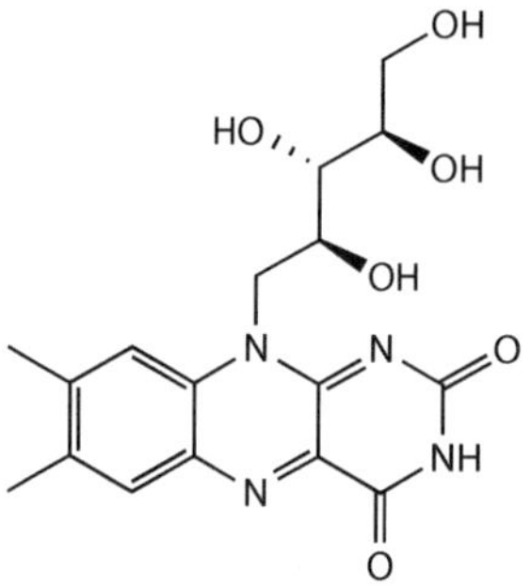

17.2.4   Vitamin B_3 (Niacin)

Das wasserlösliche Vitamin B_3 kann sowohl in Form der Nicotinsäure (*Niacin*) oder in Form des Nicotinsäureamids (*Niacinamid*) vorliegen (◘ Abb. 17.4). Beide Formen sind als Vitamin wirksam. Niacin kann im Körper teilweise auch aus der Aminosäure Tryptophan (► Abschn. 14.1) gebildet werden. Vitamin B_3 kommt vor allem in tierischen Organen (Rindfleisch, Leber) vor, aber auch in Pilzen, Tomaten und Bananen. In Milch und Eiern ist der Gehalt zwar gering, aber aufgrund des hohen Tryptophangehalts sind auch diese beiden Lebensmittel wichtige Niacinquellen.

Bei Mangel an Niacin tritt die *Pellagra*-Krankheit auf, eine Störung des zentralen Nervensystems, die zu Hautdefekten (*Dermatitis*) oder Verdauungsstörungen (*Diarrhö*) führen kann. Sie tritt überall da bevorzugt auf, wo die Nahrung hauptsächlich aus Mais oder Hirse besteht, also z. B. in armen Regionen Südamerikas. Die in diesen beiden Nahrungsmitteln vorhandene Nicotinsäure ist in einer Form gebunden, die der menschliche Körper nicht verwerten kann. Synthetisch ist Nicotinsäure durch Oxidation von β-Picolin, also des 3-Methylpyridins, leicht zugänglich. Man schätzt die Produktion auf einige Tausend Tonnen pro Jahr.

17.2.5   Vitamin B_5 (Pantothensäure)

Die ebenfalls wasserlösliche Pantothensäure ist chemisch eine Dihydroxydimethylbutansäure, die über eine Amidbrücke mit der Aminosäure β-Alanin

◘ **Abb. 17.3**   Strukturformel von Riboflavin (Vitamin B_2)

◘ **Abb. 17.4**   Vitamin B_3: Formeln von Niacin (links) und Niacinamid (rechts)

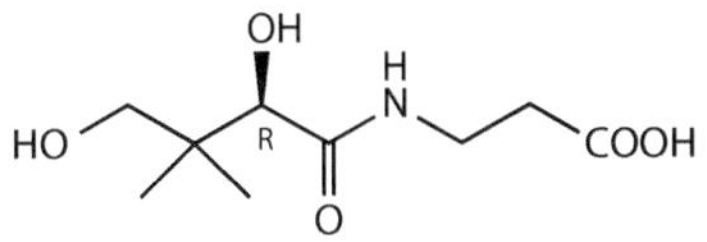

◘ Abb. 17.5 Strukturformel von Pantothensäure (Vitamin B_5)

(▸ Kap. 14) verknüpft ist (◘ Abb. 17.5). Das Wort *Pantothen* kommt aus dem Griechischen und bedeutet „überall". Die Säure erhielt ihren Namen deshalb, weil sie sich in der Natur in Form des Coenzyms A in nahezu jeder lebenden Zelle befindet, besonders reichlich aber in Leber, Niere, Muskeln sowie in Eigelb. Auch in Hülsenfrüchten (Bohnen, Erbsen), in verschiedenen Getreidearten und in der Bäckerhefe tritt sie auf. Der Bedarf an Vitamin B_5 ist somit durch die übliche Nahrung reichlich gedeckt; eine Erkrankung durch Mangel an Vitamin B_5 ist somit extrem selten.

Pantothensäure wurde Anfang der 1930er-Jahre als Wachstumsfaktor erkannt und aus Schafsleber isoliert. Die heutige Synthese erfolgt durch Kondensation von Pantolacton, das aus Isobutanal, Formaldehyd und Blausäure zugänglich ist, mit Alanin oder dessen Derivaten. Dabei ist von Bedeutung, dass nur die (*R*)-Form der Pantothensäure biologisch wirksam ist. Das synthetische Vitamin B_5 wird in den seltenen Fällen einer Unterversorgung an Vitamin B_5 verabreicht (z. B. bei Darmerkrankungen oder Entzündungen). Es wird aber auch für Haarpflegeprodukte, zur Heilung von Akne oder in Energydrinks eingesetzt.

17.2.6 Vitamin B_6 (Pyridoxin)

Vitamin B_6 ist eine Sammelbezeichnung von mehreren Wirkstoffen, die – wie Vitamin B_3 – auf einer Pyridinbasis beruhen. ◘ Abb. 17.6 zeigt diese Verbindungen: Den Alkohol Pyridoxin, den Aldehyd

Pyridoxal und das Amin Pyridoxamin. Teilweise liegen diese Verbindungen in der Natur auch als Phosphorsäureester vor.

Vitamin B_6 kommt in zahlreichen Nahrungsmitteln vor, u. a. in Walnüssen, in Schweinefleisch (speziell in der Leber) und in der Hefe. Da Pyridoxalphosphat als Coenzym im Aminosäurestoffwechsel an mehr als hundert Enzymreaktionen beteiligt ist, ist eine ausreichende Versorgung mit Vitamin B_6 besonders wichtig. Eine Unterversorgung äußert sich in entzündlichen Veränderungen der Haut, in Blutarmut, Krämpfen, Nervosität bis hin zu Depressionen und Wachstumsstörungen.

Die Isolierung des Pyridoxins gelang in den 1930er-Jahren aus Reiskleie und Hefe; die Strukturaufklärung erfolgte 1938. Heute ist Pyridoxin über mehrere Syntheserouten zugänglich. In Europa stellt die DSM noch Vitamin B_6 her; die anderen Hersteller produzieren in Asien, speziell in China.

17.2.7 Vitamin B_7 (Biotin, Vitamin H)

Vitamin B_7, das wasserlösliche Biotin, wurde zwischenzeitlich auch einmal als Vitamin H bezeichnet, weil es für die Funktionen der Haut essenziell ist. Das Molekül ist ein stickstoff- und schwefelhaltiger Biheterocyclus mit drei Stereozentren (◘ Abb. 17.7). Nur D-(+)-Biotin weist jedoch volle biologische Aktivität auf.

Biotin liegt in der Natur meist an Proteine gebunden vor. Es findet sich in Pflanzensamen, tierischem Gewebe (Leber), in Hefe, Gemüse, Nüssen, Früchten, Milch und Reiskleie. Auch die grünen Blätter des „echten Lavendel" enthalten viel Biotin. Ein Biotinmangel zeigt sich in Dermatitis, Bindehautentzündungen und Haarausfall. Auch Appetitlosigkeit, Brüchigkeit der Nägel und Schlafstörungen werden mit Biotinmangel in Verbindung gebracht.

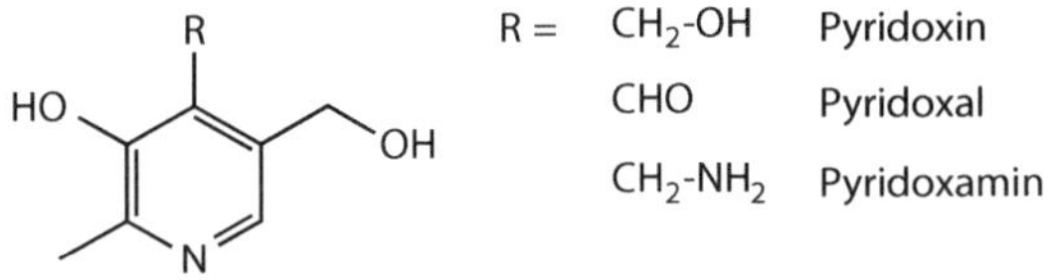

◘ Abb. 17.6 Strukturen der Pyridoxinvarianten (Vitamin B_6)

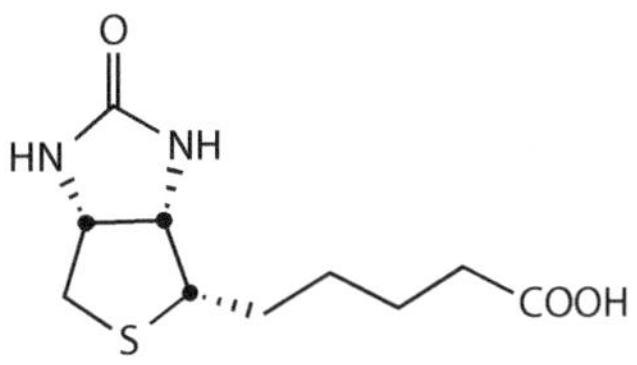

◘ Abb. 17.7 Struktur von Biotin (Vitamin B_7)

Die erste Biotin-Totalsynthese wurde 1943 durch Merck publiziert, gefolgt 1946 von Patenten der Firma Hoffmann-La Roche. Heute existieren ca. 40 mehrstufige chemische Totalsynthesen. Der Weltmarkt liegt bei ungefähr 100 Tonnen pro Jahr. Diese werden überwiegend zur Tierernährung genutzt, gefolgt von der Anwendung in Multivitaminpräparaten und Pharmaka. Die Hauptproduzenten sind DSM, die japanischen Firmen Tanabe und Sumitomo sowie chinesische Hersteller.

17.2.8 Vitamin B$_9$ (Folsäure)

Das Molekül der Folsäure setzt sich aus den beiden Strukturelementen Pteroinsäure und L-Glutaminsäure zusammen, Pteroinsäure besteht ihrerseits wieder aus p-Aminobenzoesäure und dem Pteridinring (◨ Abb. 17.8). Unter dem Begriff „Folate" existieren aber auch noch weitere folsäureaktive Derivate, die bis zu sechs Glutaminsäurereste peptidisch gebunden haben. Erstmals isoliert wurde Folsäure aus Leberextrakten und Spinatblättern (lat. *folium*, Blatt). Folsäure kann in einer mehrstufigen Synthese aus relativ einfachen Ausgangskomponenten im Tonnenmaßstab hergestellt werden.

Relativ hohe Gehalte an Folsäure findet man in vielen Nahrungsmitteln, z. B. in Hefen, Weizenkeimen, Kalbs-, Geflügel- und Rinderleber, Hülsenfrüchten (insbesondere Linsen), Spargel, Hühnereiern, Salat und Apfelsinen. Folsäure beeinflusst als Wachstumsfaktor der Leukozyten die Blutbildung. Bei einem Mangel an Folsäure kommt es zur *Anämie* („Blutarmut"), d. h. im Blut befindet sich dann zu wenig Hämoglobin. Durch Verabreichung der Vitamine B$_9$ und B$_{12}$ kann diese Krankheit geheilt werden. Da Folsäuremangel während einer Schwangerschaft zu Fehlbildungen führen kann, haben sich einige Länder, z. B. die Schweiz, USA und Kanada, entschlossen, bestimmten Lebensmitteln Folsäure zuzusetzen. Länder der EU haben sich bisher nicht an dieser Maßnahme beteiligt.

17.2.9 Vitamin B$_{12}$ (Cobalamin)

Das Vitamin mit der mit Abstand kompliziertesten Struktur ist Vitamin B$_{12}$ (◨ Abb. 17.9). Es enthält ein Cobaltatom in der Oxidationsstufe +III, das von einem 15-gliedrigen Ringsystem, dem Corrin, umgeben ist. An diesem Corrin-Ring sind wiederum zahlreiche Reste gebunden, u. a. Essigsäure- und Propionsäureamide. An einem dieser Reste befindet sich ein nucleotidartig gebundenes 5,6-Dimethylbenzimidazol, das mit einem seiner beiden Stickstoffatome am Cobaltatom koordiniert. An Cobalt ist außerdem noch ein Rest R gebunden. Im eigentlichen Vitamin B$_{12}$, dem Cyanocobalamin, ist R eine Cyanogruppe. Daneben gibt es noch weitere Derivate wie z. B. Aquocobalamin (Vitamin B$_{12a}$, R = H$_2$O) oder Hydroxycobalamin (Vitamin B$_{12b}$, R = OH⁻).

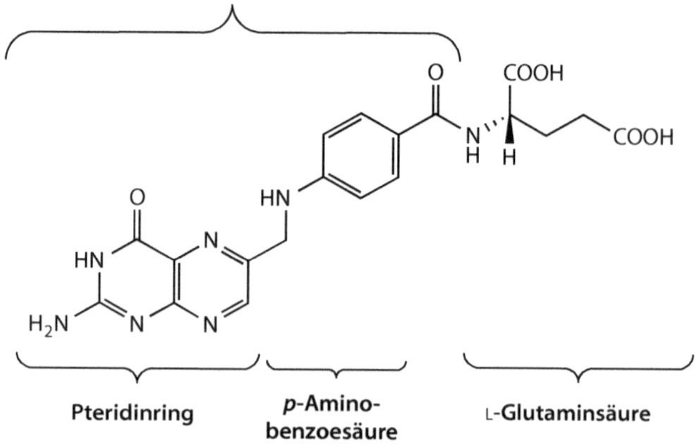

◨ **Abb. 17.8** Der Aufbau des Folsäuremoleküls (Vitamin B$_9$)

☐ Abb. 17.9 Struktur der Cobalamine. Vitamin B_{12} (R = -CN), Vitamin B_{12a} (R = -OH$_2$), Vitamin B_{12b} (R = -OH)

Bereits in den 1920er-Jahren beobachtete der Amerikaner George H. Whipple, dass Hunde, die an Blutarmut leiden, durch Füttern mit roher Leber geheilt werden können. Die Ärzte George R. Minot und William P. Murphy stellten 1926 fest, dass dies auch für Menschen gilt. Alle drei Forscher erhielten für diese Erkenntnisse 1934 den Nobelpreis für Medizin. Erst 1948 gelang mehreren Arbeitsgruppen parallel die Isolierung des Wirkstoffes, des Vitamin B_{12}. Die Struktur dieses Vitamins wurde schließlich 1955 durch die Biochemikerin Dorothy C. Hodgkin mithilfe der Röntgenstrukturanalyse ermittelt. Dafür erhielt sie 1964 den Nobelpreis für Chemie. Die Totalsynthese des Vitamins B_{12} gelang im Jahr 1972 – also ein halbes Jahrhundert nach der ersten Entdeckung – den Chemikern Albert Eschenmoser und Robert B. Woodward.

Vitamin B_{12} befindet sich in zahlreichen tierischen Lebensmitteln. Hohe Gehalte findet man in Kalbs- und Schweineleber, in Nieren, Fischen (Hering, Makrele, Thunfisch) sowie in Eigelb, Käse und Kuhmilch. Gesunde Erwachsene können in ihrer Leber ein Depot an Vitamin B_{12} anlegen, das für viele Jahre ausreicht. Bei Säuglingen von Frauen, die sich vegan ernähren, können jedoch leicht Mangelerscheinungen auftreten.

17.2.10 Vitamin C (Ascorbinsäure)

Bei Seefahrern, die nicht über frische Lebensmittel verfügten, war der *Skorbut* jahrhundertelang eine gefürchtete Krankheit. Bei dieser Mangelerkrankung kommt es zu Blutungen im Zahnfleisch, der Haut und in den Gelenken, später zu Zahnausfall, Entzündungen und hohem Fieber mit schließlich tödlichem Ausgang. Erst der britische Schiffsarzt James Lind fand 1754 in einer systematischen Studie heraus, dass der Saft von Zitrusfrüchten die Krankheit heilen und beseitigen kann. James Cook nahm daraufhin 1768 bei seiner ersten Weltumseglung u. a. Apfelsinen- und Zitronensaft mit auf die Reise.

In den 1930er-Jahren gelang es schließlich, die Wirksubstanz zu identifizieren: Der ungarische

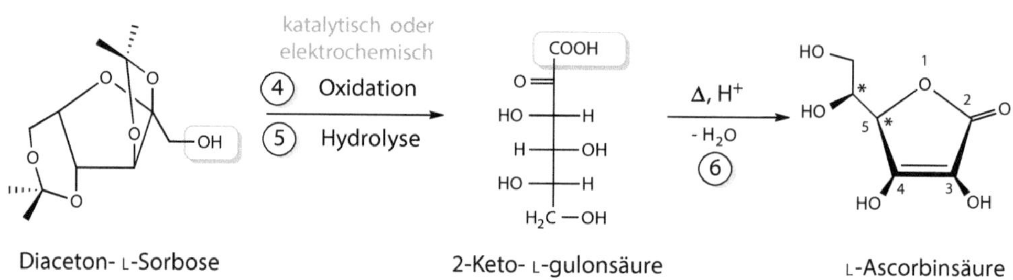

 **Abb. 17.10**   Die Herstellung von L-Ascorbinsäure (Vitamin C) nach der Reichstein-Synthese

Wissenschaftler Albert von Szent-Györgyi isolierte den Stoff aus der Nebenniere, aus Orangensaft und Weißkohl. 1933 bewies der britische Chemiker Walter Norman Haworth die Struktur des Vitamin C durch eine chemische Synthese. Die Substanz wurde als γ-Lacton einer Ketohexonsäure erkannt, deren Ketogruppe in der Enolform vorliegt. Diese Substanz bekam den Namen L-Ascorbinsäure (Abb. 17.10), weil sie „gegen Skorbut" (lat. *a-scorbutus*) wirksam ist. 1937 erhielt Haworth für seine Arbeiten den Nobelpreis für Chemie, Szent-Györgyi den Nobelpreis für Medizin.

Schon kurz nach der Strukturaufklärung gelang es den Chemikern Tadeus Reichstein und Andreas Grüssner an der ETH Zürich, eine Synthese der Ascorbinsäure zu entwickeln, die sich auch industriell gut umsetzen ließ (Abb. 17.10). Diese „Reichstein-Synthese" verläuft in sechs Schritten und ist eine Kombination von chemischen und mikrobiologischen Umsetzungen:

1. Ausgangsstoff ist D-Glucose (▶ Abschn. 6.1), die z. B. durch Hydrolyse von Stärke gut zugänglich ist (▶ Kap. 8). Durch eine Hydrierung der endständigen Aldehydgruppe in eine Alkoholgruppe entsteht in Gegenwart eines Nickelkatalysators der Zuckeralkohol D-Sorbit. Diese Hydrierung erfolgt bei hohen Temperaturen und Wasserstoffdrücken.

2. D-Sorbit wird dann mikrobiologisch zu L-Sorbose dehydriert. Dies geschieht großtechnisch mit dem gut zugänglichen aeroben Bakterium *Acetobacter suboxidans*. Die Dehydrierung verläuft bei sehr milden Bedingungen: bei einer Temperatur von 37 °C, einem Luftdruck von 2 bar und einem pH-Wert von 4–6. Nach 24 h Reaktionszeit wird eine Ausbeute >98 % erzielt. Durch zweifache Filtration wird die Biomasse vollständig abgetrennt und die L-Sorbose durch Kristallisation gereinigt.

3. Im dritten Schritt werden die vier Hydroxygruppen der L-Sorbose mit Aceton zweifach ketalisiert und dadurch vor einer Folgereaktion geschützt. In der jetzt vorliegenden Diaceton-L-Sorbose gibt es nur noch eine primäre Hydroxygruppe, die für eine Weiterreaktion zur Verfügung steht.

4. Die Diaceton-L-Sorbose wird im vierten Schritt zu Diaceton-2-keto-L-gulonsäure oxidiert. Dies kann klassisch mit alkalischer Kaliumpermanganatlösung erfolgen. In der Technik werden jedoch für diesen Schritt wirtschaftlichere

katalytische bzw. elektrochemische Oxidationen bevorzugt.

5. Im fünften Schritt werden durch Erhitzen in Wasser die beiden Acetonschutzgruppen hydrolytisch entfernt: Es bildet sich die freie 2-Keto-L-gulonsäure.

6. Diese wird schließlich unter Einwirkung von konzentrierter Salzsäure unter Wasserabspaltung in ein γ-Lacton überführt, das in seiner Enolform vorliegt. Die so gebildete Ascorbinsäure enthält zwei asymmetrische Kohlenstoffatome. Bei der Reichstein-Synthese entsteht ausschließlich das physiologisch wirksame Enantiomer, L-Ascorbinsäure. Ihre IUPAC-Bezeichnung, in der die Stereozentren genau benannt sind, lautet: (5R)-5-[(1S)-1,2-Dihydroxyethyl)-3,4-dihydroxy-5-hydrofuran-2-on.

Für diese Synthese erhielt Reichstein 1950 den Nobelpreis für Medizin. Inzwischen gibt es eine Reihe von alternativen Synthesen der L-Ascorbinsäure. Besonders wirtschaftlich ist ein Verfahren, bei dem die Oxidation von L-Sorbose biotechnologisch direkt zu 2-Keto-L-gulonsäure führt und somit die Schutzgruppenchemie überflüssig wird. Weltweit wurden im Jahr 2015 ca. 135.000 Tonnen Vitamin C synthetisch hergestellt.

Die beste Art und Weise, sich mit Vitamin C zu versorgen, bleibt jedoch eine obst- und gemüsereiche Ernährungsweise. Besonders viel Vitamin C enthalten die Hagebutte, die Beeren des Sanddorns sowie schwarze Johannisbeeren. Wichtig für die Versorgung mit Vitamin C sind auch die Zitrusfrüchte, also Zitronen, Orangen und Grapefruits. Viele Kohlsorten wie z. B. Grünkohl, Rosenkohl, Weißkohl und das daraus hergestellte Sauerkraut sind ebenfalls wichtige Vitamin-C-Lieferanten.

Die physiologische Wirkung von Vitamin C beruht auf seiner chemischen Struktur: Die beiden enolischen Hydroxygruppen an den C-Atomen 3 und 4 können relativ einfach zu einem Diketon, der L-Dehydroascorbinsäure, oxidiert werden. Dies bedeutet im Umkehrschluss, dass L-Ascorbinsäure selber ein Reduktionsmittel ist. Damit schützt Vitamin C die Körperzellen vor oxidativem Stress und wirkt als *scavenger* (engl., bedeutet etwa „Abfänger") für freie Radikale. Die reduzierende Wirkung von Vitamin C wird in zahlreichen Anwendungen genutzt, z. B. bei der Konservierung von Lebensmitteln und der Verbesserung der Haltbarkeit von Fleischprodukten, Mehl, Bier oder Fetten.

Exkurs: Eine „gute heiße Zitrone"

Um sich vor Erkältungen zu schützen, trinken viele Zeitgenossen ein Glas heißen Zitronensafts, um mit dem darin enthaltenen Vitamin C ihr Immunsystem zu aktivieren. Im Handel kann man auch Beutel mit fertig bereitetem Getränkepulver kaufen, das dann nur noch mit kochendem Wasser aufgelöst werden muss. Hier sollte man sich klar machen, dass die meisten Vitamine – speziell auch Vitamin C – zu den empfindlichsten Inhaltsstoffen der Nahrungsmittel gehören. Durch falsche Lagerung, Verarbeitung und Zubereitung der Lebensmittel, aber insbesondere durch zu hohes Erhitzen werden Vitamine inaktiviert bzw. nahezu vollständig zerstört. Die „Kochverluste" werden bei der Ascorbinsäure auf 70 %, bei der Folsäure sogar auf 90 % geschätzt! Ein weiterer wichtiger Punkt ist die gute Wasserlöslichkeit der Vitamine B und C: Wird z. B. vitaminreiches Gemüse auf gute englische Art über lange Zeit geköchelt, lösen sich die noch nicht zerstörten Vitamine B und C im Kochwasser, und es verbleibt für den Verzehr ein vitaminabgereichertes Restgemüse. Wer auf die Vitamine Wert legt, sollte deshalb nicht nur das Gemüse essen, sondern auch noch das Kochwasser schlürfen. *Bon appétit!*

17.2.11 Vitamin D (Calciferole)

Schon in der Antike war eine Mangelkrankheit bekannt, die bei Kindern zu Wachstumsstörungen und Knochendeformationen führt. Diese Krankheit, die *Rachitis*, gewann zur Zeit der Industrialisierung im 19. Jh. an Bedeutung, weil die Bevölkerung teilweise unzureichend ernährt war und aufgrund der Verstädterung in dunklen Wohnungen leben musste. Auf der Suche nach der Ursache stellte man fest, dass

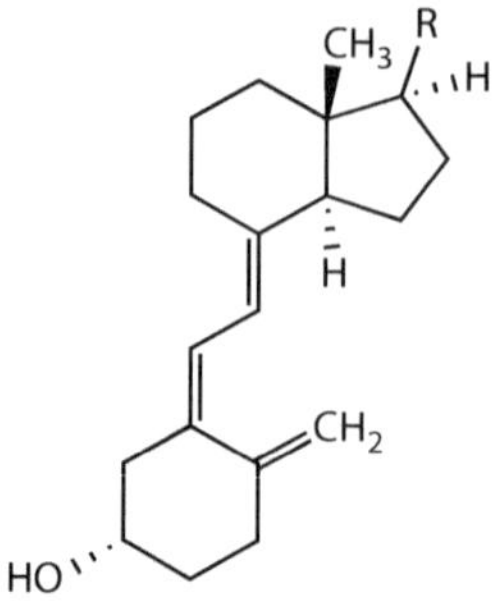

◘ Abb. 17.11   Struktur der Calciferole
(Vitamine D_3 und D_2)

Vitamin D	R =
D_3 Cholecalciferol	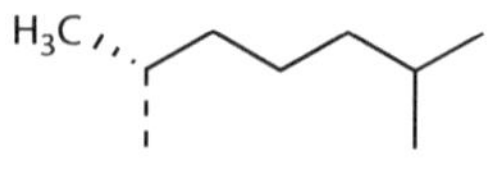
D_2 Ergocalciferol	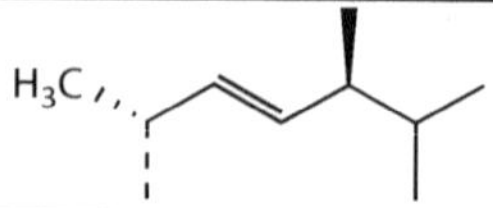

sich Rachitis sowohl durch Lebertran, aber auch durch regelmäßigen Aufenthalt in der Sonne heilen lässt.

Der Grund für die Rachitis (auch „Englische Krankheit" genannt) ist ein Mangel an Vitamin D. Unter dieser Bezeichnung werden mehrere fettlösliche Verbindungen zusammengefasst, die sich von den Steroiden (▶ Kap. 16) ableiten. Die beiden wichtigsten D-Vitamine sind(◘ Abb. 17.11):

- *Cholecalciferol* (Vitamin D_3), das sich bei Bestrahlung des Steroids 7-Dehydrocholesterol bildet, und
- *Ergocalciferol* (Vitamin D_2), das bei Bestrahlung des Steroids Ergosterol (▶ Abb. 16.18) gebildet wird.

Vitamin D bewirkt die Mineralisierung der Knochen, regelt also den Calcium- und Phosphathaushalt. Kinder mit Vitamin-D-Mangel leiden unter Knochenerweichung, „Hühnerbrust", „O- und X-Beinen" und generell unter schweren Wachstumsstörungen, nicht selten auch mit Todesfolge. Bei älteren Menschen kann der Mangel an Vitamin D zu *Osteoporose* („Knochenschwund") führen.

Die Rachitis kann durch Verzehr bestimmter Nahrungsmittel geheilt werden: Besonders reich an Vitamin D_3 sind die Leberöle von Meeresfischen (Hering, Aal, Lachs und Sardine), aber es findet sich auch in Hühnereiern, Kalbfleisch, Champignons und Milchprodukten. Allerdings kann Cholecalciferol auch durch UV-B-Strahlung in der menschlichen Haut aus 7-Dehydrocholesterol gebildet werden. Somit ist streng genommen Vitamin D gar kein Vitamin, weil der Mensch es unter günstigen Randbedingungen auch selber produzieren kann.

Vitamin D_3 wird bei der Firma DSM auf halbsynthetischem Weg produziert. Dazu wird Cholesterol

(▶ Abb. 16.18) aus Wollfett extrahiert und in wenigen Reaktionsschritten in 7-Dehydrocholesterol überführt, das auch als „Provitamin D" bezeichnet wird. Durch Photolyse mit einer Quecksilberdampflampe öffnet sich der B-Ring des Steroids, und unter Erwärmen auf 80 °C bildet sich das gewünschte Cholecalciferol. Die Weltjahresproduktion von Vitamin D_3 betrug 2006 ca. 37 Tonnen; davon wird ein Großteil dem Viehfutter zugesetzt.

17.2.12 Vitamin E (Tocopherole)

Ebenfalls zu den fettlöslichen Vitaminen gehören die Tocopherole, das Vitamin E. Ihre Struktur ergibt sich aus dem Chromangerüst, an dem sich in Position 2 eine verzweigte gesättigte Alkylkette und in Position 6 eine Hydroxygruppe befinden. Die vier verschiedenen Tocopherole unterscheiden sich darin, ob an den Positionen 5, 7 und 8 weitere Methylgruppen gebunden sind. Im biologisch wirksamsten Tocopherol, dem α-Tocopherol, sind alle drei Positionen mit einer Methylgruppe besetzt (◘ Abb. 17.12).

Bereits 1922 entdeckte der amerikanische Forscher Herbert M. Evans zusammen mit seiner Assistentin Katherine Scott Bishop, dass es einen „Faktor" gibt, der für die Fortpflanzung von Ratten essenziell ist. Dieser Wirkstoff wurde später auch in Weizenkeimöl, Rapsöl und Sonnenblumenöl gefunden; ebenfalls kommt er in Fleisch, Eigelb, Milchprodukten und Blattgemüsen (Kohl, Spinat, Salat) vor. Da die Vitamine A, B, C und D damals bereits bekannt waren, erhielt das neu entdeckte „Fruchtbarkeits-Vitamin" die Bezeichnung Vitamin E. 1938 wurde die Struktur von α-Tocopherol aufgeklärt. Dem Schweizer Chemiker Paul Karrer an der Universität Zürich gelang im gleichen Jahr die erste chemische Synthese;

◘ Abb. 17.12 Struktur der Tocopherole (Vitamin E)

Vitamin E	R^1	R^2	R^3
α-Tocopherol	CH_3	CH_3	CH_3
β-Tocopherol	CH_3	H	CH_3
γ-Tocopherol	H	CH_3	CH_3
δ-Tocopherol	H	H	CH_3

ein Jahr später bereits brachte die Firma Roche das α-Tocopherolacetat auf den Markt. 1937 erhielt Paul Karrer für seine Arbeiten auf dem Gebiet der Carotinoide und Vitamine zusammen mit Walter Norman Haworth den Nobelpreis für Chemie.

Vitamin E ist für die menschliche Gesundheit von großer Bedeutung: Es ist ein lipidlösliches Antioxidans und sorgt für den Kettenabbruch von Radikalreaktionen. Die mehrfach ungesättigten Fettsäuren in den Membranlipiden werden so vor einer oxidativen Zerstörung geschützt. Tocopherol wirkt als Radikalfänger und geht dabei selber in ein mesomeriestabilisiertes und damit reaktionsträges Radikal über. Mithilfe der Ascorbinsäure (Vitamin C) kann sich dann das Tocopherol wieder zurückbilden. Vitamin E spielt ebenfalls eine Rolle bei Immunfunktionen und bei der Steuerung der Keimdrüsen. Dieser Eigenschaft als „Antisterilitätsvitamin" verdankt das Tocopherol auch seinen Namen: Die griechischen Wörter *tocos* und *pherein* bedeuten „Geburt" und „hervorbringen".

Vitamin-E-Mangelkrankheiten sind in der heutigen Zeit bei ausgeglichener Ernährung sehr selten. Tocopherole sind in zahlreichen Nahrungsmitteln vorhanden und können in der Leber und im Fettgewebe der Menschen gut gespeichert werden. Eine Mangelerscheinung (*Hypovitaminose*) an Vitamin E erkennt der Arzt an trockener, faltiger Haut, schlecht heilenden Wunden und starker Müdigkeit.

Tocopherole werden wegen ihrer antioxidativen Wirkung auch in der Lebensmittelindustrie eingesetzt. In der EU haben diese Zusatzstoffe die Bezeichnungen E 306 bis E 309. Neben Lebensmitteln wird Vitamin E auch Anstrichmitteln und Kosmetika, insbesondere Sonnenschutzmitteln, zugesetzt. Bei Kondomen soll eine Beschichtung mit Vitamin E die Reißfestigkeit erhöhen.

Die heutigen Hauptproduzenten von Vitamin E sind die Firmen BASF und DSM sowie einige chinesische Firmen. Die Produktion an synthetischem Vitamin E wird z. Zt. auf über 30.000 Tonnen pro Jahr geschätzt. Daneben wird auch natürliches Vitamin E aus Speiseölen, wie z. B. Sonnenblumen-, Soja- und Palmölen, isoliert.

17.2.13 Vitamin K (Phyllochinon u. a.)

Auch die K-Vitamine sind fettlösliche Verbindungen. Sie leiten sich von 2-Methyl-1,4-naphthochinon ab, das auch als Menadion oder Vitamin K_3 bezeichnet wird. In den Vitaminen K_1, dem Phyllochinon, und Vitamin K_2, dem Menachinon, befinden sich am C2-Atom des Naphthochinon-Grundgerüsts noch Oligoterpenreste unterschiedlicher Kettenlänge (◘ Abb. 17.13).

Entdeckt wurde Vitamin K 1929 durch den dänischen Forscher Henrik Dam bei unterschiedlicher

◘ Abb. 17.13   Strukturen der Vitamin-K-Moleküle

Vitamin K	R =
K_1 Phyllochinon	(Struktur)
K_2 Menachinon	(Struktur)
K_3 Menadion	H

Fütterung von Küken. Fehlte der Wirkstoff, kam es bei den Küken zu Blutungen unter der Haut. Weil das Blut beim Fehlen der Substanz nicht koagulierte, wurde sie als Vitamin K bezeichnet. 1939 isolierte der amerikanische Biochemiker Edward Adelbert Doisy Phyllochinon aus der Luzerne und entwickelte eine chemische Synthese. 1943 erhielten Dam und Doisy für ihre Arbeiten den Nobelpreis für Medizin.

Insgesamt sind ca. hundert Verbindungen mit der Wirksamkeit von Vitamin K bekannt. Die wichtigsten drei Vertreter sind:

- *Vitamin K$_1$* (Phyllochinon) kommt in den Chloroplasten der Grünpflanzen vor und ist an der Photosynthese beteiligt. Wichtige phyllochinonhaltige Nahrungsmittel sind Grünkohl, Rosenkohl, Spinat, Brunnenkresse, Schnittlauch und Kichererbsen. Es findet sich ebenfalls im Rapsöl, Sojaprodukten und Weizenkeimen.
- *Vitamin K$_2$* (Menachinon) wird von Bakterien produziert, auch von den Mikroorganismen der menschlichen Darmflora. Die Darmzellen können dann Vitamin K$_2$ direkt aufnehmen. Die am häufigsten vorkommende Variante des Menachinons hat eine C$_{20}$-Terpenkette gebunden; das *n* in der Formel von ◘ Abb. 17.13 ist somit dann 4.
- *Vitamin K$_3$*(Menadion) ist eine ausschließlich synthetisch hergestellte Substanz, die früher als „Provitamin K" angewandt wurde.

Die K-Vitamine aktivieren die Gerinnungsfaktoren im Blut und kontrollieren somit die Blutgerinnung. Außerdem wird die Knochenbildung aktiviert und dadurch das Osteoporoserisiko verringert.

Beim Erwachsenen kommt ein Vitamin-K-Mangel bei ausgeglichener Ernährung selten vor. Wegen relativ geringer Gehalte in der Muttermilch sind die Vitamin-K-Reserven beim Säugling jedoch sehr begrenzt. Mediziner empfehlen deshalb für Babys eine orale Vitamin-K-Prophylaxe, die allerdings auch umstritten diskutiert wird.

Zusammenfassung *(Take-Home Messages)*
- **Vitamine** sind Wirkstoffe, die der Körper *essenziell* benötigt, aber nicht selber produzieren kann. Er muss sie deshalb stetig mit der Nahrung zuführen.
- Man unterscheidet die 13 Vitamine in die **fettlöslichen** Vitamine A, D, E und K und die **wasserlöslichen** Vitamine B und C.
- Vitamin A, **Retinol,** ist ein Diterpenalkohol mit einem Iononring. Es ist von Bedeutung zur Vermeidung von Augen- und Hautkrankheiten. Es findet sich in der Fischleber, in Eigelb und in Milchprodukten.
- Es gibt eine Anzahl wichtiger **B-Vitamine,** die noch weiter in B$_1$, B$_2$, B$_3$, B$_5$, B$_6$, B$_7$, B$_9$ und B$_{12}$ durchnummeriert werden. Alle enthalten in ihrer Molekülstruktur stickstoffhaltige Heterocyclen. An diesen sind funktionelle Gruppen (Hydroxy-, Carboxy- und Amidgruppen) gebunden, die alle B-Vitamine wasserlöslich machen.
- Vitamin B$_1$, das **Thiamin,** verhindert die *Beriberi*-Krankheit. Vitamin B$_2$, das

Riboflavin, ist ein essenzielles Coenzym, das z. B. bei Lichtüberempfindlichkeit verabreicht wird. Bei einem Mangel an Vitamin B_3, **Niacin,** kommt es zur *Pellagra*-Krankheit.

- **Pantothensäure** (Vitamin B_5), ein Derivat des Alanins, ist in Nahrungsmitteln weit verbreitet. Sie ist ein wichtiger Wachstumsfaktor. **Pyridoxin** (Vitamin B_6) ist ein Coenzym im Aminosäurestoffwechsel. **Biotin** (Vitamin B_7) ist bedeutsam für die Funktionen der Haut.

- **Folsäure** (Vitamin B_9) ist ein Glutaminsäurederivat. Sie beeinflusst als Wachstumsfaktor der Leukozyten die Blutbildung. Bei einem Folsäuremangel kommt es zu *Anämie*.

- **Cobalamin** (Vitamin B_{12}) ist ein Cobaltkomplex mit einem Corrinliganden, an dem sich zahlreiche Seitengruppen befinden. Es ist ein wichtiger Cofaktor bei enzymatischen Reaktionen und ist z. B. an der Bildung der Blutkörperchen beteiligt.

- Die sehr gut wasserlösliche **Ascorbinsäure** (Vitamin C) ist ein Kohlenhydrat, ein γ-Lacton der 2-Keto-L-gulonsäure. Sie verhindert das Auftreten von *Skorbut*. Ihre Herstellung erfolgt durch die sechstufige Reichstein-Synthese oder auch rein biotechnologisch.

- Die fettlöslichen **Calciferole** (Vitamin D) verhindern Rachitis und sorgen für die Mineralisierung der Knochen. Sie bilden sich bei der Bestrahlung bestimmter Steroide. Cholecalciferol (Vitamin D_3) findet sich insbesondere in den Leberölen der Meeresfische. Die industrielle Herstellung erfolgt „halbsynthetisch" aus Cholesterol, das aus Wollfett extrahiert wird.

- Die vier **Tocopherole** (Vitamin E) haben eine Chromanol-Struktur, an der ein Terpenrest gebunden ist. Die α-, β-, γ- und δ-Tocopherole unterscheiden sich darin, wie viele Methylgruppen noch zusätzlich am Chromanol gebunden sind. Das biologisch wirksamste E-Vitamin ist α-Tocopherol. Es wird entweder aus Speiseölen isoliert oder chemisch in einer Mehrstufensynthese hergestellt. Vitamin E ist das „Fruchtbarkeitsvitamin". Sein Mangel führt zu trockener Haut und schlecht heilenden Wunden.

- Vitamin K_1 ist **Phyllochinon,** ein 2-Methylnaphthochinon mit einer terpenoiden Seitenkette. Es kommt in zahlreichen Grünpflanzen vor, z. B. in Kohlsorten und im Spinat. Es kontrolliert die Blutgerinnung, aktiviert die Knochenbildung und verhindert dadurch Osteoporose.

? Zehn Quickies zu ▶ Kap. 17

1. Welche Vitamine sind fettlöslich, welche sind wasserlöslich? Begründen Sie Ihre Aussage mit dem strukturellen Aufbau der jeweiligen Vitamine!

2. Welche Krankheiten können auftreten bei unzureichender Versorgung mit Vitamin A, dem Retinol?

3. Was ist die Beriberi-Krankheit, und mit welchem Vitamin kann man sie behandeln? Wie ist dieses Vitamin strukturell aufgebaut?

4. In welchen Nahrungsmitteln findet sich Vitamin B_3 (Niacin bzw. Niacinamid)? Wieso kann man sich auch durch den Verzehr von Milch und Eiern mit Vitamin B_3 versorgen? Warum tritt die Pellagra-Krankheit, die Mangelkrankheit des Vitamins B_3, besonders stark in den armen Regionen Südamerikas auf?

5. Warum hat man Vitamin B_7 (Biotin) vorübergehend auch als „Vitamin H" bezeichnet? In welchen Pflanzen kommt es vor?

6. Beschreiben Sie den prinzipiellen Aufbau von Vitamin B_{12} (Cobalamin)! Wie wurde die komplizierte Struktur letztlich eindeutig aufgeklärt? Muss der gesunde

Mensch täglich Vitamin B_{12} zu sich nehmen?

7. Welche Krankheit tritt bei Vitamin-C-Mangel auf? Nennen Sie die Stufen der Reichstein-Synthese von Vitamin C!

8. Was ist Rachitis? Wie kann man sie behandeln? Welche Nahrungsmittel sollte man dafür zu sich nehmen?

9. Welche Strukturvarianten von Vitamin E gibt es? Welche ist biologisch am wirksamsten? Wie ist seine physiologische Wirkung?

10. Welchen chemischen Aufbau hat das Vitamin K? Wie ist seine Funktion im menschlichen Körper?

■■ **… und zur Belohnung noch ein Fußballer-Zitat:**

» Uns steht ein hartes Programm ins Gesicht. (Andy Brehme)

Weiterführende Literatur

Monographien und Übersichtsartikel

Biesalski HK (2016) Vitamine und Minerale; Indikation, Diagnostik, Therapie. Thieme Verlag, Stuttgart

Eggersdorfer M, Laudert D, Létinois U, McClymont T, Medlock J, Netscher T, Bonrath W (2012) Einhundert Jahre Vitamine – eine naturwissenschaftliche Erfolgsgeschichte. Angew Chem 124:13134–13165, Angew Chem Int Ed 51 (2012):12960–12990

Belitz H-D, Grosch W, Schieberle P (2007) Lehrbuch der Lebensmittelchemie, 6. Aufl. Springer-Verlag, Heidelberg

Pietrzik K, Golly I, Loew D (2007) Handbuch Vitamine: Für Prophylaxe, Therapie und Beratung. Urban & Fischer Verlag, München Jena

Schäfer B (2007) Naturstoffe der chemischen Industrie. Spektrum – Akademischer Verlag, Heidelberg, Kap. 7: Vitamine

Haas J (2006) Vigantol: Adolf Windaus und die Geschichte des Vitamin D. Wissenschaftliche Verlagsgesellschaft, Stuttgart

Eggersdorfer M et al (2012) Vitamins: Ullmann's encyclopedia of industrial chemistry. Wiley-VCH, Weinheim

De Clercq PJ (1997) Biotin: a timeless challenge for total synthesis. Chem Rev 97:1755–1792

Hötzel D, Kling-Steines B, Zittermann A (1994) Vitamine – eine Übersicht. Deutsche Apotheker Zeitung 134:19–33

Isler O, Brubacher G, Ghisla S, Kräutler B (1988) Vitamine II. Thieme-Verlag, Stuttgart

Lehninger AL (1985) Grundkurs Biochemie, 2. Aufl. Walter de Gruyter, Berlin, Kap. 8, Vitamine und Coenzyme Reprint 2011

Isler O, Brubacher G (1982) Vitamine I. Thieme-Verlag, Stuttgart

Betörende Chemie

Natürliche Duft- und Aromastoffe

© Springer-Verlag GmbH Deutschland 2018
A. Behr, T. Seidensticker, *Einführung in die Chemie nachwachsender Rohstoffe*,
https://doi.org/10.1007/978-3-662-55255-1_18

Kapitelfahrplan
- Wir definieren den Begriff Riechstoff und lernen die historische Entwicklung der Duft- und Aromastoffe kennen.
- Wir grenzen natürliche Duft- und Aromastoffe von synthetischen ab und betrachten einige wichtige Vertreter der synthetischen Riechstoffe.
- Die wichtigsten Herstellungsmethoden für ätherische Öle werden erläutert.

18.1 Definition und Historisches

Ein Riechstoff ist per Definition eine flüchtige chemische Verbindung natürlichen oder synthetischen Ursprungs, die einen olfaktorisch (d. h. riechbar) wahrnehmbaren Sinneseindruck erzeugt. Damit ist der **Geruch** eines Stoffes keine Eigenschaft des Stoffes an sich; der Duft entsteht vielmehr erst im Gehirn des Wahrnehmenden. Der wahrgenommene Geruch ist daher maßgeblich von Gelerntem abhängig. Wir haben z. B. gelernt, dass Rosenblüten nach Rosen duften; es ist keine physikalische Eigenschaft der Substanzen in den Rosenblüten.

Riechstoffe lassen sich in Duft- und Aromastoffe unterscheiden:

- **Duftstoffe** (engl. *fragrances*) sind Verbindungen, die von Pflanzen und Tieren gebildet werden und vorwiegend der Kommunikation dienen (d. h. sekundäre Inhaltsstoffe). Damit sind Duftstoffe ursprünglich natürlicher Herkunft. Duftstoffe besitzen in der Regel einen für den Menschen eher angenehmen Geruch und werden daher in der Parfüm-, Waschmittel- und Kosmetikindustrie eingesetzt. Es gibt jedoch auch für den Menschen unangenehme Duftstoffe, z. B. Gerüche, die beim Abbau von Schweiß entstehen oder von Tieren zur Abschreckung abgesondert werden (z. B. Stinktiere). Technisch spielt z. B. Tetrahydrothiophen (THT) eine Rolle: Dieser cyclische Schwefelkohlenwasserstoff wird dem Erdgas zugesetzt, um Leckagen im regionalen Erdgasversorgungsnetz frühzeitig riechbar zu machen.

- **Aromastoffe** (engl. *flavors*) können zwar auch gerochen werden, jedoch werden sie in Lebensmitteln eingesetzt, um einen bestimmten Geschmack zu erzielen. Der Geruchssinn spielt beim Schmecken während des Verzehrs von Speisen jedoch im Vergleich zum Geschmackssinn die wichtigere Rolle. Das weiß jeder, der schon einmal mit verbundenen Augen und zugehaltener Nase versucht hat, beim Hineinbeißen eine geschälte Zwiebel von einem Apfel zu unterscheiden.

Eine exakte Trennung von Duft- und Aromastoffen ist nicht immer eindeutig zu vollziehen und in vielen Fällen auch gar nicht sinnvoll, da viele Stoffe sowohl in Lebensmitteln als Aromastoff als auch in Kosmetika als Duftstoff Anwendung finden.

Die historische Entwicklung von Duft- und Aromastoffen verlief sehr ähnlich und häufig parallel. Hier soll anhand der Duftstoffe diese Entwicklung erläutert werden. Menschen wenden Duftstoffe schon sehr lange an. Historisch gesehen geht die Verwendung auf Rauchopfer als Form der Gottesanbetung zurück, indem bestimmte Pflanzenteile, wie Blätter oder Blüten und Harze, verbrannt wurden und dabei einen angenehmen Duft erzeugten. Von dieser Anwendung leitet sich auch das heute gebräuchliche Wort Parfüm ab: Das Lateinische *per fumum* bedeutet in etwa „durch den Rauch".
Am Anfang stand demnach die Verwendung von ganzen Pflanzenteilen. Später versuchte man, die für den Geruch verantwortlichen *ätherischen Öle* aus den entsprechenden Pflanzenteilen zu isolieren. Man entwickelte entsprechende Verfahren und konnte Dingen damit gezielter einen angenehmen Duft geben, z. B. beim Einbalsamieren von Verstorbenen. Später verwendete man ätherische Öle, um unangenehme Körpergerüche zu überdecken; dies geschah in einer Zeit, in der allgemein mangelnde Körperhygiene herrschte.

In der Neuzeit – im 16. Jh. – begann schließlich der Siegeszug der Duftwässer und Parfüme, welche bewusst gemischte Duftnoten miteinander zu einem mehr oder weniger einheitlichen, kommerziell erhältlichen Produkt zusammenfügten. Häufig wird die Stadt Grasse in Südfrankreich als Ort der Geburt der Parfümerie angesehen (▶ Exkurs: Die Parfümhauptstadt Grasse).

Die Geschichte des Kölnisch Wasser (international meist bekannt unter der franz. Bezeichnung *Eau de Cologne*) geht zurück in die Anfänge des 18. Jh., als eine italienische Händlerfamilie nach Köln auswanderte. Ein Spross dieser Familie namens Johann Maria Farina kreierte um 1709 ein Duftwasser aus den ätherischen Ölen von Zitrone, Orange, Bergamotte, Mandarine, Limette, Zeder und Pampelmuse sowie verschiedenen Kräutern. Zunächst als *Farina aqua mirabilis* bezeichnet, wurde um 1742 der Name *Eau de Cologne* zu Ehren der Stadt Köln etabliert. Die Firma namens „Farina gegenüber dem Jülichs-Platz" produziert noch heute Kölnisch Wasser nach dem Originalrezept und ist damit der älteste Parfümhersteller der Welt. Schnell erlangten die Duftwässer große Beliebtheit auch weit über die Grenzen Kölns hinaus und fanden berühmte Anhänger wie Napoleon, Goethe und Mozart. Im Vergleich zu Parfüm waren die Duftwässer vergleichsweise günstig und damit erstmals nicht nur der Oberschicht, sondern auch Personen der Mittelschicht zugänglich. Im ausgehenden 18. und in der ersten Hälfte des 19. Jh. war Kölnisch Wasser der dominierende Duft. Es gab verschiedene Hersteller für Kölnisch Wasser, wobei die Grundzutaten sich kaum unterschieden.

Seit dem Beginn des 19. Jh. stellte auch Wilhelm Mülhens Kölnisch Wasser her, zunächst noch mit dem Begriff *Farina* im Firmennamen, um von dessen Bekanntheit zu profitieren. Nach vielen Namensstreitigkeiten mit der Familie Farina etablierte die Familie Mülhens Ende des 19. Jh. die Hausnummer *4711* als eigenständige Marke (◘ Abb. 18.1). Der Stammsitz der Firma lag in der Glockengasse 4711, eine Hausnummerierung, die auf die französische Besatzungszeit zurückgeht. Die heute noch bekannteste Marke für Kölnisch Wasser war geboren.

◘ **Abb. 18.1** Bekannteste, heute noch existente Marke für „Echt Kölnisch Wasser": 4711 (© Maeurer & Wirtz GmbH & Co. KG, Stolberg)

Diese Duftwässer fanden dann im ausgehenden 17. Jh. auch den Weg nach Deutschland. Ein großer Erfolg unter den Duftwässern war *Kölnisch Wasser*, das zu Beginn des 18. Jh. entwickelt wurde und bis ins späte 19. Jh. den Parfümmarkt dominierte (▶ Exkurs: Echt Kölnisch Wasser).

Mitte des 19. Jh. gab es einen erneuten Wandel im Duftstoffsektor: Chemiker gaben sich nicht mehr nur mit dem Duft von ätherischen Ölen als Mischung zufrieden, sie wollten genau herausfinden, welche Stoffe für den charakteristischen Geruch verantwortlich waren. Bei den aus pflanzlichen Rohstoffen erhaltenen ätherischen Ölen handelte es sich bisher immer um Gemische verschiedener Stoffe. Neue Erkenntnisse der Strukturaufklärung und verbesserte analytische Methoden machten es jetzt möglich, die Gemische genauer zu untersuchen, zu trennen und einzelne Verbindungen zu isolieren und zu charakterisieren. Von da an war es nur noch ein kurzer Weg, bis um 1850 die ersten synthetisch hergestellten Duftstoffe kommerziell erhältlich waren. Diese Duftstoffe waren von gleicher chemischer Struktur wie bestimmte Duftstoffe in ätherischen Ölen, nur auf chemischem Weg hergestellt (d. h. sie waren „naturidentisch").

Benzylalkohol, ein Bestandteil von Jasminblütenöl, und Phenylessigsäure, selbst und in Form ihrer Ester Bestandteil vieler ätherischer Öle, konnten erstmal 1855 von S. Cannizzaro hergestellt werden. Cumarin, der an Vanille erinnernde Duftstoff aus Tonkabohnen, wurde erstmal 1866 synthetisch hergestellt. W. Haarmann und K. Reimer gelangen in den Jahren 1874–1876 unterschiedliche Synthesen von Vanillin, einem der bedeutendsten Duft- und Aromastoffe.

Ende des 19. Jh. kamen die ersten Parfüms mit synthetischen Duftstoffen auf den Markt, die erstmals völlig neue Geruchskompositionen zuließen. Im Jahre 1882 war es *Fougère Royale* von Houbigant (einer Firma aus dem bereits angesprochenen Ort. Grasse) als erstes Parfüm mit synthetischem Cumarin und im Jahre 1889 das Parfüm *Jicky*®, von Aimé Guerlain, welches synthetische Duftstoffe wie Vanillin und Cumarin anstelle der natürlichen ätherischen Öle enthielt. Die Vormachtstellung im Parfümmarkt der Duftwässer, die ausschließlich auf ätherischen Ölen basierten, war gebrochen. Ein weiterer Meilenstein der Duftstoffe stellte das auch heute noch sehr beliebte Parfüm *Chanel N° 5* dar, da es 1921 das erste Parfüm war, das auf künstliche Duftstoffe ohne natürliches Vorbild als Aromakomponente setzte und lineare aliphatische Aldehyde mit 10, 11 und 12 Kohlenstoffatomen verwendete. Seither wird nicht nur versucht, naturidentische Duftstoffe synthetisch herzustellen, sondern auch völlig neue künstliche Stoffe zu finden, die einen bekannten Geruch haben und damit natürliche Duftstoffe imitieren (▶ Abschn. 18.2).

An der französischen Côte d'Azur, nur wenige Kilometer von Cannes entfernt, liegt oberhalb der zahlreichen Blumenfelder die „Parfümhauptstadt" Grasse, die in Bezug auf wohlriechende Düfte ein weltweites Renommee genießt. Hier werden u. a. Rosen, Jasmin, Veilchen und Orangenblüten, die in unmittelbarer Nähe der Stadt angepflanzt werden, zu edlen Parfüms verarbeitet. Die Ursprünge für diese Spezialisierung liegen im 16. Jh.: Von Italien aus schwappte die Mode der parfümierten Handschuhe an die Côte d'Azur, eine insbesondere von Katharina von Medici (1519–1589) gern gepflegte Gewohnheit. Grasse war damals eine Gerberstadt, in der Leder, auch für Handschuhe, hergestellt wurde. Um die teilweise unangenehmen Gerüche der Lederproduktion zu überdecken, wurden die Düfte der in der Umgebung wachsenden Blumen eingesetzt: Die Parfümindustrie von Grasse war geboren! Wer heute in diese schöne Stadt kommt, sollte es nicht versäumen, an einer Führung in einer der drei großen Parfumfabriken Fragonard, Galimard und Molinard teilzunehmen. Dabei können historische Geräte zur Destillation (◼ Abb. 18.2), Enfleurage und Extraktion besichtigt werden. Im Anschluss an die Führung kann man in einem Verkaufsladen sehr kostengünstig Parfums und Duftwässer (auch in Litermengen) kaufen, die wie die großen Marken riechen, sich aber nicht offiziell so nennen dürfen.

◼ **Abb. 18.2**   In der Parfumfabrik Fragonard in Grasse (© Diana Domingo, alias „Towanda", www.bellezapura.com)

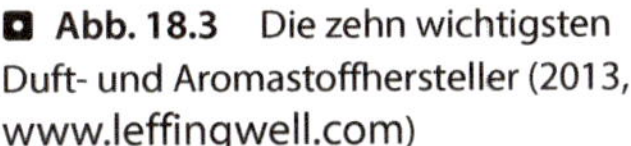

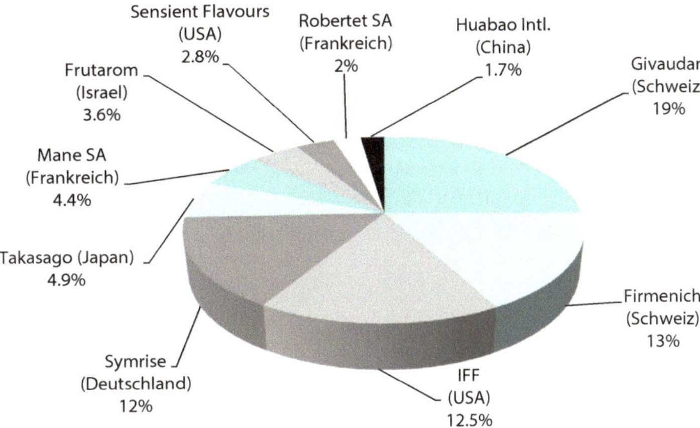

Abb. 18.3 Die zehn wichtigsten Duft- und Aromastoffhersteller (2013, www.leffingwell.com)

Aus der „Umbruchzeit" zum Ende des 19. Jh. gehen auch einige der noch heute existenten größten Duftstofffirmen hervor: Givaudan und Firmenich aus der Schweiz sind die größten Produzenten von Aromen und Riechstoffen, gefolgt von International Flavors & Fragrances Inc. aus den USA und der heutigen Symrise aus Holzminden, Deutschland. Letztere geht u. a. auf die Chemiker W. Haarmann und K. Reimer und deren 1876 gegründete Firma Haarmann & Reimer zurück, die erstmals synthetisches Vanillin in kommerziellem Maßstab herstellten. Die zehn wichtigsten Aroma- und Duftstoffhersteller sind mit ihrem jeweiligen Marktanteil in **Abb. 18.3** dargestellt. Die wichtigsten Märkte für Duft- und Aromastoffe im Jahr 2013 sind in **Abb. 18.4** abgebildet.

18.2 Duft- und Aromastoffe in der chemischen Industrie

In der Aroma- und Duftstoffindustrie gibt es prinzipiell zwei Kategorien von Riechstoffverbindungen, welche sich im Ursprung der verwendeten Stoffe unterscheiden:

- **Natürliche Duft- und Aromastoffe** werden mit gesetzlich festgelegten Verfahren aus natürlichen Quellen hergestellt. Darunter zählen z. B. die *ätherischen Öle*, welche durch Destillation oder Extraktion aus pflanzlichen oder tierischen Rohstoffen gewonnen werden. Aber auch enzymatisch oder mikrobiologisch (mit Hefen) hergestellte Produkte aus natürlichen Quellen fallen in diese Kategorie.

- **Synthetische Duft- und Aromastoffe** werden mithilfe synthetischer Verfahren hergestellt, also meistens ausgehend von fossilen Rohstoffen in chemischen Aufbaureaktionen. Synthetische Duft- und Aromastoffe teilen sich nochmals auf in *naturidentische* und *künstliche* Verbindungen, wobei der Begriff „naturidentisch" in neueren Einteilungen aufgegeben werden soll.

Pflanzliche Quellen für die Isolierung von Duft- und Aromastoffen können z. B. Früchte, Samen, Blätter, Blüten oder Rinden bestimmter Pflanzen sein. Tierische Quellen, vor allem für Duftstoffe in hochpreisigen Parfüms, sind die Sekrete des Moschustieres (*Moschus*), der Zibetkatze (*Zibet*), der Bisamratte (*Bibergeil*) und die *Ambra* genannten Ausscheidungen des Pottwals.

Die Einteilung in natürliche und synthetische Stoffe ist vor allem für die Aromastoffe von Bedeutung, da diese als **Lebensmittelzusatzstoffe** eine Zulassung benötigen und auf der Zutatenliste deklariert werden müssen. Für die Verwendung als Duftstoffe in z. B. Kosmetika, Waschmitteln und Parfüms ist eine genaue Kennzeichnung nicht erforderlich, obwohl auch hier in hochpreisigen Produkten gerne mit natürlichen Ingredienzien geworben wird.

Ätherische Öle werden aus pflanzlichen Rohstoffen isoliert und als Mischung unterschiedlichster chemischer Verbindungen direkt in Parfümen eingesetzt. Hierbei ist anzumerken, dass ätherische Öle im Gegensatz zu fetten Ölen (▶ Kap. 2–4, Oleochemie)

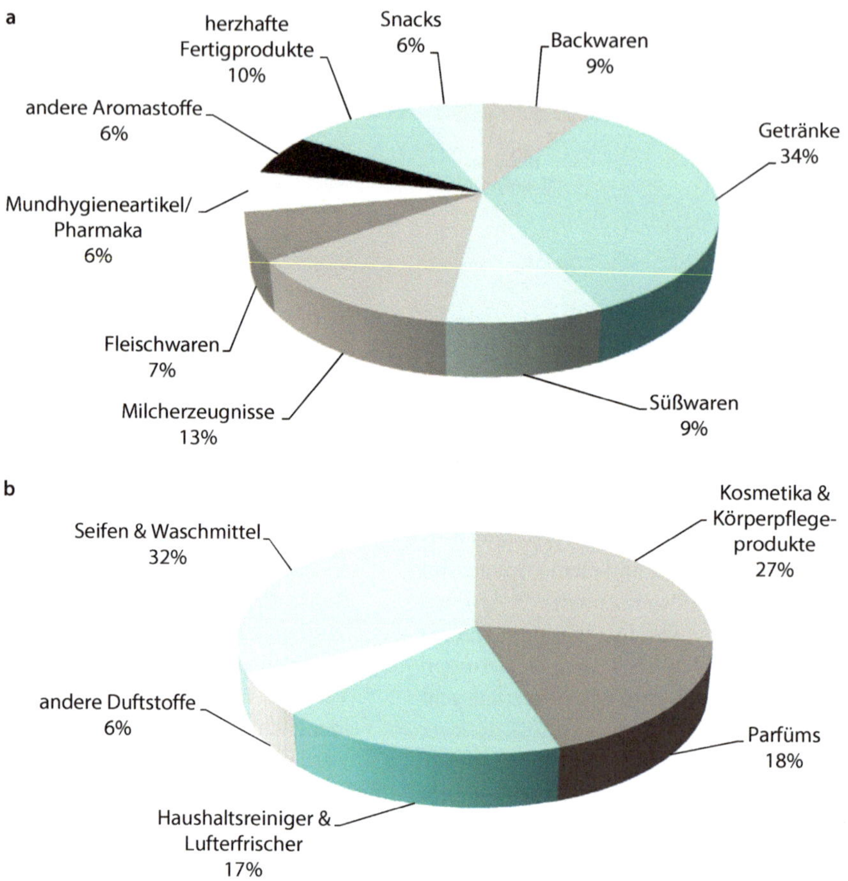

◘ Abb. 18.4   Die wichtigsten Anwendungen für Aromastoffe (oben) und Duftstoffe (unten) (www.leffingwell.com)

keine Triglyceride enthalten; sie unterscheiden sich also deutlich in ihrer chemischen Struktur und haben nur ihren natürlichen Ursprung gemeinsam. Ätherische Öle beinhalten die meisten für den charakteristischen Duft der jeweiligen Pflanze spezifischen Duft- und Aromastoffe. Sie verdampfen im Gegensatz zu fetten Ölen rückstandsfrei. Eine Isolierung von Einzelkomponenten erfolgt nur in Ausnahmefällen, z. B. wenn eine Verbindung in hohen Anteilen vorkommt (z. B. Menthol aus Pfefferminzöl, Eugenol aus Nelkenöl oder Citral aus Zitronengrasöl, ▶ Kap. 12). Für die Verwendung in Parfüms sind beispielsweise die ätherischen Öle bestimmter Blumen wie Rosen, Lilien oder Veilchen und die von Citrusfrüchten wie Orange, Bergamotte und Zitrone wichtig. Bei den Aromastoffen spielen die ätherischen Öle bestimmter Gewürze wie Nelken, Anis, Zimt oder Vanille eine Rolle.

Aromastoffe werden auch biotechnologisch aus natürlichen Produkten hergestellt, die mit dem zu erzielenden Aroma nichts zu tun haben: Aus bestimmten Schimmelpilzkulturen lassen sich Aromastoffe herstellen, die nach Erdbeere oder Nuss schmecken, auch wenn biotechnologisch hergestelltes Erdbeeraroma chemisch gesehen wenig mit den „eigentlichen" Aromakomponenten der Erdbeere zu tun hat.

Den natürlichen Duft- und Aromastoffen stehen die synthetischen gegenüber. Darunter fallen die *naturidentischen* Duft- und Aromastoffe, welche ein molekulares Vorbild in der Natur haben. Auf synthetischem Weg wird eine chemische Verbindung hergestellt, meist aus fossilen Rohstoffen, die man in der Natur auch als Duft- und Aromastoff finden kann. Die Verbindung unterscheidet sich demnach nicht in ihren

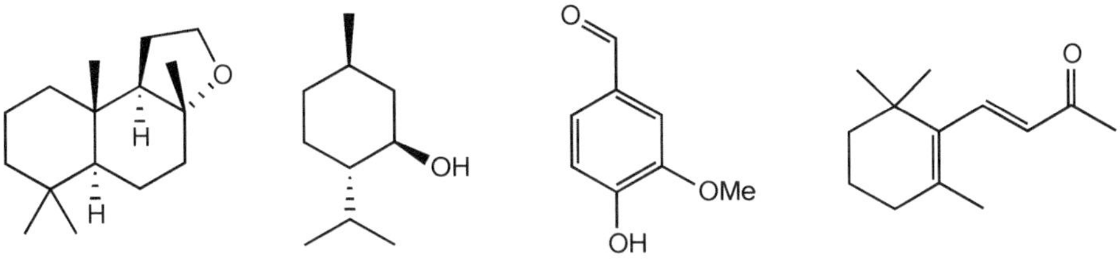

OMe
OH
(-)-Ambrox   (-)-Menthol   Vanillin   β-Ionon

◘ Abb. 18.5   Strukturformeln wichtiger naturidentischer Duft- und Aromastoffe

chemischen Eigenschaften von ihrem natürlichen Vorbild und kann daher auch in der letztlichen Formulierung nicht von ihr unterschieden werden. Wichtige Beispiele aus dieser Kategorie sind z. B. (–)-Menthol und β-Ionon (▶ Kap. 12), Vanillin und (–)-Ambrox® (◘ Abb. 18.5).

- **(–)-Menthol** ist der charakteristische Riechstoff der Pfefferminze. Es kann synthetisch z. B. ausgehend vom Monoterpen Citral hergestellt werden. Jährlich werden etwa 19.000 t Menthol produziert, wovon ca. 13.000 t aus natürlichen Quellen, vor allem den ätherischen Ölen der Pfefferminze, isoliert werden. Der Preis von Menthol liegt in etwa bei 20–60 € kg^{-1}. Die wichtigsten Anwendungsgebiete sind als Aromastoff in Zigaretten, in Pharmazeutika wie Hustensäften und in Mundhygieneartikeln.

- **β-Ionon** ist einer der im Veilchenduft enthaltenen Riechstoffe und wird in Reinform ausschließlich synthetisch hergestellt, z. B. ausgehend von Citral (▶ Kap. 12) über die Zwischenstufe des Pseudoionons. β-Ionon selber dient wiederum als Ausgangstoff für die Synthese von Vitamin A. Daher wird mehr β-Ionon hergestellt, als für die Duftstoffindustrie benötigt wird, weswegen es verhältnismäßig günstig ist.

- **Vanillin** ist die aromatische Komponente der Vanilleschote und gehört zur Stoffgruppe der Benzaldehyde. Der überwiegende Teil des produzierten Vanillins wird nicht aus Vanilleschoten gewonnen, sondern synthetisch aus natürlichen Quellen (▶ Abschn. 11.4.3) oder petrochemischen Grundchemikalien hergestellt (▶ Exkurs: Der Geschmack nach Vanille). Vanillin wird vorwiegend als Aromastoff

eingesetzt (ca. 84 %). Daneben dient es als Ausgangsstoff für die Synthese bestimmter Pharmazeutika (ca. 13 %). Nur 3 % finden als Duftstoff Anwendung.

- **(–)-Ambrox** (auch Ambroxan) ist der Handelsname eines der charakteristischen Duftstoffe des Ambra. Ursprünglich wurden Ambradüfte aus den an Land gespülten Exkrementen des Pottwals hergestellt. Aufgrund der limitierten Verfügbarkeit wurden unterschiedliche naturidentische Moleküle synthetisiert. (–)-Ambrox und analoge Duftstoffe werden mit eine jährlichen Produktion von über 30 t angegeben, der Preis liegt im Bereich von 1000 € kg^{-1}.

Erwähnenswert sind zudem die charakteristischen Bestandteile der in der Parfümindustrie sehr geschätzten tierischen Rohstoffe Moschus, Zibet, Bibergeil und Amber: Moderne Synthesechemie hat es möglich gemacht, diese Inhaltsstoffe unabhängig vom Tier herzustellen. Das ist zum einen preislich ein großer Vorteil, auf der anderen Seite kann der Bestand dieser seltenen Tiere geschont werden.

Künstliche Duft- und Aromastoffe sind zum einen nicht aus natürlichen Quellen hergestellt und haben zudem kein Vorbild in der Natur: Sie versuchen vielmehr einen bekannten Geruch oder Geschmack zu imitieren. Heutzutage sind in Deutschland für die Verwendung in Lebensmitteln nur etwa 15 künstliche Aromastoffe zugelassen, unter ihnen z. B. Ethylvanillin (▶ Exkurs: Der Geschmack nach Vanille). In der Duftstoffindustrie werden weit mehr künstliche Duftstoffe eingesetzt. Diese imitieren z. B. den Duft nach Moschus, Jasmin oder Rosen, obwohl sie in der Natur nicht in diesen vorkommen.

Exkurs: Der Geschmack nach Vanille

Vanille wird als Aromapflanze schon seit Jahrtausenden in den Gebieten Mittel- und Südamerikas verwendet. In Europa ist Vanille dagegen erst seit dem 16. Jh. bekannt und wurde vielfältig als Aromastoff z. B. in Schokoladen eingesetzt. Im Jahre 1858 gelang N.-T. Gobley erstmals die Isolierung von besonders reinem Vanillin aus Vanilleextrakten. Es wurde erstmals als die das Vanillearoma dominierende Substanz wahrgenommen. Im späten 19. Jh. gelang dann die erste synthetische Herstellung des Vanillins, zunächst noch aus natürlichen Rohstoffen (Coniferin, Eugenol) und anschließend auch vollständig aus petrochemischen Rohstoffen. Das „älteste" Produkt zur Aromatisierung von Lebensmitteln und Kosmetika mit Vanille ist auch heute noch das beliebteste, wenn auch bei Weitem das teuerste: *Vanilleextrakte* (◘ Abb. 18.6) werden aus natürlichen Vanilleschoten hergestellt und enthalten neben Vanillin noch bis zu 200 verschiedene andere Stoffe. Auf Lebensmitteln dürfen sie als „Vanilleextrakt" deklariert werden. Falls ein Zusatz von bis zu 5 % anderer natürlicher Aromen erfolgt, dürfen sie noch als *„natürliches Vanillearoma"* bezeichnet werden. Eine Isolierung des Vanillins erfolgt aus diesen Produkten nur zu einem sehr geringen Teil. Synthetische Verfahren sind viel günstiger, und synthetisches Vanillin kann zu Preisen von etwa 10–15 € kg^{-1} angeboten werden. Vanillin aus Vanilleschoten kostet ca. 100-mal so viel, da aus dem Anbau von 1500–2000 t Vanilleschoten nur ca. 20–40 t Vanillin gewonnen werden. Es wird geschätzt, dass der jährliche Bedarf an Vanillin als Duft- und Aromakomponente bei etwa 15.000 t liegt. Damit liegt der Anteil an Vanillin aus Vanilleschoten nur bei einem Bruchteil von ca. 0.3 %. Natürliche Quellen für die Herstellung von Vanillin sind, wie bereits in ► Kap. 11 besprochen, die Sulfitablaugen der Zellstoffproduktion aus Holz. Daneben kann Vanillin auch aus Eugenol hergestellt werden, einem Phenylpropanoid, welches im Nelkenöl enthalten ist. Da die Ausgangsstoffe natürlichen Ursprungs sind, darf das Vanillin dann auch als *natürliches Aroma* in Lebensmittelzubereitungen bezeichnet werden. Eine Bezugnahme auf den Geschmack der Vanille ist dann jedoch nicht erlaubt. Neben der Herstellung aus natürlichen Substraten kann Vanillin auch synthetisch aus petrochemischen Ausgangsstoffen hergestellt werden. Heutzutage wird Vanillin größtenteils ausgehend vom Guaiacol (*ortho*-Methoxyphenol) synthetisiert. Das so erhaltene Vanillin wird dann nur noch als „Aroma" bezeichnet, früher war noch der Zusatz „naturidentisch" gebräuchlich.

Ethylvanillin (4-Hydroxy-3-ethoxybenzaldehyd) ist ein Beispiel für einen *künstlichen Aromastoff*, der eingesetzt wird, um einen Vanille-Eindruck zu erzeugen, selber aber in der Natur nicht vorkommt. Es leitet sich von der Vanillinstruktur ab, in der die Methoxygruppe gegen eine Ethoxygruppe substituiert wurde. Es wird ausschließlich synthetisch hergestellt und besitzt ein etwa 2–4 Mal intensiveres Vanillearoma als Vanillin.

◘ **Abb. 18.6** Vanilleextrakt aus Vanilleschoten (© Kochen mit Diana, Inh. Diana Patesan)

Heutzutage gibt es etwa 150 kommerzielle ätherische Öle, welche mit ca. 3000 verschiedenen synthetischen Duft- und Aromastoffen konkurrieren. In der Natur wurden bereits weit über 10.000 Duft- und Aromastoffe identifiziert. Ca. 75 % aller Substanzen, die in der Duft- und Aromastoffindustrie eingesetzt werden, werden durch synthetische Verfahren hergestellt, nur ca. 25 % werden aus natürlichen Quellen isoliert. Im Folgenden werden die wichtigsten Verfahren erläutert, mit denen man ätherische Öle aus natürlichen Rohstoffen herstellt, denn nur diese können als „nachwachsende Rohstoffe" im Kontext dieses Buches angesehen werden.

18.3 Gewinnung ätherischer Öle

Die Gewinnung ätherischer Öle (engl. *essential oils*) aus pflanzlichen Rohstoffen für die Duft- und Aromastoffherstellung kann prinzipiell auf drei unterschiedliche Arten geschehen. Dabei ist die Wahl des Verfahrens von unterschiedlichen Voraussetzungen abhängig:

- der Art des zu behandelnden Materials (Blüten, Früchte, Blätter, Samen, Rinde, etc.)
- der Stabilität und Reaktivität der enthaltenen Duft- und Aromastoffe
- den Anforderungen an das Produkt (Konsistenz, enthaltene Bestandteile, etc.)

Die drei wichtigsten Verfahren, das *Pressen*, die *Extraktion* und die *Wasserdampfdestillation* werden im Folgenden näher beschrieben und typische Einsatzgebiete aufgezeigt.

Das **Pressen** wird ausschließlich zur Gewinnung von Ölen aus Citrusfrüchten durchgeführt. Dazu wird die ölhaltige äußere Schale der Früchte bei Raumtemperatur ausgepresst (sog. *Kaltpress-Verfahren*). Diese Methode ist sehr mild und schonend und eignet sich deshalb besonders für Citrusöle, welche sehr hitzeanfällig sind und bei erhöhten Temperaturen dazu neigen, ihr Aroma zu verändern. Eine Ausnahme hierbei stellt Limettenöl dar, dessen Aromaänderung während der Destillation in einigen Fällen gewünscht ist. Durch Auspressen der Schale bei Raumtemperatur werden ätherische Öle aus Orangen, Zitronen, Bergamotten, Mandarinen, Grapefruits und Limetten erhalten.

Die zweite Methode, die **Extraktion**, ist hinlänglich aus dem Haushalt bekannt, wo z. B. Teeblätter mit siedendem Wasser extrahiert werden und somit Tee produziert wird. Pflanzen werden analog mit kalten oder warmen organischen Lösungsmitteln extrahiert. Ein bevorzugtes Lösungsmittel ist hierbei Ethanol, das einen niedrigen Siedepunkt (78 °C) besitzt und deshalb im Vakuum wieder schonend entfernt werden kann. Es werden jedoch auch andere Lösungsmittel wie Petrolether, Hexan, Toluol oder Methanol eingesetzt. Noch günstiger zur Extraktion ist überkritisches Kohlendioxid: Bei Temperaturen oberhalb von 31 °C und Drücken oberhalb von 74 bar befindet sich CO_2 im „überkritischen Zustand". In diesem Zustand besitzt es gleichzeitig die Eigenschaften von Gasen und Flüssigkeiten: Das Fluid hat die hohe Dichte von Flüssigkeiten und die niedrige Viskosität von Gasen. Durch Variation von Druck und Temperatur lassen sich diese Eigenschaften steuern. Bei hohen Dichten wird die Löslichkeit der ätherischen Öle erhöht. Ein bekanntes Verfahren der Extraktion mit überkritischem Kohlendioxid ist die Entkoffeinierung von Kaffee (▶ Abschn. 16.3).

Bei Verwendung von organischen Lösungsmitteln zur Extraktion werden nicht nur die Bestandteile der ätherischen Öle gelöst, sondern auch Nebenprodukte wie z. B. Wachse und Farbstoffe. Daher ist das nach der Entfernung der Lösungsmittel erhaltene *concrète* meist noch eine feste, gefärbte Masse. Das ist für die weitere Anwendung in Parfüms unerwünscht. Daher wird das *concrète* in Ethanol gelöst, die festen Bestandteile werden abgetrennt und das Ethanol wiederum entfernt. Das so erhaltene alkoholfreie, aber vollkommen ethanollösliche Produkt für Duftstoffanwendungen wird als *essence absolue* bezeichnet.

Eine spezielle und bereits seit dem Altertum bekannte Extraktionsmethode, die **Enfleurage**, ist ein besonders schonendes Verfahren zur Absorption der Pflanzenstoffe durch Fette als Extraktionsmittel (frz. *enfleurage*, „etwas mit Blumenduft versehen"). Dazu werden z. B. frisch geerntete Blüten auf Glasplatten gestreut, die vorher mit einem geruchlosen Fett, z. B. Rinder- oder Schweineschmalz, bestrichen wurden (◘ Abb. 18.7). Die ätherischen Öle werden bei Umgebungstemperatur von dem Fett durch Diffusion aufgenommen. Nach wenigen Tagen werden die alten Blüten durch neue ersetzt und dieser Vorgang mehrere Wochen oder Monate wiederholt. Am Ende

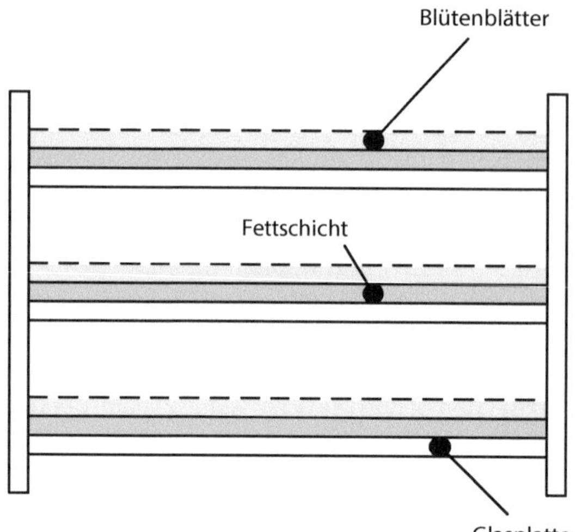

◘ Abb. 18.7   Vorrichtung zur Enfleurage von Blütenblättern

dieser Enfleurage erhält man ein mit Blumenduft gesättigtes Fett, dass als „Pomade" bezeichnet wird. Die ätherischen Öle können aus dieser Pomade mit Ethanol ausgewaschen und das Fett von der ethanolischen Lösung getrennt werden. Das reine Blütenöl wird dann als *essence absolue d'enfleurage* bezeichnet. Da dieses Verfahren sehr zeit- und arbeitsaufwendig ist, wird es nur für besonders hochwertige Blüten wie Jasmin angewendet, und die Produkte sind entsprechend teuer.

Der Vorgang kann durch Erhöhen der Temperatur beschleunigt werden (*enfleurage à chaud*, oder auch Mazeration nach dem italienischen *macerare* für einweichen). Dazu werden Fett und Blüten miteinander vermischt und auf ca. 60 °C erhitzt. Nach jedem Erhitzen wird abgekühlt und die alten Blüten werden gegen neue ausgetauscht. Auch hier erfolgt die Abtrennung der ätherischen Öle vom Fett mithilfe von Ethanol. Dieser Vorgang ist natürlich deutlich weniger schonend.

Wie das Pressen ist die Extraktion ein mildes und schonendes Verfahren; die so erhaltenden Öle zeichnen sich durch einen feineren und besseren Duft aus als die durch Destilation gewonnenen Produkte. Sie sind jedoch meist noch farbig und verdampfen nicht immer rückstandsfrei. Extraktion ist häufig das Verfahren der Wahl bei Pflanzenmaterial mit vergleichsweise geringem Anteil an ätherischen Ölen, z. B. für einige Blütensorten.

Bei der **Wasserdampfdestillation** werden die Pflanzenbestandteile (Blüten, Blätter, etc.) mit heißem Wasserdampf in einem Heizkessel extrahiert. Durch Einblasen von heißem Wasserdampf wird der Siedepunkt der in den Pflanzen befindlichen ätherischen Öle erniedrigt, sodass sie zusammen mit dem Wasserdampf den Heizkessel über Kopf verlassen (◘ Abb. 18.8). In einem Kühler werden beide Komponenten kondensiert und die Flüssigkeiten in einer Vorlage, der sogenannten Florentiner Flasche, aufgefangen (◘ Abb. 18.9). Da die ätherischen Öle sich nicht im Wasser lösen, bilden sie eine zweite, ölige Phase, die auf der Wasserphase aufschwimmt. Durch eine obere Öffnung in der Florentiner Flasche können die leichteren ätherischen Öle abgetrennt werden. Das Wasser wird am Boden durch einen Siphon kontinuierlich entnommen und wiederverwendet. Das Prinzip der Florentiner Flasche eignet sich besonders gut, da sehr viel Wasser im Vergleich zur relativ kleinen Öl-Phase entsteht.

Es gibt prinzipiell zwei Arten der Wasserdampfdestillation:

- Bei der *indirekten Methode* (A und C geöffnet, B und D geschlossen, ◘ Abb. 18.8) wird das Destillationsgefäß mit Wasser gefüllt und die zu extrahierenden Pflanzenbestandteile in flüssigem Wasser aufgekocht. Der aufsteigende Dampf wird am Kopf entnommen und kondensiert.
- Bei der *direkten Methode* (A und C geschlossen, B und D geöffnet, ◘ Abb. 18.8) wird das Destillationsgefäß mit den zu extrahierenden Pflanzenbestandteilen bestückt, häufig mithilfe eines Drahtkorbes. Am Boden des Kessels wird heißer Wasserdampf eingeleitet, der durch das Material steigt und auf seinem Weg die volatilen ätherischen Öle mitnimmt. Das Dampfgemisch kommt wiederum am Kopf des Gefäßes an und wird anschließend kondensiert und getrennt.

Die indirekte Wasserdampfdestillation wird heutzutage bevorzugt verwendet, da sie weniger energie- und zeitintensiv ist und auch höhere Ausbeuten an ätherischen Ölen erlaubt. Die typischen Ausbeuten an ätherischen Ölen aus Blüten sind allerdings sehr gering: aus 52.000 t Rosen (vor allem

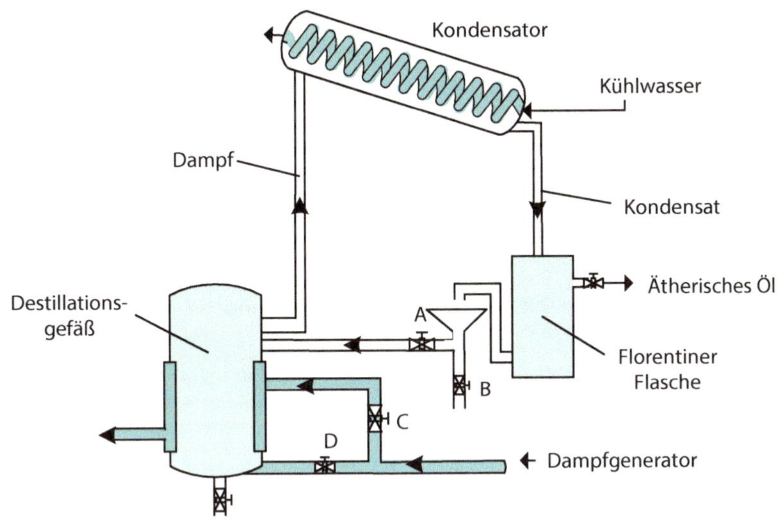

A und C offen
B und D geschlossen = Indirekte Wasserdampf-destillation   B und D offen
A und C geschlossen = Direkte Wasserdampf-destillation

Abb. 18.8 Gewinnung ätherischer Öle durch Wasserdampfdestillation

Abb. 18.9 Foto einer Florentiner Flasche (auch Essencier) (© Association Mimosa, Lamotte-Beuvron)

Im Vergleich zur Extraktion ist die Wasserdampfdestillation weniger arbeits- und zeitintensiv. Große Mengen Material lassen sich in kurzer Zeit behandeln, ohne große Volumina an möglicherweise gefährlichen Lösungsmitteln zu handhaben. Ein Nachteil der Wasserdampfdestillation ist die Möglichkeit, dass die Riechstoffe unter dem Einfluss von Wasser und Hitze zerstört und umgewandelt werden. Jedoch werden heutzutage die größten Volumina an ätherischen Ölen mittels Wasserdampfdestillation hergestellt.

Zusammenfassung (Take-Home Messages)
- **Riechstoffe** sind chemische Verbindungen, welche über den **Geruchssinn** wahrgenommen werden und damit einen charakteristischen Duft besitzen. Dabei ist der Duft keine physikalische Eigenschaft der Substanz, sondern wird erst im Gehirn des Riechenden erzeugt.
- Riechstoffe können sowohl angenehm-, als auch übelriechend sein. Die angenehm

Damaszener- und „Mairose") werden jährlich nur etwa 15 t Rosenblütenöl hergestellt. Dementsprechend zählt Rosenblütenöl zu einem der teuersten Rohstoffe der Parfümindustrie.

riechenden Verbindungen sind dabei industriell deutlich wichtiger. Sie teilen sich auf in **Duftstoffe** für die Kosmetik-, Waschmittel- und Parfümindustrie und in **Aromastoffe** für die Lebensmittelindustrie.

- Der Mensch benutzt Riechstoffe schon seit langer Zeit, um z. B. unangenehme Gerüche zu überdecken. Die Parfümherstellung hat ihren Ursprung im französischen Grasse im 16. Jh. In Deutschland war das zu Beginn des 18. Jh. entwickelte und ausschließlich aus ätherischen Ölen bestehende Echt Kölnisch Wasser über lange Zeit der dominierende Duft.
- Die moderne Duft- und Aromaindustrie hat ihren Ursprung Mitte des 19. Jh., als es erstmalig gelang, einzelne **synthetische Duft- und Aromastoffe** herzustellen, die von den **natürlichen Duft- und Aromastoffen** abzugrenzen sind.
- Natürliche Aromastoffe werden aus **natürlichen Quellen** isoliert (z. B. extrahiert) oder aus ihnen mithilfe gesetzlich festgelegter Verfahren (z. B. Fermentation) gewonnen.
- Synthetische Duft- und Aromastoffe basieren auf **chemischen Aufbaureaktionen.**
- Diese haben entweder das Ziel, einen in der Natur vorkommenden Riechstoff aus gut verfügbaren Ausgangsstoffen chemisch zu synthetisieren (naturidentischer Duft- und Aromastoff) oder aber einen charakteristischen Duft zu imitieren (künstlicher Duft- und Aromastoff).
- **Ätherische Öle** werden aus Pflanzenteilen gewonnen und enthalten alle für den charakteristischen Duft der Pflanze verantwortlichen Geruchskomponenten. Damit können sie als nachwachsende Rohstoffe angesehen werden.
- Die Gewinnung von ätherischen Ölen aus Citrusfrüchten erfolgt bevorzugt durch **Kaltpressen** des äußeren Teils der Schale. Bei dieser sehr schonenden Methode bleiben die Aromakomponenten intakt.

- Durch **Extraktion** mit organischen Lösungsmitteln oder überkritischem CO_2 lassen sich auch ätherische Öle aus Pflanzenbestandteilen schonend gewinnen, die nur einen geringen Anteil der Duftkomponenten beinhalten, wie z. B. Blütenblätter.
- Eine besondere Form der Extraktion stellt die **Enfleurage** dar. Hierbei werden die Duftkomponenten aus den Blütenblättern mit geruchsfreiem Fett extrahiert. Diese besonders schonende, aber aufwendige Methode liefert Produkte von sehr guter Qualität, aber hohem Preis.
- Das mengenmäßig wichtigste Verfahren zur Gewinnung von ätherischen Ölen ist die **Wasserdampfdestillation**. Bei diesem Verfahren werden die Pflanzenbestandteile von heißem Wasserdampf durchströmt: Die Riechstoffkomponenten verflüchtigen sich, gelangen gemeinsam mit dem Wasserdampf in einen Kondensator, trennen sich anschließend in einer Vorlage von dem kondensierten Wasser und können auf diese Weise abgetrennt werden.

❓ Zehn Quickies zu ▶ Kap. 18

1. Grenzen Sie inhaltlich Duft- von Aromastoffen ab und nennen Sie jeweils drei typische Anwendungsgebiete!
2. Nennen Sie jeweils zwei typische ätherische Öle, die zum einen in Parfums und zum anderen in Lebensmitteln Einsatz finden!
3. Sie wollen aus Eugenol biotechnologisch hergestelltes Vanillin in einem Lebensmittel verwenden: Was dürfen/ müssen sie auf der Verpackung angeben?
4. Was bedeutet der Begriff „naturidentisch" in Bezug auf Vanillegeschmack?
5. Geben Sie an, wie hoch der ungefähre Anteil synthetischer Duft- und Aromastoffe im Vergleich zu natürlichen ist!
6. Welches Citrusöl wird sowohl durch Pressen als auch durch

Wasserdampfdestillation gewonnen? Worin besteht der Unterschied?

7. Nennen Sie typische Lösungsmittel für die Extraktion von Pflanzenteilen für die Gewinnung von ätherischen Ölen!

8. Was ist eine *enfleurage à chaud*?

9. Erläutern Sie die Bedeutung einer Florentiner Flasche für die Wasserdampfdestillation!

10. Welches ist die schonendste Methode zur Gewinnung kostbarer ätherischer Öle, beispielsweise aus Jasminblüten, und warum?

■ ■ **...und zur Belohnung noch ein Fußballer-Zitat:**

 » Heute werden Torhüter nicht geboren, bevor sie in ihren späten Zwanzigern oder Dreißigern sind.
(Kevin Keegan)

Weiterführende Literatur

Monographien und Übersichtsartikel

Surburg H, Panten J (2016) Common fragrances and flavor materials, 6. Aufl. Wiley-VCH Verlag GmbH & Co. KGaA, Weinheim

Panten J, Surburg H (2015) Flavors and fragrances, 1. bis 4. In: Ullmann's encyclopedia of industrial chemistry. Wiley-VCH, Weinheim

Legrum W (2015) Riechstoffe, zwischen Gestank und Duft. Springer Spektrum, Wiesbaden

Hegmann HJ (2015) Parfums – Kostbarkeiten für die Sinne. Aurum in J. Kamphausen Mediengruppe, Bielefeld

Schäfer B (2014) Natural products in the chemical industry. Springer-Verlag Berlin, Heidelberg, Kap. 3: Flavours and fragrances

Mann H (2014) Die moderne Parfümerie. Fachbuchverlag-Dresden, Dresden

Sell CS (2014) Chemistry and the sense of smell. Wiley-VCH, Oxford

Ohloff G, Pickenhagen W, Kraft P (2011) Scent and chemistry – the molecular world of odors. Wiley-VCH, Oxford

Hatt H, Dee R (2008) Das Maiglöckchen-Phänomen. Piper, München, Zürich

Reinecke G, Pilatus C (2006) Parfum – Lexikon der Düfte. KOMET, Rodenkirchen

Doty RL (Hrsg) (1995) Handbook of olfaction and gustation. Marcel Dekker, Inc., New York

Ohloff G (1990) Riechstoffe und Geruchssinn – die molekulare Welt der Düfte. Springer-Verlag GmbH, Berlin Heidelberg

Originalstellen

Frister T, Beutel S (2015) Moschusduft und Patchouliöl. Chem Unserer Zeit 49:294–301

Schäfer B (2011) Ambrox©. Chem Unserer Zeit 45:374–388

Kunststoffe aus der Natur

Biopolymere

© Springer-Verlag GmbH Deutschland 2018
A. Behr, T. Seidensticker, *Einführung in die Chemie nachwachsender Rohstoffe*,
https://doi.org/10.1007/978-3-662-55255-1_19

19.1   Definition und Klassifizierungen

Der Begriff Biopolymere bezieht sich seiner wörtlichen Herkunft nach auf *Makromoleküle* (griech. *poly*, viel, und *méros*, Teil) biologischen, also natürlichen Ursprungs (altgriech. *bios*, Leben). Darunter fallen demnach alle bereits besprochenen Polysaccharide, wie z. B. Cellulose, Stärke oder Chitin, aber auch z. B. das Lignin und der Naturkautschuk.

Neuerdings wird dieser Begriff jedoch auch vermehrt im Zusammenhang mit Kunststoffen verwendet und daher häufig synonym zum Begriff *Biokunststoff* verwendet. Dabei ist ein Polymer nicht identisch mit einem Kunststoff: Bei einem Polymer stehen die chemischen Eigenschaften im Vordergrund, beispielsweise die Art der Monomere sowie ihre Verknüpfung miteinander. Bei einem Kunststoff hingegen stehen die werkstofflichen bzw. die Materialeigenschaften im Vordergrund, beispielsweise mit welchen formgebenden Verfahren sich das Material verarbeiten lässt und für welche Anwendungen es infrage kommt. Ein Kunststoff ist demnach ein Werkstoff, welcher aus (meist organischen) Makromolekülen aufgebaut ist und mit Zusatzstoffen versehen formgebend verarbeitet werden kann.

Aus dieser Vermischung der Begrifflichkeiten ergibt sich, dass heutzutage auch zahlreiche Polymere als Biopolymere bezeichnet werden, die in der Natur gar nicht anzutreffen sind. Sie bestehen aber aus Monomeren, die sich aus nachwachsenden Rohstoffen herstellen lassen und dann chemisch polymerisiert werden. Ein weiterer Aspekt, der in der Literatur häufig bei den Biokunststoffen berücksichtigt wird, ist die *biologische Abbaubarkeit* eines Kunststoffes, ungeachtet der Herkunft des Polymers. Da die Verwendung der Begriffe Biopolymer und Biokunststoff nicht einheitlich ist und viele unterschiedliche Klassifizierungen angewendet werden, wird im Folgenden eine Übersicht gegeben, welche mit typischen Beispielen erläutert wird.

Das Europäische Normengremium hat eine Terminologie in seinem Technischen Bericht CEN/TR 15932 empfohlen, wonach der Begriff **Biokunststoff** für drei unterschiedliche Stoffgruppen verwendet werden soll:

- *bio*gene, also aus biologischen Quellen stammende Kunststoffe.
- *bio*logisch abbaubare, also kompostierbare Kunststoffe (Kompostierbarkeit)
- *bio*kompatible Kunststoffe, z. B. für den Einsatz in der Medizin

Das Bestreben, Kunststoffe auf der Basis von natürlichen und erneuerbaren Quellen (biogene Kunststoffe) herzustellen, geht zum einen auf die Schonung fossiler Ressourcen zurück. Auf der anderen Seite spielt der Klimawandel eine Rolle, der mit dem Ausstoß von Kohlendioxid in Verbindung gebracht wird. Bei der Verbrennung oder Kompostierung von biogenen Kunststoffen wird nur so viel CO_2 frei, wie der Organismus zuvor aus der Luft gebunden hat; der Kunststoff ist „CO_2-neutral". Daher bezieht man sich in der Wissenschaft, aber auch in der chemischen Industrie besonders auf die Frage, ob die Kohlenstoffatome im Polymeren biogen sind, also aus natürlichen Quellen stammen (▶ Exkurs: Radiocarbonmethode). Zur Synthese eines biogenen Kunststoffes gibt es prinzipiell zwei Möglichkeiten (◘ Abb. 19.1):

- Zum einen können Materialien eingesetzt werden, die in der Natur bereits als Polymere vorkommen (natürliche Polymere) und die entweder direkt eingesetzt werden oder den Anforderungen entsprechend derivatisiert und mit Additiven versehen werden. Hier wären z. B. die cellulose- und stärkebasierten Kunststoffe zu nennen (▶ Abschn. 19.2.1).
- Zum anderen können Monomere aus erneuerbaren Quellen hergestellt werden (natürliche Monomere) und anschließend auf chemische Weise zum Polymer verknüpft (d. h. polymerisiert) werden. Auch hierbei gibt es prinzipiell zwei Folgeklassen:
  - Zum einen diejenigen Biopolymere, die einen direkten (Teil-)Ersatz eines ansonsten bekannten, aus fossilen Rohstoffen

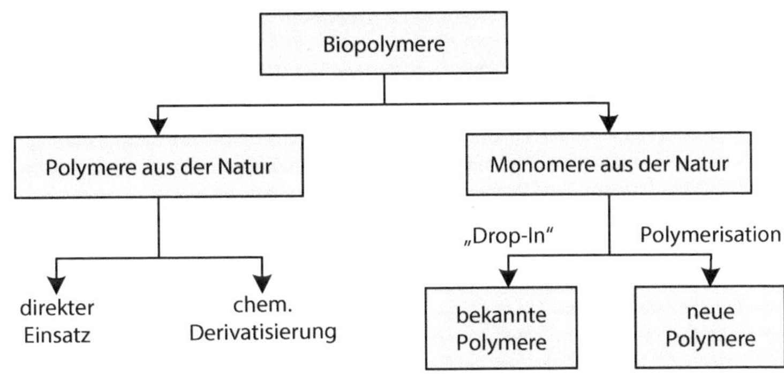

◘ Abb. 19.1 Klassifizierung von Biopolymeren

hergestellten Polymers darstellen, wie z. B. Bio-Polyethylen (Bio-PE) oder Bio-Polyethylenterephthalat (Bio-PET). Es handelt sich hierbei um sogenannte *Drop-In-Lösungen*, bei denen die Polymerisations- und Verarbeitungsverfahren der petrochemischen Industrie weitgehend übernommen werden können und die daher schnell in den Markt eingeführt werden können. Zum anderen gibt es eine Reihe von Monomeren, welche sich relativ einfach aus nachwachsenden Rohstoffen herstellen lassen, die aber ein neues Polymer liefern, das bisher nicht im Markt vorhanden war. Hier ist z. B. Polymilchsäure (PLA, engl. *polylactic acid*) aus biogener Milchsäure (2-Hydroxypropionsäure, ▶ Kap. 6 und ▶ Abschn. 19.2.2) zu nennen.

Die **biologisch abbaubaren Kunststoffe** sind deshalb interessant, weil die sogenannten Massenkunststoffe (Polyethylen PE, Polypropylen PP, Polystyrol PS, Polyvinylchlorid PVC), welche heutzutage in großen Mengen produziert und verwendet werden, gegenüber bakteriellem oder enzymatischem Abbau inert sind und sich auch nicht durch äußere Einflüsse wie z. B. Sonnenlicht zersetzen. Das führt dazu, dass diese Kunststoffe bei unsachgemäßer Entsorgung in die Umwelt gelangen und dort für viele Jahre verbleiben; sie sind **persistent**. Problematisch ist dies z. B. für die Verschmutzung der Weltmeere und für das Tierreich: Fische und Vögel nehmen Plastikpartikel mit ihrer Nahrung auf und können diese nicht verdauen, wodurch sie verhungern können. Auch die Möglichkeit der Kompostierung von Kunststoffen mit anderen biologischen Abfällen ist ein wichtiges Kriterium bei der Entwicklung dieser Kunststoffe. Hier sei erwähnt, dass für die biologische Abbaubarkeit von Kunststoffen bestimmte Kriterien definiert wurden. Wenn diese erfüllt sind, werden entsprechende Siegel verteilt. Die Bedingungen, unter denen die Abbaubarkeit dieser Kunststoffe getestet wird (relevant für großtechnische Kompostieranlagen), können meist nicht im häuslichen Kompost oder in der Natur erreicht werden (▶ Exkurs: Kompostierung von Kunststoffen).

Biokompatible Kunststoffe sind vor allem für medizinische Zwecke gefragt. Implantate dürfen keinerlei negativen Einfluss auf ihre Umgebung (Gewebe) haben und müssen häufig über einen langen Zeitraum im Körper verbleiben. Dazu können Implantate, z. B. künstliche Herzklappen, Gelenke oder Stands, aus einem biokompatiblen Kunststoff sein oder mit einer biokompatiblen Schicht ummantelt werden. Ein Spezialfall sind Kunststoffe, die sich nach einer bestimmten Zeitspanne im Körper vollständig abgebaut haben. Dies kann z. B. bei Drähten, Nägeln und Schrauben ausgenutzt werden, die dadurch zunächst ihre stabilisierende Funktion im Körper übernehmen, anschließend aber nicht durch eine weitere Operation entfernt werden müssen.

Alle drei Eigenschaften (biogen, biologisch abbaubar und biokompatibel) sind prinzipiell unabhängig voneinander, und so gibt es mittlerweile verschiedenste Biokunststoffe, die unterschiedliche Kriterien erfüllen, wobei nur eine, zwei oder alle drei Kriterien von einem Kunststoff erfüllt werden.

Exkurs: Radiokarbonmethode

Mit der Radiokarbonmethode (auch ^{14}C-Methode genannt) lässt sich das Alter organischer Materialien bestimmen. Sie beruht darauf, das Verhältnis der beiden Kohlenstoff-Isotope ^{14}C und ^{12}C zu bestimmen. Obwohl ^{14}C radioaktiv ist und zerfällt, wird durch kosmische Strahlung immer wieder neues ^{14}C in der Atmosphäre nachgebildet; es bildet sich ein Gleichgewicht aus und das Verhältnis in der Atmosphäre ist konstant. Alle Pflanzen nehmen Kohlenstoff in Form von CO_2 über die Photosynthese auf, und Menschen und Tiere nehmen diesen Kohlenstoff dann wiederum in Form ihrer Nahrung auf. In belebten Organismen ist damit immer das gleiche Verhältnis von ^{14}C zu ^{12}C vorzufinden. Erst wenn der Organismus abstirbt und kein neues CO_2 mehr aufnimmt, verschiebt sich dieses Verhältnis durch den Zerfall von ^{14}C. Über die Halbwertszeit von ca. 5700 Jahren und das aktuell bestimmte Verhältnis einer untersuchten Probe lässt sich dann das Alter bestimmen.

Diese Methode kann auch verwendet werden, um die biogene Herkunft eines Kunststoffes zu bestimmen. Stammt der Kohlenstoff innerhalb des Polymers aus natürlichen Quellen, weicht das ^{14}C/^{12}C-Verhältnis kaum vom natürlichen Verhältnis ab. Ist das Polymer jedoch fossilen Ursprungs (z. B. aus Erdöl, das ca. 200 Mio. Jahre alt ist), ist in der Probe fast kein ^{14}C mehr vorhanden. Das Ergebnis lässt sich in Prozent bezogen auf den Standard angeben: Ein vollkommen biogenes Polymer wie z. B. Cellulose hat einen Wert von 100 pmC (*percent modern carbon*) und fossile Ressourcen typischerweise 0 pmC. Auf diese Weise lässt sich in Homopolymeren (also solchen, die nur aus einem einzigen Monomer gebildet werden) auch eine Mischung von fossilen und biogenen Monomeren aufdecken. In diesem Falle würden bei der Bestimmung des ^{14}C/^{12}C Verhältnisses im Vergleich zur Standardsubstanz Werte zwischen 0 und 100 pmC ermittelt werden. Die DIN CERTCO vergibt für Kunststoffe ein Zertifikat (❏ Abb. 19.2), wonach das Polymer einen bestimmten Anteil an biogenem Kohlenstoff enthält und damit zu einem bestimmten Prozentsatz biogen ist. Die Bestimmung erfolgt in unabhängigen Laboratorien u. a. nach der Radiokarbonmethode. Diese Methodik ist nicht nur auf Biokunststoffe anwendbar, sondern auch auf Geruchs- und Aromastoffe in Lebensmitteln, deren natürlicher oder synthetischer Ursprung (► Kap. 18) so bestimmt werden kann.

❏ **Abb. 19.2**   Zertifizierungskennzeichen der DIN CERTCO für die Biobasiertheit eines Kunststoffes (hier exemplarisch für >85 % biogener Herkunft; © DIN CERTCO Gesellschaft für Konformitätsbewertung mbH)

❏ Abb. 19.3 zeigt eine Übersicht, in der typische Polymere nach ihrer Herkunft (biogen oder petrochemisch) und ihrer Abbaubarkeit klassifiziert sind.

Bei der biologischen Abbaubarkeit eines Kunststoffes gibt es prinzipiell zwei Stufen: Zum einen der als **Primärabbau** bezeichnete enzymatisch induzierte Abbau des Kunststoffes in kleinere Partikel und Monomere und zum anderen die als **Endabbau** bezeichnete enzymatische Bildung von u. a. Wasser und CO_2 aus den Monomeren.

Die Kompostierfähigkeit eines Kunststoffes wird hierbei unter industriellen Bedingungen durchgeführt, sodass ein Kunststoff, welcher mit den Zertifizierungskennzeichen als kompostierbar deklariert wurde, nicht für die Kompostierung im heimischen Garten geeignet ist. Ferner ist auch die Zersetzung im Wasser nicht Inhalt der entsprechenden Tests, sodass

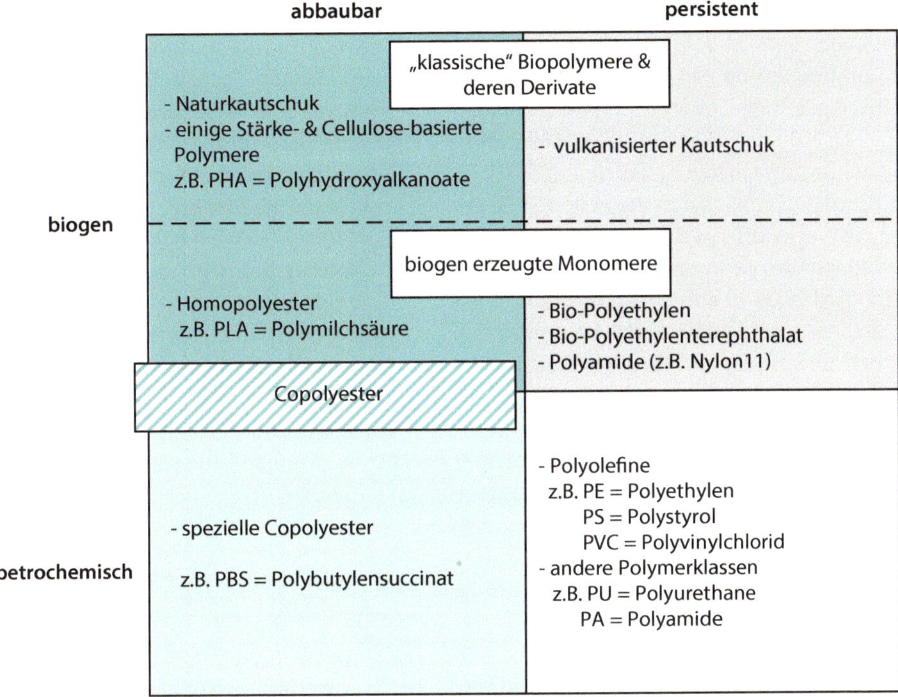

Abb. 19.3 Polymere klassifiziert nach biologischer Abbaubarkeit und chemischer Herkunft

Die Kompostierbarkeit von Biokunststoffen ist klar geregelt, und es existieren Zertifizierungskennzeichen für kompostierbare Kunststoffe (**Abb. 19.4**). Nach der Norm DIN EN 13432 gilt ein Kunststoff dann als vollständig biologisch abbaubar, wenn nach einer Kompostierung von 12 Wochen in einer Siebfraktion <2 mm nur noch 10 % des ursprünglichen Trockengewichts des Ausgangsmaterials gefunden werden.

Abb. 19.4 Zertifizierungskennzeichen für kompostierbare Kunststoffe nach DIN CERTCO und der Europäischen Norm EN 13432 (Keimling-Logo für industriell kompostierbare Produkte nach EN 13432; © European Bioplastics)

Umweltverschmutzungsprobleme nicht unbedingt gelöst werden.

Die Kompostierung von Biokunststoffen wird auch kritisch gesehen. Generell strebt man bei der Nutzung von Kunststoffen eine sog. **Kaskadennutzung** an. Im einfachsten Fall bedeutet das z. B., dass ein Kunststoff zunächst in der ersten Stufe der Kaskade als Werkstoff stofflich genutzt wird und im Anschluss daran einer energetischen Nutzung zugeführt wird (z. B. in einer Müllverbrennungsanlage). Bei der Kompostierung von Kunststoffen kann jedoch die frei werdende Energie nicht in dem Maße genutzt werden, wie es in modernen Müllverbrennungsanlagen der Fall ist. Bei beiden sogenannten *End-of-life*-Stufen wird aus dem Polymer schlussendlich CO_2 gebildet, das in die Atmosphäre gelangt. Kritiken nach ist es also besser, zumindest noch den Energiegehalt des Kunststoffes zu verwerten, als eine Kompostierung anzustreben, bei der die Energie „verloren" geht.

Um die verschiedenen Klassifizierungen von Biokunststoffen näher zu erläutern, werden im Folgenden einige Biopolymere und deren Anwendungen vorgestellt. Dabei wurde folgende Einteilung gewählt:

- Zunächst werden „klassische" Biopolymere, also solche, die auch in der Natur als Polymere vorkommen, vorgestellt.
- Weiterhin werden Polymere aus biogenen Monomeren besprochen. Dabei wird erläutert, ob es sich um Polymere handelt, die immer aus biogenen Monomeren hergestellt werden, oder um solche, deren biogene Monomere Substitute ansonsten petrochemisch dargestellter Monomere sind.
- Weiter werden Polymere aus fossilen Rohstoffen vorgestellt, die biologisch abbaubar sind.

Die Biokompatibilität ist in der Technik nur für Spezialanwendungen von Interesse und wird daher nur am Rande diskutiert.

19.2 Vertreter von Biopolymeren

Eine Übersicht über eine Auswahl der verschiedenen Klassen und Vertreter von biogenen Polymeren ist in ◨ Abb. 19.5 dargestellt. Im Folgenden werden die verschiedenen Vertreter kurz vorgestellt und besprochen.

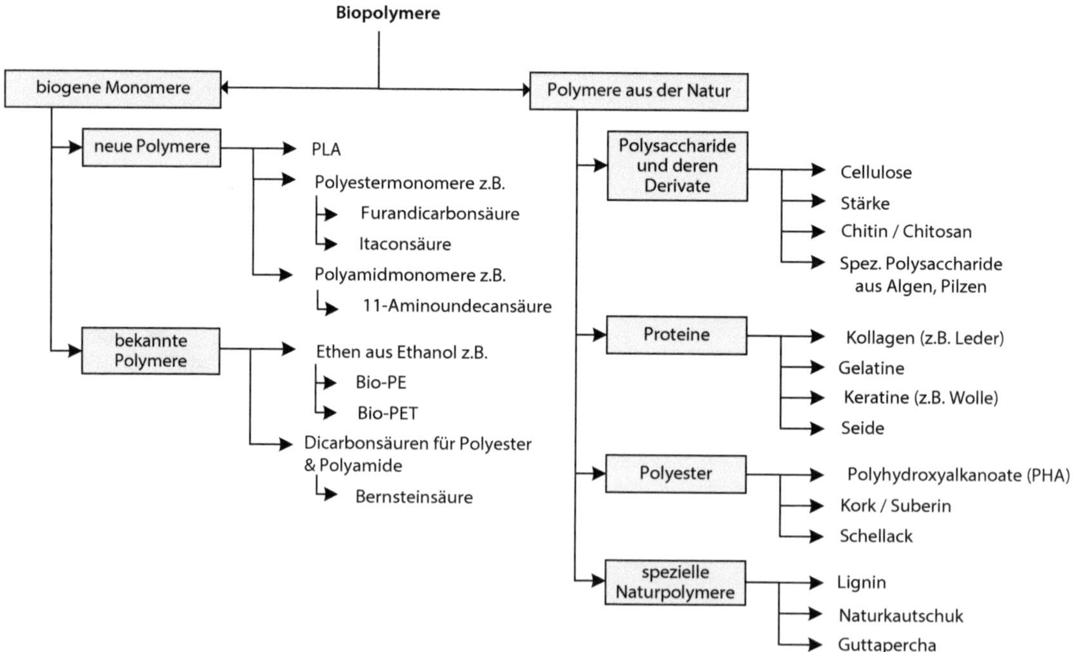

◨ **Abb. 19.5** Klassifizierung von biogenen Polymeren

19.2.1 Polymere aus der Natur

Zu den „klassischen" Biopolymeren gehören solche, die in der Natur bereits als Makromoleküle vorkommen. Typische Vertreter haben wir in den entsprechenden Kapiteln in diesem Buch bereits besprochen. Darunter fallen die Polysaccharide wie Cellulose (▶ Kap. 7), Stärke (▶ Kap. 8) und Chitin und Chitosan (▶ Kap. 9). Auch die aus Aminosäuren (▶ Kap. 14) bestehenden natürlichen Polymere wie Kollagen, Gelatine, Keratin und Seide gehören zur Gruppe der Biopolymere. Weiterhin gibt es biogene Polyester, wie die Polyhydroxyalkanoate, Kork und den Schellack. Eine Sonderstellung innerhalb dieser Gruppe hat das bereits in ▶ Kap. 11 besprochene Lignin, das als dreidimensionales Makromolekül aus aromatischen Bausteinen aufgebaut ist. Ebenfalls eine Sonderstellung haben die beiden Polyterpene aus ▶ Kap. 13, der Naturkautschuk und das Guttapercha. Sowohl die werkstoffliche Nutzung des Lignins als auch des Naturkautschuks wurden in ▶ Kap. 11 bzw. ▶ Kap. 13 ausreichend vorgestellt, sodass an dieser Stelle auf eine weitere Behandlung verzichtet wird.

Cellulose

Das Vorkommen und die Struktur der Cellulose wurden bereits in ▶ Kap. 7 ausführlich besprochen. Prinzipiell kann man innerhalb der werkstofflichen Nutzung von Cellulose drei Gruppen unterscheiden:

- *Native* Cellulose, vor allem aus Baumwolle, Jute, Flachs und Hanf, wird für die Herstellung verschiedenster Textilien verwendet. Für die Papierproduktion wird der Zellstoff mithilfe bestimmter Aufschlussverfahren aus Holz gewonnen und so die Cellulose in besonders reiner Form verwendet. Weiterhin wichtig in Bezug auf eine werkstoffliche Nutzung der Cellulose sind Verbundwerkstoffe von cellulosehaltigen Fasern wie Hanf, Flachs, Baumwolle, Sisal etc. mit petrochemischen Harzen, z. B. Phenol- und Acrylharzen, als Matrix. Diese können z. B. für den Bau von stabilen Formteilen im Auto- oder Möbelbau eingesetzt werden.
- *Regenerierte Cellulose* wird für die Produktion von Fäden, der sog. Kunstseide oder auch Viskose, verwendet. Sie kann auch zu Folien verarbeitet werden, dem Zellglas oder Cellophan, welches mit Glycerin als Weichmacher versetzt als Verpackungsmaterial für z. B. Lebensmittel geeignet ist. Ebenfalls wichtig ist der Einsatz regenerierter Cellulose als Material für Kunstdärme in der Wurstproduktion.
- *Celluloseester*, wie z. B. Celluloseacetat, sind ebenfalls von Bedeutung. Dieses wird als Fasern z. B. in Zigarettenfiltern und als Folie z. B. für Lebensmittelverpackungen verwendet. Cellulosenitrat, der Ester mit der Salpetersäure, ergibt mit Campher gemischt das Celluloid, welches als erster Thermoplast angesehen wird. Historisch wurde es als Ersatz für Billiardkugeln aus Elfenbein eingeführt und später als Filmträger verwendet. Heutzutage werden z. B. noch Tischtennisbälle aus diesem Kunststoff hergestellt.

Lignin

Die Verwendung von Lignin im Kunststoffsektor wurde in ▶ Abschn. 11.4.2 vorgestellt.

Stärke

Eine Nutzung von Stärke, deren Struktur und Vorkommen bereits in ▶ Kap. 8 ausführlich besprochen wurde, für die Produktion von Biokunststoffen kann prinzipiell auf zwei Arten geschehen:

- *Indirekte Nutzung*: Stärke dient als Fermentationsgrundstoff für die Herstellung von z. B. Milchsäure oder Polyhydroxyalkanoaten.
- *Direkte Nutzung*: Stärke wird direkt verwendet, um verschiedene Biokunstoffe herzustellen.

Die indirekte Nutzung der Stärke für die Produktion von Biokunststoffen wird an anderen Stellen dieses Kapitels erläutert. Zu den direkt aus Stärke hergestellten Biokunststoffen zählen z. B. die *partiell fermentierten Stärkekunststoffe*. Diese haben den Vorteil, dass sie aus Abfallströmen z. B. der Kartoffelverarbeitung mit anschließender Reinigung hergestellt werden können. Dazu wird die Stärke durch natürlicherweise enthaltene Milchsäurebakterien teilweise zu Milchsäure umgesetzt und anschließend auf

10 % Restwassergehalt getrocknet und nach Zugabe bestimmter Additive extrudiert. Noch spielen diese Biokunststoffe eine vergleichsweise geringe Bedeutung. Daneben gibt es die *thermoplastische Stärke* und die darauf basierenden *Stärkeblends*, welche bereits in ▶ Kap. 8 behandelt wurden. Native oder thermoplastische Stärke ergibt gemischt mit Verstärkungsfasern die *Stärke-Composites* (Stärkeverbundwerkstoffe), welche im Spritzgussverfahren verarbeitet werden können.

Chitin und Chitosan

Chitin ist das Strukturpolysaccharid der wirbellosen Tiere und kommt in technisch bedeutenden Mengen vor allem in den Panzern und Schalen von Krebstieren vor. Es ist somit ein Abfallprodukt der Lebensmittelindustrie. Chitosan ist das durch Deacetylierung hergestellte Derivat des Chitins und besitzt primäre Amingruppen (▶ Kap. 9).

Im Gegensatz zu Chitin ist Chitosan in organischen Säuren löslich und somit einfacher zu verarbeiten. Chitin kann analog zu regenerierter Cellulose über das entsprechende Xanthogenat umgewandelt werden (▶ Abschn. 7.3). Aus beiden lassen sich Folien, Filme, Fasern und andere Formteile herstellen. Wichtigste Anwendungsfelder als Biokunststoffe haben Chitin und Chitosan in der Herstellung von antibakteriellen Medizinprodukten, z. B. als Wundauflagen, Katheter und Nahtmaterial.

Kollagene

Unter dem Begriff Kollagene werden die Gerüstproteine (Skleroproteine) zusammengefasst, die im menschlichen und tierischen Organismus mit einem Anteil von bis zu 30 % die häufigsten Proteine sind. Sie kommen in der Haut, in Muskeln, Knochen, Bindegeweben, Sehnen, Knorpeln und auch in den Zähnen vor. Schätzungen zufolge gibt es ca. 30 unterschiedliche Typen an Kollagenen, welche sich in ihrer Aminosäurezusammensetzung (Primärstruktur) und in ihrer räumlichen Anordnung unterscheiden (Sekundär- und Tertiärstruktur, ▶ Kap. 14). Damit gelingt die Anpassung an die vielfältigsten Aufgaben im Körper. Der Aufbau der Kollagene von den Einzelsträngen über Mikro- und Makrofibrillen zu einzelnen Fasern ähnelt dem der Cellulose in Holz.

Das wichtigste kollagenbasierte Biopolymer der Menschheit ist das **Leder**, dessen Verwendung für Kleidung schon so alt ist wie die Menschheit selbst. Das industriell wichtigste Leder stammt von Rindern, deren Haut als Schlachtabfall einem aufwendigen Verfahren unterzogen wird, um zu Leder zu werden: dem *Gerben*. Es gibt mehrere Arten des Gerbens, wobei die mineralische Gerbung mit Chromsalzen bei über 90 % des Leders angewendet wird. Durch das Gerben wird das Leder haltbar und verarbeitbar. Es besitzt anschließend hervorragende Eigenschaften, die es zu einem hochpreisigen Produkt für Schuhe, Kleidung, Sitzpolster in Autos und Möbeln und andere Alltagsgegenstände machen (◨ Abb. 19.6).

◨ **Abb. 19.6**   Leder als nachwachsender, kollagenbasierter Werkstoff (© arthorn / stock.adobe.com)

Eine weitere wichtige Anwendung des Kollagens als Biopolymer ist die Herstellung von Wursthüllen. Die Eignung von kollagenbasierten Kunstdärmen in der Produktion von Fleischwaren wurde bereits Anfang des 20. Jh. entdeckt und seitdem sukzessive weiterentwickelt und verbessert. Hergestellt aus einem bestimmten Teil der Rinderhaut zwischen Ober- und Unterhaut, dem sog. Rinderhautspalt, einem Nebenprodukt der industriellen Lederherstellung, sind Wursthüllen ein Musterbeispiel dafür, wie Restströme aus der Verarbeitung von Naturprodukten durch stetige Verbesserung langanhaltend am Markt etabliert werden können. Ca. 30 % aller künstlichen Wursthüllen sind aus Kollagen, 40 % aus cellulosebasierten Biokunststoffen (vor allem regenerierte Cellulose), die restlichen 30 % verteilen sich auf petrochemische Kunststoffe.

Eine vergleichsweise neue Anwendung von Kollagen findet sich in der Medizin. Beim *tissue engineering* werden Kollagenmatrizes benutzt, um mit körpereigenen Zellen des Patienten bewachsen zu werden und so ein Implantat (z. B. eine Herzklappe) herzustellen. Dieses wird vom Körper nicht mehr als Fremdkörper wahrgenommen und so eine Abstoßungsreaktion vermieden.

Ein dem Kollagen sehr ähnliches proteinogenes Biopolymer ist die **Gelatine**, die vornehmlich aus Schweineschwarten gewonnen wird. Gelatine wird vor allem in der Lebensmittel- und Kosmetikindustrie als Verdickungsmittel eingesetzt. Ebenfalls wird es als Material für die Produktion von Hart- und Weichgelatinekapseln für Nahrungsergänzungsmittel und Pharmaka verwendet.

Keratine

Eine weitere große Gruppe der natürlichen proteinbasierten Biopolymere stellen die Keratine dar (▶ Kap. 14). Sie sind ebenfalls Gerüstproteine und der Hauptbestandteil von Haaren, Hörnern, Klauen, Hufen, Fuß- und Fingernägeln bei Säugetieren sowie der Federn von Vögeln und der Schuppen von Reptilien. Sie werden durch *Keratinisierung* in der Oberhaut gebildet, ein Prozess, bei dem belebte Materie durch einen Wachstumsprozess und gezielten Wasserverlust abstirbt und verhornt. Prinzipiell ist die Zusammensetzung der Keratine vergleichbar mit anderen Proteinen, lediglich deren Schwefelgehalt ist aufgrund vermehrter Cystein- (Cys-)Anteile erhöht. Sie bilden eine *inhärente* Verbundstruktur, die aus kristallinen Bereichen, eingebettet in eine Matrix amorpher Kettensegmente, besteht. Die Besonderheit im Vergleich mit anderen Verbundwerkstoffen (vgl. Holz, ▶ Kap. 7) ist, dass die Verbundstruktur bei Keratinen ausschließlich aus Proteinen besteht.

Das für den Menschen wichtigste natürliche Polymer unter den Keratinen ist die **Wolle** von Schafen welche bereits seit etwa 6000 Jahren genutzt wird und damit zu einem der ältesten Produkte der Menschheit zählt (◨ Abb. 19.7). Sie wird vorwiegend für die Produktion von Kleidung entweder in reiner

◨ **Abb. 19.7** Gewinnung von Schafwolle (© Countrypixel / Fotolia)

Form oder als Mischfaser mit anderen Materialien verwendet. Ebenfalls wichtig ist der Einsatz als Filz. Schafwolle vereint wichtige Eigenschaften, wie die Fähigkeit große Mengen Wasser aufzunehmen und dabei weiterhin eine gute Isolation zu gewährleisten. Dies macht die Wolle gegenüber der Baumwolle für viele Anwendungen zum bevorzugten Material.

Seide

Seiden sind den Keratinen chemisch sehr ähnlich, sie werden jedoch nicht zu diesen gezählt, da sie nicht über einen Keratinisierungsprozess entstehen und damit eine eigene Gruppe der Biopolymere eröffnen. Seiden werden von einer großen Anzahl von Gliederfüßern (Arthropoden, z. B. Insekten und Spinnen) gebildet. Die üblicherweise als Seide bezeichneten Seidenfäden stammen vom Maulbeerspinner (*Bombyx mori*), einer ursprünglich aus China stammenden Schmetterlingsart. Der Kokon wird von den Raupen des Maulbeerspinners aus Seidenfäden gesponnen (◘ Abb. 19.8). Diese Seide kann dann durch gezieltes Abtöten der Raupe im Kokon und anschließende Behandlung in wässrigen Bädern wieder abgesponnen und so gewonnen werden. Die Produktion ist verhältnismäßig aufwendig und Seide damit ein teures Produkt. Textilien aus Seide sind jedoch vor allem für Kleidung aufgrund ihrer feinen Struktur und guten Trageeigenschaften sehr begehrt. Größter Produzent für Seide ist China gefolgt von Indien. Jährlich werden etwa 500.000 t Seide produziert, wozu in etwa das 5–10-Fache an Kokons verarbeitet werden muss.

Polyhydroxyalkanoate

Polyhydroxyalkanoate (PHA, engl. *polyhydroxyalkanoates*) sind natürlich vorkommende Polyester, die von Bakterien synthetisiert werden und ihnen als Energie- und Kohlenstoffspeicher dienen (Reservestoff, ▶ Kap. 8: Stärke als Reservekohlenhydrat). Sie bilden sich im Zellinneren, vor allem dann, wenn beispielsweise eine Mangelsituation an Nährstoffen und Sauerstoff vorliegt (*anaerobe* Bedingungen).

Chemisch gesehen handelt es sich um Polyester, die aus Hydroxycarbonsäuren als monomeren Bausteinen bestehen, beispielsweise aus 3-Hydroxybuttersäure. Die formale Polykondensation der 3-Hydroxybuttersäure liefert das Polyhydroxybutanoat (PHB), den wichtigsten Vertreter der PHA. Durch den Methylrest in der Kette wird ein chirales Kohlenstoffatom erzeugt; die Methylgruppe kann entweder nach vorne oder nach hinten zeigen. Im einfachsten und häufigsten Fall liegt nur eine Konformation vor, wie im Falle des Poly-3-(R)-hydroxybutanoats (◘ Abb. 19.9).

Es gibt eine Vielzahl weiterer Hydroxycarbonsäuren, z. B. die 3-Hydroxyvaleriansäure, welche bei ihrem Einbau in die Polymerstruktur zu einer Ethyl-Seitenkette führt. Längere 3-Hydroxyalkanoate kommen ebenfalls vor, mit Seitenketten bis zu zwölf Kohlenstoffatomen. Die Hydroxygruppe kann auch eine Position weiter entfernt von der Carbonsäuregruppe sein, wie in der 4-Hydroxybuttersäure, sodass keine Verzweigung im Polymer entsteht (◘ Abb. 19.9).

Alle diese Varianten (Orientierung am chiralen Kohlenstoffatom, Länge und Häufigkeit des Vorkommens von Seitenketten und der Einbau von

◘ **Abb. 19.8**   Seide aus den Kokons des Maulbeerspinners (© Stillfx / Fotolia, © KentaStudio / Fotolia)

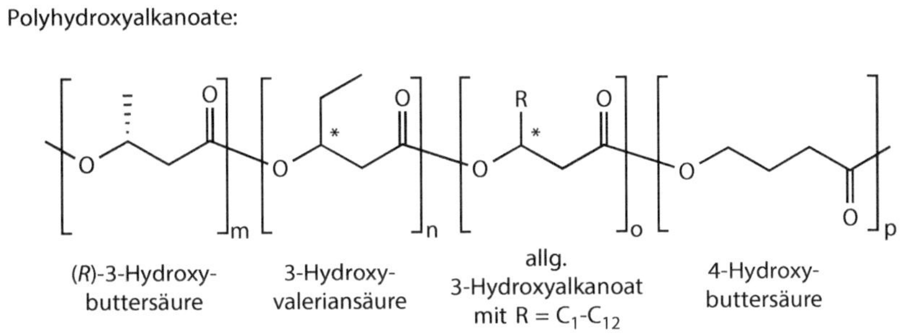

Polyhydroxyalkanoate:

◻ Abb. 19.9 Formale Darstellung der unterschiedlichen Monomere in Polyhydroxyalkanoaten

4-Hydroxyalkanoaten) sind von der Art des Bakteriums und der zur Verfügung stehenden Kohlenstoffquelle abhängig.

Die wichtigste Methode zur Gewinnung von PHA ist die bakterielle Fermentation. Neben ihr gibt es noch die Möglichkeit, auf gentechnisch veränderte Pflanzen zurückzugreifen oder die enzymatische Katalyse zu nutzen. Beide Varianten sind aber noch nicht weit genug entwickelt, um konkurrenzfähig zu sein.

Die Fermentation wird z. B. mit dem gramnegativen Stäbchenbakterium *Alcaligenes eutrophus* zur Herstellung von PHB durchgeführt. Die Ausbeute beträgt bis zu 90 % PHB bezogen auf die Trockenmasse der Zellen. Das Verfahren verläuft zweistufig, entweder örtlich oder zeitlich getrennt: Zunächst wird in einem ersten Wachstumsfermenter die Bakterienpopulation unter optimierten Bedingungen vermehrt (Sauerstoff- und Nährstoffpräsenz). Anschließend wird in einem zweiten Fermenter die Produktion von PHA unter limitierten Nährstoffbedingungen initiiert. Nach Fermentationsdauern von anderthalb bis zwei Tagen werden Produktionsraten von ca. 1–3 g pro Liter und Stunde erreicht.

Das häufigste Verfahren zur Isolierung der PHA aus der konzentrierten Fermentationsbrühe ist die Lösungsmittelextraktion. Hierbei wird ausgenutzt, dass PHA in warmem Chloroform gut und in Methanol nicht löslich sind, sodass PHA in hohen Reinheiten erhalten werden können. Die Verwendung dieser niedrig siedenden und teilweise chlorierten Lösungsmittel ist toxikologisch und ökologisch allerdings bedenklich.

Reines PHB hat ähnliche Eigenschaften wie das petrochemisch hergestellte Polypropylen (PP),

sodass auch zunächst der Einsatz von PHB in einfachen Kunststoff-Gebrauchsgegenständen wie z. B. Shampooflaschen oder Tragetaschen untersucht wurde. Jedoch ist der hohe Schmelzpunkt dieses Polyesters ungünstig für eine einfache Verarbeitung, beispielsweise im Spritzgussverfahren. Der Einbau von längeren Seitenketten in die Polymerstruktur, beispielsweise durch 3-Hydroxyvaleriansäure, liefert ein Copolymer, das sogenannte Polyhydroxybutanoat/Polyhydroxyvalerat (PHBV), mit einem verringertem Schmelzpunkt und geringerer Kristallinität. Der Anteil des Comonomers kann durch die Wahl des für die Fermentation verwendeten Bakteriums und die Kohlenstoffquelle (Glucose, Saccharose, Stärke, Glycerin, etc.) variiert werden.

Allen PHA ist gemein, dass sie biologisch abbaubar sind: Von Bakterien zur Speicherung gebildet, sind deren Strukturen im Umkehrschluss für einen bakteriellen Abbau bestens geeignet! Dies kann sowohl unter Sauerstoffanwesenheit geschehen, wie z. B. auf dem Kompost (aerob), oder unter Sauerstoffausschluss (anaerob), z. B. unter Wasser oder auf einer Deponie.

Noch sind Polyhydroxyalkanoate vergleichsweise teure Biokunststoffe, mit einem Preis von einigen Euro pro Kilogramm. Hierbei machen die Substratkosten einen signifikanten Teil aus, da z. B. Glucose oder Saccharose hochwertige Kohlenhydrate sind. Hinzukommt, dass nur ein Bruchteil (ca. 25 %) des Kohlenstoffs überhaupt in die Polyester umgewandelt wird: Der Großteil wird für die Vermehrung des Bakteriums und dessen Stoffwechsel verbraucht. Kostensenkend könnte sich z. B. der Einsatz von kohlenstoffhaltigen Abfällen wie Molke oder Holzhydrolysaten auswirken.

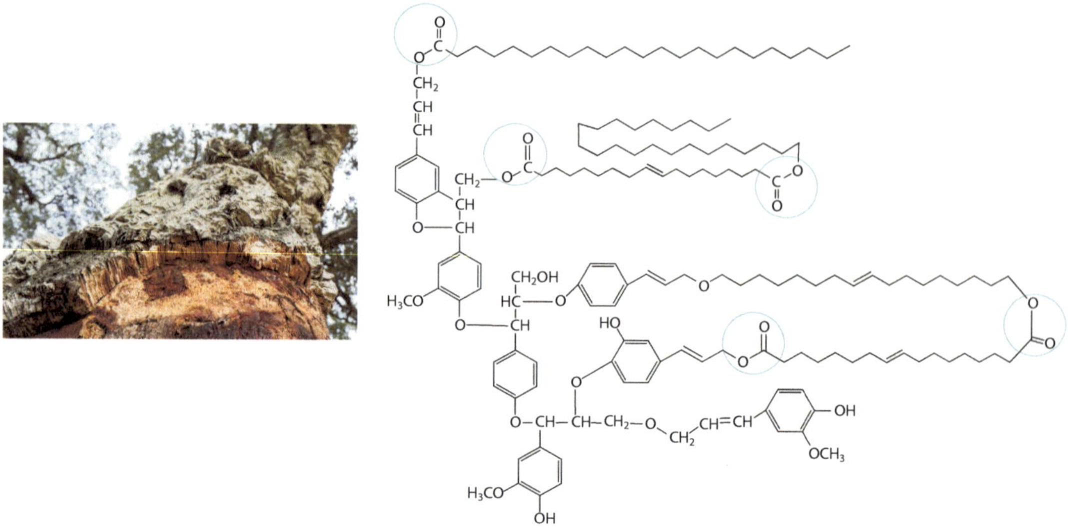

◘ Abb. 19.10   Querschnitt einer Korkeiche mit der charakteristischen Rinde (links) und Strukturausschnitt des Suberins (rechts) (© eva52 / Fotolia)

Kork/Suberin

Kork, technisch bedeutsam ausschließlich aus der Rinde der Korkeiche (lat. *Quercus suber*) hergestellt, wird hier an dieser Stelle kurz erwähnt, da dessen Hauptbestandteil, das Suberin, ein natürlicher Polyester ist (◘ Abb. 19.10). Suberin macht im Verbundwerkstoff Kork einen Anteil von bis zu 50 % aus, neben anderen typischen Holzbestandteilen, die wir in diesem Buch schon besprochen haben: Lignin, Cellulose, Hemicellulosen und anderen organischen Verbindungen. Suberin ist strukturell nicht einheitlich und sein Aufbau noch nicht vollkommen bekannt. Es besitzt typische Strukturmuster, die aromatischen Charakter besitzen und analog zu Lignin auf Phenylpropan-Untereinheiten zurückzuführen sind. Zusätzlich befinden sich in der Struktur des Suberins langkettige Fettsäuren, Dicarbonsäuren und Polyhydroxycarbonsäuren, die über Ether- und Lactonbindungen verknüpft sind und auch ungesättigt sein können.

Suberin wird als natürlicher Polyester nicht isoliert und ausschließlich in Form von Kork verwendet. Jährlich werden etwa 300.000 t Kork produziert, hauptsächlich in Portugal, wo es weltweit die größten Vorkommen von Korkeichenwäldern gibt. Der größte Einsatzbereich für Kork sind immer noch Flaschenverschlüsse, von denen jährlich etwa 13 Mrd. Stück hergestellt werden. Hierbei ist der seit ca. 3000 Jahren bekannte Kork aufgrund seiner besonderen Eigenschaften noch immer das bevorzugte Material: Er ist außerordentlich elastisch, leicht, thermisch stabil und nahezu undurchlässig für Gase und Flüssigkeiten. Aufgrund eines erhöhten Anteils von Gerbstoffen verrottet er auch sehr langsam. Weitere Anwendungen findet Kork als Isolationsmaterial, für Dämpfungen und für Fußböden. In den zuletzt genannten Anwendungen können auch Abfälle der Korkverarbeitung wiederverwertet oder auch teilweise recyceltes Material eingearbeitet werden, was ökologisch sehr vorteilhaft ist.

Schellack

Schellack ist ein natürliches Harz, das von weiblichen Lackschildläusen zum Schutz ihrer Brut produziert wird. Diese Tiere leben in Südostasien und Indien auf Sträuchern und Bäumen, von denen der sog. Stocklack durch Abkratzen der Zweige geerntet werden kann. Es handelt sich um den einzigen biogenen Kunststoff tierischen Ursprungs, der kommerzielle Bedeutung erlangt hat. Aufgebaut ist Schellack aus verschiedenen Polyhydroxycarbonsäuren, welche über Estergruppen miteinander ein dreidimensionales Netzwerk bilden. Im zunächst geernteten Stocklack ist die mittlere Molmasse mit ca. 1000 Dalton noch verhältnismäßig gering. Zieht man die Molmassen der beiden Hauptkomponenten Aleuritinsäure und Shellolsäure (◘ Abb. 19.11) in

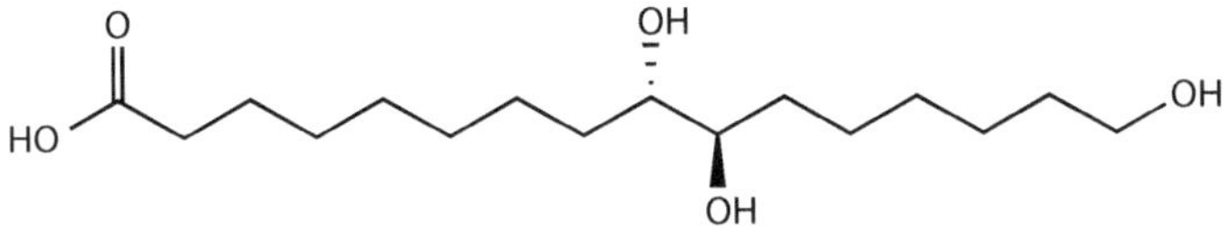

◘ Abb. 19.11   Die Hauptkomponenten von Schellack: Aleuritinsäure und Shellolsäure

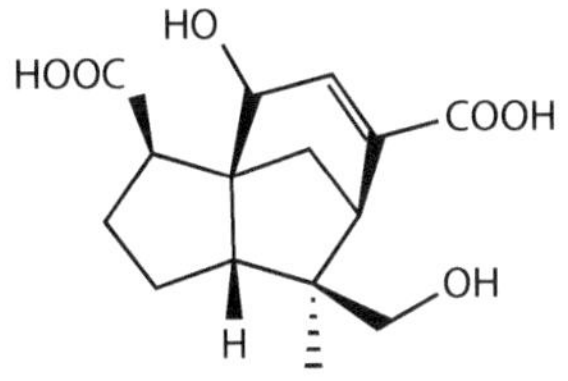

Betracht, handelt es sich also um Tri- bis Tetramere. Durch weitere Verarbeitungsschritte wie die Formgebung durch Pressen und gleichzeitiges Erwärmen nimmt der Polymerisationsgrad zu, und es entsteht ein duromeres Produkt.

Die sicherlich bekannteste Anwendung des Schellacks ist die Schallplatte, die bis in die 1960er-Jahre aus Schellack bestand, im Anschluss aber vom petrochemischen Polyvinylchlorid (PVC, daher auch der Name „Vinyl" für eine Schallplatte) verdrängt wurde. Heutzutage wird Schellack noch immer produziert und verwendet. Die Produktion ist jedoch deutlich von über 50.000 Tonnen pro Jahr in den 1950er-Jahren auf ca. 20.000 Tonnen pro Jahr zurückgegangen. Der Grund dafür ist die vergleichsweise aufwendige und damit teure Herstellungsmethode. Wichtige Anwendungen heutzutage sind in der Kosmetik als Zusatz zu Haarsprays und in der Pharmazie als Überzug für Tabletten. Dabei werden vor allem die filmbildenden Eigenschaften und die Lebensmitteltauglichkeit dieses Naturproduktes ausgenutzt.

Naturkautschuk/Guttapercha

Über die Gewinnung, Verarbeitung und Anwendung von Naturkautschuk und Guttapercha wurde bereits in ▶ Kap. 13 ausreichend berichtet.

19.2.2 Biopolymere aus biogenen Monomeren

In diesem Abschnitt werden Biomonomere besprochen, die biogen sind, also biologisch hergestellt wurden, und sich damit zu Biopolymeren verknüpfen lassen. Diese Polymere kommen allesamt nicht in der Natur vor und sind daher verhältnismäßig jung in der Zeitgeschichte der menschlichen Nutzung im Vergleich zu den „klassischen" Biopolymeren.

Unterschieden wird in diesem Abschnitt noch zwischen Monomeren, die vor allem aus nachwachsenden Rohstoffen hergestellt werden, wie der Milchsäure, und solchen, die ein bereits etabliertes Monomer aus ansonsten petrochemischer Herkunft ersetzen, wie z. B. Glykol oder Ethen aus Bioethanol.

Die wichtigsten Polymerklassen, welche aus biogenen Monomeren hergestellt werden, sind die **Polyester** und die **Polyamide**. Zu deren Herstellung eignen sich entweder Verbindungen, welche die benötigten Funktionalitäten in einem einzigen Molekül vereinen, oder zwei verschiedene Monomere mit jeweils zwei gleichen Funktionalitäten:

- Für die Herstellung von biogenen Polyestern kommen also *Hydroxycarbonsäuren* infrage (bzw. deren cyclische Derivate, die *Lactone*) oder die Kombination aus einer *Dicarbonsäure* und einem *Diol*.
- Für die Herstellung biogener Polyamide kommen demnach prinzipiell *Aminocarbonsäuren* (bzw. deren cyclische Vertreter, die *Lactame*) oder eine Kombination aus einer *Dicarbonsäure* und einem *Diamin* infrage.

Bei der Kombination von zwei unterschiedlichen Monomeren besteht die Möglichkeit, nur eines aus nachwachsenden Rohstoffen zu gewinnen, sodass es in der Anwendung auch Polymere gibt, die nur zu einem bestimmten Anteil aus biogenen Rohstoffen bestehen (▶ Exkurs: Radiocarbonmethode).

Viele Polyester sind gut biologisch abbaubar, die meisten Polyamide sind es nicht. Grundsätzlich muss aber für jede neue Kombination auch eine entsprechende Kompostierbarkeit untersucht werden (▶ Exkurs: Kompostierung von Biokunststoffen).

Aufgrund der guten biologischen Abbaubarkeit bestimmter Polyester werden diese auch aus petrochemischen Rohstoffen hergestellt. Diese werden auch als Biopolymere vermarktet, obwohl sie nicht aus biogenen Monomeren bestehen.

Polymilchsäure

Polymilchsäure (engl. *polylactic acid*, PLA) ist ein Biopolymer, welches als solches nicht in der Natur vorkommt, sondern sozusagen „von Menschenhand" aus dem biogenen Monomeren, der Milchsäure (▶ Abschn. 6.2.1), synthetisiert wird. Milchsäure ist die 2-Hydroxypropionsäure; sie ist bifunktionell und besitzt sowohl eine Säure- als auch eine Alkoholfunktion und kann damit einen Homopolyester bilden, die Polymilchsäure (◾ Abb. 19.12).

Milchsäure kann sowohl auf petrochemischer Basis hergestellt werden als auch fermentativ mithilfe von Mikroorganismen. Natürlich ist sie z. B. in Sauermilchprodukten wie Joghurt und Buttermilch, in vielen fermentierten Lebensmitteln und in Sauerkraut enthalten. Im menschlichen Körper ist sie für das Übersäuern der Muskulatur bei extremen Anstrengungen verantwortlich. Milchsäure besitzt ein asymmetrisches Kohlenstoffatom und kommt damit in zwei unterschiedlichen Enantiomeren vor, der L- und der D-Milchsäure.

Heutzutage werden ca. 0,5 Mio. Tonnen pro Jahr an Milchsäure hergestellt, wobei fast die gesamte Produktionskapazität auf der Fermentation beruht. Als Rohstoffquelle für die Fermentation dienen eine Reihe kohlenhydrathaltiger Substrate wie Zucker, Maisstärke oder Melasse. Neben dem Einsatz zur Synthese von PLA finden die Milchsäure und deren Salze (die *Lactate*) vor allem Anwendung in der Lebensmitteltechnik als Konservierungsstoff und Säureregulator. Daneben sind bedeutende Anwendungen in der Pharmazie, der Kosmetik und in der Lederherstellung zu nennen.

Zur Herstellung von Polymilchsäure wird ausschließlich biogene Milchsäure verwendet; kommerzielle PLA auf petrochemischer Basis wird nicht produziert. Prinzipiell gibt es mehrere Synthesemöglichkeiten, wobei sich technisch vor allem eine Route durchgesetzt hat (◾ Abb. 19.12). Milchsäure wird als Calcium-, Natrium oder Ammoniumlactat aus der zuvor aufgereinigten Fermentationsbrühe gewonnen. Die Milchsäure wird dann durch die Zugabe von Schwefelsäure freigesetzt. Dabei fallen erhebliche Mengen an Koppelprodukten an (Gips und Calciumlactat).

Die Milchsäure wird anschließend einer Präpolymerisation unterworfen, bei der sich Oligomere mit Molmassen von etwa 1000–5000 Dalton bilden. Diese werden wiederum katalytisch in das *Lactid* (auch *Dilactid* genannt, da es das cyclische Dimere der Milchsäure ist) gespalten. Dieses wird durch Rektifikation in hochreiner Form erhalten (Sdp. 285,5 °C). Anschließend wird es bevorzugt unter Zuhilfenahme von homogenen Übergangsmetallkatalysatoren in Polymilchsäure überführt.

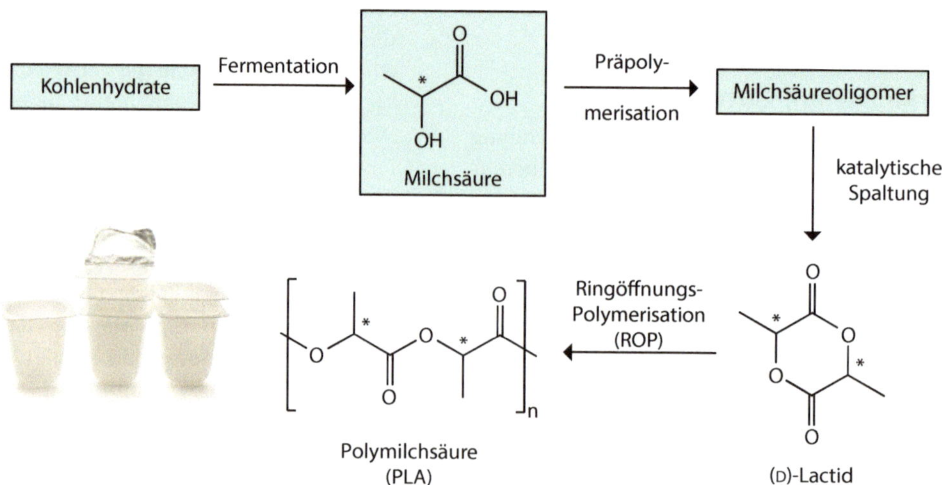

◾ **Abb. 19.12**   Syntheseweg zu Polymilchsäure über die Zwischenstufe des Lactids (© Sergey Yarochkin / stock.adobe.com)

Der „Umweg" über das Lactid lohnt sich vor allem deshalb, weil die Polymerisation in der Schmelze ohne ein Lösungsmittel durchgeführt werden kann. Ebenfalls spaltet sich kein Wasser als Koppelprodukt ab. Dieses müsste ansonsten für das Erreichen großer Molmassen aufwendig während des Polymerisationsvorgangs abgetrennt werden. Die Molmassen der PLA erreichen so Werte von ca. 100.000 Dalton.

Eine der wichtigsten Eigenschaften von PLA ist ihre gute biologische Abbaubarkeit. Aber auch für PLA gilt, dass die entsprechenden Standards nur bei industriellen Kompostierbedingungen eingehalten werden können. PLA eignet sich somit nicht für den heimischen Kompost.

Polymilchsäure ist heutzutage einer der vielversprechendsten biogenen Kunststoffe, dem große Wachstumsprognosen gegeben werden. Er ist bereits kommerziell in großen Mengen und verhältnismäßig günstig verfügbar (ca. 2 € kg^{-1}). Neben seiner biologischen Abbaubarkeit ist PLA auch biokompatibel, was es auch für medizinische Anwendungen interessant macht.

Bereits jetzt ist PLA in der Lage, etablierte Polyolefine wie Polyethylen, Polypropylen oder Polystyrol in gewissen Einsatzgebieten zu ersetzten. Das liegt u. a. daran, dass etablierte Fertigungsverfahren angewendet werden können. Wichtigste Anwendungsfelder sind in diesem Zusammenhang kurzlebige Konsumgüter wie z. B. Lebensmittelverpackungen, Folien und Tüten. Polymilchsäure eignet sich auch für die Herstellung von Einweggeschirr; allerdings ist es nur wenig wärmeformstabil. Ein heißer Kaffee in einem PLA-Becher ist also nicht möglich. Ein bereits etablierter Ansatz, die teilweise ungünstigen Eigenschaften der Polymilchsäure zu kompensieren, sind Mischungen mit anderem biogenen Polymeren oder die Herstellung von Verbundwerkstoffen. Für PLA gibt es noch viele weitere Anwendungen, und zahlreiche neue werden sicherlich zukünftig noch hinzukommen.

Weitere biogene Monomere

Neben Milchsäure können auch andere Polyester- und Polyamidmonomere aus nachwachsenden Rohstoffen und damit biogen hergestellt werden, z. B. über die Fermentation von Glucose (▸ Kap. 6) oder aus Oleochemikalien. Zunächst werden Dicarbonsäuren vorgestellt, da diese sowohl für Polyester als auch für Polyamide genutzt werden können (◘ Abb. 19.13).

◘ **Abb. 19.13** Biogene Dicarbonsäuren aus Umsetzungen von Zuckern

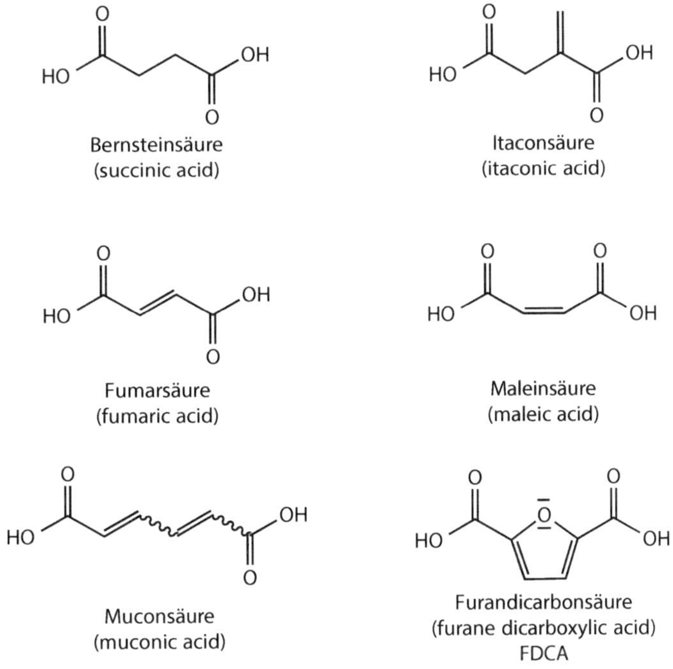

Bernsteinsäure
(succinic acid)

Itaconsäure
(itaconic acid)

Fumarsäure
(fumaric acid)

Maleinsäure
(maleic acid)

Muconsäure
(muconic acid)

Furandicarbonsäure
(furane dicarboxylic acid)
FDCA

Hier ist als Erstes **Bernsteinsäure** (engl. *succinic acid*) zu nennen, die 1,4.Butandicarbonsäure. Sie wird fermentativ mithilfe bestimmter, aus Kuhpansen isolierter Mikroorganismen aus Glucose oder Glycerin und CO_2 hergestellt. Eine erste Großanlage mit einer Jahreskapazität von 10.000 t wurde 2014 in Betrieb genommen. Bernsteinsäure wird mit Diolen in Polyester und mit Diaminen in Polyamide überführt. Wichtigster Vertreter ist der Polyester *Polybutylensuccinat* (PBS), ein Polymer mit 1,4-Butandiol als Alkoholkomponente. Letzteres kann ebenfalls biogen hergestellt werden, sodass PBS vollständig aus nachwachsenden Rohstoffen zugänglich ist. Heutzutage werden sowohl Bernsteinsäure als auch 1,4-Butandiol noch vorzugsweise petrochemisch hergestellt, aber es werden immer mehr Kapazitäten auf Basis nachwachsender Rohstoffe geschaffen. PBS ist biologisch abbaubar und biokompatibel.

Strukturell ähnliche Dicarbonsäuren sind die ungesättigten Vertreter, die **Itaconsäure** (engl. *itaconic acid*), welche zusätzlich eine Methyleneinheit an C2 trägt, und die **Fumar**- bzw. **Maleinsäure**. Alle drei können ebenfalls aus Kohlenhydraten hergestellt werden und eignen sich als Säurekomponente für Bio-Polyester und -Polyamide.

Die zweifach ungesättigte **Muconsäure** ist ebenfalls durch bestimmte Mikroorganismen aus Glucose darstellbar. Durch Hydrierung der Muconsäure kann Adipinsäure erhalten werden, die damit prinzipiell biogen darstellbar ist. Adipinsäure ist technisch besonders wichtig für die Herstellung von Polyamiden, wie z. B. Nylon-6,6, aber auch für bestimmte Polyester.

Eine weitere Dicarbonsäure auf Basis nachwachsender Rohstoffe ist die **2,5-Furandicarbonsäure** (engl. *furane dicarboxylic acid*, FDCA). Sie lässt sich aus 5-Hydroxymethylfurfural herstellen, einer potenziellen Plattformchemikalie, die aus Kohlenhydraten zugänglich ist, z. B. durch Dehydratisierung von Glucose (▶ Kap. 6). Es handelt sich bei FDCA um eine heteroaromatische Dicarbonsäure, welche potenziell die bisher wichtigste aromatische Dicarbonsäure, die Terephthalsäure, in Fasern und Getränkeflaschen ersetzen kann. FDCA wird nicht petrochemisch hergestellt und ist daher kein direktes Substitut für eine bereits etablierte Polymerkomponente.

Auch aus Fettstoffen lassen sich lineare Dicarbonsäuren herstellen (◘ Abb. 19.14). So ist aus der Ricinolsäure (▶ Abschn. 2.2.7) durch Oxidation bei erhöhter Temperatur unter basischen Bedingungen die **Sebacinsäure** (1,10-Decandicarbonsäure) zugänglich. Durch Ozonolyse der Ölsäure lässt sich die **Azelainsäure** (1,9-Nonandicarbonsäure) herstellen (▶ Abschn. 4.2.1). Beide Disäuren werden technisch hergestellt und finden vor allem Einsatz in der Herstellung spezieller Polyamide, die nicht auf petrochemischen Weg hergestellt werden. Aus einem weiteren Spaltprodukt der Ricinolsäure, der 10-Undecensäure, lässt sich durch formale Addition einer Aminogruppe ans Kettenende eine Aminocarbonsäure herstellen (▶ Abschn. 4.2.2): die **11-Aminoundecansäure**. Diese wird bereits großtechnisch in das Bio-Polyamid Nylon-11 (Rilsan®) überführt, dessen Kohlenstoffanteil damit zu 100 % aus nachwachsenden Rohstoffen besteht.

Für die Bildung von biobasierten Polyestern mit den vorgestellten Dicarbonsäuren bedarf es auch biogener Polyole als Alkoholkomponenten. Hier ist z. B. **Glycerin** (▶ Kap. 5) zu nennen, welches sich prinzipiell für die Herstellung verzweigter Polyester eignet. Kleinere Mengen Glycerin werden für die Herstellung von Polyesterharzen eingesetzt. Weiterhin können aus Glycerin vielfältige Folgeprodukte hergestellt werden, die ebenfalls Verwendung in andernfalls petrochemisch basierten Kunststoffen finden können, und damit prinzipiell biogen sind (z. B. Epichlorhydrin, Propandiole oder Acrylsäure).

Ein wichtiges Diol für die Polymerindustrie ist **Glykol** (1,2-Ethandiol), welches z. B. für die Herstellung von Polyethylenterephthalat (PET) für Getränkeflaschen und Fasern wichtig ist. Dieses ist aus der Dehydratisierung von Bioethanol zu Bioethylen und anschließendem herkömmlichem industriellen Weg zugänglich. Aus Letzterem lässt sich auch **Bio-Polyethylen** (PE) herstellen. Sowohl PET aus biobasiertem Glykol als auch Bio-PE ersetzen ansonsten petrochemisch hergestellte Polymere und unterscheiden sich in ihren Eigenschaften und

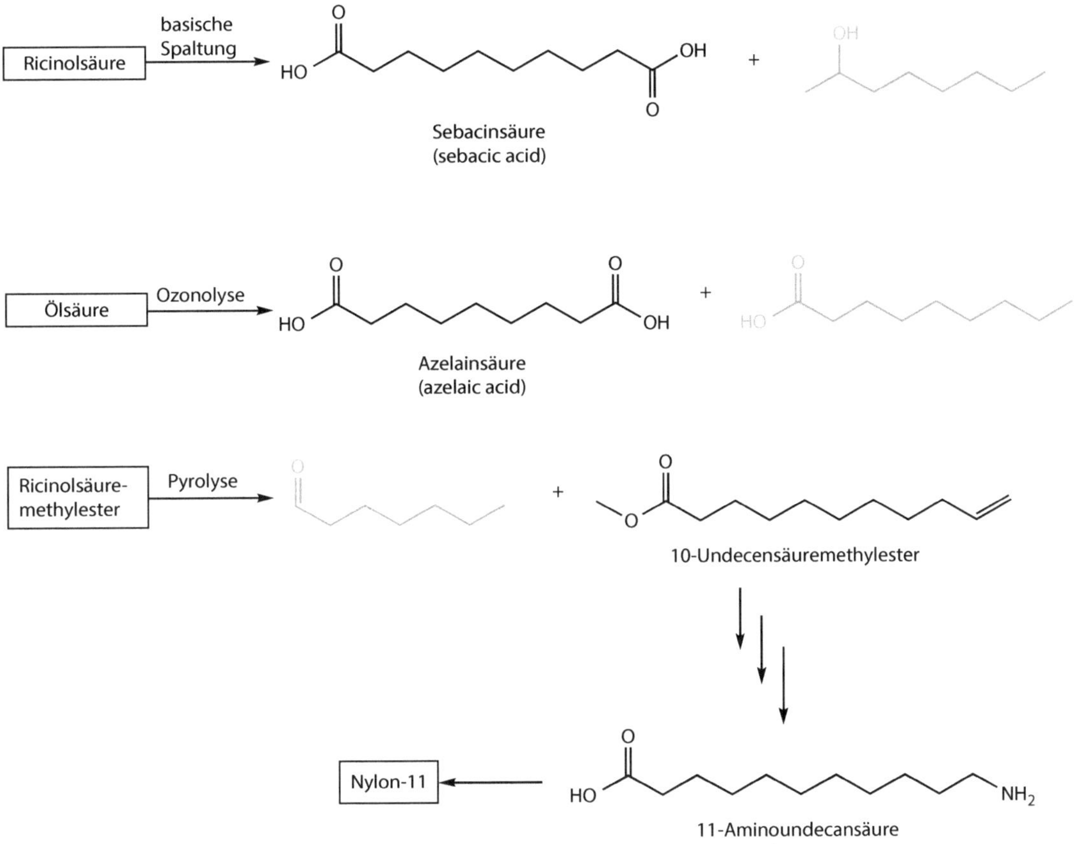

◘ Abb. 19.14 Technisch bedeutende biogene Polyester- und Polyamidmonomere auf Basis von Oleochemikalien

Anwendungen in keiner Weise. Die Fermentation von Zucker zur Herstellung von Bioethanol und daraus synthetisiertem Bioethylen wird in ▶ Kap. 20 „Bioraffinerie" ausführlicher behandelt.

Zur Herstellung von **Polyamiden** gibt es auch die Möglichkeit, auf biogene Diamine zurückzugreifen. Hier ist bisher das einzig technisch relevante Diamin das **1,5-Pentamethylendiamin**, welches fermentativ aus der Aminosäure Lysin (▶ Kap. 14) hergestellt werden kann. Es wird auch daran gearbeitet, Lysin fermentativ zu **ε-Caprolactam** umzusetzen, dem Monomer für die Herstellung des Massenkunststoffs Nylon-6. Dabei handelt es sich „formal" um die Umkehrreaktion der großtechnischen Synthese des Futtermittelzusatzes Lysin auf Basis von petrochemisch gewonnenem ε-Caprolactam.

Zusammenfassung *(Take-Home Messages)*

— **Biopolymer** ist ein Begriff aus der **Kunststoffindustrie** und kann auf mehrere Arten interpretiert werden, weil er nicht einheitlich definiert ist.

— Als Biopolymere können die „**klassischen**" **Polymere** aus der Natur bezeichnet werden, also solche, die in der Natur bereits als Makromoleküle vorkommen. Dazu zählen z. B. die Derivate der Cellulose und der Stärke, aber auch Naturkautschuk oder Lignin.

— Eine zweite Klasse an Biopolymeren sind solche, die aus **biogenen Monomeren** synthetisch hergestellt werden. Dazu gehört z. B. die Polymilchsäure, deren

Monomeres (die Milchsäure) natürlich hergestellt werden kann.

- Der Anteil an erneuerbaren Monomeren in einem Biopolymer kann mit der **Radiocarbonmethode** bestimmt und überprüft werden.
- Weiterhin werden zu den Biopolymeren auch solche Kunststoffe gezählt, die **biologisch abbaubar** sind, unabhängig vom chemischen Ursprung der Monomere. Für die biologische Abbaubarkeit und Kompostierung von Biopolymeren gibt es eine Reihe von Zertifikaten und Normen.
- In einigen Fällen werden Kunststoffe auch als Biopolymere bezeichnet, wenn sie **biokompatibel** sind, also z. B. keine Abstoßungsreaktionen im Körper beim Einsatz als Implantat hervorrufen.
- Zu den „klassischen" Biopolymeren, die als Kunststoffe technisch eingesetzt werden, gehören die **Polysaccharide** und deren Derivate wie z. B. Celluloseester, thermoplastische Stärke und regeneriertes Chitosan.
- Eine ebenfalls sehr wichtige Gruppe stellen die proteinogenen Biopolymere dar, wie die **Kollagene**, z. B. in Form von Leder, und die **Keratine** in Form von Schurwolle. Diese gehören zu den ältesten verwendeten Biopolymeren.
- Zur Klasse der natürlichen Polyester gehören die aus Mikroorganismen darstellbaren **Polyhydroxyalkanoate (PHA)**, das **Suberin** aus Kork und der **Schellack**.
- Der technisch bedeutendste Polyester aus einem biogenen Monomer ist die **Polymilchsäure (PLA)**. Sie wird über die Fermentation von Zuckern zu Milchsäure und anschließende Polymerisation hergestellt.
- Viele weitere biogene Monomere für die Herstellung verschiedenster Polyester und Polyamide sind über die **Fermentation** von

z. B. Glucose zugänglich, beispielsweise **Bernsteinsäure, Itaconsäure** und **Furandicarbonsäure**.

- Über Spaltungsreaktionen von **Oleochemikalien** können längerkettige Polyester- und Polyamid-Monomere für Spezialanwendungen gewonnen werden.
- Über die **Bioethanol**-Herstellung aus z. B. Rohrzucker sind Bioethylenglykol und Bioethylen für die Substitution ansonsten petrochemisch hergestellter Polymere verfügbar.

? Zehn Quickies zu ▶ Kap. 19

1. Für welche drei unterschiedlichen Stoffgruppen kann der Begriff „Biokunststoff" verwendet werden?
2. Nennen Sie drei mögliche Vorteile biogener Kunststoffe im Vergleich zu petrochemischen Kunststoffen!
3. Eignen sich alle biologisch abbaubaren Kunststoffe für den heimischen Kompost? Erläutern Sie Ihre Antwort!
4. Welches biogene Polymer gilt als der älteste Thermoplast? Wofür wurde es eingesetzt und wo kann man es heute noch finden?
5. Nennen Sie drei proteinogene Polymere, die schon seit Jahrtausenden von der Menschheit für Kleidung genutzt werden!
6. Wofür steht die Abkürzung PHA? Woraus sind sie aufgebaut und wie kann man sie technisch gewinnen?
7. Erläutern Sie den technisch bedeutendsten Syntheseweg zur Herstellung von Polymilchsäure!
8. Welches sind die beiden wichtigsten Polymerklassen, welche auf Basis von biogenen Monomeren hergestellt werden?
9. Nennen Sie vier wichtige Dicarbonsäuren, die zur Synthese biogener Polymere aus

nachwachsenden Rohstoffen verwendet werden. Aus welchen Substratklassen kann man sie herstellen?

10. Welches kurzkettige biogene Diol ist eine sogenannte Drop-In-Lösung für eine ansonsten petrochemisch hergestellte Verbindung? Wie wird es hergestellt?

■ ■ **… und zur Belohnung noch ein Fußballer-Zitat:**

» „Wenn wir kein Tor machen, können wir nicht einmal in Kaiserslautern gewinnen."
(Alexander Ristic)

Weiterführende Literatur

Monographien und Übersichtsartikel

Türk O (2014) Stoffliche Nutzung nachwachsender Rohstoffe. Springer Vieweg, Wiesbaden
Ebnesajjad S (Hrsg) (2013) Handbook of biopolymers and biodegradable plastics – properties, processing, and applications. Elsevier, William Andrew, Oxford
Endres H-J, Siebert-Raths A (2011) Engineering biopolymers: Markets, manufacturing, properties and applications. Carl Hanser Verlag, München
Endres H-J, Siebert-Raths A (2009) Technische Biopolymere – Rahmen Bedingungen, Markt-Situtation, Herstellung, Aufbau und Eigenschaften. Carl Hanser Verlag, München
Smidsrod O, Moe ST (2008) Biopolymer chemistry. Tapir Academic Press, Trondheim

Originalstellen

https://biowerkstoffe.fnr.de/. Zugegriffen: Sept. 2017
http://biopolymer.materialdatacenter.com/standard/. Zugegriffen: Dez. 2016
DIN EN 13432:2000-12 (2000) Verpackung – Anforderungen an die Verwertung von Verpackungen durch Kompostie-rung und biologischen Abbau – Prüfschema und Bewer-tungskriterien für die Einstufung von Verpackungen
DIN-Fachbericht CEN/TR 15932 (2010) Kunststoffe – Empfeh-lung für die Terminologie und Charakterisierung von Bio-polymeren und Biokunststoffen
FNR (2015) Fachagentur für Nachwachsende Rohstoffe, Hin-tergrundinformation zu Biokunststoffen, 03/2015. http://biopolymernetzwerk.fnr.de/fileadmin/biopolymere/dateien/pdfs/150324-Hintergrundinformation-Bio-KS.pdf. Zugegriffen: Dez. 2016
Institut for Bioplastics and Biocomposites (IfBB) (2016) Biopolymers facts and statistics. Hochschule Han-nover. http://ifbb.wp.hs-hannover.de/wp-content/uploads/2014/02/Biopolymers-Facts-Statistics_2016.pdf. Zugegriffen: Febr. 2017
Verarbeiten von Biokunststoffen – Ein Leitfaden (2016) Fachagentur für Nachwachsende Rohstoffe. https://www.bio-pro.de/index.php/download_file/15501/11005/. Zugegriffen: Febr. 2017
Metz A, Hoffmann A, Hock K, Herres-Pawlis S (2016) Kata-lysatoren für die Herstellung von Biokunststoffen. Chem Unserer Zeit 50:316–325

BIORAFFINERIE

Raffinierte Rohstoffe!

Bioraffinerien

© Springer-Verlag GmbH Deutschland 2018
A. Behr, T. Seidensticker, *Einführung in die Chemie nachwachsender Rohstoffe*,
https://doi.org/10.1007/978-3-662-55255-1_20

Kapitelfahrplan
- Wir werden den Begriff „Bioraffinerien"
  genauer besprechen und ihn in den Kontext
  der nachwachsenden Rohstoffe setzen.
- Anhand von Beispielen werden wir die
  Klassifizierung der unterschiedlichen
  Bioraffinerie-Konzepte kennen lernen.

20.1   Definition der Bioraffinerien

Der Begriff „Raffinerie" leitet sich vom französischen Wort *raffiner* ab, was so viel bedeutet wie verfeinern oder veredeln (frz. *fin*, fein). Damit ist in Bezug auf Biomasse bzw. nachwachsende Rohstoffe gemeint, dass in einer Bioraffinerie (engl. *bio refinery*) vielfältige Produkte wie Energie, Werkstoffe, Kraftstoffe und Chemikalien nachhaltig zur Verfügung gestellt werden sollen.

Dem Chemiker ist die *Erdölraffinerie* bestens bekannt, bei der fossiles Erdöl in seine vielfältigen Bestandteile aufgetrennt (veredelt) wird, um so Energieträger wie Kerosin und Diesel und chemische Grundstoffe wie Aromaten und Olefine bereitstellen zu können. Heutzutage sind moderne Erdölraffinerien so ausgelegt, dass praktisch kein Abfall anfällt: Alle anfallenden Ströme werden einer Nutzung zugeführt, von Bitumen für den Straßenbau bis zu Flüssiggas für Kraftstoffanwendungen. Man spricht davon, dass alle Stoff- und Energieströme *integriert* sind und damit die Anlage möglichst effizient arbeitet. Erdölraffinerien haben nur einen entscheidenden Nachteil: Ihr Rohstoff, das Erdöl (▶ Kap. 1) ist endlich, damit können Erdölraffinerien langfristig nicht nachhaltig arbeiten! Ein Wechsel hin zu nachhaltigen Rohstoffen ist also mittelfristig zwingend notwendig.

Und hier setzten die Bioraffinerien an: Sie setzen auf Biomasse als Rohstoff und haben den Anspruch, ähnlich wie ihre „älteren Brüder", die Erdölraffinerien, uns Menschen mit den wichtigen Produkten des Alltags zu versorgen, also Energie, Werkstoffe, Chemikalien, Dünger, Kraftstoffe und vielem mehr (❑ Abb. 20.1). Auch in einer Bioraffinerie werden eine möglichst große Effizienz und ein minimaler Anfall

von Abfall angestrebt. Alle Stoff- und Energieströme sollen also maximal integriert werden. Zusätzlich besteht zukünftig bei einigen Bioraffinerien auch die Möglichkeit, zur Versorgung mit Lebensmitteln und Futtermitteln beizutragen.

Das Konzept der Bioraffinerie wird schon lange diskutiert, jedoch war nicht immer genau klar, was alles unter diesen Begriff fällt. Einige Institutionen haben sich seither an einer klaren und einheitlichen Definition versucht. Das *US-Department of Energy* definierte:

> *„A biorefinery is an overall concept of a processing plant where biomass feedstocks are converted and extracted into a spectrum of valuable products."*
>
> „Eine Bioraffinerie ist ein Gesamtkonzept einer Verarbeitungsanlage, in der Biomasse-Rohstoffe in ein Spektrum an Wertprodukten umgewandelt und extrahiert werden."

In der „Roadmap Bioraffinerien", die im Jahre 2010 von der deutschen Bundesregierung in Auftrag gegeben wurde, heißt es zur Systematik von Bioraffinerien:

> Eine Bioraffinerie zeichnet sich durch ein explizit integratives, multifunktionelles Gesamtkonzept aus, das Biomasse als vielfältige Rohstoffquelle für die nachhaltige Erzeugung eines Spektrums unterschiedlicher Zwischenprodukte und Produkte (Chemikalien, Werkstoffe, Bioenergie inkl. Biokraftstoffe) unter möglichst vollständiger Verwendung aller Rohstoffkomponenten nutzt; als Koppelprodukte können ggf. zusätzlich auch Nahrungs- und/oder Futtermittel anfallen. Hierfür erfolgt die Integration unterschiedlicher Verfahren und Technologien.

In dieser Definition wird besonderer Wert auf die **Nachhaltigkeit** gelegt, und damit einhergehend auch auf die vollständige Verwertung, d. h. Integration aller Produktströme.

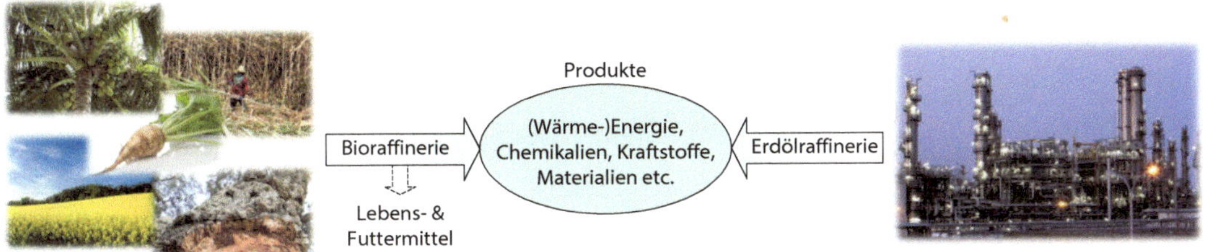

◘ Abb. 20.1 Genereller Vergleich einer Erdölraffinerie mit einer Bioraffinerie
(© tobrother/Fotolia, © artaxx/Fotolia, © ra3rn/Fotolia, © saobaka/Fotolia, © eva52 / Fotolia, © TTstudio / Adobe Stock)

20.2 Klassifizierung von Bioraffinerien

Neben einer einheitlichen Definition von Bioraffinerien gibt es mittlerweile auch eine einheitliche Klassifizierung, die unterschiedliche Konzepte berücksichtigt und eine Einordnung bestehender und neuer Bioraffinerien erlaubt. Ebenfalls werden damit einige auf Biomasse (d. h. nachwachsenden Rohstoffen) basierende Anlagen aus dem Kontext der Bioraffinerien ausgegrenzt. Dies betrifft viele von uns in diesem Buch beschriebene Verfahren zur Umsetzung nachwachsender Rohstoffe!

In der Entwicklung der Bioraffinerie unterscheidet man prinzipiell **drei verschiedene Konzepte**:

- Phase-I-Bioraffinerie: nur ein Rohstoff; ein Prozess; ein Hauptprodukt
- Phase-II-Bioraffinerie: nur ein Rohstoff; aber vielfältige Prozesse und vielfältige Hauptprodukte
- Phase-III-Bioraffinerie: vielfältige Rohstoffbasis; vielfältige Prozesse; vielfältige Hauptprodukte

Bioraffinerien der Phase I werden mittlerweile nicht mehr im engeren Sinne als Bioraffinerien angesehen, weil sie dem Konzept der Nachhaltigkeit und der Integration aller Produktströme nicht ausreichend gewidmet sind. Dabei sind Phase-I-Bioraffinerien schon seit Langem bekannt, und viele dieser Anlagen wurden in diesem Buch behandelt: Grundsätzliche lassen sich nämlich alle industriellen Anlagen, die aus einem nachwachsenden Rohstoff ein Wertprodukt mithilfe einer (chemischen) Konversion erzeugen, prinzipiell als

Phase-I-Bioraffinerie bezeichnen. Ein Beispiel wäre die Herstellung von Fettsäuremethylestern/Biodiesel (FAME als Hauptprodukt) auf Basis von Pflanzenölen (Rohstoff) durch die Umesterung (Prozess) mit Methanol (Gl. 20.1, ◘ Abb. 3.5).

$$\text{Pflanzenöl} \xrightarrow{\text{Umesterung}} \text{Fettsäuremethylester}$$

$$\text{(Rohstoff)} \qquad \text{(Prozess)} \qquad \text{(Hauptprodukt)}$$

Gl. 20.1

Phase-I-Bioraffinerien sind jedoch trotzdem wichtig, weil sie häufig die Grundlage für die Entwicklung und Erweiterung von Phase-II-Bioraffinerien darstellen, indem z. B. die anfallenden Nebenproduktströme integriert und ebenfalls zu Wertprodukten verarbeitet werden. Im Falle der oben beschriebenen Phase-I-Bioraffinerie, der Umesterung von Fetten zu FAME, könnte also die Weiterverarbeitung des zwangsläufig anfallenden Glycerins in verwertbare Produkte diese Phase-I-Bioraffinerie in eine Phase-II-Bioraffinerie umwandeln. Ebenfalls erstrebenswert im Sinne der Nachhaltigkeit ist es, die Erzeugung des Pflanzenöls aus den „eigentlichen" Rohstoffen, den Ölsaaten, in die Bioraffinerie zu integrieren. Der hierbei entstehende Presskuchen kann bspw. als Futtermittel für Vieh verwendet werden (► Abschn. 2.2).

Vielfach wird vorgeschlagen, Bioraffinerien demnach auf Basis der **Plattform-Intermediate** zu klassifizieren, welche die eigentlichen Rohstoffe auf dem Weg zu den herzustellenden Produkten miteinander verknüpfen. Dies sind im oben genannten Beispiel die Pflanzenöle. Die Anzahl an möglichen Plattform-Intermediaten ist im Vergleich zu allen möglichen Rohstoffen bzw. Pflanzen und den weiterführenden Prozessschritten deutlich begrenzt, weshalb sich diese Klassifizierung anbietet. Die meist diskutierten Bioraffinerien – klassifiziert nach den entsprechenden Plattform-Intermediaten – sind:

- **Pflanzenöl**-Bioraffinerie
- **Zucker**- bzw. **Stärke**-Bioraffinerie
- **Synthesegas**-Bioraffinerie
- **Biogas**-Bioraffinerie
- **Lignocellulose**- bzw. **Grüne Bioraffinerie**

Bei allen diesen Bioraffinerien lässt sich die Verfahrenskette aus drei stofflichen Grundbausteinen zusammensetzen. Diese werden in einem Schema mit unterschiedlichen Kästchen kategorisiert und folgen prinzipiell einer logischen Hierarchie. Damit besteht eine allgemeine Bioraffinerie aus (◘ Abb. 20.2, links):

- Rohstoffen
- Plattform-Intermediaten
- (Zwischen-)Produkten

Den **Prozessen** kommt innerhalb der Verfahrenskette einer Bioraffinerie eine besondere Rolle zu, denn sie sind die Verbindungselemente zwischen zwei stofflichen Grundbausteinen. Sie wandeln somit einen stofflichen Grundbaustein in einen anderen um. Man unterscheidet:

- In der **Primärraffination**, werden aus den Rohstoffen die Plattform-Intermediate gebildet. Diese Prozesse sind vornehmlich

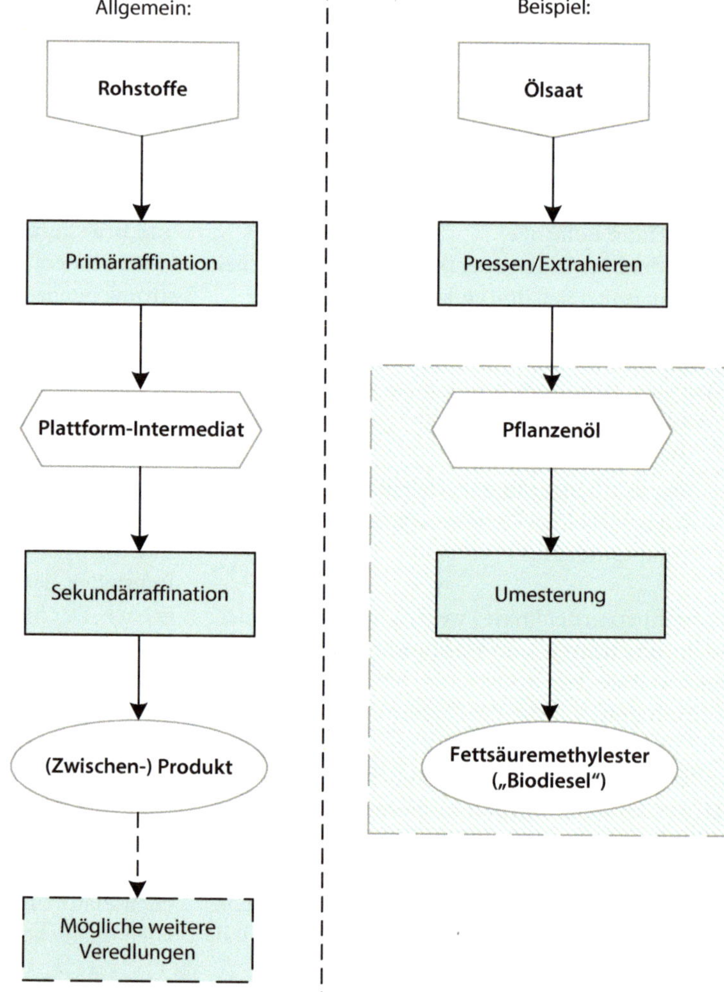

◘ **Abb. 20.2** Schema einer allgemeinen Bioraffinerie (links) und ein konkretes Beispiel mit Pflanzenöl als Plattform-Intermediat (rechts)

Zerkleinerungs-, Sortier- und Trennprozesse. Dazu gehört z. B. die Auftrennung des Rohstoffs in die entsprechenden Biomassekomponenten (Intermediate) inklusive etwaiger Vorbehandlungs- und Konditionierungsschritte.

- Die **Sekundärraffination** bezeichnet die Umwandlung der Plattform-Intermediate in eine größere Anzahl an Vor- und Zwischenprodukten. Diese Konversions- und Veredlungsschritte können sowohl chemischer, thermischer als auch biotechnologischer Natur sein. Der industriellen Biotechnologie, also der gezielten Erzeugung von Produkten unter Anwendung biotechnologischer Verfahren, wird in Hinblick auf die Bioraffinerie eine besondere Bedeutung zugesprochen. Man spricht auch von *Weißer Biotechnologie*.

- Diesen beiden Schritten schließen sich unter Umständen weitere Prozessschritte an, bis schließlich die gewünschten Produkte die Bioraffinerie verlassen. Dabei kann es sich entweder direkt um *Fertigfabrikate* handeln (z. B. Biodiesel als Kraftstoff) oder um *Halbfabrikate*, die in anderen Anlagen zu Fertigfabrikaten weiter verarbeitet werden.

Angewendet auf das konkrete Beispiel der Herstellung von Biodiesel bzw. der Fettsäuremethylester bedeuten die einzelnen Schritte (◘ Abb. 20.2, rechts):

- Ölsaaten als Rohstoff werden zunächst gepresst und gegebenenfalls extrahiert (*Primärraffination*), um zum gewünschten Plattform-Intermediat, den Pflanzenölen, zu gelangen.

- Diese werden über die Umesterung mit Methanol (*Sekundärraffination*) in die gewünschten Produkte, die Fettsäuremethylester, überführt.

Beim Vergleich von Gl. 20.1 mit ◘ Abb. 20.2 wird die Einordnung der in diesem Buch behandelten chemischen Umsetzungen von nachwachsenden Rohstoffen im Zusammenhang mit der Bioraffinerie deutlich (hervorgehoben durch den blauen Kasten in ◘ Abb. 20.2, rechts):

Der Einzelprozess, also die Umesterung von Pflanzenölen mit Methanol zu Fettsäuremethylestern (Gl. 20.1), wird Teil eines größeren Gesamtprozesses, der als Bioraffinerie ganzheitlicher und damit nachhaltiger wirtschaften kann (◘ Abb. 20.2).

Wie oben bereits beschrieben, ist ein maßgeblicher Ansatzpunkt der Bioraffinerie die Integration aller möglichen Produktströme, das heißt die Verwertung von Koppelprodukten und vermeintlichen Abfällen, sodass alles, was „vorne" in die Bioraffinerie reingeht, „hinten" als Wertprodukt wieder herauskommt.

Wie kann dies am hier betrachteten Beispiel der Herstellung der Fettsäuremethylester aus Pflanzenöl aussehen? Innerhalb dieses Buches haben wir bereits einige Ansätze, vor allem auf chemischer, aber auch biotechnologischer Basis, kennengelernt, mit denen sich das einsträngige Schema in ◘ Abb. 20.2 ausweiten lässt, um so zu einer „echten" Pflanzenöl-Bioraffinerie zu werden.

In ◘ Abb. 20.2 sind die weiteren Produktströme bisher nicht berücksichtigt worden. Ebenfalls ist bisher nur ein einziger Prozess integriert worden, aus dem Plattform-Intermediat *Pflanzenöl* ein Produkt herzustellen. Wir wollen ◘ Abb. 20.2 im Folgenden durch weitere, bereits in diesem Buch beschriebene Bausteine und Prozesse erweitern und so eine „echte" Pflanzenöl-Bioraffinerie konzipieren (◘ Abb. 20.3):

- Die Ölpflanze wird geerntet, wobei nur die Ölfrucht oder die Ölsaat für die Primärraffination in der Pflanzenöl-Bioraffinerie infrage kommt. Bei bestimmten Pflanzen, wie z. B. Raps oder Sonnenblume, entstehen lignocellulosehaltige Abfälle. Diese können für eine Lignocellulose-Bioraffinerie ein wertvoller Rohstoff sein und daher dort genutzt werden (▸ Abschn. 20.3).

- Die geernteten Ölsaaten und -früchte werden gepresst und gegebenenfalls extrahiert und zum Plattform-Intermediat, dem Pflanzenöl, verarbeitet (*Primärraffination*). Dabei entsteht ein Presskuchen, der sehr reich an Proteinen ist und sich damit als Viehfutter (*Fertigfabrikat*) verwenden lässt (▸ Abschn. 2.2).

- Das Pflanzenöl kann entweder direkt als Speiseöl verwendet werden (*Fertigfabrikat*), oder in mehreren

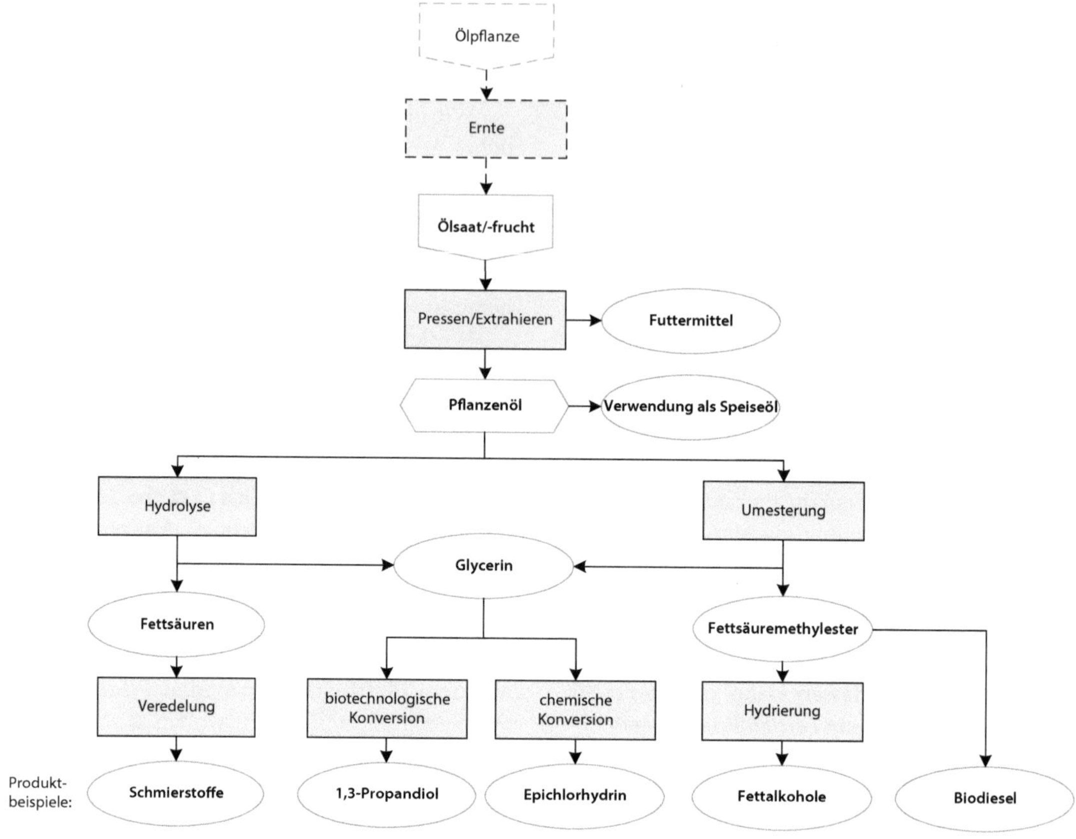

▢ Abb. 20.3   Konzept einer Pflanzenöl-Bioraffinerie

Sekundärraffinationsschritten in verschiedene (Zwischen-)Produkte überführt werden (▶ Kap. 3). Über die Hydrolyse entstehen die Fettsäuren und über eine Umesterung die Fettsäuremethylester. Letztere eignen sich zum einen direkt in Form von Biodiesel als Kraftstoff (*Fertigfabrikat*) oder können zu weiteren Produkten modifiziert werden.

— Bei beiden Sekundärraffinationsprozessen entsteht Glycerin als Koppelprodukt. Für Glycerin haben wir in ▶ Kap. 5 bereits industriell relevante Reaktionen kennen gelernt. Glycerin kann z. B. biotechnologisch in 1,3-Propandiol oder chemisch in Epichlorhydrin umgewandelt werden.

— Die Fettsäuren eignen sich nach weiterer Umsetzung z. B. zur Herstellung von Schmierstoffen (*Fertigfabrikat*). Aus den

Fettsäuremethylestern können u. a. die Fettalkohole (*Halbfabrikat*) hergestellt werden, welche an anderer Stelle zu Tensiden umgesetzt werden können (▶ Kap. 3). Selbstverständlich können prinzipiell auch alle in ▶ Kap. 4 kennen gelernten Umsetzungen an der ungesättigten Fettkette in die Pflanzenöl-Bioraffinerie integriert werden, jedoch sind diese meist noch weit entfernt von einer großtechnischen Umsetzung.

Am Ende haben wir unsere Pflanzenöl-Bioraffinerie so erweitert, dass wir nahezu alle auftretenden Produktströme einer Verwendung zugeführt haben. Aus mehreren uns bekannten Konversionen ist ein Gesamtkonzept geworden, das den aktuellen Anforderungen einer Bioraffinerie an Nachhaltigkeit und Integration nachkommt.

Österreich hat in den letzten Jahren herausragende Pionierarbeit geleistet, um eine spezielle Variante der Bioraffinerie besonders voran zu treiben: Die Grüne Bioraffinerie. Rohstoff für diese Form der Bioraffinerie ist Weidegras, welches in Österreich auf vielen sogenannten Dauergrünflächen wächst. Der langfristig erwartete Strukturwandel in der europäischen Landwirtschaft und das Bestreben, die landschaftsprägenden Grünflachen zu erhalten, haben dazu geführt, andere Nutzungskonzepte von Weidegras erschließen zu wollen als nur die Verfütterung an Rinder. Prinzipiell eignet sich Weidegras zwar zur industriellen Produktion von Biogas, jedoch ist es im Vergleich zu anderen Rohstoffen nicht wirtschaftlich. Eine andere, zusätzliche Nutzung musste also gefunden werden. Es wurde daran geforscht, das Weidegras neben einer energetischen auch einer stofflichen Nutzung zuzuführen und durch den Verkauf der Biochemikalien die Produktion von Biogas aus den Reststoffen wirtschaftlich zu machen. Daraus entstand das Konzept der Grünen Bioraffinerie.

Das Weidegras wird nach Silierung und mechanischer Verarbeitung zunächst gepresst und in zwei Fraktionen geteilt: Den Presskuchen und den Presssaft.

Der Presskuchen dient in erster Linie als Substrat für die Produktion von Biogas. Aus ihm lassen sich aber auch Fasern abtrennen, die für Materialien genutzt werden können: So weit so bekannt! Der schwierigere Teil ist die Aufarbeitung des Presssafts. Mit viel wissenschaftlichem Know-how wurde an der Universität Linz eine Reihe von Aufarbeitungs-, Trenn- und Fraktionierungsschritten entwickelt, die es erlauben, aus dem Presssaft Aminosäuren und Milchsäure zu isolieren. Die Milchsäure kann zur Produktion von PLA verwendet werden (▶ Kap. 19), und Aminosäuren eignen sich z. B. als biogener, nicht mineralischer Dünger.

In der Demonstrationsanlage (◻ Abb. 20.4) im österreichischen Utzenaich konnten so aus bis zu 400 l Presssaft bis zu 12 kg Aminosäuren und 16 kg Milchsäure pro Stunde hergestellt werden. Die Biofabrik Green Refinery hat bzgl. der Entwicklung der Bioraffinerie mit Utzenaich kooperiert und nach gemeinsamer Fertigstellung die gesamte Technologie übernommen und weiterentwickelt und betreibt sie heute erfolgreich im tschechischen Blizevedly. Wir als Verbraucher können bereits Dünger und Aminosäuremischungen als Nahrungsergänzungsmittel erwerben.

◻ **Abb. 20.4**   Grüne Bioraffinerie der Biofabrik Green Refinery GmbH im Jahr 2014 (© Biofabrik Green Refinery GmbH)

20.3 Beispiel einer Lignocellulose-Bioraffinerie

In diesem Abschnitt sollen einige wichtige und aussichtsreiche Konzepte der Bioraffinerien exemplarisch vorgestellt werden, um das Gesamtkonzept zu verdeutlichen und wichtige Schlagworte zu nennen.

Bei den Phase-III-Bioraffinerien, die also nicht nur vielfältige Prozesse und vielfältige Hauptprodukte aufweisen, sondern auch noch auf vielfältigen Rohstoffen basieren, ist die Lignocellulose-Bioraffinerie am aussichtsreichsten, wenn auch bisher noch nicht kommerziell umgesetzt. Der Begriff Lignocellulose beschreibt hierbei den bereits in ▶ Kap. 7 eingeführten Sammelbegriff für Pflanzenreste

wie Weizenstroh oder auch Holz, in denen Lignin
(▶ Kap. 11) sowie Hemicellulosen und Cellulose
(▶ Kap. 7) gemeinsam vorkommen. Die Lignocellulose-Bioraffinerie ist deshalb besonders hervorzuheben, weil sie nicht in Konkurrenz zur Nahrungsmittelproduktion steht. Bioraffinerien sind vor allem
dann interessant, wenn sie auf Abfallprodukten der
Nahrungsmittelproduktion basieren oder Rohstoffe
verwenden, die sich nicht als Nahrung eignen, wie
z. B. Weizenstroh, Reste der Pflanzenöl-Bioraffinerie oder Holzreste und Grünschnitt.

Wir haben bereits am Beispiel von Holz kennen
gelernt, wie eine Primärraffination in einer Lignocellulose-Bioraffinerie prinzipiell aussehen könnte:

Mittels Aufschlüssen (▶ Kap. 7: Sulfat- und Sulfit-
Verfahren sowie ▶ Kap. 11: Organosolv-Verfahren)
wird bei der Papierherstellung aus den Hackschnitzeln der Zellstoff gewonnen, wobei Hemicellulosen und Lignin als Koppelprodukte anfallen. Dieses
Vorgehen lässt sich im Zusammenhang mit Bioraffinerien als Primärraffination verstehen, in der die
drei Plattform-Intermediate der Lignocellulose-Bioraffinerie – Cellulose, Hemicellulose und Lignin –
erhalten werden. Findet eine Weiterverarbeitung
der Hemicellulosen und des Lignins statt, könnte
also eine komplette Lignocellulose-Bioraffinerie
um eine Papierproduktion herum erstellt werden
(◘ Abb. 20.5).

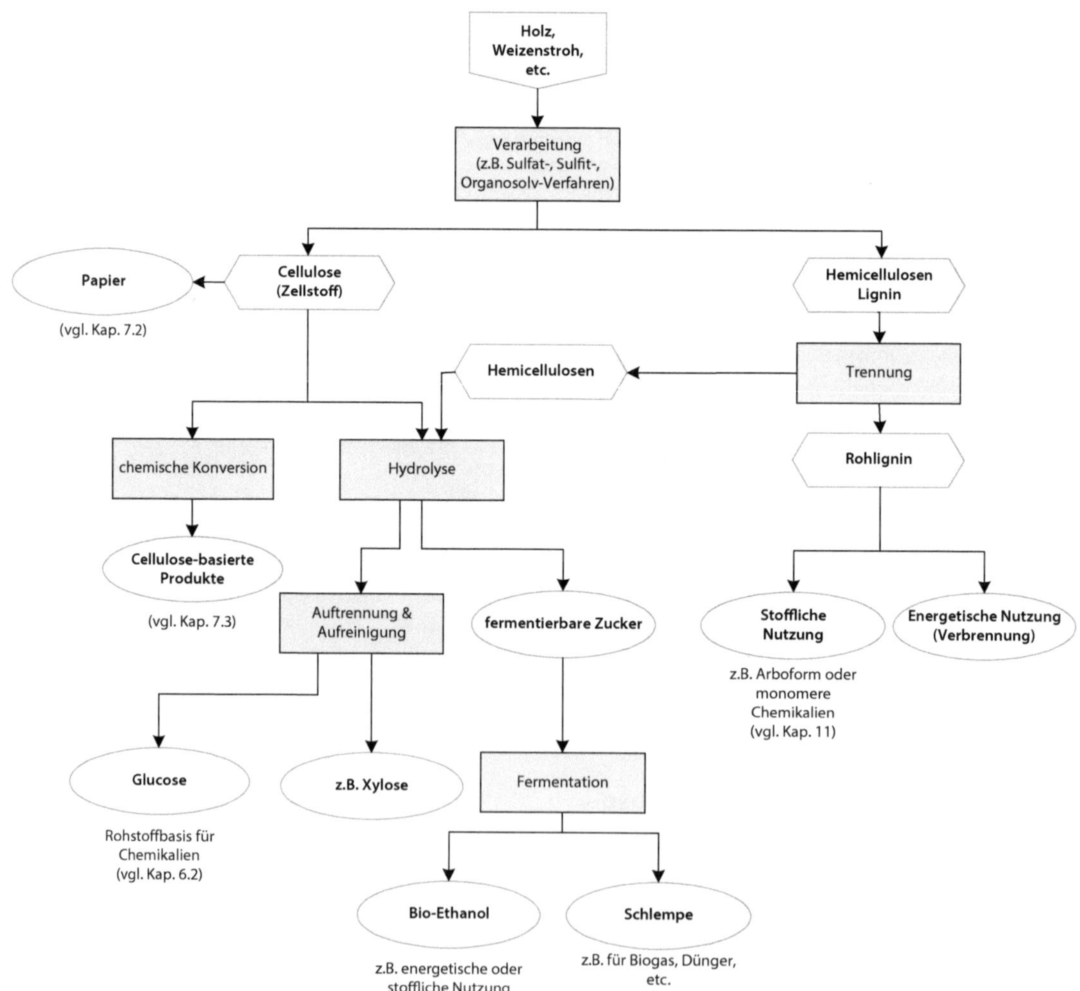

◘ **Abb. 20.5**   Schema einer Lignocellulose-Bioraffinerie

Neben der Nutzung der Cellulose als Zellstoff für die Papierproduktion kann sie auch chemisch weiterverarbeitet werden (▶ Abschn. 7.3). Durch eine Hydrolyse der glycosidischen Bindungen kann so entweder Glucose hergestellt werden oder eine Mischung fermentierbarer Zucker. In ▶ Abschn. 6.2 haben wir bereits viele Umsetzungen von Glucose als Plattform-Chemikalie kennen gelernt, um zu einer Vielzahl an verschiedenen Verbindungen zu gelangen. Aus der Fermentation der Zucker lässt sich schließlich *Bioethanol* herstellen, welches sich wiederum als Kraftstoff eignet oder stofflich verwertet werden kann für die Herstellung verschiedenster Chemikalien, wie z. B. Ethylen und schließlich Polyethylen (▶ Exkurs: Bioethanol-Herstellung in Brasilien). Die nach der Fermentation übrig bleibende Schlempe ist ein mögliches Substrat in einer Biogas-Bioraffinerie oder wird als Düngemittel verwendet.

Exkurs: Bioethanol-Herstellung in Brasilien

Die Produktion von Bioethanol aus Zuckerrohr hat bereits eine sehr lange Geschichte in Brasilien, zunächst vor allem für die Herstellung von Trinkalkohol. Früh wurde jedoch auch daran gearbeitet, Bioethanol als Kraftstoff für den Automobilsektor zu verwenden. Bereits Mitte der 1970er-Jahre, nach der ersten großen Ölkrise, hat die brasilianische Regierung ein Programm aufgelegt mit dem Ziel, die Abhängigkeit vom Erdöl für die Erzeugung von Kraftstoffen zu reduzieren und heimisches Bioethanol aus Zuckerrohr zu fördern. Mit großem Erfolg: Heute ist an allen Tankstellen in Brasilien das Benzin mit Bioethanol gemischt (sog. *Blends*), typischerweise mit 25 % Ethanolanteil (E25). Es gibt jedoch auch eine Reihe verschiedene andere Blends, und auch reines Ethanol (E100) kann getankt werden. Dies hat zur Entwicklung sogenannter Flex-Cars geführt, die mit allen diesen verschiedenen Kraftstoffen betrieben werden können.

Dieser große Erfolg und die angestrebte Unabhängigkeit von Erdölimporten für den Automobilsektor fußt auf den überlegenen Rahmendaten für den Anbau von Zuckerrohr in Brasilien: Nirgendwo sonst auf der Erde ist der Anbau so industrialisiert, die zur Verfügung stehende Fläche so groß, die Produktivität so hoch und der benötigte Energieeintrag so gering. 44 % des angebauten Zuckerrohrs werden für die Zuckerproduktion verwendet, 55 % für Ethanol und nur ca. 1 % für alkoholische Getränke. In modernen Produktionsanlagen wird die gesamte Wertschöpfungskette abgebildet, unter Einbeziehung aller verwertbaren Stoffströme vom angelieferten Zuckerrohr zu den Fertigprodukten Zucker und Ethanol für den Kraftstoff-, Chemikalien- und Getränkemarkt (◨ Abb. 20.6). Anfallende Restströme werden energetisch in Form von Wärme zur Verwendung vor Ort und Elektrizität zur Einspeisung ins vorhandene lokale Netz verwertet.

Die Saccharosegewinnung aus Zuckerrohr ist im Prinzip analog derer aus Zuckerrüben (▶ Kap. 6). Dabei entsteht nach der Kristallisation die Melasse, aus der durch Fermentation eine 7–10 %ige alkoholische Mischung erhalten wird. Aus dieser kann das Ethanol durch Destillation in einer 96 %igen Mischung mit Wasser gewonnen werden. Dieses Gemisch ist entweder direkt als Kraftstoff einsetzbar (E100), oder es wird in weiteren Destillationsschritten zu wasserfreiem Ethanol aufkonzentriert. Letzteres wird wiederum für Benzin-Blends verwendet oder einer stofflichen Nutzung zugeführt. Ein mögliches stoffliches Produkt ist *Bioethylen*, welches durch Dehydratisierung des Bioethanols zugänglich ist. Bioethylen eignet sich, völlig analog zu petrochemisch hergestelltem Ethylen, zur Produktion von Polyethylen, das dann auch die Vorsilbe „Bio-" tragen darf.

◨ **Abb. 20.6** Blick auf die Costa-Pinto-Produktionsanlage in Piracicaba, São Paulo State, Brasilien. (© Mariordo - Own work, CC BY-SA 3.0)

Am Karlsruher Institut für Technologie (KIT) wurde ein Verfahren entwickelt, um aus trockener Biomasse synthetische Kraftstoffe und Chemikalien zu erzeugen und gleichzeitig die Prozessenergie aus Nebenprodukten in Form von Strom und Wärme zu decken. Der Anspruch war, auch jene Restbiomasse verwerten zu können, die bisher weitgehend ungenutzt blieb und damit sehr preiswert ist. Diese Restbiomasse weist eine vergleichsweise geringe Energiedichte auf und enthält im Vergleich z. B. zu Holz viele Heteroatome und viel Asche, was einen maßgeschneiderten Prozess nötig macht.

Prinzipiell handelt es sich bei dem bioliq®-Verfahren (⬛ Abb. 20.7) um eine Synthesegas-Bioraffinerie, mit jedoch einem zusätzlichen Plattform-Intermediat: dem „bioSyncrude". Dieses ist durch Schnellpyrolyse von trockener Biomasse zugänglich und besitzt, bezogen auf das Volumen, eine um ca. eine Größenordnung höhere Energiedichte als bspw. trockenes Stroh. Somit können bei dezentraler Erzeugung Transportkosten eingespart werden. Die Schnellpyrolyse kann ohne externe Energieversorgung betrieben werden. Die Weiterverarbeitung des bioSyncrudes zu Kraftstoffen und Chemikalien erfolgt dann zentral im größeren Maßstab in einer speziellen Industrieanlage über die Zwischenstufe des Synthesegases. Eine Pilotanlage nach dem bioliq®-Verfahren wird derzeit am KIT in Kooperation mit Industriepartnern betrieben (⬛ Abb. 20.8).

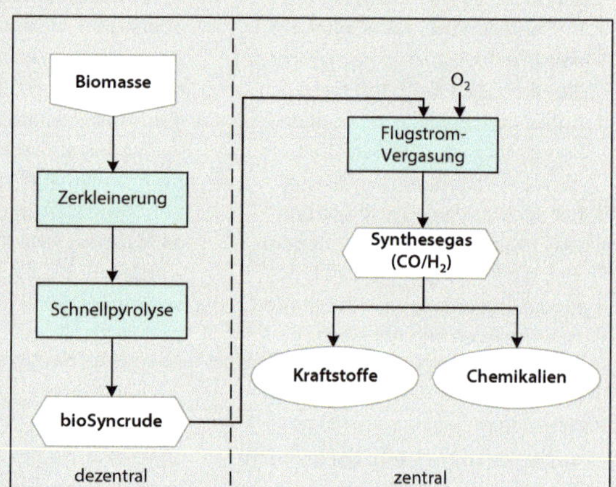

⬛ Abb. 20.7   Schema des vom KIT entwickelten bioliq®-Verfahrens

⬛ Abb. 20.8   Blick auf die Pilotanlage am Karlsruher Institut für Technologie (KIT; © Markus Breig, Karlsruher Institut für Technologie)

Der letzte Teil in ◙ Abb. 20.5 ist im Prinzip analog zu einer **Zucker- und Stärke-Bioraffinerie**, die oben schon einmal angesprochen wurde. Auch bei ihr wird zunächst eine Hydrolyse durchgeführt, um entweder zu Glucose als Plattformchemikalie zu gelangen, oder es wird eine direkte Fermentation durchgeführt, um wiederum Bioethanol herzustellen. Es wird deutlich, dass die verschiedenen Bioraffinerie-Konzepte miteinander verknüpft werden können bzw. verschiedene Ströme und Prozesse untereinander analog sind. Gerade diese Aspekte lassen es in Zukunft sehr aussichtsreich erscheinen, dass die ersten nahezu abfallfreien Bioraffinerien wirtschaftlich betrieben werden können.

Nach der Trennung von Hemicellulosen und Lignin in einem weiteren Prozessschritt (rechte Seite in ◙ Abb. 20.5) stehen die Hemicellulosen analog zur Cellulose nach einer erfolgten Hydrolyse als Substrat für die fermentative Herstellung von Bioethanol zur Verfügung. Neben dieser biotechnologischen Verwendung kann aus den Hemicellulosen nach Trennung und Aufreinigung auch z. B. der monomere Zucker Xylose gewonnen und stofflich genutzt werden.

Für Lignin haben wir in ▶ Kap. 11 bereits einige Verwendungen diskutiert, die sich in die Lignocellulose-Bioraffinerie integrieren lassen: Das Lignin kann energetisch genutzt, also verbrannt werden und damit einen Teil der Prozessenergie in Form von Wärme abdecken. Das Lignin kann jedoch auch stofflich genutzt werden, z. B. zur Herstellung von Kunststoffen (Arboform) oder von niedermolekularen Spaltprodukten wie Vanillin und Phenolen.

Am Beispiel der in diesem Kapitel besprochenen Bioraffinerien wird deutlich, dass in Zukunft für eine vollständig abfallfreie und nachhaltige Produktion alle Konzepte genutzt werden müssen und nur ein Zusammenspiel aller wirklich aussichtsreich ist.

Zunächst sollte eine möglichst weitreichende stoffliche Nutzung der nachwachsenden Rohstoffe bzw. Biomasse in Form von Chemikalien, Kraftstoffen und Werkstoffen im Vordergrund stehen. Hierfür eignen sich vor allem die Pflanzenöl- und die Zucker- bzw. Stärke-Bioraffinerien. Deren Prozesse und Produkte sind schon bereits weit entwickelt und auf dieser Basis können vielfältige weitere Entwicklungen beruhen. Die Reststoffe aus diesen Raffinerien können gemeinsam mit anderen Rohstoffen in einer Lignocellulose-Bioraffinerie zur weiteren stofflichen Nutzung verarbeitet werden. Alle anfallenden Reststoffe aus diesen ersten drei Bioraffinerien, die keiner direkten stofflichen Nutzung zugeführt werden können, können dann noch als Substrat z. B. einer Synthesegas- oder Biogas-Bioraffinerie dienen. Hier können dann Biogas zur direkten energetischen Nutzung sowie Synthesegas als Plattform-Intermediat für viele mögliche Folgeprodukte (z. B. Kraftstoffe, ▶ Exkurs Biomass-to-Liquids (BtL) aus Karlsruhe: bioliq®) erzeugt werden.

Am Ende wurde dann alles, was uns die Natur als pflanzliche Rohstoffe zur Verfügung stellt, zu einem Wertprodukt veredelt.

Zusammenfassung *(Take-Home Messages)*

- Die **Bioraffinerie** ist analog zur Erdölraffinerie zu sehen, um die Menschheit mit allen nötigen Produkten wie Energie, Kraftstoffen, Chemikalien, Werkstoffen etc. zu versorgen.
- Die Bioraffinerie basiert dabei nicht auf fossilen Kohlenstoffquellen, sondern auf vielfältiger **Biomasse**, wie z. B. Weizenstroh, Zuckerrohr oder Ölpflanzen.
- Ziel eine Bioraffinerie ist es, alle anfallenden Produktströme zu verwerten oder einer Verwendung zugänglich zu machen. Durch diese **Integration** soll der Anfall von Abfällen minimiert werden.
- Man unterscheidet verschiedene **Phasen** von Bioraffinerien, die sich in der Anzahl der verwertbaren Produkte, der verwendeten Prozesse und der Wertprodukte unterscheiden.
- Viele als **Phase-I-Bioraffinerien** bezeichnete Prozesse, in denen ein singuläres Produkt auf Basis eines einzelnen Rohstoffs über nur einen Prozessschritt hergestellt wird, können als Teil einer Phase-II- oder Phase-III-Bioraffinerie angesehen werden.
- Eine weitere Klassifizierung kann auf Basis der **Plattform-Intermediate** erfolgen, die aus der verarbeiteten Biomasse zugänglich

sind. Die wichtigsten sind Pflanzenöle, Zucker bzw. Stärke, Lignocellulose, Biogas und Synthesegas.

- Das Schema einer Bioraffinerie lässt sich aus den drei stofflichen Grundbausteinen **Rohstoff, Plattformintermediat** und (Zwischen-)**Produkt** sowie den **Prozessen** als Verbindungselement aufbauen.
- In dem als **Primärraffination** bezeichneten Prozess wird aus dem Biomasse-Rohstoff das Plattform-Intermediat gebildet.
- In einer Reihe verschiedener **Sekundärraffinationsprozesse** wird aus den Plattformintermediaten eine Reihe verschiedener Produkte hergestellt, die entweder ihrerseits weiter veredelt oder direkt einer Nutzung zugeführt werden.
- Die **Lignocellulose-Bioraffinerie** wird vielfach als aussichtsreichste unter den verschiedenen Varianten angesehen und wird im Moment intensiv erforscht.

❓ Zehn Quickies zu ▶ Kap. 20

1. Erklären Sie anhand der Produkte die analogen Ansätze einer Bioraffinerie im Vergleich zu einer konventionellen Erdölraffinerie!
2. Welche Form von stofflichen Produkten kann eine Bioraffinerie potenziell zusätzlich zu einer Erdölraffinerie liefern?
3. Was bedeutet im Kontext der Bioraffinerien der Begriff „Integration"?
4. Erläutern Sie den Begriff der „Phase-I-Bioraffinerie" am Beispiel der Fettsäuregewinnung aus Pflanzenölen!
5. Zu welcher Phase der Bioraffinerien lässt sich die Umsetzung von Glucose aus der Hydrolyse von Stärke zu verschiedenen C_3- bis C_6-Verbindungen zählen? Benennen Sie vier dieser Folgeprodukte!
6. Grenzen Sie am Beispiel einer Pflanzenöl-Bioraffinerie die Primärraffination inhaltlich von der Sekundärraffination ab!
7. Nennen Sie je zwei Beispiele für ein Halbfabrikat und ein Fertigfabrikat einer möglichen Pflanzenöl-Bioraffinerie!
8. Welcher Rohstoff ist die Grundlage für die Grüne Bioraffinerie? Welche beiden Biochemikalien sind das Hauptprodukt, ausgehend vom Presssaft?
9. Welches Plattform-Intermediat ist im Hinblick auf einer Phase-III-Bioraffinerie besonders aussichtsreich? Nennen Sie drei mögliche Rohstoffe, die nicht in Konkurrenz zu Nahrungsmitteln stehen!
10. Nennen Sie drei energetische Produkte einer Lignocellulose-Bioraffinerie und ihren entsprechenden Entstehungsweg!

■■ … und zur Belohnung noch ein Fußballer-Zitat:

>> Wir waren bereits klinisch tot. (Ulf Kirsten)

Weiterführende Literatur

Monographien und Übersichtsartikel

Kaltschmitt M, Hartmann H, Hofbauer H (2016) Energie aus Biomass: Grundlagen, Techniken und Verfahren. Springer Vieweg, Berlin Heidelberg

Pandey A, Höfer R, Taherzadeh M, Nampoothiri KM, Larroche C (Hrsg) (2015) Industrial biorefineries & white biotechnology. Elsevier, Amsterdam

Clark JH, Deswarte FEI (2014) The biorefinery concept – an integrated approach. In: Clark JH, Deswarte FEI (Hrsg) Introduction to chemicals from biomass. Wiley-VCH, Weinheim

Reinhardt S (2014) Nachwachsende Rohstoffe: Eine mögliche Basis für eine zukünftige stoffliche Ressource der Industrie. Igel Verlag, Hamburg

Peters D, Ulber R, Wagemann K (2014) Die deutsche roadmap bioraffinerien. Chem Unserer Zeit 48:46–59

Jansen RA (2013) Second generation biofuels and biomass – essential guide to investors, scientists and decision makers. Wiley-VCH Verlag, Weinheim

Moulijn JA, Makkee M, Van Diepen AE (2013) Processes for the conversion of biomass. In: Chemical process technology, 2. Aufl. John Wiley and Sons, Ltd, Oxford, S 221–248

Kamm B, Gruber P, Kamm M (2012) Biorefineries – industrial processes and products. In: Ullmann's encyclopedia of industrial chemistry. Wiley-VCH Verlag, Weinheim

Weiterführende Literatur

Aresta M, Dibenedetto A, Dumeignil F. (2012) Biorefinery –
from biomass to chemicals and fuels. Walter de Gruyter,
Berlin/Boston
Kamm B, Gruber P, Kamm M (Hrsg) (2010) Biorefineries –
industrial processes and products. Wiley-VCH, Weinheim
Demirbas A (2010) Biorefineries – for biomass upgrading facili-
ties. Springer-Verlag, London
Cherubini F, Jungmeier G, Wellisch M, Willke T, Skiadas I, Van
Ree R, De Jong E (2009) Toward a common classification
approach for biorefinery systems. Biofuels, Bioprod Bioref
3:534–546

Originalstellen

Wagemann K (2012) „Roadmap Bioraffinerien", 2012 im Auftrag der Bundesregierung vom Arbeitskreis unter Leitung
von K. Wagemann erstellt. https://www.bmbf.de/pub/
Roadmap_Bioraffinerien.pdf. Zugegriffen: Dez. 2016
Ott L, Blank L, Tacke T (2012) Trendbericht Technische Chemie
2011 – Rohstoffwandel. Nachr Chem 60:519–530
European Commission (2006) Biofuels in the European Union
– A vision for 2030 and beyond, 14.03.2006. http://www.
ec.europa.eu/research/energy/pdf/draft_vision_report_
en.pdf. Zugegriffen: Febr. 2017
https://www.biofabrik.com/news/hallo-welt-ich-bin-die-bio-
raffinerie/; Pressemitteilung der Firma Biofabrik Green
Refinery GmbH vom 10.10.2014. Zugegriffen: Febr. 2017
http://www.bioliq.de/index.php; Homepage zum bioliq®-Ver-
fahren des Karlsruher Instituts für Technologie. Zugegriffen: Feb. 2017

Serviceteil

© Springer-Verlag GmbH Deutschland 2018
A. Behr, T. Seidensticker, *Einführung in die Chemie nachwachsender Rohstoffe*,
https://doi.org/10.1007/978-3-662-55255-1

Antworten zu den „Quickies"

- **Antworten zu ▶ Kap. 1**

1. Kohlendioxid + Wasser ergeben Kohlenhydrate + Sauerstoff (Gl. 1.1).
2. Saccharose, Glucose, Fructose (Isomaltulose, D-Xylose, L-Sorbose sind ebenfalls technisch genutzte Zucker, aber deutlich weniger bedeutsam).
3. Beide haben die gleiche Summenformel $C_{10}H_{16}$ und sind deshalb auch chemisch eng verwandt.
4. Ja, z. B. die Rot- und Braunalgen, die Heteropolysaccharide enthalten, oder das Chitin in den Skelettpanzern der Krabben und Krebse.
5. Nein, beispielsweise auch in den Naturfasern Baumwolle und Hanf.
6. Nein, sie enthalten z. B. auch Kohlenhydrate, Vitamine, Nutrazeutika und Proteine.
7. Man gewinnt aus der Jojobapflanze Wachse, d. h. Ester langkettiger Monocarbonsäuren mit langkettigen Alkoholen (vgl. ❏ Tab. 1.2).
8. Cellulose (39 %), gefolgt von Lignin (30 %). Da beide chemisch miteinander verknüpft sind, spricht man auch von Lignocellulosen.
9. Am meisten werden in Deutschland Fette und Öle verarbeitet. Einer der Pioniere dieser Oleochemie war Fritz Henkel in Düsseldorf.
10. Industriepflanzen werden stofflich genutzt (z. B Holz für die Papiergewinnung), Energiepflanzen werden energetisch genutzt (z. B. Rapsöl für Biodiesel).

- **Antworten zu ▶ Kap. 2**

1. Ja, aber nur sehr selten. Beispiele sind Pentadecansäure, die C15:0-Säure, oder Margarinsäure, die Heptadecansäure (C17:0).
2. C18:1(Δ6/c.); C18:1(Δ9/t.); C22:1(Δ13/t.).
3. 12-Hydroxystearinsäure, Ricinolsäure, Lesquerolsäure.
4. Unter „Laurics" werden die kurzkettigen Fettsäuren im C-Zahl-Bereich von C12 bis C14 zusammengefasst. Sie kommen fast ausschließlich im Kokos- und im Palmkernöl vor.
5. MUFAs sind einfach ungesättigte Fettsäuren, wie z. B. die Ölsäure. PUFAs sind mehrfach ungesättigte Fettsäuren, wie z. B. Linolsäure, Linolensäure, Eicosapentaensäure oder Docosahexaensäure.
6. Wenn Sie Ihren Hund lieb haben, füttern Sie ihn nicht damit: Der Presskuchen enthält die giftigen Inhaltsstoffe Rizin und Rizinin, die aber durch Erhitzen oder Behandlung mit Basen zerstört werden können.
7. Der Olivenbaum hat lange Wurzeln, die bis zu 6 m tief in die Erde reichen, und kommt deshalb mit wenig Wasser aus. Er wächst auch auf steinigen, trockenen Hängen. Noch anspruchsloser sind der Jojoba- und der Jatrophastrauch, die auch in trockenen Savannen angepflanzt werden können, wo keine anderen Ackerpflanzen mehr überleben können.
8. Das beste trocknende Öl ist das Leinöl, denn es enthält große Anteile an dreifach ungesättigter Linolensäure, die an der Luft zu einem festen Verbund polymerisiert. Aus dem flüssigen Öl wird eine feste Oberfläche: Es scheint „einzutrocknen". Zwei andere Öle, altes Sonnenblumenöl und Färberdistelöl, enthalten größere Anteile an der zweifach ungesättigten Linolsäure. Sie verhalten sich an der Luft ähnlich wie das Leinöl und werden manchmal auch als „halb trocknende" Öle bezeichnet.
9. Die höchsten Konzentrationen an Ölsäure befinden sich in *High-oleic*-Sonnenblumenöl (91 %) und in Olivenöl (84 %). Wichtige Quellen sind auch das neue Rapsöl (60 %) und die relativ kostengünstigen Schmalze und Talge (40–50 %).
10. Beim Entspannen der Extraktphase verflüchtigt sich das gasförmige Kohlendioxid vollständig, und das verbleibende Öl ist garantiert frei von organischen Lösungsmitteln wie z. B. *n*-Hexan oder Benzinen.

■ **Antworten zu ▶ Kap. 3**

1. Fettsäuren, Fettester, Fettalkohole, Glycerin.
2. Bei der Fetthydrolyse entsteht das Glycerinwasser, das wegen des großen Wasserüberschusses bei der Reaktion nur sehr verdünntes Glycerin enthält. Entsprechend aufwendig ist die Aufarbeitung (▶ Kap. 5). Bei der Fettumesterung entsteht ein wesentlich konzentrierteres Glycerin.
3. Stearinsäure siedet sehr hoch, nämlich bei 370 °C, weil Carbonsäuren miteinander über Wasserstoffbrückenbindungen Dimere bilden. Stearinsäure muss deshalb im Vakuum rektifiziert werden, z. B. bei 10 mbar Unterdruck und 232 °C Siedetemperatur. Stearylalkohol siedet wesentlich niedriger (❏ Tab. 3.1) und kann deshalb bei Normaldruck oder nur leichtem Unterdruck rektifiziert werden.
4. Zur großtechnischen Seifenproduktion benötigt man einerseits Fette, andererseits Basen wie Soda (Natriumcarbonat) oder Natriumhydroxid. 1861 entwickelte Solvay das nach ihm benannte industrielle Verfahren zur Herstellung von Soda aus Kochsalz. Aus dem Soda konnte mit gelöschtem Kalk Natronlauge gewonnen werden.
5. Beide Produkte entstehen durch hydrierende Wasserabspaltung aus dem Glycerin: Wird eine primäre Hydroxygruppe des Glycerins als Wassermolekül abgespalten, entsteht 1,2-Propandiol, wird die zweite primäre OH-Gruppe abgespalten, verbleibt schließlich Isopropanol. Die sekundäre OH-Gruppe des Glycerinmoleküls lässt sich nur schwer abspalten; eine selektive Bildung von 1,3-Propandiol ist deshalb nicht möglich.
6. Man unterscheidet bei der Fettesterhydrierung zwischen Sumpfphasenhydrierung (mit fein suspendierten Katalysatorpartikeln; engl. *slurry*) und Festbetthydrierung (mit stückigem Katalysator fest im Reaktor angeordnet; engl. *fixed bed*).
7. Durch Hydroformylierung von 1-Alkenen mit Synthesegas können lineare Aldehyde synthetisiert werden, die mit Wasserstoff zu langkettigen Alkoholen hydriert werden. Die Kettenlänge dieser Alkohole hängt vom eingesetzten Alken ab. Wird ein geradzahliges Alken aus dem SHOP, z. B. 1-Dodecen, in der Hydroformylierung eingesetzt, bildet sich 1-Tridecanol, also ein ungeradzahliger Alkohol, der in der Natur nicht vorkommt. Andererseits werden aus ungeradzahligen Alkenen geradzahlige Alkohole gebildet, also aus 1-Undecen der Laurylalkohol.
8. Setzt man bei der Druckhydrierung des ÖSME „teilvergiftete" Katalysatoren ein, z. B. mit Cadmiumoxid versehene Chromoxidkatalysatoren, wird die Estergruppe zur Alkoholfunktion hydriert, während die C=C-Doppelbindung erhalten bleibt.
9. Fett → Fettester → Fettalkohol → Fettalkoholethoxylat → Fettalkoholethersulfat,
10. Herstellung aus Stearinsäure: Die Stearinsäure wird mit Ammoniak unter Dehydratisierung in das Stearinsäurenitril überführt, das unter Wasserstoffdruck über die Imin-Zwischenstufe zuerst zum primären Stearylamin und dann weiter zum sekundären Distearylamin reagiert (❏ Abb. 3.22). Dieses wird zweifach mit Methylchlorid zum Endprodukt methyliert. Herstellung aus Stearylalkohol: Zwei Moleküle Stearylalkohol reagieren mit Monomethylamin unter Freisetzung von zwei Molekülen Wasser zum tertiären Amin, dem Distearylmonomethylamin. Dieses wird mit Methylchlorid zum gewünschten Ammoniumsalz methyliert.

■ **Antworten zu ▶ Kap. 4**

1. Zur Synthese der AES wird das Triglycerid mit Methanol zum Methylester umgeestert und dieser dann sulfoniert zur (dunkelfarbenen) Sulfonsäure. Diese wird gebleicht und anschließend mit Natronlauge zum Sulfonat neutralisiert. In Summe ergeben sich vier Prozessschritte.
Zur Synthese der LABS wird Benzol mit langkettigen Alkenen zu den Alkylbenzolen alkyliert, diese sulfoniert und schließlich die Sulfonsäuren neutralisiert. In Summe ergeben sich drei Schritte. Die AES erfordern also einen zusätzlich Schritt, die Bleiche mit Wasserstoffperoxid. Auf diese Bleiche könnte allerdings verzichtet werden, wenn der Verbraucher ein leicht braun gefärbtes Waschmittel akzeptieren würde.

2. In diesem Buch haben Sie schon eine ganze Reihe von Möglichkeiten kennen gelernt, wie man zu oleochemischen Di- bzw. Polyolen gelangen kann:
    - Man setzt Rizinusöl ein, das bis zu drei Moleküle Ricinolsäure mit je einer Hydroxygruppe enthält (▶ Abschn. 2.2.7).
    - Sie nehmen (mehrfach) ungesättigte Triglyceride, die Sie mit Perameisensäure epoxidieren. Diese Epoxide können anschließend durch Hydrolyse oder Alkoholyse in Hydroxyverbindungen überführt werden (◘ Abb. 4.4).
    - Sie führen mit Wasserstoffperoxid wolfram- oder rheniumkatalysiert eine direkte Bishydroxylierung ungesättigter Fettstoffe durch (◘ Abb. 4.5).
    - Sie hydroformylieren mehrfach ungesättigte Triglyceride, z. B. Sojaöl, und hydrieren die entstehenden Polyaldehyde zu Polyalkoholen (▶ Abschn. 4.2.2 „Hydroformylierung").
    - Sie dimerisieren ungesättigte Fettsäuren montmorillonitkatalysiert zu Dimerfettsäuren und reduzieren diese zu Dimerdiolen (▶ Abschn. 4.2.2 „Dimerisierung"). Analog können Sie auch ungesättigte Fettsäuren erst zu ungesättigten Fettalkoholen hydrieren (◘ Abb. 3.12) und dann zu Dimerdiolen dimerisieren.
    - Sie metathetisieren ungesättigte Fettalkohole, z. B. Ocenol, mit sich selber (Selbstmetathese) oder mit petrochemischen ungesättigten Alkoholen, z. B. mit Allylalkohol (Kreuzmetathese, ▶ Abschn. 4.2.2 „Metathese").
    - Sie führen eine (isomerisierende) Methoxycarbonylierung von Ölsäuremethylester durch (◘ Abb. 4.25) und reduzieren anschließend den erhaltenen Diester zum Diol.

3. Bei der Ozonolyse der Ölsäure (C18:1, Δ9/c.) entstehen die Pelargonsäure (C9) und die Azelainsäure (C9). Bei der Erucasäure (C22:1, Δ13/c.) entsteht wiederum als Monocarbonsäure die Pelargonsäure (C9), aber als Disäure die technisch bedeutsame Brassylsäure (Tridecandisäure, C13).

4. Die Hydroformylierung ist eine homogen katalysierte Reaktion. Mithilfe des Übergangsmetallkatalysators, in der Regel ein Cobalt- oder Rhodiumkomplex, kann man den Einbau der Formylgruppe steuern. Von entscheidender Bedeutung sind dabei die elektronischen und sterischen Eigenschaften der Komplexliganden.

5. Es gibt verschiedene Wege zu verzweigten Fettsäuren (oder ihren Estern):
    - Durch basisch katalysierte Kondensation von (gleichen oder verschiedenen) Fettalkoholen entstehen die verzweigten Guerbet-Alkohole, die zu den verzweigten Guerbet-Säuren oxidiert werden können (◘ Abb. 3.21).
    - Bei der Herstellung der Dimerfettsäuren entstehen als Koppelprodukte die Monomerfettsäuren. Diese sind überwiegend methylverzweigte Isostearinsäuren (▶ Abschn. 4.2.2 „Dimerisierung")
    - Durch Cooligomerisierung von Konjuensäuren mit Ethen bilden sich unter Rhodiumkatalyse alkylverzweigte Fettsäuren (◘ Abb. 4.21).

6. Es bilden sich bei der Ethenolyse von Petroselinsäure das 1-Tridecen und die ω-Heptensäure.

7. Je nach Verknüpfung entstehen entweder 1-Decen und 11-Chloro-9-undecensäuremethylester oder 1-Chloro-2-undecen und 9-Decensäuremethylester.

8. Typische Ruthenium-Metathesekatalysatoren enthalten eine Ruthenium-Kohlenstoff-Doppelbindung. Als Liganden sind Chlor, Phosphine und/oder Carbene am Ruthenium gebunden (◘ Abb. 4.11).

9. Die Isomerisierung zu Konjuensäuren kann durch längeres Erhitzen bei hohen Temperaturen in Gegenwart von Alkalikatalysatoren stattfinden.

10. Typische Katalysatoren zur Hydrierung von C=C-Doppelbindungen in Fettstoffen sind z. B.:
    - heterogene Metallkatalysatoren, z. B. Nickel oder Palladium
    - homogene Übergangsmetallkomplexe, z. B. des Platins oder Palladiums

- Ziegler/Sloan/Lapporte-Katalysatoren der Metalle Nickel und Cobalt, die durch Aluminiumalkyle aktiviert werden
- Palladium-Nanokatalysatoren (die einfach herzustellen, sehr aktiv und gut zu recyclisieren sind)

Antworten zu ▶ Kap. 5

1. Alle drei genannten Öle enthalten überwiegend Fettsäuren mit C_{18}-Kettenlänge (▶ Tab. 2.1). Der Gewichtsanteil des Glycerins liegt in diesen Ölen bei ca. 10–11 %.
2. Glycerin ist nur mit sehr polaren Lösungsmitteln, d. h. mit Wasser und Ethanol, gut mischbar. Glycerin ist in Ether sehr wenig löslich und unlöslich in Kohlenwasserstoffen.
3. Glycerin kann sowohl in klassischen Rektifikationskolonnen (mit Böden oder Packungen) als auch in Dünnschichtverdampfern im Vakuum destilliert werden.
4. Koscheres Glycerin darf nicht aus tierischen Fetten stammen. Entweder nimmt man also ein natürliches Glycerin aus Pflanzenölen oder ein synthetisches Glycerin aus Propen.
5. Durch Umsetzung von Glycerin mit „Nitriersäure", einem Gemisch von Salpetersäure und Schwefelsäure. Von der Nitriersäure stammt übrigens auch der falsche Name für Glycerintrinitrat, „Nitroglycerin".
6. Bei der Synthese von Triacetin wird Glycerin in einer ersten Stufe mit Essigsäure, in einer weiteren mit Essigsäureanhydrid umgesetzt. Nur so kann ein nahezu vollständiger Umsatz des Glycerins erreicht werden.
7. Glycerincarbonat wird derzeit durch Umesterung von Glycerin mit Ethylencarbonat oder Dimethylcarbonat hergestellt. Eine Direktsynthese aus Glycerin und Kohlendioxid ist sehr schwierig und noch nicht wirtschaftlich. Durch zeolithkatalysierte Spaltung des Glycerincarbonats entsteht unter Kohlendioxidabspaltung das Glycidol.
8. Bei der Synthese der GTBE entsteht immer ein Gemisch von Monoethern und höheren Ethern. Das Produktgemisch wird jedoch nach der Synthese mit frischem Glycerin extrahiert: Dabei lösen sich die polaren Monoether im Glycerin und werden zu einer weiteren Veretherung wieder in den Reaktor zurückgeführt, wo sie mit frischem Isobuten zu höheren Ethern umgesetzt werden. Nur die höheren Ether verlassen die Anlage.
9. Im gleichen Reaktor führen Sie sowohl eine Hydroformylierung als auch eine Acetalisierung durch. Sie setzen somit folgende Stoffe ein: Glycerin, Alken, p-Toluolsulfonsäure, Rhodiumkomplex, Lösungsmittel (Toluol), Synthesegas. Aus Alken und Synthesegas entsteht rhodiumkatalysiert im Lösungsmittel Toluol der Aldehyd, der dann säurekatalysiert mit Glycerin zum Acetal reagiert.
10. 1,3-Propandiol ist ein mögliches Diol zur Veresterung mit Terephthalsäure. Es bilden sich Polyester, die zu Fasern verarbeitet werden (Handelsnamen: Sorona, Corterra).

Antworten zu ▶ Kap. 6

1. Wichtige Monosaccharide sind die Glucose, die technisch durch Stärkehydrolyse gewonnen wird, die Fructose, die in vielen Früchten vorkommt und die technisch durch Spaltung der Saccharose und des Inulins zugänglich ist, die in Nüssen und Samen vorkommende Mannose und die im Milchzucker gebundene Galactose.
2. Milchsäure ist Ausgangsstoff z. B. für Polymilchsäure, Lactate, 1,2-Propandiol, Acrylsäure und Brenztraubensäure.
3. Bei der Dehydratisierung von Hexosen bildet sich 5-Hydroxymethylfurfural, bei der Dehydratisierung von Pentosen entsteht Furfural.
4. Durch Hydrierung von 5-Hydroxymethylfurfural entsteht 2,5-*Bis*(hydroxymethyl)furan, durch Oxidation die 2,5-Furandicarbonsäure. Beide sind Monomere für die Synthese von Polyestern.
5. Zuckeralkohole sind Oligo-Alkohole, die durch Hydrierung von Zuckern zugänglich sind. Beispiele sind Sorbitol (aus Glucose), Mannitol (aus Fructose), Xylitol (aus Xylose) und Isomalt (aus Isomaltulose). Sie werden als Süßungsmittel (Zucker-Ersatzstoffe) eingesetzt. Sorbitol ist auch ein Ausgangsstoff für ʟ-Ascorbinsäure, das Vitamin C.

6. Die Reaktion zwischen Glucose und Fettalkohol erfolgt säurekatalysiert in einem Rührkessel mit einem „Loop", in dem sich ein Intensivmischer befindet. Diese Reaktionstechnik gewährleistet, dass die beiden nicht ineinander löslichen Ausgangskomponenten hinreichend in Kontakt kommen. Mit hohem Fettalkohol-Überschuss und unter Abzug des Reaktionswassers im Vakuum wird die Glucose mit einem nahezu 100 %igen Umsatz zu Alkylpolyglucosiden umgesetzt. Der Fettalkohol-Überschuss wird nach Neutralisation schonend im Vakuum entfernt und das Produkt mit H_2O_2 gebleicht und konfektioniert. Die APG sind biologisch sehr gut abbaubare, hautverträgliche nichtionische Tenside, die ausschließlich aus nachwachsenden Rohstoffen bestehen.

7. Glucose wird mit Methylamin in Gegenwart von Wasserstoff unter Wasserabspaltung zu *N*-Methylglucamin umgesetzt, das mit einem Fettsäuremethylester basenkatalysiert zum Fettsäure-*N*-methylglucamid weiter reagiert. Die Fettsäureglucamide sind ebenfalls gut abbaubare, hautverträgliche Tenside.

8. Lactose kommt zu ca. 5 % in der Kuhmilch vor. Nach Abtrennung des Fetts und des Caseins aus der Milch verbleibt die Molke, aus der Lactose beim Eindampfen kristallin ausfällt.

9. Herstellung des Zuckersafts (Waschen und Zerkleinern der Rüben, Extraktion der Saccharose mit 70 °C heißem Wasser), Reinigung des Zuckersafts (durch Kalkung, Carbonation und Filtration), Eindickung des Dünnsafts in einer mehrstufigen Verdampferstation zum Dicksaft und mehrstufige Kristallisation in der Kochstation. Als Nebenprodukte entstehen Schnitzel-Pellets und Melasse, die teilweise als Viehfutter verwendet werden, und der als Dünger einsetzbare Carbokalk.

10. Hydrolyse führt zu Invertzucker, die Umsetzung mit Carbonsäuren zu Estern, die Telomerisation mit Butadien zu Ethern mit Octadienylketten, die Chlorierung zu Sucralose, die Oxidation zu Polyhydroxypolycarbonsäuren und die Isomerisierung zu Isomaltulose.

■ **Antworten zu ▶ Kap. 7**

1. 40–50 % Cellulose; 10–20 % Hemicellulosen; 20–30 % Lignin; 5–10 % Nebenbestandteile wie z. B. Harze, Wachse und Terpentinöle.

2. Cellulose besteht aus Glucose-Monomeren, die β-1,4-glycosidisch miteinander verknüpft sind. Dabei bilden sich lange lineare Ketten mit Molmassen bis zu einer Mio. Dalton. Über Wasserstoffbrücken sind die Molekülketten teilweise miteinander verbunden und bilden kristalline Bereiche.

3. Die Holzschnitzel werden in einem Vordämpfer mit Niederdruckdampf vorbehandelt und dann über eine Druckschleuse in den Kocher transportiert. Bei Temperaturen um 180 °C stellt sich im Kocher ein Druck von ca. 10 bar ein. Der Aufschluss erfolgt mit einer Lauge aus NaOH, Natriumsulfid und Natriumcarbonat. Nach dem Aufschluss wird der Zellstoff gewaschen und die Lauge wieder aufbereitet. Zum Ausgleich der Schwefelverluste wird der Lauge Natriumsulfat zudosiert.

4. Beim Sulfat-Verfahren werden durch Einwirkung der heißen Natronlauge die Etherbindungen im Lignin gespalten und phenolische Verbindungen freigesetzt, die sich in der Schwarzlauge anreichern. Beim Sulfit-Verfahren bilden sich wasserlösliche Ligninsulfonsäuren, die in der Sulfitablauge vorliegen.

5. Dem Papier werden Füllstoffe, Pigmente und Bindemittel zugesetzt.

6. Cellulose wird in 20 %iger Natronlauge zu Alkali-Cellulose aufgequollen, mit Schwefelkohlenstoff zum Xanthogenat umgesetzt und die wässrige Lösung des Cellulosexanthogenats in ein Fällbad aus Schwefelsäure und Sulfaten eingedüst. Es bildet sich der spinnbare Faden der Viskoseseide.

7. Eine Alternative ist der Lyocell-Prozess, in dem Cellulose in NMMO gelöst wird. Aus der homogenen Lösung kann wieder ein Faden gesponnen werden.

8. Cellulosetriacetat bildet sich bei Umsetzung der Cellulose mit einem deutlichen Überschuss an Essigsäure. Cellulosediacetat kann nicht einfach durch Einsatz einer geringeren Menge an Essigsäure gebildet werden: Es entstehen dann immer Gemische aus

Mono-, Di- und Triacetaten. Besser verläuft eine gezielte Partialhydrolyse des Triacetats zum Diacetat.

9. Bei Substitution der Hydroxygruppen durch Nitratguppen bilden sich bei einem DS bis 70 % die Lackwollen, bei einem DS bis 85 % die Kollodiumwollen und bei einem DS bis 90 % die Schießbaumwolle.

10. Wichtige Celluloseether sind Carboxymethylcellulose CMC (Vergrauungsinhibitor in Waschmitteln), Methylcellulose MC (Tapetenkleister, Verdickungsmittel), Hydroxyethylcellulose HEC (Viskositätsverbesserer, Schutzkolloid), Ethylcellulose EC und Hydroxypropylcellulose HPC (beide eingesetzt in Klebstoffen, in der Bauchemie und in Pharmaka).

- **Antworten zu ▶ Kap. 8**

1. Stärke besteht aus Amylose und Amylopektin. Beide Substanzen sind Polysaccharide, die aus D-Glucose-Monomeren aufgebaut sind. Bei Amylose sind diese Monomere ausschließlich α-1,4-glycosidisch miteinander verbunden. Die Amylose bildet daher eine helicale Struktur. Bei Amylopektin kommt es an ca. jedem 25sten Glucose-Monomer zu einer intermolekularen Verzweigung zwischen benachbarten Polymersträngen über die Kohlenstoffe C1 und C6. Amylopektin bildet daher ein baumartiges Netzwerk aus.

2. Wichtige Stärkerohstoffe sind vor allem Mais, Weizen, Kartoffeln, Maniok und Reis. Während in Deutschland Stärke vorwiegend aus Kartoffeln isoliert wird, ist weltweit gesehen Mais der wichtigste Stärkelieferant.

3. Native Stärke ist Stärke in ihrer ursprünglichen, natürlichen Form, wie sie z. B. in der Kartoffel vorkommt. Sie zeichnet sich insbesondere dadurch aus, dass sie Stärkekörner bildet. Bei der modifizierten Stärke wurden physikalische oder chemische Änderungen an der Ursprungsform der Stärke vorgenommen, um gewünschte Eigenschaftsveränderungen zu erzielen.

4. Durch partielle Hydrolyse von Stärke entstehen dünnkochende Stärke, Dextrine und Maltodextrine.

5. Die Spaltung der glycosidischen Bindung in der Stärke kann entweder durch Säuren, z. B. mit HCl, aber auch mit speziellen Enzymen, den Amylasen, erfolgen.

6. Das Dextrose-Äquivalent (engl. *dextrose equivalent*, DE) gibt an, wie hoch der Anteil reduzierender Zucker an der Gesamtmasse einer Zubereitung ist. Stärke hat definitionsgemäß einen DE von 0, mit zunehmendem Abbaugrad der Stärke nimmt der DE zu. Glucose hat einen DE von 100, der erreicht wird, wenn Stärke vollständig hydrolysiert wird.

7. Stärke wird zunächst bei erhöhten Temperaturen mit temperaturstabilen α–Amylasen verflüssigt, um anschließend weiter bis zur Glucose abgebaut zu werden. Mithilfe immobilisierter Enzyme wird die Glucoselösung in eine Mischung aus 58 % Glucose und 42 % Fructose umgewandelt. Mittels spezieller Trennverfahren kann der Fructosegehalt weiter bis auf 90 % gesteigert werden. Eine Mischung aus 42 %igem und 90 %igem Sirup ergibt HFCS mit einem Fructosegehalt von 55 %, der die gleiche Süßkraft besitzt wie Haushaltszucker.

8. Stärkephosphate sind Ester der Stärke mit der anorganischen Phosphorsäure und Stärkeacetate sind Ester der Stärke mit der organischen Essigsäure.

9. Die Veretherung von Stärke kann mit Halogenverbindungen nach einer Williamson-Ether-Synthese, mit Epoxiden oder mit Lactonen zu den gewünschten Stärkeethern erfolgen.

10. Wird Stärke mit Periodsäure bzw. Periodaten oxidiert, kommt es zur Spaltung der vicinalen Alkoholgruppen an den Kohlenstoffatomen C2 und C3 der Stärke; es bildet sich zunächst die „Dialdehydstärke", welche weiter zur „Dicarboxystärke" reagieren kann.

- **Antworten zu ▶ Kap. 9**

1. Chitin kommt in der Natur vor allem in den Exoskeletten der wirbellosen Tiere, also in Insekten und Krebstieren vor. Weiterhin findet man es in den Zellwänden einiger niederer Pflanzen und in Pilzen. Chitosan kommt in der Natur z. B. in den Zellwänden spezieller Pilze vor.

2. Chitin ist ein Polysaccharid, aufgebaut aus *N*-Acetylglucosamin-Monomeren, welche β-1,4-glycosidisch miteinander verknüpft sind. Der Unterschied zu Chitosan liegt darin, dass beim Chitosan die Aminogruppen deacetyliert vorliegen. Bei einem Anteil freier Aminogruppen im Polysaccharid von >50 % spricht man von Chitosan.

3. Chitin und Cellulose sind jeweils Polysaccharide, welche ausschließlich aus einem einzigen Zuckerbaustein aufgebaut sind. In beiden findet die Verknüpfung der Monomere über eine β-1,4-glycosidische Bindung statt. Bei Chitin ist lediglich am C2-Atom des Zuckerbausteins die Hydroxyfunktion gegen eine Acetamidogruppe ausgetauscht. Beide Polysaccharide bilden stark geordnete, fibrilläre Überstrukturen aus und sind daher wasserunlöslich.

4. Als Rohmaterial für die Gewinnung von Chitin wird auf die Schalentierabfälle der Krabbenfischerei zurückgegriffen. Dieses Material steht in großen, bisher aber wenig genutzten Mengen zur Verfügung.

5. Chitin kommt in den Panzern von Krebstieren zusammen mit Proteinen (Sklerotin) und Mineralien (Calciumcarbonat) in einer Verbundstruktur vor. Daher müssen vor der Isolierung des Chitins die Proteine durch Deproteinierung (bspw. mit NaOH) und die Mineralien durch Demineralisierung (bspw. mit HCl) entfernt werden. Nach Waschen, Trocknen und Mahlen erhält man Chitin als farbloses Pulver.

6. Die großtechnische Gewinnung von Chitosan erfolgt über die basenkatalysierte Deacetylierung von Chitin mit konzentrierter Natronlauge. Die Deacetylierung kann auch mithilfe bestimmter Enzyme erfolgen, der Deacetylasen, die entweder direkt eingesetzt werden oder von einem Mikroorganismus *in situ* gebildet werden.

7. Chitosan ist in organischen Säuren löslich. Die Löslichkeit basiert darauf, dass Chitosan unterhalb eines pH-Wertes von 6 ein Polykation bildet, in dem die freien Aminfunktionalitäten protoniert vorliegen. Dadurch ist es in wässriger Umgebung löslich und kann weiter verarbeitet werden.

8. Zur Bildung von Filmen wird Chitosan zunächst in 1 %iger Essigsäure gelöst, filtriert und anschließend als Lösung auf einen Träger gegeben. Dieses „Chitosanacetat" wird dann von Wasser befreit und getrocknet. Die Wiederherstellung des Chitosans erfolgt mit 2 %iger wässriger NaOH. Anschließend wird noch einmal an Luft getrocknet. Chitosanfilme finden beispielsweise Anwendung als Membranen oder Kapseln für Medikamente.

9. Chitosan bildet mit Metallkationen sogenannte Chelatkomplexe, bei denen das Zentralatom über mehr als eine Koordinationsstelle an Chitosan gebunden ist. Diese Einschlussverbindungen sind sehr stabil und können dafür genutzt werden, selektiv Schwermetalle aus Abwässern abzutrennen.

10. Chitosan wird in der Kosmetik in Haut- und Haarpflegeprodukten angewendet. Weiterhin findet es Anwendungen in der Beschichtung von Papier oder Textilien, als Matrix für Chromatographien, als Beschichtungsmittel für Saatgut und Früchte, als Nahrungsergänzungsmittel und als Auflage bei der Behandlung von Wunden und Verbrennungen.

■ **Antworten zu ▶ Kap. 10**

1. Cyclodextrine gehören nicht zu den Stärkehydrolysaten, da formal keine Hydrolyse, sondern eine Umacetalisierung der glycosidischen Bindung stattfindet.

2. Cyclodextrine können prinzipiell nicht aus Cellulose hergestellt werden, da in der Cellulose die Glucosebausteine β-glycosidisch miteinander verknüpft sind. Zur Ausbildung der cyclischen Struktur bedarf es einer α-Verknüpfung, wie sie in der Amylose vorkommt.

3. Das Cyclodextrin mit neun Glucosemonomeren heißt δ-Cyclodextrin, es besitzt drei freie Hydroxygruppen je Glucosebaustein und hat damit insgesamt 27 OH-Gruppen. Die äußeren Abmessungen in der Höhe ändern sich durch Vergrößerung des Ringes nicht, wodurch δ-Cyclodextrin wie die angegebenen Cyclodextrine auch eine Höhe von ca. 780 pm hat. Der äußere Durchmesser ändert sich mit steigender Anzahl an Glucosebausteinen

jeweils um etwa 160 pm. Damit hat δ-Cyclodextrin einen äußeren Durchmesser von ca. 1850 pm.

4. Amylasen spalten glycosidische Bindungen durch Hydrolyse, wodurch kürzere, offenkettige Bruchstücke der Amylose entstehen. Cyclodextrin-Glycosyltransferasen „schneiden" die Amylose in Stücke und verknüpfen die Enden zu einem Zyklus mit sechs, sieben oder acht Glucose-Bausteinen. Es erfolgt demnach keine Hydrolyse der glycosidischen Bindung.

5. Cyclodextrine besitzen auf Grund ihrer besonderen, dreidimensionalen Struktur eine hydrophobe Kavität, in die apolare Stoffe eingelagert werden können. Die Stabilität dieser Einschlussverbindung u. a. von der relativen Größe des Gastes in Bezug auf das entsprechende Cyclodextrin (Wirt) abhängig. β-Cyclodextrin besitzt eine Kavität, in die das aromatische Toluol genau hineinpasst. Diese Einschlussverbindung ist unter bestimmten Umsätzen nicht mehr wasserlöslich. Dies kann dazu ausgenutzt werden, β-Cyclodextrin während der enzymatischen Synthese selektiv aus dem Gleichgewicht zu entfernen, umso die Ausbeute an β-Cyclodextrin zu erhöhen.

6. Cyclodextrine wurden erstmals 1891 von A. Villier erwähnt und zunächst „Cellulosin" genannt.

7. Bei der Ausbildung einer Einschlussverbindung zwischen Cyclodextrinen und einem Gastmolekül kommt es zum Schutz der apolaren Verbindung gegenüber äußeren Einflüssen wie Oxidation, UV-Strahlung oder Temperatur. Ebenfalls wird die relative Flüchtigkeit herabgesetzt und die Löslichkeit in wässrigen Medien erhöht.

8. Die entstandene Einschlussverbindung zwischen der apolaren Verunreinigung und den Cyclodextrinen wird mithilfe von organischen Lösungsmitteln, z. B. Alkoholen, behandelt. Dies führt dazu, dass der apolare Stoff durch den großen Überschuss an Lösungsmittel ausgewaschen wird und das „leere" Cyclodextrin wieder für Reinigungszwecke zur Verfügung steht.

9. Die cholesterinhaltige Fettphase wird zunächst bei 40 °C mit einer cyclodextrinhaltigen Wasserphase emulgiert. Das apolare Cholesterinmolekül wird in der Kavität des β-Cyclodextrins eingeschlossen. Der feste Cholesterin-Cyclodextrin-Komplex fällt aus und kann abgetrennt werden. Anschließend können die Cyclodextrine wieder regeneriert und erneut eingesetzt werden.

10. Für die Strukturformel von α-Cyclodextrin ◨ Abb. 10.1. Permethyliert bedeutet in diesem Zusammenhang, dass alle freien Hydroxygruppen eine Methylgruppe tragen. Dazu wird unter basischen Bedingungen mit Methylchlorid umgesetzt (▸ Kap. 7 und 8).

■ **Antworten zu ▸ Kap. 11**

1. Lignin ist maßgeblich für die Stabilität von Pflanzen verantwortlich, indem es durch das Ausbilden einer Verbundstruktur mit Cellulose und Hemicellulosen zur Verholzung von pflanzlichem Gewebe beiträgt. Lignin ist das Füllmaterial dieser Verbundstruktur und füllt die Zwischenräume zwischen Mikro- und Makrofibrillen der Cellulose aus.

2. Marine Pflanzen, wie z. B. Algen, benötigen kein stabilisierendes Lignin in ihren Pflanzenzellen, da der Auftrieb im Wasser für die nötige Stabilität sorgt. Bäume hingegen müssen der Schwerkraft durch Verholzung entgegenwirken, um entsprechend hoch wachsen zu können.

3. Sinapylalkohol trägt zwei Methoxy-Gruppen in ortho-Stellung zur phenolischen Hydroxygruppe, Coniferylalkohol hingegen nur eine. Daher verbindet sich das Kohlenstoffatom C5 des Coniferylalkohols mit dem β-Kohlenstoffatom des Sinapylalkohols.

4. Das Lignin von Nadelhölzern ist reich an Coniferylalkohol (bis zu 90 %), das der Gräser hat einen erhöhten Anteil an Cumarylalkohol.

5. Die größten Mengen an Lignin fallen als Koppelprodukt der Zellstoffgewinnung nach dem Sulfat-Verfahren an. Da dieses vorwiegend mit Weichhölzern betrieben wird, sind die größte Ligninressource Nadelhölzer wie z. B. Kiefern oder Fichten.

6. Durch die Verwendung niedrig siedender organischer Lösungsmittel muss wenig

Energie für deren Rückgewinnung aufgebracht werden. Es wird ein fast vollständig geschlossener Chemikalienkreislauf erreicht, wodurch weniger belastete Abwässer entstehen. Durch die Vermeidung von Schwefelverbindungen zum Aufschluss des Holzes wird die Umwelt weniger belastet. Es wird ein Lignin höherer Qualität erreicht, dessen Verkauf einen Teil der Kosten des Verfahrens decken kann.

7. Lignin hat einen Heizwert von ca. 23 GJ t^{-1}, wodurch es sich hervorragend als Brennmaterial für die Aufrechterhaltung der Prozesstemperaturen des Sulfat-Verfahrens eignet. Hinzu kommt, dass das in der Schwarzlauge vorliegende Lignin stark verunreinigt ist, es daher aufwendig gereinigt und isoliert werden müsste, wodurch die stoffliche Nutzung unrentabel wird.

8. Ligninsulfonate sind über einen großen pH-Bereich löslich in Wasser und sowohl physiologisch als auch ökologisch unbedenklich. Sie sind oberflächenaktiv und besitzen dispergierende sowie emulsionsstabilisierende Eigenschaften. Sie liegen als Polyanion vor und können deshalb als Komplexbildner und Stabilisator in Elektrolytlösungen eingesetzt werden.

9. In einer Hydrierung wird Lignin mit Wasserstoff umgesetzt und die entstehenden Spaltprodukte werden destillativ voneinander getrennt. Das Hauptprodukt sind verschiedene substituierte Phenole, welche weiter zu Duroplasten umgesetzt werden können.

10. Vanillin (4-Methoxy-3-hydroxybenzaldehyd) lässt sich aus den Ablaugen des Sulfit-Verfahrens in einer Ausbeute von etwa 3–5 g l^{-1} durch oxidativen Abbau herstellen.

■ **Antworten zu ▶ Kap. 12**

1. Diterpene: C_{20}; Sesquiterpene: C_{15}; Hemiterpene C_5; Tetraterpene C_{40}; Monoterpene: C_{10}.

2. Das Isoprenmolekül hat eine C=C-Doppelbindung, an der sich die Methylgruppe befindet (= „Kopf" K) und eine Vinylgruppe (= „Schwanz" S). Die natürlichen Terpene sind überwiegend Kopf-Schwanz (KS)-verknüpft. Im Triterpen Squalen sind die beiden C_{15}-Einheiten miteinander SS-verknüpft.

3. Terpene sind häufig Lockstoffe zum Anlocken bestäubender Insekten, oder Abwehrstoffe (Repellants) zur Abwehr von Fraßfeinden. Der angenehme Geruch des Monoterpens Nerol im Lavendel soll z. B. Bienen anlocken; der unangenehme terpentinartige Geruch der Pinene soll die Borkenkäfer von den Fichten und Kiefern fernhalten.

4. Bei der Wasserdampfdestillation wird heißer Wasserdampf in eine Vorlage mit Blüten oder Blättern eingeblasen. Durch den Wasser-Partialdruck findet eine Siedepunktserniedrigung der Terpene statt, die relativ schonend in einer gekühlten Vorlage aufgefangen werden. (Eine genaue Beschreibung findet sich in ▶ Kap. 18.)

5. Klassisch werden Terpene mit Ethanol extrahiert, das sich wieder schonend (Sdp. 78 °C) destillativ entfernen lässt. Noch günstiger verhält sich überkritisches Kohlendioxid (T_c = 31 °C, p_c = 74 bar), das sich nach dem Entspannen gasförmig verflüchtigt.

6. Wurzelterpentinöl wird durch Wasserdampfdestillation oder Extraktion zerkleinerter Fichtenwurzeln gewonnen. Wegen des großen Aufwands hat diese Methode eine abnehmende Bedeutung. Balsamterpentinöl ergibt sich aus dem Balsam der Fichten, der durch Einritzen der Baumrinde isoliert wird. Sulfatterpentinöl fällt beim Sulfat-Verfahren der Cellulosegewinnung an.

7. Wichtige acylische Monoterpen-KW sind z. B. Myrcen und Ocimen; wichtige acyclische Monoterpenole sind z. B. Linalool, Geraniol, Nerol und Citronellol.

8. In den Terpinölen sind α- und β-Pinen die beiden Hauptkomponenten. Sie gehören zu den bicyclischen Monoterpenen mit einem Vierring und einem Sechsring. Bei α-Pinen ist die C=C-Doppelbindung endocyclisch (also im Ring); bei β-Pinen ist sie exocyclisch, liegt also außerhalb des Rings.

9. Die Isomerisierung und Hydratisierung von Camphen, einem bicyclischen Monoterpen mit einem Fünfring und einem Sechsring, führt zu Borneol, das durch weitere

Oxidation in Campher überführt wird. Das nach Eukalyptus riechende Pulver wird zur Herstellung von Celluloid, als Weichmacher für Celluloseester oder als Motten-Abwehrmittel eingesetzt.

10. Wichtige acyclische Sesquiterpene sind z. B. die Farnesene, Nerolidol und α-Sinensal. Beispiele für cyclische Sesquiterpene sind Zingiberen, Abscisinsäure, Humulol und Taurin. Bedeutende Diterpene sind das *all-trans*-Retinol und Abietinsäure.

- **Antworten zu ▶ Kap. 13**

1. Der schnellste Weg ist die ^{1}H-NMR-Spektroskopie, mit der man die *cis-* und *trans-*Konfigurationen gut unterscheiden kann.

2. Alternativen *zu Hevea brasiliensis* sind der Gummibaum (*Ficus elastica*), die Schlingpflanze *Landolphia owariensis*, der Guayule-Strauch (aus den Wüstengebieten Mexikos und der südlichen USA) und der russische bzw. kaukasische Löwenzahn. Der ca. 50 cm hohe Guayule-Strauch, der maschinell geerntet werden kann, hat Kautschuk in seinen Holzteilen eingelagert und enthält bis zu 20 % Naturkautschuk. Der kaukasische Löwenzahn trägt Kautschuk in seinen Wurzeln. Er wird derzeit im Rahmen eines europäischen Forschungsverbundprojektes züchterisch bearbeitet, um die Erträge zu erhöhen. Der Industriepartner Continental Reifen AG plant dann mit den Produkten Anwendungstests.

3. Die Hevea-Bäume müssen ausreichend voneinander entfernt gepflanzt werden. Somit wachsen üblicherweise nur bis zu 400 Bäume auf einem Hektar, die jeweils bis zu 5 kg Naturkautschuk pro Jahr liefern. Der jährliche Ertrag liegt somit bei ca. 2 t Kautschuk pro Hektar. Durch starke Düngung kann dieser Ertrag noch etwas gesteigert werden. Das Problem besteht darin, dass der Latex von allen Bäumen „per Hand" eingesammelt werden muss, also keine maschinelle Ernte erfolgen kann. Ein Zapfer schafft täglich bis zu 500 Zapfstellen. Der Latex muss möglichst schnell zur Sammelstation gebracht werden, damit nicht bereits chemische Veränderungen eintreten.

4. Bei der Zentrifugation in extra für diesen Zweck ausgelegten Zentrifugen wird bei Umdrehungszahlen von bis zu 6000 rpm der leichtere Naturkautschuk vom schwereren Rest durch Fliehkraft getrennt. Bei einem Durchlauf kann auf diese Weise eine Anreicherung auf 60 % erzielt werden. Um die Nebenbestandteile, insbesondere die Proteine, möglichst vollständig zu entfernen, kann nach Verdünnung mit Wasser noch ein zweites Mal zentrifugiert werden. Vorteilhaft ist die so erreichte hohe Reinheit des aufkonzentrierten Latex.

5. Das Aufrahmen ist sehr zeitaufwendig (mehrere Tage bis Wochen). Das Eindampfen erfordert sehr viel Energie und alle Nebenbestandteile verbleiben im Konzentrat.

6. Der *smoked sheet* RSS3 hat aufgrund der Räucherung eine gelbe bis bräunliche Farbe; der *pale crepe* ist weißlich bis hellgelb gefärbt.

7. Bei mechanischem Behandeln des Naturkautschuks in Knetern wird maximal bei Temperaturen von 80 °C gearbeitet, wodurch insbesondere die langen Polymerketten abgebaut werden. Es entsteht ein Produkt mit unimodaler Molmassenverteilung. Beim thermisch-oxidativen Abbau wird die Temperatur auf über 120 °C erhöht: Der Kettenabbau erfolgt statistisch über die gesamte bimodale Molmassenverteilung.

8. In der Reifenpresse werden Temperaturen bis 200 °C und Drücke bis 22 bar eingestellt. Dabei bilden sich Schwefelbrücken zwischen den Polyisoprenketten, sodass ein dreidimensional vernetztes Elastomer entsteht.

9. Der Kautschuk wird dauerelastisch und bekommt eine erhöhte Reißfestigkeit. Er kann stärker gedehnt werden. Nach der Vulkanisation behält er im Wesentlichen seine Form bei, wird in der Wärme nicht klebrig und in der Kälte nicht brüchig.

10. Naturkautschuk-Vulkanisate sind schlecht beständig gegen Wärme, Witterung, UV-Strahlung und Ozon. Außerdem sind sie unbeständig gegen Fette, Kohlenwasserstoffe und Mineralöle. Man kann diese Nachteile zum Teil ausgleichen durch den Zusatz von aromatischen Aminen als Hitzestabilisatoren

oder Paraffinen zum Schutz vor Ozoneinwirkung. Um die Oxidation durch Luftsauerstoff unter Einfluss von UV-Licht zu verringern, werden Stabilisatoren wie Hydrochinon oder Zinkoxid zugesetzt.

■ Antworten zu ▶ Kap. 14

1. Proteinogene Aminosäuren kommen in den Proteinen vor, davon sind einige essenziell, d. h. sie müssen mit der Nahrung aufgenommen werden, weil der menschliche Körper sie nicht selbst produzieren kann. Außerdem gibt es in der Natur zahlreiche nicht proteinogene Aminosäuren.

2. Man unterscheidet vier Gruppen: ungeladen mit unpolaren Resten, ungeladen mit polaren Resten, bei pH 7 negativ geladen und bei pH 7 positiv geladen.

3. Asn = Asparagin, Asp = Asparaginsäure, Arg = Arginin, Gln = Glutamin, Glu = Glutaminsäure, Ile = Isoleucin, Trp = Tryptophan.

4. Die Ausgangsstoffe für eine Strecker-Synthese sind ein Aldehyd, Blausäure und Ammoniak. Außerdem wird für die Hydrolyse des gebildeten Aminonitrils zur Aminosäure noch eine Mineralsäure benötigt. Um Valin herzustellen setzt man Isobutyraldehyd (Isobutanal) als Ausgangsstoff ein. Es entsteht das (DL)-Racemat des Valins.

5. Casein ist ein wichtiger Proteinbestandteil der Milch. Durch Denaturierung kann z. B. aus Kuhmilch Casein gewonnen werden, zurück bleibt die Molke. Bei der Untersuchung des Caseins wurden erstmals wichtige Aminosäuren gefunden, so das L-Tyrosin (durch Justus von Liebig), das L-Lysin, das L-Methionin und das L-Tryptophan.

6. Methionin ist eine wichtige Aminosäure für die Tierernährung und wird deshalb dem Tierfutter, insbesondere dem Geflügelfutter, zugesetzt. Glutaminsäure und ihr Natriumsalz werden – insbesondere in Asien – als Geschmacksverstärker von Lebensmitteln verwendet.

7. Die vier wesentlichen Gewinnungsmethoden sind: Proteinhydrolyse, chemische Synthese, enzymatische Synthese und die Fermentation.

8. L-Dopa ist die Vorstufe für das Dopamin, das die Motorik des Menschen steuert. Bei Dopaminmangel tritt die Parkinson'sche Krankheit auf, welche mit L-Dopa behandelt wird

9. In Peptiden sind Aminosäuren über eine Amidbrücke miteinander verknüpft. Wenn nur einige wenige Aminosäuren miteinander verbunden sind, spricht man von Oligopeptiden. Längere Ketten sind Polypeptide. Bei Ketten mit mehr als 150 Aminosäuren spricht man von Proteinen.

10. Die Primärstruktur gibt die Aminosäuresequen wieder. Bei der Sekundärstruktur wird die bevorzugte Konformation angegeben, z. B. eine Helixanordnung der Peptidkette. Bei der Tertiärstruktur wird zwischen mehreren Faltmöglichkeiten unterschieden, insbesondere zwischen Proteinen mit Faltblattstruktur (Sklero- oder Faserproteine) und mit kugelförmigem Aufbau (Sphäroproteine). Die Quartärstruktur beschreibt die Assoziation verschiedener Peptidketten wie z. B. in Hämoglobin.

■ Antworten zu ▶ Kap. 15

1. Altbekannte natürliche Farbstoffe sind Purpur, Krapprot, Safran, Indigo und Indischgelb.

2. Die Synthese von Farbstoffen begann im 19. Jh. Ausgangsstoffe der Synthesen waren meist aromatische Kohlenwasserstoffe und deren Derivate aus dem Steinkohlenteer, der bei der Verkokung der Kohle zu Koks und Kokereigas als Nebenprodukt gebildet wurde.

3. Purpur wird aus dem Drüsensekret der „Purpurschnecke" gewonnen. Das Sekret wird für mehrere Tage in Salz eingelegt und in Urin gekocht. Es bildet sich eine farblose Lösung, in die die Textilien oder Fäden eingetaucht werden. Erst beim Trocknen an der Luft unter Einfluss von Sonnenlicht bildet sich der rotviolette Farbton. Diese Form der Färberei nennt man „Küpenfärberei". Purpur ist 6,6'-Dibromindigo.

4. Färberkrapp stammt aus Vorderasien und dem östlichen Mittelmeer. Von dort kam er im

Mittelalter nach Westeuropa und wurde bis ins 19. Jh. hinein in Frankreich angebaut.

5. Alizarin ist 1,2-Dihydroxyanthrachinon, das aus Anthracen über die Zwischenstufe des Anthrachinons hergestellt werden kann. Es ist ein Beizenfarbstoff, d. h. zum Haften an der Textilfaser werden dreiwertige Metallionen auf die Faser aufgetragen, mit denen das Alizarin einen stabilen Komplex bildet.

6. Indigo gewinnt man aus den indicanhaltigen Blättern der Indigopflanze, die ursprünglich aus Indien stammt. Die Blätter und Stängel werden mit Wasser zu einem Brei gestampft, der in Lehmgruben vergoren wird. In die Lösung wird über Stunden hinweg Sauerstoff eingetragen, wobei das Indican zum wasserlöslichen Indoxyl oxidiert wird. Dieses dimerisiert dann zum wasserunlöslichen Indigo.

7. Indigo wird immer noch zum Einfärben von Bluejeans genutzt.

8. Durch Eindampfen des Urins von indischen Kühen, die mit Mangobaumblättern ernährt wurden. Diese Methode ist heute aus Tierschutzgründen verboten.

9. Weitere Farbstoffklassen sind z. B. die Flavone, Flavonoide, Naphthochinone, Alkaloide, Corticoide, Anthocyane sowie Chlorophyllderivate.

10. Umbra, Englischrot, Ocker, Terra di Siena, Ultramarin, Kreide und Kieselsäure.

■ Antworten zu ▶ Kap. 16

1. Der „Ebers-Papyrus" ist eine Sammlung der in Ägypten 1550 v. u. Z. bekannten natürlichen Arzneimittel. Die meisten dieser ca. 700 aufgeführten Wirkstoffe sind pflanzlichen Ursprungs.

2. Statistisch gesehen müssen heute über 10.000 neue Verbindungen getestet werden, ehe ein neuer Wirkstoff in den Markt eingeführt werden kann. Dies erfordert einen großen Forschungs- und Entwicklungsaufwand, der über 500 Mio. US-Dollar kostet.

3. Rudolf Schmitt setzte das Kohlendioxid unter Druck (4–6 bar) und bei Temperaturen knapp unterhalb von 140 °C ein.

4. Der Kaffeestrauch stammt ursprünglich aus Äthiopien. Seine Samen, die Kaffeebohnen, enthalten das Alkaloid Coffein, das durch Extraktion mit überkritischem Kohlendioxid isoliert werden kann.

5. Die im 17. Jh. in Südamerika missionierenden Jesuiten erkannten die fiebersenkende Wirkung der gepulverten Rinde und verbreiteten sie deshalb auch in Europa, u. a. zur Bekämpfung der Malaria. Der Wirkstoff in der Rinde des Chinarindenbaums ist das Alkaloid Chinin.

6. Morphin ist schmerzstillend und beruhigend, auch bei chronischen und/oder sehr starken Schmerzen. Gleichzeitig wird ein Rauschzustand hervorgerufen. Es wird nur in besonders schweren Krankheitsfällen eingesetzt, weil es zu Abhängigkeit führt.

7. Als Entdecker der Penicilline gilt Alexander Fleming. Er ließ während seines Urlaubs im Sommer 1928 eine mit Staphylokokken beimpfte Agarplatte irrtümlich im Labor stehen. Nach seinem Urlaub stellte er fest, dass sich auf der Agarplatte zufällig ein Schimmelpilz angesiedelt hatte, der die Bakterien am Wachstum gehindert hatte. Er nannte diesen Schimmelpilz *Penicillium notatum*.

8. Beide Antibiotika gehören zur Gruppe der β-Lactame, sind also Vierringe mit einer Amidgruppierung. Bei den Penicillinen ist der Lactam-Vierring mit einem schwefelhaltigen Fünfring verknüpft; bei den Cephalosporinen ist dies ein schwefelhaltiger Sechsring. Beide Antibiotika enthalten Substituenten am Grundgerüst, die nachträglich vielfach variiert werden können. Die genauen Grundstrukturen finden sich in ◘ Abb. 16.14.

9. Steroide besitzen ein Steran-Grundgerüst, sind also Cyclopentanoperhydrophenanthrene. Die drei Sechsringe werden mit A bis C bezeichnet, der Fünfring mit einem D. Die C-Atome werden von 1 bis 17 durchnummeriert (◘ Abb. 16.15).

10. Die Östrogene, z. B. das wirksamste Östrogen 17β-Östradiol, gehören zu den weiblichen Sexualhormonen. Ihr A-Ring ist immer aromatisch.

- **Antworten zu ▶ Kap. 17**

1. Fettlöslich sind die Vitamine A, D, E und K. Sie sind langkettige Kohlenwasserstoffe mit meist terpenoider oder steroider Struktur und enthalten kaum funktionelle Gruppen bzw. Heteroatome. Sie verhalten sich deshalb hydrophob. Die wasserlöslichen Vitamine sind B und C. Die B-Vitamine sind stickstoffhaltige Verbindungen, meist Heterocyclen, mit mehreren hydrophilen Gruppen (Hydroxy-, Amino, Carboxy- oder Amidgruppen). Vitamin C ist eine Zuckersäure aus einem Lactonring und vier hydrophilen Hydroxygruppen.

2. Vitamin A (Retinol) ist für den Sehvorgang von großer Bedeutung. Ohne Retinol degenerieren die Horn- und Bindehaut der Augen, was zu Nachtblindheit führen kann. Auch Hautkrankheiten können mit Retinoiden geheilt werden.

3. Die Beriberi-Krankheit ist eine Nervenkrankheit, die zu Muskelabbau und Herzinsuffizienz führen kann. Behandelt wird sie mit Vitamin B_1, dem Thiamin, einer Verbindung aus einem Pyrimidinring, der mit einem Thiazolring verknüpft ist.

4. Vitamin B_3 kommt in allen tierischen Organen (Rindfleisch, Leber, …) vor. Milch und Eier enthalten zwar wenig Vitamin B_3, aber relativ viel Tryptophan, aus dem sich im Körper das Niacin bilden kann. In Südamerika essen viele Menschen überwiegend Mais und Hirse, in denen Niacin in einer Form gebunden ist, die der Mensch nicht verwerten kann.

5. Vitamin B_7 (Biotin) wurde auch als Vitamin H bezeichnet, weil es für die Funktionen der Haut verantwortlich ist. Es kommt vor in Pflanzensamen, Gemüsen (Spinat), Nüssen, Früchten (Bananen, Äpfel), in Weizenmehl und in ungeschältem Reis.

6. Vitamin B_{12} (Cobalamin) hat Cobalt(III)als Zentralatom, das von einem Corrinring mit vier koordinierenden *N*-Atomen umgeben ist. Am Corrin-Ringsystem sind mehrere Substituenten vorhanden, u. a. ein nucleotidartig gebundenes Dimethylbenzimidazol, das mit einem Stickstoffatom an Cobalt koordiniert. Im eigentlichen Cobalamin ist am Cobaltatom zusätzlich noch eine Cyanogruppe gebunden. Die endgültige Strukturzuordnung gelang 1955 der Biochemikerin Dorothy C. Hodgkin (die dafür 1955 den Nobelpreis für Chemie erhielt) durch Röntgenstrukturanalyse. Der gesunde Mensch muss nicht täglich Cobalamin aufnehmen, weil er über einen Speicher verfügt, insbesondere in der Leber.

7. Bei Vitamin-C-Mangel tritt Skorbut auf, der zu Blutungen, Zahnausfall und Entzündungen führt. Vitamin C wird über die Reichstein-Synthese in sechs Schritten aus D-Glucose hergestellt: Katalytische Hydrierung zu D-Sorbit, mikrobiologische Dehydrierung zu L-Sorbose, zweifache Ketalisierung mit Aceton zu Diaceton-L-Sorbose, Oxidation zu 2-Keto-L-gulonsäure mit gleichzeitiger Entfernung der Schutzgruppen und schließlich säurekatalysierte Lactonisierung zu L-Ascorbinsäure.

8. Bei der Rachitis kommt es zu Knochendeformationen und Wachstumsstörungen. Behandelt wird sie mit den Calciferolen (Vitamin D), die besonders reichlich in den Leberölen von Meeresfischen vorkommen.

9. Vitamin E tritt in Form von α-, β-, γ- und δ-Tocopherolen auf. Das biologisch aktivste Molekül ist α-Tocopherol. Die Tocopherole sind Radikalfänger und schützen dadurch die Membranlipide vor oxidativer Zerstörung.

10. Vitamin K hat ein 2-Methyl-1,4-naphthochinon-Grundgerüst mit verschieden langen Oligoterpen-Substituenten am C2-Atom. Es aktiviert die Gerinnungsfaktoren im Blut.

- **Antworten zu ▶ Kap. 18**

1. Duftstoffe werden als Geruchskomponenten in Kosmetikartikeln, Parfums und Waschmitteln verwendet. Aromastoffe werden als Zusatzstoffe z. B. in Lebensmitteln, Mundhygieneartikeln oder Getränken verwendet, um einen bestimmten Geschmack zu erzeugen. Es kann vorkommen, dass derselbe Stoff in einem Fall als Duftstoff und im anderen als Aromastoff eingesetzt wird. Eine klare Abgrenzung gibt es nicht.

2. Typische ätherische Öle, die in Parfums eingesetzt werden, sind zum einen die Öle aus

Citrusfrüchten wie Zitrone, Limette, Orange oder Bergamotte und zum anderen Blütenöle wie die von Jasmin, Rosen, Veilchen oder Lilien. Für die Lebensmittelindustrie sind die ätherischen Öle von Nelken, Anis, Zimt oder der Vanille wichtig.

3. Da Eugenol selber aus Nelkenöl isoliert wird und biotechnologisch zu Vanillin umgewandelt wird, sollte in der Zutatenliste der Begriff „natürliches Aroma" benutzt werden.

4. Der Begriff „naturidentisch" in Bezug auf Vanillin bedeutet, dass Vanillin ein natürlich vorkommender Riechstoff ist. Vanillin wird in diesem Falle jedoch nicht aus natürlichen Quellen, sondern aus z. B. petrochemischen Rohstoffen synthetisch hergestellt wurde.

5. Der Anteil synthetischer Duft- und Aromastoffe liegt in etwa bei 75 %.

6. Das ätherische Öl aus den Schalen der Limette wird sowohl durch Pressen als auch durch Wasserdampfdestillation gewonnen. Durch den Temperatureinfluss bei der Destillation kommt es zu einer Änderung des Aromas, die bei Limettenöl für manche Anwendungen gewünscht ist.

7. Typische Lösungsmittel für die Extraktion ätherischer Öle aus Pflanzenbestandteilen sind Alkohole wie Ethanol oder Methanol. Toluol, Hexan oder Petrolether sind ebenfalls gebräuchlich. Auch überkritisches CO_2 lässt sich einsetzen. Dieses ist besonders einfach im Anschluss an die Extraktion zu entfernen und Eigenschaften, wie z. B. die Viskosität oder die Dichte, können gezielt über Temperatur und Druck eingestellt werden.

8. Die Enfleurage ist eine spezielle und schon lange praktizierte Form der Extraktion von Blütenblättern mit geruchsarmen Tierfetten. Bei einer *enfleurage à chaud* werden dabei das Fett und die zu extrahierenden Blüten gemeinsam auf ca. 60 °C erwärmt, was eine schnellere, jedoch weniger schonende Extraktion erlaubt, als im Vergleich zur Enfleurage bei Umgebungstemperatur. Die erhaltenen Fette werden als Pomade bezeichnet; aus ihnen können mit Ethanol die ätherischen Öle extrahiert werden.

9. Die Florentiner Flasche ist die Vorlage, in die das auskondensierte Gemisch aus ätherischen Ölen und Wasser nach der Wasserdampfdestillation gelangt. Sie erlaubt die kontinuierliche Trennung der relativ großen Wasserphase von der eher kleinen Ölphase. Die Ölphase kann am Kopf der Flasche entnommen werden, während das Wasser über einen Siphon wieder zurück zur Destillation gelangt.

10. Die bei Weitem schonendste Methode zur Gewinnung von ätherischen Ölen aus kostbaren Blüten ist die *enfleurage à froid*. Hier werden bei Umgebungstemperatur über einen langen Zeitraum die Duftstoffe aus den Blüten in geruchsloses Fett abgegeben. Dadurch unterliegen die Duftstoffe keiner thermischen oder lösungsmittelbasierten Belastung, und ihr Charakter bleibt vollständig erhalten.

- **Antworten zu ▶ Kap. 19**

1. Der Begriff „Biokunststoff" kann prinzipiell für biogene Kunststoffe, für biologisch abbaubare Kunststoffe und für biokompatible Kunststoffe verwendet werden.

2. Vorteile biogener Kunststoffe können z. B. deren CO_2-Neutralität, die Schonung der begrenzten fossilen Rohstoffe, die Biokompatibilität und die biologische Abbaubarkeit sein.

3. Der Begriff der biologischen Abbaubarkeit ist häufig auf die Kompostierung in großtechnischen (z. B. kommunalen) Kompostieranlagen begrenzt. Entsprechende Siegel werden unter Berücksichtigung verschiedener Kriterien unter genormten Bedingungen vergeben, die häufig nicht bei einem heimischen Kompost eingehalten werden können. Die meisten Biopolymere können demnach nicht im Garten kompostiert werden.

4. Als der älteste Thermoplast zählt das Celluloid. Dabei handelt es sich um einen Ester der Cellulose mit Salpetersäure, der sogenannten „Nitrocellulose". Gemischt mit Campher, einem natürlichen Terpen, ergibt sich ein Kunststoff, der zunächst als Ersatz für ansonsten aus Elfenbein hergestellte Billardkugeln genutzt wurde. Eine weitere wichtige

historische Anwendung war die Herstellung von Filmträgern. Heute verwendet man „Nitrocellulose" noch für die Herstellung von Tischtennisbällen.

5. Für die Herstellung von Kleidung werden schon seit dem Altertum z. B. Wolle von Schafen, Leder aus Tierhäuten und Seide von Seidenraupen verwendet.

6. Die Abkürzung PHA steht für Polyhydroxyalkanoate. Diese Polymere sind biogene Polyester, die von bestimmten Bakterien unter anaeroben Bedingungen zur Speicherung von Kohlenstoff gebildet werden. Typische Monomere der PHA sind die Hydroxycarbonsäuren 3-Hydroxybuttersäure und 3-Hydroxyvaleriansäure. Die technische Gewinnung verläuft zunächst in einem Wachstumsfermenter zur Vermehrung der Bakterien; in einem zweiten Schritt wird unter anaeroben Bedingungen die Bildung der PHA initiiert. Abschließend wird die Fermentationsbrühe mit Lösungsmitteln extrahiert und die PHA nach Entfernen des Lösungsmittels erhalten.

7. Milchsäure wird in einem Fermenter durch Mikroorganismen gebildet und anschließend als Lactat, z. B. durch die Zugabe von Calciumhydroxid, gefällt. Die Milchsäure wird durch Zugabe von Schwefelsäure wieder freigesetzt und anschließend einer Präpolymerisation unterworfen. Die gebildeten Oligomere werden enzymatisch zum Lactid gespalten, welches destillativ in hohen Reinheiten erhalten werden kann. Das Lactid wird anschließend in der Schmelze mit homogenen Übergangsmetallkatalysatoren zu Polymilchsäure polymerisiert.

8. Die wichtigsten Polymerklassen, welche auf biogenen Monomeren basieren, sind die Polyester und die Polyamide.

9. Aus Kohlenhydraten sind Bernsteinsäure, Itaconsäure, Fumarsäure, Maleinsäure, Muconsäure und Furandicarbonsäure zugänglich. Aus Oleochemikalien sind Sebacinsäure und Azelainsäure darstellbar.

10. Ethylenglykol aus Bio-Ethanol kann z. B. in Polyethylenterephthalat als Diol-Komponente eingesetzt werden und damit das petrochemische Monomer als Drop-In-Lösung ersetzen.

■ **Antworten zu ▶ Kap. 20**

1. Beide Raffinerien, also die Erdöl- und die Bioraffinerien, bilden die Grundlage für die Herstellung vielfältiger Produkte wie z. B. Energie und Kraftstoffe auf energetischer Seite und Chemikalien und Materialien auf stofflicher Seite.

2. Eine Bioraffinerie kann, zusätzlich zur Bereitstellung der in Antwort 1 genannten Produkte, potenziell auch einen Beitrag zur Versorgung mit Lebensmitteln wie Pflanzenölen und Zucker sowie mit Futtermitteln für die Viehzucht leisten. Auf Basis des Erdöls werden weder Nahrungs- noch Futtermittel hergestellt.

3. Der Begriff „Integration" bedeutet im Kontext der Bioraffinerie, dass alle anfallenden Produktströme verwertet und idealerweise so miteinander verknüpft werden, dass sie einer Folgenutzung zugänglich gemacht werden. So können anfallende Pflanzenreste z. B. für die Biogas-Produktion verwendet werden oder bei Verbrennung entstehende Wärme als Prozesswärme genutzt werden. Ein Bioraffineriekonzept der neusten Auffassung produziert keine Abfallströme und strebt damit nach maximaler Nachhaltigkeit, womit alle Prozesse „integriert" sind.

4. Eine Phase-I-Bioraffinerie beruht auf nur einem Rohstoff, welcher mit einem einzigen Prozess in ein einziges Wertprodukt überführt wird. Am Beispiel der Erzeugung von Fettsäuren bedeutet dies, dass aus Pflanzenöl durch Hydrolyse („Fettspaltung") mit Wasser die entsprechenden Fettsäuren entstehen. Als Koppelprodukt entsteht Glycerin.

5. Es handelt sich in dem Fall um eine Phase-II-Bioraffinerie, da aus einem einzigen Plattform-Rohstoff (Stärke bzw. Glucose) mithilfe verschiedener Umsetzungen eine Vielzahl an Folgeprodukten hergestellt wird. So ist aus Glucose bspw. durch Fermentation die Milchsäure oder die Itaconsäure mittlerweile großtechnisch verfügbar. Durch Hydrierung

    lässt sich z. B. Sorbitol herstellen und durch Dehydratisierung das Hydroxymethylfurfural.

6. Bei der Primärraffination wird aus den entsprechenden Teilen von Pflanzen das gewünschte Plattform-Intermediat gewonnen. Bei diesen Prozessen handelt es sich meist eher um Trenn- und mechanische Aufarbeitungsschritte, bei der Pflanzenöl-Bioraffinerie etwa das Herauspressen des Pflanzenöls aus den Ölsaaten und eine etwaige weitere Aufreinigung. Bei der Sekundärraffination werden vor allem biotechnologische und chemische Verfahren eingesetzt, um aus den Plattform-Intermediaten weitere Produkte herzustellen. Dazu gehört beim Pflanzenöl z. B. die Hydrolyse zu Fettsäuren oder die Umesterung zu Estern.

7. Mögliche Halbfabrikate einer Pflanzenöl-Bioraffinerie sind z. B. Fettsäuren, Glycerin, Fettester oder Fettalkohole. Mögliche Fertigfabrikate sind Biodiesel, Speisefett oder Dihydroxyaceton.

8. Der Rohstoff für die Grüne Bioraffinerie ist Weidegras. Dieses wird zunächst gepresst, und aus dem Presssaft lassen sich nach einigen Trennoperationen als wichtigste Produkte Aminosäuren und Milchsäure gewinnen.

9. Im Hinblick auf eine Phase-III-Bioraffinerie ist Lignocellulose ein besonders aussichtsreiches Plattform-Intermediat. Diese steht nicht in Konkurrenz zur Nahrungsmittelproduktion. Bei Weizenstroh, bei Holzabfällen oder bei der Bagasse aus dem Zuckerrohranbau handelt es sich sogar um Abfallprodukte der, die so einer besseren Verwertung zugeführt werden können!

10. Aus der Lignocellulose-Bioraffinerie lässt sich über die Cellulose- und Hemicellulose-Hydrolyse eine Mischung fermentierbarer Zucker gewinnen, die für die Herstellung von Bioethanol als Kraftstoff geeignet ist. Das Rohlignin kann nach Verbrennung einen Teil der Prozessenergie liefern. Einige Ströme eignen sich zur Biogas-Produktion, wie z. B. die bei der Fermentation anfallende Schlempe.

Stichwortverzeichnis

A

O

Stichwortverzeichnis